Bodenökologie: Mikrobiologie und Bodenenzymatik

Springer
Berlin
Heidelberg
New York
Barcelona
Budapest
Hong Kong
London
Mailand
Paris
Santa Clara
Singapur
Tokio

Bodenökologie: Mikrobiologie und Bodenenzymatik

Band I: Grundlagen, Klima, Vegetation und Bodentyp

Band II: Bodenbewirtschaftung, Düngung und Rekultivierung

Band III: Pflanzenschutzmittel, Agrarhilfsstoffe und organische Umweltchemikalien

Band IV: Anorganische Schadstoffe

F. Schinner
R. Sonnleitner

Bodenökologie: Mikrobiologie und Bodenenzymatik Band I

Grundlagen, Klima, Vegetation und Bodentyp

Mit 5 Abbildungen und 23 Tabellen

Springer

PROF. DR. FRANZ SCHINNER
Institut für Mikrobiologie
Universität Innsbruck
Technikerstraße 25
A-6020 Innsbruck

MAG. RENATE SONNLEITNER
Institut für Mikrobiologie
Universität Innsbruck
Technikerstraße 25
A-6020 Innsbruck

ISBN 3-540-61010-3 Springer-Verlag Berlin Heidelberg New York

Die Deutsche Bibliothek – CIP-Einheitsaufnahme
Schinner, Franz:
Bodenökologie / F. Schinner ; R. Sonnleitner. - Berlin ; Heidelberg ; New York ; Barcelona ; Budapest ; Hong Kong ; London ; Mailand ; Paris ; Santa Clara ; Singapur ; Tokyo : Springer
NE: Sonnleitner, Renate:
1. Mikrobiologie und Bodenenzymatik: Grundlagen, Klima, Vegetation und Bodentyp. - 1996
ISBN 3-540-61010-3

Satz: Reproduktionsfertige Vorlagen vom Autor
SPIN: 10132752 31/3137 – 5 4 3 2 1 0 – Gedruckt auf säurefreiem Papier

Vorwort

Vor etwa einem Jahrhundert etablierte sich die Bodenmikrobiologie als Wissenschaft. Zu dieser Zeit erschienen auch die ersten Berichte über Bodenenzyme. Die frühen Forschungsanstrengungen der Bodenmikrobiologie galten der Aufklärung der zahlenmäßigen Verbreitung von Bodenmikroorganismen in ihrem Habitat sowie jenen mit diesen Organismen verbundenen Stoffumsetzungen. Wesentliche Erkenntnisse bezüglich natürlicher mikrobiell vermittelter Prozesse konnten gewonnen werden. Diese betrafen zunächst die Mineralisierung der organischen Substanz, die Fixierung von atmosphärischem Stickstoff, symbiontische Wechselwirkungen, die Transformationen des Stickstoffs, des Schwefels und des Phosphors. Die Bedeutung von im Boden ablaufenden biochemischen Stoffumsetzungen für die Stoffkreisläufe und Energieflüsse, die strukturellen Eigenschaften der Böden und die Selbstreinigungskraft von Böden wurde zunehmend erkannt. Bald traten dem Streben nach der Gewinnung grundlegender Erkenntnisse anwendungsorientierte Fragestellungen hinzu.

In ihrer für die Erhaltung des Lebens auf der Erde fundamentalen Rolle kommt den Böden eine Reihe lebenswichtiger Funktionen zu. Bodenmikroorganismen und im Boden ablaufende biochemische Prozesse tragen wesentlich zur Erfüllung dieser Funktionen bei. Wie andere Bereiche der Biosphäre werden auch Böden durch zahlreiche anthropogene Faktoren beeinflußt. Die qualitative und quantitative Erfassung der den Boden besiedelnden Mikroorganismen und der in diesem ablaufenden biochemischen Stoffumsetzungen sowie deren Beeinflussung durch Umweltfaktoren ist deshalb von besonderer Bedeutung.

Dieser Band ist der erste in einer Reihe von insgesamt vier Bänden, welche in ihrer Gesamtheit wesentliche grundlagen- und anwendungsorientierte Teilbereiche der Bodenmikrobiologie und -enzymatik abdecken. Im vorliegenden Band wird zunächst ein Überblick zur Geschichte und zu den Perspektiven der Bodenmikrobiologie und -enzymatik gegeben. Der spezifische Lebensraum Boden wird vorgestellt. In der Folge wird auf die den Boden besiedelnden Organismen und auf im Boden ablaufende biochemische Umsetzungen näherer Bezug genommen. Dem Fachgebiet der Bodenenzymatik wurde in Wesen, Bedeutung und Methodik ein Schwerpunkt eingeräumt. Auf eine detaillierte Darstellung der Nitrifikation, der

Denitrifikation sowie der symbiontischen und der nicht symbiontischen Fixierung des molekularen Stickstoffs wurde verzichtet. Diese wichtigen mikrobiell vermittelten biochemischen Prozesse werden in anderen der Mikrobiologie gewidmeten Büchern dargestellt. Gleiches gilt für die Mykorrhiza, einer Lebensgemeinschaft zwischen Pilzen und Pflanzen von großer ökologischer und ökonomischer Bedeutung. Methoden der Bodenmikrobiologie und -biochemie werden diskutiert. Das Klima und die Vegetation sind zwei wichtige die Bildung und Entwicklung von Böden steuernde Faktoren. Der Einfluß dieser beiden Größen auf bodenmikrobiologische und bodenenzymatische Parameter wird in zwei weiteren Kapiteln dargestellt. Das letzte Kapitel des ersten Bandes beschäftigt sich mit der mikrobiologischen und enzymatischen Charakterisierung von Bodentypen.

Der zweite Band ist dem Einfluß von Bewirtschaftungsmaßnahmen auf chemische, physikalische, mikrobiologische und enzymatische Parameter des Bodens gewidmet. Im speziellen wird der Einfluß der Nutzungsform, der Bodenbearbeitung, des Bestellungsregimes, der Düngung, der konventionellen und alternativen Form der Bewirtschaftung sowie der Rekultivierung angesprochen. Einen besonderen Schwerpunkt bilden potentielle Düngemittel wie Abfälle aus Siedlung, Gewerbe und Industrie.

Die Schwerpunkte des dritten Bandes betreffen den Einfluß von Urease- und Nitrifikationshemmstoffen, von Pflanzenschutzmitteln sowie von organischen Umweltchemikalien auf bodenmikrobiologische und bodenenzymatische Parameter. Ein eigener Schwerpunkt wurde dem mikrobiellen Abbau organischer Xenobiotika sowie biotechnologischen Ansätzen zur Sanierung von mit organischen Xenobiotika kontaminierten Böden eingeräumt.

Der vierte Band behandelt den Einfluß anorganischer Schadstoffe auf chemische, physikalische, mikrobiologische und enzymatische Parameter des Bodens. Der Eintrag von Schwermetallen, Halbmetallen, nichtmetallischen Elementen, Säuren, Säurebildnern und Streusalzen wird berücksichtigt. Eigene Kapitel wurden dem Phänomen der „neuartigen Waldschäden", den diesbezüglich diskutierten Ursachen sowie den Möglichkeiten zur Sanierung geschädigter Waldökosysteme gewidmet.

Die in der vierbändigen Publikation angesprochenen Themen berühren die Wissens- und Anwendungsbereiche der Bodenbiologie, der Bodenchemie, der Bodenphysik, der Ökologie, der Land- und Forstwirtschaft, der Industrie, der Abfallwirtschaft und des Umweltschutzes. Das Werk soll mit seinem nur auf bestimmte Kapitel bzw. Kapitelteile beschränkten Lehrbuchcharakter in seiner Gesamtheit einen umfassenden Literaturüberblick zu wesentlichen Teilgebieten der Bodenmikrobiologie und Bodenenzymatik geben. Die Gliederung nach Grundlagen, natürlichen Standortfaktoren und direkten sowie indirekten anthropogenen Einflüssen soll die Benützung erleichtern. Das gewählte Konzept der detaillierteren Datenpräsentation soll ein besseres Verständnis für die verfolgten Ziele sowie die erhaltenen Befunde ermöglichen. Die von uns berücksichtigten Bereiche des Forschungsgebietes der Bodenmikrobiologie und -enzymatik haben das sehr komplexe System Boden und mit diesem im Austausch stehende angrenzende Umweltbereiche zum Gegenstand. Das Bestehen zahlreicher standortabhängiger Wechselwirkungen und noch zahlreicher offener Fragen gestattet die Interpretation von Untersuchungsergebnissen nur unter Berücksichtigung möglichst vieler Faktoren.

Die einzelnen Kapitel bieten Basisinformationen für die Planung und Diskussion von Forschungs- und Entwicklungsarbeiten. Die Teilgebiete stellen aber auch eine reiche Informationsquelle für Anwender und Behörden aus den Bereichen Land- und Forstwirtschaft, Umwelttechnik und Industrie dar.

Das Aufzeigen und die Diskussion von Problemen der bodenmikrobiologischen und -enzymatischen Forschung ist eines der Ziele unserer Arbeit. Umfassend geprüfte und standardisierte Methoden, welche eine Vorbedingung für die Übereinstimmung des experimentellen Protokolls darstellen, sind und waren in der Vergangenheit nicht immer verfügbar. Die Ergebnisse der von uns dargestellten Untersuchungen wurden unter variierenden Bedingungen hinsichtlich der Probennahme und -vorbereitung, der zur Bestimmung des biologischen Parameters eingesetzten Methode sowie unter Verwendung unterschiedlichster Böden gewonnen. Gleiches gilt für die Applikationsmengen und teilweise auch die chemische Zusammensetzung von Düngern, Wirkstoffen und Schadstoffen bzw. die Menge und die Zusammensetzung immittierter Stoffe. Daraus ergibt sich eines der größten Probleme der bodenmikrobiologischen und -enzymatischen Forschung, nämlich die nicht gegebene unmittelbare Vergleichbarkeit von Untersuchungsergebnissen sowie in der Folge die nicht bestehende Möglichkeit diese in eine statistische Auswertung einzubeziehen. Eine umfassende und repräsentative Darstellung von Untersuchungsergebnissen in Form von Tabellen und Graphiken war uns deshalb nicht möglich. Auch ist unter solchen Bedingungen eine fachliche Beurteilung und Bewertung von Forschungsergebnissen nur beschränkt möglich.

In eigenen Kapitelabschnitten waren wir um die Darstellung spezieller Probleme und Wechselwirkungen sowie um eine, soweit für unterschiedliche Bereiche bisher mögliche Ableitung wiederholt zu beobachtender Trends bemüht.

Frühjahr 1996

F. Schinner
R. Sonnleitner

Inhaltsverzeichnis

1 Geschichte und Perspektiven der Bodenmikrobiologie und -enzymatik

Die Bodenmikrobiologie beschäftigt sich mit der Untersuchung von im Boden lebenden Mikroorganismen und deren Aktivitäten. Die vorwiegenden Untersuchungsobjekte der Mikrobiologie sind Bakterien, Pilze und Viren. Der Begriff Mikroorganismen zielt sinngemäß auf sämtliche Organismen von sehr geringer Körpergröße und relativ geringer morphologischer Differenzierung ab. Solche kleinen Organismen, deren Untersuchung besonderer Arbeitstechniken, allem voran der Mikroskopie bedarf, werden auch im Pflanzen- und Tierreich gefunden.

Bodenmikrobiologische Fragestellungen beziehen sich auf die quantitative und qualitative Verbreitung der Mikroorganismen im Boden, deren aktuelle und potentielle Aktivität, deren Beziehungen untereinander sowie zu anderen Lebewesen, deren Beeinflussung durch Umweltfaktoren, deren Bedeutung für die Struktur und die stoffliche Zusammensetzung der Böden sowie für den Kreislauf der Stoffe und den Energiefluß im Boden.

Bodenmikroorganismen werden durch die physikalischen, chemischen und physikochemischen Eigenschaften des spezifischen Lebensraumes beeinflußt und nehmen ihrerseits Einfluß auf diesen.

Die Freisetzung und die vorübergehende Speicherung von Nährstoffen sowie symbiontische, parasitische und allelopathische Beziehungen zu Pflanzen und Tieren stellen gemeinsam mit der Mitwirkung an der Entstehung und Entwicklung der Böden wesentliche Funktionen der Bodenmikroorganismen dar.

Die Bodenmikroorganismen treten mit anderen Bodenlebewesen sowie mit den im Boden wurzelnden Pflanzen in Wechselwirkung. Die Zersetzung bzw. Mineralisation der Nekromasse, die damit verbundene Freisetzung von Nährstoffen, die Bildung und Ausscheidung biochemisch, physiologisch und physikalisch wirksamer Verbindungen, die Transformation anorganischer und organischer Verbindungen, die Humifizierung, die Inaktivierung potentiell toxischer Substanzen sowie die Beteiligung am Aufbau der Bodenstruktur stellen wesentliche Beiträge der Bodenmikrobiologie und -enzymatik zur biologischen Komponente der Bodenfruchtbarkeit dar.

Als Zweig der Mikrobiologie besitzt die Bodenmikrobiologie Wurzeln in der Botanik, der Zoologie und der Medizin. Frühe Impulse zur Entwicklung dieser Wissenschaft gingen zunächst von der Medizin und der Landwirtschaft aus. Die Zunahme der Erkenntnisse und eine stets komplexer werdende Betrachtungsweise führten zum Einzug der Bodenmikrobiologie und -enzymatik in die Ökosystemforschung.

Die Geburtsstunde der Bodenmikrobiologie wird mit jener der Bakteriologie und Protozoologie gleichgesetzt.

Wesentliche Fortschritte auf dem Gebiet der Mikrobiologie konnten durch solche auf dem Gebiet der Mikroskopie und der Biochemie erzielt werden. Die Menschen besitzen bereits seit ihrer Frühzeit Kenntnis von der Umsetzung organischer Stoffe in der Natur. Die Ursachen solcher Vorgänge waren jedoch unbekannt. Spontan auftretende Gärungen von Naturprodukten wurden bereits im Altertum für die Nahrungsmittelproduktion genutzt. Die häufig auftretenden Seuchen konnten nur spekulativ mit unsichtbaren Kleinstlebewesen in Zusammenhang gebracht werden. Erst mit der Erfindung und der Entwicklung des Mikroskops war ein Zeitalter angebrochen, in welchem kleinste Lebewesen sichtbar gemacht werden konnten.

Am Ende des 16. Jahrhunderts standen nur 5–19fach vergrößernde Lupen und in der Mitte des 17. Jahrhunderts erst solche mit etwa 30facher Vergrößerung als optische Hilfsmittel zur Verfügung. Robert Hook konnte damit um 1665 erstmals Zellen im Korkgewebe deutlich erkennen. Antony van Leeuwenhoek erreichte in den darauf folgenden 20 Jahren mit einem einlinsigen Mikroskop bis zu 270fache Vergrößerungen. Leeuwenhoek berichtete zwischen 1676 und 1683 erstmals von sehr kleinen beweglichen Lebewesen, welche er in sich zersetzenden Stoffen entdeckt hatte. Neben Protozoen beschrieb Leeuwenhoek erstmals die drei morphologischen Grundformen der Bakterienzellen. Die neuentdeckte Organismengruppe wurde im folgenden Jahrhundert weiter erforscht und erste Versuche einer systematischen Gliederung wurden unternommen. Namen wie F. Müller, G. Ehrenberg und F. Cohn können in diesem Zusammenhang genannt werden. Linné (1707–1778) erkannte die Existenz mikroskopischer Lebensformen und faßte alle Mikroorganismen zu einer als „Chaos“ bezeichneten Gruppe zusammen. Bezüglich der Herkunft der beinahe überall auftretenden Organismen wurde zunächst eine Urzeugung aus toter Materie angenommen. Entsprechend der Urzeugungstheorie sollten auch zahlreiche Vertreter der Kleintiere im Boden verwesenden Stoffen entstammen. L. Spallanzani (1769) konnte diese Theorie durch entsprechende Versuche widerlegen. In gut gekochten und abgeschlossenen Substanzen setzte eine Entwicklung von Mikroorganismen nicht ein. Die Befunde von Louis Pasteur (1822–1895) untermauerten die von Spallanzani gewonnenen Erkenntnisse. Vorgänger Pasteurs hatten die Involvierung von Hefen in die Gärungen bereits erkannt. Pasteur gelang jedoch erstmals der

Nachweis, daß die Bildung von Alkoholen und organischen Säuren durch Mikroorganismen eingeleitet wird und daß diese mit einem basalen Metabolismus verbunden ist, welcher Leben unter Luftabschluß erlaubt. Pasteur entdeckte die Anaerobiose unter den Mikroorganismen. 1897 zeigte Büchner, daß eine aus aufgeschlossenen Hefezellen erhaltende zellfreie Flüssigkeit die alkoholische Gärung bewirken kann. Es war dies eine Pionierarbeit auf dem Gebiet der mikrobiellen Enzymatik. Trotz des damals noch bestehenden Unvermögens mit Reinkulturen zu arbeiten, erkannten Pasteur und dessen Schüler, daß bestimmte Mikroorganismen Erreger von Krankheiten bei Tier und Mensch sind. Durch die Arbeiten von Louis Pasteur (1822–1895) und Robert Koch (1843–1910) wurde das Fundament für die moderne Bakteriologie gelegt. Die Einführung fester Nährböden durch R. Koch ermöglichte die sichere Gewinnung von Einzelorganismen. Bislang unbekannte Krankheitserreger konnten mit Hilfe der neuen Technik sowie mit Hilfe der Fortschritte auf dem Gebiet der Mikroskopie erkannt werden.

Im ersten Drittel des 19. Jahrhunderts war die Entwicklung von Mikroskopen so weit vorangeschritten, daß auch Details von Zellen erkannt werden konnten. Die 1823 zur Verfügung stehenden Linsen besaßen ein Auflösungsvermögen von 1 µm. Ernst Abbe (1840–1905) klärte die Theorie des Lichtmikroskops und mit der Einführung der Ölimmersion (1878) sowie der apochromatischen Objektive (1886) erreichte das Lichtmikroskop seine Auflösungsgrenze von 0.17 µm. Die bakterielle Besiedelung verschiedenster Standorte wie Wasser, Boden, Luft und Kompost wurde untersucht. R. Koch und dessen Schüler gehörten zu den ersten, welche versuchten die Bakterienflora des Ackerbodens zu analysieren. Als Mediziner fragten sie dabei weniger nach der Rolle derselben für den Haushalt der Natur, sondern man war primär bestrebt, Krankheitserreger von Tier und Mensch zu finden (Beck 1968).

Im Verlauf der weiteren Entwicklung der Bodenmikrobiologie war man um eine, soweit möglich, vollständige Erfassung der Gesamtzahl der Bodenmikroorganismen und deren Eigenschaften bemüht. Um die Jahrhundertwende versuchte man solcherart erhaltene Gesamtzahlen als Indices für die Bodenfruchtbarkeit zu nutzen. Später sollte man erkennen, daß es viele Determinanten der Bodenfruchtbarkeit gibt und des weiteren, daß jene auf Agarplatten zur Entwicklung kommenden Zellen, nur einen geringen Prozentsatz der gesamten mikrobiellen Population des Bodens ausmachen. Quantitativ ausgerichtete Untersuchungen wurden zur Zählung und Aktivitätsmessung der Mikroflora bestimmter Lebensräume unternommen. Die durch die Tätigkeit bestimmter Mikroorganismen bewirkten Stoffumsetzungen interessierten. Dabei standen der Kohlenstoff- und Stickstoffkreislauf und die beteiligten Organismen im Vordergrund.

Wichtige mikrobielle Prozesse wurden in der zweiten Hälfte des 19. Jahrhunderts entdeckt. Diese schließen die symbiontische und die asymbiontische Stickstoffixierung, die Denitrifikation, die Nitrifikation und die Sulfatreduktion ein. In den späteren Siebziger Jahren des 19. Jahrhunderts erkannte Pfeffer die symbiontische Natur der Assoziation zwischen Pilzen und Pflanzenwurzeln; 1885 prägte Frank dafür den Ausdruck „Mykorrhiza". Grundlegende Arbeiten kennzeichneten die frühe Periode der Bodenmikrobiologie. Sergei Winogradsky (1856–1953) wird auch als der Vater der Bodenmikrobiologie bezeichnet. Winogradsky entdeckte die nitrifizierenden Bakterien und deren Bedeutung beim Prozeß der autotrophen Nitrifikation. Die Einführung einer speziellen Anreicherungskultur ermöglichte M. Beijerinck die Isolierung von stickstoffbindenden Organismen. H. Hellriegel und H. Wilfarth konnten in den Achziger Jahren des 19. Jahrhunderts beweisen, daß die bodenverbessernde Wirkung von Leguminosen auf der Fähigkeit der in den Wurzelknöllchen lebenden Bakterien beruht, Luftstickstoff zu binden.

Anfang des 20. Jahrhunderts hatte sich die Bodenmikrobiologie als Wissenschaft etabliert. Forschungsschwerpunkte stellten die symbiontische Stickstoffixierung, der Abbau der organischen Substanz und die Transformationen des mineralischen Stickstoffs dar. Zur Beschreibung von Mustern der Humusentwicklung prägte Müller 1889 die Begriffe „Mull" und „Rohhumus" wobei in dieser Definition die Rolle der Bodenlebewesen besonders hervorgehoben wurde (Dindal 1990). Versuche, die asymbiontische Stickstoffixierung durch die Inokulierung von Nitrogenase-bildendenen Mikroorganismen zu erhöhen, wurden unternommen. Man erkannte das unterschiedliche Verhalten von Mikroorganismen im Reagenzglas und im Feld.

In den ersten Jahrzehnten des 20. Jahrhunderts gelang die Etablierung einer generellen Beziehung zwischen dem mikrobiellen Wachstum und den Transfers und Transformationen des organischen Stickstoffs. Die Bestimmung von Bodenenzymaktivitäten und die Untersuchung von biologischen Vorgängen in jenem von Wurzeln beeinflußten Bereich des Bodens gewann zunehmend an Interesse. Hiltner hatte 1904 für diesen speziellen Bereich im Boden den Begriff der Rhizosphäre geprägt. Die mannigfaltigen physiologischen Leistungen von Pilzen und der Bakteriengruppe der Aktinomyceten wurden zunehmend erkannt. A. Fleming entdeckte Ende der Zwanziger Jahre (1928/29) das Penicillin, welches 1939 als erstes Antibiotikum eingeführt wurde. Das Streptomycin wurde im Jahre 1943 von Waksman entdeckt. Nach dem Zweiten Weltkrieg setzte eine weltweite intensive Suche nach antibiotikabildenden bodenbewohnenden Mikroorganismen ein.

Eine zunehmende Zahl von Arbeiten beschäftigte sich mit den Lebensäußerungen der Bodenmikroorganismen in Abhängigkeit von den Bedingungen ihres Lebensraumes. Gegenüber früheren Jahren interessierte nicht so sehr die Stellung der Mikroorganismen im System, sondern deren Bedeutung für den Boden und dabei im besonderen deren Mittlerrolle beim

Stoffumsatz. Winogradsky stellte eine Theorie zur ökologischen Gruppierung der Bodenmikroorganismen vor. Es entwickelte sich die Vorstellung von der Zusammensetzung der Bodenmikroorganismen aus einer autochthonen Gruppe von Mikroorganismen, mit sehr langsamen aber stetig ablaufenden Stoffumsetzungen und einer zymogenen Gruppe von Mikroorganismen, welche sich im Boden normalerweise im Ruhezustand befindet und nur bei einem Angebot an frischen Substraten rasche Vermehrung zeigt.

Bereits sehr früh versuchte man Einblick in die räumliche Verteilung der Mikroorganismen in deren natürlichem Habitat zu erhalten. Die Entwicklung geeigneter mikroskopischer Techniken ermöglichte es, ein naturgetreues Bild der Mikroorganismen im wenig gestörten Bodenverband zu geben. Im zweiten Jahrzehnt dieses Jahrhunderts wurde die direkte Bodenmikroskopie eingeführt. Mikroskopische Techniken zur Untersuchung von Bodenmikroorganismen und deren Mikroumwelt nahmen in den Dreißiger Jahren des 20. Jahrhunderts mit W. Kubiena ihren Anfang. Knoll und Ruska bauten im Jahre 1931 das erste Elektronenmikroskop. Die Kombination des Elektronenmikroskops mit den in den Fünfziger Jahren entwickelten Dünnschnitt-Methoden führte zu einer vollständig neuen Ära der Zellbiologie. Es war auch gelungen die Auflösungsgrenze des Elektronenmikroskops auf 0.2 nm zu senken.

Elektronenmikroskopische Verfahren ermöglichen die Darstellung der Form und Struktur des mikrobiellen Habitats und der Mikroorganismen; die Untersuchung von Bodengefüge-Mikroorganismen-Wechselwirkungen wurde ermöglicht. In Bodenschnitten konnten Zellen und sogar Viren entdeckt werden. Auch wurde die Lokalisierung und Identifizierung organischer Reste bis zu Partikeln von Nanometergröße möglich. Die Entwicklung moderner Techniken in der Lichtmikroskopie eröffnete ebenfalls neue methodische Ansätze zur Identifizierung von Mikroorganismen in Umweltproben.

Einen Aufschwung erfuhr die bodenmikrobiologische Forschung seit der Mitte des 20. Jahrhunderts. Arbeitstechniken der Chemie fanden zunehmend auch in der bodenmikrobiologischen Forschung Anwendung. In den Sechziger Jahren begann man die organische Bodensubstanz näher zu charakterisieren und man versuchte das Verständnis für deren Dynamik zu erweitern. Zusätzlich zu Humin- und Fulvosäuren konnten biologisch wichtige Fraktionen erkannt werden. Es entwickelte sich das Konzept einer kleinen, ernährungsmäßig aktiven Fraktion mit einem raschen Umsatz und einer großen widerstandsfähigen Fraktion. Auf dem Gebiet des Schwefel- und Phosphorkreislaufes konnten ebenfalls Fortschritte erzielt werden, indem man die Bedeutung der organisch gebundenen Formen dieser Elemente erkannte. Die Entwicklung der Markierungstechniken ermöglichte die Verfolgung verschiedener Elementformen im Boden. Seit der Einführung der Isotopentechnik ($^{15}N_2$) und des Nachweises des N_2-

bindenden Enzymkomplexes der Nitrogenase durch Acetylenreduktion ist bekannt, daß zahlreiche Bakterien zur Bindung molekularen Stickstoffs befähigt sind. Bis 1949 sah man die Befähigung zur N_2-Bindung als eine nur auf wenige Bakterien (*Clostridium*, *Azotobacter*) beschränkte Eigenschaft an. Später wurden Radioisotope genutzt, bakterielle Wachstumraten in situ zu bestimmen.

Es interessierte die Verbreitung und die Aktivität der Mikroorganismen in verschiedenen Böden und Bodentypen. Die Zusammenhänge zwischen der mikrobiellen Komponente des Bodens und der Bodenstruktur wurden intensiv untersucht. Untersuchungen zu den Wechselwirkungen zwischen Elementen der tierischen Population und Mikroorganismen im Boden wurden initiiert, wobei auch strukturelle Eigenschaften von Böden Berücksichtigung fanden. Man begann mit der Entwicklung von Methoden, welche es erlauben sollten die Wechselwirkungen zwischen Mikroorganismen in situ zu untersuchen. Die Notwendigkeit bodenbiologische Parameter unter kontrollierbaren, jedoch naturnahen Verhältnissen zu untersuchen führte zur Entwicklung von Versuchsansätzen in Lysimetern, Perfusionsapparaturen, Mikro- und Mesokosmen.

Untersuchungen zur Beeinflussung bodenmikrobiologischer Parameter durch verschiedene Bewirtschaftungsmaßnahmen, Landnutzungen und Bewirtschaftungssysteme wurden unternommen. Der nach dem Zweiten Weltkrieg beginnende verstärkte Einsatz organischer Pestizide führte zu Fragen nach einer Beeinflussung des Bodenlebens durch diese Wirkstoffe. Auch wurden zahlreiche Untersuchungen zur mikrobiellen Abbaubarkeit dieser Stoffe unternommen. Im Bemühen Düngerstickstoffverluste zu reduzieren wurde der Einsatz zahlreicher Nitrifikations- und Ureasehemmstoffe geprüft. In den Siebziger Jahren erkannte man die mit dem Eintrag atmosphärischer Schadstoffe verbundenen potentiell negativen Effekte auf das Bodenleben. In der Folge wurde eine Reihe von Arbeiten zu diesem Themenkreis initiiert. Die Beeinflussung des Bodenlebens durch die Applikation von Siedlungs- und Industrieabfällen als potentielle Dünge- oder Bodenverbesserungsmittel trat als weiterer Interessenbereich hinzu. Die Rolle und die Veränderung bodenmikrobiologischer Parameter im Verlauf der Sanierung bzw. der Rekultivierung kontaminierter bzw. gestörter Böden erlangte zunehmend an grundlagen- und anwendungsorientiertem Interesse. Man erkannte, daß im Boden natürlich vorkommende Bakterien und Pilze zur Transformation von Schadstoffen befähigt sind. Dieses Potential wird im Sinne einer biologischen Bodensanierung zu optimieren gesucht.

Schwerpunkte der bodenbiotechnologischen Forschung liegen neben dem mikrobiellen Abbau bzw. der Transformation organischer Schadstoffe bzw. anorganischer Schadstoffe zur Standortsanierung auf dem Gebiet der Anwendung von Mikroorganismen zur Verbesserung der Bodenstruktur, zur Nährstoffmobilisierung, zur Verbesserung der Ernährungsituation von Pflanzen (Mykorrhiza, N_2-Fixierung) sowie zur Biokontrolle.

Das 20. Jahrhundert brachte grundlegende Erkenntnisse auf dem Gebiet der Genetik. Man erkannte die Mechanismen des Austausches genetischer Information zwischen Bakterien. Griffith konnte 1928 erste Hinweise auf einen Austausch von genetischer Information zwischen Bakterien erhalten, wobei die Übertragung die Gene ohne jeden Zellkontakt oder Vektor erfolgen sollte (Transformation). Avery und Mitarbeiter fanden 1944 in der DNA die transformierende Substanz. Lederberg und Tatum konnten 1946 den Beweis erbringen, daß auch bei Bakterien eine Übertragung von genetischem Material durch direkten Zellkontakt möglich ist (Konjugation). Im Jahre 1951 entdeckten Lederberg und Zinder die durch Phagen bewirkte Übertragung bakterieller Gene (Transduktion). Crick und Watson (1953) gelang die Aufklärung der Struktur der DNA. Restriktionsenzyme wurden entdeckt und Nukleinsäuren konnten sequenziert werden. Zahlreiche Untersuchungen mit Plasmiden wurden unternommen. Diese Fortschritte waren wegweisend in Bezug auf die Entwicklung gentechnischer Methoden. Die Gentechnik weist hohe Anwendungsrelevanz in der Bodenbiotechnologie auf. Die damit verfolgten Ziele umfassen die Manipulation von Mikroorganismen zur Optimierung der Feldfruchtproduktion bzw. zur Optimierung der Umweltqualität. Genetisch manipulierte Mikroorganismen könnten bei der Verbesserung des Pflanzenwachstums und dem Schutz vor Schädlingen, der Mobilisierung von Nährstoffen bzw. der Biotransformation von toxischen Verbindungen in der Umwelt von Nutzen sein. Methoden der Gentechnik werden auch zur Identifizierung und Quantifizierung von Bodenmikroorganismen eingesetzt. Die Entwicklung von DNA-Sonden ermöglicht es spezifische Gene und Mikroorganismen im Boden nachzuweisen. Die mögliche Freisetzung manipulierter und nicht manipulierter Mikroorganismen warf eine Reihe neuer Fragen auf. Es zeigte sich unter anderem der dringende Bedarf an Methoden zur Untersuchung der Ökologie solcher Organismen. Man begann erst vor wenigen Jahren genetische Wechselwirkungen im Boden zu untersuchen.

Die Lebensvorgänge können auch als eine Abfolge bzw. ein komplexes Zusammenspiel zahlreicher enzymatisch vermittelter biochemischer Reaktionen angesehen werden. Betrachtet man die Bodenmikrobiologie unter dem Gesichtspunkt der von Mikroorganismen bewirkten Stoffumsetzungen und Energieflüsse, so besteht diese zu einem wesentlichen Teil in Bodenbiochemie bzw. -enzymatik. Die Fortschritte auf dem Gebiet der Biochemie, vor allem auf jenem der Enzymatik, ermöglichten die Gewinnung von Erkenntnissen zum Mechanismus der durch Mikroorganismen bewirkten Stoffumsetzungen und Energieflüsse. Dies traf zunächst für den Abbau der organischen Substanz und die Transformationen im Stickstoffkreislauf zu. Die Bodenatmung wurde als Ausdruck annähernd sämtlicher im Boden ablaufender Stoffumsetzungen angesehen.

In den Nährstoffkreisläufen werden die meisten Reaktionen durch Enzyme vermittelt. Man erkannte, daß Böden sowohl eine an lebende Zellen gebundene Enzymaktivität, als auch eine solche von abiontischer Natur aufweisen. Die abiontische Komponente umfaßt Enzyme, welche räumlich und zeitlich unabhängig von lebenden Zellen katalytisch aktiv sind. In Zellresten oder toten Zellen vorliegende, an organische, mineralische oder organomineralische Bestandteile des Bodens gebundene bzw. in diese eingeschlossene sowie frei in der Bodenlösung vorhandene aktive Enzyme repräsentieren diese abiontische Komponente. Enzyme mikrobiellen, pflanzlichen sowie tierischen Ursprungs können in diese Komponente einfließen. Die Erfassung ausgewählter Bodenenzymaktivitäten wird seit den Fünfziger Jahren dieses Jahrhunderts vermehrt zur bodenbiologischen Analyse herangezogen.

Der erste Bericht über die Existenz von Enzymen im Boden erschien vor der Jahrhundertwende (Woods 1899). Woods hatte über den Nachweis oxidierender Enzyme im Boden berichtet. Diese gegenüber bakteriellem Abbau widerstandsfähigen Enzyme sollten über die Zersetzung von Wurzeln und anderer enzymhaltiger Pflanzenteile in den Boden gelangen. Das Enzym Katalase war das erste in Böden untersuchte Enzym. Obgleich man zu jener Zeit einem Nachweis von Enzymen im Boden eher skeptisch gegenüber stand erkannte Conn (1901) zitiert von Skujins (1978) die Bedeutung von Enzymen in den biologischen Prozessen des Bodens indem festgestellt wurde: „Fermentations, whether caused by the metabolism of bacteria or yeasts, or by enzymes, secreted by these organisms or by higher plants, are of vital importance in agricultural processes. Without their agency in breaking up organic compounds the soil would rapidly become unfit for supporting life".

In den folgenden 50 Jahren erschienen in der Literatur vereinzelte Berichte über bodenenzymatische Aktivitäten. In der ersten Phase der bodenenzymatischen Forschung wandte man dem Enzym Katalase sehr viel Aufmerksamkeit zu. Kiss et al. (1974) nahmen Bezug auf eine Reihe von Autoren, welche über die sogenannte katalytische Kraft des Bodens berichtet hatten. Unter dieser Kraft verstand man das Vermögen des Bodens H_2O_2 zu spalten; eine Komponente derselben stellt die Katalaseaktivität dar. May und Gile (1909) schlossen, daß die Katalaseaktivität mit den organischen und anorganischen Fraktionen des Bodens und mit der mikrobiellen Aktivität korreliert sei und daß anorganische Komponenten einen wesentlichen Beitrag zur Wasserstoffperoxidspaltung leisten würden. Moderne Methoden verifizierten diese Ergebnisse. Weitere Arbeiten über Katalase wurden zum Beispiel von Kappen (1913), Smolik (1925), Waksman und Dubos (1926), Waksman (1927) durchgeführt. Fermi (1910) berichtete über die Gegenwart von Gelatinase im Boden.

Die nichtbiologische „katalytische" Kapazität des Bodens ist mit Mineralien sowie mit der organischen und organomineralischen Substanz verbunden. Man erhielt sehr früh Hinweise darauf, daß ein wesentlicher Teil der katalytischen Aktivität des Bodens mit anorganischen Bodenbestandteilen in Beziehung steht. Untersuchungen zur Oxidationskraft verschiedener Böden sowie von aus diesen isolierten Ton- und Schlufffraktionen mittels der Warburg-Respirometrie zeigten, daß die oxidative Kraft der Schlufffraktion (2–50 µm) zwischen 23 und 67% derselben von entsprechenden Tonen rangierte (Wang et al. 1983). Als aktivster Teil des Bodens konnte jener der hoch dispergierten Fraktionen wo Tonmineralien, welche die größte spezifische Oberfläche aufweisen, vorherrschend sind angegebenen werden (Zubkova 1989). Die katalytische Aktivität von Mineralien ist von der Struktur und den Eigenschaften der Katalysatoren sowie von den Umweltbedingungen abhängig.

In einer zweiten Phase der bodenenzymatischen Forschung, welche etwa die Dreißiger und Vierziger Jahre des 20. Jahrhunderts umfaßte, konnte über den Nachweis einer Reihe von Hydrolasen in Böden berichtet werden. Solche Berichte schließen die Enzyme Pyrophosphatase, Phosphatase, Katalase und Urease ein.

Eine dritte Phase der bodenenzymatischen Forschung umfaßt den Zeitraum ab etwa 1950. Mit Beginn der Fünfziger Jahre erlebte die Bodenenzymforschung einen Aufschwung. Das Verständnis für enzymkatalysierte Reaktionen war gewachsen und das ständig zunehmende Interesse an diesem Fachgebiet führte zur Entwicklung neuer Methoden und zum Nachweis weiterer Bodenenzymaktivitäten. Mit der zunehmenden Zahl an Bodenenzymversuchen nahm auch das Interesse an Bodenenzymen als Indikatoren der Bodenfruchtbarkeit zu.

Ein Großteil der Forschungsbeiträge zum Fachgebiet der Bodenenzymatik kam zunächst aus Ost- und Westeuropa.

Oxidoreduktasen, Hydrolasen und Transferasen zählen zu den am häufigsten untersuchten Bodenenzymen. Der Nachweis, die Aufklärung der Lokalisation und der Eigenschaften der Bodenenzyme, deren Beziehung zur Bodenfruchtbarkeit sowie deren Beeinflussung durch natürliche und anthropogene Standortfaktoren wie Klima, Vegetation, Bodentyp, Bodentiere, Bewirtschaftungs- und Rekultivierungsmaßnahmen, Pflanzenschutzmittel, Agrarhilfsstoffe sowie durch organische und anorganische Schadstoffe zählen zu den Schwerpunkten der bodenenzymatischen Forschung.

Durch intensive Nutzung und den Eintrag von Schadstoffen werden Böden in ihrer Leistungsfähigkeit im Sinne der den Böden zukommenden lebenswichtigen Funktionen beeinträchtigt. Der Bodenschutz hat das Ziel die Leistungsfähigkeit des Bodens zu erhalten beziehungsweise wiederherzustellen. Bodenmikrobiologische und -enzymatische Parameter weisen ein Potential als frühe und sensitive Indikatoren für Veränderungen in Böden infolge äußerer Einflüsse auf. Zur Beurteilung der Leistungsfähigkeit von Böden aus land- und forstwirtschaftlicher Sicht sowie aus der Sicht der Umweltqualität sind geeignete Indikatoren für die Bodenqualität erforderlich. Physikalische, physikochemische und chemische Bodeneigenschaften stellen klassische Kriterien zur Beurteilung eines Bodens unter den oben genannten Gesichtspunkten dar. Mikrobiologische, zoologische, botanische und bodenenzymatische Parameter ergänzen diese klassischen Kriterien in wertvoller Weise und ermöglichen eine umfassende Interpretation. Die Auffindung der geeignetsten biologischen Indikatoren der Bodenqualität ist Gegenstand der Forschung. Forschungsbedarf besteht im besonderen auch hinsichtlich der Entwicklung von Methoden zur Erweiterung des Wissens auf dem Gebiet der mikrobiellen Diversität und Gemeinschaftsstruktur im Boden.

Die Standardisierung von Methoden und Versuchsprotokollen sowie die Durchführung interdisziplinärer systematischer Untersuchungen sind für grundlagen- und anwendungsorientierte Fragestellungen der Bodenmikrobiologie und Bodenenzymatik wichtige Aufgaben.

Literatur zur Bodenmikrobiologie und -enzymatik

Der Bodenmikrobiologie gewidmete Bücher schließen ein: „Handbuch der landwirtschaftlichen Bakteriologie“ von Löhnis (1910); „The microorganisms of the soil“ von Russel (1923); „Principles of soil microbiology“ von Waksman (1927); „The soil and the microbe“ von Waksman und Starkey (1931); „Introduction to soil microbiology“ von Alexander (1961, 1977); „Mikrobiologie des Bodens“ von Beck (1968); „Soil microorganisms“ von Gray und Williams (1971a); „Microbial life in the soil“ von Hattori (1973), „Microorganisms, function, form and environment“ von Hawker und Linton (1979); „Soil microbiology and biochemistry“ von Paul und Clark (1989); „Soil microbial ecology“ von Metting (1993). Unter dem Serientitel „Soil biochemistry“ (1967–1993) erschienen bisher 8 Bände, welche unterschiedlichen Bereichen der Bodenmikrobiologie und -biochemie Rechnung tragen.

Literaturübersichten zum Fachgebiet der Bodenenzymatik verfaßten Skujins (1967, 1976) sowie Kiss et al. (1974, 1975a,b). Die bisher umfassendste Publikation zum Themenkreis der Bodenenzymatik ist jene von R.G. Burns (1978) mit dem Titel „Soil enzymes“.

Zu den wichtigsten Zeitschriften, welche der Wissenschaft der Bodenmikrobiologie und -enzymatik Rechnung tragen, zählen die internationalen Zeitschriften: „Proceedings of the American Soil Science Society“ bzw. „Soil Science Society of America: Proceedings“ bzw. Soil Science of America: Journal; „Soil Biology and Biochemistry“; „Biology and Fertility of Soils“; „Communications in Soil Science and Plant Analysis“; „Plant and Soil“; „Microbial Ecology“; „Soil Science“; „Journal of Soil Science“. Die Zeitschriften „Canadian Journal of Soil Science“; „Canadian Journal of Microbiology“; „Applied and Environmental Microbiology“; „Journal of Environmental Quality“; „Geoderma“ und „Water, Air, and Soil Pollution“ sind ebenfalls anzugeben. Autoren der ehemaligen UdSSR leisteten wesentliche Beiträge zum Fachgebiet der Bodenzymatik. Viele dieser Beiträge konnten der Zeitschrift „Soviet Soil Science“, nunmehr „Eurasian Soil Science“ entnommen werden, welche eine englischsprachige Übersetzung russischsprachiger Fachzeitschriften darstellt. Auch die deutschsprachige Zeitschrift „Zeitschrift für Pflanzenernährung und Bodenkunde“ und die französischsprachige Zeitschrift „Revue d'écologie et de biologie du sol“ stellen wertvolle Quellen für bodenbiologische Forschungsergebnisse dar.

2 Der Boden als Lebensraum für Mikroorganismen

2.1 Definition

Die Böden stellen den oberen, lockeren, porösen Teil der festen Erdrinde dar, in welchem die vier Geosphären, die Hydro-, Litho-, Atmo- und die Biosphäre, einander durchdringen. Als offene Systeme von spezifischer Struktur und Funktion stehen Böden in intensivem Stoff- und Energieaustausch mit angrenzenden Systemen. Böden bestehen aus festen, flüssigen und gasförmigen, anorganischen und organischen, lebenden und toten Bestandteilen von unterschiedlicher Größe und Qualität. Die Böden sind Lebensraum für Bakterien, Pilze, Schleimpilze, Viren, mikroskopisch kleine Pflanzen (Algen) und mikroskopisch kleine Tiere (wie Protozoen und Nematoden). Neben den mikroskopisch kleinen Vertretern des Tierreichs, welche als Mikrofauna definiert sind, treten im Boden auch größere Tiere als Elemente der Meso- und Makrofauna auf. Flechten, welche als Bodenbesiedler ebenfalls gefunden werden sind Lebensgemeinschaften zwischen Pilzen und Algen bzw. Pilzen und Cyanobakterien. Die genannten Organismen werden als Bodenleben oder Edaphon definiert. Die im Boden wurzelnden Pflanzen werden nicht zum Edaphon gezählt. Diese nehmen jedoch wesentlichen Einfluß auf das Edaphon. Die Viren, welche nur innerhalb lebender Zellen Vermehrung zeigen und nicht zu den Lebewesen gezählt werden können, stellen eine weitere im Boden vorkommende Gruppe dar. Die Bodenfruchtbarkeit und damit die Eignung eines Bodens als Pflanzenstandort wird weitgehend durch die Aktivitäten der Bodenorganismen bestimmt.

Der Boden ist das komplexeste aller mikrobiellen Habitate. Drei verschiedene Phasen durchdringen einander im Boden. Die feste Phase der Böden besteht aus anorganischen (mineralischen) und organischen Komponenten unterschiedlicher Größe, Form und chemischer Beschaffenheit. Gase, Wasser und gelöste organische und anorganische Stoffe stellen weitere Komponenten dieses Lebensraumes dar. Die feste Phase wird von der wäßrigen und der gasförmigen Phase umgeben. Die Phasen unterliegen hinsichtlich der Zusammensetzung sowie der räumlichen und zeitlichen Präsenz Fluktuationen.

Böden, welche in ihrer Zusammensetzung vorherrschend mineralisch (anorganisch) sind werden als Mineralböden definiert. In Mineralböden repräsentiert die partikuläre anorganische Substanz den Großteil der festen Phase. Böden, welche auf Gewichtsbasis zumindest 20% bzw. auf Volumsbasis mehr als 50% organische Substanz enthalten werden als organische Böden bezeichnet. Organische Böden werden in ihren Eigenschaften durch organisches Material dominiert. Die Mineralböden besetzen den Großteil der Landoberfläche der Erde. Die in diesem Werk präsentierten Daten beziehen sich primär auf Mineralböden.

Auf Volumsbasis können die vier Komponenten eines sich in einem für das Pflanzenwachstum optimalen Zustand befindenden repräsentativen Lehm-Oberbodens mit 45% mineralische Substanz, 5% organische Substanz, 20–30% Luft und 20–30% Wasser angegeben werden. Bodenmikroorganismen benötigen für eine optimale Aktivität ein ausgewogenes Verhältnis von festen, flüssigen und gasförmigen Bestandteilen (2:1:1) (Küster 1972).

Böden sind dynamische Naturkörper. Diese entstehen, wenn ein Gestein an der Erdoberfläche unter einem bestimmten Klima und einer organische Ausgangssubstanzen liefernden Gemeinschaft von Pflanzen, Tieren und Mikroorganismen durch bodenbildende Prozesse umgeformt wird. Die bodenbildenden Prozesse werden von bodenbildenden Faktoren gesteuert. Das Ausgangsgestein, das Klima, das Relief, das Wasserregime, die Schwerkraft und die Bewirtschaftungsmaßnahmen zählen zu den bodenbildenden Faktoren. Die Vegetation und die Bodenlebewesen treten als weitere bodenbildende Faktoren hinzu. Wesentliche Bedeutung kommt auch dem Faktor Zeit zu. Die Entwicklung von Böden vollzieht sich in großen Zeiträumen durch bodenbildende Prozesse wie Verwitterung und Mineralneubildung, Zersetzung und Humifizierung, Gefügebildung und verschiedene Stoffumwandlungen und -verlagerungen. Die Mehrzahl der Böden entwickelte sich während der letzten hundert Millionen Jahre. In den temperaten Klimaregionen, welche während der vergangenen 1.5 Millionen Jahre wiederholt der Vergletscherung unterlagen sind die Böden relativ rezent (Nedwell und Gray 1987).

2.2 Anorganische Substanz

2.2.1 Verwitterung und Bodenmineralien

Ausgangsmaterial

Die mineralischen Bestandteile des Bodens entstammen dem der Verwitterung unterliegenden Ausgangsgestein. Die festen und lockeren Gesteine der Erdkruste und die sie aufbauenden Mineralien sind das anorganische Ausgangsmaterial der Böden und die primäre Quelle für zahlreiche Nährstoffe. Der Großteil der Nährstoffe liegt in Mineralstrukturen gebunden vor und wird aus diesen meist nur sehr langsam freigesetzt. Ein Teil der anorganischen Nährstoffe liegt in Form austauschbar gebundener Ionen an der Oberfläche feiner Bodenteilchen vor.

Das Element Silicium ist nach Sauerstoff das zweithäufigste Element der Erdkruste; dessen mittlerer Gehalt wird mit 28% angegebenen. Silicium tritt in der Natur in Form von Silikaten (Salze der Kieselsäure) und von Siliciumdioxid (Quarz) auf. Silikatmineralien repräsentieren gewichtsmäßig mehr als 90% der Erdkruste.

Die Gesteine der Erdoberfläche werden als Magmatite, Sedimente und Metamorphite klassifiziert. Magmatite oder Erstarrungsgesteine entstehen bei der Verfestigung der Magma. Sedimente entstehen durch die Ablagerung und Verfestigung von Verwitterungsprodukten anderer Gesteine. Metamorphite gehen aus der Umwandlung andere Gesteine unter dem Einfluß von hoher Temperatur und hohem Druck hervor.

Durch Kristallisation während des Abkühlens der Magma entstandene Mineralien werden als primäre Mineralien definiert. Die Magmatite setzen sich aus primären Mineralien zusammen. Solche sind Quarz und zu einem größeren Teil primäre Silikate. Feldspäte, Glimmer, Augite und Hornblenden sind wichtige primäre Silikate. Bei den Salzen der Kieselsäure überwiegen solche der Kationen Al, Fe, Ca, Mg, K und Na. Neben den Hauptmineralien werden auch akzessorische Minerale wie Apatit, Pyrit, Magnetit und Zirkon gefunden. Apatit bzw. Pyrit sind wichtige Quellen für Phosphor bzw. Schwefel.

Quarz ist ein wichtiger Gemengeteil von Sedimenten. In den Sedimenten werden neben primären Silikaten, sekundäre Mineralien wie Carbonate, Tonmineralien sowie Oxide und Hydroxide des Siliciums, Eisens und Mangans (Sesquioxide) gefunden. Die Sedimente sind an der Erdoberfläche mit einem Prozentanteil von zirka 75% gegenüber den Magmatiten und Metamorphiten als Ausgangsmaterial für die Bodenbildung von größerer Bedeutung.

Desintegrierende und synthetische Prozesse

Die Verwitterung kann vereinfacht als eine Kombination aus Zerfall und Synthese angesehen werden. Mechanische, chemische und biologische Prozesse sind in die Verwitterung involviert.

Die Verwitterung steht unter dem Einfluß des Klimas, der physikalischen sowie der chemischen und strukturellen Eigenschaften der Gesteine und Mineralien. Die Stabilität der bodenbildenden Mineralien ist von den klimatischen und biologischen Bedingungen abhängig.

Die physikalische Verwitterung durch welche das Gestein in kleinere Bruchstücke zerlegt wird, wird durch die Temperatur, das Wasser, das Eis und den Wind sowie durch Pflanzen und Druckentlastung vermittelt. Die Temperatur wirkt durch den Wechsel von Erwärmung und Abkühlung und damit verbundenen Volumenzu- und abnahmen desintegrierend. In Gesteinsrissen und -spalten gefrierendes Wasser wirkt infolge der Volumsvergrößerung sprengend. Wasser, Wind und Eis wirken abrasiv. Pflanzenwurzeln können durch Wachstum in Rissen eine desintegrierende Wirkung auf das Gestein ausüben. Eine Desintegration von Gesteinen kann auch über eine Druckentlastung nach Abtragungsvorgängen erfolgen.

Die chemischen Prozesse der Verwitterung schließen Hydrolyse, Hydratation, Acidolyse und Oxidation ein. Die chemische Verwitterung wird durch die Gegenwart von Wasser und darin gelösten Salzen und Säuren sowie durch jene von Sauerstoff beschleunigt.

Die Bodenorganismen und die Pflanzenwurzeln haben intensiven Anteil an der chemischen Verwitterung. Im Zuge der Atmung und des mikrobiellen Abbaus von organischer Substanz gebildete organische und anorganische Säuren, die Freisetzung von Protonen (z.B. im Austausch gegen Nährkationen) sowie mikrobielle Redox-Reaktionen an anorganischen Substraten tragen zur chemischen Verwitterung bei.

Es ist seit langem bekannt, daß Mikroorganismen extreme Standorte besiedeln können, an der Verwitterung von Gesteinen und Mineralien teilhaben und zur Bodenbildung bzw. -entwicklung beitragen (z.B. Webley et al. 1963; Agbim und Doxtader 1975). In der frühen Phase der Bodenbildung herrscht häufig Nährstoffmangel. Initialbesiedlern von Ausgangsgesteinen mit der Fähigkeit zur Photosynthese, zur Fixierung von molekularem Stickstoff und zur Mobilisierung von Nährstoffen aus anorganischen Substraten kommt deshalb eine fundamentale Bedeutung zu. Pionierorganismen können in kalten (boreale und alpine) oder trockenen (Wüsten) Klimaten gefunden werden.

Die Rolle von Bakterien bei der Verwitterung von Gesteinen wurde in den Neunziger Jahren des 19. Jahrhunderts erkannt. In der Folge konnten Befunde erhalten werden, welche die Involvierung säurebildender Mikroorganismen und Krustenflechten in diesen Prozeß anzeigten.

Mit den Organismen verbundene biologische und biochemische Faktoren spielen bei der Verwitterung von Mineralien eine Hauptrolle. Die involvierten Reaktionen dienen den Mikroorganismen häufig der Nährstoff- und Energiegewinnung. Es ist möglich, daß die Minerallösung mikrobiell durch Acidolyse (Ansäuern des Mediums durch organische/anorganische Säuren) durch Komplexolyse (Bildung von Chelatoren) und enzymatisch (Redox-Reaktionen) vermittelt wird.

Anorganische Bodenbestandteile können durch enzymatische Oxidation oder Reduktion gefällt oder gelöst werden. Bei der Mineralisierung der organischen Substanz auftretende Metabolite wie organische Säuren,

Kohlendioxid (Kohlensäure) oder Ammonium können die Verwitterung durch die Veränderung des pH-Wertes fördern. Die Etablierung eines pH, welcher zwischen 6–5 rangiert kann mit Kohlensäure, ein solcher geringer als 5 mit organischen Säuren sowie starken Mineralsäuren wie HNO_3 und H_2SO_4 erreicht werden. Organische Säuren können als Komplexbildner oder Chelatoren sowie als Reduktionsmittel fungieren. Die Metallösung aus anorganischen Bodenbestandteilen kann deshalb durch chelatierende und reduktive Prozesse erfolgen.

Durch die mikrobielle Oxidation von NH_4^+, S^o und FeS_2 kommt es zur Bildung von HNO_3 und H_2SO_4, welche starke Mineralsäuren repräsentieren. pH-Werte von geringer als 3 können durch solche Mineralsäuren bedingt werden. Auf diese Weise wird die Verwitterung von Gesteinen und Mineralien erhöht und die Mobilität von Metallen wie Al^{3+}, Fe^{3+} oder anderer Übergangsmetalle ermöglicht. In die Fällung der Elemente sind oft Polysaccharide involviert.

Die mikrobielle Produktion organischer Verbindungen, welche Metalle zu stabilen Komplexen binden, wirken ebenso wie die mikrobiell vermittelte Bildung schwerlöslicher Verbindungen wie $CaCO_3$, Ca- und Mg-Oxalat und Fe- und Mn-Oxide verwitterungsfördernd, da die aus den Mineralien freigesetzten Elemente auf diese Weise dem Verwitterungsgleichgewicht entzogen werden. Auftretende lösliche Verwitterungsprodukte wie Kationen können an Bodenteilchen gebunden, von Mikroorganismen und Pflanzen aufgenommen sowie in tiefere Bodenbereiche verlagert oder ausgewaschen werden.

Mikroorganismen leisten einen signifikanten Beitrag zur Verwitterung der Silikate. Diese silikatabbauenden Aktivitäten werden im geologischen Maßstab, während Millionen von Jahren, als enorm eingestuft. Die Kristalloberflächen primärer Silikate aus Böden sind häufig dicht mit Hyphen überzogen. Durch die Ausscheidung von Säuren und Komplexbildnern kann an Kontaktstellen eine verstärkte Verwitterung auftreten. An Grenzflächen (Flechten, Pilze, Rhizosphäre) konnten Lösungs- und Wiederausfällungseffekte gezeigt werden. In Gesteinsflechten war Ca- und Mg-Oxalat nachweisbar, welches durch die Reaktion von ausgeschiedener Oxalsäure mit Ca und Mg aus dem Gestein entstand. Biotite verloren Kalium, wenn diese für längere Zeit im Oberboden saurer Waldböden gelagert wurden. Dabei drangen Hyphen zwischen die sich aufblätternden Kristalle ein. Unter dem Einfluß von Bakterien konnte die Umwitterung des Tonminerals Vermiculit zu Montmorillonit infolge der Lösung von Si, Al, Fe und Mg beobachtet werden (Ehrlich 1990). Die Zersetzung von an Gesteinsoberflächen sorbierten, die Lösung von Gesteinskomponenten vermittelnden, Mikroorganismen führt zum Auftreten von „Ton-Humus"-Rückständen (Marshall 1971).

Die der Verwitterung entstammenden anorganischen Bestandteile variieren in ihrer Größenverteilung und Mineralogie zwischen den Böden.

Geochemisch werden Mineralien als anorganische Verbindungen von spezifischer chemischer Zusammensetzung und Struktur definiert. Diese sind gewöhnlich von kristalliner, manchmal auch von amorpher Natur. In Böden werden primäre und sekundäre (pedogene) Mineralien gefunden. Sekundäre oder pedogene Mineralien sind Kristallisationsprodukte des chemischen Abbaus und/oder der chemischen Veränderung primärer Mineralien. Im Zuge der Mineralneubildung entstehen aus Verwitterungsprodukten und -rückständen neue Mineralien.

Im Zuge chemischer Verwitterungsvorgänge gebildete sekundäre Mineralien schließen Tonmineralien (Al-Silikate) sowie Oxide und Hydroxide des Eisens und Aluminiums ein. Die Bodenmineralien besitzen eine entweder kristalline oder amorphe Struktur. Die Tonmineralien weisen eine kristalline Struktur auf. Unter den Oxiden und Hydroxiden des Eisens und Aluminiums werden Vertreter mit kristalliner sowie auch mit amorpher Struktur gefunden. Allophane sind amorphe Al-Silikate, welche vorherrschend in Böden auftreten, die sich aus vulkanischen Aschen entwickelten. Kleine Mengen amorpher Mineralien treten in den meisten Böden, oft als Überzüge auf kristallinen Mineralien auf.

Die klimatischen Bedingungen beeinflussen die Geschwindigkeit und die Natur der Verwitterung am stärksten. Unter ariden Bedingungen dominieren die physikalischen Kräfte der Verwitterung. Die chemische Veränderung der Mineralien ist unter ariden Bedingungen relativ gering und die Böden arider Gebiete sind reich an primären Mineralien. In humiden Regionen variieren die Kräfte der Verwitterung stärker. Physikalische und chemische Kräfte der Verwitterung sind wirksam. Die chemischen Kräfte der Verwitterung führen zur Bildung sekundärer Mineralien. Die chemische Verwitterung wird durch die Zersetzung von organischer Substanz, welche bei günstigen Bedingungen für das Pflanzenwachstum reichlich vorhanden ist, gefördert. In den humiden Tropen sorgen relativ hohe Temperaturen während des gesamten Jahres und reichliches Pflanzenwachstum für optimale chemische Verwitterungsbedingungen. In solchen Gebieten wurden die primären Mineralien durch intensive Verwitterung verbraucht, weshalb dort vermehrt hoch verwitterte Tonmineralien und Oxide/Hydroxide des Eisen und Aluminiums gefunden werden.

Die Tonmineralien und die Oxide und Hydroxide des Eisens (wie Goethit, Hämatit) und Aluminiums (wie Gibbsit) stellen gemeinsam mit sehr widerstandfähigen primären Mineralien wie Quarz die in Böden der temperaten Regionen dominierenden Gruppen von Bodenmineralien dar. In hoch verwitterten Böden der feuchten tropischen Regionen dominieren Oxide des Eisens und Aluminiums.

2.2.2 Textur und Bodenart

Die anorganischen Teilchen des Bodens variieren hinsichtlich ihrer Größe. Die Zusammensetzung des Mineralkörpers des Bodens aus Teilchen unterschiedlicher Korngröße ist als Textur oder Körnung definiert.

Kornfraktionen

Es besteht die Konvention die mineralischen Anteile des Bodens entsprechend deren Größe in Fraktionen zu teilen. Die Fraktion < 2 mm wird als Feinboden und jene > 2 mm als Grobboden oder Bodenskelett bezeichnet. Für die weitere Unterteilung des Feinbodens in Fraktionen war früher eine Skala (Zweier-Skala) gebräuchlich nach der man unterteilte in Grobsand 2 000–200 µm, Feinsand 200–20 µm, Schluff 20–2 µm, Ton < 2 µm (Mückenhausen 1993). Im Bestreben nach einer genaueren Einteilung der Kornfraktionen wurde eine andere Skala (Zwei-Sechser-Skala) eingeführt. Demnach werden Kornfraktionen mit Bereich 63–2 000 µm als Sand (S), im Bereich 2–63 µm als Schluff (U) und jene im Bereich < 0.2–2 µm als Ton (T) bezeichnet. In der Literatur werden auch noch andere Skalen zur Einteilung der Kornfraktionen angegeben. Dem United States Department of Agriculture entsprechend deckt die Sandfraktion einen Größenbereich von 50–2 000 µm, die Schlufffraktion einen solchen von 2–50 µm und die Tonfraktion einen solchen < 2 µm ab. Die Angabe der Dimension erfolgt als Äquivalentdurchmesser, da Gesteins- und Mineralpartikel nur selten kugelförmig ausgebildet sind. Der Äquivalentdurchmesser entspricht dem Durchmesser einer Kugel, welche in Wasser genauso schnell absinkt wie ein entsprechendes nichtkugelförmiges Teilchen (Schroeder 1984).

Die Korngrößenanalyse gibt ein Bild von den physikalischen Eigenschaften des Bodens. Die Fähigkeit des Bodens Wasser und Nährstoffe zu speichern und auszutauschen steht mit der Korngrößenverteilung in Beziehung. Die Textur nimmt unter anderem Einfluß auf das Porensystem des Bodens und ist auf diese Weise eng mit dessen Wasser- und der Lufthaushalt verbunden.

Extrem einseitig zusammengesetzte Texturen sind für die Pflanzenproduktion ungünstig. Beteiligen sich die Hauptfraktionen zu etwa gleichen Teilen (Lehme), werden ungünstige Eigenschaften der extremen Hauptfraktion abgeschwächt.

Die verschiedenen Kornfraktionen weisen hinsichtlich der physikalischen und mineralogischen Eigenschaften und der chemischen Zusammensetzung weite Variation auf.

Sand- und Schlufffraktion

Die Sand- und Schlufffraktionen setzen sich aus primären Mineralien wie Quarz, Feldspäte und Glimmer zusammen. Quarz dominiert gewöhnlich die Sand- und Schlufffraktion. Hydroxide des Eisens und Aluminiums wie Gibbsit, Hämatit und Goethit können als Überzüge von Sandkörnern gefunden werden. Diese beiden Fraktionen sind, vor allem bei Betrachtung sorptiver Wechselwirkungen, gegenüber der Tonfraktion relativ inert. Die Wasserhaltekapazität von Sandkörnern ist gering. Durch Sand dominierte Böden weisen eine gute Entwässerung und Belüftung auf. Diese sind jedoch durch Trockenheit gefährdet. Sand kann selbst im nassen Zustand nicht geformt werden. Schluff, dessen Teilchen meist von Ton überzogen sind, weisen eine gegenüber Sandteilchen höhere Plastizität, Kohäsion und sorptive Kapazität auf. Eine ungünstige Eigenschaft von Schluff ist dessen Fähigkeit bei Fehlen adäquater Mengen an Sand, Ton oder organischer Substanz die Bodenoberfläche zu verdichten und zu verkrusten.

Tonfraktion

Die Tonfraktion schließt silikatische Tone (Tonmineralien), primäre Mineralien (Quarz, Feldspäte, Calcit) von Tongröße sowie Oxide und Hydroxide des Fe und Al von Tongröße ein. Die silikatischen Tone weisen weite chemische Variation auf. Es werden einfache Aluminiumsilikate gefunden. Andere enthalten verschiedene Mengen an Fe, Mg, K und anderer Elemente in ihren Kristallstrukturen. Die Eigenschaften der Tonfraktion können durch Oxide und Hydroxide des Al, Fe, Ti und Mn modifiziert werden (Robert und Chenu 1992).

In der Bodenforschung werden organische und anorganische Bodenteilchen mit einem Durchmesser < 2 µm den Bodenkolloiden zugeordnet. Die Tone zählen zu den Bodenkolloiden.

Die Tone weisen eine hohe spezifische Oberfläche und Ladungen auf. Die Adsorption von Wasser, Nährstoffen, Gasen sowie die gegenseitige Anziehung der Teilchen bedingt, daß diese Fraktion eine wesentliche Determinante bezüglich der Eigenschaften von Böden darstellt. Ton kann im feuchten Zustand leicht geformt werden. Tone können dispergieren und flocken.

Die Oxide und Hydroxide des Eisens und Aluminiums spielen vor allem in den humiden Tropen eine prominente Rolle, während in den temperaten Regionen die Tonmineralien von größerer Bedeutung sind.

Bodenart (Körnungs- oder Texturklasse)

Die Böden können durch die relativen Anteile der Kornfraktionen Ton (T), Schluff (U) und Sand (S) am Feinboden eingeteilt werden. Die Korngrößenverteilung bestimmt die Bodenart (Texturklasse). Durch eine Partikelgrößenklasse dominierte Böden werden entsprechend dieser Klasse benannt (Sandböden, Tonböden, Schluffböden). Als Sande werden solche Böden definiert, bei welchen auf Gewichtsbasis die Sandfraktion zumindest 70% und die Tonfraktion 15% oder weniger ausmacht. Schluffe sind solche, bei welchen die Schlufffraktion zumindest 80% und die Tonfraktion 12% oder weniger ausmacht. Tone enhalten zumindest 35% Ton. Böden, welche durch keine Partikelgröße dominiert werden, werden als Lehme bezeichnet. Intermediäre Klassen der Bodentextur sind zum Beispiel lehmiger Sand oder schluffiger Lehm. Die für Ackerböden häufig angegebenen Tongehalte bewegen sich in einem Bereich von 15–20%.

Physikalische Eigenschaften des Bodens wie Bodenbelüftung und Bearbeitbarkeit werden durch die Texturklasse entscheidend mitbestimmt. Durch Bewirtschaftungsmaßnahmen, welche den organischen Substanzgehalt im Boden erhöhen kann die Struktur sowohl grob- wie auch feintextierter Böden günstig beeinflußt werden. Von Sand und Schluff dominierte Böden zeigen die Tendenz zur Unterhaltung einer geringeren mikrobiellen Biomasse als Lehm- und Tonböden. Die spezifische Atmung der Biomasse wird durch die Textur ebenfalls beeinflußt. In Tonböden konnte eine etwa zehnmal höhere mikrobielle Biomasse nachgewiesen werden als in einem schluffigen Lehm (Lynch und Panting 1980). Im Schlufflehm war der mikrobielle Biomasse-C mit 260 µg/g höher als im Sandlehm, wo sich dieser auf 185 µg/g belief (Winter und Beese 1995). Im Sandlehm betrug die spezifische Atmung 3.1 µg CO_2-C/mg mikrobiellem Biomasse-C/Stunde, während der entsprechende Wert im Schlufflehm 2.6 betrug. Eine signifikante positive Beziehung bestand zwischen dem Gehalt an mikrobiellem Biomasse-C und dem Tongehalt, wenn Böden mit einem Tongehalt > 25% nicht berücksichtigt wurden (Weigand et al. 1995).

2.3 Organische Substanz

2.3.1 Definition und Zusammensetzung

Die organische Bodensubstanz ist nicht einheitlich definiert. Gleiches gilt auch für den Begriff des Humus. Die organische Substanz des Bodens umfaßt sämtliche auf und in dem Boden befindlichen Pflanzen-, Tier- und Mikroorganismenreste, deren organische Umwandlungsprodukte sowie durch organismische Aktivität ausgeschiedene organische Metabolite. Ebenso zählen durch menschliche Aktivitäten in den Boden eingebrachte organische Stoffe (in Form von organischen Düngern, Agrarhilfsstoffen, Pflanzenschutzmitteln, Abfällen, Immissionen) sowie deren organische Transformationsprodukte zur organischen Bodensubstanz. Anderen Autoren entsprechend zählt auch das Edaphon (Bodenorganismen) bzw. ein Teil desselben, die Mikroorganismen, zur organischen Bodensubstanz. Die Gesamtheit der organischen Bodensubstanz wird auch als Humus bezeichnet. Manche Autoren beschränken den Begriff des Humus auf eine spezielle Fraktion der organischen Substanz, die Huminstoffe.

Die chemische Zusammensetzung der organischen Substanz beträgt etwa 50% C, 5% N, 0.5% P, 0.5% S, 39% O und 5% H (w/w). Diese Werte fluktuieren mit dem Boden. Carboxyl-, phenolische Hydroxyl-, alkoholische Hydroxyl- und Carbonylgruppen sind wichtige funktionelle Gruppen der Huminsubstanzen. Neben Nichtmetallen enthält die organische Bodensubstanz auch Metalle. Metalle können in austauschbarer Form oder auch in Form von Komplexen mit der organischen Substanz assoziiert sein.

Es können biochemisch gut definierte organische Fraktionen wie Polysaccharide, Polypeptide, Phenole, Lipide, organische Säuren und eine biochemisch weniger gut definierte amorphe kolloidale organische Fraktion, die Huminstoffe, nachgewiesen werden. Das auftretende Substratspektrum reicht von leicht abbaubaren Substraten bis hin zu solchen von phenolischer Natur, welche bakteriostatische Eigenschaften aufweisen können. Die organische Substanz besteht zu etwa 25% aus Kohlenhydraten (Oades 1984). Die Polysaccharide haben den größten Anteil an den Kohlenhydraten. Stickstoffhaltige Verbindungen wie Aminosäuren, aliphatische Fettsäuren und Aromaten sind weitere definierte Bestandteile von Biopolymeren in der organischen Substanz des Bodens.

Die Reste der Organismen sind nur in frühen Stadien der Zersetzung erkennbar. In der Literatur kann eine, dem Umwandlungsgrad der organischen Substanz entsprechende, Einteilung in Nichthumin- bzw. Streustoffe und in Huminstoffe angetroffen werden. Die Streustoffe umfassen demgemäß die nicht oder nur schwach umgewandelten organischen Stoffe. Bei den Huminstoffen handelt es sich um stark transformierte, hochmolekulare organische Substanzen.

Die organische Bodensubstanz kann über die Dichte oder die Größe getrennt werden. Größenfraktionen der organischen Substanz im Bereich von 53–2000 μm werden als makroorganische Substanz definiert. Der Großteil der makroorganischen Substanz ist in der leichten Fraktion des Bodens (Dichte < 2 g/cm^3) enthalten. Die organische Substanz dieser Fraktion umfaßt primär an der zellulären Struktur erkennbare Pflanzenreste, jedoch werden auch Pilzhyphen, Sporen, Samen, Holzkohle und tierische Reste gefunden (Gregorich und Ellert 1993). Die leichte Fraktion der organischen Substanz ist gegenüber Fraktionen, welche durch mineralische Bestandteile dominiert werden mit C und N angereichert. 40 bzw. 30% des gesamten organischen C bzw. N können in der leichten Fraktion der organischen Substanz vorhanden sein. Mehr als die Hälfte der mikrobiellen Populationen und Enzymaktivitäten von Böden können mit der leichten Fraktion verbunden sein (Kanazawa und Filip 1986). Die organische Substanz der leichten Fraktion weist eine gegenüber anderen physikalischen Fraktionen höhere Umsatzrate auf, wenngleich Hinweise auf das Bestehen von zwei oder mehr Kohlenstoff-Pools mit unterschiedlicher Umsatzrate erhalten werden konnten (Bonde et al. 1992). Die meisten kleinen Fraktionen der organischen Substanz sind amorph und bestehen aus Huminmaterial oder chemisch definierten Polymeren wie Polysacchariden oder Proteinen (Robert und Chenu 1992). Diese können partikulär oder gelöst sein.

2.3.2 Gehalte und Umsatz

Das Klima, die Vegetation, die Textur, der Wasserhaushalt und die Bewirtschaftungsmaßnahmen zählen zu jenen Faktoren, welche den Gehalt der Böden an organischer Substanz kontrollieren.

In einem Klimaraum stellt sich bei langjähriger gleichartiger Nutzung ein Gleichgewicht zwischen Anlieferung und Abbau der organischen Stoffe im Boden ein. Stehen die Zufuhr und der Abbau der organischen Substanz im Jahreslauf im Gleichgewicht, stellt der organische Substanzgehalt eine konstante Eigenschaft dar. Dieses Gleichgewicht wird durch veränderte Umweltbedingungen gestört.

Die in den Boden gelangenden organischen Materialien können dort mineralisiert, in die Biomasse eingebaut sowie in die Huminstoffbildung einbezogen werden. Der Abbau der organischen Ausgangssubstanzen wird als Zersetzung, deren Umwandlung in Huminstoffe als Humifizierung bezeichnet. Im Prozeß der Mineralisierung wird die organische Substanz in anorganische Stoffe überführt. Während der Humifizierung werden neue Moleküle gebildet, welche ebenfalls, wenngleich auch wesentlich langsamer als nicht humifizierte organische Substanzen, mineralisiert werden. Durch Kondensation stabilisiert sich ein Teil der organischen Substanz zu Huminstoffen, welche mehr als 1000 Jahre alt werden können. Die Humifizierungsprozesse wirken einem langsamen Abbau von Humuskomponenten entgegen. Die Literaturangaben zum Abbau belaufen sich auf 2–5% pro Jahr. Für die widerstandsfähigsten Humuskomponenten wurden Halbwertszeiten angegeben, welche entsprechend Carbondatierung in Jahrhunderten bemessen sind.

Die organische Substanz ist Nährstoffquelle für Mikroorganismen, Bodentiere und Pflanzen. Zwischen der Quantität und Qualität an organischer Bodensubstanz und dem möglichen Gehalt an mikrobieller Biomasse besteht eine enge Beziehung. In landwirtschaftlich genutzten Böden konnten Anderson und Domsch (1989) eine lineare Beziehung zwischen dem mikrobiellen Biomasse-C und dem organischen Substanzgehalt bis zu 2.5% organische Substanz nachweisen.

Nachweisbare Gehalte

Der Gehalt der Böden an organischer Substanz kann zwischen 0.1% in Wüstenböden und mehr als 50% (w/w) in organischen Böden variieren. Die in der Literatur angegeben Werte für den organischen Substanzgehalt von Böden bewegen sich für solche in den gemäßigten Regionen zwischen 0.4 und 10%. Die entsprechenden Durchschnittswerte für Böden der humiden Region werden mit 3–4% und für solche der semiariden Regionen mit 1–3% veranschlagt.

Die mengenmäßige Verteilung des Humus variiert mit dem Horizont. Humusgehalte von nahe 100% können in Auflagehorizonten gefunden werden. Die A_h-Horizonte von Wald- und Ackerböden weisen oftmals Humusgehalte von nur 1.5–4% auf. Im oberen Horizont von Dauergrünlandböden können Humusgehalte von bis zu 15% auftreten. Anderson und Gray (1991) gaben den gesamten organischen Kohlenstoffgehalt eines Standortes unter permanenter Monokultur ohne Zufuhr von organischer Substanz mit 17 000 kg C/ha an. Dies erfolgte unter der Annahme, daß das Gewicht von einem Hektar Boden bis zu einer Tiefe von zwölf cm $1.5x10^6$ kg beträgt. Der mittlere Kohlenstoffgehalt der Biomasse wurde entsprechend mit 400 kg/ha angegeben.

Umsatzbeeinflussende Faktoren

Der mikrobielle Umsatz der organischen Substanz und die damit verbundene Freisetzung anorganischer Nährstoffe wird durch Bodeneigenschaften wie Temperatur, Wasserhaushalt, Tongehalt, Textur, pH, Redoxpotential und osmotischer Druck sowie durch das Klima und die Qualität der organischen Substanz als mikrobielles Substrat kontrolliert.

Die relative Abbauresistenz ausgewählter Kohlenstoffverbindungen kann in absteigender Reihe mit Huminsäuren > Lignin > einfache aromatische Verbindungen > Aminosäuren > Proteine angegeben werden. Lösliche Kohlenhydrate und Aminosäuren werden rascher abgebaut als Cellulose und Lignin.

Nährstoffverhältnisse. Im Zusammenhang mit der Abbaubarkeit von Substraten sind Nährstoffverhältnisse wie das C/N- und das C/P-Verhältnis von Bedeutung. Bezüglich der Abbaubarkeit eines Substrates ist nicht nur das Verhältnis von Nährstoffen von Bedeutung, sondern auch die relative Verfügbarkeit der Nährstoffe. Nährstoffverhältnisse geben keine Information über die Verfügbarkeit der Nährstoffe.

In Zusammenhang mit dem C/N-Verhältnis zu beobachtende Phänomene wie die vorübergehende Verschlechterung des Stickstoffangebotes für Pflanzen infolge der mikrobiellen Festlegung von anorganischem Bodenstickstoff bei Applikation von Substraten mit einem hohen C/N-

Verhältnis gilt prinzipiell auch für andere Nährstoffe. Werden organische Rückstände mit in Bezug auf andere Nährstoffe relativ niedrigem Phosphorgehalt dem Boden zugeführt, bedingt die Stimulierung der Bodenmikroorganismen eine vorübergehende Erschöpfung von verfügbarem Bodenphosphat.

Das C/N-Verhältnis des Substrates sowie jenes der abbauenden Mikroorganismen ist ein wichtiger Faktor zur Bestimmung der Stickstoffmineralisationsrate. Anorganischer N wird freigesetzt, wenn das assimilierte Material mehr N enthält als die Abbaumikroorganismen für ihr Wachstum benötigen. Weisen die Abbauorganismen ein höheres C/N-Verhältnis auf als die organische Substanz, wird beim Abbau der organischen Substanz mehr anorganischer Stickstoff freigesetzt. Im Falle des Eintrages organischer Rückstände mit einem hohen C/N-Verhältnis kommt es zu einer starken Konkurrenz zwischen Mikroorganismen und Pflanzen um den verfügbaren Bodenstickstoff. Während der Phase der hohen mikrobiellen Aktivität ist den Pflanzen nur wenig Bodenstickstoff verfügbar. Im Zuge des Abbaus der organischen Substanz verringert sich das C/N-Verhältnis der organischen Rückstände indem Kohlenstoff als Kohlendioxid verloren geht und Bodenstickstoff festgelegt wird. Bei Versiegen der leicht oxidierbaren Kohlenstoffquellen geht die Aktivität der Mikroorganismen zurück. Der Kohlenstoffverlust geht in der Folge ebenso wie der mikrobielle Bedarf an Bodenstickstoff zurück. Die Verfügbarkeit von Stickstoff nimmt wieder zu.

Das C/N-Verhältnis von den Böden zugesetzten organischen Materialien kann in weiten Bereichen variieren. Die entsprechenden Verhältnisse können beispielsweise 20:1 bis 30:1 für Leguminosen und Hofdünger bzw. bis 100:1 für bestimmte Strohrückstände betragen. Das C/N-Verhältnis junger Pflanzenteile ist normalerweise geringer als jenes reifer Pflanzenteile.

In der Literatur angegebene C/N-Verhältnisse für Mikroorganismen bewegen sich zwischen 5 und 15:1 bzw. zwischen 4 und 9:1. Bakterien weisen in der Regel ein geringeres C/N-Verhältnis auf als Pilze.

Das C/N-Verhältnis variiert mit den klimatischen Verhältnissen. Dieses Verhältnis weist für den Fall, daß die Jahrestemperaturen etwa gleich sind, in Böden arider Regionen die Tendenz auf geringer zu sein als in solchen humider Regionen. Für den Fall, daß die Niederschläge etwa gleich sind, ist das Verhältnis in wärmeren Regionen geringer als in kühleren. Unterböden weisen ein geringeres C/N-Verhältnis auf als die entsprechenden Oberbodenlagen. In den oberen 15 cm landwirtschaftlich genutzter Böden rangiert das C/N-Verhältnis der organischen Substanz üblicherweise zwischen 8:1 bis 15:1. Dieses Verhältnis variiert in einer gegebenen Klimaregion, zumindest bei ähnlich bewirtschafteten Böden, wenig (Brady 1990).

Die relative Konstanz des C/N-Verhältnisses in Böden bedeutet, daß die Aufrechterhaltung des Bodenkohlenstoffgehaltes und damit der organischen Bodensubstanz durch den Bodenstickstoffgehalt kontrolliert wird.

Teilchengröße. Die Geschwindigkeit des Umsatzes organischer Substrate ist auch von der Größe der Teilchen und von der tatsächlich zur Besiedelung zur Verfügung stehenden Oberfläche abhängig. Die Stoffwechselaktivität ist bei kleineren Partikelgrößen höher als bei größeren. Fabig (1988) nahm Bezug auf Literaturberichte, wonach ab einer bestimmten Teilchengröße, welche mit etwa < 300 µm angegeben wird, die absolut zur Besiedelung zur Verfügung stehende Oberfläche einen direkten Einfluß auf die Stoffwechselaktivität ausübt. Ist diese Fläche gering, führt auch eine Verringerung der Partikelgröße zu keiner Erhöhung der Atmungsaktivität.

Textur, Aggregation. Der Umsatz der organischen Substanz steht unter dem Einfluß der Bodentextur und der Aggregation. Unter sonst vergleichbaren Bedingungen weisen Böden mit hohen Gehalten an Ton und Schluff höhere organische Substanzgehalte auf als gröber texturierte Böden. Die Menge an im Humus stabilisiertem Kohlenstoff steht unter ähnlichen klimatischen Bedingungen mit dem Tongehalt in Beziehung.

Bei entsprechenden organischen Substanzeinträgen enthalten Tonböden mehr organische Substanz als Sandböden. Typischerweise werden organische Zusätze in sandigen Böden rascher zersetzt als in tonigen. Die Nettomineralisierung der organischen Bodensubstanz verlief in sandigen Böden rascher als in Tonböden (Catroux et al. 1987; Hassink et al. 1990). Zahlreiche, sich vor allem von Vulkangesteinen ableitende, tropische Böden sind reich an allophanen Tonen. Viele dieser Böden weisen eine sehr gute Bodenstruktur auf und verfügen über einen organischen Substanzgehalt, welcher jenen von Böden, welche sich unter ähnlichen klimatischen Bedingungen, jedoch nicht aus allophanem Ausgangsmaterial entwickelten, um das zwei- bis dreifache übersteigt (Paul und Clark 1989).

Als Ursachen für obige Befunde können vor allem die in feinkörnigen Böden häufig auftretenden anaeroben Verhältnisse und der höhere physikalische Schutz der organischen Substanz in solchen Böden angegeben werden. Der in solchen Böden höhere Gehalt an Aggregaten, in welche organische Substanz eingeschlossen wird sowie die Eigenschaften von Tonmineralien und Al- sowie Eisenoxiden organische Substanzen zu binden oder einzulagern, schützt die organische Substanz vor dem mikrobiellen Abbau. Die Tone üben im Boden eine Schutzwirkung auf die organische Substanz und auf die mikrobielle Biomasse aus. Diese beeinflussen das mikrobielle Wachstum und die mikrobielle Substratnutzung im Boden. Die Mikroaggregation, welche ein Charakteristikum schwerer Tonböden ist, nimmt Einfluß auf den Kohlenstoff- und Stickstoffumsatz und die Konservierung der organischen Substanz.

Das Bestehen einer Beziehung zwischen der Humusanreicherung in Böden und dem Vermögen von Bodenmineralien Kationen auszutauschen wurde auf die Sorption von Bakterien an Bodenkolloide zurückgeführt (Marshall 1971). Durch eine solche Sorption sollte es zu einem Rückgang der metabolischer Aktivität der Mikroorganismen und verbunden damit zu einer Anreicherung von organischem Material kommen. Der Zusatz von 20% Ton zu einem sandigen Boden reduzierte die Rate des organischen Substanzabbaus wesentlich. Ebenso konnte ein Rückgang der Mineralisierung des organischen Materials und ein Anstieg der Anreicherung von Humussubstanzen festgestellt werden, wenn steigende Mengen an Bentonit zu Sandkulturen appliziert wurden.

Vier Böden mit Tongehalten von 6, 12, 23 und 46% wurden nach fünf bis sechs Jahren der Inkubation mit ^{14}C-markiertem Stroh, markierter Hemicellulose oder Glucose den Korngrößen entsprechend fraktioniert (Christensen und Sörensen 1985). 6–23% des ^{14}C waren noch nachweisbar, wobei die Menge mit zunehmendem Gehalt an feinen Teilchen zunahm. Die Tonfraktionen enthielten 66–84%, die Schlufffraktionen 4–19% und die Sandfraktion weniger als 2% ^{14}C.

Merckx et al. (1985) konnten einen ausgeprägten Effekt der Bodentextur auf den Umsatz von wurzelbürtigem Kohlenstoff durch die mikrobielle Biomasse feststellen. Der Umsatz erfolgte relativ rasch und verlief mit einer konstanten Rate im sandigen Boden und verlangsamte sich im Tonboden im Gefolge einer ursprünglich hohen Assimilation von Wurzelprodukten durch die mikrobielle Biomasse.

An Hand des Abbaus der organischen Substanz, welche der metabolischen Aktivität von neu geformter mikrobieller Biomasse entstammte, wurde der Einfluß der Textur auf den Umsatz des organischen Kohlenstoffs durch die mikrobielle Biomasse verfolgt (Gregorich et al. 1991). Zehn Böden, welche den gleichen Tontyp aufwiesen und sich unter dem gleichen Management befanden, jedoch unterschiedliche Tongehalte besaßen, wurden mit ^{14}C-markierter Glucose versehen und für 90 Tage inkubiert. Nach 90 Tagen bestand zwischen den Böden wenig Unterschied hinsichtlich des Rest-^{14}C. Die Raten der CO_2-Bildung und der Mineralisierung zeigten jedoch, daß während des ersten Tages der Inkubation in den Böden mit mehr Ton die Rate des Abbaus höher war. Der gesamte Biomasse-C (markiert, unmarkiert) erreichte nach 1.25 Tagen maximale Werte. Dieser wurde bis 45 Tage in höheren Zahlen in Böden unterhalten, welche größere Mengen an Ton aufwiesen. Der Kohlenstoffanteil, welcher aus der markierten Glucose stammend in die Biomasse eingebaut wurde rangierte zwischen 59 und 73% nach 1.25 Tagen und zwischen 16 und 20% nach 90 Tagen. Das Verhältnis von lebendem zu nicht lebendem ^{14}C war in Böden mit mehr Ton beständig höher. Dies wurde im Zusammenhang mit der Adsorption von nicht lebendem Kohlenstoff an den Ton und der Produktnutzung durch eine Sekundärpopulation gesehen.

Grünlandböden enthalten regelmäßig 5–15 t N/ha in der Wurzelzone, wobei mehr als 90% dieses N in organischer Bindung vorliegen (Hassink 1994a). Für Grünlandböden wurde die jährliche Rate der N-Mineralisation mit zwischen 10 und 900 kg N/ha liegend angegeben. In Grünlandböden zeigte sich eine positive Korrelation zwischen der Menge an organischem N im Boden und dem Ton+Schluff Gehalt (Hassink 1994a). Eine negative Beziehung bestand zwischen dem Prozentsatz des während der Inkubationszeit mineralisierten N und dem Ton+Schluff Gehalt des Bodens. In podsolierten Böden wies die organische Substanz ein C/N-Verhältnis von 15–20 auf, während in anderen sandigen Böden das C/N-Verhältnis zwischen 10–18 rangierte. In Lehmen und Tonen betrug das C/N-Verhältnis etwa 10. In sandigen Böden korrelierte der Prozentsatz der C-Mineralisierung negativ mit dem C/N-Verhältnis der organischen Substanz. Die Rate der N-Düngung beeinflußte weder den organischen C- und N-Gehalt noch die Raten C- und N-Mineralisierung. In feiner textierten Grünlandböden waren die Anteile des Boden-C und -N an der mikrobiellen Biomasse höher als in grobtextierten (Hassink 1994b). Die Aktivität der Biomasse war in durchschnittlich sandigen oder lehmigen Böden doppelt so hoch wie in einem durchschnittlichen Ton. Während die Aktivitäten der mikrobiellen Biomasse in einem durchschnittlichen Sand- und Lehmboden einander entsprachen, war die Menge an pro Biomasseeinheit mineralisiertem N in sandigen Böden höher. Dies war verbunden mit einem höheren C/N-Verhältnis der mikrobiellen Biomasse in sandigen Böden (durchschnittlich 8) als in lehmigen (durchschnittlich 5). Die Menge an pro Biomasseeinheit mineralisiertem N war in Tonen am geringsten. Dies war verbunden mit der geringeren Aktivität der mikrobiellen Biomasse und deren relativ geringem C/N-Verhältnis (durchschnittlich 6). In fein textierten Grünlandböden war die C- und N-Mineralisierung pro Biomasseeinheit geringer als in grob textierten (Hassink 1995). Die C- und N-Mineralisierung korrelierte positiv mit der Menge an C und N in der leichten Fraktion der makroorganischen Substanz und der aktiven mikrobiellen Biomasse. Mit zunehmender Stabilisierung der Fraktionen der organischen Substanz ging diese Korrelation zurück. Gegenüber feintextierten Böden war in grobtextierten Böden der Anteil des N an der leichten sowie intermediären Fraktion der makroorganischen Substanz höher.

Die höhere Kapazität von Tonböden zur Erhaltung des Biomasse-C und N sowie deren Fähigkeit einen höheren Anteil mikrobieller Abbauprodukte in der Nähe lebender Zellen zu halten wurden zur Erklärung von Unterschieden zwischen Böden hinsichtlich der Geschwindigkeit des C- und N-Umsatzes diskutiert (van Veen et al. 1985). In Tonböden sollte eine effizientere Nutzung von Glucose und von metabolischen Produkten für biosynthetische Reaktionen gegeben sein.

Die Abbaurate der organischen Bodensubstanz und die Mineralisierungsrate von Kohlenstoff und Stickstoff wird durch die Bodentextur und deren Einfluß auf den Porenraum, die Porengrößenverteilung und die Populationen der Mikroorganismen, Protozoen und Nematoden beeinflußt. Das räuberische Verhalten von Protozoen und Nematoden gegenüber Bakterien ist ein unter dem Einfluß der Bodentextur stehender wichtiger Mechanismus des Nährstoffumsatzes im Boden. Tone können durch die Erhöhung der im Boden verfügbaren geschützten Mikrohabitate Bakterien vor dem Zugriff räuberischer Protozoen und Nematoden schützen. Die Bodenfauna kann das mikrobielle Wachstum durch Beweiden stimulieren (Coleman et al. 1978; Woods et al. 1982).

Die räuberische Aktivität der Fauna wird durch den verfügbaren Porenraum und die Porengrößenverteilung beeinflußt. Nematoden werden auf Poren > 30 µm im Durchmesser beschränkt. Ein Großteil der Bakterien kann Poren mit einem Durchmesser < 3 µm bewohnen (Hassink et al. 1993). Protozoen können in einige, jedoch nicht alle, dieser kleinen Poren eindringen, sodaß ein Großteil der bakteriellen Population von den Protozoen und Nematoden im Boden physisch getrennt bleibt (Postma und van Veen 1990). Da die relative Menge an großen Poren in sandigen Böden gewöhnlich höher ist als in lehmigen oder Tonböden, kann in sandigen Böden eine höhere Prädazie erwartet werden als in lehmigen oder tonigen Böden (Heynen et al. 1988). In grobtextierten Böden war der Beweidungsdruck der bakteriovoren Nematoden und Flagellaten auf Bakterien höher als in feintextierten Böden. Der höhere Beweidungsdruck pro Bakterium fiel mit der höheren Rate der N-Mineralisierung pro Bakterium zusammen (Hassink et al. 1993), während keine Korrelation zwischen dem Beweidungsdruck und der CO_2-Bildung festgestellt werden konnte. In Untersuchungen zum Einfluß des Beweidungsdruckes auf Bakterien auf die potentielle Mineralisationsraten von C und N in Grünlandböden unterschiedlicher Textur wurden die Biomasse der Bakterien, Pilze, Protozoen und Nematoden und die Porengrößenverteilung bestimmt. Bakterien trugen bei weiten am meisten zur Biomasse bei. Pilze, Protozoen und Nematoden machten zusammen nur 10% der Gesamtbiomasse aus. In den Lehm- und Tonböden wiesen die Poren einen Durchmesser von < 0.2 µm und zwischen 0.2 und 1.2 µm auf, in sandigen Böden hatten die meisten Poren einen Durchmesser von 6–30 und 30–90 µm. Zwischen der bakteriellen Biomasse und dem Volumen an Bodenporen mit einem Durchmesser von 0.2–1.2 µm und zwischen der Biomasse der Nematoden und dem Volumen an Bodenporen mit einem Durchmesser von 30–90 µm bestand eine enge positive Korrelation. Die Biomasse der Pilze und Protozoen zeigte keine Beziehung zu spezifischen Porengrößenklassen. Die bakterielle Aktivität (Häufigkeit von sich teilenden Zellen, Zahl lebender Zellen bzw. Menge an pro Zelle gebildetem CO_2) wurde durch die Beweidungsintensität nicht beeinflußt. Die Menge an pro Bakterium mineralisiertem N, war in Böden mit einem hohen Beweidungsdruck von Seiten bakteriovorer Nematoden und Flagellaten wesentlich höher als in Böden mit geringem Beweidungsdruck dieser Gruppen. Die Beweidung von Bakterien durch bakteriovore Nematoden und Flagellaten kann einen wesentlichen Anstieg der Stickstoffmineralisierung bewirken.

Von Rutherford und Juma (1992) erhaltene Ergebnisse stützen die Hypothese, wonach Bakterien in fein textierten Böden stärker vor Protozoen geschützt sind als in grob textierten. Fein texterte Böden bieten ein größeres Volumen an geschütztem Porenraum. In drei sterilisierten Böden (Tschernoseme, schluffiger Ton, toniger Lehm und sandiger Lehm) erhöhte der Zusatz von Protozoen signifikant die CO_2-Entwicklung pro Gramm Boden relativ zum Ansatz ohne Protozoen.

Wasserhaushalt. Der organische Substanzgehalt von Böden wird auch durch den Wasserhaushalt der Böden beeinflußt. Schlecht dränierende und belüftete Böden weisen gegenüber gut dränierenden und gut belüfteten Böden einen höheren organischen Substanzgehalt auf.

Bewirtschaftung. Bewirtschaftungsmaßnahmen wie Bodenbearbeitung, Gestaltung des Fruchtwechsels und Applikation organischer und mineralischer Dünger verändern den organischen Substanzgehalt von Böden. Maßnahmen wie reduzierte Bodenbearbeitung, Fruchtwechselsysteme vor allem mit Leguminosen, Bewahrung von Feldfruchtrückständen, Hofdüngergaben sowie standortgerechte Kalkung und Mineraldüngergaben begünstigen die pflanzliche Produktion und fördern die Erhaltung der organischen Bodensubstanz.

2.3.3 Einfluß auf Bodeneigenschaften

Die organische Substanz spielt bei der Entwicklung und der Funktion terrestrischer Ökosysteme eine tragende Rolle. Die potentielle Produktivität von Ökosystemen steht mit der Menge und dem Umsatz der organischen Bodensubstanz in Beziehung. Der Einfluß der organischen Substanz auf die Bodenqualität ist wesentlich größer als deren Gehalt annehmen ließe. Auftretende Effekte schließen ein:

- Förderung der Ausbildung von Bodenaggregaten; prinzipiell fördernde und erhaltende Wirkung auf die Bodenstruktur.
- Verringerung der Plastizität und Kohäsion anorganischer Kornfraktionen.
- Erhöhung der Wasserhaltekapazität; das Wasseraufnahmevermögen der organischen Substanz kann das Drei- bis Zwanzigfache des Eigengewichtes betragen.
- Speicherung von Nährstoffen in organisch gebundener Form.

- Freisetzung anorganischer Nährstoffe im Zuge der Mineralisierung von organischer Substanz.
- Bindung und Austausch von Nährstoffen, geladenen und ungeladenen Molekülen.
- Bindung bodenfremder Stoffe (Schadstoffe) wodurch deren biologische Wirksamkeit verringert bzw. deren Persistenz verlängert sowie auch deren Mobilität erhöht werden kann.
- Erhöhung der (Mikro)Nährstoffverfügbarkeit durch die Bildung von Chelaten mit mehrwertigen Kationen (z.B. Cu^{2+}, Mn^{2+}, Zn^{2+}).
- Beeinflussung der Bodenfarbe; die dunkle Farbe von Huminstoffen kann die Erwärmung der Böden fördern. Da an organischer Substanz reiche Böden auch über hohe Wassergehalte verfügen, sind dunkle Böden nicht immer wärmer als helle.

Wesentliche Bodeneigenschaften oder im Boden ablaufende Prozesse stehen mit Wechselwirkungen zwischen der organischen Bodensubstanz und Mikroorganismen sowie der biochemischen Transformation der organischen Substanz in Beziehung. Diese umfassen die Bereitstellung anorganischer Nährstoffe im Zuge der Mineralisierung der organischen Substanz, die Lösung von Mineralien durch die Erhöhung des pH-Wertes, die Bildung saurer Metabolite oder Komplexbildner, die Bildung von Huminstoffen, den Einbau bodenfremder Substanzen in die organische Bodensubstanz sowie die Ausbildung von Bodenaggregaten. Mikrobielle Wechselwirkungen mit der organischen und anorganischen Substanz fördern die Aggregation und die Etablierung einer günstigen Bodenstruktur.

2.3.4 Huminstoffe

Begriffliche Abgrenzung und Entstehung

Huminstoffe sind chemisch komplexe, amorphe, organische bodeneigene Verbindungen mit Molekulargewichten von wenigen hundert bis einige tausend Dalton. Diese Verbindungen gehen aus im Boden ablaufenden abbauenden und synthetischen Prozessen hervor, welche als Humifizierungsprozesse bezeichnet werden. Huminstoffe sind gegenüber dem mikrobiellen Abbau widerstandsfähiger als nichthumifizierte organische Substanzen. Diese relative Widerstandfähigkeit ist für die Aufrechterhaltung organischer Substanzgehalte und zur Bewahrung von Nährstoffen im Boden von wesentlicher Bedeutung.

Die Eigenschaften der Huminstoffe werden von Standortfaktoren bestimmt. Standortabhängig werden diese in unterschiedlicher Qualität und Quantität angereichert. Huminstoffe unterscheiden sich bei verschiedenen Bodentypen und Vegetationen. Wesentliche Einflußfaktoren sind das Klima, das Ausgangsgestein und die biologische Aktivität.

Die Bildung der Huminstoffe (Humifizierung) folgt keinem einheitlichen chemischen Mechanismus. Diese verläuft über verschiedene chemische und biologische Reaktionen, wobei die komplexen Vorgänge im einzelnen noch nicht vollkommen geklärt sind. Im Zuge der Humifizierung wird der Oxidationszustand der organischen Substanz erhöht.

Die Huminstoffe entstehen aus einer Vielzahl an Vorläufermolekülen im Zuge biologischer und chemischer Prozesse. Der mikrobielle Abbau organischer Polymere zu reaktiven Spaltprodukten ist eine Voraussetzung für die Huminstoffbildung. Als Spaltprodukte treten Monomere wie Phenole, Chinone, Aminosäuren und Zucker auf. Neben größeren Spaltstücken des Lignin, der Proteine und der Polysaccharide enthalten die Huminstoffe vor allem OH-Gruppen haltige aromatische Carbonsäuren, Chinone, Zuckerspaltprodukte, Aminosäuren sowie O- und N-haltige Heterocyclen.

An der biologischen Humifizierung sind Mikroorganismen und Bodentiere beteiligt. Die biologische Humifizierung wird generell durch für Bodenorganismen günstige Standortbedingungen gefördert. Eine schwach alkalische bis schwach saure Bodenreaktion und ein Überschuß an Eiweiß begünstigt die biologische Humifizierung. Bei der abiologischen Humifizierung besteht die Beteiligung der Bodenorganismen nur in der Bereitstellung von Ausgangsstoffen für die Huminstoffbildung. Die abiologischen Humifizierung verläuft langsamer als die biologische. Ergebnisse von Syntheseversuche ließen den Schluß zu, daß die abiologische Huminstoffbildung vorwiegend dort Bedeutung besitzt, wo aus dem Pflanzenmaterial unter der Wirkung von Pilzen reaktionsfähige, niedermolekulare Verbindungen freigesetzt werden, welche häufig organische Radikale in hohen Konzentrationen enthalten (Schachtschabel et al. 1992). Dies ist besonders bei niedrigem pH und bei geringem Stickstoffgehalt der organischen Substanz zutreffend. Als typisches Beipiel kann die Bildung der Hochmoore angegeben werden. In diesen ist die biologische Aktivität durch die stark anaeroben Verhältnisse, das niedrige pH und wahrscheinlich auch durch die Anwesenheit von Hemmstoffen beinahe gänzlich unterbunden. Die abiologische Humifizierung führt vorwiegend zur Bildung niedermolekularer Huminverbindungen wie sie in den Fulvosäuren vorliegen.

Einteilung der Huminstoffe

Die Huminstoffe, als eine in sich sehr inhomogene Fraktion der organischen Bodensubstanz, werden üblicherweise entsprechend deren Säure-Baselöslichkeit in Huminsäuren, Fulvosäuren und Humine unterteilt. Bei den Huminsäuren werden weiters die Braunhuminsäuren, die Grau (Schwarz)huminsäuren und die Hymatomelansäuren unterschieden. Fulvosäuren sind sowohl in saurer als auch in alkalischer Lösung löslich. Die Huminsäuren sind in alkalischen Lösungen löslich, diese werden jedoch aus dem alkalischen Bodenextrakt durch starke Säuren wieder ausgefällt. Die Bezeichnung Humine bezieht sich traditionell auf jene Fraktion der organischen Bodensubstanz, welche in den für die Trennung der beiden Hauptfraktionen der Huminstoffe, Huminsäuren und Fulvosäuren, verwendeten Reagentien nicht löslich ist. Die unterschiedliche Löslichkeit steht teilweise mit der Komplexität der Moleküle im Zusammenhang.

Der Säurecharakter der Humin- und Fulvosäuren beruht vor allem auf den vorhandenen Carboxyl- und phenolischen Hydroxylgruppen. Die stärksten Säuren sind von carboxylischer Natur, wobei die Dissoziation von Carboxylgruppen durch die Nähe aktivierender Gruppen bestimmt wird. Der Säurecharakter der Huminstoffe nimmt von den Fulvosäuren zu den Huminen hin ab.

Fulvosäuren. Fulvosäuren sind wasserlöslich und weisen einen starken Säurecharakter sowie eine gegenüber den übrigen Huminstoffen geringeren Polymerisationsgrad auf. Diese sind in Natronlauge löslich, aus welcher sie durch Säuren nicht gefällt werden können. Fulvosäuren sind im Boden relativ mobil. Fulvosäuren besitzen niedrigere Molekulargewichte als Huminsäuren und weisen gegenüber diesen einen höheren Gehalt an funktionellen Gruppen, vor allem Carboxylgruppen, auf. In Fulvosäuren werden weniger aromatische Bausteine gefunden als in Huminsäuren und deren Gehalt an Polysaccharidbausteinen kann bis zu 30% betragen. Fulvosäuren sind im Vergleich zu den anderen Huminstoffen stickstoffarm. Das Sorptionsvermögen der Fulvosäuren für Ionen ist gering, gleiches gilt für deren Wasserhaltevermögen. Fulvosäuren vermögen Mangan- und Eisenoxide durch Reduktion zu lösen und die Metallionen komplex zu binden. Fulvosäuren werden nur in geringem Maße an Ton gebunden. Mit Metallen können diese Fulvate bilden. Die Abstoßung zwischen den eng aneinander gereihten negativen Ladungen der Fulvosäuren ist die Ursache für die gegenüber Huminsäuren stärker linearen Strukturen dieser Moleküle (Hayes 1991). Fulvosäuren sind typisch für stark saure Böden.

Huminsäuren. Huminsäuren weisen gegenüber Fulvosäuren ein höheres Molekulargewicht sowie einen höheren Gehalt an aromatischen Gruppen sowie -CH_2-Gruppen auf und verfügen weiters über höhere Gehalte an C, N und S. Deren Gehalt an Polysaccharidbausteinen ist geringer als jener der Fulvosäuren. Es konnten Hinweise darauf erhalten werden, daß 35–40% der Strukturen von Huminsäuren einen aromatischen Charakter aufweisen. Aromatische Strukturen tragen wesentlich zur Reaktivität der Makromoleküle bei (stark saure Gruppen, Liganden für die Komplexierung von Metallen). Huminsäuren sind in Wasser unlöslich. Diese sind in Natronlauge löslich. Aus NaOH-Extrakten können diese durch Säuren gefällt werden. Huminsäuren weisen gegenüber Fulvosäuren eine geringere Mobilität im Boden, einen geringeren Säurecharakter und ein höheres

Vermögen zur Bindung an Ton auf. Diese zeichnen sich durch ein hohes Sorptionsvermögen für Ionen und ein hohes Wasserhaltevermögen aus. Mit mehrwertigen Kationen bilden Huminsäuren Verbindungen (Humate), welche nur schwer wasserlöslich sind. Mit Ammonium oder Alkalimetallen können wasserlösliche Humate gebildet werden. Huminsäuren treten bevorzugt in schwach sauren bis schwach alkalischen Böden mit hoher biologischer Aktivität auf (z.B. Schwarzerden, Braunerden). Die Zusammensetzung der Huminsäuren erwies sich als eine Funktion der jährlichen Niederschläge und der Vegetation (Arshad und Schnitzer 1989). Huminsäuren aus Böden der subhumiden Klimaregion wiesen einen höheren Gehalt an aliphatischen Verbindungen sowie Aminosäuren und Kohlenhydraten (40–42 w/w %) auf, als die aus semiariden Regionen stammenden Huminsäuren (29–32% w/w %).

Humine. Humine sind Huminstoffe von hohem Polymerisationsgrad, hohem Kohlenstoffgehalt sowie hoher Stabilität. Der Säurecharakter der Humine ist sehr schwach. Humine sind weder in Wasser noch in Natronlauge oder Säuren löslich. Deren Mobilität im Boden ist ebenso gering wie deren Sorptionsvermögen für Ionen sowie deren Wasserhaltevermögen.

In den klassischen Untersuchungen zur organischen Substanz bestand die Tendenz die fortschreitende Anreicherung von aromatischem Material als ein generelles, während des Humifizierungsprozesses auftretendes, Phänomen zu betrachten. Der Einsatz nicht destruktiver Methoden zur Untersuchung der organischen Bodensubstanz zeigte die Bedeutung der Menge an aliphatischen Bestandteilen im Bodenhumus. Der aliphatische Teil scheint im Falle des Bodenhumins einen substantiellen Anteil darzustellen. Dieser sollte teilweise aus paraffinischen Strukturen mikrobiellen Ursprungs bestehen. Die Untersuchungsergebnisse von Almendros und Sanz (1991) ließen schließen, daß ein wesentlicher Anteil an Lipidpolymeren wie Cutinen und Suberinen dazu tendiert sich in der Humusfraktion anzureichern und eine Reihe von, dem mikrobiellen Metabolismus entstammende, Verbindungen zu inkorporieren.

Huminsäure-/Fulvosäure-Verhältnis. Dieses Verhältnis wird häufig als Index für das Ausmaß der Humifizierung genutzt. Hohe Huminsäure-/Fulvosäure-Verhältnisse geben Hinweis auf eine intensivere, mit einer höheren biologischen Aktivität verbundene, Humifizierung. Das Verhältnis von Humin- zu Fulvosäuren steht unter anderem mit der Basensättigung in Beziehung. Bei hohen Anteilen saurer Kationen überwiegen Fulvosäuren, während bei einer hohen Basensättigung (> 80%) der Gehalt an Huminsäuren höher ist.

Isolierung, Fraktionierung. Eine Übersicht über Methoden zur Isolierung und Fraktionierung von Huminsubstanzen sowie zur Untersuchung deren

Struktur gab Hayes (1991). Duchaufour und Gaiffe (1993) nahmen Bezug auf Methoden zur Extraktion von Huminverbindungen. Die Methode von Tyurin (1940, 1951), modifiziert von Kononova (1961) unterscheidet beispielsweise zwischen zwei Typen von Fulvosäuren und drei Typen von Huminsäuren. Letztere umfassen freie Huminsäuren und an mobile Formen von Sesquioxiden gebundene Huminsäuren; an Ca^{2+} gebundene Huminsäuren sowie an stabile Eisen- und Aluminiumhydrate gebundene Huminsäuren.

Beyer et al. (1993) kombinierten Methoden zur Untersuchung der Bildung und der Eigenschaften der organischen Substanz in einer Parabraunerde unter Wald. In den Streuhorizonten stellten Polysaccharide und Lignine die Hauptkomponenten während aliphatische Verbindungen und Proteine in geringen Mengen auftraten. In den Mineralhorizonten dominierten Huminstoffe, wobei die Fulvosäuren die Hauptfraktion stellten.

Bedeutung für die Eigenschaften des Bodens

Die Huminstoffe weisen eine Größe $< 2\ \mu m$ auf und zählen damit zu den Bodenkolloiden.

Huminstoffe verfügen über eine große spezifische Oberfläche. Das Ausmaß dieser spezifischen Oberfläche kann jenes der Tonmineralien überschreiten. Die organischen Kolloide tragen pH-abhängige Ladungen. Die Kationenaustauschkapazität der Huminstoffe ist bei hohen pH-Werten auf Massenbasis höher als jene der Mehrzahl der Tonmineralien. Für Huminstoffe kann auch eine gegenüber Tonmineralien auf Massenbasis höhere Wasserhaltekapazität angegeben werden.

Huminstoffe können im Boden als Einzelteilchen vorliegen oder mit Streuresten und mit anorganischen Teilchen (primäre Mineralien, Tonmineralien, Sesquioxiden) verbunden sein. Huminstoffe fördern die Bildung von Bodenaggregaten.

Metalle, natürliche und anthropogene organische Verbindungen können mit Huminstoffen Bindungen eingehen.

Ebenso wie die Tonmineralien vermag die organische Substanz Enzyme zu binden. Aktive Enzyme konnten in humusgebundener Form nachgewiesen werden. Dem Bodenhumus kommt auf diese Weise eine wichtige Rolle in der Bodenbiochemie zu. Viele Enzyme wurden basierend auf deren Extraktion in Form roher Humus-Enzymkomplexe als zum abiontischen Teil der Bodenenzyme gehörend beschrieben. Der enzymhemmende Einfluß bestimmter Komponenten der organischen Bodensubstanz konnte beobachtet werden (z.B. Ladd und Butler 1970; Makboul und Ottow 1979b; Malcolm und Vaughan 1979; Pflug und Ziechmann 1981; Sarkar und Bollag 1987). Huminstoffe können Enzyme differentiell hemmen. Fulvosäuren aus verschiedenen Böden (Acker-, Wald-, Wiesenboden) hemmten die Aktivität der Indolessigsäure-Oxidase in unterschiedlichem Ausmaß (Mato et al. 1972). Die Fulvosäuren aus dem Ackerboden übten die stärkste, jene des Wiesenbodens die geringste Hemmwirkung aus. Der Gehalt an Phenolgruppen und das Ausmaß der Enzymhemmung standen in direkter Beziehung.

Prinzipiell mikrobiell leicht abbaubare organische Verbindungen wie Proteine und Kohlenhydrate können durch die Verbindung mit Huminsäuren zum Teil vor einem Angriff durch Mikroorganismen geschützt werden. Durch den Einbau oder die Adsorption von hemmenden Substanzen in/an organische Kolloide kann die biologische Aktivität des Bodens ebenfalls beeinflußt werden (Bollag et al. 1980; Bollag 1983; Saxena und Bartha 1983). Bestimmte organische Verbindungen des Bodens wurden im Zusammenhang mit der „Langlebigkeit" von Bodenenzymen gesehen und die bakteriostatischen Eigenschaften von aromatischen Humuskomponenten wurden diskutiert. Ein Aktivitätsrückgang von Enzymen durch Tannine konnte festgestellt werden (Lyr 1961; Goldstein und Swain 1965; Gnittke und Kunze 1975).

Huminstoffe können als Emulgatoren wirken. Natriumhumat setzte die Oberflächenspannung von Wasser herab und durch Zusatz dieser Stoffe konnte unlösliche organische Substanz in Lösung gebracht werden (Visser 1964). Fulvosäuren erhöhen die Löslichkeit bzw. Komplexierung schwerlöslicher organischer Xenobiotika. Hinsichtlich dieses für den Transport von organischen Xenobiotika durch den Boden sowie in Gewässer bedeutsamen Befundes wurde die Funktion von Fulvosäuren als oberflächenaktive Agentien diskutiert (Hayes 1991).

Die mikrobielle Physiologie kann durch Huminstoffe beeinflußt werden. Visser (1985) unternahm Untersuchungen zum physiologischen Effekt von Huminverbindungen auf Bodenmikroorganismen. Die Reaktion bestimmter physiologischer Gruppen von Mikroorganismen auf Huminstoffe natürlichen Ursprungs war jener von oberflächenaktiven Substanzen wie Tween und Brij vergleichbar. Die Oberflächenaktivität der Huminverbindungen war für deren physiologische Wirkung zumindest teilweise verantwortlich zu sehen. Die Zellmembran wird dadurch zu einem wesentlichen Ziel der physiologischen Wirkung von Huminstoffen auf lebende Zellen. Die Gegenwart von Huminsäuren in Konzentrationen bis zu 30 mg/l führte in einer gegebenen physiologischen Gruppe von Bodenmikroben zu einem zahlenmäßigen Anstieg (Beobachtung von 2 000fachen Zunahmen). Innerhalb eines Konzentrationsbereiches von 10–30 mg/l erwiesen sich Humusfraktionen mit niedrigerem Molekulargewicht (ungefähr 5 500 Dalton) effektiver als solche mit höherem. Bei höheren Konzentrationen konnte das umgekehrte festgestellt werden. Bis zu Konzentrationen von etwa 50 mg/l war ein für Fulvosäuren gegenüber Huminsäuren ausgeprägterer physiologischer Effekt angezeigt, wohingegen bei höheren Konzentrationen auf die höhere Effizienz der letztgenannten zu schließen war.

2.3.5 Humusart

In der Bodenkunde wird der Humus entsprechend dessen Funktion in Humusarten eingeteilt.

Die Huminstoffe bilden gemeinsam mit den nicht in Huminstoffe überführten organischen Substanzen (Nichthuminstoffe) den Humuskörper eines Bodens. Die Nichthuminstoffe stellen die hauptsächliche Nahrungsquelle für Mikroorganismen dar, während die Huminstoffe gegenüber mikrobiellem Abbau widerstandsfähiger sind. Der Begriff der Humusart zielt auf die unterschiedliche Funktion dieser beiden Gruppen an organischen Verbindungen ab. Dabei wird zwischen Nährhumus (Nichthuminstoffe) und Dauerhumus (Huminstoffe) unterschieden.

Als Nährhumus werden die mikrobiell leicht, als Dauerhumus die mikrobiell schwer umsetzbaren organischen Stoffe bezeichnet. Der Nährhumus dient vornehmlich als mikrobielle Nahrungsquelle. Dessen Mineralisierung stellt anorganische Nährstoffe für die Entwicklung der mikrobiellen und der pflanzlichen Gemeinschaft bereit. Die mikrobiell schwer umsetzbaren humifizierten organischen Substanzen (Huminstoffe) erfüllen weitere wichtige Funktionen. Der Dauerhumus wird im Boden vornehmlich durch die Bindung von Wasser und den Austausch von Ionen sowie als Gefügeelement wirksam.

Die Substratnatur und die herrschenden Umweltbedingungen bestimmen das quantitative Verhältnis der beiden Humusarten. Orientierende Literaturdaten zum prozentuellen Anteil der Huminstoffe an der organischen Bodensubstanz belaufen sich auf etwa 60–80%.

2.3.6 Humusform

Die organische Substanz ist im Boden nicht homogen verteilt. Deren Verteilung variiert mit der Tiefe im Profil sowie makro- und mikroskopisch. Die Humussubstanzen liegen in verschiedenen Böden in unterschiedlicher Kombination, Morphologie und Verteilung vor. Entsprechend der morphologischen Erscheinungsform des Humuskörpers unterscheidet man verschiedene Humusformen. Rohumus, Moder und Mull sind terrestrische Humusformen.

Die unterschiedliche Qualität und Quantität der angereicherten organischen Stoffe und die Gliederung in Humushorizonte sind wichtige Unterscheidungsmerkmale der Humusformen. Die Humusform kann als der morphologische Ausdruck der qualitativ gefaßten biologischen Aktivität des Bodens (Geschwindigkeit mit welcher biochemische Umsetzungen im Boden stattfinden) aufgefaßt werden (Möller 1987).

Mull. Bei Vorliegen günstiger Bedingungen für die Aktivität von Bodenorganismen wird die Streu rasch abgebaut und teilweise in die Huminstoffsynthese einbezogen. Die organische Substanz wird intensiv mit den mineralischen Komponenten des Bodens vermischt. Es entsteht eine humose, krümelige Bodenmasse ohne Streuauflage, welche der Humusform Mull entspricht. Mull ist die Humusform nährstoffreicher, biologisch aktiver Böden. Neben dem raschen Abbau der Streu ist diese Humusform durch die Bildung von Aggregaten aus Ton-Humuskomplexen charakterisiert (Duchaufour und Gaiffe 1993).

Moder. Bei unvollständiger Zersetzung und unvollständiger Einmischung der organischen Substanz in die mineralischen Bodenlagen kommt es über diesen zur Ausbildung geringmächtiger organischer Auflagen mit einem geringen Mineralanteil, welche der Humusform Moder entspricht.

Rohhumus. Die ungünstige Humusform Rohhumus ist typischerweise durch eine deutliche Ausprägung organischer Auflagehorizonte über den scharf abgegrenzten Mineralhorizonten gekennzeichnet. Rohhumus ist die Humusform nährstoffarmer, biologisch wenig aktiver Böden. Die Zersetzung der Streu erfolgt nur langsam und teilweise. Über den Mineralhorizonten kommt es zur Ausbildung einer dicken faserigen Decke, in welcher keine Aggregate geformt werden (Duchaufour und Gaiffe 1993).

Neben der typischen Ausprägung einer Humusform können Varietäten wie feinhumusreicher Rohhumus auftreten bzw. können fließende Übergänge zwischen den Humusformen bestehen.

Standortfaktoren. Die Humusformen sind von Standortfaktoren wie Klima, Ausgangsgestein, Topographie und Vegetation abhängig. Das Klima mit jahreszeitlichen Schwankungen sowie die Natur und die Menge der durch die Verwitterung freigesetzten Kationen sind zwei besonders wichtige Einflußfaktoren. In Abhängigkeit von diesen Faktoren charakterisierten Duchaufour und Gaiffe (1993) die Humifizierung und die Pedogenese auf drei unterschiedliche Weisen. Diese umfassen die Persistenz von löslichen organischen Verbindungen, die Insolubilisierung dieser Verbindungen gefolgt von einer mäßigen Reife, welche zur Bildung von Braunhuminsäuren führt und schließlich die starke Polykondensierung, welche Grau (Schwarz)huminsäuren hervorbringt (Melanisierung). Diese drei Manifestationen der Pedogenese zeigen Übereinstimmung mit drei verschiedenen Klimaten (kaltes Klima, gemäßigt humides Klima, kontinentales Klima).

Das kalte Klima wird durch Rohhumus angezeigt. Durch die Verwitterung werden aus dem Ausgangsgestein nur wenige Kationen freigesetzt und die Basensättigung ist gering. Freie Fulvosäuren begünstigen die Bildung und die vertikale Verlagerung mobiler Organomineralkomplexe. Diese ist für die Podsolierung charakteristisch.

Unter Bedingungen des gemäßigt humiden Klimas repräsentiert das Ausgangsgestein den Hauptfaktor hinsichtlich der Induktion von Humifizierung und Pedogenese. Bei silikatischem Gestein führen die Hydroxide zur Insolubilisierung und beschränkten Reifung von Huminverbindungen. Die Braunhuminsäuren und variierende Mengen an gebildeten Biomolekülen induzieren die Bildung von generell instabilen Bodenaggregaten. Bei vulkanischen Aschen kommt den amorphen Aluminiumhydroxiden, gemeinsam mit geringen Mengen an Eisenhydroxiden, eine Hauptrolle bei der sehr rasch verlaufenden Insolubilisierung löslicher organischer Verbindungen zu. Der biologische Abbau der gebunden organischen Verbindungen wird verhindert. Der geringe Umsatz der organischen Substanz führt zur Anreicherung derselben im Profil. Es tritt Andosolisierung ein. Bei alternierenden Regen- und Trockenperioden wird die Reifung von Melanisierung gefolgt. Liegt lockeres, große Mengen an löslichem Calcium freisetzendes Kalkgestein vor, kommt es zur Melanisierung der Humus-Rendsina. Die Kontrolle der Humifizierung in der frühen Phase bedingt, daß viele Pflanzenreste gegenüber Mineralisierung geschützt werden und im Profil verbleiben. Infolge einer hohen biologischen Aktivität sind zahlreiche biologische Moleküle vorhanden. Durch Calcium wird eine starke Bindung von Organomineralkomplexen an Ton gefördert, sodaß sowohl Mikroaggregate als auch Makroaggregate gebildet werden. Bei stärker variablem Klima (z.B. im Gebirge) wird die Melanisierung weiter verstärkt. Dabei entstehen Schwarze Humus-Kalkböden.

Das kontinentale Klima ist durch lange Trockenperioden und Steppen-Wald Vegetation charakterisiert. Tschernoseme, welche einige Merkmale mit den Humus-Kalkböden gemeinsam haben sind mit Calcium gesättigt und werden durch Grau (Schwarz)huminsäuren dominiert. Tschernoseme unterscheiden sich von Humus-Kalkböden durch eine fortgeschrittenere Humifizierung und einen langsameren Umsatz. Das Verhältnis von Fulvosäuren/Huminsäuren ist geringer und Pflanzenreste fehlen nahezu vollkommen. Tschernoseme stellen die entwickeltsten Humusformen von Böden im temperaten Klimaraum dar. Die Humusanreicherung in den Schwarzerden erfolgt in erster Linie auf Grund bestimmter klimatischer Faktoren. Eine wesentliche Bedeutung kommt darüberhinaus den Tonmineralien und dem hohen Ca-Gehalt des Ausgangsgesteins (Löß) zu. Für die Bildung der Humus-Carbonatböden (Mull-Rendsina) liegen ähnliche Voraussetzungen hinsichtlich der Bodenzusammensetzung vor wie bei den Schwarzerden (hoher $CaCO_3$- und Tonmineraliengehalt). Die Fraktionierung und Analyse organomineralischer Komplexe von Braunerden und Tschernosemen gab Hinweis auf bodentypische Umsatzraten dieser Komplexe (Bruckert und Kilbertus 1980). In Braunerden erwiesen sich die Aggregate als lose. Diese waren durch einen hohen Gehalt an Organometallverbindungen, gebildet mit Fulvosäuren, charakterisiert und wiesen eine hohe Umsatzrate auf. Tschernoseme bestanden aus kompakten Aggregaten, welche einen hohen Anteil an polykondensierten Huminsäuren und Organomineral(Ton)Verbindungen enthielten. Die Widerstandsfähigkeit der beiden letztgenannten gegenüber mikrobiellem Abbau war angezeigt.

Im neutralen bis schwach alkalischen Bereich bilden sich die besten Humusformen (Schwarzerden, Humus-Carbonatböden, Niedermoore). Diese guten Humusformen bleiben im Boden nur dann bestehen, wenn die Bodenreaktion im neutralen Bereich verbleibt. Andernfalls bilden sich ungünstigere Humusformen. Dies ist beispielsweise von Schwarzerden bekannt, welche nach der Auswaschung von $CaCO_3$ und eines Teiles der austauschbaren Metallionen (pH etwa 6) verbraunen. Eine Anreicherung von schwarzerdeähnlichen Humusformen kann nur bei neutraler Bodenreaktion erfolgen (Schachtschabel 1953). Unter extrem sauren Bedingungen und damit verbundener geringer Organismentätigkeit reichert sich im humiden Klima der Podsol-Humus an. Letzteres wird durch Heidevegetation oder Nadelwald begünstigt.

Nährstoffverhältnisse. Nährstoffverhältnisse (C/N- und C/P-Verhältnisse) werden zur qualitativen Beschreibung von Humusformen genutzt. Das C/N-Verhältnis von Humus weist die generelle Tendenz auf mit fallendem pH-Wert des Bodens anzusteigen. Unterhalb pH 3.8 liegt dieses üblicherweise über 20 (Pearsall 1952). Bei Erniedrigung der Basenversorgung und bei Abfall des pH unter etwa 5.7 weist das C/N-Verhältnis eine stark steigende Tendenz auf. Für nährstoffreichen Mull wird das C/N-Verhältnis mit < 13 angegeben, für mittel- bis schlechtversorgten Moder bewegt sich dieses zwischen 18 und 33, nährstoffarmer Rohhumus weist C/N-Verhältnisse > 33 auf.

Unter einer Reihe von Analysedaten repräsentierten die C/N- und C/P-Quotienten die Humusformen am besten (von Zezschwitz 1980). Untersuchte Humusform/C:N/C:P: L-Mull/12.0/46.3; F-Mull/15.8/76.4; mullartiger Moder/18.1/125.5; feinhumusarmer Moder/22.2/288.2; feinhumusreicher Moder/23.7/411.0; rohhumusartiger Moder/27.9/581.5; Rohhumus /33.7/879.5.

Sensibilität gegenüber Bioabbau. Die Oberflächenhorizonte von Waldböden der temperaten Zone konnten basierend auf der Sensibilität der organischen Substanz gegenüber Bioabbau unterschieden werden. Die Anwendung einer geeigneten statistischen Methode ermöglichte es auf Basis respiratorischer und enzymatischer Eigenschaften (Freisetzung von CO_2, Dehydrogenaseaktivität, Saccharaseaktivität) sowie des pH-Wertes eine Klassifikation von Oberbodenhorizonten vorzunehmen (Bauzon et al. 1968). Als sehr sensibel gegenüber Bioabbau erwiesen sich kalkiger Mull und Mull. Sensibel waren Hydromull und Moder. Rohhumus erwies sich gegenüber Bioabbau als wenig sensibel. Die Abnahme der Aktivität vom Mull zum Rohhumus ist als Zeichen einer zunehmenden Stabilisierung der organischen Substanz in den Oberflächenhorizonten zu werten. Diese Stabilisierung kann unter anderem auf der Komplexierung von Substrat und der Denaturierung von extrazellulären Enzymen beruhen. Die Konservierung der Streu wird auch durch einen ungünstigen Wasserhaushalt dieser Humusform begünstigt. An Rohhumusstandorten trocknete die Streu rascher aus als an Mullstandorten, obgleich der Niederschlag am erstgenannten höher war (Howard und Howard 1987). Die Oberflächenhorizonte von Waldböden der humiden Tropen (Ferralitische Böden) zeichnen sich durch eine schwache Atmungsaktivität aus, die organische Substanz besitzt ausreichende Stabilität. Die organische Substanz der Oberflächenhorizonte arider Böden vom Typ des Sierosems erwies sich hingegen gegenüber Bioabbau als sehr sensibel. Diese Böden zeigten eine erhöhte Atmungsaktivität.

2.4 Bodenluft

Der Belüftungsstatus eines Bodens kann durch den Gehalt an Sauerstoff und anderer Gase in der Bodenatmosphäre, die Sauerstoffdiffusionsrate und das Redoxpotential gekennzeichnet werden. Nielson und Pepper (1990) nutzten die mikrobielle Atmung als Index für den Belüftungsstatus des Bodens.

Das von Gasen und Wasser besetzte Volumen des Oberbodens eines repräsentativen Mineralbodens beläuft sich etwa auf 50% des Gesamtvolumens.

Die Zusammensetzung der Bodengasphase unterscheidet sich stark von jener der uns umgebenden Atmosphäre und diese variiert zwischen den Böden. Die Bodenatmosphäre ist in ihrer Zusammensetzung vom Gleichgewicht zwischen der Geschwindigkeit der Bildung und Nutzung verschiedener Gase im Boden sowie von der Austauschgeschwindigkeit zwischen der Bodenluft und der Luft über der Bodenoberfläche abhängig.

Neben dem Sauerstoff, welcher den größten unmittelbaren Einfluß auf die Stoffumsetzungen im Boden ausübt, treten im Boden noch andere biologisch wichtige Gase auf. Diese schließen CO_2, N_2, N_2O, NH_3, CH_4, CO, C_2H_4, SO_2, H_2S und andere Schwefelgase, Wasserdampf und flüchtige organische Verbindungen ein. Die Bodenlebewesen und die Pflanzenwurzeln nehmen Einfluß auf die Konzentrationen dieser Gase.

Die Gase können in der Bodengasphase existieren, in variierendem Ausmaß an der Festphase adsorbiert werden oder gelöst in der Bodenlösung vorliegen. Da Mikroorganismen diese nur in gelöstem Zustand assimilieren, ist deren Löslichkeit und Diffusionsrate in die Flüssigphase von wesentlicher Bedeutung. Von den Gasen, welche essentielle Elemente tragen sind NH_3 und CO_2 gut, O_2 und N_2 vergleichsweise gering löslich.

Der Kohlendioxidgehalt kann im Boden infolge der Atmungsaktivität der Organismen und eines langsam erfolgenden Gasaustausches mit der Atmosphäre hundertmal höher liegen als in der uns umgebenden Atmosphäre. Der Mittelwert des Kohlendioxidgehaltes der atmosphärischen Luft liegt bei 0.03% (dieser Wert ist im Anstieg begriffen), jener der Bodenluft wird mit > 0.2% angegeben.

Der Mittelwert für den Sauerstoffgehalt der atmosphärischen Luft liegt bei 20.95%, jener für den Sauerstoffgehalt der Bodenluft kann < 20.6% betragen. Für die Mehrzahl der Landpflanzen wird der notwendige Sauerstoffgehalt in der Bodenluft mit > 10% angegeben.

Der Bodenluftgehalt und die Zusammensetzung der Bodenluft wird großteils durch den Wassergehalt des Bodens bestimmt. Das Wasser und die Luft konkurrieren einander in den Poren des Bodens. Das Wasser beeinflußt biologische Prozesse und wirkt kontrollierend auf die Geschwindigkeit von Austauschvorgängen.

Physikalische Eigenschaften des Bodens wie die Textur nehmen über deren Einfluß auf das Porenvolumen und die Porengrößenverteilung Einfluß auf den Belüftungsstatus des Bodens. Böden mit einem hohen Feinporenanteil neigen zu einer schlechten Belüftung. In solchen Böden übt das Wasser einen dominierenden Einfluß aus. Der Bodenluftgehalt ist gering und die Diffusionsrate der Luft in und aus dem Boden zur Gleichgewichtseinstellung mit der Atmosphäre ist ebenfalls gering. Die Fähigkeit eines Bodens überschüssiges Wasser zu dränieren ist ein wesentlicher den Belüftungsstatus eines Bodens bestimmender Faktor. Der Anteil der Makroporen am Porenvolumen ist für die Entwässerung und den Gasaustausch von grundlegender Bedeutung. Makroporen erlauben eine rasche Entwässerung und die Bewegung von Gasen in und aus dem Boden. Verdichtung oder hohe Wassergehalte beschränken die Belüftung eines Bodens. Hohe organische Substanzgehalte geben Hinweis auf einen schlechten Belüftungsstatus in schlecht dränierten Böden.

Die Verfügbarkeit von Sauerstoff ist eine Funktion der Porosität, des Wassergehaltes und des Sauerstoffkonsums durch oxidative Prozesse.

Der Sauerstoffgehalt der Bodenatmosphäre bestimmt großteils den Typ des auftretenden Metabolismus und der mikrobiell vermittelten Transformationen. Die Mikroorganismen zeichnen sich durch eine vielfältige Anpassung an die Bedingungen einer unterschiedlichen oder variierenden Sauerstoffverfügbarkeit aus. Entlang eines Sauerstoffgradienten können oxybiontische und anoxybiontische Organismen unterschieden werden. Die erstgenannten umfassen die aeroben, die mikroaerophilen und die fakultativ anaeroben Mikroorganismen. Zu den zweitgenannten zählen aerotolerante und strikt anaerobe Mikroorganismen. Es gibt Schätzungen wonach ein Wechsel zwischen anaeroben und aeroben Bedingungen im

Boden dann eintritt, wenn die Sauerstoffkonzentration unter $3x10^{-6}$ M absinkt (Gray und Williams 1971b).

Bewirtschaftungsmaßnahmen nehmen über die Zufuhr von organischer Substanz sowie über die Veränderung physikalischer Bodeneigenschaften im Zuge der Bodenbearbeitung Einfluß auf den Belüftungstatus des Bodens. Bodenzusätze in Form von leicht abbaubaren organischen Abfällen begünstigen die Erhöhung des Sauerstoffkonsums durch Heterotrophe und die Entstehung anaerober Areale. Schlecht belüftete Böden sind wesentliche Methanquellen.

2.5 Bodenwasser

2.5.1 Formen und Funktionen

Das Wasser ist in den Poren des Bodens nur teilweise frei beweglich. Dieses unterliegt zum Teil der Bindung an die feste Bodenphase. In den Bodenporen wird das Wasser unterschiedlich stark gehalten. Die vorhandene Wassermenge und die Größe der Poren sind diesbezüglich von Bedeutung. In der Bodenkunde wird zwischen Haft-, Sicker-, Grund- und Stauwasser unterschieden.

Das über den Niederschlag oder die Bewässerung dem Boden zugeführte Wasser wird zum Teil entgegen der Schwerkraft in den Poren des Bodens festgehalten. Zum Teil wird es als Sickerwasser in tiefere Zonen verlagert. Das im Boden verbleibende Wasser wird als Haftwasser (Adsorptionswasser, Kapillarwasser) oder auch als Bodenfeuchte bezeichnet. Das den Boden durchsetzende Sickerwasser kann Grund- und Stauwasser bilden. Grund- oder Stauwasser sind jene Anteile des Bodenwassers, welche nicht durch die Bodenmatrix festgehalten werden können. Grund- und Stauwasserkörper bilden sich über Bereichen mit geringer Wasserleitfähigkeit wie beispielsweise Tonen. Der Unterschied zwischen Grund- und Stauwasser besteht darin, daß im ersten Fall das Wasservorkommen während des gesamten Jahres, im zweiten Fall dieses jedoch nur während eines Teil des Jahres gegeben ist.

Das Haftwasser kann dem Boden an die Atmosphäre durch Transpiration der Pflanzen und Evaporation von der Bodenoberfläche verloren gehen. Durch kapillaren Aufstieg kann Wasser aus Grund- und Stauwasser das Haftwasser wieder ergänzen.

Ein Modell zur Verteilung des Wassers im Boden unterscheidet zwischen hygroskopischem Wasser, Pellikularwasser und Gravitationswasser. Demgemäß wird ein Bodenteilchen von hygroskopischem Wasser umgeben. Es handelt sich dabei um Wasser, welches von Bodenteilchen aus der Bodenatmosphäre aufgenommen wird. Dieses Wasser gefriert nicht und bewegt sich auch nicht als Flüssigkeit. In einer wassergesättigten Atmosphäre wird das hygroskopische Wasser von Pellikularwasser (eine Form des Haftwassers) umgeben. Das Pellikularwasser kann sich durch intermolekulare Anziehung, nicht jedoch durch Schwerkraft, von Bodenteilchen zu Bodenteilchen fortbewegen. Dieses kann gelöste Salze enthalten, welche der Gefrierpunkterniedrigung diensam sind. Im Überschuß vorhandenes Wasser umgibt als Gravitationswasser das Pellikularwasser. Ungleich den beiden anderen Wassertypen bewegt sich dieses unter dem Einfluß der Schwerkraft und reagiert auf hydrostatischen Druck.

Es ist nicht geklärt, welche Form des Wassers den Mikroorganismen verfügbar ist.

Das Bodenwasser ist ein Medium für die Diffusion gelöster Stoffe sowie ein solches für die Bereitstellung von Nährstoffen durch Massenfluß. Dieses ist ein Lösungsmittel für biochemische Reaktionen und ein Transport- und Bewegungsmedium für Bodenlebewesen. Das Wasser wirkt temperaturregulierend und stellt ferner einen bodenbildenden Faktor dar (Verwitterung, Verlagerung, Anreicherung von Stoffen).

Das Bodenwasser beeinflußt den Belüftungsstatus, jene den Organismen verfügbare Wassermenge, die Art und Menge des gelösten Materials, das Redoxpotential, den osmotischen Druck und das pH der Bodenlösung. Das Wasser modifiziert die Verteilung von Bodengasen durch den Ersatz relativ unlöslicher Gase wie N_2 und O_2 und die Absorption löslicherer Gase wie CO_2, NH_3 und H_2S.

Die Bodenlösung kann als die flüssige wässrige Phase des Bodens und die darin gelösten Stoffe definiert werden (Soon und Warren 1993). Miteinander in Beziehung stehende Größen wie das pH, das Redoxpotential, die Ionenzusammensetzung und die Ionenstärke bestimmen die Qualität der Bodenlösung. Die gelösten Stoffe werden durch Elektrolyte und Gase sowie durch geringe Mengen an anderen wasserlöslichen Verbindungen wie organische Stoffe und Metabolite repräsentiert. Die Konzentration der gelösten Stoffe in der Bodenlösung wird mit einer Größenordnung von $< 10^{-2}$ M angegeben (Robert und Chenu 1992).

Das mikroskopische Konzept der Grenzfläche Boden-Wasser besteht in einer normalerweise negativ geladenen Partikeloberfläche, welche von einer diffusen Lage hydratisierter Gegenionen umgeben ist. Diese, als Micellar- oder innere Lösung definierte Lage geht in eine homogene Intermicellar- oder äußere Lösung über. Es besteht Akzeptanz dahingehend, daß die äußere Lösung die Bodenlösung darstellt.

Die wäßrige Phase ist mit Ausnahme von Sättigung normalerweise nicht kontinuierlich. Dies beschränkt die Fortbewegung bzw. den Transport von Mikroorganismen bzw. von Nährstoffen und Metaboliten. Toxikantien können dadurch lokal angereichert werden. Ein Schutz von Zellen vor Beweidung und eine Verringerung der Wahrscheinlichkeit des genetischen Transfers kann damit verbunden sein. Wassergesättigte Böden sind solche, deren Porenraum zur Gänze mit Wasser gefüllt ist. In wassergesättigten Böden wird der Gasaustausch zwischen Boden und Atmosphäre verzögert. Wassersättigung löst im Boden Vorgänge aus, welche die Stoffkreisläufe beeinflussen. Der Rückgang des Redoxpotentials und der Anstieg des pH zählen zu den wichtigsten physikalisch-chemischen Veränderungen, welche die Reduktion von Böden begleiten.

2.5.2 Wasserpotential und -verfügbarkeit

Ebenso wie für Nährstoffe und potentielle Schadstoffe ist auch im Falle des Wassers nicht dessen gesamter Gehalt im Boden für biologische Parameter von Bedeutung, sondern dessen Verfügbarkeit. Die festen Bodenoberflächen und die gelösten Stoffe konkurrieren mit den Organismen um das Bodenwasser. Das Wasser konkurriert mit anderen polaren Molekülen um Adsorptionsstellen und kann durch Moleküle, welche zu gleich starker Koordination befähigt sind ersetzt werden (z.B. Alkohole, Amine) (Burns 1980).

Potential- bzw. Energiekonzepte

Die von den festen Bodenbestandteilen, den gelösten Stoffen, der Schwerkraft und weiteren Größen (je nach Meßbedingungen und speziellen Bodenverhältnissen) ausgehenden Kräfte bewirken die Bewegung des Wassers im Boden und beeinflussen dessen Aufnehmbarkeit durch Pflanzen und Mikroorganismen. In der Bodenkunde wird anstelle der wirkenden Kräfte die Arbeit, welche diese Kräfte verrichten können bzw. deren Arbeitsfähigkeit, das Potential betrachtet. In Bezug auf das Bodenwasser gibt es deshalb sogenannte Potentialkonzepte oder Energiekonzepte.

Die Rückhaltung und die Bewegung des Wassers im Boden, dessen Aufnahme und Verlagerung in Pflanzen und dessen Verlust an die Atmosphäre sind energiebezogene Phänomene. Dabei sind verschiedene Formen der Energie involviert, einschließlich der kinetischen, der potentiellen und der elektrischen. Die freie Energie wird genutzt den Energiestatus des Wassers zu charakterisieren. Die freie Energie kann als eine Art Summe anderer Formen von Energie verstanden werden, welche für die Verrichtung von Arbeit verfügbar ist.

Im Boden beeinflussen drei wichtige Kräfte die freie Energie des Bodenwassers. Die Anziehung der festen Bodenbestandteile (Bodenmatrix) für Wasser repräsentiert eine Matrixkraft (Adsorptionskräfte und Kapillarkräfte). Die Adsorptions- und Kapillarkräfte reduzieren die freie Energie adsorbierter und durch Kohäsion gehaltener Moleküle. Die Anziehung von Ionen oder anderer gelöster Stoffe für Wasser repräsentiert osmotische Kräfte. Die gelösten Stoffe reduzieren die freie Energie des

Wassers. Die Schwerkraft ist die dritte die freie Energie des Wassers reduzierende Kraft.

Der Unterschied zwischen der freien Energie des Bodenwassers und jener von reinem Wasser in einem Standard-Referenzzustand ist als Bodenwasserpotential (ψ) definiert. Die Komponenten des Bodenwasserpotentials, resultierend aus der Matrixkraft, der osmotischen Kraft und der Gravitationskraft werden als Matrixpotential (ψm), osmotisches Potential oder Lösungspotential (ψo) und Gravitationspotential (ψg) definiert.

Je nach Meßbedingungen und den im speziellen Fall vorliegenden Verhältnissen im Boden können auch noch andere Teilpotentiale erfaßt werden (Schachtschabel et al. 1992). Das Matrixpotential und das osmotische Potential werden für die meisten mikrobiellen Systeme, einschließlich des Bodens, als die wichtigsten angesehen.

Die Potentiale können in Zentimeter Einheitswassersäule oder in Druckeinheiten (bar, Pa) angegeben werden.

Das Matrixpotential umschließt alle durch die Bodenmatrix auf das Wasser ausgeübten Kräfte. Das Wasser wird durch die matrixbedingten Kräfte umso stärker gehalten, je weniger Wasser ein Boden enthält. Die Auswirkungen dieses Potentials auf das Wasser sind jenen des Gravitationspotentials entgegengesetzt und diesem kommt stets ein negatives Vorzeichen zu.

Der Boden übt durch Adsorptions- und Kapillarkräfte eine bestimmte Saugspannung auf das Bodenwasser aus. Letzteres steht unter einer entsprechenden Wasserspannung. Der Zahlenwert des Matrixpotentials wird unter Vernachlässigung des negativen Vorzeichens auch unter dem Begriff Wasserspannung angewandt. Die Wasserspannung wird durch den pF-Wert gekennzeichnet.

Einem mit abnehmendem Wassergehalt sinkenden Matrixpotential steht eine zunehmende Wasserspannung gegenüber. Die Wasserspannung bzw. das Matrixpotential ist von der Oberflächenaktivität und der Größe der Poren des Bodens abhängig. Bei gleichem Wassergehalt nimmt diese(s) mit abnehmender Korngröße zu.

Während das Matrixpotential sowohl die Rückhaltung von Wasser im Boden als auch dessen Bewegung im Boden beeinflußt, ist der Einfluß des osmotischen Potentials für die Bewegung des Wassers von geringerer Bedeutung. Letzteres ist jedoch für die Aufnahme von Wasser durch Organismen von wesentlicher Bedeutung.

Die Wasserverfügbarkeit kann als Wasserpotential ausgedrückt werden. Dieses definiert die Energie mit welcher das Wasser im Boden zurückgehalten wird. Die Organismen müssen zur Nutzung des Wassers eine äquivalente Menge an Energie aufwenden. Für das Wasserpotential wird die Maßeinheit MPa verwendet.

Zwischen dem Bodenwassergehalt und dem Bodenwasserpotential besteht eine inverse Beziehung. Diese Beziehung wird jedoch vielfältig beeinflußt. Die in einem bestimmte Bereich des Bodens verfügbare Wassermenge wird durch die physikalischen und chemischen Eigenschaften des Bodens, den Wassergehalt und die Temperatur wesentlich mitbestimmt.

Maximale Wasserkapazität

Der Begriff „maximale Wasserkapazität" bezieht sich auf die maximale Wassersättigung von Bodenproben natürlicher oder gestörter Lagerung unter definierten Laborbedingungen. Dabei wird Bodenmaterial mit Wasser gesättigt und überschüssiges Wasser unter definierten Bedingungen entfernt. Der verbleibende Wassergehalt stellt die maximale Wasserkapazität (Wasserhaltevermögen) des Bodenmaterials dar. Diese wird in g Wasser/100 g Bodentrockensubstanz angegeben.

Wasserpotential, maximale Wasserkapazität und Mikroorganismen

Das Wasserpotential ist ein die Größe und die Aktivität der mikrobiellen Biomasse kontrollierender Faktor. Bodenwasserpotentiale von -0.01 bis -0.05 MPa liegen nahe am Optimum für Bakterien und Pilze (Smith und Pauls 1990). Obgleich ein Potentialbereich von -0.01 bis -0.4 MPa für die Biomasse geeignet ist, verändert sich mit dem Wasserpotential die Zusammensetzung der mikrobiellen Population. Die Substratverfügbarkeit wird als die Hauptursache dafür angesehen. Der für höhere Pflanzen optimale Bodenfeuchtegehalt entspricht normalerweise jenem, welcher auch für Bakterien (die Gruppe der Aktinomyceten ausgeschlossen) am geeignetsten ist. Dieser beläuft sich auf -0.01 bis -0.1 MPa. Untersuchungen zum Einfluß des Wasserpotentials auf die Besiedelung von in den Boden eingebrachtem Pflanzenmaterial zeigten eine wesentliche Variation zwischen verschiedenen Pilzarten (z.B. Kouyea 1964). Solche Beobachtungen können teilweise eine Erklärung dafür geben, weshalb einige durch Pilze verursachte Pflanzenkrankheiten in bestimmten Regionen gehäuft auftreten bzw. auf diese beschränkt sind.

Bei Pilzen besteht die Möglichkeit der Wasserversorgung wachsender Teile des Myceliums durch ältere Mycelteile. Pilze können deshalb vor allem bei trockenen Bedingungen gegenüber Bakterien einen Konkurrenzvorteil bei der Besiedelung des Substrates aufweisen.

Mikroorganismen, welche in Wüstenböden und in Böden mit hohen Salzkonzentrationen leben sind Beispiele für unter Matrix- und unter osmotischem Wasserstreß stehende Organismen. Mikroorganismen, welche unter Bedingungen der eingeschränkten Wasserverfügbarkeit wachsen werden auch als Osmophile bezeichnet. Synonyme dafür sind Xerophile und Xerotolerante.

Unter ungünstigen Umweltbedingungen können bei Mikroorganismen Veränderungen hinsichtlich der Biomasse, der Oberfläche bzw. des Zellvolumens beobachtet werden. Lufttrocknen von Bodenproben (landwirtschaftlich genutzter Boden, Grünlandboden) bedingte generell einen Rückgang der Hyphenlänge, der Bakterienzahlen, der mikrobiellen Volumina und Oberflächen (West et al. 1987b). Die Häufigkeit des Auftretens von Mycelien mit geringem Durchmesser nahm in getrockneten Böden zu. Das Volumen der Bakterien und die Häufigkeit des Auftretens von stäbchenförmigen Bakterien nahm in luftgetrockneten Böden ab.

Der Optimalbereich der maximalen Wasserkapazität liegt für Bakterien bei 60–70%. Pilze können sich bei 40% maximaler Wasserkapazität noch vermehren. Unterhalb von 60–70% der maximalen Wasserkapazität tritt eine Verschiebung des Verhältnisses Bakterien:Pilze plus Bakteriengruppe der Aktinomyceten auf die rechte Seite ein. Bodenmikroorganismen weisen gegenüber geringer Bodenfeuchte eine höhere Sensitivität auf als gegenüber hoher. Die optimale Wasserkapazität (WK) für die mikrobielle CO_2-Freisetzung liegt bei niedrigeren Temperaturen tiefer als bei höheren (2°C 50% maximale WK, 21°C 60% maximale WK, 30°C 70% maximale WK) (Schinner et al. 1989b).

Mikroorganismen sind vor allem in den oberen Bodenlagen starken Variationen hinsichtlich der Temperatur und Feuchte ausgesetzt. Trocken-Naßzyklen treten unter natürlichen Bedingungen regelmäßig auf und beeinflussen die Größe der mikrobiellen Biomasse. Trocken-Naßzyklen stimulieren die Lösung humifizierter organischer Substanz und die Zellyse. In der Folge wird die mikrobielle Aktivität stimuliert. Ein wichtiger Effekt dieser Zyklen ist die beschleunigte Freisetzung von Nährstoffen.

In Untersuchungen mit Bodenproben aus verschiedenen Lagen eines Laub- bzw. Nadelwaldbodens verursachte Lufttrocknen (20°C, 14 Tage) in jeder beprobten Bodenlage nur geringe Reduktionen (< 10%) der mikrobiellen Biomasse (bestimmt mittels SIR) (Scheu und Parkinson 1994). Die Basalatmung zeigte in den befeuchteten Lagen eine starke Zunahme. Während der Inkubation befeuchteter Lagen nahm die bakterielle Biomasse und das bakterielle Biovolumen in den meisten Lagen für 10 Tage zu. Ein Rückgang des Pilz:Bakterien-Verhältnisses war damit verbunden. Zwischen Tag 10 und 40 gewannen die Pilze in der Mehrzahl der Lagen an Dominanz und das Pilz:Bakterien-Verhältnis nahm zu.

2.5.3 Redoxpotential

Der Oxidations-Reduktionszustand chemischer Elemente im Boden steht mit dem Belüftungszustand des Bodens in Beziehung. In gut belüfteten Böden treten oxidierte Formen von Elementen gegenüber reduzierten hervor. Die Gegenwart reduzierter Formen von Elementen gibt Hinweis auf einen schlechten Belüftungsstatus des Bodens. Entsprechende Formen von

Elementen wären Fe^{3+} bzw. Fe^{2+}, Mn^{4+} bzw. Mn^{2+}, NO_3^- bzw. NH_4^+ oder SO_4^{2+} bzw. S^{2-}.

Das Redoxpotential gibt Hinweis auf die Oxidations-Reduktionszustände eines Systems. Das Redoxpotential des Bodens wird als das Gesamtpotential aller im Boden vorhandenen Redox-Systeme definiert. Für Böden bestimmte Redoxpotentiale variieren zwischen -300 mV (stark reduzierende Verhältnisse) und +800 bzw. +850 mV (stark oxidierende Verhältnisse).

Die Oxidation ist durch die Aufnahme von Sauerstoff, die Abgabe von Wasserstoff und die Erhöhung der Wertigkeit charakterisiert. Die entsprechenden umgekehrten Vorgänge kennzeichnen die Reduktion. Generell kann unter Oxidation die Abgabe von Elektronen und unter Reduktion die Aufnahme von Elektronen verstanden werden. Das Redoxpotential kann als die Tendenz einer Substanz definiert werden unter gegebenen Bedingungen Elektronen abzugeben oder aufzunehmen. Im Boden treten zahlreiche Redox-Systeme auf. Zwei Beispiele für häufig in Boden auftretende Redox-Systeme sind:

$Fe^{2+} \leftrightarrow Fe^{3+}$; $NH_4^+ \leftrightarrow N \leftrightarrow NO_3^-$

Das Normal-Potential (Eo) ist das Maß für die Stärke der Oxidation oder Reduktion bzw. der Elektronenabgabe oder -aufnahme eines Redox-Systems, ausgedrückt in Millivolt (mV). Das Normal-Potential ist das Redoxpotential unter definierten Bedingungen hinsichtlich pH, Temperatur und Aktivität der Reaktionspartner. Die Normalpotentiale und Konzentrationen der zahlreichen in Böden gleichzeitig reagierenden Redox-Paare sind nicht bekannt. Deren Redox-Potential (E) wird deshalb gemeinsam erfaßt. Das Redox-Potential (E) kennzeichnet die oxidierende bzw. reduzierende Kraft eines Redox-Systems. Dieses ist das elektrische Potential (in mV), welches durch den Elektronentransfer vom Elektronen-Donator zum Elektronen-Akzeptor entsteht. Das Redox-Potential ist nach Nernst abhängig vom Normal-Potential (Eo) und vom Verhältnis der Aktivität (wirksame Konzentration in Mol/l) der Redox-Partner.

Redox-Reaktionen sind mit pH-Veränderungen verbunden. Bei der Oxidation werden Protonen gebildet und bei der Reduktion werden solche verbraucht.

Hohe, positive Redoxpotentiale signalisieren stark oxidierende Bedingungen. Solche werden in gut belüfteten, nur geringe Mengen an leicht umsetzbarer organischer Substanz enthaltenden Böden gefunden. Gut belüftete Böden verfügen im Bodenwasser und in der Bodenluft über ausreichend Sauerstoff für Oxidationsprozesse und diese enthalten hohe Anteile an oxidierten Verbindungen wie Metalloxide(-hydroxide), Nitrat und Sulfat. Niedrige oder negativ Redoxpotentiale werden in Böden mit Sauerstoffmangel, hohen Gehalten an reduzierenden Verbindungen und leicht umsetzbarer organischer Substanz gefunden. Sauerstoffmangel ist für

Stau- und Grundwasser- sowie Überflutungsböden typisch. Mikroorganismen sind an der Einstellung niedriger Redox-Potentiale beteiligt. Dies trifft neben aeroben, Sauerstoff verbrauchenden, Mikroorganismen vor allem für anaerobe bzw. fakultativ anaerobe Mikroorganismen zu, welche organische Substanzen als Elektronendonatoren nutzen, jedoch anstelle von Sauerstoff anorganische und organische Verbindungen höherer Oxidationsstufen als Elektronenakzeptoren verwenden. In Abwesenheit von Sauerstoff nutzen anaerobe bzw. fakultativ anaerobe Mikroorganismen oxidierte Bodenbestandteile wie NO_3^-, MnO_2, $Fe(OH)_3$, SO_4^{2-} und Dissimilationsprodukte der organischen Substanz als Elektronenakzeptoren.

Redox-Vorgänge sind für bodenbildende Prozesse wie die Mobilisierung, Immobilisierung und den Transport verschiedener Verbindungen in Böden (z.B. Fe-, Mn- und S-Verbindungen) von Bedeutung. Wesentliche biologische Relevanz besitzen die Redox-Eigenschaften des Bodens in deren Einfluß auf die Verfügbarkeit von Nährstoffen bzw. auch die Toxizität von Elementen. Die Verfügbarkeit verschiedener Makro- und Mikronährstoffe weist unterschiedliche Variation mit dem Oxidationszustand auf. Die Elemente Schwefel und Molybdän sind in der oxidierten Form verfügbar, während dies für Eisen und Mangan in der reduzierten Form bzw. für Stickstoff in beiden Formen zutrifft. Die Verfügbarkeit von Phosphor kann durch die Reduktion von Fe^{3+}-Hydroxid-Phosphat-Komplexen erhöht werden. Im Zuge von Redoxreaktionen auftretende reduzierte Metallionen können als Inhibitoren oder Aktivatoren von Enzymen fungieren.

2.6 Bodenkolloide

2.6.1 Kolloidtypen

In der Bodenforschung werden organische und anorganische Bodenteilchen mit einem Durchmesser $< 2\ \mu m$ den Bodenkolloiden zugeordnet. Diese kolloidalen Teilchen sind mit wichtigen physikalischen, chemischen, physikalisch-chemischen und biologischen Eigenschaften der Böden verbunden. Die Bodenkolloide bestimmen die Eignung von Böden für bestimmte Nutzungen wesentlich mit. Die physikalisch-chemischen Eigenschaften der kolloidalen Fraktion sind für die mikrobielle Ökologie von besonderer Bedeutung.

Die Tonmineralien, die Oxide/Hydroxide des Eisens und Aluminiums von Tongröße, die Allophane und assoziierte amorphe Tone sowie die Huminstoffe sind die Haupttypen der Bodenkolloide.

Tonmineralien

Die Tonmineralien zählen zu den wichtigsten im Zuge der Verwitterung entstehenden Mineralien. Die Tonmineralien sind mehr oder minder gut kristallisierte Al-Silikate. Diese bilden meist blättchenförmige Kristalle und zählen deshalb zu den Schichtsilikaten. Die Kristalleinheiten bestehen aus primär horizontal orientierten Schichten von Silizium-, Aluminium-, Magnesium- und/oder Eisenatomen die von Sauerstoff und Hydroxygruppen umgeben und zusammengehalten werden. Auf Basis der Zahl und der Anordnung der in den Kristalleinheiten vorhandenen tetraedrischen Si-Schichten und oktaedrischen Al-, Mg/Fe-Schichten werden die Tonmineralien in Zweischicht-, Dreischicht- und Vierschicht-Tonmineralien bzw. 1:1, 2:1 und 2:1:1 Typ Mineralien unterteilt. Verschiedene Kombinationen von tetraedrischen und oktaedrischen Schichten stellen demnach die Kristalleinheiten dar. In manchen Sichtsilikaten werden die Kristalleinheiten durch Zwischenschichträume getrennt in welche Wasser und Kationen eingelagert werden können.

Bei den Zweischicht-Tonmineralien (1:1-Tonmineralien) besteht die Grundstruktur aus der Folge von einer Si-O-Tetraeder- und einer Al-OH-Oktaeder-Schicht. Die Grundstruktur der Dreischicht-Tonmineralien (2:1-Tonmineralien) besteht aus zwei Tetraeder-Schichten, welche eine Oktaeder-Schicht umgeben. Die Oktaeder-Zentren können von Al, Fe- oder Mg-Ionen besetzt sein. Die Vierschicht-Tonmineralien (2:1:1-Tonmineralien) enthalten zusätzlich zu den drei Schichten der Dreischicht-Tonmineralien eine vierte Schicht von Al-OH, Fe-OH oder Mg-OH-Oktaedern.

Wichtige Vertreter der Zweischicht-Tonmineralien sind Kaolinit und Halloysit. Die Smectite, Vermiculite und Illite zählen zu den Dreischicht-Tonmineralien. Smectite und Vermiculite schließen aufweitbare Typen ein. Bei diesen liegen äußere und innere Oberflächen vor. Die innere Oberfläche befindet sich zwischen Kristalleinheiten der Mineralien. Aufweitbar bedeutet, daß in diese Zwischenschichträume Wasser eingelagert werden kann. Solche Räume stellen sogar in lufttrockenen Böden ein wichtiges Reservoir für Wasser dar. Die innere Oberfläche ist ebenso wie die äußere dem Ionenaustausch und der chemischen Bindung exponiert. Die Vierschicht-Tonmineralien sind durch Chlorite vertreten.

Bei hohen Wassergehalten kann das Bodenvolumen und die Porosität des Bodens durch die Aufweitung von Tonmineralien wesentlich modifiziert werden.

In einem Boden werden normalerweise mehrere unterschiedliche Tonmineralien in enger Assoziiation vorgefunden. Es gibt auch Tonmineralien, welche hinsichtlich deren Zusammensetzung und Eigenschaften eine Mittelstellung zwischen den gut definierten Mineralien darstellen.

Die Natur der in Böden auftretenden Tonmineralien wird durch das Klima und das Ausgangsgestein kontrolliert. In Böden der temperaten Zone sind die Tonmineralien die wichtigsten anorganischen Kolloide.

Oxide/Hydroxide des Al, Fe, Mn

Bei der Verwitterung von primären Silikaten freigesetzte Si-, Al-, Fe- und Mn- Verbindungen, welche nicht in die Bildung von Tonmineralien eingehen und auch nicht ausgewaschen werden können zu amorphen und kristallinen Oxiden und Hydroxiden umgewandelt werden. Beispiele für in Böden üblicherweise auftretende Eisen- und Al-Oxide sind Goethit ($Fe_2O_3.2H_2O$) und Gibbsit ($Al_2O_3.3H_2O$). Diese Formeln können auch in der Hydroxidform geschrieben werden FeOOH sowie $Al(OH)_3$. Man bezeichnet diese Verbindungen jedoch häufig vereinfacht als Fe- und Al-Oxide. Solche Oxide werden in Böden der temperaten Zone in bedeutenden Mengen gefunden. In hochverwitterten Böden der Tropen zeigen sich diese dominant.

Allophane und assoziierte amorphe Mineralien

Es handelt sich dabei um kolloidale anorganische Substanz, welche entweder amorph ist oder deren kristalline Struktur für einen Nachweis mittels Röntgenstrahlung nicht ausreichend geordnet ist. Allophane sind amorphe Al-Silikate. Solche sind in Vulkanascheböden vorherrschend.

Organische Kolloide

Die Huminstoffe sowie andere, nicht in Huminstoffe überführte, kolloidale Bestandteile der organischen Bodensubstanz repräsentieren die organische Komponente der Bodenkolloide. Die organische Substanz wurde unter Punkt 2.3. bereits näher diskutiert.

2.6.2 Eigenschaften der Kolloide

Die Bodenkolloide weisen in Bezug auf bestimmte Eigenschaften Gemeinsamkeiten auf. Neben deren geringer Größe sind dies deren pro Masseneinheit große Oberfläche und deren Oberflächenladungen. Die anorganischen Kolloide und die kolloidale organische Substanz vermögen aufgrund ihrer spezifischen Oberfläche und ihrer ionogenen Eigenschaften Ionen, Wasser und organische Verbindungen zu binden. Die Sand- und Schluffteilchen des Bodens sind relativ groß und verfügen über relativ inerte Oberflächen. Diese vermögen nur wenig Wasser und Nährstoffe zu binden. Im Vermögen von Böden Veränderungen des pH zu widerstehen und damit die Stabilität des Boden-Pflanzensystems zu erhalten kommt den Bodenkolloiden eine prominente Rolle zu.

Spezifische Oberfläche

Die spezifische Oberfläche ist von der Teilchengröße abhängig, wobei diese mit abnehmendem Durchmesser der Teilchen zunimmt. Eine große Oberfläche pro Masseneinheit ergibt eine hohe spezifische Oberfläche. Die spezifische Oberfläche stellt die Summe aller Grenzflächen zwischen fest-flüssig bzw. fest-gasförmig dar. Die spezifische Oberfläche bestimmt das Ausmaß der vielfältigen Reaktionen zwischen den Phasen. Ein Teil der Bodenkolloide besitzt neben der äußeren eine innere Oberfläche. Die organischen Kolloide weisen eine hohe spezifische Oberfläche auf und verfügen ebenso wie aufweitbare Tonmineralien über interne und externe Oberflächen.

Böden weisen infolge unterschiedlicher Körnung, unterschiedlicher Tongehalte, unterschiedlicher Gehalte an aufweitbaren Tonmineralien sowie an organischer Substanz eine stark variierende spezifische Oberfläche auf. Die Variationsbreite diesbezüglicher Werte wurde mit 5–500 m^2/g angegeben. Die spezifische Oberfläche der Tonmineralien kann rangieren von < 25 m^2/g für Kaolinit bis über 750 m^2/g für Vertreter der Smectitgruppe (Montmorillonit, Beidellit, Nontronit) (Burns 1980).

Oberflächenladung

Die Oberflächen von Bodenkolloiden tragen charakteristischer Weise negative und/oder positive Ladungen. Bei der Mehrzahl der Kolloide herrschen negative Ladungen vor. In sehr sauren Böden weisen einige anorganische Kolloide eine positive Nettoladung auf.

Es können permanente (konstante) und pH-abhängige (variable) Ladungen unterschieden werden. Permanente Ladungen werden bei Tonmineralien gefunden. pH-abhängige Ladungen treten bei Tonmineralien, bei Oxiden/Hydroxiden des Fe und Al, bei Allophanen und organischen Kolloiden auf.

Der isomorphe Ersatz höherwertiger Kationen durch zwei- oder einwertige Kationen bei der Morphogenese von Tonmineralien ist die Quelle der permanenten negativen Ladungen von Tonmineralien. Es ist auch möglich, daß durch isomorphen Ersatz eine positive Ladung hinterlassen wird. Dies ist der Fall, wenn ein zwei- oder einwertiges Kation durch ein mehrwertiges ersetzt wird.

Im Zuge einer Erhöhung des pH-Wertes saurer Böden können negative Ladungspositionen von Tonmineralien infolge der Freisetzung von komplexen positiv geladenen Aluminiumhydroxy-Ionen frei werden. In sauren Böden blockieren komplexe positiv geladene Aluminiumhydroxy-Ionen z.B. $Al(OH)^{2+}$ negative Positionen an Tonmineralien. Nimmt das pH zu, werden die negativ geladenen Positionen frei indem die $Al(OH)^{2+}$-Ionen mit OH-Ionen der Bodenlösung reagieren um unlösliches $Al(OH)_3$ zu bilden.

pH-abhängige Ladungen werden bei Tonmineralien, bei Oxiden/ Hydroxiden des Fe und Al, bei Allophanen und bei organischen Kolloiden gefunden. Negative Ladungen entstehen durch die pH-abhängige Dissoziation funktioneller Gruppen. Die Säurestärke der funktionellen Gruppen ist dabei maßgeblich. Solche funktionellen Gruppen sind im Falle der organischen Kolloide vor allem Carboxylgruppen sowie phenolische und alkoholische Hydroxylgruppen. Bei anorganischen Kolloiden können die OH-Gruppen an Fe, Al oder Si gebunden sein. Bei Tonmineralien beispielsweise in Form von SiOH, AlOH und $AlOH_3$.

Unter Bedingungen einer neutralen oder alkalischen Bodenreaktion übersteigt die negative Ladung der organischen Substanz pro Gewichtseinheit jene der Tonmineralien. Die Fe- und Al-Oxide tragen bei hohem pH eine geringe negative Ladung und ziehen Kationen an. Tonmineralien und Fe- und Al-Oxide können bei mäßig bis extrem sauren Bodenbedingungen positive Ladungen tragen. Dabei sind ebenfalls exponierte OH-Gruppen involviert, wobei eine Protonierung solcher OH-Gruppen stattfindet. Die positiven Ladungen sind zur Anionenadsorption befähigt. Positive Ladungen können auch an der organischen Substanz durch Protonierung von NH- und NH_2-Gruppen zu NH_2^+- und NH_3^+-Gruppen entstehen. Hydroxide und Oxide des Fe und Al sowie Tonmineralien an deren Seitenflächen (Al, Fe)-OH bzw. -OH_2-Gruppen exponiert sind, können als Sorbenten für die unspezifische und spezifische Anionensorption auftreten.

Bei einem bestimmten pH-Wert kann ein Kolloid je nach der Art und Zahl der funktionellen Gruppen negativ und positiv geladene Gruppen tragen. Am Ladungsnullpunkt ist die Zahl der negativ geladenen Gruppen gleich jener der positiv geladenen. Das pH am Ladungsnullpunkt ist für eine bestimmte Substanz charakteristisch. Unter realen Bedingungen werden im Boden gleichzeitig positive und negative Ladungen gefunden. Die negativen Ladungen überschreiten in den meisten Böden der temperaten Zonen die positiven bei weitem.

Der Prozentsatz konstanter negativer Ladungen ist bei einigen Typen der Dreischicht-Tonmineralien (Smectite, Vermiculite) sehr hoch (95%), während bei dem Zweischicht-Tonmineral Kaolinit die Verhältnisse umgekehrt sind (95% pH-abhängige und 5% konstante negative Ladungen) (Brady 1990).

Anziehung von Kationen und Anionen sowie von Wasser

Die Ladungen der Bodenkolloide bedingen eine Anziehung von entgegengesetzt geladenen Ionen sowie von Wasser. Die angezogenen Ionen können von einfacher, komplexer, anorganischer sowie organischer Natur sein. Die an der Oberfläche von Bodenkolloiden gebundenen Ionen können gegen Ionen der Bodenlösung getauscht werden (Ionenaustausch). In der Bodenkunde werden die am Ionenaustausch teilnehmenden Bodenteilchen auch als Austauscher bezeichnet. Die Bodenkolloide sind die wichtigsten Austauscher im Boden. Ladungen tragene mikrobielle Zellwände können ebenfalls als Austauscher für Ionen dienen.

Die geladenen Bodenteilchen nehmen Einfluß auf die Verteilung der Ionen in der Bodenlösung. Da die negativen Ladungen an den Bodenkolloiden normalerweise (speziell in Böden der temperaten Regionen) dominieren, werden Anionen gegenüber Kationen üblicherweise in geringeren Mengen gebunden. Die in großer Zahl angezogenen Kationen reichern sich gemeinsam mit Wassermolekülen als positiv geladene Schicht an der negativ geladenen Oberfläche der Austauscher an. Vernachläßigt man eventuell im geringen Maße vorhandene positive Oberflächenladungen, so bilden die hydratisierten Kationen zusammen mit der negativen Ladung der Kolloidoberfläche eine ionische (elektrische) Doppelschicht. In dieser besteht ein elektrisches Feld. Die kolloidalen Teilchen stellen sich wie ein großes Anion dar und repräsentieren die innere Ionenlage. Die äußere Ionenlage wird von den durch die negative Oberflächenladung angezogenen Kationen gestellt. Der positiv geladene Teil der Doppelschicht, der Kationenbelag, steht mit der wäßrigen Phase des Bodens in Beziehung, welcher nicht mehr von der Ladung des Bodenteilchens und damit von dessem elektrischen Feld beeinflußt wird. Dieser Teil der wäßrigen Bodenphase wird als Gleichgewichtsbodenlösung definiert. In Böden entspricht die Gleichgewichtsbodenlösung meist der sogenannten Bodenlösung (Schachtschabel et al. 1992). Die Ionen der Außenlösung (Lösung außerhalb des Wirkungsbereiches der entgegengesetzten Ladungen) stehen mit den Ionen der Innenlösung im Gleichgewicht. Die Grenze zwischen Innen- und Außenlösung liegt dort, wo die Konzentrationen an Kationen und Anionen einander entsprechen. Unmittelbar an der Austauscheroberfläche werden die Kationen stark angezogen und konzentriert. Die Anionen werden mit ihrer negativen Ladung durch den negativen Ladungsüberschuß der Kolloide abgestoßen, so daß deren Konzentration zur Außenlösung hin zunimmt.

Es gibt Modellvorstellungen wonach die Kationenschicht aus zwei Teilen besteht. Einem fest haftenden geordneten Teil unmittelbar an der Oberfläche des Austauschers (Stern-Schicht) mit hoher Kationenkonzentration sowie einem lockerer haftenden, diffusen Teil (diffuse Schicht) im Anschluß daran, dessen Kationenkonzentration nach außen hin exponentiell abnimmt. Infolge der negativen Ladung werden die Anionen des Austauschers von der Stern-Schicht praktisch ausgeschlossen. Deren Konzentration steigt in der diffusen Schicht mit abnehmender Entfernung von der Oberfläche allmählich an. Dort wo die Kationen- und Anionenkonzentration den gleichen Wert erreichen beginnt die Gleichgewichtslösung.

Die Dicke der elektrischen Doppelschicht variiert. Diese ist von der Wertigkeit der Kationen und der Elektrolytkonzentration abhängig. Deren Ausdehnung nimmt mit zunehmender Konzentration der Gleichgewichtslösung ab. Bei entsprechender Konzentration ist diese bei mehrwertigen Kationen schmäler als bei einwertigen. Die Bildung einer diffuseren Doppelschicht wird durch eine niedrige Salzkonzentrationen in der umgebenden Bodenlösung gefördert. Die in der Literatur gefunden Werte für die Ausdehnung der diffusen Doppelschicht wird in Abhängigkeit von der Ionenzusammensetzung der Bodenlösung, dem pH-Wert sowie dem Wassergehalt mit weniger als 1 nm bis zu 100 nm angegeben. Die Ausdehnung und Schrumpfung der Doppelschicht ist in der Regel reversibel.

Die relativen Anteile der verschiedenen adsorbierten Kationen werden von den Eigenschaften der Kationen sowie jenen der Austauscher bestimmt. Die Wertigkeit der Kationen und deren Konzentration in der Bodenlösung sind diesbezüglich wesentliche Determinanten. Mehrwertige Kationen werden stärker gebunden als einwertige. Dies bedeutet, daß ein einwertiges Kation weniger fest an das Kolloid gebunden wird, wenn mehrwertige Kationen vorhanden sind. Die Verfügbarkeit solcher einwertiger Kationen wird dadurch erhöht, jedoch nimmt deren Gefährdung durch Auswaschung in sauren Böden ebenfalls zu. Entsprechende Beispiele wären Al^{3+} und K^+ in sauren Böden. Die Adsorptionsstärke für Ionen wird unter der Vorraussetzung, daß diese in äquivalenten Mengen vorhanden sind angegeben mit $Al^{3+} > Ca^{2+} > Mg^{2+} > K^+ = NH_4^+ > Na^+$. Die relative Konzentration eines Kations in der Bodenlösung bestimmt das Ausmaß in welchem dessen Adsorption auftritt wesentlich mit. In der Bodenlösung sehr saurer Böden werden hohe Konzentrationen an H^+- und Al^{3+}-Ionen gefunden. Diese dominieren dabei auch als adsorbierte Kationen. Die Al^{3+}-Adsorption schließt auch komplexe Al-Hydroxykationen ein. Die Konzentrationen dieser Kationen sind bei neutralem pH und darüber sehr gering; entsprechend ist auch deren Adsorption gering. In neutral bis mäßig alkalisch reagierenden Böden treten Ca^{2+} und Mg^{2+} in der Bodenlösung sowie am Austauscher stark hervor.

Die Austauscher sind selektiv und deren spezifische Eigenschaften nehmen Einfluß auf die Bindung von Kationen. Dies bedeutet die Bevorzugung oder die Benachteiligung verschiedener Kationen. Durch die besondere Struktur verschiedener Austauscher werden einzelne Kationen weitgehend unabhängig von ihrer Ladung und Hydratation stark bevorzugt. Diese Bevorzugung kann nicht allein durch die Wirkung elektrostatischer Kräfte zwischen der negativ geladenen Oberfläche und der positiven Ladung der Kationen erklärt werden. Es treten zusätzliche Kräfte wie kovalente hinzu, welche im Vergleich zu elektrostatischen Kräften weniger weitreichend sind. Diese kommen besonders dann zur Wirkung, wenn sich ein Kation der Austauscheroberfläche stark nähern kann. Dieser Typ der Adsorption wird als spezifische, jene durch elektrostatische Kräfte bewirkte, entsprechend als unspezifische Adsorption bezeichnet.

Dispersion und Flockung

Tone können dispergieren und flocken. Die Dispersion von Tonen beruht auf der gegenseitigen Abstoßung negativ geladener Teilchen. Die Dispersion wird durch eine große Zahl an Wassermolekülen, welche mit jedem Kolloid und den adsorbierten Ionen verbunden ist, gefördert. Die Dispersion der Tone wird durch stark hydratisierte monovalente Kationen, welche von den Kolloiden nicht sehr stark gehalten werden gefördert. Ein Beispiel für ein solches Kation ist Na^+. Eine entgegengesetzte Wirkung üben fester gebundene Kationen wie Ca^{2+} und Mg^{2+} aus. Es wird angenommen, daß die relativ lose gebundenen Na^+-Ionen die negative Ladung der Kolloide nicht ausreichend reduzieren, weshalb sich die individuellen Kolloide abstoßen. Die Flockung ist das Gegenteil der Dispersion. Die Fähigkeit von Kationen die Kolloide zu flocken wird in der Reihe $Al^{3+} > H^+ > Ca^{2+}, Mg^{2+} > K^+ > Na^+$ angegeben. Die Flockung von Kolloiden ist für die Bildung stabiler Aggregate wesentlich.

Beeinflussung von Bodenmikroorganismen

Die Beeinflussung des Verhaltens von Mikroorganismen durch anorganische Kolloide ist lange bekannt. In Untersuchungen zur Wirkung äußerer Einflüsse auf bodenmikrobiologische und -enzymatische Parameter konnte wiederholt der wirkungsmodifizierende Einfluß von Tonen gezeigt werden.

Die Tonmineralien beeinflussen die Quantität und Qualität der das Bodenhabitat besiedelnden Mikroorganismen sowie deren physiologische Leistungsfähigkeit. Die Komplexität der Wechselwirkungen zwischen Mikroorganismen und Tonmineralien wurde dargestellt (z.B. Filip 1979; Stotzky 1985, 1986). Die Mechanismen der mikrobiellen Adhäsion an Tone und der Einfluß von Tonmineralien auf metabolische Prozesse, das Wachstum und die Ökologie von Mikroorganismen sowie auf Viren wurden diskutiert. Die Tonmineralienzusammensetzung nimmt Einfluß auf die Ausbreitung und die Wechselwirkung zwischen bestimmten Mikroorganismen. Montmorillonit stimulierte das Wachstum verschiedener Pilze stark; jene zur Erzielung des maximalen Ertrages benötigte Zeit wurde gegenüber der Kontrolle um mehr als die Hälfte reduziert. In den Tropen tritt die Fusarienwelke von Bananen nur in smectithaltigen Böden auf.

Untersuchungen zum Effekt steigender Konzentrationen an Bentonit auf die Wechselwirkungen zwischen dem phytopathogenen Pilz *Gaeumannomyces graminis* var. *tritici* ergaben die signifikante Erhöhung der Wachstumsrate des Pilzes durch den aufweitbaren Ton (Campbell und Ephgrave 1983). Die Beeinflussung der Wasserverfügbarkeit wurde als ursächlich dafür diskutiert. Ebenfalls geführte Versuche zum Einfluß von Bentonit auf zwei bakterielle Antagonisten des Pilzes zeigten die durch den Ton bewirkte Reduktion der Effizienz eines der bakteriellen Kulturfiltrate das pilzliche Wachstum zu beschränken.

2.6.3 Kationen- und Anionenaustausch

Bodenteilchen können an ihrer Oberfläche sowohl Gase aus der Bodenluft als auch Moleküle und Ionen aus der Bodenlösung binden. Unterschiedliche Formen der chemischen Wechselwirkung können dabei auftreten. Neutrale Moleküle können adsorbiert werden, ohne daß andere Moleküle hierfür desorbiert werden müssen. Die Adsorption von Ionen ist demgegenüber mit der Desorption einer äquivalenten Menge anderer Ionen verknüpft, welche in der Folge in die Bodenlösung übergehen (Ionenaustausch).

Die kleinen Teilchen des Bodens an deren Oberfläche der Ionenaustausch erfolgt werden als Austauscher oder Sorbenten bezeichnet. Der Kationen- und Anionenaustausch findet großteils an den Oberflächen der kolloidalen Bodensubstanz statt.

Der Bindung von Ionen an der Oberfläche von Bodenteilchen und der Austausch solcher Ionen zwischen Bodenteilchen und der Bodenlösung ist ein für die Qualität und Funktion von Böden fundamentaler Prozeß.

Der Ionenaustausch nimmt Einfluß auf die Verfügbarkeit von Nährstoffen und potentiellen Schadstoffen sowie auf die Bodenreaktion. Die Austauscher speichern essentielle Nährstoffe und schützen diese vor übermäßigem Verlust durch das perkolierende Wasser. Aus der Bodenlösung durch Organismen aufgenommene Ionen werden durch die Mobilisierung von Nährstoffen aus der organischen sowie anorganischen Substanz ersetzt. Den Mikroorganismen kommt bei dieser Mobilisierung eine Schlüsselrolle zu. In bewirtschafteten Böden tragen Dünger und Kalkungsmittel zum Ersatz entzogener Nährionen bei.

Kationenaustausch

Unter dem Kationenaustausch des Bodens versteht man den Austausch von Kationen zwischen der Oberfläche von Bodenteilchen und der sie umgebenden Bodenlösung. Die an der Oberfläche der Austauscher gebundenen Kationen stellen die austauschbaren Kationen dar. Diese bilden den

Kationenbelag der Böden. Die Gesamtheit der durch einen Boden adsorbierbaren, austauschbaren Kationen wird als Austauschkapazität bzw. exakter als Kationenaustauschkapazität bezeichnet. Die Höhe der bestimmbaren Austauschkapazität ist von der Zusammensetzung der eingesetzten Austauschlösung abhängig. Diese nimmt meist mit dem pH der Austauschlösung zu.

Der Kationenbelag des Bodens besteht vorwiegend aus den Kationen Ca^{2+}, Mg^{2+}, K^+, Na^+, H^+ und Al^{3+} (auch komplexe Al-Hydroxykationen). Die relativen Anteile dieser Kationen am Kationenbelag des Bodens weisen standortabhängig breite Variation auf. Dem Ausgangsgestein, dem Klima und dem Alter bzw. Entwicklungszustand des Bodens kommt diesbezüglich wesentliche Bedeutung zu. Im Zuge der Verwitterung des Ausgangsgesteins frei werdende Kationen bedingen eine unterschiedliche Basensättigung der Austauscher im Boden. An basischen Kationen (Ca^{2+}, Mg^{2+}, K^+, Na^+) arme Ausgangsgesteine begünstigen die Entstehung von Böden mit geringer Basensättigung. In Böden humider Regionen treten die Kationen Ca^{2+}, H^+, Al^{3+} und komplexe Al-Hydroxykationen zahlreich und Kationen wie Na^+, K^+ , NH_4^+ weniger zahlreich auf. In niederschlagsarmen Gebieten werden Ca^{2+}, Mg^{2+}, K^+ und Na^+ zahlreich gefunden.

Die austauschbaren Ca^{2+}-, K^+-, Mg^{2+} und Na^+-Ionen werden in der Bodenkunde als austauschbare Basen bezeichnet. Dies deshalb da Böden, welche mit diesen Kationen gesättigt sind, alkalisch reagieren. Die Basensättigung ist der prozentuelle Anteil der austauschbaren basischen Kationen (Ca^{2+}, Mg^{2+}, K^+, Na^+) an der Kationenaustauschkapazität. Den verbleibenden Prozentsatz bilden H^+- und Al^{3+}-Ionen (auch komplexe Al-Hydroxykationen), welche als saure Kationen definiert sind. Hohe Basensättigung liegt vor, wenn der Prozentsatz über 75 liegt. Zwischen 25 und 75% spricht man von einer mittleren und unterhalb 25% von einer geringen Basensättigung (Mückenhausen 1993). Neben den genannten Kationen werden auch andere Kationen wie solche des Cu, Mn, Co, Zn oder Ti adsorbiert, wenngleich deren Anteil sehr gering ist. Der prozentuelle Anteil eines gegebenen austauschbaren Kations an der Kationenaustauschkapazität ist als dessen Sättigung definiert.

Die Kationensättigung ist für die Nährstoffverfügbarkeit von Bedeutung. Sind Austauscher mit einem Kation hoch gesättigt so kann dieses Kation relativ leicht ersetzt werden. Spezifische Eigenschaften des Austauschers wie die Ladungsdichte nehmen Einfluß auf die Stärke mit welcher Kationen gebunden werden und damit auch auf die relative Verfügbarkeit von Kationen bei einer bestimmten Sättigung. Kolloide mit einer hohen Ladungsdichte müssen eine gegenüber solchen mit geringer Ladungsdichte relativ höhere Sättigung mit einem bestimmten Kation aufweisen, damit dieses für die Deckung des Bedarfes von Pflanzen und Mikroorganismen rasch genug freigesetzt wird.

Die Kationenaustauschkapazität der meisten Böden nimmt mit zunehmendem pH zu. Bei niedrigen pH-Werten ist diese gering. Unter solchen Bedingungen halten nur permanente negative Ladungen austauschbare Kationen.

Anionenaustausch

Die unspezifische Adsorption von Anionen erfolgt durch positive Ladungen an der Oberfläche der Austauscher. Als solche Austauscher kommen Oxide/Hydroxide des Fe und Al, einige Tonmineralien und amorphe anorganische Materialien wie Allophane sowie auch organische Bodensubstanz in Frage. Anionen können im Boden auch durch Fällungsreaktionen und durch Komplexbildung gebunden werden.

Der Anionenaustausch kann als einfacher Austausch gebundener Anionen gegen in Lösung vorliegenden Anionen auftreten. Dieser kann jedoch auch von komplexerer Natur sein. Bestimmte Anionen können mit Austauschern spezifisch in einer Weise reagieren, daß die Anionen festgebunden werden und nicht leicht austauschbar bleiben. In diesem Zusammenhang wird von spezifischer Adsorption gesprochen. Die spezifische Adsorption ist eine spezifische Eigenschaft bestimmter Anionen. Als Ursache dafür wird deren hohe Affinität zu den in der Oberfläche von Oxiden und Tonmineralien lokalisierten Aluminium- und Eisenatomen angegeben. Diese Affinität ist bei den Anionen Phosphat, Molybdat, Silikat, Arsenat, teilweise auch bei Sulfat und Borat besonders ausgeprägt. Die Anionen dringen dabei in die Koordinationshülle der Al- und Fe-Atome an der Oberfläche Al- und Fe-haltiger Sorbenten ein und verdrängen OH- und OH_2-Liganden (Ligandenaustausch). Es besteht die Annahme, daß an der organischen Substanz nur dann Anionen spezifisch sorbiert werden, wenn an deren funktionellen Gruppen Aluminium oder Eisen komplex gebunden ist.

Die exakte Unterscheidung zwischen den auftretenden Mechanismen wird durch die komplexe Natur der Bodenoberflächen erschwert. Die angeführten Möglichkeiten zur Bindung von Anionen im Boden werden unter dem Begriff der Anionensorption erfaßt.

Ebenso wie bei Kationen steht die Adsorption der Anionen mit deren Wertigkeit, Hydratation und Konzentration in der Bodenlösung in Beziehung. Für die in Böden hauptsächlich auftretenden Anionen wurde die Eintauschreihe angegeben mit $NO_3^- < Cl^- < SO_4^{2-} < HPO_4^{2-} < H_2PO_4^-$ (Mückenhausen 1993). PO_4^{2-} wird häufig in Form von Ca-, Al- und Fe-Phosphat fest gebunden. Von Bedeutung ist auch die Bindung von SO_4^{2-}-Ionen. Diese werden bei tieferem pH (< 5.5) gebunden. Dabei treten Smectite gegenüber Illiten als Sorbenten stärker hervor, die geringste Sorption konnte für Kaolinit angegeben werden. Al- und Fe-Oxide konnten, wenngleich in varierendem Maße, als die prominentesten Sorbenten für SO_4^{2-} angegeben werden.

Tabelle 1. Kationenaustauschkapazität und spezifische Oberfläche von Bodenkolloiden

Bodenbestandteil	spezifische Oberfläche $m^2.g^{-1}$	Kationenaustauschkapazität $mEq.100\ g^{-1}$
Kaolinit	1–40	2–10
Illit	50–200	14–40
Vermiculit	600–700	120–200
Montmorillonit	700–750	80–120
Organische Substanz	800–1000	200–400

Nach Bailey und White (1970) sowie Schachtschabel et al. (1984).

2.7 Bodenreaktion

2.7.1 Begriffliche Abgrenzung und Maßzahl

Unter der Bodenreaktion wird die durch die H^+-Ionen- (oder Protonen-) Konzentration hervorgerufene Acidität bzw. Alkalität des Bodens verstanden. Diese beruht auf der Abgabe von Protonen in die Bodenlösung. Die Protonen stammen von den Austauschern des Bodens, von Säuren und sauren Salzen. Standortabhängig wird ein Großteil der Protonen durch Bodenteilchen in austauschbarer Form adsorbiert, welche zu freien Protonen dissoziieren können. Die Wasserstoffionen liegen in wäßriger Lösung in hydratisierter Form als H_3O^+ (Hydronium)-Ionen vor. Der Einfachheit halber werden diese H_3O^+-Ionen als H-Ionen bzw. als H^+-Ionen bezeichnet. Auch die in der Folge im Zusammenhang mit der Bodenacidität zu besprechenden Al^{3+}-Ionen treten im hydratisierten Zustand auf. Der Einfachheit halber werden auch diese als Al^{3+}-Ionen angesprochen.

Der pH-Wert ist die Maßzahl für die H^+-Konzentration in der Bodenlösung. Die meßbare Bodenreaktion wird von einer Reihe von Faktoren beeinflußt. Neben internen und externen Protonenquellen trifft dies auch für das Boden/Lösungs-Verhältnis, den Salz- oder Elektrolytgehalt sowie auch jenen mit den Meßinstrument verbundenen Fehler zu.

Unter natürlichen Bedingungen können in Mineralböden pH-Werte zwischen 3.5 und 10 nachgewiesen werden. Die pH-Werte von Böden der humiden und subhumiden Regionen rangieren zwischen 4 bis etwas über

7, während Böden der ariden Regionen pH-Werte von etwas über 7 bis ungefähr 9 aufweisen. Extreme pH-Werte von 3 oder 11 können in organischen Böden oder Alkaliböden auftreten.

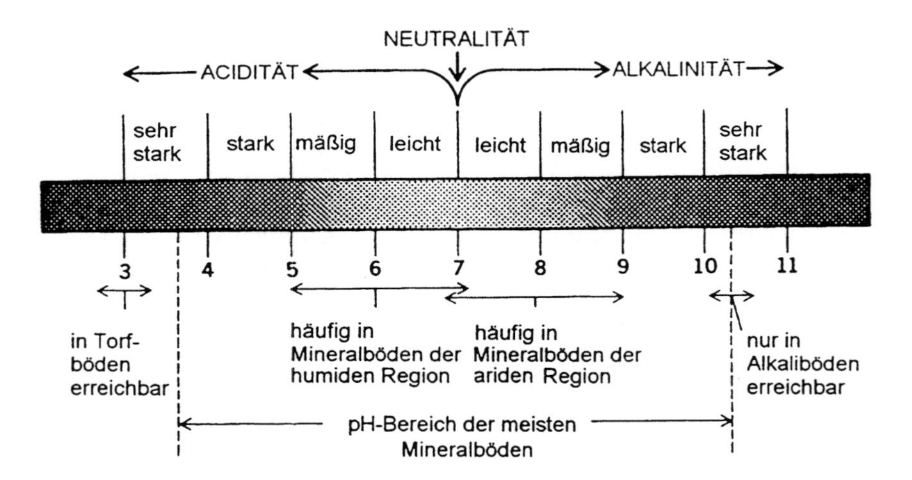

Abb. 1. Extreme pH-Werte für die meisten Mineralböden und Bereiche, welche üblicherweise in Böden der humiden und ariden Region gefunden werden (Nach Brady 1990)

Das pH der Bodenlösung kann kleinräumig wesentlich variieren. Die Ursachen für solche Variationen können auch mit der unterschiedlichen Verteilung von Wurzeln und von organischer Substanz und damit verbunden der biologischen Aktivität in Beziehung stehen. Klimatische Einflüsse können über die Variation der Bodenfeuchte und einer damit einhergehenden unterschiedlichen Bewegung von Salzen in und aus bestimmten Bereichen des Bodens sowie auch über die Beeinflussung der biologischen Aktivität kleinräumig Fluktuationen des pH-Wertes induzieren.

2.7.2 Bestimmende Faktoren

Die Bodenreaktion steht mit dem Ausgangsgestein, dem Klima, der Vegetation, dem Bodenalter, dem Metabolismus der Bodenorganismen und der Pflanzenwurzeln sowie mit Bewirtschaftungsmaßnahmen in Beziehung. Der Eintrag von Säuren und Säurebildnern aus der Atmosphäre nimmt ebenfalls Einfluß auf die Bodenreaktion.

Die in austauschbarer Form an der Oberfläche der Austauscher im Boden gebundenen Kationen repräsentieren wie bereits weiter oben unter Punkt 2.6.3 angeführt, den Kationenbelag der Böden. Der Kationenbelag des Bodens besteht vorwiegend aus den Kationen Ca^{2+}, Mg^{2+}, K^+, Na^+, H^+ und Al^{3+} (auch komplexe Al-Hydroxykationen). Ca^{2+}, Mg^{2+}, K^+ und Na^+ werden als basische und H^+ sowie Al^{3+} und komplexe Al-Hydroxykationen werden als saure Kationen definiert.

Der Niederschlag und die Temperatur nehmen Einfluß auf die Intensität der Verwitterung der Bodenmineralien und auf den Verlust von basischen Kationen durch Auswaschung. Im humiden Klimabereich treten verbreitet Böden mit saurer Bodenreaktion auf. Es sind dies Regionen wo ausreichend Niederschlag für eine Auschwaschung basischer Kationen (Ca^{2+}, Mg^{2+}, K^+, Na^+) aus den oberen Bodenbereichen sorgt. In humiden Klimabereichen stellt die Versauerung der Böden einen natürlichen Prozeß dar. Das Ausmaß der Basenauswaschung ist unter solchen Bedingungen auch eine Funktion des Bodenalters, weshalb alte Böden des humiden Klimaraumes unter natürlichen Bedingungen nahezu immer eine starke Versauerung aufweisen. Der Rückgang des pH im Zuge von Verwitterungsprozessen bedingt, daß saure Böden dort auftreten wo die Ökosystem- und Bodenentwicklung während ausgedehnter geologischer Zeiträume erfolgte. Die maximale Auswaschung und Verwitterung steht auch mit der weiten Verbreitung saurer Böden in den humiden Tropen in Beziehung. Alkalisch reagierende Böden sind demgegenüber charakteristisch für aride und semiaride Regionen.

Die Vegetation nimmt über die Streu sowie über die Rhizosphäre Einfluß auf die Bodenreaktion. Gräser gedeihen in trockeneren Ökosystemen, wo die Auswaschung von Kationen mit einer geringeren Intensität erfolgt als in feuchteren Waldökosystemen. Die meisten Graslandböden weisen eine geringere Acidität auf als Waldböden. Der Basengehalt der Streu beeinflußt die Eigenschaften von Böden und vor allem auch die Bodenreaktion. Weist die Streu einen geringen Gehalt an basischen Kationen auf werden saure Bedingungen gefördert. Pflanzenreste mit einem hohen Basengehalt können zur Neutralisierung von Säuren beitragen und begünstigen eine geringe bis neutrale Bodenreaktion. Bei Koniferen konnten im Vergleich zu Gräsern und Laubbäumen geringere Gehalte an basischen Kationen wie Ca, Mg und K nachgewiesen werden. Ein hoher Gehalt der Streu an basischen Kationen begünstigt eine raschere Cyclisierung von Streunährstoffen.

2.7.3 Bodenacidität

Formen

Die Bodenacidität beruht auf dem Gehalt der Böden an dissoziationsfähigem Wasserstoff und an austauschbaren Al-Ionen. In der Literatur werden verschiedene Formen der Bodenacidität unterschieden (Brady 1990; Schachtschabel et al. 1992).

Diese Formen schließen die aktive (freie, aktuelle) Acidität, die austauschbare (potentielle) Acidität sowie die Rest(Reserve)-Acidität ein. Die unterschiedlichen Formen tragen zur Gesamtacidität eines Bodens bei.

Die als aktuelle, aktive oder freie Acidität definierte Acidität wird durch die in der Bodenlösung vorhandenen dissoziierten H-Ionen repräsentiert. Die freie Acidität kann als pH bestimmt werden.

Die an den Austauschern des Bodens austauschbar gebundenen H- und Al-Ionen repräsentieren die austauschbare Acidität. Diese austauschbar gebundenen Kationen können durch eine ungepufferte Salzlösung (wie KCl) freigesetzt werden. Die Al-Ionen tragen zur Acidität bei, da diese in Reaktion mit Wassermolekülen zur Protonenbildung befähigt sind.

Die an den Austauschern sorbierten H- und Al-Ionen stehen mit den H-Ionen der Lösung im Gleichgewicht. Daraus ergibt sich eine Beziehung zwischen der Sättigung der Austauscher mit H- und Al-Ionen und dem pH-Wert sowie eine ebensolche zwischen der Basensättigung des Bodens und dem pH.

Fe-Ionen können unter sauren Bedingungen ebenfalls wie Al-Ionen Hydroxykationen bilden. Die Bedeutung der durch Eisen bedingten Acidität tritt jedoch hinter jener der durch Aluminium bedingten zurück.

Die Rest-Acidität ist mit Aluminiumhydroxy-Ionen und mit H- und Al-Atomen verbunden, welche in nicht austauschbaren Formen durch die organische Substanz, Sesquioxide und silikatische Tone gebunden werden. Diese Acidität kann durch Kalkstein oder andere alkalische Materialen neutralisiert, jedoch nicht mit jener Technik nachgewiesen werden, welche dem Nachweis der austauschbaren Acidität dient.

Die Rest-Acidität ist normalerweise wesentlich höher als die aktive bzw. die austauschbare Acidität. Schätzungen entsprechend kann die Rest-Acidität in einem sandigen Boden 1000mal, in einem tonigen Boden mit hohem organischen Substanzgehalt 50 000 oder sogar 100 000mal höher sein als die aktive Acidität.

Interne und externe Quellen der Acidität

Im Boden ablaufende biologische Vorgänge, Bewirtschaftungsmaßnahmen sowie die anthropogen bedingte Veränderung des Säure-/Basestatus von Depositionen sind als Hauptsäurequellen anzusehen. Carbonat- und Silikatgesteine, welche als Muttergesteine von Böden auftreten, sind schwache Basen. Eine Versauerung von Böden als Folge der Gesteinsverwitterung wird deshalb, mit Ausnahme der Sulfidgesteine (z.B. Oxidation von Pyrit) ausgeschlossen.

Im Zuge des Ab- und Umbaus von organischer Substanz im Boden werden sowohl anorganische als auch organische Säuren gebildet. Die mengenmäßig bedeutendste biogene Säure ist die Kohlensäure (H_2CO_3). Wurzeln und Bodenorganismen bilden Kohlendioxid, welches mit Wasser unter Bildung von Kohlensäure reagiert. In der Bodenatmosphäre können CO_2-Konzentrationen von mehr als 10% auftreten. Wasser, welches im Gleichgewicht mit der Atmosphäre (25°C) steht, kann selbst bei hohen CO_2-Konzentrationen kein geringeres pH als 5 aufweisen. Kohlensäure dissoziiert als schwache Säure signifikant nur oberhalb von pH 5. Diese ist in neutralen und alkalischen Böden eine wesentliche H^+-Quelle. Bei pH-Werten unter 5 wird diese schwache Säure als CO_2 ausgetrieben. Schwache Säuren wie Kohlensäure führen in geologischen Zeiträumen zur Bodenverarmung. Die Auswaschung von Basen erfolgt dabei ohne einer starken Anreicherung labiler Kationensäuren.

Für eine Absenkung des pH-Wertes unter 5 sind starke Säuren notwendig. Es können dies organische Säuren sein, welche während des Abbaus der organischen Substanz gebildet oder von Organismen ausgeschieden werden. Dabei sind die aliphatische Säuren mit niedrigem Molekulargewicht normalerweise die stärksten. Organische Säuren unterliegen teilweise dem mikrobiellen Abbau und deren Vermögen zur Veränderung des pH-Wertes wird normalerweise als gering eingestuft. Fulvo- und Huminsäuren können jedoch eine stärkere Absenkung des pH bewirken als dies für Kohlensäure zutrifft (in Podsolen beispielsweise bis pH < 3).

Die stärksten im Boden auftretenden Säuren, die Schwefelsäure (H_2SO_4) und die Salpetersäure (HNO_3), sind von anorganischer Natur. Diese werden bei der Oxidation von S- und N-Verbindungen gebildet, welche in der organischen Substanz, in Düngern, im Ausgangsgestein (S) sowie in den atmosphärischen Depositionen vorhanden sind.

Die Oxidation von Ammonium zu Nitrat ist eine Hauptquelle der Acidität. Stickstoff wirkt in den im Boden auftretenden verschiedenen Oxidationsstufen teils als Säure, teils als Base. Bei der Zersetzung von organischer Substanz wird Ammoniak freigesetzt. Dieses reagiert bei pH-Werten unter 8 als Base und wirkt auf diese Weise entsauernd. Die Oxidation des Ammoniak zu Nitrat führt zur Entstehung von Salpetersäure. In natürlichen Systemen steht der Mineralisierung des organisch gebundenen Stickstoffs die Assimilation des gebildeten mineralischen Stickstoffs gegenüber. Dabei werden die Prozesse umgekehrt, so daß keine Wirkung zurückbleibt. Durch die Entkopplung dieser Vorgänge bzw. durch die Unterbrechung des N-Kreislaufes kann Versauerung oder Entsauerung auftreten. Als Beispiel kann die Düngung mit Ammoniumsalzen (Aufnahme von NH_4^+ durch die Wurzeln im Austausch gegen Protonen) und der anschließende Entzug des assimilierten N mit der Ernte angeführt werden. Bei dieser Praxis bleiben Protonen im Boden zurück. Umgekehrt wirkt sich eine Düngung mit Nitraten aus.

Die Schwefel- und die Salpetersäure fördern gemeinsam mit starken organischen Säuren die Entwicklung mäßig und stark saurer Bedingungen in Böden. Starke Säuren (HNO_3, H_2SO_4, organische Säuren) können gegenüber schwachen innerhalb weniger Dekaden zur Auswaschung von basischen Kationen und zur Anreicherung von labilen Kationensäuren, das heißt zur Bodenversauerung, führen.

In der Atmosphäre entstehen aus Schwefeldioxid und Stickoxiden große Mengen an Schwefel- und Salpetersäure. Obgleich die H-Ionen, welche den Boden über saure Deposition erreichen nicht ausreichend sind, sofortige Veränderungen des pH-Wertes zu bedingen, kann deren während ausgedehnter Perioden erfolgender Zusatz einen signifikanten versauernden Effekt ausüben.

Wurzeln wirken als Säure- bzw. Basequelle indem diese zur Bewahrung der elektrischen Neutralität bei der Aufnahme von Nährionen entweder H^+- oder OH^--Ionen freisetzen. Protonen werden im Ausgleich für aufgenommene Kationen und Hydroxylionen im Ausgleich für aufgenommene Anionen freigesetzt.

Der Kationenüberschuß im pflanzlichen Gewebe stellt einen im Zusammenhang mit der Entwicklung einer Bodenversauerung wesentlichen Faktor dar. Vereinfacht handelt es sich dabei um die organischen Salze des Ca^{2+}, K^+ und Mg^{2+}. Beim Aufbau der Pflanzensubstanz werden diese kationischen Nährstoffe im Austausch gegen H^+-Ionen aus dem Boden aufgenommen. Bei der Mineralisierung der organischen Substanz werden durch Reaktionen wie $R\text{-}Ca + 2H^+ \rightarrow RH_2 + Ca^{2+}$ Protonen verbraucht. Gelangen die durch Pflanzen aufgenommenen basischen Kationen über die Zersetzung der Nekromasse nicht wieder in den Boden, gehen diese dem System verloren und es tritt eine Absenkung des pH auf. Eine solche Situation ist bei einem Biomasseentzug durch Ernte, bei Streunutzung sowie auch im Falle ungünstiger Bedingungen für den Streuabbau, wenn Auflagehumus gebildet wird, gegeben.

Bei der forstwirtschaftlichen Nutzung von Böden kommt den Baumarten hinsichtlich der Beeinflussung der Bodenreaktion wesentliche Bedeutung zu. Frühe Schläger- und Wiederbepflanzungsversuche erbrachten den Nachweis, daß der Charakter der Vegetation selbst in einer relativ kurzen Zeit (20 Jahre) den pH-Wert des Bodens und dessen pH-Profil beeinflußt (Pearsall 1952). Der Bestandesabfall der Nadelhölzer fördert die Bildung großer Mengen an niedermolekularen Humussäuren und trägt damit zur Erniedrigung des pH bei. Für den Bestandesabfall der Laubhölzer trifft dies nicht in diesem Maße zu. Das Wurzelsystem der Bäume besitzt hinsichtlich der Beeinflussung des pH-Wertes bzw. des pH-Profils ebenfalls Relevanz. Tieferwurzelnde Bäume vermögen anders als flachwurzelnde Bäume basisch wirkende Kationen aus dem Untergrund aufzunehmen, welche in der Folge über den Bestandesabfall in den Oberboden gelangen.

Bewirtschaftungsmaßnahmen wie Kahlschlag, Auslichtung des Bestandes sowie Umbruch von Grünland können über die Stimulierung des organischen Substanzabbaus, die Bildung von Salpetersäure und die gemeinsame Auswaschung von Nitrat und basischen Kationen die Bodenversauerung beschleunigen. Die Auswaschung von Nitrat repräsentiert eine starke Säurequelle. Die Auswaschung von Nitrat gilt neben der sauren Deposition als der einzige Prozeß, welcher innerhalb des Mineralbodens eine starke Säure mit einem mobilen Anion stellt. Es ist dies der einzige natürliche Prozeß, welcher zu niedrigen pH-Werten (Al-Pufferbereich) in nicht podsolierten Bodenhorizonten führen kann.

Durch den Eintrag von H^+-Ionen werden im Boden Reaktionen ausgelöst und Reaktionprodukte freigesetzt. Werden diese Produkte nicht entfernt wird der Fortgang der entsprechenden Reaktion limitiert. Werden beispielsweise im Zuge der Reaktion $CaCO_3 + 2H^+ \rightarrow Ca^{2+} + H_2O + CO_2$ gebildete Ca^{2+}-Ionen oder gebildetes CO_2 nicht entfernt, tritt eine Beschränkung der Reaktion auf. Im Boden können Reaktionsprodukte durch perkolierendes Wasser ausgewaschen werden. Bodenintern gebildete oder eingetragene Protonen werden gegen andere Kationen wie Ca, Na, Mg oder K, welche entweder in Mineralien oder am Austauschkomplex des Bodens vorhanden sind ausgetauscht. Eine Absenkung des pH tritt ein, wenn die freigesetzten basischen Kationen aus dem Boden entfernt werden (Auswaschung, Biomasseentzug). Die Entwicklung von Versauerung erfordert den Eintrag von Acidität und den Entzug von Basizität.

2.7.4 Pufferung

Böden verfügen über verschiedene Puffersysteme und vermögen standortspezifisch einer Veränderung des pH-Wertes entgegenzuwirken. Unter Pufferung wird das Konstanthalten des pH-Wertes der Bodenlösung trotz der Zufuhr von H^+- oder OH^--Ionen verstanden.

Die Puffersysteme der Böden sind sehr verschieden. Dem vorherrschenden Puffersystem entsprechend bewirken die H^+-Ionen eine Reihe von Prozessen, welche zu deren Verbrauch führen und Bodeneigenschaften verändern. In der Literatur werden Pufferreaktionen bestimmte pH-Werte der Pufferung (Pufferbereiche) zugeschrieben. Ist die Kapazität eines Puffersystems erschöpft oder übersteigt die Geschwindigkeit der Säurezufuhr jene der Pufferung, erfolgt ein Übergang zum nächsttieferen Puffersystem, welches durch einen niedrigeren pH-Bereich gekennzeichnet ist.

Carbonate, variable Ladungen, Silikate sowie Oxide, Hydroxide und Hydroxysalze können in Böden der Pufferung dienen. Die Pufferung der Säure erfolgt im Carbonat-Pufferbereich durch die Auflösung von Calciumcarbonat und im Silikat-Pufferbereich durch die Freisetzung von Alkali- und Erdalkaliionen aus primären Silikaten. Im Austauscher-Pufferbereich erfolgt die Pufferung durch die Freisetzung von Al-Ionen aus Tonmineralien; die Kationenaustauschkapazität geht zurück und vorher gebundene Ca-, Mg- und K-Ionen können ausgewaschen werden. Im Aluminium-Pufferbereich wird die Säure durch die Freisetzung von Al^{3+}-Ionen aus Tonmineralien und Al-Hydroxykationen gepuffert, während dies im Eisen-Pufferbereich durch die Auflösung von Eisenoxiden erfolgt.

Im Boden auftretende Puffersubstanzen und -reaktionen werden im Rahmen der Diskussion des Phänomens der Veränderung der Bodenreaktion infolge anthropogener Emissionen im vierten Band dieser Reihe näher berücksichtigt.

2.7.5 Bedeutung für Mikroorganismen und Bodenenzyme

Die Bodenreaktion nimmt vielfältigen Einfluß auf im Boden ablaufende Vorgänge bzw. Eigenschaften des Bodens wie Verwitterung, Mineralneubildung, Verlagerung von Ton, Fe- und Al-Verbindungen, Abbau der organischen Substanz, Humifizierung, Nährstoff- und Schadstoffverfügbarkeit, Metalltoxizität und Gefügebildung.

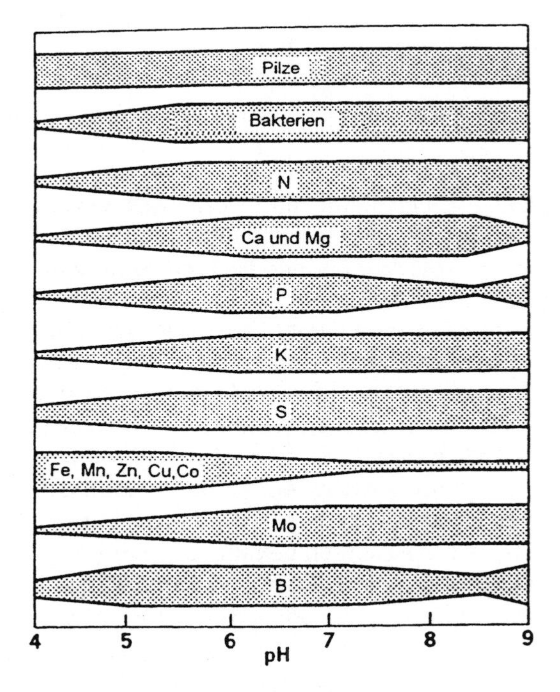

Abb. 2. Beziehung zwischen pH-Wert, mikrobieller Aktivität und Verfügbarkeit von Nährstoffen in Mineralböden (Nach Brady 1990)

Eine bedeutende Wirkung der Bodenreaktion auf bodenbiologische Vorgänge ist deren Einfluß auf die Verfügbarkeit von Nährstoffen bzw. von potentiell toxischen Metallen. Für Stickstoff, Phosphor, Kalium, Schwefel, Kupfer, Bor und Zink liegt der Bereich einer guten Verfügbarkeit etwa zwischen pH 4.5 und 7.5. Die Verfügbarkeit von Calcium, Magnesium und Molybdän nimmt mit zunehmendem pH-Wert zu. Für Eisen, Mangan und Kobalt weist diese mit zunehmendem pH abnehmende Tendenz auf. Bei pH-Werten unterhalb 5 treten Toxizitätsprobleme mit Aluminium, Eisen und Mangan auf.

Zahlreiche Befunde zum Einfluß des pH-Wertes auf Bodenmikroorganismen lassen schließen, daß in sauren Böden (pH 5.5 und geringer) die Pilze die vorherrschenden heterotrophen Mikroorganismen sind. Die Mehrheit der Bakterien, einschließlich der Gruppe der Aktinomyceten, bevorzugen Böden mit einer Bodenreaktion nahe am Neutralpunkt oder von mäßig alkalischer Natur (pH 6–8).

Der pH-Wert beeinflußt die Gemeinschaftsstruktur und den Metabolismus der Bodenmikroorganismen. Mikroorganismen weisen in charakteristischen pH-Bereichen optimales Wachstum auf. Außerhalb dieser Bereiche geht die Vermehrung zurück und die Organismen können jenseits des Toleranzbereiches nicht mehr wachsen. Das Boden-pH bestimmt deshalb, welche Glieder der Gemeinschaft funktionell sind. Gegenüber schwach sauer und schwach alkalisch reagierenden Böden nimmt in stärker sauer reagierenden Böden die relative Bedeutung des pH-Wertes als eine jener Größen, welche den Mikroorganismenbestand im Boden bestimmen zu. pH-Werte unter 5.5 und über 8 sind für die biologische Aktivität als ungünstig zu bewerten.

Über die Beeinflussung der Löslichkeit und des Ionisierungszustandes von Substraten, Enzymen und Cofaktoren nimmt die Bodenreaktion Einfluß auf biochemische Vorgänge im Boden. Die Bodenacidität und -basizität sowie deren Natur sind Größen, welche die Aktivität der Bodenenzyme regulieren. Stark saure Böden besitzen eine sehr geringe Enzymaktivität. Die Bodenacidität steht mit Protonen und Al-Ionen in Beziehung, welche die Aktivität von Enzymen unterschiedlich zu beeinflussen vermögen. Eine gegenüber Protonen ungüngstigere Wirkung von Aluminiumionen zeigte sich. In basengesättigten Böden erwies sich die Immobilisierung und die Aktivität der Bodenenzyme vom Ausmaß und der Natur der Basizität abhängig. Die Natur der Basizität wird durch das Verhältnis der austauschbaren Basen am Adsorptionskomplex bestimmt. Eine mit Calcium und Magnesium verbundene Basizität begünstigt die Enzymaktivität, während eine mit Kalium und Natrium verbundene Basizität für diese ungünstig ist. Individuelle Enzyme weisen in relativ engen pH-Intervallen maximale katalytische Aktivität auf. Für saure Böden konnte das gegenüber Redoxprozessen verstärkte Auftreten von hydrolytischen Prozessen nachgewiesen werden. Das Umgekehrte konnte für alkalische Böden festgestellt werden.

In Böden mit schwach saurer, neutraler oder schwach basischer Reaktion sind optimale Bedingungen für die Immobilisierung und die Aktivität von Enzymen gegeben. Die für die Aktivität der Enzyme und die Bodenfruchtbarkeit günstigste Zusammensetzung von austauschbaren Kationen wurde angegeben mit: 60–80% für Calcium, 10–30% für Magnesium, 3–8% für Kalium, nicht mehr als 5% für Natrium und nicht mehr als 10% für Aluminium an deren Gesamtsumme.

2.8 Bodenstruktur (Bodengefüge)

2.8.1 Definition und Bedeutung

Die Bodenbestandteile bilden einen organisierten Körper mit bestimmter Struktur (Gefüge) und physikalischen, chemischen sowie physikalisch-chemischen Eigenschaften. Diese, sich aus den Eigenschaften der Einzelkomponenten ableitenden, Eigenschaften sind für das integrierte System spezifisch. Die Lagerung der Bodenteilchen ist von den Faktoren der Bodenbildung und anthropogenen Aktivitäten abhängig.

In der Literatur werden verschiedene Definitionen der Bodenstruktur gefunden (z.B. Oades 1984; Schroeder 1984; Rampazzo et al. 1994). Diese wird als die Größe und Verteilung der Partikel und Poren in Böden bzw. als die räumliche Anordnung der festen Bodenbestandteile, durch welche das gesamte Bodenvolumen in das Substanzvolumen und in das Porenvolumen geteilt wird definiert. Einer weiteren Definition zufolge kann der Begriff Bodenstruktur als die physikalische Organisation des festen Bodenmaterials verstanden werden, welche durch die Größe, Form und Anordnung von festen Teilchen und Hohlräumen zum Ausdruck kommt und sowohl primäre als auch neu gebildete Teilchen einschließt.

Die Art der Anordnung der Teilchen ist von zahlreichen Faktoren abhängig. Diese schließen die Korngrößenverteilung und die Kornform der mineralischen Teilchen, die Quantität und Qualität der organischen Substanz, äußere Einflüsse wie Lasten von Bodenlagen oder Fahrzeugen, den Wassergehalt, die Wasserbindung und die Verteilung des Wassers bei früheren Maximalbelastungen ein.

Ein Bodenprofil kann von einem Strukturtyp dominiert werden, häufig treten jedoch in verschiedenen Horizonten verschiedene Strukturtypen auf.

Makro- und Mikrogefüge

Hinsichtlich der Morphologie des Bodengefüges unterscheidet man das Makro- und das Mikrogefüge.

Das Makrogefüge ist die mit dem bloßen Auge sichtbare räumliche Anordnung der Bodenteilchen. Es sind dies die sichtbaren Formen der Teilchenlagerung. Mit Übergängen werden prinzipiell drei Lagerungsarten unterschieden. Das Einzelkorngefüge liegt vor, wenn die Teilchen einzeln, nicht verkittet nebeneinander liegen. Das Kohärentgefüge ist gegeben, wenn die Bodenteilchen durch Kittsubstanzen (Humus, Ton) gleichmäßig miteinander verklebt sind und eine kohärente Masse bilden. Beim Aggregatgefüge sind die Teilchen zu Aggregaten vielfältiger Gestalt vereinigt. Bei diesem Gefüge bilden Teile der Bodenmatrix separate Körper. Eine weitere Unterteilung des Aggregatgefüges erfolgt in das Aufbaugefüge (Krümelgefüge, Wurmlosungsgefüge) und das Absonderungsgefüge (Mückenhausen 1993). Das Absonderungsgefüge wird auch als Segregatgefüge bezeichnet. An der Entstehung des Aufbaugefüges sind Bodenlebewesen, an jener des Absonderungsgefüges vor allem Austrocknungs- und Schrumpfungsvorgänge beteiligt. Beim Krümelgefüge sind die Bodenteilchen zu rundlichen Aggregaten mit unebener Oberfläche und zahlreichen Hohlräumen zusammengeballt (Krümel). Solche Krümel können Durchmesser von < 1–> 10 mm aufweisen. Beim Wurmlosungsgefüge liegen unregelmäßig geformte, häufig traubenförmig ausgebildete Aggregate vor. Diese können einige Zentimeter groß sein. Solche Aggregate sind typisch für Oberböden mit hohen organischen Substanzgehalten. Für deren Bildung sind Humus, anorganische Kolloide sowie Bodenorganismen und Wurzeln unentbehrlich.

Unter dem Mikrogefüge versteht man jene nur mit dem Mikroskop sichtbare Anordnung der Bodenteilchen, wobei auch Hohlräume, Lösungserscheinungen und Ausfällungen einbezogen werden.

Bedeutung

Die Struktur nimmt Einfluß auf den Wasser-, Luft-, Wärme- und Nährstoffhaushalt, die Durchwurzelbarkeit und die Bearbeitbarkeit des Bodens sowie auf Verlagerungsprozesse bei der Bodenentwicklung.

Wichtige im Boden ablaufende Prozesse unterliegen dem Einfluß der Bodenstruktur. Solche schließen die Erosion, den Oberflächenabfluß, die Infiltration, die kapillare Leitfähigkeit, die Dränage und die Belüftung sowie Prozesse der Stoffkreisläufe ein. Zu den letzteren zählen die Immobilisierung und Mobilisierung von Nährstoffen, die Verwitterung, der Ionenaustausch, der Gasaustausch, die Auswaschung von Stoffen, der Eintrag, der Abbau, die Anreicherung sowie der physikalische Schutz der organischen Substanz.

Die Bodenlebewesen und die Wurzeln sind eng mit der Bildung der Bodenstruktur verbunden und werden umgekehrt durch diese beeinflußt. Der Wasser- und Lufthaushalt sowie die Größe und die Organisation des Porenraumes nehmen als strukturabhängige Parameter Einfluß auf die Bodenorganismen und die Wurzeln.

Die Bodenstruktur ist ihrem Wesen nach von dynamischer Natur, wobei die Stabilität des aggregierten Zustandes von besonderer Bedeutung ist. Die stabilisierenden Agentien der lebend verbauten Aggregate unterliegen dem Abbau bzw. sterben lebende Strukturen ab. In ihrer Beziehung zur mikrobiellen Biomasse und deren Aktivität unterliegt die Aggregation auch dem Einfluß jener Umweltfaktoren, welche das Wachstum und die Aktivität von Bodenmikroorganismen normalerweise kontrollieren.

Der ertragsvermindernde Einfluß einer schlechten Bodenstruktur wird mit einer Verringerung der Oberflächenstabilität (Verkrustung) des Bodens, der Verdichtung des Bodens sowie mit der Etablierung anaerober Bodenbereiche in Beziehung gesetzt.

Die Inzidenz bestimmter Pflanzenkrankheiten kann durch strukturelle Eigenschaften von Böden erhöht werden. Eine an der Basis der Pflugschicht hohe Dichte des Bodens erhöhte die Häufigkeit des Auftretens der durch *Phytophthora* sp. verursachten Wurzel- und Sproßfäule an Sojabohnen (Fulton et al. 1961).

2.8.2 Aggregation und Aggregatstabilität

Bodenaggregate werden gebildet, wenn primäre Bodenteilchen zu sekundären, relativ stabilen Einheiten gruppiert werden. Martin et al. (1955) definierten Bodenaggregate als eine natürlich auftretende Anhäufung oder Gruppe von Bodenteilchen, in welcher jene die Teilchen zusammenhaltenden Kräfte wesentlich stärker sind als die Kräfte zwischen benachbarten Aggregaten.

Unter Aggregatstabilität versteht man jenen Widerstand, welchen die Bodenstruktur Druckeinflüssen entgegensetzt (Niederbudde und Flessa 1989). Das Wasser spielt bei der Zerstörung von Aggregaten eine wesentliche Rolle. Unter Aggregatstabilität wird meist die wasserstabile Aggregation verstanden. Aggregate sollten nach Befeuchten gegenüber Zerfall stabil sein. Die Aggregatstabilität bestimmt großteils die Neigung eines Bodens zur Wassererosion, zur Krustenbildung und Verdichtung.

Verschiedene Mechanismen zur Erklärung der Bindung von Bodenteilchen zu stabilen Aggregaten werden diskutiert. Die zur Bildung bzw. zur Stabilisierung von Aggregaten beitragenden Faktoren sind gleichzeitig wirksam und können nicht auf einfache Weise unterschieden werden.

Eine Reihe von Faktoren nimmt Einfluß auf die Ausbildung und die Stabilisierung von Aggregaten. Es sind dies physikalische Vorgänge, welche den Kontakt zwischen Bodenteilchen ermöglichen, die Menge und der Zersetzungsgrad der organischen Substanz, die Menge und die Qualität der vorhandenen anorganischen Kolloide, der Kationenbelag der Austauscher, die Bodenorganismen sowie der Bewuchs.

Der Einfluß der Biologie auf die Bodenstruktur kann über die Organismen, deren Aktivitäten und deren Produkte bestimmt werden. Zur Bestimmung der Effekte der Lebewesen auf die Bodenaggregatbildung und -stabilität wird die Verteilung von wasserstabilen Aggregaten mit biologischen Parametern wie Wurzellänge, Pilzhyphenlänge und mikrobielle Biomasse korreliert.

Physikalische Faktoren

Die Bildung von Aggregaten steht mit physikalischen Vorgängen, welche die Kontakte zwischen Bodenteilchen fördern wie alternatives Befeuchten und Trocknen, Gefrieren und Tauen, Komprimierung und Austrocknung durch Wurzeln sowie Mischen des Bodenmaterials durch Bodenorganismen und Bodenbearbeitung in Beziehung.

Adsorbierte Kationen

Die Natur der durch die Bodenkolloide adsorbierten Kationen beeinflußt die Aggregation. Mineralische und organische Kolloide können in der Gegenwart von Wasser als Sol (im dispergierten oder peptisierten Zustand) oder als Gel (im ausgeflockten oder koagulierten Zustand) vorliegen. Bestimmte adsorbierte Kationen fördern bzw. verringern die Anziehung zwischen Bodenkolloiden. Ist Na^{+} das vorherrschende adsorbierte Kation werden die Teilchen dispergiert und die Bodenstruktur wird ungünstig beeinflußt. Adsorbierte Kationen wie Ca^{2+}, Mg^{2+} oder Al^{3+} fördern das Zusammentreten von Kolloiden zu kleinen Aggregaten. Durch die ausflockende Wirkung solcher Kationen auf die Bodenkolloide wird die Aggregatbildung begünstigt.

Organische Substanz und Mikroorganismen

Die Verbesserung der bodenphysikalischen Eigenschaften durch den Eintrag von organischer Substanz in den Boden ist lange bekannt.

Die Wirkung der organischen Substanz bei der Aggregation steht in enger Beziehung zu den Bodenmikroorganismen. Organische Zusätze kommen nur dann zur Wirkung, wenn Mikroorganismen gegenwärtig sind. Reinkulturversuche zeigten, daß sich in steril gehaltenen Böden nach Zugabe einer Kohlenstoffquelle keine Aggregate bilden (z.B. Lynch 1983).

Der günstige Effekt der organischen Substanz auf die Aggregation steht mit dem geförderten Wachstum von Mikroorganismen sowie mit der Bildung mikrobieller Metabolite in Beziehung. Während der Zersetzung der organischen Substanz gebildete mikrobielle Produkte sowie die mikrobielle Biomasse als solche fördern die Aggregation von Bodenteilchen.

Mikroorganismen können in die Bildung und Stabilisierung von Aggregaten über die mechanische Bindung von Bodenteilchen durch filamentöse Mikroorganismen, adsorptive Wechselwirkungen zwischen Mikroorganismen und Bodenteilchen sowie über die Bildung aggregierender und stabilisierender Substanzen involviert sein. Die Aggregationsfähigkeit verschiedener Mikroorganismen variiert. Das Ausmaß der aggregierenden Aktivität von Mikroorganismen wird durch die Größe und die Form der Mikroorganismen und deren aggregierende Metabolite bestimmt.

Im Zuge des mikrobiellen Ab- und Umbaus der organischen Substanz auftretende Produkte weisen teilweise die Fähigkeit auf, anorganische Teilchen zu verbinden. Die Fähigkeit organischer Substanzen zur Ausbildung von Brücken zwischen mineralischen Bodenteilchen konnte durch die Ultradünnschnittechnik bestätigt werden.

Polysaccharide sind für den Prozeß der Aggregatbildung und -stabilisierung von besonderer Bedeutung. Arbeiten zur Fähigkeit mikrobieller Syntheseprodukte Aggregate zu stabilisieren zeigten, daß aus Reinkulturen von Bakterien isoliertes Material fähig war Aggregate zu stabilisieren. *Bacillus subtilis* bildete in Kultur ein Laevan, dessen aggregierender Effekt von dessen Viskosität abhängig war. Der Zusatz gewaschener *B. subtilis* Zellen beeinflußte die Aggregatstabilität des Bodens wenig (Lynch und Bragg 1985). Dragan-Bularda und Kiss (1977a) zeigten die Bedeutsamkeit der Enzyme Dextran- und Laevansucrase für die Aggregatstabilität, infolge der Bereitstellung der entsprechenden Polysaccharide durch selbige Enzyme.

Zwischen dem Gehalt des Bodens an Kohlenhydraten und dessen Aggregatstabilität konnte das Bestehen einer positiven Korrelation nachgewiesen werden. Polysaccharide repräsentieren kollektiv die zweitwichtigste Komponente der organischen Fraktion des Bodens (Martin 1971). Die organische Substanz besteht zu etwa 25% aus Kohlenhydraten. Die Polysaccharide haben den größten Anteil daran (40% und mehr). Die Zusammensetzung der Polysaccharide weist deren vorherrschend mikrobiellen Ursprung aus. Die aus dem Boden isolierten Polysaccharide sind sehr komplex und stellen eine Mischung aus großen, gewöhnlich linearen, flexiblen Polymeren dar (Lynch und Bragg 1985).

Mikrobielle Polysaccharide enthalten vorwiegend Galaktose und Mannose, jedoch kaum Arabinose und Xylose und unterscheiden sich damit von pflanzlichen Polysacchariden. Oades (1984) gab das Verhältnis von Galaktose + Mannose/Arabinose + Xylose für mikrobielle Polysaccharide mit 2 und für pflanzliche mit 0.5 an. Pflanzliche Polysaccharide werden im Boden schnell abgebaut, solcher pilzlicher Herkunft relativ langsam und bakteriell gebildete Polysaccharide nehmen eine Mittelstellung ein. Bedingungen, welche das Wachstum von Mikroorganismen fördern sind auch für die Bildung von Polysacchariden förderlich.

Da Polysaccharide lineare Makromoleküle mit langen flexiblen Ketten darstellen, wird angenommen, daß diese an mehrere Mineralteilchen gleichzeitig adsorbieren (Konzept der Polymer-Bindung). Die Effizienz von Polysacchariden im Brückenbildungsprozeß wurde mit deren Molekulargewicht und deren Konformation in Beziehung gesetzt. Die Polysaccharide weisen noch eine weitere Eigenschaft auf. Diese besteht im Auftreten intermolekulare Brücken (H-Brücken, van der Waals Kräfte) die zu viskosen Lösungen und Gelen führen. Auch im adsorbierten Zustand konnte Gelbildung festgestellt werden. Die Effizienz von Calcium bei der mikrobiell vermittelten Aggregation kann auch im Zusammenhang mit der Fähigkeit von Ca gesehen werden, viele anionische Polysaccharide durch Querverbindung in Gele überzuführen.

Mikrobielle Gele werden stark an Grauhuminsäuren gebunden und deren Anhaften an die Oberfläche von Tonpartikeln konnte ebenfalls festgestellt werden (Duchaufour und Gaiffe 1993). In aquatischen Systemen fungieren Bakterienschleime als Konditionierungsfilme zur Bindung von Zellen an festen Oberflächen. Mit Hilfe von Färbemethoden konnte elektronenoptisch nachgewiesen werden, daß Bakterien an ihrer Oberfläche solche Schleime absondern. Die Schleime und Kapseln werden zusammendfassend als Glycocalyx bezeichnet. Unter der Glycocalyx können Organismen kleine Kolonien bilden, welche vor antibakteriellen Substanzen, Antikörpern, Fraß oder Austrocknung geschützt sind. Unter Reinkulturbedingungen bilden Bakterien diese Schleime nicht oder verlieren die Fähigkeit dazu. Es wird angenommen, daß Organismen diese Möglichkeit des Festhaftens an Oberflächen auch im Boden nutzen können. Die Bedeutung der Glycocalyx unter Bodenbedingungen ist nicht geklärt (Anderson 1991). Tiessen und Stewart (1988) konnten in Aggregatanalysen Hinweise darauf erhalten, daß die extrazellulären Polysaccharide, welche für die Aggregatbildung und -stabilität von Bedeutung sind mit der Glycocalyx ident sind.

Die Geschwindigkeit des Abbaus von Polysacchariden im Boden wird durch deren Struktur und Verfügbarkeit, deren Komplexbildung mit Metallkationen, Tonmineralien und phenolischen Verbindungen beeinflußt bzw. verlangsamt. Die Stabilität synthetischer Bodenaggregate, welche extrazelluläre Polysaccharide von *Lipomyces starkeyi* enthielten, wurde erhöht. Diese wies höhere Persistenz auf, wenn die Aggregate durch entweder Tanninsäure oder Produkte der sich zersetzenden Streu infiltriert wurden (Griffiths und Burns 1972). Die Mischung von Tanninsäure mit Polysacchariden während der Präparation der Aggregate hatte keinen Effekt. Durch Zusatz von Glucose wurde im Feldversuch die Bodenaggregation rasch verbessert. Diese Verbesserung der Aggregation, welche nach sechs Monaten verschwunden war, wurde auf die Bildung mikrobieller

Polysaccharide zurückgeführt. Im Gegensatz dazu zeigte sich an mit Glucose versehen Standorten, welche 28 und 42 Tage nach Glucoseapplikation Tanninsäure erhalten hatten, am Versuchsende kein Zeichen von verminderter Aggregation.

Im Zuge der Humifizierung gebildete Stoffe gehen mit anorganischen Bodenteilchen Bindungen ein. Huminstoffe können über mehrwertige Kationen wie Ca^{2+}, Fe^{3+} und Al^{3+} untereinander verbunden werden. Bei Anwesenheit mehrwertiger Kationen an den Austauschern des Bodens können über Salzbrücken organomineralische Komplexe gebildet werden (Ton-polyvalentes Kation-Huminstoff). Sind nicht ausreichende Mengen an Kationen vorhanden, kann der Prozeß der Podolierung durch mobil bleibende organische Komponenten gefördert werden.

Der Beitrag der hydrophoben aliphatischen Fraktion der organischen Bodensubstanz zur Aggregatstabilität erhielt gegenüber hydrophilen Komponenten wie Polysacchariden weniger Aufmerksamkeit. Neben Polysacchariden treten andere Biomoleküle infolge deren hydrophoben Eigenschaften als Aggregatstabilisatoren auf. Zu diesen zählen Lipide und humusähnliche Substanzen, im wesentlichen pilzliche Melanine (Robert und Chenu 1992). Es handelt sich dabei um wasserabweisend wirkende Substanzen. Die Geschwindigkeit der Benetzung und die Zerstörung der Aggregate wird dadurch reduziert. Die Anreicherung von Lipiden in Böden wird durch anaerobe Verhältnisse, Trockenheit und Acidität gefördert. Diese werden von Mikroorganismen nur langsam abgebaut bzw. können hemmend auf diese wirken. Zwischen einem erhöhten Fettsäuregehalt von Böden und der Stabilität größerer Aggregate (500–1000 µm) besteht ein Zusammenhang (Anderson 1991). Capriel et al. (1990) fanden eine hohe positive Korrelation zwischen der aliphatischen Fraktion der organischen Bodensubstanz und der Biomasse sowie eine ebensolche zwischen der aliphatischen Fraktion und der Aggregatstabilität des Bodens.

Die Qualität des organischen Substrates nimmt Einfluß auf die Dauer des aggregierenden Effektes und die Zeit, welche zur Erreichung des Maximums notwendig ist. Weniger leicht abbaubares Material wie Gerstenstroh oder Cellulose führten in der gleichen Periode zur Bildung weniger stabiler Aggregate als leicht abbaubare Substrate wie Saccharose. Das C/N-Verhältnis des Substrates beeinflußt dessen Aggregationseffizienz. Die Inkubation von Boden mit gemahlendem Weizenstroh erhöhte den Prozentsatz wasserstabiler Aggregate. Die gemeinsame Inkubation mit Stroh und Stickstoff reduzierte diese hingegen (Lynch und Bragg 1985).

Die mikrobielle Adhäsion an Bodenteilchen gilt als ein Mechanismus der mikrobiell vermittelten Aggregation. Die Beziehungen zwischen Tonmineralien und Organismen wurden wiederholt untersucht und beschrieben. Marshall (1971, 1980) definierte drei Interaktionen zwischen Mikroorganismen und Bodenteilchen. Diese umfassen die Bindung zwischen den Mikroorganismen und den Oberflächen großer Bodenteilchen, die Bindung zwischen Zellen und Bodenteilchen der gleichen Größe sowie die Bindung von sehr kleinen Bodenteilchen an die Oberfläche von Mikroorganismen. Untersuchungen zur elektrophoretischen Mobilität zeigten, daß Tonpartikel Zellen binden und umgekehrt.

Die Untersuchung der bakteriellen Adhäsion an Bodenteilchen gestaltet sich infolge der Komplexität und Heterogenität des Bodens schwierig. Der Adhäsionsprozeß wird durch die Variabilität der Ionenzusammensetzung der Bodenlösung und durch Unterschiede hinsichtlich der Größe, der Ladung und der Kationenaustauschkapazität der Bodenteilchen stark beeinflußt. Die Eigenschaften der bakteriellen Oberfläche wie Hydrophobie, Oberflächenladung, extrazelluläres Material, Flagellen und Pili zeigen starke Variation. Diese ist nicht nur vom Stamm, sondern auch vom Ernährungs- und vom physiologischen Zustand der Organismen abhängig.

Die Physiologie der Bakterien wird durch die Adhäsion an Bodenteilchen beeinflußt. Infolge der Bindung an Tonmineralien kann die Wachstumsrate, das Überleben und der Transfer von genetischem Material beeinflußt werden. Solche Effekte werden meist auf einen indirekten Mechanismus zurückgeführt, da die Zellen nicht an sich, wohl aber deren unmittelbare Umgebung verändert wird.

Die durch Pilze vermittelte Neuorganisation von Tonteilchen zu Aggregaten sowie die Stabilisierung dieser Aggregate mit Hilfe extrazellulärer Polysaccharide wurde diskutiert (Chenu 1989). Elektronenmikroskopische Untersuchungen zeigten, daß Tonpartikel an die pilzliche Hyphenwand anhaften. Die hyphenparallele Ausrichtung feiner Tonteilchen und deren festes Anhaften an die Hyphen über Polysaccharidschleime wurde beobachtet (z.B. Foster 1988). Die Rolle der Pilze kann als aggregatbildend und -stabilisierend angesehen werden. Durch die Verzweigung im Boden können Hyphen Bodenteilchen als solche sowie mit Kittsubstanzen, in Kontakt bringen. Filamentöse Pilze weisen unterschiedliche Fähigkeit zur Stabilisierung von Aggregaten auf. Eine besonders effektive Bindung von Bodenteilchen konnte für rasch wachsende, wollige Mycelien bildende Pilzarten berichtet werden wie für Vertreter der Gattungen *Absidia*, *Mucor*, *Rhizopus*, *Chaetomium*, *Fusarium* und *Aspergillus* (Lal 1991).

In tonhaltigen Böden (> 30%) ist die Aggregatbildung durch Mikroorganismen besonders groß (Chesters et al. 1957). Dieser Befund wird mit der starken Sorptionsfähigkeit von Tonmineralien erklärt. Die Sorptionsfähigkeit von Partikeln für Mikroorganismen nimmt mit zunehmendem Durchmesser der Partikel ab. In der Nähe von Pilzen und Bakterien konnte die Neuorientierung von Bodenteilchen beobachtet werden (Robert und Chenu 1992). Veränderungen des Boden- und des Tongefüges sind damit verbunden.

Wurzeln

Wurzeln sind eine für die Bildung von Bodenporen wichtige Größe. Diese sind ebenso sowohl an der Bildung als auch an der Stabilisierung von Aggregaten beteiligt. Wie bereits angeführt fördert das Wurzelwachstum sowie die lokale Austrocknung von Bodenmaterial durch Wurzeln den Kontakt zwischen Bodenteilchen und damit die Aggregation. Wurzelexsudate tragen zum Prozeß der Aggregation bei.

Hinweise auf die unterschiedliche Beeinflussung der Aggregatstabilität durch die Wurzeln verschiedener Pflanzen konnten erhalten werden. Einige der getesteten Pflanzen bewirkten eine Erhöhung andere hingegen eine Verminderung der Aggregatstabilität. Das Maiswurzelwachstum erniedrigte die Aggregatstabilität des frischen Bodens (Reid et al. 1982). Die chemische Vorbehandlung der Böden mit Natriumperjodat (zur Erfassung der Bedeutung von Polysacchariden) und Acetylaceton (zur Erfassung der Bedeutung des ursprünglich organisch gebundenem Fe und Al) vor Messung der Stabilität, gab Hinweis darauf, daß die Zerstörung von organo-Fe- bzw organo-Al-mineralischen Verbindungen großteils für diesen Effekt verantwortlich ist. Der Entzug von Fe- oder Al-Kationen durch in die Rhizosphäre freigesetzte chelatierende Agentien wurde als wahrscheinlichster Mechanismus diskutiert. Reid und Goss (1981) ließen fünf Feldfruchtarten für sechs Wochen oder weniger in Töpfen mit zwei unterschiedlichen Bodenmaterialien wachsen. Das Wurzelwachstum des ausdauernden Raygrases und der Luzerne für 42 Tage führte zu einem Anstieg der Aggregatstabilität. Die günstigen Effekte standen mit der Bildung von perjodatsensitiven Verbindungen (Polysaccharide) in der Rhizosphäre in Beziehung. Das Wurzelwachstum von Mais, Tomate und Weizen für 25 Tage verminderte die Stabilität frischer Bodenaggregate, obgleich die Effekte von Tomate und Weizen nicht beständig waren. Die negativen Effekte dieser drei Arten auf die Aggregatstabilität waren nach Lufttrocknung nicht mehr nachweisbar. Eine Generalisierung des aggregatdestabilisierenden Effektes des Maiswurzelwachstums konnte nach dem gegenwärtigen Wissenstand nicht erfolgen (Lynch 1984).

Morel et al. (1991) bestimmten den Effekt von Wurzelexsudaten auf die Aggregatstabilität von Böden. Wurzelschleime zwei Monate alter Maispflanzen wurden gesammelt. Schleim und Glucoselösungen wurden in einer Rate von 2.45 kg C/kg Trockenboden zu schluffigen Ton und schluffigen Lehmböden zugegeben. Die Ergebnisse dieser Arbeit unterstützten die Annahme, daß frisch freigesetzter Schleim sehr rasch an Bodenpartikel bindet und neu gebildete Aggregate vor Zerstörung durch Wasser schützt.

Untersuchungen zu den bodenbindenden Eigenschaften und zur Histochemie von pflanzlichen und bakteriellen Schleimen in der Maisrhizosphäre gaben Hinweis darauf, daß die Bindung durch Wurzelhaubenschleim von den 1,2-Diolgruppen von Zuckerkomponenten abhängig ist

(Watt et al. 1993). Für bakterielle Schleime traf dies nicht zu; für diese war eine proteinvermittelte Bindung angezeigt.

Eine im Zusammenhang mit der Applikation von Gülle zu Dauergrünland (96 bzw. 480 kg N/ha/Jahr) bewirkte signifikante Reduktion der Stabilität von Aggregaten in der 5–10 cm Lage des Bodens wurde mit einer infolge dieser Praxis verringerten Wurzeldichte, -länge und -oberfläche in Beziehung gesetzt (Murer et al. 1993). Bei höheren Applikationsmengen (480 kg/ha/Jahr) war der Effekt stärker ausgeprägt.

Bodentiere

Bodentiere tragen vor allem über die Mischung von Bodenmaterial im Zuge deren Wühltätigkeit oder im mikrobiell besiedelten Verdauungstrakt, durch Tunnelbildung sowie über die Ausscheidung von Losungen zur Ausbildung der Bodenstruktur bei.

Anwendungspotential für die Bodenbiotechnologie

Eine für die Praxis sich stellende Frage ist jene nach der Möglichkeit die natürliche Rolle von Mikroorganismen bei der Etablierung und Aufrechterhaltung der Bodenstruktur durch Beimpfung von Böden mit geeigneten aggregatbildenden Mikroorganismen zu manipulieren.

Die Eignung mikrobieller Zellen für diesen Zweck wurde kritisch betrachtet. Die Produktion des dafür nötigen Inokulums auf Pflanzenresten und die gemeinsame Einarbeitung dieser Einheit in den Boden nach einer angemessenen Phase der Zersetzung erscheint vorteilhafter. Die Wirtschaftlichkeit eines solchen Präparates könnte durch weitere nützliche Funktionen des Inokulums erhöht werden. Solche wären beispielsweise die Minimierung der Strohtoxizität und der Pathogenbesiedelung oder die Bereitstellung von Pflanzennährstoffen, vor allem von Stickstoff.

Mischkulturen können eine gegenüber individuellen Kulturen höhere Aggregationseffizienz aufweisen. Die durch Bakterien bewirkte Stabilität von Aggregaten nahm in der Gegenwart anderer Mikroorganismengruppen zu. Mischkulturen aus Pilzen oder Aktinomyceten gaben eine bessere Aggregation als ein individuelles Bodeninokulum. Die mögliche Gegenwart antagonistischer Bakterien im Bodeninokulum konnte eine mögliche Ursache dafür sein (Lynch und Bragg 1985).

Lynch (1981) versah zwei Böden mit Suspensionen mikrobieller Zellen. Nach Trocknung wurde das Ausmaß der Aggregation und der Stabilität der Aggregate gegenüber Wasser bestimmt. In einem schluffigen Lehm förderten *Azotobacter chroococcum*, *Lipomyces starkeyi* und *Pseudomonas* sp. die Stabilisierung der Aggregate; dies wurde mit der Zahl der zugesetzten Zellen in Beziehung gesetzt. *Mucor hiemalis* hemmte den Prozeß. In einem Tonboden förderten *Mucor hiemalis* und *Pseudomonas* sp. die

Stabilisierung. Die Stabilisierung des schluffigen Lehms durch *Lipomyces starkeyi* erfolgte durch ein aus den Zellen extrahiertes Polysaccharid. Bakterielle und pilzliche Besiedler von Stroh im Boden förderten die Aggregatstabilisierung von Vulkanasche und Boden (Lynch und Elliott 1983).

In drei verschiedenen Böden, welche relativ geringe Gehalte and organischer Substanz aufwiesen untersuchten Gilmour et al. (1948) den Einfluß der Partikelgröße, der Verteilung und des Typs der organischen Substanz auf die Bildung von Bodenaggregaten durch bestimmte Pilzarten. Dies erfolgte in Gegenwart und Abwesenheit von gemahlenem Gerstenstroh oder Luzerne. In sämtlichen Fällen wurden anorganische Nährstoffe zugesetzt. Inokulierte Böden, welche weder Gerstenstroh noch Luzerne erhalten hatten unterlagen nur einem leichten Ausmaß an Aggregation. Der Zusatz von Gerstenstroh und vor allem von Luzerne in der Gegenwart von Pilzen verminderte den Prozentsatz an ungebundenem Schluff und Ton in den Böden. In Abwesenheit der Pilze waren die Rückgänge der ungebundenen Fraktion geringer. Die Erosionsbereitschaft der Böden wurde in der Gegenwart von Luzerne und verschiedener Pilzarten reduziert. Die Effizienz der Pilze zur Aggregation stand mit der Effizienz der individuellen Pilzart, dem Typ der organischen Substanz und der physikalischen Zusammensetzung des Bodens in Beziehung.

Photosynthetisch aktiven Mikroorganismen wurde bereits früh eine bedeutsame Rolle bei der Stabilisierung von Bodenoberflächen zuerkannt. Dies wurde primär mit deren Fähigkeit zur Bildung extrazellulärer Polysaccharide in Beziehung gesetzt.

Versuche zur strukturverbessernden Wirkung von polysaccharidbildenden und N_2-fixierenden Cyanobakterien wurden unternommen. Rogers und Burns (1994) inokulierten einen schlecht strukturierten schluffigen Lehm mit *Nostoc muscorum* in Raten, welche in etwa einer Feldapplikationsrate von 2 und 5 kg Zelltrockengewicht/ha entsprachen. Die inokulierten Cyanobakterien konnten sich vermehren und nach 300 Tagen war im beimpften Bodenmaterial eine Erhöhung der Aggregatstabilität um durchschnittlich 18% nachweisbar.

2.8.3 Aggregat-Hierarchie: Mikro- und Makroaggregate

Aggregatgrößenklassen

Die Literaturangaben zur Größe von Makroaggregaten belaufen sich auf > 250 µm und für Mikroaggregate, welche Untereinheiten der Makroaggregate darstellen auf 2–250 µm bzw. 50–250 µm.

Modelle zur Entstehung

Zum Mechanismus der Aggregation bzw. der Entstehung von Makroaggregaten aus Mikroaggregaten bestehen verschiedene Modellvorstellungen.

Anderson (1991) stellte zwei Hypothesen zur Aggregatbildung im Boden gegenüber. Die erste Hypothese basiert auf einem sukzessiven Prozeß, welcher die Flockung von Tonpartikeln, die Anreicherung von Tonpartikeln an Mikroorganismen und umgekehrt, den Zusammenhalt von Aggregatstrukturen durch Hyphen, Zementierung durch Polysaccharide und Stabilisierung durch Polysaccharide und aromatische Substanzen einschließt. Die zweite Hypothese basiert auf parallel laufenden Prozessen des Auf- und Abbaus. Hierbei dient die organische Substanz als Kern der Aggregatbildung, es folgt die Adsorption von mineralischen Partikeln an der organischen Substanz oder umgekehrt sowie Zusammenhalt derselben durch Hyphen. Gleichzeitig erfolgt ein Abbau durch Mikroorganismen, wodurch es zum Verlust an Struktur kommt. Aufbauende Prozesse vollziehen sich durch bakterielle Adhäsion an Tone oder umgekehrt, durch Glycocalyxbildung kommt es zur Zementierung von Mikroaggregaten, der weitere Aufbau entspricht jenem der ersten Hypothese.

Monrozier et al. (1991) definierten die Makroaggregate als temporäre Assoziationen von Mikroaggregaten und von partikulärem mineralischen und organischen Material, welche durch Umschlingung mit pilzlichen Hyphen und Feinwurzeln gebildet werden.

Ein von Tisdall und Oades (1982) vorgeschlagenes Modell zur Entwicklung der Bodenstruktur beschreibt die Assoziation von organischer Substanz mit drei verschiedenen Typen physikalischer Einheiten. Diese schließen freie Primärpartikel (Sand, Schluff, Ton), Mikroaggregate (< 0.25 mm) und Makroaggregate (> 0.25 mm) ein. Durch die Wechselwirkung mit Mikroorganismen, Pflanzenwurzeln, Polysacchariden und aromatischem Humusmaterial verbinden sich Primärpartikel und bilden Mikroaggregate, welche wiederum zu Makroaggregaten vereint werden.

Drei Gruppen organischer Bindemittel werden unterschieden (Tisdall und Oades 1982; Oades 1984). Transiente Bindemittel bestehen aus mikrobiellen und Wurzelexsudat-Polysacchariden sowie aus Polysaccharidgummi, deren Effekt nur wenige Wochen anhält. Temporäre Bindemittel umfassen Wurzeln, Wurzelhaare und Hyphen, deren Bestehen zumindest für einige Monate gegeben ist. Den Hyphen der vesikulär-arbuskulären(VA) Mykorrhizapilze wird in Bezug auf die Bindung von Mikroaggregaten zu Makroaggregaten besondere Bedeutung beigemessen. Wurzelhaare und Hyphen können in kleinere Poren eindringen als dies Wurzeln möglich ist. Die temporären Bindemittel bilden in stabilen Makroaggregaten ein ausgedehntes Netzwerk. Diese scheiden Polysaccharidschleime aus, an welche Tonteilchen gebunden werden (Tisdall

1991). Es konnten auch Hinweise darauf erhalten werden, daß es sich bei den temporär stabilisierenden Agentien um jene Komponente der organischen Substanz handelt, welche infolge Bodenbearbeitung freigesetzt wird. Persistente Bindemittel bestehen in stark humifizierter organischer Substanz und in Komplexen aus organischen Kolloiden mit mehrwertigen Metallkationen und mineralischen Kolloiden.

Gemäß Tisdall und Oades (1982) und Oades (1984) sind verschiedene Bindemechanismen für verschiedene Größenklassen von Aggregaten wirksam. Makroaggregate >250 µm und vor allem solche >2 mm sollten großteils durch feine Wurzeln und Pilzhyphen zusammengehalten werden. Die Stabilität von Mikroaggregaten im Durchmesserbereich von 2–20 µm ist von der Bildung von Kationenbrücken abhängig. Einheiten kleiner als 2 µm bestehen aus Tonpartikeln, welche durch anorganische und organische Zemente und elektrostatische Brücken zusammengehalten werden.

Tisdall (1991) präsentierte ein Modell zur pilzvermittelten Bildung stabiler Makroaggregate aus Mikroaggregaten. Demgemäß gibt es zwei mögliche Mechanismen durch welche dispergierte Tonteilchen derart neuorientiert werden, daß diese parallel zur Hyphenoberfläche ausgerichtet sind und durch Hyphenpolysaccharide fest sorbiert werden. Beim ersten Mechanismus lösen Hyphenexsudate mehrwertige Kationen aus Caclium-oxalat- oder Calciumcarbonatkristallen der Hyphenoberfläche oder des Mineralbodens. Die mehrwertigen Kationen fällen die Tonteilchen in der Folge derart aus, daß diese parallel zur Oberfläche der Hyphen liegen und Kationenbrücken zwischen Polysacchariden der Hyphen und dem Ton bilden. Beim zweiten Mechanismus nimmt ein VA-Mykorrhizapilz unter Austrocknen des angrenzenden Bodens Wasser auf. Indem der Boden austrocknet, werden dispergierte Tonteilchen an Positionen geringster Energie neuorientiert. Diese liegen somit hyphenparallel und werden durch die Hyphenpolysaccharide stark sorbiert. Das Hypennetzwerk vereint die Mikroaggregate zu stabilen Makroaggregaten.

Rasterelektronenmikroskopische Untersuchungen stützten das Konzept der Aggregat-Hierarchie (Waters und Oades 1991). Diese bestätigten, daß Bodenaggregate keine vollkommen zufälligen Anreicherungen kleinerer Bodenteilchen sind. Die Teilchen werden durch verschiedene Bindemittel zunehmend in größeren Aggregaten stabilisiert.

Die Aggregatgröße kontrollierende Faktoren

Die Mikroaggregation steht mit dem Gehalt der Böden an potentiell koagulierbaren Kolloiden (Tonkolloide, Humuskolloide) und Polysacchariden in Beziehung. Diese ist ein Charakteristikum schwerer Tonböden. Sandige Böden enthalten im Gegensatz dazu relativ wenige Aggregate, obgleich Makroaggregation temporär als Ergebnis von biologischer Aktivität auftreten kann.

Das Auftreten großer Aggregate zeigt Abhängigkeit von der biologischen Aktivität und von jahreszeitlichen Veränderungen des Bodenklimas (Duchaufour und Gaiffe 1993). Böden, welche sich unter verschiedenen Vegetationstypen und Klimaten entwickeln weisen unterschiedliche Formen der Stabilisierung der organischen Substanz auf. An Stickstoff und an Calcium reiche Lebensräume fördern die Synthese von Biomolekülen durch die kombinierte Tätigkeit von Mikroorganismen und Regenwürmern, wodurch es zur Bildung großer Aggregate kommt. Calcium stellt ein effektives stabilisierendes Agens sowohl für Mikro- als auch für Makroaggregate dar. In an Calcium reichen Böden trägt dieses wesentlich zur Aggregation bei.

Die Aggregation variiert mit der Humusform. Die Humusform Rohhumus von Podsolen bedingt durch deren Acidität und hohem Gehalt an antimikrobiellen Komponenten eine sehr geringe biologische Aktivität. Diese für die Bildung von biologischen Molekülen nachteiligen Bedingungen verhindern auch die Bildung echter Aggregate. Die besten Bedingungen für die Bildung hoch stabiler Mikro- und Makroaggregate konnten für die Humusformen Tschernosem-Mull und Kalk-Mull von Rendsinen angegeben werden.

Stabilität unterschiedlicher Aggregatgrößen

Makroaggregate werden durch Bodenbearbeitung leicht zerstört. Instabile Makroaggregate zerfallen nach Befeuchten infolge eingeschlossener Luft und ungleichem Schwellen. Durch diesen Zerfall entstehen Mikroaggregate, von welchen Tonpartikel entfernt werden können. Mikroaggregate und Tonpartikel können in die Poren transportiert werden, wodurch diese verengt und ungängig werden. Instabile Oberflächenaggregate fördern die Ausbildung von Krusten, welche die Bewegung von Luft und Wasser in und aus dem Boden hemmen. Der Aggregatzerfall verursacht die Reduktion der Versickerungsrate von Regen- und Bewässerungswasser sowie der kapillaren Leitfähigkeit.

Die Mikroaggregate weisen gegenüber Makroaggregaten eine höhere Wasserstabilität auf. Frühere Arbeiten hatten gezeigt, daß selbst nach 50 Jahren des Wechsels von Weizenanbau und Brache der Prozentsatz an wasserstabilen Mikroaggregaten noch 70% betrug (Tisdall 1991). In den Mikroaggregaten besteht eine stärkere Bindung zwischen den organischen und anorganischen Kolloiden. Diese sind zum Teil durch mehrwertige Kationen sowie durch pflanzliche und mikrobielle Polysaccharide verbunden.

Wie bereits diskutiert nehmen organische Substanzen wesentlichen Einfluß auf die Stabilität der Makro- (> 250 µm) und der Mikroaggregate (< 250 µm) gegenüber den zerstörenden Kräften einer raschen Befeuchtung. Organische Materialien beeinflussen die Phänomene von Dispergierung und Flockung sowie die Stabilität der Makroaggregate. Die Dispersion von Tonpartikeln aus Mikroaggregaten wird durch die Adsorption von komplexierenden organischen Säuren, welche die negative Ladung an Tonen erhöhen, gefördert. Solche Säuren werden von Pflanzen, Bakterien und Pilzen gebildet. Die Dispergierbarkeit von Ton in Mikroaggregaten wird durch die bindende Wirkung von Polysacchariden, Schleimen, Wurzeln und Hyphen aufgehoben. Zwischen dem Gehalt des Bodens an Kohlenhydraten und dessen Aggregatstabilität konnten positive Korrelationen ermittelt werden. Eine hohe positive Korrelation konnte ebenfalls zwischen der aliphatischen Fraktion der organischen Bodensubstanz und der Aggregatstabilität nachgewiesen werden (Capriel et al. 1990). Diese Fraktion korrelierte ebenfalls hoch positiv mit der mikrobiellen Biomasse. Auch konnte eine Beziehung zwischen einem erhöhten Fettsäuregehalt von Böden und der Stabilität größerer Aggregate (500–1000 µm) angegeben werden (Anderson 1991).

Die Bedeutung von Polysacchariden sowie der hydrophoben aliphatischen Fraktion der organischen Bodensubstanz als Aggregatstabilisatoren wurde weiter oben eingehender diskutiert.

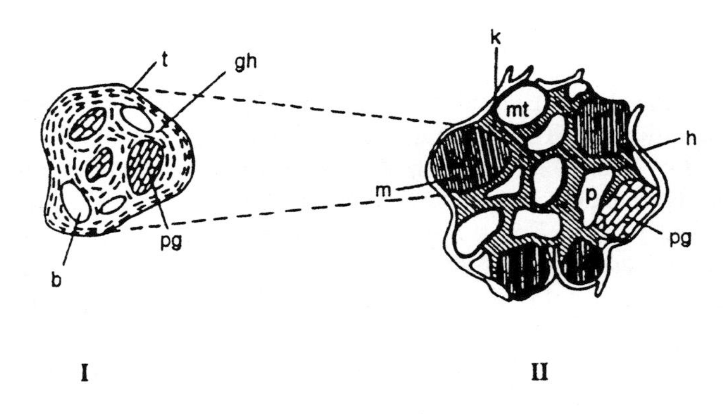

Abb. 3. Modell eines Mikroaggregates und Makroaggregates (Nach Duchaufour und Gaiffe 1993)

Die Bodenaggregate zählen zu den Mikrohabitaten des Bodens. Unter Punkt 2.9 „Mikrohabitate des Bodens“ wird auf Untersuchungen zur unter schiedlichen Verteilung der mikrobiellen Biomase sowie biochemischer Parameter auf verschiedene Aggregatgrößenklassen näherer Bezug genommen.

2.8.4 Porenvolumen und Porengrößenverteilung

Das Porenvolumen (Porosität) und die Porengrößenverteilung sind wichtige Parameter zur Bestimmung des physikalischen Bodenzustandes. Die Porenkontinuität charakterisiert die Bodenstruktur ebenfalls.

Die festen Bodenteilchen füllen ein gegebenes Volumen mit ihrer Masse nicht vollständig aus. Die unterschiedlichen Ausfüllungsgrade können durch den Anteil der Poren oder durch die Bodendichte, einschließlich der Poren, beschrieben werden. Das Porenvolumen ist jener Anteil des Bodenvolumens, welcher von Luft und Wasser belegt wird.

Das Porenvolumen und die Bodendichte sind von der Körnung, der Kornform, dem Gehalt an organischer Substanz, der Anordnung der festen Bodenteilchen und vom Entwicklungszustand des Bodens abhängig.

Das Porenvolumen nimmt gemeinhin mit abnehmender Korngröße zu. Dieses ist bei tonreichen oder an organischer Substanz reichen Böden am größten, während es bei sandreichen Böden am geringsten ist. Eine hohe Porosität wird in Böden mit einer mittleren Textur und hohen organischen Substanzgehalten gefunden, wo die Bodenteilchen zu porösen Aggregaten zusammentreten.

In der Literatur angebene Werte für das Porenvolumen belaufen sich auf 30–50% für sandige bzw. auf 40–60% für mittel- bis feintextierte Oberböden. Bei höheren organischen Substanzgehalten können diese noch höher liegen. Der Porenraum variiert auch mit der Tiefe im Profil. Diesbezügliche Werte für kompakte Unterböden belaufen sich auf 25–30%. Die Dichte des Bodens bezieht sich auf das kombinierte Volumen von Feststoffen und Porenräumen. Die Bodendichte ist demgemäß umso geringer je höher der Anteil des Porenraumes am gesamten Bodenvolumen ist.

Hinsichtlich der Porenform unterscheidet die Bodenkunde zwischen Primärporen oder körnungsbedingten Poren und Sekundärporen. Die letzteren umfassen vor allem spaltförmige Schrumpfungsrisse sowie Wurzel- und Tierröhren. Im Vergleich zu den Primärporen können die Sekundärporen durch Einflüsse wie Regen, Viehtritt und Befahren relativ leicht zerstört werden.

Die Abgrenzungen hinsichtlich der Größe von Bodenporen sind in der Literatur in scharf. So kann hinsichtlich der Porengrößenverteilung eine Unterscheidung von drei Porengrößenbereichen (Durchmesser) vorgefunden werden: weite Grobporen > 50 µm, enge Grobporen 50–10 µm, Mittelporen 10–0.2 µm, Feinporen < 0.2 µm. Entsprechend anderen Quellen wird eine Unterscheidung nur zwischen Makro- und Mikroporen vorgenommen, wobei Mikroporen als Poren mit einem Durchmesser geringer als 60 µm definiert sind.

Bei einem hohen Anteil an großen Partikeln tritt ein geringes Gesamtporenvolumen auf und es werden viele Grobporen gefunden; ein hoher Anteil feinster Partikel bedingt ein höheres Gesamtporenvolumen und viele Feinporen. Der größte Anteil an Grobporen findet sich in Sandböden, während Tonböden den größten Anteil an Feinporen aufweisen. Ein günstiges Verhältnis von Substanz- zu Porenvolumen stellt 1:1, von Grobporen zur Summe der Mittel- und Feinporen etwa 2:3 dar. Ein optimales Verhältnis von Substanz- zu Porenvolumen und optimale Porenverteilung ergibt sich nur beim Aufbaugefüge (Schroeder 1984).

Die Größenverteilung der wasserstabilen Aggregate beeinflußt die Porengrößenverteilung. Die Größe, Form und Stabilität der Aggregate kontrolliert die Porengrößenverteilung, welche weitere wichtige Bodeneigenschaften beeinflußt.

Entsprechend Jastrow und Miller (1991) schlugen Elliott und Coleman (1988) vier hierarchische Porenkategorien vor, welche lose dem hierarchischen Modell der Bodenaggregation entsprechen. Demgemäß verbinden biologische Faktoren die verschiedenen Aggregatgrößen und bilden so ein Porennetzwerk. Große Aggregate setzen sich aus einer Hierarchie von zunehmend kleineren zusammen, wodurch ein Netzwerk aus Intra- und Inter-Mikroaggregatporen verbunden mit Inter-Makroaggregatporen und Makroporen entsteht.

Es ist günstig, wenn Böden einen weiten Bereich an Porengrößen aufweisen. Eine wünschenswerte Reihe von Porengrößen in der bearbeiteten Bodenlage tritt auf, wenn der Großteil der Tonfraktion zu Mikroaggregaten ausgeflockt ist und wenn diese Mikroaggregate und andere Partikel zu Makroaggregaten verbunden werden (Oades 1984). Der Großteil der Makroaggregate sollte Durchmesser im Bereich 1 bis 10 mm aufweisen. Grobe Poren erlauben eine rasche Versickerung des Wasser und ein Einwachsen von Wurzeln. Poren größer als 30 bis 60 µm ermöglichen es dem Wasser unter dem Einfluß der Schwerkraft abzufließen. Auch vermitteln gröbere Poren (> 60 µm) den Gasaustausch zwischen Boden und Atmosphäre. In Poren von 0.1–15 µm wird pflanzenverfübares Wasser gehalten (Lynch und Bragg 1985).

Eine gute Bodenstruktur weist Poren auf, welche für die Ausbreitung von Wasser und Luft, für die Speicherung von pflanzenverfügbarem Wasser sowie für das Wachstum von Wurzeln günstig sind. Kriterien einer guten Bodenstruktur wurden angegeben (Tisdall und Oades 1982). Für das Auftreten einer für das Pflanzenwachstum günstigen Bodenstruktur ist vom Vorhandensein von Aggregaten aus Bodenpartikeln mit einem Durchmesser von 1–10 mm, welche bei Befeuchtung stabil bleiben, abhängig. Die Aggregate sollten porös sein (Poren > 75 µm Durchmesser), sodaß diese aerob bleiben. Diese sollten genügend Poren eines Durchmessers von 30–0.2 µm besitzen, um jenes für das Pflanzenwachstum wichtige Wasser zu halten. Die Poren zwischen den Aggregaten sollten für eine rasche Infiltration und Dränage groß genug sein.

Bei verschiedenen Bodentypen treten hinsichtlich der vertikalen Ausbildung des Porensystems Unterschiede auf. In Braunerden konnte eine in den tieferen Horizonten deutliche Zunahme der Grobporen festgestellt werden. Ein größere Variation der vertikalen Verteilung der Porengrößen konnte bei Podsolen nachgewiesen werden. In den obersten Lagen waren Grobporen nur gering vertreten, diese nahmen mit zunehmender Tiefe zunächst zu um in der Folge erneut zugunsten der Fein- und Mittelporen zurückzugehen. In der Folge zeigte sich erneut ein langsamer Anstieg der Grobporen.

Die Porengrößenverteilung nimmt kontrollierend Einfluß auf mikrobielle Habitate, den Wasser- und Belüftungsstatus des Bodens sowie auf trophische Beziehungen zwischen den Organismen.

Die Struktur und das damit verbundene Porenspektrum nimmt Einfluß auf die trophischen Beziehungen zwischen den Organismen (Konkurrenz, Prädazie). Die Porengröße limitiert das Grasen der Fauna an der Mikroflora. Komplexe trophische Wechselwirkungen zwischen Nematoden, Amöben und Bakterien werden mit der Porengröße in Beziehung gesetzt (Elliott et al. 1980).

Die Poren des Bodens sind Habitate für Bodenmikroorganismen. Unter Punkt 2.9 wird auf die Mikrohabitate des Bodens näher Bezug genommen.

Tabelle 2. Funktionelle Klassifizierung von Bodenporen und assoziierten Teilchen

Porendurchmesser (µm)	Funktion	Teilchendurchmesser (µm)
< 0.2	Gebundes Wasser	< 2
0.2–2.5	Speicherung von pflanzen– verfügbarem Wasser	2–250
25–100	Kapillare Leitung, Belüftung	250–1000
> 100	rasche Dränage, Belüftung, Wurzelwachstum	> 1000

Aus Oades (1984).

2.8.5 Bewirtschaftungsmaßnahmen

Der Zustand der Bodenstruktur wird durch natürliche und anthropogene Faktoren über die Veränderung physikalischer, mineralogischer, chemischer und biologischer Größen modifiziert.

Die Aggregatstabilität verändert sich in Reaktion auf Bewirtschaftungsmaßnahmen und Veränderungen des organischen Substanzgehaltes. Bearbeitungsmaßnahmen stören Bindemechanismen im Boden. Eine gute Aggregatstabilität kann durch intensive Bewirtschaftungspraktiken zerstört werden. Ein wesentlicher Effekt der Bodenaggregate auf die Feldfruchtproduktion liegt in deren indirektem Effekt auf den Luft- und Wasserhaushalt im Boden. Unter intensiven landwirtschaftlichen Systemen kann die Instabilität der Aggregate einen wesentlichen limitierenden Faktor der Feldfruchtproduktion darstellen.

Kurz- und Langzeiteffekte auf die Aggregatstabilität

Günstige Kurzzeiteffekte konventioneller Bearbeitungsmaßnahmen auf den Boden stehen mit der Zerkleinerung von Schollen, der Lockerung des Bodens und der Einarbeitung von Feldfruchtrückständen und Düngern in Beziehung. Die Zersetzung organischer Rückstände wird durch deren Einarbeitung in den Boden gefördert. Ein kurz nach Bearbeitung zu beobachtender Wiedergewinn an Bodenfestigkeit sowie an wasserstabiler Aggregation wird als Folge eines Aktivitätsanstieges der Mikroorganismen gesehen (Molope et al. 1987). Dieser bedingt eine zeitweilige Verbesserung der Aggregatstabilität. Die Aggregatstabilität geht jedoch infolge der Nutzung der organischen Bodensubstanz als Substrat für Bodenorganismen langfristig zurück.

Die Langzeiteffekte einer konventionellen Bodenbearbeitung werden schlechter berurteilt. Durch eine regelmäßige Bearbeitung von Böden werden die Aggregate vor allem bei Einsatz schwerer Geräte physikalisch belastet und zerfallen. Böden verdichten infolge des wiederholten Befahrens mit schweren Geräten. Der in landwirtschaftlichen Systemen häufig ungeschützte Boden ist verstärkt dem Einfluß aufprallender Regentropfen ausgesetzt, welche zum Zerfall von Aggregaten beitragen.

Ein wesentlicher Aspekt der Bearbeitung ist die bearbeitungsbedingte Förderung des organischen Substanzabbaus. Der Zerfall von Aggregaten und die infolge der Wendung des Bodens zusätzliche Belüftung fördert den Abbau von ansonsten dem mikrobiellen Metabolismus nicht zugänglicher organischer Bodensubstanz. Unterhalb der Pflugtiefe entnommene Bodenproben zeigten keine bearbeitungsbedingte Veränderung der organischen Substanz (Lynch 1984). Der Rückgang des organischen Substanzgehaltes wird normalerweise von einer Abnahme der Zahl wasserstabiler Aggregate begleitet. Sowohl der organische Substanzgehalt als auch die

Aggregatstabilität gehen normalerweise infolge von Bodenbearbeitung zurück.

Bodenbearbeitung stört die für die Ausbildung von stabilen Aggregaten wesentlichen Wurzelsysteme und die mikrobielle Biomasse (vor allem jene der Pilze).

Makro- und Mikroaggregate des Bodens werden durch Bodenbearbeitung unterschiedlich beeinflußt. Unter Punkt 2.9 „Mikrohabitate des Bodens" wird auf entsprechende Untersuchungen näherer Bezug genommen.

Bewuchs und Aggregatstabilität

Durch ein kontinuierliches Angebot an organischer Substanz (kontinuierlicher Bewuchs) werden Bodenmikroorganismen sowie biochemische Aktivitäten gefördert. Dadurch wird auch die Ausbildung einer hohen Aggregatstabilität begünstigt. Dieser Zusammenhang ist bei Grünlandböden gut zu erkennen. Böden unter Dauergrünland weisen eine stabilere Aggregatstruktur auf als Böden unter kontinuierlicher Ackernutzung. Grünlandböden weisen generell eine sehr stabile Struktur auf. Dieser Befund wird mit der größeren Wurzelbiomasse und der damit verbundenen höheren mikrobiellen Biomasse in der Rhizosphäre in Beziehung gesetzt. Die Wurzeln können als solche Bodenteilchen zusammenführen und deren lokal verursachte Trocknung des Bodens trägt zur Stabilisierung von Aggregaten bei. Unter Grünlandböden bedingt die oberflächliche Anreicherung der organischen Rückstände, daß sich die meisten Aggregate in den oberen Bodenlagen finden. Die mit der Bodentiefe unter Dauergrünland rückläufige Aggregatstabilität wurde mit Unterschieden bezüglich der Wurzeldichte und der mikrobiellen Aktivität in Beziehung gesetzt (Murer et al. 1993).

Unter Weiden weisen die Makroaggregate eine höhere Stabilität auf als unter Feldfrüchten. Auch konnte eine raschere Zunahme der Stabilität unter Gräsern als unter Leguminosen sowie eine ebensolche unter C4-Pflanzen als unter C3-Gräsern beobachtet werden (Miller und Jastrow 1990). Unter jungen Weiden tritt zunächst die Zunahme der Stabilität in den oberen Bodenlagen ein. Dort werden die meisten Feinwurzeln, der Großteil der organischen Substanz sowie auch die meisten Pilze gefunden. Im Zeitverlauf wachsen die Wurzeln sowie die Rhizosphärenorganismen in tiefere Bodenlagen ein, wodurch auch in diesen Lagen eine Erhöhung der Stabilität eintritt (Tisdall 1991).

Proben von Langzeit-Weidestandorten wiesen eine höhere Aggregatstabilität auf als jene von Langzeit-Ackerstandorten (Haynes und Swift 1990). Lufttrocknen der Aggregate vor Naßsiebung erhöhte die Aggregatstabilität von Langzeit-Weidestandortproben, verringerte jedoch jene von Langzeit-Ackerstandortproben. Innerhalb einer Probe fanden sich Aggregate mit einem weiten Stabilitätsbereich. Mit zunehmender Dauer der landwirtschaftlichen Bestellung nahm der Anteil vorhandener instabiler Aggregate zu. Instabile Aggregate wiesen generell geringere organische Substanzgehalte auf als stabile. Für eine Gruppe von Böden mit verschiedener Bestellungsvergangenheit konnte für die Aggregatstabilität eine signifikant engere Korrelation mit dem Heißwasser-extrahierbaren Kohlenhydratgehalt als mit dem organischen Kohlenstoffgehalt oder dem Gehalt an hydrolysierbaren Kohlenhydraten bestimmt werden. Die Heißwasser-extrahierbare Kohlenhydratfraktion kann einen Pool von in die Bildung stabiler Aggregate involvierten Kohlenhydraten darstellen.

Tabelle 3. Einfluß des Weidenalters und der Bodentiefe auf den prozentuellen Anteil stabiler Makroaggregate (Durchmesser > 2 mm). KW: Weizenkultur jährlich, Weide(3): dreijährige Weide, Weide(6): sechsjährige Weide, Weide(10): zehnjährige Weide

Bodentiefe (mm)	Stabile Aggregate (% gesamter Boden)			
	KW	Weide(3)	Weide(6)	Weide(10)
13	2	62	82	87
38	1	20	40	72
63	2	12	24	61
113	2	4	14	30

Aus Tisdall (1991).

Der Wegfall von Grasmulchen beim Übergang von traditionellen Bestellungssystemen zu Monokulturen wird als wesentlicher Faktor bei der Verringerung der Aggregatstabilität in solchen Systemen gesehen.

Die Feldfrucht beeinflußt die mikrobielle Biomasse und die Aggregation spezifisch.

Die Ergebnisse vergleichender Untersuchungen zum Einfluß verschiedener Pflanzenarten auf die wasserstabile Aggregation ließen auf *Phalaris arundinacea* gegenüber *Zea mays*, *Medicago sativa* und *Dactylis glomerata* als jene Spezies schließen, welche die pilzliche Biomasse und die Aggregation am stärksten förderte (Drury et al. 1991b). Die wasserstabile Aggregation korrelierte sowohl bei Bepflanzung als auch bei Nichtbepflanzung des Bodens negativ mit dem Bodenwassergehalt. Der Biomasse-C korrelierte signifikant positiv mit der wasserstabilen Aggregation und dem organischen Kohlenstoffgehalt. *Phalaris arundinacea* bewirkte ein höheres C/N-Verhältnis der Biomasse als *Zea mays*, *Medicago sativa* und *Dactylis glomerata*. Auf die Förderung der Pilze und folglich der Aggregation vorzugsweise in der Gegenwart von *Phalaris arundinacea* war zu schließen.

In dem von Tisdall und Oades (1982) vorgestellten hierarchischen Modell der Aggregatbildung sind anorganische und relativ persistente organische Agentien der Bindung für die Entwicklung von Mikroaggregaten wichtig. Die physikalische Umschließung durch Wurzeln und die Hyphen von Mykorrhizapilzen gilt als ein wesentlicher Mechanismus bei der Bindung von Mikroaggregaten zu Makroaggregaten. Makroaggregate werden von sowohl lebenden als auch von sich zersetzenden Wurzeln umgeben. Diese weisen Sensitivität gegenüber Bewirtschaftung auf. In mit Gräser bewachsen, ungestörten Böden sind diese erhöht. Fehlendes Wurzelwachstum, z.B. bei Brache, hat den gegenteiligen Effekt (Oades 1984). Tisdall und Oades führten die Effizienz von *Lolium perenne* bei der Aggregatstabilisierung auf die große Population der vesikulär-arbuskulären (VA) Mykorrhizapilze zurück, da die Hyphenlänge positiv mit der Aggregatstabilität korrelierte. Diese stabilisierenden Substanzen konnten als sich zersetzende Wurzeln und Pilzhyphen erkannt werden. Durch die Gegenwart von Pilzen, möglicherweise von VA-Mykorrhizapilzen, können die Bodenteilchen mechanisch gebunden werden. Eine Stabilisierung kann durch Polymere, welche entweder direkt durch den Pilz oder durch assoziierte Bakterien gebildet werden, gefördert werden. Die Wurzeln unterschiedlicher Pflanzenarten können eine variierende Vergesellschaftung mit Mykorrhizapilzen aufweisen, welche ihrerseits einen unterschiedlichen Beitrag zur Bindung von Bodenteilchen leisten können.

Die Wurzeln der meisten landwirtschaftlich wichtigen Feldfrüchte (Ausnahmen: Cruciferae, Chenopodiaceae, Cyperaceae, Caryophyllaceae) gehen mit vesikulär-arbuskulären Mykorrhizapilzen (VAM) Symbiosen ein. VAM-Pilze treten in nahezu jedem Boden auf. Hinsichtlich der Diversität und der Häufigkeit des Auftretens verschiedener Arten bestehen jedoch Unterschiede zwischen verschiedenen Böden (Abbott und Robson 1991).

Miller und Jastrow (1990) bestimmten den relativen Einfluß von Wurzeln und von VA-Mykorrhizapilz-Hyphen auf den mittleren geometrischen Durchmesser von Bodenaggregaten. Letzterer ist ein Maß für die Stabilität naßgesiebter Makroaggregate. Der direkte Effekt externer Hyphen auf den mittleren geometrischen Durchmesser der Aggregate war bedeutsamer als jener der Feinwurzellänge. Die Länge der Hyphen außerhalb der Wurzeln übte gefolgt von der Feinwurzellänge (0.2–1 mm Durchmesser) den stärksten direkten Effekt auf den mittleren geometrischen Durchmesser der wasserstabilen Aggregate aus. Das Modell von Tisdall und Oades wurde durch diese Untersuchung gestützt. Der Wert einer vergleichenden Betrachtung der Wechselwirkung zwischen Wurzeln, Mykorrhizapilzen und der wasserstabilen Aggregation für unterschiedlich zusammengesetzte Pflanzengesellschaften war angezeigt. Zur Bestimmung der Rolle individueller VA-Pilzarten bei der Aggregation und deren räumlichen Verteilung im Boden sind weitere Untersuchungen nötig.

Tabelle 4. Wasserstabile Aggregate in einem Schlufflehm unter verschiedenen Bestellungssystemen

Bestellung	Wasserstabile Aggregate %	
	(≥1 mm)	(<1 mm)
Kontinuierlich Mais	8.8	91.2
Mais im Wechsel	23.3	76.7
Wiese im Wechsel	42.2	57.8

Nach Brady (1990).

2.9 Mikrohabitate des Bodens

2.9.1 Lebensräume von mikroskopischer Dimension

Die Standortfaktoren steuern die Qualität und Quantität der im Boden auftretenden Mikroorganismen und die dort ablaufenden Stoffumsetzungen, welche ihrerseits über eine Vielzahl von Vorgängen wie Verwitterung, Nährstoffmobilisierung und Aggregation das Habitat konditionieren.

Elektronenmikroskopische Untersuchungen zeigten, daß Bodenmikroorganismen weder zufällig noch einheitlich im Gefüge des Bodens verteilt sind. Mikroorganismen kongregieren in Poren, welche groß genug sind diese zu beherbergen und in der Nähe geeigneter Nährstoffquellen wie toten Überresten von Organismen, Fäkalien und amorpher organischer Substanz. Die Rhizoplane und die Rhizosphäre sind Orte besonders hoher mikrobieller Besiedelung und biologischer Aktivität. Die Elektronenmikroskopie zeigte, daß Kotbällchen, Pflanzengewebe und Zellwandreste zu den am häufigsten in der größeren Fraktion der organischen Bodensubstanz auftretenden Komponenten gehören. Die üblicherweise auftretende organische Substanz im Größenbereich von Mikrometern und geringer bestand in fibröser oder amorpher humifizierter Substanz (Foster 1988). Stöckli (1956) hatte in einer frühen Arbeit über die mehrheitliche Assoziation der Bakterien mit der organischen Bodensubstanz berichtet, während sich die größeren, keine humusartige Umhüllung tragenden Mineralteilchen vorwiegend als keimfrei erwiesen. In einem sandigen Boden waren

64% der Bakterien mit organischen Partikeln assoziiert, obgleich diese Partikel nur 15% des Bodenvolumens umfaßten (Hissett und Gray 1976).

Die Räume zwischen den festen Bestandteilen des Bodens und die Oberflächen anorganischer und organischer Bodenteilchen sowie von Wurzeln stellen die Lebensräume der Bodenmikroorganismen dar.

Der Boden weist als dynamisches System in sich große Inhomogenitäten auf und bietet den Mikroorganismen zahlreiche unterschiedliche Lebensräume von mikroskopischer Dimension. Im Zusammenhang mit diesen kleinen Lebensräumen gibt es ökologische Begriffe wie Mikrohabitat und Mikroumwelt. Die Mikroumwelt kann als die Gesamtheit der nichtbiologischen und biologischen Bedingungen definiert werden unter welchen Bodenmikroorganismen zu einem gegebenen Zeitpunkt vorgefunden werden. Die Mikroumwelt weist unterschiedliche physikalische, chemische, physikalisch-chemische und biologische Eigenschaften auf, welche räumlich und zeitlich variieren. Der Begriff des Mikrohabitats bezieht sich auf einen spezifischen Ort im komplexen System des Bodens. Einer funktionellen Definition entsprechend, kann ein Mikrohabitat als ein Bodenvolumen verstanden werden, dessen physikalischer, chemischer und physikalisch-chemischer Zustand das Verhalten von mikrobiellen Zellen, Populationen oder Gemeinschaften beeinflußt, welche ihrerseits auf die in diesem Raum herrschenden Umweltfaktoren Einfluß nehmen. In der Literatur wird im Zusammenhang mit den Kleinlebensräumen im Boden auch der Begriff des Mikroareals gefunden. Darunter werden aus mineralischen und organischen Bodenbestandteilen bestehende Komplexe verstanden, die Hohlräume bilden, in denen Mikroorganismen leben und gleichzeitig Luft und/oder Wasser enthalten sind.

Die Qualität und Quantität der Habitate variiert mit dem Boden, der Lokalisation im Profil sowie auch zeitlich. Diese Variabilität kann unter anderem eine Funktion der anfallenden Streu, des Alters des Bewuchses, des Wasser- und Lufthaushaltes, der Qualität der anorganischen und organischen Substanz sowie der jährlichen und täglichen Temperaturschwankungen sein.

Stotzky (1972) nahm an, daß jener die Vermehrung von Mikroorganismen im Boden limitierende Faktor der sogenannte „aktive" oder „biologische" Raum sei. Nur wenige Habitate im Boden stellen die für Wachstum und Überleben nötige Kombination von Umweltbedingungen wie beispielsweise Substrat, pH und Wassergehalt zur Verfügung. Die Summe aus den kleinen Lebensräumen in denen Mikroorganismen überleben und wachsen können wird demnach als „biologischer" oder „aktiver" Raum bezeichnet. Dieser ist kleiner als der gesamte physikalische Raum eines Bodens. Im Boden finden sich auf diese Weise zahlreiche durch eine eigene unmittelbare Umwelt umschriebene mikrobielle Gemeinschaften.

2.9.2 Bodenkolloide und Biofilme

Die Eigenschaften der Bodenkolloide sind für die Ökologie der Bodenmikroorganismen und die Aktivität von Bodenenzymen von besonderer Bedeutung. Es sind vor allem die kolloidalen anorganischen und organischen Bodenbestandteile, welche die Eigenschaften und die Dimensionen jener Lokalitäten bestimmen an denen Mikroorganismen und Enzyme gefunden werden.

Die Bodenkolloide repräsentieren einen Großteil der spezifischen Bodenoberfläche. Diese besitzen die Fähigkeit der Sorption und des Ionenaustausches und vermögen unter bestimmten Bedingungen zu flocken bzw. zu peptisieren. Die letztgenannte Eigenschaft ist im Zusammenhang mit der Ausbildung der Bodenstruktur besonders bedeutsam.

Als Strukturelemente und aufgrund ihrer physikalisch-chemischen Eigenschaften bieten die Kolloide Schutz und vermögen Nährstoffe und Wasser zu konzentrieren, zu speichern und auszutauschen. Ferner weisen diese Puffereigenschaften auf.

An der spezifischen Oberfläche der Bodenkolloide kann die biologische Aktivität innerhalb von Wasserfilmen aufrechterhalten werden. Biofilme sind als Anreicherungen von Mikroorganismen an Oberflächen definiert. Einer Hypothese entsprechend repräsentieren Oberflächenfilme die Hauptorte der mikrobiellen Aktivität im Boden. Burns (1989) definierte einen Bodenbiofilm als die mikrobielle Mikroumwelt an oder in der Nähe von Oberflächen der Bodenteilchen und Wurzeln. Die physikalisch-chemischen und biologischen Eigenschaften der Biofilme unterscheiden sich von jenen des Gesamtbodens. Die Ton- und Humuskolloide sind die nichtbiologischen Hauptbestandteile der Bodenbiofilme. Diese beeinflussen die mikrobielle Aktivität durch Konzentrierung oder Verdünnung von Nährstoff- und Energiequellen, mineralischen Nährstoffen, mikrobiellen Metaboliten und bodenfremden Stoffen. Die Kolloid-Enzymkomplexe repräsentieren eine weitere wichtige Komponente der Biofilme des Bodens.

Eine Reihe von Befunden gibt Hinweis auf die Existenz von Biofilmen. Nicht sämtliche Zellen können durch kräftiges Schütteln von den Bodenteilchen lösgelöst werden; die mikrobielle Durchdringung von Bodensäulen und -profilen ist mit Schwierigkeiten verbunden; an Hand von Elektronenmikrographien konnten von Tonplättchen umgebene Zellen oder Zellen nachgewiesen werden, welche mit Parktikeloberflächen und Wurzeln assoziiert sind; Mikroorganismen, Tonteilchen und organische Teilchen zeigen unterschiedliche elektrophoretische Mobilität; unter Hungerbedingungen weisen Zellen die Tendenz in Richtung Oberflächen zu wandern; Isothermen, welche Einschicht-, Mehrschicht- und kompetitive Assoziationen anzeigen, können im Gefolge der Äquilibrierung von mikrobiellen Zellen mit Bodenkolloidsuspensionen konstruiert werden. Als Folge davon kann angenommen werden, daß der mikrobielle Metabolismus sowie Gemeinschaftsinteraktionen innerhalb weniger Mikrometer an Oberflächen von Bodenteilchen und Wurzeln vorherrschen. Die Bewegung und die Aktivität wird dabei durch die Ausdehnung der Biofilm-Matrix beschränkt. Die Grenze eines Biofilms wird als eine äußere „Membran" angesehen, welche Schutz vor Räubern, klimatischem Streß usw. bietet und welche integrierte biologische, physikalische und chemische Komponenten beherbergt. Die Dimension von Biofilmen sollte vor allem durch das Hydratationsniveau beeinflußt werden.

Der Boden und dessen mikrobielle Bewohner wurden auch als Komponenten einer dichten kolloidalen Suspension betrachtet. Die Mikroorganismen wären demnach Subjekt sämtlicher physikalischer und chemischer Eigenschaften dieser Umgebung (z.B. Flockung, Dispersion, Ionengradienten). Eine Bestätigung dieser Vorstellung wurde in Berichten über die Adhäsion von potentiellen Reaktanten an Bodenkolloiden sowie im generellen Fehlen einer Verlagerung von Mikroorganismen im und aus dem Boden während Perfusionsexperimenten gesehen.

Die Möglichkeiten zur Verlagerung von Mikroorganismen im Boden sind begrenzt. Die Wahrscheinlichkeit der Bewegung von Mikroorganismen im Boden wird wesentlich von der Bodenstruktur bestimmt. Der Porengrößenverteilung und der Porenkontinuität kommt diesbezüglich besondere Bedeutung zu. Größere Entfernungen werden durch mechanische Vorgänge wie Wasser- und Bodenbewegungen oder über den Transport durch Bodentiere überwunden. Das Wurzelwachstum trägt ebenso zur Verbreitung von Mikroorganismen im Boden bei.

Pilze sind durch Wachstum zu einer Ortsveränderung in der Lage. Hyphen breiten sich durch Wachstum im Boden aus und können relativ große unlösliche Substrate besiedeln.

Viele Bakterien sind zur aktiven Bewegung befähigt und können geringe Entfernungen zurücklegen. Passive Bewegungen werden durch van der Waals Kräfte und durch die Brown'sche Molekularbewegung hervorgerufen (Marshall 1985). Die Bewegung im Massenfluß des Wassers kann wichtiger sein, als Diffusion oder aktive Motilität. Das Auftreten der letzteren im Boden konnte noch nicht konklusiv gezeigt werden (Gammack et al. 1992). Während des Massenflusses werden Bakterien infolge des kombinierten Effektes von Zellsiebung (Poren) und Adsorption im Boden zurückgehalten. Die sorptive Wechselwirkung zwischen mikrobiellen Zellen und Bodenteilchen ist ein wichtiger die mikrobielle Bewegung im Boden bestimmender Faktor. Die mikrobielle Adsorption an Bodenteilchen wird durch verschiedene Größen bestimmt, welche den Bodentyp, den isoelektrischen Punkt der Mikroorganismen, die vorhandenen Kationen und das pH des Bodens einschließen. Die unterschiedliche Geschwindigkeit der Bewegung verschiedener Mikroorganismenarten im Boden konnte gezeigt werden. Die Involvierung aktiver mikrobieller Prozesse in die Adsorptionsprozesse wird angenommen. Solche sind die Bildung adhäsiver

Exopolymere und Anhängsel sowie die Chemotaxis. Die Bildung von extrazellulären Polymeren (ECPs) ist eine bei den meisten Bodenmikroorganismen regelmäßig gefundene Eigenschaft. Für diese Polymere wird eine Reihe von Funktionen angenommen, welche Adhäsion, Schutz vor Austrocknung, Ionenaustausch, Toleranz gegenüber Metallen, Erkennung und immunologischer Schutz vor Prädazie einschließen. Elektronenmikrographien zeigten eine mögliche Bedeutung der massiven Exkretion von ECPs bei der Besiedelung und im Sinne des Schutzes von Exoenzymen an.

Grenzflächenphänomene

In vereinfachter Form können Mikrohabitate des Bodens als aus einer vorherrschend negativ geladenen festen Phase, einer gasförmigen Phase, einer flüssigen Phase und einer ebenfalls geladenen Mikroflora bestehend beschrieben werden. Mikroorganismen, organische Substrate, Metabolite und anorganische Ionen zeigen die Tendenz sich an geladenen Oberflächen anzulagern und nicht frei in der wäßrigen Phase diffundierbar zu bleiben. Die Lebensvorgänge laufen im Boden demzufolge an Grenzflächen, fest/flüssig, flüssig/gasförmig, ab. Mikroorganismen weisen im Boden eine an Grenzflächen angepaßte Lebensweise auf. Da die Möglichkeiten zum Verlassen des Habitats beschränkt sind, ist die Verteilung der Substrate über die Bodenmatrix für deren effektive Nutzung von essentieller Bedeutung. Bodenlebewesen und die Bodenlösung sind an der Verteilung von Substraten beteiligt.

Zahlreiche mikrobielle Reaktionen werden durch Grenzflächenphänomene erklärt. Diese können vereinfacht in solche geteilt werden, welche die Reaktanten konzentrieren oder verdünnen, solche die Inhibitoren inaktivieren, welche während des Metabolismus gebildet werden und solche die mögliche Substrate der Energiegewinnung und des Wachstums freisetzen.

Mikroorganismen, Substrate, Enzyme, Produkte und Wassermoleküle können an der Grenzfläche fest/flüssig angelagert werden. Folglich sollte auch der mikrobielle Metabolismus in dieser Zone und nicht in der Bodenlösung vorherrschen.

Die ionischen Eigenschaften von Bakterienzellen werden durch die isoelektrischen Punkte deren äußersten Zellwandbestandteile bestimmt. Die meisten Bakterien sind größer als Tonteilchen und tragen üblicherweise eine negative Nettoladung. Mikroorganismen müssen deshalb eine potentielle Energiebarriere überwinden, bevor ein enger Kontakt mit Oberflächen erreicht werden kann (diese kann sich bis zu 10 nm von der Oberfläche ausdehnen). Pili, Flagellen und extrazelluläre Polysaccharide, Proteine und spezifische Zellwandbestandteile können es den Mikroorganismen erlauben die Energiebarriere zu überwinden. Bezüglich der ionisierbaren

Organisation der pilzlichen Zellwandbestandteile wie Cellulose, Chitin, etc., gibt es weniger Informationen. Die Gegenwart von Aminopolysacchariden, Polyuroniden und Proteinen impliziert jedoch, daß diese ein ähnliches Mobilitätsspektrum aufweisen wie Bakterien. Der von den Prokaryonten abweichende Vegetationskörper der Pilze läßt jedoch prinzipielle Modifikationen erwarten. Wie Tone und kolloidale organische Substanz, bilden Mikroorganismen eine elektrische Doppelschicht in welcher es zur Anreicherung von organischen und anorganischen Ionen kommt.

An den Grenzflächen werden physikalisch-chemische Eigenschaften modifiziert. Neben den Konzentrierungs- und Verdünnungsphänomenen stellt die Rückhaltung von Protonen an den Kolloidoberflächen ein wichtiges Phänomen dar. Durch diese Rückhaltung kann über eine Entfernung von Nanometern ein pH-Gradient auftreten, in welchem die Oberfläche ein bis drei Einheiten saurer ist als die Flüssigphase (Burns 1989). Infolge dieser Erscheinung können an Grenzflächen pH-Gradienten auftreten, welche die proton motiv force und Transportprozesse ebenso beeinflussen wie die Lösung, die Fällung, die Bindung und Freisetzung von Nährstoffen und die Geschwindigkeit der Enzym-Substrat Wechselwirkung. Die Ladung mikrobieller Zellen kann ebenso modifiziert werden. McLaren und Skujins (1963) konnten zeigen, daß in einer Flüssigkultur der für die halbmaximale Rate der Nitrifikation durch *Nitrobacter agilis* benötigte pH-Wert in der Gegenwart von Bodenteilchen um 0.5 Einheiten höher lag als in der Lösung ohne Bodenteilchen. Die Veränderung von pH-Aktivitätsprofilen von Enzymen, deren Aktivität in Gegenwart von kolloidalen Teilchen gemessen worden war, konnte ebenfalls festgestellt werden.

Als Mechanismen durch welche Mikroorganismen, Enzyme, Substrate, Produkte, Hemm-, Wuchsstoffe und anorganische Ionen an Bodenoberflächen gebunden werden, werden Kationenaustausch, Anionenaustausch, Protonierung, van der Waals Kräfte, Wasserstoffbrücken, Ligandenaustausch und kooperative Wechselwirkungen diskutiert. Der chemische Einschluß in Humuspolymere durch Copolymerisation, der physikalische Einschluß in organische und anorganische Kolloide sowie die lipophile Assoziation mit der organischen Substanz ist ebenfalls möglich.

An der Kolloidoberfläche auftretende Phänomene sowie deren Effekte auf den Abbau von Substraten und das mikrobielle Wachstum wurden zusammengestellt (Burns 1980). Den Abbau und das mikrobielle Wachstum stimulierende Phänomene können in einem Nebeneinanderstellen von Organismus oder Enzym und Substrat, der günstigen Orientierung des Enzyms zum Substrat, der Funktion als Puffer, der Adsorption hemmender Metabolite, der Verhinderung von Austrocknung durch Rückhalten eines Wasserfilms, der Konzentrierung bzw. Bereitstellung anorganischer Nährstoffe, dem Schutz vor Räubern, der Inaktivierung von Viren, der Anpassung des C/N-Verhältnisses, der Ermöglichung von Cometabolismus sowie eines nicht biologischen Abbauschrittes in einer biologischen Sequenz bestehen. Entsprechend hemmende Phänomene können bestehen in der Adsorption der Mikroorganismen oder der Enzyme in Entfernung zum Substrat, der Einlagerung oder Inkorporation von Substrat, der Inaktivierung von Enzymen infolge Strukturveränderungen, der Maskierung aktiver Zentren, der Erhöhung der Viskosität, wodurch die Sauerstoffdiffusion verzögert wird sowie in einem Einschluß von Mikroorganismen in Aggregate, wodurch diese unter anderem eine Sauerstoff- und Nährstofflimitierung erleiden können.

Böden stellen bei gesamtheitlicher Betrachtung Nährstoffmangelsysteme dar. Viele der günstigen Einflüsse von Bodenoberflächen auf das Wachstum, die Aktivität und das Überleben der Mikroorganismen sowie auf die Gemeinschaftsstruktur sind deshalb im Zusammenhang mit einer erhöhten Konzentration an Substraten zu sehen.

2.9.3 Besiedelung des Porenraumes

Poren treten sowohl zwischen als auch innerhalb von Aggregaten auf. Die Poren können vollkommen geschlossen sein oder Eingänge besitzen.

Berechnungen ergaben, daß nicht mehr als etwa 0.2–0.4% des Porenraumes für die Besiedelung durch Organismen benötigt werden. Elektronenoptische Bilder und Berechnungen zur mikrobiellen Dichte zeigten, daß Mikroorganismen weniger als 1% des gesamten verfügbaren Porenraumes besiedeln.

Die Besiedelung wird vom Wassergehalt der Poren beeinflußt. Hattori und Hattori (1976) sahen in den Kapillarporen die vorteilhaftesten Mikrohabitate für Bakterien. Einige sich von Bakterien nährende Protozoen sollten in der Lage sein in solche Poren einzudringen. Für Flagellaten wurde ein durchschnittlicher Durchmesser von 5 µm, für Amöben ein solcher von 10 µm und für Ciliaten ein solcher von 20 µm angenommen. Die Poren eines Größenbereiches von 100 bis 200 µm, welche für das Wachstum von Wurzeln günstig sind, wurden als ein gutes Syllabium für sich entwickelnde Organismen angesehen (Russell 1978). Kleinere Organismen beherbergende Poren sollten zumindest von Wurzelhaaren aufgesucht werden können. Für das Wurzelwachstum günstige Poren (30–200 µm) bieten auch den Mikroorganismen günstige Bedingungen. Alle diese Poren können auch Bodenenzyme beherbergen.

Entsprechend Filip (1979) bevorzugen Bakterien die kapillaren Poren, während die Pilze wegen ihrer Größe meist nur in den nichtkapillaren Poren vorkommen. Auch sollten sich die meisten Bakterien in den nichtkapillaren Poren im sorbierten Zustand befinden, während etwa 30% der Bakterien in kapillaren Poren frei sind.

Ein beständiges Verhältnis von 3:1 zwischen dem Durchmesser der Poren und dem Durchmesser der beherbergten Bakterien oder Kolonien konnte ermittelt werden (Foster 1988). Foster konnte das Auftreten kleiner Organismen (0.3 μm Durchmesser) nur in dichten Gefügen von Ton oder humifizierter organischer Substanz feststellen, während größere Bakterien in Rhizosphären, in kleinen Kolonien in den größeren Mikroporen oder assoziiert mit substantiellem Vorkommen von organischer Substanz (wie Fäkalienpellets, Zellwandresten) auftraten. Auch enthielten individuelle Mikroporen des Bodens üblicherweise nur einen Mikroorganismentyp, während Rhizosphären gemischte mikrobielle Populationen aufwiesen.

Robert und Chenu (1992) nahmen Bezug auf ein Modell von Hattori (1973, 1988) zur mikrobiellen Ökologie basierend auf zwei Haupthabitaten. Diese umfassen die Intra-Aggregat-Mikrohabitate sowie Inter-Aggregat-Mikrohabitate. Die erstgenannten sind durch kleine Poren charakterisiert, welche bei den meisten Bedingungen hinsichtlich der Bodenfeuchte verfügbares Wasser aufweisen. Die Inter-Aggregat-Mikrohabitate sind hingegen dem Trocknen exponiert. Unterschiede hinsichtlich der Verteilung der Mikroorganismen wurden gezeigt, wobei sich die Pilze außerhalb der Aggregate und die meisten Bakterien innerhalb der Aggregate fanden. Obgleich die meisten Hyphen in feinere Poren eindringen können als dies Wurzeln oder Wurzelhaaren möglich ist, werden Hyphen in den äußeren Regionen von Makroaggregaten gefunden. In diesen Regionen sind die Poren meist groß. Bakterien werden im Zentrum gefunden, wo die meisten Poren klein sind (Hattori 1973; Foster 1988). Die Ursache dafür kann darin gesehen werden, daß Pilze Aerobier und größer (2–27 μm Durchmesser) als Bakterien (durchschnittlich 0.5 μm) sind (Tisdall 1991). Pilze können auch in trockeneren Böden wachsen als Bakterien. Kleine Poren halten in einem trocknenden Boden das Wasser länger zurück. Es könnte dies der Grund für die Anhäufung von Bakterien in engeren Poren sein (weniger als 5 μm Durchmesser). Hier können diese ebenfalls dem Zugriff der Bodenprotozoen und der Wirkung pilzlicher Antibiotika entkommen.

Im Gefolge von Chloroformbehandlung konnten Mikroorganismen nur in Mucigelablagerungen oder tief im Inneren von Mikroporen gefunden werden (Foster 1988).

2.9.4 Besiedelung und Aktivität verschiedener Aggregatgrößen

Bezüglich der Verteilung der mikrobiellen Biomasse in den verschiedenen Aggregatgrößenklassen ist wenig bekannt.

Der Umsatz von Biomolekülen, welche die Bindemittel der Mikroaggregate darstellen erfolgt wesentlich langsamer als jener der Bindemittel von Makroaggregaten, welche periodisch zerstört und neugebildet werden (Duchaufour und Gaiffe 1993). Elliott (1986) fand die unterschiedliche Natur, Zusammensetzung und Abbaubarkeit von mit Makro- und Mikroaggregaten assoziierter organischer Substanz. Dies insofern als die mit Makroaggregaten verbundene organische Substanz „weniger bearbeitet", während jene mit Mikroaggregaten verbundene „stärker bearbeitet" war.

In Kulturböden führt der Verlust an organischer Substanz zu einer Verminderung des Anteils der Makroaggregate. Infolge von Bodenbearbeitung treten Verluste an labiler organischer Substanz auf, welche die Mikroaggregate zu Makroaggregaten verbindet. Die Natur dieser labilen organischen Substanz war zunächst unbekannt. Untersuchungen mit Graslandböden ergaben, daß der native Boden die gleichen generellen strukturellen Eigenschaften aufwies wie der bewirtschaftete (Elliott 1986). Im ersteren waren die Makroaggregate jedoch stabiler. Die verminderte Stabilität infolge Bearbeitung verlief parallel zur Verminderung der organischen Substanz und zur Zunahme der Mikroaggregate. Mikroaggregate wiesen weniger organischen C, N und P und geringere spezifische N-Mineralisierungsraten auf als Makroaggregate. Erstere besaßen auch engere C/N-, C/P- und N/P-Verhältnisse als Makroaggregate. Mehr organische Substanz war mit den Makroaggregaten assoziiert als mit den Mikroaggregaten. Diese organische Substanz war auch labiler. Die erhaltenen Befunde gaben Hinweis darauf, daß die organische Substanz, welche die Mikro- zu Makroaggregaten verbindet, jene organische Substanz darstellt, welche infolge von Kultivierung primär freigesetzt wird und als Nährstoffquelle dient.

In der Folge von Gupta und Germida (1988) erhaltene Befunde ließen schließen, daß die mikrobielle Biomasse, vor allem die pilzliche Biomasse, eine wesentliche Rolle bei der Bildung von Makroaggregaten spielt und daß selbige jene labile organische Substanz darstellt, welche infolge von Bodenbearbeitung primär verlorengeht, das heißt als C-Quelle verfügbar wird. Die Autoren konnten in einem während 69 Jahren bearbeiteten Tschernosem eine gegenüber dem nativen Boden reduzierte mikrobielle Biomasse, deren ebenso reduzierte Aktivität sowie eine gleichfalls reduzierte Aktivität von Bodenenzymen nachweisen. Die Mikroaggregate (< 0.25 mm) besaßen sowohl im nativen als auch im bewirtschafteten Boden niedrigere organische C-Gehalte, mikrobiellen Biomasse-C, pilzliche Biomasse, Arylsufatase-, saure Phosphatase- und Atmungsaktivität als Makroaggregate. In den Makroaggregaten waren die negativen Einflüsse der Bewirtschaftung stärker ausgeprägt. Im bearbeiteten Boden waren die Nährstoffverhältnisse sowohl in den Aggregaten als auch in der mikrobiellen Biomasse enger als im nicht bewirtschafteten Boden. Unabhängig von der Bewirtschaftung war die C-, N-, S-Mineralisierung in Makroaggregaten stets höher als in Mikroaggregaten. In der Aggregatgrößenklasse von 0.25–1.00 mm Durchmesser waren die Einflüsse der Bewirtschaftung in Bezug auf die Nährstoffe und die mikrobiellen Eigenschaften am stärksten ausgeprägt. Die Makroaggregate aus dem natürlichen Boden wiesen ein ausgedehntes Mycelwachstum auf. Bei den Makroaggregaten des bearbeiteten Bodens konnte hingegen nur ein geringes Pilzwachstum nachgewiesen werden.

Kanazawa und Filip (1986) bestimmten die Zahl der Mikroorganismen in unterschiedlich großen organischen und mineralischen Bodenfraktionen. Zur Fraktionierung von Bodenmaterial aus dem A_p-Horizont eines Ackerbodens waren verschiedene Techniken eingesetzt worden. Sieben Größenfraktionen an organischen und mineralischen Partikeln wurden gewonnen. Die organischen Fraktionen stellten nur 2.2% der Bodentrockenmasse dar, enthielten aber 41.5 und 29.1% des gesamten Gehaltes des Bodens an Kohlenstoff und Stickstoff. Eine Anreicherung von Enzymaktivitäten (β-Glucosidase, β-Acetylglucosaminidase, Proteinase) war großteils in den organischen Partikeln nachzuweisen. Die Zahl der Mikroorganismen, der ATP-Gehalt und die Enzymaktivitäten gingen mit der Abnahme der Größe der organischen Partikel zurück und nahmen mit der Abnahme der Größe der mineralischen Bodenteilchen zu. Die groben organischen Teilchen > 5 mm und die Schluff-Ton-Fraktion < 0.05 mm stellten die Orte mit den höchsten Konzentrationen an Mikroorganismen, ATP und Enzymaktivitäten dar.

Es gibt Hinweise auf eine stärkere Konzentrierung sowohl des mikrobiellen Biomasse-C als auch der relativ stabilen Komponenten des organischen Bodenkohlenstoffs in den Fraktionen eines Partikelgrößenbereiches von 2–50 µm (Monrozier et al. 1991). Es wurde vorgeschlagen, die mikrobiellen Populationen in Böden als eine äußere und eine innere Population zu betrachten. Bei der äußeren Population sollte es sich um eine relativ aktive Population, welche per Definition an Oberflächen innerhalb der größeren Poren von Makroaggregaten lokalisiert ist, handeln. Die innere Population sollte sich innerhalb von Mikroaggregaten befinden und hinsichtlich deren relativer Häufigkeit durch den Tongehalt des Bodens beeinflußt werden. Die innerhalb der relativ engen Poren der Mikroaggregate lokalisierte Mikroflora könnte die Effekte einer Bodenaustrocknung leichter überleben und vor Räubern besser geschützt sein als Zellen der äußeren Populationen. Die Porendurchmesser von Mikroaggregaten betragen 0.2–2.5 µm, jene von Makroaggregaten 25–100 µm. Chemische Analysen der bodenorganischen Substanz in Mikroaggregaten zeigten, daß die enthaltenen Zucker meist mikrobiellen Ursprungs waren. Die spezielle Färbung von Mikroaggregat-Ultradünnschnitten gab ebenfalls Hinweis auf den mikrobiellen Ursprung der organischen Substanz. Da Ton-Schleimkomplexe starke Diffusionsbarrieren darstellen und das Innere von Mikroaggregaten anoxisch ist kann angenommen werden, daß solche Aggregate keine Standorte für intensive mikrobielle Besiedelung und für metabolische Aktivität sind. Makroaggregate erlauben Belüftung, Wassereintritt und Drainage, Diffusion von gelösten Stoffen und Besitzergreifung durch Organismen. Große Makroaggregate (> 1 mm) können Wurzelpenetration oder eine enge Assoziation mit diesen aufweisen. Makroaggregate sind intensiver durch Organismen besiedelt und stellen metabolisch aktivere Standorte dar als der Gesamtboden. Chemische Analysen von Makroaggregaten zeigten, daß diese im Vergleich zum Gesamtboden einen höheren Nährstoffgehalt (C, N, S, P) und einen höheren Anteil an Zuckern mikrobiellen Ursprungs aufweisen. Diese Befunde lassen schließen, daß Makroaggregate eine günstigere Domäne für Mikroorganismen darstellen.

Die Methode der substratinduzierten Respiration war geeignet, die mikrobielle Biomasse intakter Bodenaggregate unterschiedlicher Größe zu bestimmen (Koch und Scheu 1993). Der Versuchsboden war eine Terra fusca unter Buche. In kleinen Bodenaggregaten (< 2 mm) konnte eine höhere mikrobielle Biomasse nachgewiesen werden. Die Ermittlung der mikrobiellen Aktivität eines einzelnen Bodenaggregates mittels einer auf der Reduktion von Dimethylsulfoxid basierenden Methode zeigte, daß die Aktivität 15 mm innerhalb des Aggregates nur etwa 25% jener der Außenseite betrug (Alef und Kleiner 1989).

2.10 Überlebensmechanismen der Bodenmikroflora

Mikroorganismen sind ubiquitär und diese zeichnen sich durch vielfältige Anpassungen an unterschiedlichste Standortfaktoren aus. Die Bodenmikroorganismen repräsentieren eine artenreiche Population mit der Fähigkeit ungünstige Zeiten zu überleben. Der Artenreichtum stellt eine evolutionäre Reaktion auf die Vielfalt der im Boden auftretenden Substrate und Umweltbedingungen dar.

Mikroorganismen vermögen entlang physikalischer, physikochemischer und chemischer Gradienten zu leben, wobei an den Endpunkten dieser Gradienten extreme Bedingungen herrschen. Solche Gradienten schließen jene der Temperatur, des pH, der Salinität, des Drucks, des Sauerstoffgehaltes und der Nährstoffe ein.

Der Boden kann mit Ausnahme des unter dem Einfluß der Wurzeln stehenden Bodenbereiches (Rhizosphäre) als ein kohlenstofflimitiertes Habitat betrachtet werden. Der Großteil der den Boden besiedelnden Mikroorganismen muß passiv auf Nahrung warten. Während dieses Wartens müssen die Organismen fähig sein im Boden zu überleben. Für eine unter diesen Bedingungen lebende Art stellt eine große Biomasse und eine niedrige metabolische Rate einen Vorteil dar. Zur Erzielung einer niedrigen metabolischen Aktivität sind physiologische und biochemische Anpassungen erforderlich.

Mikroorganismen haben Überlebensstrategien entwickelt, welche es ihnen erlauben im Boden zu überleben. Die Aufrechterhaltung einer wachsenden Population von Organismen in der Gegenwart von solchen die besser angepaßt sind sowie die Bildung vegetativer Stadien, mit der Fähigkeit Perioden des Null-Wachstums zu überleben, stellen die beiden generellen Überlebenstypen dar (Gray 1976).

Zwischen Bodenmikroorganismen besteht eine Vielfalt an Wechselwirkungen. Kompetitive, antibiotische und parasitische Prinzipien sind Teil antagonistischer Wechselwirkungen. Rasche Keimung, rasches Wachstum, geeignete Enzymsysteme für den Substratabbau, die Produktion antibiotischer Metabolite oder spezieller Enzyme sowie Unempfindlichkeit gegenüber antibiotisch wirksamen Stoffwechselprodukten sind Merkmale konkurrenzfähiger Mikroorganismen.

Bodenmikroorganismen können zum Überleben mehrere Nährstoff- und Energiequellen nutzen. In der Abwesenheit von frischem Substrat schließen diese tote Organismen (kryptisches Wachstum), zelluläre Energiereserven sowie organische Bodensubstanz ein. Die Huminstoffe sind ein nicht leicht abbaubares Reservoir für C, N, P und andere Nährelemente. Prinzipiell leicht abbaubare Substrate können durch Bindung an die Bodenmatrix vor dem mikrobiellen Abbau geschützt werden. Neben einem Mangel an verfügbaren abbaubaren organischen Substraten kann die Aktivität und die Vermehrung der Bodenmikroorganismen durch Nährstoffungleichgewichte beeinflußt werden. Beispielsweise ist eine volle Nutzung der Kohlenstoffquellen bei Stickstofflimitierung nicht möglich. Ein limitierend wirkender Nährstoffmangel kann in sauren bzw. alkalischen Böden auftreten.

Eine Reihe von Untersuchungen gab Hinweis darauf, daß der Großteil der Bodenmikroorganismen infolge Mangel an verfügbaren Nährstoffen während ausgedehnter Zeiträume relativ inaktiv ist. In Bezugnahme auf zitierte Literatur (Nedwell und Gray 1987) kann der geschätzte Prozentsatz der aktiven mikrobiellen Biomasse in verschiedenen Böden für Bakterien mit etwa 15–50% sowie für Pilze mit etwa 2–4% angegeben werden. Entsprechend van de Werf und Verstraete (1987a,b) befinden sich 2–30% der gesamten mikrobiellen Biomasse in einem aktiven Zustand. Das Auftreten von mikrobiellen Ruheformen kann mit den spezifischen Lebensbedingungen im Boden in Beziehung gesetzt werden. Zwei Typen des Ruhezustandes, der konstitutive und der exogene, werden unterschieden (Gray und Williams 1971b). Beim konstitutiven Typ wird die Länge der Ruhephase durch dem Organismus angeborene Faktoren kontrolliert. Letztere können in der Gegenwart von Selbsthemmern in den Zellen bewirkt werden, wobei die Ruhe durch verschiedene Einflüsse wie der Exposition gegenüber extremen Temperaturen, dem Wechsel von Trocken- und Feuchtphasen oder auch der Exposition gegenüber bestimmten chemischen Stoffe gebrochen werden kann. Exogene Ruhephasen werden durch ungünstige Umweltbedingungen auferlegt. Letztere schließen bereits diskutierte Faktoren wie das pH, die Feuchte und die Temperatur sowie Hemmsubstanzen und das Fehlen geeigneter Substrate ein.

Pilze, Aktinomyceten und einige andere Bakterien bilden resistente Sporen. Es kann jedoch auch eine große Zahl nicht sporenbildender Organismen aus Habitaten mit nachweisbar ungünstigen Wachstumsbedingungen isoliert werden. Diese Organismen persistieren im Boden als vegetative Zellen. Dies erfolgt oftmals im Zustand erniedrigter metabolischer Aktivität in welchem die Energiereserven nur langsam verbraucht werden.

Winogradsky begründete eine Theorie zur ökologischen Gruppierung der Bodenmikroorganismen, wonach zwischen einer autochthonen und einer zymogenen Gruppe unterschieden werden kann. Winogradsky bezeichnete als autochthonen Teil der mikrobiellen Gemeinschaft des Bodens jenen, welcher fähig ist schwer angreifbare Huminsubstanzen zu nutzen. In Böden, welche keine leicht oxidierbaren Substrate enthalten vermögen solche Organismen langsam zu wachsen. Geringe jedoch konstante Aktivität zeichnet diese Organismen aus. Bei Abwesenheit adäquater Stickstoffangebote wurden durch autochthone Mikroorganismen auch kondensierte aromatische Teile von Huminsäuremolekülen abgebaut (Chernikov 1993). Die zymogenen oder opportunistischen Bodenmikroorganismen sind als solche Organismen definiert, welche nicht in der Lage sind Huminverbindungen zu nutzen und welche Aktivitätsanstieg zeigen, wenn dem Boden frische organische Rückstände zugeführt werden. Zymogene Organismen zeigen hohe Aktivitätspiegel und rasches Wachstum, wenn leicht nutzbare Substrate, beispielsweise in Form von Gründünger, verfügbar werden. Ein Wechsel zwischen aktiven Stadien und inaktiven Ruhestadien ist für solche zymogene Organismen charakteristisch. Zymogen ist nicht synomym mit allochthon. Zymogene Organismen sind, obgleich intermittierend aktiv, bodenbürtige Formen. Die Bezeichnung allochthon sollte für Organismen vorbehalten bleiben, welche in einem gegebenen Habitat keine Nischen besetzen können. Allochthone Mikroorganismen werden normalerweise rasch aus dem Boden eliminiert. Die Praxis individuellen Gattungen oder Arten autochthone oder zymogene Bestimmung zu geben wird kritisch betrachtet.

Gordienko (1990) präsentierte einen Modellvorschlag zur funktionellen Struktur der autochthonen Komponente der bodenmikrobiellen Gemeinschaft. Diesem Modell entsprechend wurde bei Betrachtung des aktuellen Wissenstandes im Bereich der Ökologie der Bodenmikroorganismen und dem Prozeß der Humusdynamik im Boden angenommen, daß die folgenden funktionellen Gruppen von Mikroorganismen an der Humustransformation teilhaben: hydrolytische, patienotrophe und oligotrophe. Hydrolytische Mikroorganismen, welche extrazelluläre Hydrolasen bilden werden als r-Strategen betrachtet. Die r-Selektion begünstigt Organismen mit einer diesen eigenen hohen Wachstumsrate. Diese hohe Wachstumsrate ist bei einer Zunahme des Substratangebotes sowie wahrscheinlich bei der Besiedelung neuer oder zuvor okkupierter, und in der Folge veränderter, Mikrohabitate wertvoll. Mikroskopisch kleine Pilze, nicht sporulierende

Bakterien und Streptomyceten sind typischerweise hydrolytisch. Patienotrophe Mikroorganismen, welche Oxidasen für aromatische Verbindungen bilden, werden als l-Strategen angesehen. Solche aromatische Substrate abbauende Mikroorganismen sollten demgemäß keine hydrolytischen Enzyme bilden und an der Assimilation von frischen, in den Boden gelangenden, organischen Rückständen praktisch nicht teilnehmen. Oligotrophe Mikroorganismen, welche sich durch einen aktiven zellulären Transport von Monomerverbindungen mit niedriger Konzentration in der Umgebung auszeichnen, wurden als K-Strategen definiert. Diese spielen bei der Vollendung des Abbaus der Humussubstanz im Boden eine wichtige Rolle. In der Realität ist eine Kombination oder ein Gradient zwischen der r- und K-Selektion als wahrscheinlich anzusehen.

Oligotrophe Mikroorganismen werden als Organismen definiert, welche mit geringen Konzentrationen an organischen Substraten wachsen können. Diese werden in Habitaten gefunden, welche geringe Mengen an gelöstem organischen Kohlenstoff (dissolved organic carbon, DOC) enthalten. Böden können infolge der Auswaschung von Nährstoffen, ungünstiger Nährstoffverhältnisse, geringen Alters oder auch infolge anaerober Verhältnisse die Merkmale eines oligotrophen Habitats aufweisen. Oligotrophe Mikroorganismen können in fakultative und obligate Oligotrophe eingeteilt werden. Obligat oligotrophe Mikroorganismen können nur bei geringen Kohlenstoffkonzentrationen (< 1–6 g/l) wachsen (Fry 1990). Fakultativ Oligotrophe können sowohl bei sehr niedrigen als auch bei hohen Kohlenstoffkonzentrationen wachsen. Es konnten Hinweise darauf erhalten werden, daß die Oligotrophie eine ausschließlich prokaryontische Eigenschaft darstellt. Oligotrophe zeichnen sich durch eine hohe Effizienz bei der Aufnahme organischer Substrate aus. Weitere Kennzeichen von Oligotrophen schließen die Tendenz zur Nutzung eines breiten Spektrums an Kohlenstoffverbindungen, das Auftreten von Aufnahmesystemen mit niedriger und hoher Affinität für organische Substrate, eine geringe Zellgröße, die Fähigkeit die Zellmorphologie (Veränderung des Oberflächen-/Volums-Verhältnisses) zu ändern sowie einen geringen Erhaltungsbedarf ein. Die effiziente Nutzung von Nährstoffen schließt auch deren intrazelluläre Speicherung in Form von Polymeren (wie Polysaccharide, Polyphosphate, Poly-ß-Hydroxyalkanoate) ein. Die Mehrzahl der identifizierten Oligotrophen sind prosthecate Bakterien oder gehören zur Gattung *Pseudomonas* oder *Flavobacterium.* Die Untersuchung von Oligotrophen wird durch deren geringe Wachstumsrate sowie durch die Abneigung vieler Oligotropher gegenüber hohen Nährstoffgehalten erschwert. Den oligotrophen Mikroorganismen stehen am anderen Ende des organischen Kohlenstoffgradienten die copiotrophen Mikroorganismen gegenüber. Es sind dies solche Mikroorganismen, welche nur bei hohen Konzentrationen an organischem Kohlenstoff wachsen können.

2.11 Mikrobielle Keimzahl, Biomasse und Produktion

2.11.1 Keimzahl und Biomasse

Eine große Artenvielfalt der den Boden bewohnenden Mikroorganismen muß angenommen werden, wenngleich über exakte Zahlen kaum Information verfügbar ist. Viele Arten müssen als noch unbekannt eingestuft werden.

Schätzungen zur Zahl der durch die Erde generell beherbergten Organismenarten belaufen sich auf bis zu 30 Millionen. Hawksworth und Mound (1991) gaben eine Übersicht zur geschätzten Zahl sowie zur beschriebenen Zahl verschiedener Organismengruppen. Demnach beläuft sich die geschätzte Gesamtzahl für Algenarten auf 60 000, während die Zahl der beschriebenen Algenarten mit 40 000 angegeben wurde. Für Protozoen wurden entsprechende Zahlen mit 100 000 bzw. 30 000, für Nematoden mit 500 000 bzw. 150 000, für Bakterien mit 30 000 bzw. 3 000, für Viren mit 130 000 bzw. 5 000 sowie für Pilze mit 1.5 Millionen bzw. 69 000 angegeben. Entsprechend Wilson (1988) belief sich die Zahl der bis zum Ende der Achziger Jahre dieses Jahrhunderts beschriebenen Arten für Algen auf 26 900, für Protozoen auf 30 800, für Bakterien auf 4 760, für Pilze auf 46 470 und für Schleimpilze auf 513. Die Zahl der bis zu diesem Zeitpunkt insgesamt beschriebenen Arten wurde mit etwa 1.4 Millionen angegeben. Die Angaben zur Zahl der bis zu den Jahren 1992 bzw. 1993 beschriebenen Pilzarten variiert (110 000–120 000 bzw. 69 000). Jährlich werden mehr als 1 000 Pilzarten neu beschrieben. Die Schätzungen zur Zahl der insgesamt auftretenden Pilzarten sind unterschiedlich und bewegen sich zwischen 250 000 und zumindest 1.5 Millionen.

Die Effizienz des quantitativen und qualitativen Nachweises von Bodenmikroorganismen ist vom eingesetzten Verfahren abhängig. Methodische Probleme stellen die Hauptbegrenzungen einer zuverläßlichen Bestimmung der relativen Bedeutung verschiedener Mikroorganismengruppen im Boden dar. Die ökologischen Zusammenhänge zwischen den verschiedenen Bodenmikroorganismen bzw. den Bodenorganismen generell sind noch wenig geklärt.

Die mikroskopische Direktzählung, kulturtechnische, physiologische und molekularbiologische Methoden sowie die Erfassung spezieller Zellbestandteile dienen der quantitativen Unterschung von Bodenmikroorganismen. Bei der mikroskopischen Auszählung gefärbter Präparate werden die höchsten Werte für mikrobielle Populationen im Boden gewonnen. Die auf diese Weise erhaltenen Werte können jene mittels Platten gefundenen um ein Vielfaches übersteigen. Die Plattenzählung ist die am häufigsten angewandte Methode zur Ermittlung der Zahl lebender Mikroorganismen in Böden. Diese Methode unterbewertet die lebende Population der Bodenmikroorganismen.

Das Wissen hinsichtlich der Artzusammensetzung der mikrobiellen Gemeinschaft in Böden ist beschränkt. Immunochemische und genetische Methoden sowie der Nachweis spezieller Zellbestandteile sind Teil der qualitativen Analyse der mikrobiellen Populationen im Boden. Die mikrobielle Diversität wird normalerweise durch die phänotypische Charakterisierung isolierter Stämme analysiert. Die phänotypische Charakterisierung ist auf isolier- und kultivierbare Mikroorganismen beschränkt.

Es gibt kein Verfahren mit dessen Hilfe sämtliche im Boden anwesenden Mikroorganismen unter Laborbedingungen zum Wachstum gebracht werden können. Der Anteil bisher kultivierbarer natürlich vorkommender Mikroorganismen ist gering. Die Schätzungen belaufen sich auf 10% bei Bakterien, 5% bei mikroskopischen Pilzen und 4% bei Viren (Beese 1991).

Die Entwicklung neuer Isolierungs- und Kulturmethoden stellt ebenso wie die Entwicklung biochemischer und molekularbiologischer Methoden zum Nachweis nicht kultivierbarer Bodenmikroorganismen ein Ziel der bodenmikrobiologischen Diversitätsforschung dar. Die Analyse der Heterogenität von direkt aus dem Boden extrahierter DNA (Feststellung der genetischen Diversität) besitzt Relevanz für die Abschätzung der Diversität der mikrobiellen Gemeinschaft, einschließlich deren nicht kultivierbarer Teile. Gleiches gilt für die Erfassung von Phospholipid-Fettsäure-Mustern.

Die in der Folge angebenen Werte zur Quantität und Qualität der Organismen müssen vor dem Hintergrund der angesprochenen Schwierigkeiten gesehen werden.

In Kapitel 4 wird die qualitative und quantitatve Erfassung der mikrobiellen Biomasse in Böden näher diskutiert. Umfassende Darstellungen von Methoden zur Quantifizierung und Qualifizierung von Bodenorganismen sowie zur Bestimmung bodenbiologischer Aktivitäten finden sich bei Dunger und Fiedler (1989) sowie bei Schinner et al. (1993).

Hinsichtlich der Beprobungstiefe von Böden zur mikrobiologischen Analyse ist für ackerbaulich genutzte Böden eine solche des Oberbodens bis zu einer Tiefe von 0–15(20) cm Tiefe und für Grünlandböden eine solche von 0–10 cm Tiefe üblich. In Abhängigkeit von speziellen Fragestellungen besteht hinsichtlich dieser Praxis Variation. Bei Waldböden besteht in Abhängigkeit von der Ausprägung des Profils sowie der speziellen Fragestellung weite Variation hinsichtlich der Beprobungstiefe.

Das Klima, die Vegetation sowie die physikalischen, physikalisch-chemischen und chemischen Bodeneigenschaften bestimmen die Quantität, die Qualität und die Verteilung der Mikroorganismen im Boden. Die Verfügbarkeit von abbaubarer organischer Substanz, das Wasserregime, die Textur, die Struktur und Bodenbearbeitungsmaßnahmen sind wesentliche

Determinanten der Verteilung und der Zahl der Organismen im Boden. Fluktuationen der Populationen mit Texturveränderungen sowie mit der Lage des Wasserspiegels können beobachtet werden. In sandigen Horizonten sind gegenüber schluffigen oder schluffig-tonigen Horizonten geringere Organismenzahlen zu erwarten.

Die mikrobielle Biomasse sowie enzymatische Aktivitäten nehmen typischerweise mit der Bodentiefe ab. Variationen in der Steilheit diesbezüglicher Gradienten stehen auch mit der Textur und von dieser kontrollierten Bodeneigenschaften in Beziehung. Für einen Schlufflehm war gegenüber einem Sandlehm mit zunehmender Bodentiefe ein steilerer Rückgang der mikrobiellen Biomasse nachweisbar (Winter und Beese 1995). Pilzliche Populationen zeigen normalerweise eine raschere Abnahme mit der Bodentiefe als bakterielle. In natürlichen Böden konzentrieren sich die Mikroorganismen meist auf die oberen 5–10 cm. In landwirtschaftlich genutzten Böden werden Mikroorganismen je nach Bearbeitungstiefe in größerer Zahl auch in größerer Tiefe (10–30 cm) gefunden. In ungestörten Böden wird die Entwicklung von Pilzen begünstigt, während in bearbeiteten Böden das Auftreten einer bakteriell dominierten Mikroflora gefördert wird. In Waldböden ist die pilzliche Biomasse meist wesentlich höher als die bakterielle.

Die Zahlen der in Böden gefundenen Mikroorganismen überschreiten normalerweise jene der in Süßwasser- oder marinen Habitaten gefunden wesentlich. Unterschiedlichen Quellen zufolge können für Bakterien ohne der Gruppe der Aktinomyceten Keimzahlen von 10^7–10^9, für Aktinomyceten solche von 10^6–10^8, für Pilze solche von 10^5–10^6 und für Algen solche von 10^4–10^5/g Boden angegeben werden. Die Zahl der Protozoen wird mit 10^4–10^5/g Boden angegeben (Alexander 1961; Brady 1990). Hinsichtlich der Präsentation von Daten zur Quantität von in Böden nachgewiesenen Bakterien ergibt sich auch ein Problem insofern, als in der Literatur noch häufig die Cyanobakterien zu den Algen gestellt werden.

Lee (1991) gab die Größenordnung der Biomasse der Bodenmikroorganismen für den temperaten Klimabereich mit 20 000 kg Lebendgewicht/ha an. Untersuchungen zur mikrobiellen Biomasse in der Streulage und im Mineralhorizont von Fichtenbeständen unterschiedlichen Alters (39jähriger, 87jähriger, 115jähriger Bestand) zeigten, daß sich die größte mikrobielle Biomasse im jüngsten Bestand fand. In sämtlichen Beständen überwog die pilzliche Biomasse (80%) die bakterielle Biomasse (20%) bei weitem (Trolldenier 1983). Müller und Loeffler (1992) gaben die pro Hektar eines Waldbodens der gemäßigten Zone nachgewiesenen Gehalte an Pilz-, Bakterien- beziehungsweise Kleintier-Trockenmasse mit 454 kg, 7 kg beziehungsweise 36 kg an. Die für die gesamte mikrobielle Biomasse von Ackerböden angegebenen Werte bewegen sich in einem Bereich von 1.5 bis 5 t Trockensubstanz/ha. Biomassewerte für die Pflugschicht (bearbeiteter Oberboden) wurden in kg Lebendgewicht/ha für Bakterien ohne der

Gruppe der Aktinomyceten mit 450–4500, für Aktinomyceten mit 450–4500, für Pilze mit 1 120–11 200, für Algen mit 56–560 und für Protozoen mit 17–170 veranschlagt (Brady 1990). Das Trockengewicht beträgt etwa 20–25% des Lebendgewichtes. Das für verschiedene wurzelfreie Mineralhorizonte ermittelte Verhältnis der bakteriellen zur pilzlichen Biomasse weist mit 2–35:1 ebenfalls weite Variation auf.

Tabelle 5. Mikrobielle Biomasse in einigen englischen Böden, bestimmt nach verschiedenen Methoden

Bodennutzung	Biomasse μg C/g Boden		
	Physiolog. Methode nach Jenkinson	Direkte Zählung	ATP-Bestimmung
Weizenmonokultur			
mit Stallmist	560	650	430
ohne Stallmist	220	220	170
Laubwaldboden			
kalkhaltig	1230	1820	1040
sauer	55	390	470
altes Grünland	3710	3780	–

Nach Jenkinson und Ladd (1981).

Etwa 1–3% des organischen Kohlenstoffgehaltes von Böden liegt in Form von mikrobiellem Biomasse-Kohlenstoff vor (Jenkinson und Ladd 1981; Sparling 1985). Dieser sollte nur 0.001% des Bodenvolumens okkupieren. Dies entspricht 0.17% der Oberfläche der organischen Substanz des Bodens und 0.02% der mineralischen Bodenoberfläche (Hissett und Gray 1976). In einen größeren Anzahl landwirtschaftlich genutzter Böden bewegte sich der Prozentgehalt des mikrobiellen Biomasse-C am gesamten organischen Kohlenstoffgehalt des Bodens in einem Bereich von 0.27 bis 4.8% (durchschnittlich etwa 2.5%) (Anderson und Domsch 1980). Der Gehalt an organischem Stickstoff rangierte zwischen 0.5 und 15.3% (durchschnittlich etwa 5%). Diese Werte ließen auf ein durchschnittliches C/N-Verhältnis der mikrobiellen Gemeinschaft der untersuchten Böden von 5:1 schließen. Die Mengen an mikrobiell gebundenem Stickstoff, Phosphor, Kalium und Calcium betrugen in den oberen 12.5 cm des Bodens etwa 108, 83, 70 und 11 kg pro Hektar. Unter Einbeziehung einer größeren Anzahl unterschiedlicher wurzelfreier Mineralböden konnte Schuller (1989) nach Ultrabeschallung der Proben und unter Einsatz der Epifluoreszenzmikroskopie den Anteil des mikrobiellen Biomasse-C am gesamten organischen Bodenkohlenstoffgehalt mit bis zu 98% angeben.

Tabelle 6. Gesamter organischer Kohlenstoff und Biomasse-C in englischen Böden bei 23 cm Probentiefe

Bodennutzung	organischer C	Biomasse-C	
	t/ha	kg/ha	% organischer C
Acker	29	660	2.2
Laubwald	65	2180	3.4
Dauergrünland	70	2240	3.2

Nach Jenkinson und Ladd (1981).

2.11.2 Mikrobielle Produktion

Die in Böden bestimmbaren Wachstumsraten für Mikroorganismen sind geringer als jene, welche für Laborkulturen erhalten werden. Diese Befunde können mit der limitierten Substratverfügbarkeit in Böden und generell mit dem Standort Boden in Beziehung gesetzt werden. Mikrobielle Wachstumsraten stehen unter dem Einfluß klimatischer, edaphischer und anthropogener Faktoren. Streßsituationen können über eine Erhöhung des Erhaltungsbedarfes mikrobielle Wachstumsraten verringern. Streß wie extreme pH-Werte, Temperaturen, Salinität und Schadstoffe stört die Verteilung der Energie zwischen Wachstum und Erhaltung der Mikroorganismen.

Die in der Literatur angegebenen Werte zur Abschätzung der Generationszeiten vom Bodenmikroorganismen sind sehr unterschiedlich und von der eingesetzten Methode abhängig. Die mikrobiellen Wachstumsraten sind in Böden geringer als unter optimalen in vitro Bedingungen. Die Notwendigkeit der Berücksichtigung des kryptischen Wachstums, des Ertrages sowie des Erhaltungsbedarfes bei der Berechnung von mikrobiellen Wachstumsraten und Generationszeiten im Boden wurde zunehmend erkannt.

Der gesamte Kohlenstoffbedarf (Energiebedarf) der mikrobiellen Biomasse setzt sich aus dem Bedarf für die Erhaltung und jenem für das Wachstum zusammen. Der Erhaltungsbedarf der Biomasse wird als Erhaltungskoeffizient (m) angegeben ($m = mg\ C_{Glucose}/mg\ C_{mic}/h$). C_{mic} steht für den Kohlenstoffgehalt der mikrobiellen Biomasse. Es wird zwischen dem Erhaltungsbedarf der ruhenden und der aktivierten Biomasse unterschieden. Anderson und Domsch (1985a) konnten für zwei landwirtschaftlich genutzte Böden (Parabraunerde, Tschernosem) und einen Waldboden (Rendsina) den Erhaltungsbedarf für die ruhende mikrobielle Population ermitteln. Die für die Erhaltung des mikrobiellen Kohlenstoffs während der Inkubation notwendige Kohlenstoffmenge, ausgedrückt als Koeffizient m, betrug 0.00031, 0.00017 und 0.00017/Stunde bei 28°C und 0.000043, 0.000034 und 0.000016/Stunde bei 15°C für die Böden I, II, III. Weitere Untersuchungen zum Erhaltungsbedarf der aktivierten mikrobiellen Biomasse unter Feldbedingungen bei 22°C ergaben Werte des Erhaltungskoeffizienten für die beiden landwirtschaftlichen Böden von 0.012/Stunde und für den Waldboden von 0.03/Stunde (Anderson und Domsch 1985b).

Basierend auf dem Verhältnis Produktivität/Biomasse gaben Nedwell und Gray (1987) an Hand von Literatur die Generationszeiten von Mikroorganismen in Tundraboden mit 93 Stunden (3.9 Tage), in Böden der temperaten Zone mit 26–67 Stunden (1.1–2.8 Tage), in Torfboden mit 39 Stunden (1.6 Tage), in Tonboden mit 3024 Stunden (126 Tage) sowie in Laubwaldboden mit 79 Stunden (3.3 Tage) an. Trolldenier (1983) konnte die Generationszeit von Bakterien im organischen Horizont eines Fichtenbestandes mit 66 Stunden (2.8 Tage), jene im Mineralhorizont mit 55 Stunden (2.3 Tage) angeben. Berechnungen zur mikrobiellen Wachstumsrate in einem Laubwaldboden ließen auf geringe Wachstumsraten mit Generationszeiten von etwa 3.3 Tagen schließen (Chapman und Gray 1986). Bei Nichtberücksichtigung der Einschleusung toter Zellen wurde die Generationszeit mit 8.3 Tagen, bei Nichtberücksichtigung des Erhaltungsbedarfes eine solche von 2.1 Tagen berechnet.

In Oberbodenproben zweier landwirtschaftlich genutzter Böden (Parabraunerde, Schwarzerde) sowie in Proben aus dem A-Horizont eines Buchenwaldbodens (Rendsina) variierte die spezifische Wachstumsrate, die Umsatzzeit sowie der Ertragskoeffizient der mikrobiellen Biomasse in Abhängigkeit vom Bodentyp und von der Glucosekonzentration (Anderson und Domsch 1986). Die Größen wurden bei 22°C untersucht. Die spezifische Wachstumsrate rangierte zwischen 0.0037 und 0.015/Stunde. Die Werte lagen weit unterhalb der potentiellen maximalen spezifischen Wachstumsrate. Die berechnete Umsatzzeit der Biomasse, welche als jene für den vollständigen Austausch einer bestehenden Biomasse oder bestimmter Elemente dieser Biomasse benötigte Zeitspanne definiert wurde, rangierte zwischen drei bis elf Tagen. Der Ertragskoeffizient bewegte sich zwischen 0.37 und 0.53.

Die Verdoppelungzeit mikrobieller Populationen in der Rhizosphäre wurde mit fünf bis 100 Stunden angegeben (Barber 1984).

Mit Hilfe der ^{3}H-Thymidin-Inkorporations-Technik konnte für Bakterien in einem mineralischen Boden (sandiger Lehm, pH 7.8) eine höhere

Wachstumsrate (bei 22°C) ermittelt werden als für solche in einem sauren organischen Boden (pH 6.1) (Baath 1992). Für Bakterien aus dem sandigen Lehm konnte die Umsatzzeit mit 3.5 Tagen, für solche aus dem organischen Boden mit 4.8 Tagen angegeben werden.

2.12 Bodenfunktionen

Die Böden spielen eine für die Aufrechterhaltung des Lebens auf der Erde fundamentale Rolle. Die Bodenbiologie und -biochemie sind Schlüsselgrößen bei der Erfüllung von Bodenfunktionen.

Als Standorte der pflanzlichen Produktion liefern die Böden Nahrungsmittel und Rohstoffe. In ihrer Funktion als Filter-, Puffer und Selbstreinigungskörper filtern, puffern und transformieren Böden Schadstoffe. Weitere wichtige Funktionen kommen den Böden als Körper der Trinkwasseraufbereitung und -speicherung sowie als Siedlungsraum und Elemente der Kultur- und Erholungslandschaft zu.

Die Mobilisierung und Immobilisierung von Nährstoffen, die Beteiligung an der Humifizierung und an der Ausbildung und Stabilisierung von Bodenaggregaten, die fördernde Wirkung auf das Pflanzenwachstum durch die Bildung physiologisch wirksamer Metabolite oder durch die Kontrolle bodenbürtiger Phytopathogene sind wesentliche Beiträge der Bodenmikroorganismen und -enzyme zur Eignung eines Bodens als Standort für die Pflanzenproduktion. Symbiosen zwischen Mikroorganismen und Pflanzen sind sowohl ökologisch als auch ökonomisch von enormer Bedeutung.

Der Nährstoffvorrat eines Bodens kann in erster Linie als eine Funktion des anorganischen und organischen Ausgangsmaterials, der klimatischen Bedingungen und des Bodenalters gesehen werden. Die Nachlieferungsgeschwindigkeit und die verfügbaren Mengen werden vor allem in natürlichen Systemen wesentlich von der mikrobiellen Mobilisierungsleistung gesteuert. Die Biomasse assimiliert (immobilisiert) Nährstoffe. Nach Absterben der Biomasse werden die festgelegten Nährstoffe rasch umgesetzt und verfügbar. Die mikrobielle Biomasse ist Träger leicht umsetzbarer Nährstoffe und kann als ein langsam fließender, labiler Nährstoffpool angesehen werden. Die mikrobielle Biomasse stellt nur eine Fraktion des gesamten Bodenkohlenstoff- bzw. generell des Bodennährstoffgehaltes dar. Der mit der Freisetzung von Nährstoffen verbundene Umsatz der Biomasse verläuft relativ rasch, weshalb deren Beitrag zur Pflanzenernährung wesentlich höher ist, als deren Größe annehmen ließe (Schnürer et al. 1985). Die Aktivität der Mikroorganismen ist von physikalisch-chemischen Bedingungen in ähnlicher Weise abhängig wie das Pflanzenwachstum. Es wird deshalb angenommen, daß die Nährstofffreisetzung und die Nährstoffaufnahme durch die Wurzeln annähernd parallel verlaufen. Nährstoffverluste durch Auswaschung können in Böden mit permanentem Bewuchs vermieden werden, während solche in landwirtschaftlich genutzten Böden in der bewuchsfreien Zeit auftreten können.

Stickstoffverluste in Form von Nitrat sowie in Form gasförmiger Spezies wie N_2O, NO, NO_2 und N_2 besitzen sowohl für das pflanzliche und mikrobielle Stickstoffangebot als auch für die Umwelt Relevanz. Letzteres betrifft die Nitratbelastung des Grundwassers sowie die Förderung der Bildung von bodennahem Ozon, die Zerstörung von Ozon in der Stratosphäre, den Beitrag zum Treihauseffekt sowie die Problematik der Überdüngung von Waldökosystemen mit atmosphärischen Stickstoffverbindungen. In mikrobieller Biomasse festgelegter Stickstoff sowie die mikrobiell und nichtbiologisch vermittelte Bildung schwer verfügbarer Stickstoffverbindungen im Boden trägt vor allem in vegetationsfreien Perioden zur Verringerung von Stickstoffverlusten bei.

Durch lose oder enge Assoziationen von Pflanzen mit Mikroorganismen wird das Pflanzenwachstum über die Verbesserung der Versorgung mit Nährstoffen und/oder Wasser, die Bereitstellung von Wuchsstoffen sowie durch die Unterdrückung bodenbürtiger Phytopathogene gefördert (z.B. Rhizosphäre, Rhizoplane, symbiontische und nichtsymbiontische Stickstoffixierung, Mykorrhiza).

Böden filtern, puffern und transformieren in ihrer Funktion als Filter-, Puffer und Selbstreinigungskörper potentielle Schadstoffe. Auch Pathogene werden ausgefiltert, inaktiviert und eliminiert. Diese Bodenfunktionen besitzen höchste Relevanz für die Verhinderung der Grundwasserverunreinigung.

Die Filterfunktion besteht in der Rückhaltung fester, nicht gelöster, Stoffe. Dieser mechanische Vorgang erfolgt durch das Porensystems des Bodens. Die Filterwirkung und die Filterleistung sind vor allem von der Bodentextur und dem Bodengefüge sowie von der Mächtigkeit des Bodenskörpers abhängig. Bei Ton- und Schluffböden mit feinem Porensystem, geringer Permeabilität und großer Mächtigkeit des Bodenkörpers ist diese am höchsten. Bei Sandböden mit grobem Porensystem, guter Permeabilität und geringer Mächtigkeit des Bodenkörpers ist diese gering. Die Filterleistung ist gering bei schwer durchlässigen Schluff- und Tonböden und hoch bei gut durchlässigen Sandböden. Die Filterwirkung von Sandböden ist jedoch geringer.

Die Pufferfunktion der Böden besteht in der Bindung gelöster und gasförmiger Schadstoffe von organischer bzw. anorganischer Natur. Durch die Bindung der Stoffe an anorganische und organische Bodenkolloide sowie an Biomasse (Biosorption) werden diese immobilisiert. Organische Verbindungen bzw. deren Transformationsprodukte können in Huminstoffe eingebaut werden. Die Aufnahme und Einlagerung von potentiellen organischen und anorganischen Schadstoffen in die Biomasse ist ebenfalls möglich (Bioakkumulation). In Abhängigkeit von der Konzentration und von physikochemischen Eigenschaften (pH-Wert, Redoxpotential) können gelöste Stoffe auch gefällt werden. Die Pufferkapazität der Böden steht mit deren Gehalt an bindungs- und akkumulationsfähigen Komponenten sowie mit dem physikochemischen Zustand des Bodens in Beziehung. Wilke (1986) definierte die Schadstoffpufferkapazität eines Bodens als jene Schadstoffmenge, welche der Boden der Lösungsphase bei den gewählten Bedingungen durch Sorption entziehen kann. Eine umfassendere Betrachtung der Schadstoffpufferkapazität, sollte zum Mechanismus der Sorption auch jenen der Fällung und Bioakkumulation hinzustellen.

Die Transformationsfunktion der Böden besteht in der Mineralisierung oder/bzw. Umwandlung von natürlichen und anthropogenen organischen beziehungsweise anorganischen Stoffen durch die Bodenmikroorganismen und -enzyme. In Böden finden auch nichtbiologisch vermittelte Transformationen statt. Die Bindung und Anreicherung von Schadstoffen im Boden besitzt keinen permanenten Charakter. Durch veränderte physikochemische Eigenschaften (pH-Wert, Redoxpotential), Austauschreaktionen, Mineralisierung-/Mobilisierungprozesse, Absterben von Biomasse und Fluktuationen des Wassergehaltes kann der Schadstoff erneut in die mobile Phase eintreten. Im Boden sorbierte Schadstoffe können auch über den Weg der Erosion verbreitet werden. An Biomasse des Bodens gebundene Schadstoffe stellen durch deren möglichen Eintritt und deren mögliche Anreicherung in Nahrungsketten eine Gefährdung für Lebewesen höherer trophischer Niveaus dar.

Das Vermögen der Böden zur Filterung, Pufferung und Transformation ist begrenzt und standort- sowie schadstoffspezifisch, weshalb von einer spezifischen Belastbarkeit eines Standortes gesprochen wird. Die Qualität und Quantität der organischen Substanz, der Tonmineralien, die Sesquioxide und die Carbonate sowie die mikrobielle Besiedelung sind wesentliche Determinanten der Belastbarkeit. In belasteten Böden können über veränderte Bodenzustände Funktionsverluste eintreten.

Physikalische, physikalisch-chemische und chemische Eigenschaften von Böden dienen häufig gemeinsam mit bodenbiologischen Eigenschaften als Kriterien zur Beurteilung von Böden hinsichtlich deren Eignung für Zwecke der Land-, Forst- und Abfallwirtschaft sowie zur Beurteilung des Ausmaßes einer Bodenstörung bzw. -kontamination. Die biochemische Leistungsfähigkeit eines Bodens sowie die den Boden bewohnenden Organismen, die durch diese vermittelten Prozesse oder die Produkte deren Aktivität können als Indikatoren für den Zustand eines Bodens genutzt werden.

3 Bodenorganismen und Bodenbiochemie

3.1 Bakterien

3.1.1 Eigenschaften

Bakterien sind sehr kleine Organismen und weisen meist einen Durchmesser von 0.5–3 µm auf. Die größeren Individuen erreichen eine Länge von etwa 4–5 µm. Infolge des hohen Oberflächen/Volumen-Verhältnisses werden bei Vertretern dieser Organismengruppe hohe Stoffumsätze erzielt. Bakterien sind zur raschen Vermehrung befähigt und zeichnen sich durch ein hohes Adaptationsvermögen aus.

Verschiedene Merkmale werden zur Beschreibung von Bakterien herangezogen. Morphologische Merkmale umfassen die Zellgrundformen wie Kokken, Stäbchen, Spirillen, die Anwesenheit von Kapseln, Schleimen und Geißeln, die Bildung von Zellverbänden, die Ausbildung von Sporen und die Anfärbbarkeit der Zellen nach Gram. Die Chemie der Zellwand, der Membranlipide, der Nukleinsäuren, bzw. die Bildung bestimmter Enzyme stellen chemische bzw. biochemische Merkmale dar. Kultureigenschaften, physiologische sowie serologische Eigenschaften repräsentieren weitere wesentliche systematische Parameter. Umfassende Informationen zur Systematik der Bakterien können dem vierbändigem Handbuch „Bergey's Manual of Systematic Bacteriology" (1984–1989) entnommen werden. Ein 1992 erschienenes, von Balows und Mitarbeitern herausgegebenes, dreibändiges Handbuch, behandelt die Biologie der Prokaryonten umfassend. Die biochemische, physiologische und morphologische Diversität der Prokaryonten wird dargestellt.

Bodenbakterien werden häufig nach deren Stoffwechselleistungen in physiologische Gruppen unterteilt (z.B. Stickstoffixierer, Nitrifikanten, Denitrifikanten). Bakterien können entsprechend deren Energie- und Kohlenstoffquelle in Ernährungsgruppen eingeteilt werden. Entsprechend der Energiequelle können phototrophe und chemotrophe Bakterien unterschieden werden; hinsichtlich der Kohlenstoffquelle autotrophe und heterotrophe bzw. hinsichtlich der Wasserstoffdonatoren lithotrophe und organotrophe. Die Mehrzahl der bekannten Bakterienarten ist chemoorganoheterotroph und diese werden gemeinhin als Heterotrophe bezeichnet. Chemolithotrophe Bakterien sind für die Verfügbarkeit bestimmter Nährstoffe in oxidierter Form wie von N in Form von Nitrat und von S in Form von Sulfat verantwortlich. Eine bevorzugte Aufnahme solcher oxidierter Formen von Nährstoffen durch Pflanzen zeigt die Bedeutung dieser Bakterien für die Pflanzenernährung. In der Literatur werden auch andere physiologische Gruppierungen von Bakterien gefunden. Eine solche wäre die Unterscheidung in autochthone und zymogene Organismen.

3.1.2 Auftreten in Böden

Die Bakterien sind die zahlenmäßig am stärksten vertretene Gruppe der Bodenorganismen.

Es gibt Schätzungen, wonach bisher nur etwa 10% der natürlich vorkommenden Bakterien mit Hilfe konventioneller Medien kultivierbar sind. Neuere Untersuchungen lassen annehmen, daß weniger als 0.1% der im Boden vorkommenden Bakterienarten bekannt sind. Entsprechend Torsvik et al. (1990a) können 99.5 bis 99.9% der mittels Fluoreszenzmikroskopie beobachtbaren Bodenbakterien in Labormedien nicht isoliert und kultiviert werden. Die Literaturangaben zur Zahl der pro Gramm Boden nachweisbaren bakteriellen Keimzahlen bewegen ohne der Gruppe der Aktinomyceten von 10^7–10^9; für die Bakteriengruppe der Aktinomyceten bewegen sich diese von 10^6–10^8. In Böden konnte ein gegenüber marinen oder Süßwasserhabitaten höherer Anteil Gram-positiver Bakterien nachgewiesen werden. Die absolute Zahl der Gram-negativen herrscht jedoch auch im Boden vor.

Standortfaktoren wie Feuchte, Belüftung, Temperatur, Textur, Qualität, Quantität und Verfügbarkeit der organischen Substanz, Basensättigung, Bodenreaktion sowie das Angebot an anorganischen Nährstoffen fungieren als Determinanten der Qualität und Quantität der auftretenden Bodenbakterien.

In Mineralböden der temperaten Zone werden Bakterien faßt ausschließlich im oberen Meter des Profils, großteils in den oberen wenigen Zentimetern, nachgewiesen. Im Gegensatz zu Ackerböden, wo die höchsten Zahlen an Bakterien einige Zentimeter unterhalb der Oberfläche gefunden werden, werden in beschatteten Wald-, Garten- und Wiesenböden die höchsten Populationen in den oberen Zentimetern gefunden. Die Bodenbakterien sind in den obersten Bodenlagen größtenteils zu kleineren oder größeren Kolonien vereinigt. Dabei konnte für Wiesenböden eine gegenüber Wald- und Gartenböden größere Anzahl an individuenreichen Aggregaten angegeben werden (Stöckli 1956). In organischen Böden kann ein Rückgang der bakteriellen Populationen mit der Tiefe oftmals nicht festgestellt werden (Alexander 1961, 1977). Auch ist in bearbeiteten Böden die Schichtung der Verteilung der Organismen im Profil nicht so ausgeprägt wie in ungestörten Böden und es kann eine gleichmäßigere Verteilung derselben bis in größere Tiefen beobachtet werden. Viele Bodenbakterien sind zur Ausbildung von Ruhestadien wie Sporen und Cysten befähigt.

Die Mehrzahl der Bodenbakterien bevorzugt nährstoffreiche Böden mit neutraler bis schwach saurer Bodenreaktion und engem C/N-Verhältnis. Der für Bodenbakterien geeignetste pH-Bereich wird mit 6–8 angegeben. Eine hohe Ca-Sättigung beeinflußt Bodenbakterien günstig. Der für Bakterien günstigste Feuchtegehalt des Bodens wird mit -0.01 bis -0.1 MPa angegeben. Die Bakteriengruppe der Aktinomyceten, welche sich in feuchten, gut belüfteten Böden am besten entwickelt weist sich jedoch dadurch aus, daß diese in Trockenzeiten in einem für andere Bakterien und auch für Pilze nicht üblichen Ausmaß aktiv bleiben.

Wesentliche Unterschiede können hinsichtlich der in verschiedenen Böden gefundenen relativen Anteile individueller Bakteriengattungen auftreten.

Wichtige bekannte Bakterien

In der Folge werden einige der besser bekannten Gattungen von Bodenbakterien angeführt.

Die Aktinomyceten repräsentieren eine wichtige in Böden auftretende Gruppe von Bakterien. Zu den Aktinomyceten im engeren Sinne werden Bakterien gezählt, welche ein mycelartiges Wachstum aufweisen. Diese sind meist Gram-positive Aerobier. Die Aktinomyceten im engeren Sinne sind durch eine Reihe von Übergangsformen mit den „coryneformen Bakterien“ und den Mykobakterien verbunden. Die Aktinomyceten im weiteren Sinne stellen eine vielgestaltige Gruppe dar und schließen auch Bakterien ein, welche kein mycelartiges Wachstum aufweisen. In Böden verbreitet auftretende Aktinomyceten gehören den Gattungen *Streptomyces*, *Micromonospora*, *Microbispora*, *Streptosporangium*, *Thermoactinomyces* und *Nocardia* an. Aktinomyceten sind für den Abbau komplexer organischer Substrate, einschließlich Cellulose und Chitin sowie anderer schwer zersetzbarer Stoffe in Böden von Bedeutung. Bei Aktinomyceten kann oftmals ein langsames Wachstum sowie häufig die Fähigkeit zur Bildung von Antibiotika bzw. von anderen Sekundärmetaboliten nachgewiesen werden. Geosmin ist beispielsweise ein von *Streptomyces griseus* produzierter Stoff, welcher für den „erdigen“ Geruch frisch gepflügter Böden verantwortlich ist. Vertreter der Gattung *Streptomyces* sind jene Aktinomyceten, welche mittels Standard-Plattierungstechniken am häufigsten aus Böden isoliert werden. Viele Streptomyceten bilden Antibiotika. Verschiedenste antibakterielle, antifungale, antialgale, antivirale, antiprotozoale sowie antitumor wirksame Stoffe sind bekannt. Die Gattung *Frankia* ist eine ökologisch ebenfalls wichtige Gattung. Diese bildet Symbiosen mit Bäumen und Sträuchern, welche ökologische Extremstandorte besiedeln. Molekularer Stickstoff wird sowohl in Symbiose als auch asymbiontisch fixiert.

In Böden werden verbreitet und in großer Zahl Arten der zur Gruppe der „coryneformen Bakterien" gehörenden Gattung *Arthrobacter* gefunden. Hinweise darauf, daß *Arthrobacter* einen wesentlichen Teil der autochthonen Bodenmikroorganismen repräsentiert liegen vor. Zum Abbau von Cellulose befähigte und hauptsächlich im Boden auftretende coryneforme Bakterien finden sich in der Gattung *Cellulomonas*. In Böden werden auch Vertreter der Gattung *Corynebacterium* gefunden, welche wichtige tier-, human- und pflanzenpathogene sowie auch saprophytische coryneforme Bakterien enthält. Die Vertreter der angeführten Gattungen zeigen eine hohe Formvariabilität sowie Gram-positives Verhalten.

Mykobakterien treten in Böden ebenfalls auf. Für einige nicht pathogene bodenbewohnende Arten der Gattung *Mycobacterium* konnte das Vermögen zum Wachstum auf Alkanen und aromatischen Kohlenwasserstoffen sowie auf einfachen Mineralmedien in einer Atmosphäre aus flüchtigen Kohlenwasserstoffen gezeigt werden.

Weitere im Boden verbreitet und zahlreich auftretende Bakterien gehören den Gattungen *Pseudomonas* und *Xanthomonas* an und sind Vertreter der Familie der Pseudomonadaceae. Es handelt sich dabei um Gram-negative, aerobe Stäbchen. Vertreter der Gattung *Pseudomonas* zeichnen sich solchen der Gattung *Arthrobacter* gleich, durch besondere Stoffwechselleistungen wie die Transformation organischer Xenobiotika aus. Die Gattung *Xanthomonas* repräsentiert pflanzenpathogene Pseudomonaden. Wichtige Phytopathogene werden auch in der Gattung *Pseudomonas* gefunden. Die der Familie der Azotobacteraceae angehörenden Gram-negativen, aeroben Gattungen *Azotobacter*, *Azomonas*, *Beijerinckia*, *Azospirillum* und *Derxia* zählen zu den freilebenden N_2-fixierenden Bakterien.

Symbiontische N_2-Fixierer werden in einer weiteren Familie Gram-negativer, aerober Bakterien, den Rhizobiaceae, gefunden. Die Gattungen *Rhizobium* und *Bradyrhizobium* vermögen in Symbiose mit Leguminosen molekularen Stickstoff zu binden. Bei saprophytischer Lebensweise konnte diese Leistung nicht nachgewiesen werden. Die ebenfalls zu den Rhizobiaceae gehörende phytopathogene Gattung *Agrobacterium* verursacht an Wurzeln und Sprossen Tumore. Dieser Gattung ermangelt es an der Fähigkeit zur symbiontischen N_2-Fixierung.

Die Gattungen *Bacillus* und *Clostridium* (Familie der Bacillaceae) zählen zur Gruppe der endosporenbildenden Gram-positiven Bakterien. Vertreter der anaeroben Gattung *Clostridium* sind als freilebende N_2-Fixierer bekannt.

Eine ökologisch sehr wichtige Bakteriengruppe sind die Cyanobakterien. Die Cyanobakterien sind die einzigen Prokaryonten, welche die für die Pflanzen charakteristischen Mechanismen der Photosynthese aufweisen. Diese aeroben Bakterien zeigen hinsichtlich der Feinstruktur der Zelle Übereinstimmung mit den Gram-negativen Bakterien. Cyanobakterien treten in einzelligen und fädigen Formen auf. Wichtige Gattungen schließen *Calothrix*, *Nostoc*, *Anabaena*, *Spirulina*, *Oscillatoria*, *Gloeobacter* und andere ein. Manche Formen sind durch Gleiten beweglich. Vertreter dieser Bakteriengruppe besitzen die Fähigkeit zur Bindung von molekularem Stickstoff. Viele Cyanobakterien sind Pioniere an nährstoffarmen Standorten und diese können als Primärbesiedler von Bodenausgangsgesteinen, allein oder in Symbiose mit Pilzen (Flechten), angetroffen werden. Cyanobakterien sind auch als Symbiosepartner von Pflanzen unterschiedlicher Entwicklungsstufe sowie von Invertebraten bekannt.

Die Myxobakterien (Myxococcales) sind fruchtkörperbildende, gleitende, aerobe, Gram-negative Bakterien. Diese werden auf sich zersetzendem Pflanzenmaterial, morschem Holz sowie auch an Kotbällchen von Pflanzenfressern gefunden. Die Gattung *Polyangium* enthält cellulolytische Arten, während die Mehrzahl der übrigen Arten andere Bakterien mit Hilfe von Exoenzymen aufzulösen vermag (bakteriolytische Arten).

Die Cytophagales repräsentieren eine weitere Gruppe Gram-negativer, gleitender, nicht fruchtkörperbildender, Bakterien. Die Gattungen *Cytophaga* und *Sporocytophaga* treten in Böden auf und besitzen die Fähigkeit zum aeroben Abbau von Cellulose.

Als Bodenbesiedler werden auch Bakterien von außergewöhnlicher Gestalt wie die Gattung *Caulobacter* gefunden. Diese Gattung besitzt zelluläre Fortsätze (Anhängsel) und zählt damit zur Gruppe der prosthecaten Bakterien. Diese Gruppe schließt zelluläre bzw. nichtzelluläre Fortsätze tragende Bakterien ein.

Vertreter der aeroben, Gram-positiven Gattung *Microccus* (Micrococcaceae) sowie der Gram-positiven, anaeroben bzw. aerotoleranten Gattung *Lactobacillus* (Lactobacillaceae) werden in Böden ebenfalls gefunden.

Die der Familie der Nitrobacteraceae angehörenden Gram-negativen, aeroben, chemolithotrophen Bakteriengattungen *Nitrobacter*, *Nitrospina*, *Nitrospira*, *Nitrococcus*, *Nitrosomonas*, *Nitrosospira*, *Nitrosococcus* und *Nitrosolobus* sind an der Nitrifikation beteiligt. Andere Gattungen der Gram-negativen, aeroben, chemolithotrophen Bakterien wie die Gattungen *Thiobacillus* und *Thiovulum* sowie die Gram-negative, anaerobe Gattung *Desulfovibrio* und die endosporenbildende anaerobe, Gram-positive Gattung *Desulfotomaculum* sind für Schwefeltransformationen von Bedeutung.

Bakterien, deren natürliches Habitat nicht der Boden sondern der Darmtrakt bzw. die Schleimhäute von Mensch und Tier darstellen können über den Weg menschlicher und tierischer Ausscheidungen in den Boden gelangen. Beispiele für solche Bakterien finden sich in der Familie der Enterobacteriaceae (Gram-negativ, fakulativ anaerob) bzw. in der Gram-positiven Gattung *Streptococcus* (Streptococaceae). Diese Bakterien können als allochthone Formen im Boden auftreten. Relevante Gattungen umfassen *Salmonella*, *Shigella*, *Yersinia*, *Escherichia*, *Citrobacter*, *Klebsiella* sowie *Streptococcus*. Die sowohl im Darmtrakt von Mensch und Tier sowie in Böden verbreitet auftretenden Arten *Enterobacter aerogenes* und *Proteus vulgaris* sind opportunistisch pathogene Vertreter der Enterobacteriacaea. Die ebenfalls der zuletzt angeführten Familie angehörende Gattung *Serratia*, welche sowohl in Böden als auch im menschlichen und tierischen Darmtrakt gefunden wird kann bei schweren Grundleiden pathogene Eigenschaften entfalten. Pathogene Vertreter der Gattung *Leptospira* (Spirochaeten, Familie der Leptospiraceae) gelangen über den Harn infizierter Tiere in den Boden. Human- und tierpathogene Bakterienarten können auch über Kadaver (z.B. *Bacillus anthracis*) in Böden gelangen.

3.2 Pilze

3.2.1 Eigenschaften und Einteilung

Pilze sind Eukaryonten. Als heterotrophe Organismen leben diese saprophytisch, parasitisch oder symbiontisch. Diese Lebensweisen können von fakultativer bzw. obligater Natur sein.

Im typischen Falle bilden Pilze schlanke fadenförmige Vegetationskörper (Hyphen) aus. Die Gesamtheit der Hyphen wird als Mycel bezeichnet. Die pilzlichen Zellen sind abgesehen von solchen einiger parasitischer Formen von Zellwänden umgeben. Die Grundtypen der morphologischen Organisationsstufen schließen parasitierende Protoplasten ohne Zellwände, Rhizoidmycelien, Sproßmycelien sowie Hyphenmycelien und Fruchtkörpergeflechte ein. Beim Rhizoidmycel handelt es sich um feine, kernlose Ausläufer im Substrat. Das Sproßmycel entsteht, wenn eine Zelle durch Sprossung Tochterzellen bildet, welche nicht unmittelbar von der Mutterzelle abgetrennt werden und kurze Ketten gebildet werden. Beim Hyphenmycel wird der Vegetationskörper durch Hyphen repräsentiert. Die Hyphen können (bei niederen Pilzen) querwandlos oder durch spezielle Querwände (Septen) regelmäßig gegliedert sein.

Die Pilze sind in der Regel nicht bewegungsfähig. Bei einigen Gruppen treten jedoch bewegliche Entwicklungsstadien auf. Die Vermehrung der Pilze kann durch viele Arten von Fortpflanzungseinheiten (z.B. Sporen, Konidien, Planosporen, Aplanosporen, u.a.) erfolgen.

Der Entwicklungsgang von Pilzen zeigt vegetative und reproduktive (fruktifikative) Abschnitte. Die Reproduktion kann asexuell und/oder sexuell erfolgen. Im Rahmen eines vollständigen Entwicklungszyklus werden die pilzlichen Einrichtungen als Organe zur asexuellen Fruktifikation auch als Nebenfruchtformen oder Anamorphe, als solche der sexuellen Fruktifikation als Hauptfruchtformen oder Teleomorphe bezeichnet. Die Systematik der Pilze beruht vorwiegend auf morphologischen Merkmalen. Die sexuelle Fortpflanzung, die Begeißelung und die Zellwandchemie stellen wichtige taxonomische Merkmale dar. Das natürliche System der Pilze beruht unter anderem auf dem Entwicklungsablauf und der mit der sexuellen Fortpflanzung verbundenen Organisation der Hauptfruchtform.

Unterschiedliche Schulen sowie der ständige Gewinn an neuen Erkenntnissen auf dem Gebiet der Systematik und Taxonomie der Pilze können als Ursachen für Unterschiede hinsichtlich der in verschiedenen Lehrbüchern vertretenen Pilzsystematik gesehen werden.

Dem neueren Erkenntnisstand entsprechend werden zwei Abteilungen der Pilze unterschieden. Es ist dies die Abteilung der Oomycota, welche nur durch die Klasse der Oomycetes vertreten ist sowie die Abteilung der Eumycota („Echte Pilze"). Die Abteilung der Eumycota ist durch die Klassen Chytridiomycetes, Zygomycetes, Ascomycetes, Basidiomycetes sowie durch die Formklasse der Deuteromycetes (Fungi imperfecti) vertreten. Die eindeutige Bestimmung der verwandtschaftlichen Stellung der aquatischen Hyphochytridiomyceten, welche Ähnlichkeiten mit den Oomyceten und den Chytridiomyceten aufweisen war bisher nicht möglich. Die Fungi imperfecti (Deuteromycetes) repräsentieren Pilze von denen nur vegetative Vermehrungsstadien (Konidienstadien) bekannt sind. Die Mehrzahl dieser Pilze kann den Ascomyceten, eine geringere Zahl den Basidiomyceten zugeordnet werden.

Die Vertreter der Oomycetes sind wasserlebende bzw. an eine hohe Luftfeuchtigkeit gebundene landlebende Formen (Parasiten an höheren Pflanzen). Die Eumycota weisen eine zunehmende Anpassung an das Landleben auf. Die Chytridiomyceten sind wasser- und bodenlebende Formen bzw. treten als intrazelläre Parasiten höherer Pflanzen auf. Die an das Landleben angepaßten Zygomycetes schließen saprophytisch, parasitisch sowie symbiontisch (Mykorrhiza) lebende Formen ein. Die Ascomyceten sind überwiegend landlebende Pilze. Die Vertreter dieser Klasse leben saprophytisch, häufig parasitisch an Pflanzen sowie symbiontisch (Mykorrhiza, Flechten). Die Basidiomyceten leben parasitisch (häufig an höheren Landpflanzen), saprophytisch sowie symbiontisch (Mykorrhiza, seltener Flechten).

De Bary (1884) gab eine frühe Abhandlung zur Morphologie und Biologie der Pilze. Einführende Literatur zur Mykologie kann bei Müller und Loeffler (1992), Webster (1980), Burnett (1976), Alexopoulos (1966) sowie Gäumann (1964) vorgefunden werden. Ainsworth und Sussman (1965–1968) publizierten ein mehrbändiges Werk in welchem die Pilze auf dem Niveau des Individuums, der Population und des Ökosystems betrachtet wurden. Ein zweibändiges Werk von Ainsworth et al. (1973a,b) widmete sich der pilzlichen Taxonomie. Publikationen von Domsch und Gams

(1970, 1972) beschäftigten sich der Identifizierung von Pilzen in Agrarböden. Domsch et al. (1980) gaben eine umfassende Darstellung der häufigsten in Böden auftretenden Pilzarten, wobei das Hauptaugenmerk auf Böden der temperaten Zone lag. Es wurden sowohl taxonomische als auch ökologische und physiologische Gesichtspunkte erfaßt.

3.2.2 Auftreten in Böden

In ihrer Rolle als Saprophyten, Parasiten und Symbiosepartner sind die Pilze von wesentlicher ökonomischer und ökologischer Bedeutung.

Pilze weisen die Fähigkeit zum Abbau verschiedener organischer Substrate auf. In dieser Fähigkeit und in der damit verbundenen Mobilisierung von Nährstoffen sowie in der Beteilung der Pilze an Humifizierungsprozessen und an der Stabilisierung von Bodenaggregaten bestehen indirekte Effekte der Pilze auf die Pflanzenproduktion. Als Parasiten bzw. Symbionten nehmen Pilze direkten Einfluß auf den pflanzlichen Wirt bzw. Partner.

Pilze können in vielen streu- und humusreichen Böden etwa 80% der gesamten mikrobiellen Biomasse repräsentieren. Diese Massendominanz ergibt sich aus dem Durchmesser der Hyphen und dem zumeist reichlich ausgebildeten Mycel. Der Durchmesser einzelner Hyphen beträgt durchschnittlich 3–5 µm. Ökologische Untersuchungen ergaben, daß ein fruchtbarer Boden 10–100 m aktive Pilzhyphen pro Gramm Boden enthalten kann. Die Pilze sind innerhalb einer Bodenprobe inhomogen verteilt.

Der Bewuchs, das Vorliegen geeigneter Substrate, die Bodenstruktur, -feuchte und -temperatur sowie anthropogene Faktoren nehmen wesentlichen Einfluß auf das Auftreten von Pilzen im Boden. Viele Pilzarten zeigen über einen weiten pH-Bereich hinweg Entwicklung. Diese entwickeln sich in sauren, neutralen und alkalischen Böden. Pilze treten häufig in sauren Oberböden auf, wo die bakterielle Konkurrenz sehr gering ist. In sauren Habitaten werden die mikrobiellen Populationen durch Pilze dominiert. Dieser Befund ist nicht die Konsequenz dessen, daß Pilze ihr Optimum unter sauren Bedingungen finden, sondern vielmehr die Folge eines Mangels an bakterieller Konkurrenz.

Quantitative sowie qualitative Eigenschaften der Bewuchses nehmen Einfluß auf die Bodenpilze. Im Bereich organischer Rückstände sowie in der Rhizosphäre tritt reichliches Pilzwachstum auf. Die meisten Bodenpilze sind zymogen oder opportunistisch. Hinweise darauf konnten erhalten werden, daß die Komplexität der vorhandenen organischen Substrate bestimmt, welche Pilze an einem Standort vorherrschen. Frühen Literaturberichten zufolge wiesen Ackerböden, welche kontinuierlich mit Hafer bestellt worden waren eine höhere pilzliche Biomasse auf als kontinuierlich mit Mais oder Weizen bestellte. Qualitativ dominierte *Asper-*

gillus fumigatus unter Hafer, während *Penicillium funiculosum* am zahlreichsten unter Mais angetroffen wurde.

Die Verteilung der Pilze variiert mit der Bodentiefe. Die meisten Pilze zeigen Präferenz für obere Profilteile. In dicht gelagerten Böden kann deren Tendenz zur Beschränkung auf die größeren Poren zwischen den Aggregaten sowie an und innerhalb von Zellwandresten beobachtet werden (Foster 1988). Die Konzentrierung der Pilze in Nischen der Oberflächen kann großteils durch deren Sauerstoffabhängigkeit erklärt werden. Pilze werden in gut belüfteten Böden am häufigsten angetroffen. Mit der Tiefe im Profil konnte eine Abnahme der Zahl einzelner Arten sowie ebenso eine Veränderung der dominanten Arten beobachtet werden.

Ruhestadien sind für Bodenpilze typisch. Diese können im Boden als spezialisierte Ruheformen auftreten bzw. konnte auch das Auftreten metabolisch inaktiver Mycelien im Boden berichtet werden. Für einige Pilze wurde ein in Dekaden bemessener Verbleib in Ruhestadien angegeben. Zwischen den Lebenszyklen der Pilze in Laborkultur und jenen im Boden können wesentliche Unterschiede bestehen. Es gibt kaum gesichertes Wissen über die Entwicklungsbedingungen von mikroskopischen Pilzen im Boden. Nur für wenige Arten liegen Informationen bezüglich des Einflusses verschiedener ökologischer Faktoren vor. Für einige Arten konnte der unterschiedliche Verlauf der Entwicklung in verschiedenen Bodentypen nachgewiesen werden.

Mykorrhiza

Die Mykorrhiza ist eine ökologisch und ökonomisch wichtige Symbiose zwischen Pilzen und Wurzeln höherer Pflanzen. Wurde diese Form der Symbiose zunächst an Waldbaumarten beobachtet konnte später erkannt werden, daß diese weit verbreitet ist und die meisten Pflanzenarten und somit auch wichtige Feld- und Gartenfrüchte betrifft. Zahlreiche verschiedene Pilzarten sind als Mykorrhizapilze bekannt. Mykorrhizapilze treten in nahezu jedem Boden auf. Bestimmte Bewirtschaftungsmaßnahmen oder auch eine spärliche Inokulumverteilung können deren Etablierung hemmen oder verzögern. In mykorrhizierten Pflanzen unterstützt das externe Mycel die Funktion von Wurzeln. Die Verbesserung der Versorgung mit Nährstoffen und Wasser, die Bereitstellung von Wuchstoffen oder auch der Schutz vor Pathogenen und Schadstoffen zählen zu den Vorteilen, welche Pflanzen aus einer solchen Symbiose ziehen können.

Diese Form der Symbiose zwischen Pflanzen und Pilzen wird in der Fachliteratur ausführlich beschrieben. Wir verzichteten deshalb auf eine nähere Darstellung derselben in dieser Publikation und verweisen auf die diesbezüglich bestehende Fachliteratur.

Wichtige bekannte Pilze

Die Vertreter der Ascomyceten stellen unter den aus Böden isolierten Pilzgattungen und -arten den weitaus höchsten Anteil.

In Böden nachgewiesene Pilzgattungen schließen Vertreter der Oomycetes wie *Aphanomyces*, *Phytium* und *Phytophthora* sowie der Chytridiomycetes wie *Allomyces* und *Rhizophydium* ein. Gattungen der Zygomycetes wie *Mucor*, *Rhizopus*, *Absidia*, *Zygorhynchus*, *Thamnidium*, *Cunninghamella* und *Mortierella* werden ebenfalls gefunden. In der Zygomyceten-Familie der Endogonaceae treten vesikulär-arbuskuläre-(VA) Mykorrhizapilze auf, die entsprechenden Gattungen schließen *Gigaspora*, *Scutellospora*, *Glomus*, *Sclerocystis*, *Acaulospora* und *Enthrophospora* ein. Für Vertreter der Zygomyceten-Gattung *Endogone* konnte die Befähigung zur Ektomykorrhizabildung nachgewiesen werden. Ascomyceten-Gattungen wie *Lasiobolus*, *Ryparobius*, *Eurotium* (Anamorph: *Chrysosporium*, *Aspergillus*), *Emericella* (Anamorph: *Aspergillus*), *Eupenicillium* (Anamorph: *Penicillium*), *Emmonsiella* (Anamorph: *Histoplasma*), *Sordaria* (Anamorph: *Cladorrhinum*), *Gymnoascus* (Anamorph: *Geomyces*, *Chrysosporium*), *Arthroderma* (Anamorph: *Trichophyton*, *Chrysosporium*), *Botrytis* (*Beauveria*, *Sporotrichum*), *Melanospora*, *Chaetomidium*, *Chaetomium*, *Ceratocystis* (*Ophiostoma*), *Chaeotsphaeria*, *Ascobolus*, *Byssoascus* (Anamorph: *Oidiodendron*), *Nectria* (Anamorph: *Acremonium*, *Cylindrocarpon*, *Fusarium*, *Verticillium*, *Stilbella*; *Gliocladium*), *Emericellopsis* (Anamorph: *Acremonium*), *Gibberella* (Anamorph: *Fusarium*); *Plectosphaerella* (*Venturia*) (Anamorph: *Cephalosporium*, *Fusarium*), *Gaeumannomyces*, *Nannizia* (Anamorph: *Microsporium*), *Monascus*, *Microascus*, *Leptosphaeria* (Anamorph: *Phoma*), *Glomerella* (Anamorph: *Colletotrichum*, *Gloeosporium*), *Dipodascus* (*Geotrichum*), *Gaeumannomyces* (*Ophiobolus*), *Cordyceps*, *Thermoascus*, *Byssochlamys* (Anamorph: *Paecilomyces*), *Pleospora*, *Sclerotinia* (Anamorph: *Sclerotium*), *Hypocrea* (Anamorph: *Trichoderma*), *Preussia*, *Sporomia* sowie *Hansenula*, *Pichia*, *Saccharomyces*, *Sporobolomyces*, *Torula*, *Torulopsis* und *Zygosaccharomyces* werden gefunden. Zahlreiche Ascomyceten-Gattungen sind ebenso wie zahlreiche Basidiomyceten-Gattungen an der Ausbildung von Ektomykorrhizen beteiligt. Beispiele für solche Ascomycetengattungen sind *Elaphomyces*, *Spathularia*, *Helvella*, *Bassia*, *Geopora*, *Lachnea*, *Gyromitra*, *Corticium*, *Thelephora*, *Rhizopogon*, *Geastrum*, *Astraeus*, *Calvatia*, *Lycoperdon*, *Phallus*, *Scleroderma* und andere.

Entsprechende Beispiele für Basidiomyceten-Gattungen sind unter anderen *Lepiota*, *Amanita*, *Amanitopsis*, *Boletus*, *Boletinus*, *Suillus*, *Cortinarius*, *Hebeloma*, *Inocybe*, *Gomphidius*, *Paxillus*, *Clitopilus*, *Lactarius*, *Russula*, *Strobilomyces*, *Laccaria*, *Leucopaxillus*, *Tricholoma* und *Cantha-*

rellus. Andere im Boden gefundene Basidiomyceten-Gattungen sind *Rhizoctonia* und *Bjerkandera*.

Die Gattungen *Metarrhizium*, *Trichocladium*, *Monilia* sind Vertreter der Deuteromycetes im Boden. Imperfekte Hefen wie *Candida*, *Cryptococcus*, *Rhodotorula*, *Aureobasidium*, *Cladosporium* werden ebenfalls gefunden.

Vertreter der Gattungen *Trichophyton*, *Microsporium* und *Epidermophyton* zählen zu den Dermatophyten. Diese autochthonen Pilze sind Erreger von Haut-, Haar- und Nagelmykosen bei Mensch und Tier.

3.3 Viren

Die nicht zur den Lebewesen zählenden Viren sollen an dieser Stelle berücksichtigt werden. Viren zeigen keine metabolische Aktivität und sind hinsichtlich deren Vermehrung auf lebende Zellen angewiesen. Ein Virus-Partikel (Virion) besteht aus Nukleinsäure (DNA oder RNA), welche von einem Proteinmantel umhüllt ist. Eine große Zahl von Viren ist bekannt. Viren sind wirtspezisch. Entsprechend deren Wirt können Pflanzen-, Tier-, Bakterien- und Pilzviren unterschieden werden. Bakterienviren werden als Bakteriophagen bezeichnet. Algen, Pilze und Protozoen befallende Viren wurden wenig untersucht.

Einen Literaturüberblick zum Themenbereich Viren und Boden gaben Farrah und Bitton (1990).

Das Auftreten einer Reihe von Viren im Boden kann als eine natürliche Konsequenz deren Assoziation mit deren den Boden besiedelnden Wirten gesehen werden. Pflanzen- und Tierviren können über infiziertes Pflanzen- oder Tiermaterial in den Boden gelangen. Bakteriophagen und Pilzviren konnten bei Bodenbakterien und Bodenpilzen nachgewiesen werden. In der Landapplikation von Abfällen ist eine weitere Quelle für Viren im Boden zu sehen. Die Inaktivierung von Viren im Boden, die Fähigkeit von pflanzen- bzw. tierpathogenen Viren in Böden zu überdauern sowie deren möglicher Transfer in das Grundwasser ist von wesentlichem wissenschaftlichen sowie öffentlichen Interesse. Der Transfer von Viren mit Bodenmaterial im Zuge von Erosionsvorgängen stellt einen ebenfalls interessanten Aspekt dar.

Dem Verhalten von humanen Enteroviren und Coliphagen wurde sehr viel Forschungsanstrengung gewidmet. Diese Viren können unter kalten und feuchten Bedingungen im Boden relativ lange Perioden (Monate) überdauern. Im Vergleich zu Humanviren erweisen sich Insekten- und Pflanzenviren im Boden als stabiler. Deren Persistenz wurde mit Jahren angeben. Die Rolle der Bakteriophagen bezüglich der Ökologie von Bodenmikroorganismen ist nicht klar. In der Regulation der Dichte von

Individuen kann eine mögliche ökologische Funktion von Viren gesehen werden. Die Limitierung empfindlicher Bakterien durch lytische Phagen bzw. der durch Phagen mediierte Transfer von genetischem Material zwischen Bakterien (Transduktion), stellen Vorgänge mit ökologischer Relevanz dar.

Dunger und Fiedler (1989) stellten Methoden zur Erfassung allochthoner Viren vor, wobei Entero- und Adenoviren sowie Enterobakteriophagen berücksichtigt wurden.

3.4 Schleimpilze

Die Schleimpilze sind eine Gruppe heterotropher, eukaryontischer Organismen, welche weder den Pilzen, noch den Pflanzen oder Tieren zugeordnet werden können. Diese Lebensformen sind innerhalb der Eukaryonten als eigenständige evolutionäre Entwicklungslinien aufzufassen.

Die Schleimpilze weisen in einigen Merkmalen Ähnlichkeit mit Protozoen auf, von welchen sie sich durch die Bildung von Fruchtkörpern und Sporen unterscheiden. Die phagotrophe Ernährung, zumindest in bestimmten Lebensphasen auftretende amöboide Stadien sowie ebenfalls zumindest in bestimmten Lebensphasen auftretende nackte, zellwandlose Stadien repräsentieren diese Merkmale.

Es werden drei Schleimpilzabteilungen, die Myxomycota, die Plasmodiophoromycota und die Labyrinthulomycota unterschieden. Für Schleimpilze typisch sind zellwandlose, vielkernige amöboid bewegliche Plasmamassen (Plasmodien). Solche im vegetativen Stadium gebildete Plasmodien können auf unterschiedliche Weise entstehen. Solche können durch die Aggregation von Myxamöben, welche ihre Individualität behalten (Aggregationsplasmodien, Pseudoplasmodien) gebildet werden. Diploide, vielkernige Plasmodien entstehen durch das Verschmelzen von Myxamöben oder Myxoflagellaten und anschließenden Kernteilungen (Fusionsplasmodien). Vielkernige Plasmodien können auch ungeschlechtlich aus einer Einzelzelle, welche Kernteilungen jedoch keine Zellteilungen vollzieht entstehen. Die Vermehrung der Schleimpilze erfolgt durch in besonderen Fruchtkörpern gebildete Sporen. Die endoparasitisch lebenden Schleimpilze stellen diesbezüglich eine Ausnahme dar.

Die Abteilung Myxomycota wird durch die Klasse der Myxomycetes („Echte Schleimpilze“) sowie die Klasse der Acrasiomycetes („Zelluläre Schleimpilze“) repräsentiert.

Myxomycetes („Echte Schleimpilze")

Die Myxomycetes werden in drei Unterklassen die Protostelidae, die Dictyostelidae und die Myxomycetidae unterteilt. Bei den Vertretern der Protostelidae entwickeln sich Myxamöben zu kleinen, vielkernigen Plasmodien. Die Dictyostelidae bilden durch das Zusammenkriechen (Aggregation) von Myxamöben, welche nicht verschmelzen und ihre Individualität bewahren, Aggregationsplasmodien. Die Dictyostelidae wurden früher zu den Zellulären Schleimpilzen gestellt, von welchen sie sich durch den Besitz von Cellulose in der Zellwand sowie durch ein anderes Verhalten bei der Aggregation unterscheiden. Die Myxomycetidae bilden vielkernige, diploide Plasmodien (Fusionsplasmodien).

Die Myxomycetes sind weit verbreitet, wobei etwa 500–600 Arten bekannt sind. Die Vertreter der Myxomycetidae sind Bestandteil der Bodenoberflächen-Mikroflora und können an vermodernden aber auch an lebenden Pflanzen nachgewiesen werden. In Wäldern werden diese an zersetzter Streu besonders häufig gefunden. Vertreter der Dictyostelidae konnten aus einer Vielzahl unterschiedlicher Böden mit unterschiedlichem Bewuchs sowie aus unterschiedlicher Meereshöhe isoliert werden. Das Vorkommen dieser Schleimpilze wird durch Bodeneigenschaften wie Belüftung, Humusgehalt, pH-Wert und Feuchte beeinflußt. In gut belüfteten, humusreichen Böden wird deren Vorkommen begünstigt.

Schleimpilze ernähren sich von pflanzlichen und tierischen Substraten, von toten und lebenden Mikroorganismen und deren Metabolite. Die stoffwechselaktiven Plasmodien bilden bei Trockenheit überdauerungsfähige Sklerotien, welche bei günstigem Mikroklima leicht reaktivierbar sind.

Nach den bisherigen Erkenntnissen ist die ökologische Rolle der Myxomycetes in deren natürlichen Habitaten jene von Prädatoren, Parasiten und Saprophyten. Diese Organismen beteiligen sich mit verschiedenen extrazellulären Enzymen am Abbau der Streu. Vertreter der Myxomycetidae treten als Sekundärsaprophyten und unterstützt durch assoziierte bzw. symbiontische Bakterien als Primärsaprophyten auf (Kobilansky und Schinner 1988; Schinner et al. 1990). Die Herstellung bakterienfreier Myxomycetenkulturen erwies sich als schwierig und bakterienfreie Kulturen wiesen ein sehr schlechtes Wachstum auf. Die Bedeutung dieser Organismen für den Kohlenstoffkreislauf dürfte auf die Streu und kohlenstoffreiche Oberböden beschränkt sein. Infolge des hohen Feuchtebedarfs, des geringen Biomasseanteils im oder am Substrat und den geringeren Umsatzleistungen kommt den Myxomycetes gegenüber Pilzen eine nur untergeordnete Bedeutung zu. Die Fähigkeit zur Hemmstoffbildung konnte sowohl für Vertreter der Dictyostelidae als auch für solche der Myxomycetidae gezeigt werden. Untersuchungen mit Vertretern der Myxomycetidae zeigten, daß diese Organismen ein breites Spektrum von jeweils mehreren Hemmstoffen gegen Pilze, einschließlich Hefen sowie gegen Gram-negative und Gram-positive Bakterien ausscheiden (Kolm 1983). Im Tierversuch konnte auch der Nachweis toxischer Metabolite (Lähmung bzw. Tod) erbracht werden. Die Funktion toxischer Metabolite kann in einer Verhinderung der Flucht und im Abtöten von Beuteorganismen gesehen werden. Die Aufgabe der Myxomycetes dürfte weniger im Abbau der Streu, als vielmehr in einer noch nicht erfaßbaren Rolle zur Aufrechterhaltung einer ausgewogenen Organismengemeinschaft im Bereich der Streu und des Oberbodens bestehen.

Acrasiomycetes („Zelluläre Schleimpilze“)

Bei den Acrasiomycetes entstehen Plasmodien durch die Aggregation von Amöben, welche ihre Individualität erhalten. Deren Aggregationsverhalten und Fruchtkörperbildung unterscheidet sich von jenem der Dictyostelidae.

Zelluläre Schleimpilze treten verbreitet in Böden auf. Hinsichtlich deren ökologischer Bedeutung besteht Forschungsbedarf.

Labyrinthulomycota (Netzschleimpilze)

Die Labyrinthulomycota leben als Saprophyten oder als Endoparasiten.

Plasmodiophoromycota (Parasitische Schleimpilze)

Die Plasmodiophoromycota leben endoparasitisch an Pflanzen, wo diese Gewebewucherungen verursachen können. Beispiele sind die Kohlhernie bzw. die Kartoffelräude, welche durch *Plasmodiophora brassicae* bzw. durch *Spongospora subterranea* hervorgerufen werden.

3.5 Algen

Eine Reihe von Algengattungen bewohnt den Boden. Vertreter der Chlorophyta, der Xanthophyceen und Bacillariophyceen (Diatomeen) werden vorwiegend gefunden.

Algen sind Eukaryonten. In der älteren und seltener auch in neuerer Literatur zum Themenkreis der Bodenalgen werden die zu den Prokaryonten zählenden Cyanobakterien, vormals Cyanophyceae (Blaualgen), zu den Algen gestellt.

Algen sind in Böden weltweit verbreitet. Die Bodenoberfläche sowie die oberen Bodenschichten (bis zirka 10 cm Tiefe) stellen jene für die Verbreitung von Algen im Boden wesentlichen Lokalitäten dar. Die in größeren Tiefen gefundenen Algen überleben meist in Form von Dauerstadien

(Gärtner 1993). Die meisten Algen finden sich an der Bodenoberfläche oder innerhalb der oberen mm des Bodens. Bis zu 10^6 Algenzellen/g können hier gefunden werden (Atlas und Bartha 1987). Algen sind an der Oberfläche verschiedenster Böden verbreitet. Diese gedeihen von schwach saurem bis schwach alkalischem pH und bevorzugen hohe Feuchtegehalte. Die Biomasse der Bodenalgen (eukaryontische Algen einschließlich prokaryontische Cyanobakterien) wird in gemäßigten Zonen auf 150–500 kg Frischgewicht/ha geschätzt (Shtina 1974). Vergleichende Langzeituntersuchungen zur Zahl eukaryontischer Algen in zwei Sukzessionsstadien eines Feldes sowie in einem Klimax-Wald ergaben 3.3×10^7 bzw. 2.2×10^7 sowie 1.2×10^5 Zellen/g Boden im einjährigen bzw. elfjährigen Feldboden sowie im Boden des Klimax-Waldes (Hunt et al. 1979).

Die Zusammensetzung und Verbreitung der Bodenalgen wird durch Eigenschaften des Bodens sowie des Klimas beeinflußt. Eine Übersicht zur Ökologie der Bodenalgen gab Metting (1981). Bodenalgen sind im Gegensatz zu den meisten Bakterien und Pilzen C-autotroph. Bei einigen Arten der Chlorophyceen und Diatomeen konnte auch heterotrophe Lebensweise beobachtet werden (Alexander 1961). Als photosynthetisch aktiven Organismen wird den Algen hinsichtlich eines Beitrages zum organischen Kohlenstoffgehalt von Böden Bedeutung beigemessen.

3.6 Flechten

Flechten sind Symbiosen zwischen Pilzen und Algen bzw. zwischen Pilzen und Cyanobakterien. Die Flechten unterscheiden sich in Form, Struktur und Farbe von den freilebenden Partnern und in deren Vegetationskörper (Lager) können verschiedene Formen des Kontaktes zwischen Pilz und Alge bzw. Pilz und Cyanobakterium unterschieden werden. Die entsprechenden Pilzpartner werden als Mycobionten, die entsprechenden Algen- oder Cyanobakterienpartner als Photobionten definiert. Lichenisierte Vertreter sind aus den Pilzgruppen der Phycomyceten, Ascomyceten und Basidiomyceten bekannt. Phycomyceten-Flechten sind selten. Zum überwiegenden Teil handelt es sich bei den flechtenbildenden Pilzen um Vertreter der Ascomyceten. Der Großteil der als bekannt angegebenen Flechtenarten, deren Zahl sich auf 16 000–20 000 beläuft (Henssen und Jahns 1974; Wirth 1980) ist den Ascomyceten-Flechten zuzuordnen. Die flechtenbildenden Ascomyceten gehören vor allem der Unterklasse der Ascomycetidae und hier der Gruppe der ascohymenialen Pilze an. Vertreter dieser Gruppe zählen zu den Ordnungen Caliciales, Leconorales, Ostropales, Sphaeriales, Verrucariales und Gyalectales. Imperfekte Ascomyceten-Flechten treten ebenfalls als Bodenbesiedler auf. Vertreter der

Basidiomyceten werden als Flechtenpilze seltener gefunden. Bei den letzteren handelt es sich vor allem um Vertreter der Unterklasse der Holobasidiomycetidae und hier um die Ordnung der Agaricales (Tricholomataceae) und der Aphyllophorales (Corticaceae, Claviariaceae). Als photosynthetische Partner können Vertreter der Cyanobakterien bzw. der Chlorophyta auftreten. Bei den Cyanobakterien treten vor allem die Gattungen *Chroococcus*, *Gloeocapsa*, *Calothrix*, *Scytonema* sowie *Nostoc* auf (Büdel 1992). Bei den Algen sind es vor allem Vertreter der Pleurastrales wie die Gattung *Trebouxia* und der Chlorococcales wie die Gattungen *Chlorella*, *Coccomyxa* und andere (Gärtner 1992).

Die Symbiose mit den Photobionten ist für die Mehrzahl der Flechtenpilze obligat, während die Algen und Cyanobakterien in der Natur meist auch frei vorkommen können. Die Pilze erhalten in der Flechtensymbiose Kohlenhydrate vom Photobionten. Der Pilz kann den photosynthetisch aktiven Symbiosepartner zur Synthese von dem pilzlichen Stoffwechsel entsprechenden Kohlenhydraten veranlassen. Unter dem Einfluß des Pilzes wird die normalerweise weitgehende Impermeabilität der Zellmembran der Algen und Cyanobakterien für Photosyntheseprodukte in Bezug auf bestimmte Produkte aufgehoben. Flechten, welche Cyanobakterien als Photobionten enthalten sind in der Lage den atmosphärischen Stickstoff zu binden. Unter dem Einfluß des Pilzes konnte eine höhere Stickstoffbindung als in den freilebenden Bakterien nachgewiesen werden. Die Vorteile der photosynthetisch aktiven Symbiosepartner schließen den Schutz, die Bereitsstellung mineralischer Nährstoffe sowie die Regulation des Wasser- und Lichthaushaltes durch den Mycobionten ein.

Flechten zeichnen sich auch durch das Vermögen zur Synthese zahlreicher sekundärer Stoffwechselprodukte aus, welche zu einem wesentlichen Teil als spezielle nur bei Flechten gefundene Verbindungen anzusprechen sind. Die diskutierten Funktionen dieser Stoffe schließen spezielle Steuerfunktionen im Stoffwechsel zwischen den Partnern, antibiotische Funktionen oder auch eine Schutzfunktion gegenüber Strahlung ein.

Flechten sind weltweit verbreitet. Diese treten von arktischen und antarktischen Regionen bis hin zu den tropischen Regenwäldern und Wüsten auf. Flechten können Standorte besiedeln, an welchen die Partner alleine nicht auf Dauer bestehen könnten. Flechten vermögen extreme und nährstoffarme Standorte zu besiedeln. Diese können eine extreme Kälteresistenz sowie die Fähigkeit zur Unterhaltung hoher Photosyntheseraten unterhalb des Gefrierpunktes aufweisen. Neben Bakterien, Algen und Pilzen zählen Flechten zu den Erstbesiedlern von Gesteinen und Rohböden. In dieser Funktion sind Flechten für die frühen Stadien der Bodenentwicklung von Bedeutung.

3.7 Tiere

3.7.1 Mikro-, Meso- und Makrofauna

Auf Basis der Körpergröße kann eine Einteilung der Bodentiere in eine Mikro- (< 2 mm), Meso- (2–10 mm) und Makrofauna (> 10 mm) erfolgen.

Mikrofauna

Die Einzeller (Protozoen) sowie kleine Vielzeller wie Rädertiere (Rotatorien), Bärtiere (Tardigraden) und Fadenwürmer (Nematoden) zählen zur Mikrofauna. Die Mikrofauna ist weitgehend kosmopolitisch (Foissner 1993).

Die Rädertiere und Bärtiere weisen im Boden eine untergeordnete Bedeutung auf. Nematoden werden zahlreich gefunden. Die Bodenfauna wird zahlenmäßig durch Protozoen dominiert. Freilebende Protozoen werden in den meisten Bodenproben gefunden. Die Diversität der in Böden gefundenen Protozoen ist im Vergleich zu jener der in aquatischen Lebensräumen auftretenden gering (Atlas und Bartha 1987).

Bezogen auf das Porensystem der Böden kann die Mikrofauna Poren mit einem Durchmesser von weniger als 100 μm nutzen (Meyer 1993a).

Die traditionelle Einteilung der Abteilung Protozoa unterscheidet die Klassen Wimpertiere (Ciliaten), Wurzelfüßer (Rhizopoden), Geißeltiere (Flagellaten) und Sporentiere (Sporozoa). Letztere sind Parasiten. Ein neues System umfaßt sieben Abteilungen von denen zwei, jene der Sarcomastigophora und der Ciliophora, die freilebenden Bodenprotozoen einschließen (Lousier und Bamforth 1990). Die Sarcomastigophora schließen Protozoen ein, welche sich mittels Geißeln oder Protoplasmaströmung bzw. durch beide Mechanismen fortbewegen. Auf Basis des vorherrschenden Typs der Fortbewegung wird die Abteilung in die Unterabteilungen Mastigophora (oder Flagellaten) und Sarcodina (oder Amöben) geteilt. Die Chiliophora oder Ciliaten bewegen sich mittels zahlreicher Flimmerhärchen oder Cilien.

Die Streu- und Bodenprotozoenfauna ist kosmopolitisch. Unter verschiedenen Bodenbedingungen treten die Arten jedoch mit unterschiedlicher Häufigkeit auf. Testaceen (Schalenamöben) sind in Waldstreu besser repräsentiert als in Grünland. Von Nacktamöben, Flagellaten und Ciliaten häufig bewohnte Habitate sind durch einen hohen Basenstatus und einen reifen Humus mit einer hohen Mineralisierungsrate (Mull) charakterisiert (Lousier und Bamforth 1990). Wesentliche die Struktur und Physiologie der Protozoen beeinflussende Bodeneigenschaften schließen die Temperatur, den Feuchtegehalt, das Redoxpotential sowie den Salz- und Gashaushalt ein.

Stout et al. (1982) sowie Lousier und Bamforth (1990) gaben Übersichten zur Protozoenfauna von Böden.

Die ubiquitär auftretenden Nacktamöben können 50–90% der Protozoen in Boden und Streu ausmachen. Diese schließen Gattungen wie z.B. *Naegleria*, *Valkampfia*, *Hartmanella*, *Acanthamoeba*, *Thecamoeba*, *Mayorella* sowie auch größere Formen wie *Vampyrella*, *Biomyxa* und *Gephyramoeba* ein. Andere an Boden und Streu angepaßte Protozoen sind die ubiquitär auftretenden Flagellaten *Oikomonas termo*, *Pleuromonas jaculans* und Arten der Gattung *Bodo*, *Cercobodo* und *Mastigamoeba*. Die Diversität der Ciliaten spiegelt den Bodenfeuchtegehalte und die Bodenstruktur wieder. Die Ciliaten-Gattung *Colpoda* kann bis zu 50–95% der Streu- und Boden-Ciliaten repräsentieren. Als weitere Vertreter der Ciliaten können in Streu- oder Bodenproben die Gattungen *Chaenia*, *Keronopsis*, *Pleurotricha* sowie die Arten *Oxytricha minor*, *Leptopharynx sphagnetorum*, *Cyrtolophosis elongata*, *Vorticella microstoma*, *Cyclicidium glaucoma*, *Chilodonella cuccullus* und C. *uncinata* auftreten. Das Auftreten räuberischer Vertreter der Protozoen wie *Litonotus*, *Dileptus*, *Breslaua* und *Sphaerophrya* kann durch einen erhöhten Feuchtegehalt des Bodens begünstigt werden.

Die Schalenformen der Schalenamöben werden als Indikatoren für unterschiedliche Feuchteregime genutzt. Die relativen Anteile der morphologischen Typen in einer Testaceen-Gemeinschaft sind für den relativen Feuchtegehalt in der Streu und dem Boden kennzeichnend. Abgeflachte Schalen wie sie bei Vertretern der Gattung *Arcella*, *Microchlamys* und *Diplochlamys* gefunden werden sind typische Formen von Bewohnern aquatischer Vegetation und feuchter Böden. Für Bewohner von aquatischer Vegetation, von Moosen sowie von Waldstreu sind hoch gewölbte Schalen charakteristisch. Solche Formen sind für Vertreter der Gattungen *Assulina*, *Nebela*, *Heleopera* und *Hyalophenia* typisch. Träger von keilförmigen Schalen wie *Centropyxsis*, *Plagiopyxsis*, *Bullinularia*, *Corythion* und *Trinema* treten in Streu und trockeneren Böden auf. Träger kugelförmiger Schalen wie *Phryganella*, *Cyclopyxis*, *Trigonopyxsis* und *Distomatopyxsis* gelten als echte edaphische Formen und diese vermögen einer hohen Trockenheit zu widerstehen.

Die Schalenamöben, die Ciliaten und die Nematoden gehören zu den individuen- und artenreichsten sowie (stoffwechsel)aktivsten Bodentieren. Die Biomasse der Mikrofauna (Protozoen, Nematoden) wurde für Böden des temperaten Klimabereiches mit 50 kg Lebendgewicht/ha, für solche des tropischen Bereiches mit 0.5 kg/ha angegeben (Lee 1991). Die Zahl der Bodenprotozoen wurde mit 10^2/g in Wüstenböden bis zu 10^6/g in Waldstreu und Böden der humiden Zone angegeben (Lousier und Bamforth 1990). Die Zahlenwerte für Testaceen bewegen sich von 10^2/g in Wüstenböden und landwirtschaftlichen Böden bis zu 10^5/g in Waldböden (Humus). Für Ciliaten konnten Zahlenwerte in einem entsprechenden Bereich angegeben werden. Wesentlich ist auch, daß ein Großteil der Amöben-, Flagellaten- und Ciliaten-Populationen unter Feldbedingungen im encystierten Zustand vorliegen kann. Die dafür geschätzten Prozentangaben liegen bei mehr als 50 bzw. 70%. Schätzungen zur Zahl der Nematoden in landwirtschaftlichen Systemen rangieren zwischen 10^4–10^7 pro m^2 Bodenoberfläche. Zahlenwerte für Nematoden pro Gramm Oberboden (obere 15 cm) belaufen sich auf 10–10^2 (Brady 1990).

Die Protozoen treten mit der größten Häufigkeit nahe der Bodenoberfläche auf. Diese ernähren sich von gelösten organischen Stoffen, von totem organischen Material, von ihresgleichen sowie von Mikroorganismen. Der Anteil der Protozoen an der tierischen Atmung beträgt im Durchschnitt etwa 70%. In extremen Regionen der Erde wie diese durch Gebirge und Polargebiete gegeben sind werden weit über 50% des tierischen Energieumsatzes von der Mikrofauna geleistet; für regenwurmreiche Böden der gemäßigten Zonen wurde dieser Prozentsatz mit 10–30 veranschlagt (Foissner 1993). In extremen Hochgebirgsböden repräsentieren Protozoen etwa ein Drittel der tierischen Biomasse.

Die Nematoden sind die häufigsten in Böden auftretenden Metazoen. Diese treten mit anderen Bodenorganismen in enge Wechselwirkung. Viele Nematoden leben parasitisch an höheren Pflanzen und Tieren. Freilebende Formen beweiden Pilze, Bakterien, Protozoen und Algen. Räuberische Formen ernähren sich von anderen Nematoden, Enchytraeiden, Bärtierchen und Protozoen.

Mesofauna, Makrofauna

Im Boden werden viele kleine wühlende Vielzeller gefunden. In den meisten Böden setzen sich etwa 90% der Mikroarthropodenpopulation aus Milben (Acarina) und Springschwänzen (Collembola) zusammen. Diese sind gewöhnlich die wichtigsten Vertreter der Mesofauna.

Die Mesofauna bewohnt die weiten Grobporen des Bodens (< 2 mm). Innerhalb einer Klimaregion wird das Auftreten von Mikroarthropoden in Böden hauptsächlich durch den Typ und die Menge der organischen Reste und deren Einfluß auf die mikrobiellen Populationen sowie strukturelle Bodeneigenschaften und das Wasserregime bestimmt. In der Streu borealer Wälder werden Mikroarthropoden häufig gefunden (z.B. 300 000 Individuen/m^2); weniger häufiger treten diese in Kulturböden auf (50 000 Individuen/m^2) (Winter und Voroney 1993).

In der Literatur erfolgt die Zuordnung der Enchytraeiden (Kleine Borstenwürmer) und der Lumbriciden (Regenwürmer) als biologisch bedeutsame Vertreter der Oligochaeten zur Meso- bzw. Makrofauna nicht einheitlich.

Enchytraeiden erreichen ihre höchste Abundanz in sauren Böden mit einem hohen organischen Substanzgehalt (Dash 1990).

Die Lumbriciden sind weit verbreitet. In trockenen Regionen wird deren Verbreitung durch den Feuchtebedarf beschränkt. Unter den Lumbriciden werden solche Formen unterschieden, welche große Mengen an Bodenmaterial durch den Verdauungstrakt schleusen, solche, welche Schlamm oder gesättigte Böden besiedeln bzw. solche, welche sich von unterschiedlichen organischen Materialien wie Blattstreu, Kompost oder Dünger nähren. Die Wühltätigkeit der Lumbriciden dient der Fortbewegung und der Nahrungsaufnahme. Das aus dem Boden aufgenommene organische Material oder das Pflanzenmaterial der Bodenoberfläche dient diesen Organismen als Nährstoffquelle. Die Losungen von Lumbriciden unterscheiden sich vom umgebenden Substrat in chemischer, physikalischer, mikrobiologischer und biochemischer Hinsicht.

Für Böden des temperaten Klimabereiches wurde die Biomasse der Regenwürmer mit 900 kg Lebendgewicht/ha, für solche des tropischen Bereiches mit 300 kg Lebendgewicht/ha angegeben (Lal 1991).

Bei der Makrofauna sind die Arthropoden durch Krebstiere (Crustaceen) wie Asseln (Isopoden), durch Spinnentiere (Arachniden) wie Spinnen (Aranei), durch Vielfüßer (Myriapoden) wie vor allem Tausendfüßer (Diplopoden) und Hundertfüßer (Chilopoden) sowie durch zahlreiche Insekten vertreten. Die sich im Boden entwickelnden Larven der Zweiflügler (Dipteren), die im Boden lebenden Käfer (Coleopteren) bzw. deren Larven sowie die Ameisen gehören neben den Collembolen zu jenen Insekten, welchen besondere biologische Bedeutung beigemessen wird. Im Boden werden auch Schnecken (Gastropoden) als Vertreter der Mollusken gefunden. Die wichtigsten Wirbeltiere des Bodens sind die Maulwürfe und Nagetiere wie Wühlmaus, Hamster, Kaninchen, in Steppengebieten Ziesel und Erdhörnchen. Die Vertreter der Makrofauna bewohnen Risse und Wurzelkanäle des Bodens. Deren Wühl- und Grabtätigkeit trägt wesentlich zur Entwicklung von Böden bei.

3.7.2 Ökologische Bedeutung

Die Zerkleinerung, Verlagerung und chemische Veränderung der Streu, die Durchmischung des Bodens, die Beweidung und Verbreitung von Mikroorganismen sowie die Beteiligung am Aufbau des Bodengefüges stellen wesentliche Funktionen der Bodenfauna dar.
Bodentiere nehmen an der Bodenbildung und -entwicklung teil. Diese beeinflussen physikalische und chemische Bodeneigenschaften sowie biochemische Umsetzungen und die Struktur und die Aktivität der mikrobiellen Gemeinschaft im Boden. Der Luft-, Wasser- und Nährstoffhaushalt des Bodens wird durch diese beeinflußt. Wühlende Bodentiere mischen das Bodenmaterial, lagern es um und wirken damit abwärts gerichteten Verlagerungsprozessen und einer Horizontdifferenzierung entgegen. Die

Grab- und Wühltätigkeit von Bodentieren wirkt neben der Durchwurzelung und dem Bodenfrost lockernd auf den Boden. Die Bodenreaktion kann durch tierische Aktivität unter anderem durch den Eintrag von basischerem Unterbodenmaterial in einen versauerten Oberboden modifiziert werden. Eine Anhebung des pH kann auch über die Einarbeitung von basenhaltiger Blattstreu in tiefere Bodenbereiche begünstigt werden.

Regenwürmern bzw. Ameisen und Termiten in arideren Gebieten, wird aufgrund deren Einfluß auf die Humifizierung und Mineralisierung der organischen Substanz sowie auf strukturelle Eigenschaften des Bodens eine besondere Bedeutung beigemessen. Die Lumbriciden sind eine der aktivsten Gruppen bodenbildender Invertebraten. Durch die Verlagerung großer Mengen an Streu in tiefere Bereiche des Bodens, die wühlende Tätigkeit und die Aufnahme großer Bodenmengen sowie die Mischung organischen und anorganischen Materials wird die Verteilung von organischer Substanz und die Bildung der Humushorizonte gefördert. Die durch die Tätigkeit von Regenwürmern jährlich an die Bodenoberfläche verlagerte Menge an Unterbodenmaterial kann pro Hektar etwa zwei Tonnen betragen (Simbrey 1987). Der Aufbau organomineralischer Komplexe verlief in Gegenwart von Regenwürmern zwei- bis fünfmal intensiver als in deren Abwesenheit (Ziegler 1990). Solche Komplexe spielen eine wichtige Rolle bei der Speicherung und dem Kreislauf von Kohlenstoff und anderer Nährelemente. Die Stabilisierung der organischen Substanz im Mineralhorizont des Bodens durch die wühlende Aktivität bodenlebender Regenwürmer ist ein Schlüsselprozess bei der Bildung von Wald-Mullböden (Scheu und Wolters 1991).

In der Literatur wird über spezifische stimulierende bzw. hemmende Interaktionen zwischen Bodenmikroorganismen und Bodentieren berichtet (z.B. Gel'tser 1992). Demzufolge stimulierte die Bodenamöbe *Amoeba albida* die Aktivität des Knöllchenbakteriums *Rhizobium meliloti*. Metaboliten der Bodenpilze *Penicillium* sp. und *Aspergillus* sp. zeigten eine ausgeprägte protistozide Aktivität. Die Unterdrückung des pathogenen Pilzes *Verticillium dahliae*, dem Erreger von Welke bei Baumwolle, durch die *Amöbe albida* und Infusorien der Gattung *Colpoda* wurde berichtet.

Förderung von Stoffumsetzungen

Durch deren phytotrophe, mikrotrophe, zootrophe und saprotrophe Ernährungsweise leisten Bodentiere einen Beitrag zum Nährstoffumsatz im Boden. Bodentiere stimulieren die Stoffumsetzungen und tragen zum Enzymgehalt des Bodens bei.

Beim Streuabbau besteht die Hauptfunktion von Bodentieren in der Zerkleinerung der Streu sowie deren teilweisen Ab- und Umbau im mikrobiell besiedelten Verdauungstrakt. Die Besiedelung tierischer Darmtrakte durch am Substratumsatz teilnehmende Mikroorganismen kann als eine

Symbiose angesehen werden. Für verschiedenste Arthropoden konnten Symbiosen mit Mikroorganismen nachgewiesen werden. Die Mikroorganismen dienen dabei dem Aufschluß bestimmter organischer Substrate (z.B. Cellulose) oder auch der Vitaminversorgung der Tiere.

Die Rolle der Bodenfauna bei der Mineralisierung der organischen Substanz ist Gegenstand der Forschung. Die bedeutende katalytische Rolle der Invertebraten beim Abbau der organischen Substanz steht außer Zweifel (Tarashchuk und Maliyenko 1993). Konsens besteht dahingehend, daß Bodentiere den mikrobiellen Abbau der organischen Substanz stimulieren. Bei Ausschluß der Bodenfauna aus mit Streu angereichertem Boden kommt es in der Regel zu einem Rückgang der Bodenatmungsrate.

Die direkt durch die Bodenfauna bewirkte Mineralisierung ist im Vergleich zur mikrobiellen Aktivität gering. Entsprechend Schätzungen beträgt diese nur wenige Prozent. Der direkte Beitrag der Tiere zum heterotrophen Metabolismus wurde in Bezugnahme auf Literatur mit 1–25% angegeben (Schäfer 1991). In natürlichen und in Agrarökosystemen wurde der Beitrag von Tieren zum Abbau der organischen Substanz und zur Stickstoffmineralisierung mit bis zu 30% angegeben (Verhoef und Brussaard 1990). Standortfaktoren beeinflussen die Höhe dieses Beitrages. Der Einfluß der saprophagen Mesofauna auf den Streuabbau erwies sich infolge von Aktivitätsunterschieden zwischen verschiedenen Gruppen und Arten saprophager Invertebraten, als von der Individuenzahl der Population und der Zusammensetzung des saprophytischen Komplexes abhängig (Vsevolodova-Perel et al. 1992). Vergleichende Untersuchungen der genannten Autoren zum Einfluß der Mesofauna auf die Abbaurate von Blattstreu in Misch- und Laubwäldern der Waldsteppenzone zeigten, daß die kleinen Streusaprophagen in Dunkelgrauen Waldböden sehr viel stärker zum Streuabbau beitrugen als in Braunen Waldböden. Zwischen den Waldstreuvorräten und der Aktivität saprophager Invertebraten bestand eine inverse Beziehung.

Der direkte Beitrag der Bodentiere zum Energiefluß in terrestrischen Ökosystemen ist gering. Die Bodentiere üben jedoch indem diese mikrobielle Mineralisations- und Immobilisierungsprozesse über Aktivitäten wie die Streuzerkleinerung, die Inokulumverbreitung, die Bioturbation, die Förderung der Bodenbelüftung usw. wesentlich beeinflussen, einen starken indirekten Einfluß auf den Energiefluß in Böden aus.

Mikroarthropoden, Protozoen, Nematoden. Die Mikroarthropoden beeinflussen als Beweider von Mikroorganismen und als Räuber an der Mikro- und Mesofauna organismische Gleichgewichte im Boden. Durch deren Interaktionen mit der Mikroflora können Mikroarthropoden eine signifikante Rolle bei der Beschleunigung der Zersetzung der Pflanzenrückstände spielen. Durch die Beweidung der Mikroflora, welche einen höheren Umsatz der mikrobiellen Biomasse bedingt, können der Energiefluß und die

Nährstoffkreisläufe beschleunigt werden. Der Effekt der Mikroarthropoden auf den Zersetzungsprozeß durch Zerkleinerung der Streu wird als weniger bedeutsam angesehen, da diese Organismen nur eine geringe Menge der anfallenden Pflanzenrückstände aufnehmen.

Protozoen treten mit Bodenmikroorganismen in komplexe Wechselwirkungen ein. Protozoen nehmen Teil an der Regulation der Individuenzahl, der Zusammensetzung und der physiologischen Aktivität der Bodenmikroorganismen. Der Anstieg der Bakterienzahlen, welcher üblicherweise im Gefolge des Zusatzes von frischer Streu zum Boden beobachtet werden kann, wird fast immer von einem Anstieg der Protozoenzahl gefolgt. In Labormikrokosmen schreitet der Abbau von organischen Resten in Gegenwart von Protozoen und Bakterien rascher voran, als nur in Gegenwart von Bakterien.

Die Schalenamöben, die Ciliaten und die Nematoden konsumieren wesentliche Mengen an Bakterien, Pilzen und Detritus. Schätzungen zur Bakterienaufnahmerate durch Nematoden belaufen sich auf bis zu 5000 Zellen/Minute. Der Gesamtkonsum der Mikroflora durch Bakterien und Fungivoren wird auf 50% der geschätzten jährlichen Produktion an mikrobieller Biomasse geschätzt.

Protozoen und Nematoden kommt aufgrund deren intensiven Wechselwirkungen mit Bakterien und Pilzen eine verbindende Funktion in den Detritusnahrungsnetzen im Boden zu. In deren Populationsgröße und Artzusammensetzung wurde ein Spiegelbild der vorhandenen Bakterien- und Pilzpopulationen gesehen (Hendrix et al. 1986). Die Zahl der Protozoen wurde als ein indirektes Kriterium der Dichte bakterieller Populationen sowie als ein solches zur Charakterisierung der Intensität mikrobieller Prozesse im Boden diskutiert (Gel'tser 1992).

Die tierische Beweidung der mikrobiellen Biomasse, welche eine Senke und Quelle für Nährstoffe darstellt, nimmt Einfluß auf die Nährstoffverfügbarkeit. In Mikrokosmen, welche sterilisiertes und mit Bakterien inokuliertes Bodenmaterial enthielten führte der Zusatz von Protozoen zu einer signifikanten Förderung der Mineralisierung von Stickstoff und dessen folgender Aufnahme durch Pflanzen (Coleman et al. 1978; Elliott et al. 1979). Die Stickstoffmineralisierung kann durch die Beweidung von Mikroorganismen durch Protozoen und Nematoden wesentlich erhöht werden (Woods et al. 1982). Zwei Mechanismen werden im Zusammenhang mit einer erhöhten Mineralisierung diskutiert. Der erste besteht in einem signifikanten direkten Beitrag von Beweidern der Bakterien zur Stickstoffmineralisierung. Dies beruht darauf, daß deren C/N-Verhältnis im Vergleich zum C/N-Verhältnis der Nahrung (Bakterien) relativ hoch ist. Überschüssiger Stickstoff kann durch die Beweider als NH_4^+ ausgeschieden werden (Hunt et al. 1987). Protozoen scheiden Stickstoff als Ammonium aus, wenn diese Bakterien beweiden (Woods et al. 1982). Die Aktivität von Protozoen erhöhte den Pflanzenstickstoffgehalt und dessen Aufnahme. Das Wachstum der Feldfrüchte wurde ebenfalls erhöht (Elliott et al. 1979). Im Gegensatz zur Situation mit Stickstoff wird der direkte Beitrag der Beweider der Bakterien zur Kohlenstoffmineralisierung als vernachläßigbar angesehen, wenn deren Biomasse im Vergleich zur bakteriellen Biomasse niedrig ist. Der zweite diskutierte Mechanismus besteht darin, daß die Beweidung der Bakterien durch die Fauna die mikrobielle Population in einem metabolisch aktiveren Zustand hält (Hunt et al. 1977). Bakterienpopulationen werden demgemäß infolge der Beweidung durch die Fauna physiologisch jung und deshalb in Bezug auf den Streuabbau effizienter gehalten. Es ist dies ein indirekter Effekt, welcher zu einem erhöhten Umsatz von bakterieller Biomasse und zu einer erhöhten Mineralisierung von organischer Substanz führt.

Im Zuge einer Untersuchung zum Destruentennahrungsnetz in einer Kurzgrasprärie konnten Hunt et al. (1987) feststellen, daß Bakterien mit 4.5 g N/m^2/Jahr den meisten Stickstoff mineralisieren. Diese werden gefolgt von der Fauna mit 2.9 g N/m^2/Jahr und von den Pilzen mit 0.3 g N/m^2/Jahr. Sich von Bakterien nährende Amöben und Nematoden tragen gemeinsam mehr als 83% zur Stickstoffmineralisierung durch die Fauna bei. In Mikrokosmenversuchen mit ^{14}N-markierter bakterieller Biomasse nahm die Mineralisierung und die Aufnahme von bakteriellem ^{14}N durch Pflanzen in der Gegenwart von Protozoen um 65% zu (Kuikman und van Veen 1989). Dieser Effekt war stärker ausgeprägt als der Effekt der Protozoen auf den in der organischen Bodensubstanz gebundenen Stickstoff.

Hinweise auf die Bedeutung der Bodenarthropoden für die Aufrechterhaltung der Nettostickstoffmineralisierung unter trockenen Bedingungen, wenn die Mikroflora großteils inaktiv ist, konnten erhalten werden. In Materialien aus den F/H-Horizonten eines Fichtenbestandes in Zentralschweden, welche bei zwei Temperaturen und drei Feuchtegraden gehalten wurden (5 und 15°C; 15, 30 und 60% Wasserhaltekapazität) wurden die CO_2-Bildungsraten durch den Zusatz einer gemischten Fauna aus Bodenarthropoden, hauptsächlich Mikroarthropoden, im Vergleich zu Materialien, welche diese nicht enthielten nicht verändert (Persson 1989). Der Zusatz derselben erhöhte jedoch die Nettostickstoffmineralisierung bei jeder Temperatur- und Feuchtekombination signifikant. Da die Gesamtstickstoffmineralisierung mit abnehmender Bodenfeuchte abnahm, übten die Bodenarthropoden unter trockenen Bedingungen einen relativ größeren Einfluß auf die Nettostickstoffmineralisierung aus als unter feuchten.

Die trophische Struktur der Bodenorganismen und der verfügbare Porenraum des Bodens beeinflussen die Geschwindigkeit der Zersetzung und Mineralisierung der organischen Substanz. Tonmineralien schützen Bakterien vor Protozoenbeweidung indem diese zu einer Zunahme der den Bakterien verfügbaren geschützten Mikrohabitate beitragen (England et al. 1993; Heynen et al. 1988).

Versuche zur Bedeutung der trophischen Struktur von Bodenorganismen im Verhältnis zur Bodentextur wurden unternommen. Elliott et al. (1980) fanden, daß sich der Nematode (*Mesodiplogaster*) sowohl von Bakterien (*Pseudomonas*) als auch von Amöben (*Acanthamoeba*) ernährte, jedoch in der Gegenwart der Amöben am besten wuchs. Die Atmungsraten waren bei Wachstum beider Beweider mit Bakterien (Nahrungsnetz) höher, als bei Wachstum einzelner Beweider mit Bakterien (einfache Nahrungskette). Ein Grund für das erhöhte Nematodenwachstum in der Gegenwart der Amöben wurde in einer Vermittlung von ansonsten nicht verfügbarer Nahrung gesehen. Diese Vermittlung sollte über die Biomasse der Protozoen erfolgen. Dem Konzept entsprechend sollten Protozoen in für Nematoden unzugängliche Bodenporen eintreten, sich von Bakterien innerhalb der Poren nähren und als Nahrung für die Nematoden wieder aus diesen austreten. Diese Hypothese wurde in einem feintextierten (weniger bewohnbarer Porenraum für Nematoden) und in einem grobtextierten Boden geprüft. Im feintextierten Boden mit Amöben nahm das Nematodenwachstum stärker zu als im grobtextierten Boden.

Der Effekt der Beweidung von Bodenmikroorganismen durch Mikroarthropoden erwies sich als von der Zahl der Beweider beeinflußt. Ebenso konnte eine differentielle Wirkung auf pilzliche und bakterielle Populationen nachgewiesen werden.

Hanlon und Anderson (1979) inokulierten gemahlene Blattstreu mit dem Pilz *Coriolus versicolor* und inkubierten diese in Respirometern für sechs Tage („frische" Kultur) oder 33 Tage („alternde" Kultur), bevor verschiedene Zahlen an *Folsomia candida* (Springschwanz-Art) zugegeben wurden. Die Beweidung durch fünf Tiere stimulierte den O_2-Konsum in beiden Serien der Kulturen, 10, 15 oder 20 Tiere hemmten jedoch die mikrobielle Atmung. Der stimulierende Effekt war in der alternden Kultur weniger ausgeprägt. Die bakterielle und pilzliche Biomasse nahm in den „frischen" Kulturen während des Versuches zu. Die Beweidung durch Springschwänze erhöhte die bakterielle und reduzierte die pilzliche Biomasse proportional zur Beweidungsintensität. In Gegenwart einer geringen Zahl an Bodentieren (Collembolen, *Folsomia candida*) war die pilzliche Biomasse höher als in Streu, welche der Tiere ermangelte (Ineson et al. 1982). Bei höheren Beweidungsintensitäten nahm die pilzliche Biomasse wesentlich ab. Als Folge der Beweidung konnten signifikante Steigerungen der Auswaschung von Ammonium, Nitrat und Calcium beobachtet werden. Die Kalium- und Natriumverluste blieben unbeeinflußt.

In einer Untersuchung zur Beeinflussung der mikrobiellen Biomasse des Bodens durch die Abbaufauna exponierten Scholle et al. (1992) Streusäckchen mit einer Maschenweite von 45 und 1000 µm in der organischen Lage eines gekalkten und nicht gekalkten Moderbodens unter Buche. An beiden Standorten waren die Substrate aus den L_1-, L_2-, F_1-, F_2-Lagen und aus der H-Lage entnommen, von Tieren befreit, separat in Säckchen gefüllt und in die entsprechenden Horizonte im Feld eingebracht worden. Die Entnahme derselben erfolgte nach fünf, neun und elf Monaten. Der Ausschluß der Mesofauna aus den 45 µm Säckchen war in verschiedenen Horizonten, zu verschiedenen Sammeldaten und an verschiedenen Untersuchungsstandorten unterschiedlich. Im Durchschnitt reduzierte der Ausschluß der Mesofauna den mikrobiellen Biomasse-C an beiden Standorten. Horizont- und jahreszeitspezifische Unterschiede zwischen den beiden Ansätzen ließen schließen, daß eine Depression des mikrobiellen Biomasse-C in der organischen Lage des Moderbodens durch Beweider der Mesofauna auf Situationen begrenzt wird, in welchen die Umwelt einen starken Nahrungsdruck bedingt und die Mikroflora Umweltstreß ausgesetzt wird.

Enchytraeiden (Kleine Borstenwürmer), Lumbriciden (Regenwürmer). Die Rolle der Enchytraeiden beim Umsatz der organischen Substanz wird in einem teilweisen Aufschluß des aufgenommen sich zersetzenden Pflanzenmaterials gesehen, wodurch dieses anderen Abbauorganismen verfügbarer wird. Eine weitere Rolle kann in der Förderung der mikrobiellen Aktivität durch Beweidung der Mikroflora und damit deren physiologischen Jungerhaltung bestehen. Die Kleinen Borstenwürmer zeichnen sich bezogen auf die Masse durch eine gegenüber Regenwürmern höhere Stoffwechselleistung aus (Meyer 1993b). Die Lumbriciden leisten einen wesentlichen Beitrag zum Abbau der organischen Substanz. Diese Organismen fördern den Umsatz der organischen Substanz durch die Reduktion der Größe der organischen Substanz, die Verteilung derselben innerhalb des Bodens, durch deren Aufnahme und teilweise Verdauung im mikrobiell besiedelten Verdauungstrakt und das Ausscheiden von Losungen. In der Förderung der Bodenbelüftung ist ein zusätzlicher förderlicher Einfluß auf den Umsatz der organischen Substanz zu sehen. In Abhängigkeit von der Bodenart konnte in Gerstenfeldern der gesamte Masseverlust an Stroh (Streusäckchen) auf Regenwürmer zurückgeführt werden (Jensen 1985). In einem Jahr repräsentierte der Beitrag zum gesamten Masseverlust 5% in einem groben Sand, 16% in einem Schluffiehm und 21% in einem sandigen Lehm. Die Losungen von Regenwürmern weisen gegenüber dem umgebenden Boden einen größeren Reichtum an Mikroorganismen, Enzymen und Nährstoffen sowie ein niedrigeres C/N-Verhältnis und eine höhere Feuchte auf. Auch können in diesen höhere Gehalte an löslichem organischen Kohlenstoff nachgewiesen werden (Daniel und Anderson 1992).

Die Regenwürmer sind aktiv in den N-Kreislauf involviert. Diese reichern den Boden mit mobilen N-Formen an, welche von Wurzeln leicht aufgenommen werden können. Hinweise auf das direkte oder indirekte Vermögen von Regenwürmern die Rate der Stickstoffmineralisierung zu erhöhen konnten erhalten werden (Striganova et al. 1989). Das Auftreten von an der Oberfläche einer Dauerweide abgelegten Regenwurmlosungen und das Verschwinden von Streu von der Oberfläche durch die Tätigkeit von Regenwürmern zeigten eine ähnliche jahreszeitliche Variation (Syers et al. 1979). Die Maxima lagen im Herbst und die Minima im Winter. Die jahreszeitlichen Schwankungen des Gesamtstickstoffgehaltes und des oxidierbaren Kohlenstoffgehaltes der Losungen standen in enger Beziehung zu Schwankungen in der Streuproduktion. Das C/N-Verhältnis der Losungen war stets enger (10.7) als jenes des darunter liegenden Bodens. Die jahreszeitlichen Schwankungen der Mengen an anorganischem Stickstoff in den Losungen zeigten eine Zunahme von NH_4^+-N in den kühleren Wintermonaten und einen Rückgang im Herbst und frühem Frühling. Für NO_3-N wurde ein gegenläufiger Trend beobachtet. Die Veränderungen der Losungen konnten durch Veränderungen im Boden nicht erklärt werden, da während der Periode der Ablage der Losungen im Boden nur geringe Fluktuationen in Menge und Form des Stickstoffs nachweisbar waren. Laut Berechnungen wurden 73% des Stickstoffgesamtgehaltes der von den Regenwürmern in den Boden gezogenen Streu in Losungen angereichert. Dieser Befund zeigt die Bedeutung der Tiere für den Einbau von Streustickstoff in das Bodenmaterial und die Ineffizienz der Stick-stoffverdauung der Tiere.

Regenwurmlosungen waren gegenüber dem nicht in den tierischen Darmtrakt aufgenommenen Bodenmaterial mit mineralischem Stickstoff angereichert (Parkin und Berry 1994). Die angereicherte Menge an mineralischem Stickstoff reflektierte den Stickstoffgehalt der als Nahrungsquelle für die Würmer eingesetzten organischen Substanz. Die Losungen wiesen eine erhöhte Denitrifikationsrate auf, wenngleich die Raten im Vergleich zu den erhöhten Nitratkonzentrationen der Losungen gering waren. Die Denitrifikationsraten standen mit der Qualität der verfügbaren organischen Substanz in Beziehung und wurden durch die Wurmart nicht signifikant beeinflußt.

In einem sandigen Lehmboden mit Rasenpodsoleigenschaften des östlichen Litauens konnten (Atlavinite et al. 1981) unter dem Einfluß von Regenwürmern wesentliche Veränderungen feststellen. Im Boden, in welchem Regenwürmer für drei Jahre vorhanden gewesen waren, hatte der Gehalt an austauschbarem Calcium und das pH zugenommen. Die Nitrifikation und der Humusgehalt wiesen eine steigende, der Gesamtstickstoffgehalt eine abnehmende Tendenz auf. Der Gehalt an austauschbarem Ammonium zeigte in Böden mit Regenwürmern einen sechsfachen Anstieg. Die Menge an austauschbarem K_2O nahm infolge des Einflusses von Regenwürmern zu, der Spiegel an nicht austauschbarem K_2O sank. Der Gehalt an mobilem P_2O_5 wurde durch die Würmer nicht beeinflußt. Die Populationen der ammonifizierenden Bakterien nahmen um durchschnittlich 72% zu und die Aktivität des Enzyms Protease wurde ebenfalls stimuliert. Infolge der Anwesenheit von Regenwürmern nahm der Ertrag an Winterroggen um 15%, an Gerste um 25% und an Rotklee um 47% zu.

Die Zusammensetzung der freien Aminosäuren in den Losungen von *Eisenia nordenskioldi* unterschied sich wesentlich von jener des wurmfreien Bodens (Striganova et al. 1989). Die Ausscheidungen enthielten 16 gebundene und neun freie Aminosäuren. In den Ausscheidungen war der Gesamtgehalt der Proteinaminosäuren um 50–100% höher als im Boden.

In den Regenwurmlosungen konnten gegenüber den umgebenden Lateritböden größere mikrobielle Populationen und Aktivitäten der Enzyme Dehydrogenase, Urease und Phosphatase nachgewiesen werden (Tiwara et al. 1989). Der Anstieg war mit Ausnahme der Pilzpopulationen für alle anderen Parameter signifikant. Die mikrobiellen Populationen und Enzymaktivitäten zeigten ähnliche zeitliche Trends mit höheren Werten im Frühjahr und Sommer sowie niedrigeren im Winter. Die Losungen wiesen höhere Gehalte an Gesamtstickstoff, organischem Kohlenstoff, austauschbarem Kalium und verfügbarem Phosphor auf als der Boden. In Regenwurmlosungen waren jahreszeitliche Variation der Phosphorformen nachweisbar (Striganova et al. 1989).

Krishnamoorthy (1990) konnte in Regenwurmlosungen gleichfalls einen gegenüber dem Boden höheren Gehalt an extrahierbarem anorganischem Phosphat sowie eine höhere Phosphataseaktivität nachweisen. Von den vier verglichenen Arten zeigte *Perionyx excavatus* eine höhere Fäcal-Phosphataseaktivität. Die Zusammensetzung der Losungen variierte mit der Art. In wurmaktivierten Böden kam es zu einem Anstieg des pH und zu einer Nähstoffanreicherung. Basierend auf den Daten zur Bildung von Oberflächenlosungen wurde geschätzt, daß Grünland um Bangalore (tropisches Indien) einen Phosphorumsatz von etwa 55 kg/ha/Jahr und Waldland einen solchen von 38 kg/ha/Jahr aufweist.

Tabelle 7. Gegenüberstellung ausgewählter Eigenschaften der Regenwurmlosungen und des nicht verdauten Bodens (Strukturstabilität definiert als Zahl der Regentropfen, welche zur Zerstörung der Aggregate führt)

Eigenschaft	Losung	Boden
Schluff und Ton %	38.8	22.2
Dichte (t/m^3)	1.1	1.3
Strukturstabilität	849.0	65.0
Kationenaustauschkapazität (cmol/kg)	13.9	3.5
Austauschbares Ca^{2+} (cmol/kg)	8.9	2.0
Austauschbares K^+ (cmol/kg)	0.6	0.2
Löslicher P (ppm)	17.8	6.1
Gesamt N (%)	0.3	0.1

Nach De Vleeschauwer und Lal (1981).

Enzymatik bodenlebender Tiere

Untersuchungen zur Enzymatik bodenlebender Tiere wurden angestellt.

In Untersuchungen mit 52 Invertebraten konnte die Gegenwart von Peroxidase in allen im Boden und im Detritus wühlenden Arten nachgewiesen werden (Neuhauser und Hartenstein 1978). Die Reaktivität dieser Enzyme in Bezug auf Phenole ließ auf deren Rolle im Prozeß des Umbaus von ligninhaltigem Material in Huminstoffe schließen. Die Humifizierung kann auf diese Weise gefördert werden. Zum Zwecke der Untersuchung waren der Hepatopankreas der Schnecken oder ganze Regenwürmer, terrestrische Isopoden und Diplopoden homogenisiert worden. Von den untersuchten Ordnungen, Oligochaeta, Diplopoda, Isopoda, Gastropoda konnten die höchsten Aktivitäten bei den Regenwürmern, die geringsten bei den Lungenschnecken nachgewiesen werden. Marcuzzi und Turchetto Lafisca (1978) untersuchten die Gegenwart und die Häufigkeit von Polysaccharidasen in Bodentieren. Isopoden, Diplopoden, Insekten und Mollusken dienten als Studienobjekte. Zahlreiche natürliche Polysaccharide (Arbutin, Salicin, Stärke, Glykogen, Lichenin, Algin, Pektin, Cellulose, Mannan, Chitin) sowie auch künstliche Verbindungen (wie Cellophan, Reyon, Hydrocellulose) wurden getestet. Intra- und extrazelluläre Enzyme des Verdauungstraktes wurden in die Untersuchungen einbezogen. Die Zahl der produzierten polysaccharidspaltenden Enzyme variierte in den verschiedenen zoologischen Gruppen stark, wobei die untersuchten Isopoden diesbezüglich das geringste, die untersuchten Insekten und Mollusken ein höheres Potential aufwiesen. Hartenstein (1982) versuchte quantitative Daten über die enzymatischen Fähigkeiten von Isopoden, Diplopoden, Mollusken und Oligochaeten des Bodens im Rahmen des Abbaus bzw. des Umsatzes der organischen Substanz zu erhalten. In sämtlichen untersuchten 13 Invertebraten konnte Katalase- und Cellulaseaktivität nachgewiesen werden. Das Enzym Peroxidase wurde mit einer Ausnahme und Aldehydoxidase nur in Isopoden und Mollusken nachgewiesen. Für jedes in einer Art vorhandenes Enzym konnte ein pH-Optimum bestimmt werden. Die spezifische Aktivität der Cellulase war in Mollusken signifikant am höchsten, gefolgt von Oligochaeten, Isopoden und Diplopoden. Die spezifische Aktivität der Peroxidase war in Regenwürmern signifikant am höchsten, die anderen drei Gruppen zeigten ähnliche Spiegel. Eine dominante Rolle der Regenwürmer im Kondensationsstadium der Humifizierung war angezeigt. Die spezifische Aktivität der Katalase war in den Oligochaeten ebenfalls am höchsten. Beim Abbau von Gartenabfällen in Behältern mit und ohne den Regenwurmarten *Eisenia andrei* und *Lumbricus rubellus* war die Abnahme des Cellulose- und Hemicellulosegehaltes bei Anwesenheit der Würmer höher (Engelstad 1991). Die Befunde von Park et al. (1992) geben Hinweis auf die Gegenwart von zumindest zwei alkalischen Phosphatase Isoenzymen in *Lumbricus terrestris*. Zhang et al.

(1993) fanden im Verdauungstrakt des tropischen Regenwurms *Pontoscolex corethrurus* Enzyme mit der Fähigkeit zum Abbau von N-Acetylglucosamin, Maltose, Laminaribiose sowie von Stärke, Pullulan, Cellulose, Mannan, Glucomannan, Galaktomannan und Lichenin. Die Enzyme Cellulase und Mannase, welche zu jenen im Verdauungstrakt hauptsächlich gefundenen Enzymen zählten, konnten weder in Gewebekulturen der Wand des Verdauungstraktes noch im Kulturmedium nachgewiesen werden. Die Bildung dieser beiden Enzyme durch mit Boden ingestierte Mikroorganismen war angezeigt.

Verbreitung von Mikroorganismen

Bodentiere tragen zur Verbreitung von Mikroorganismen bei. Diese sind wichtige Vektoren für mikrobielle Vermehrungseinheiten. Zellen, Sporen und Mycelteile werden durch Anhaften an Tiere bzw. durch Einschluß in deren Losungen verbreitet. Dies ist auch für die Verbreitung mikrobieller Symbiosepartner von Bedeutung.

Regenwürmer besiedeln die oberen Teile des Profiles und schleusen große Mengen an Bodenmaterial durch ihren Körper. Mit dem Bodenmaterial gelangen Mikroorganismen in deren Verdauungstrakt. Wiederholt konnte in den Losungen ein gegenüber dem unverdauten Boden erhöhter Gehalt an Mikroorganismen nachgewiesen werden. Die Bakterienflora der aufgenommenen Nahrung verändert sich während der Passage durch den Verdauungstrakt qualitativ und quantitativ (Pedersen und Hendriksen 1993). Pilzsporen können unbeeinflußt bleiben.

Reddell und Spain (1991) sammelten Losungen von 13 Regenwürmern mit unterschiedlichen ökologischen Strategien von mehr als 60 Standorten und untersuchten diese auf Vermehrungseinheiten von VA-Mykorrhizapilzen. Intakte Sporen von VA-Mykorrhizapilzen wurden mit einer Ausnahme in sämtlichen Kollektionen gefunden. Wurzelfragmente mit VA-Mykorrhizen konnten in einigen Losungsproben nachgewiesen werden. Glashausversuche zeigten, daß die aus den Losungen von *Pontoscolex corethrurus* und *Diplotrema heteropora* gewonnenen Sporen die Lebensfähigkeit bewahrt hatten und bei *Sorghum bicolor* Mykorrhizainfektionen initiierten. Ebenso waren einige in Losungen gefundene VA-Mykorrhiza-Wurzelfragmente fähig *S. bicolor* zu infizieren.

VA-Mykorrhizapilze sporulieren mit wenigen Ausnahmen im Boden. Diese sind folglich hinsichtlich deren Verbreitung über größere Distanzen von externen Vektoren abhängig. Es wird angenommen, daß die Vermehrungseinheiten dieser Pilze durch die Aktivität der Bodenfauna an die Bodenoberfläche gelangen, wo diese einer Verbreitung durch Wind und Regen unterliegen. Sporen dieser Pilze können den Verdauungstrakt von Regenwürmern ohne Vitalitätsverlust passieren. Untersuchungen von Gange (1993) zur Verteilung von VA-Mykorrhizapilzen durch Regenwürmer in einer Reihe natürlicher Pflanzengesellschaften unterschiedlichen Sukzessionsgrades bestätigten die Bedeutung der Regenwürmer als Vektoren für die Verbreitung von Mykorrhizapilzen und damit für die Etablierung von Pflanzen in frühen Phasen der Sukzession. In den Wurmlosungen sämtlicher Standorte konnte eine gegenüber dem angrenzenden Feldstandort höhere Zahl an Sporen und infektiösen Vermehrungseinheiten nachgewiesen werden.

Vergleichende Untersuchungen zur Individuenzahl und Diversität von Pilzen in Regenwurmlosungen und nicht verdautem Boden zeigten, daß die Losungen signifikant höhere pilzliche Populationen und Artenzahlen aufwiesen als der Boden (Tiwari und Mishra 1993). Die Diversität der Pilzarten hatte in den Losungen nach der Darmpassage zugenommen.

Aktinomyceten der Gattung *Frankia* gehen mit zumindest 23 Angiospermen Gattungen aus acht Familien Symbiosen (Aktinorhiza) ein, wobei es zur Fixierung von atmosphärischem Stickstoff kommt. Aktinorhiza bildende Pflanzen werden von der Tundra bis hin zum tropischen Regenwald gefunden. Einige dieser Pflanzengattungen (z.B. *Alnus*, *Casuarina*) werden zur Restauration von gestörtem Land eingesetzt. In einem Glashausversuch konnte der Transfer infektiöser Vermehrungseinheiten von *Frankia* im Boden durch den endogäischen Regenwurm *Pontoscolex corethurus* gezeigt werden (Reddell und Spain 1991). Sämlinge von *Casuarina equisetifolia* wurden mit entweder Suspensionen zerkleinerter Knöllchen von *Frankia* oder mit den Losungen des oben angeführten Regenwurmes inokuliert. Nicht beimpfte Pflanzen wuchsen schlecht und zeigten keine Knöllchenbildung. Sämtliche mit Losungen beimpfte Pflanzen bildeten Knöllchen. Bezüglich des Sproß- und Knöllchentrockengewichtes konnten mit Losungen ähnliche Ergebnisse erzielt werden wie mit zerkleinerten Knöllchen. Eine Reduktion der Zahl der Losungen bewirkte eine im Vergleich zu höheren Konzentrationen wesentliche Verringerung des pflanzlichen Wachstums.

3.8 Bodenenzyme

3.8.1 Definition und Quellen

Ein Teil der im Boden ablaufenden biochemischen Reaktionen wird durch nicht direkt mit Biomasse assoziierte Enzyme katalysiert. Nicht an lebende Zellen gebundene Enzyme (im Boden immobilisierte sowie frei in der Bodenlösung auftretende) tragen gemeinsam mit den an lebende Zellen gebundenen Enzymen zur gesamten enzymatischen Aktivität in Böden bei. Die Enzymaktivität von Böden ergibt sich aus der Aktivität abiontischer und an lebende Zellen gebundener Enzyme.

Die Definition des Begriffes „Bodenenzyme“ besitzt Geschichte. Streng genommen sollten unter Bodenenzymen extrazelluläre Enzyme verstanden werden, welche im Boden mehr oder minder stabilisiert gegenüber ungünstigen Bedingungen vorkommen (Cervelli et al. 1978). Die Abgrenzung „extrazelluläre Enzyme im Boden“ ist hinsichtlich der zu beschreibenden Größe nicht eindeutig und auch im biochemisch-funktionellen Sinne nicht haltbar. Im Zusammenhang mit der Abgrenzung der im Boden auftretenden Enzymaktivität wurde auch der Begriff „im Boden angereicherte Enzyme“ eingeführt. Kiss et al. (1974, 1975a) definierten im Boden angereicherte Enzyme als solche, welche in einem Boden aktiv sind, in dem keine mikrobielle Vermehrung stattfindet. Entsprechend Kiss et al. (1974, 1975a) umfassen im Boden angereicherte Enzyme freie Enzyme wie Exoenzyme freigesetzt aus lebenden Zellen, Endoenzyme, freigesetzt aus desintegrierten Zellen sowie an Zellbestandteile gebundene Enzyme (Enzyme aktiv in desintegrierten Zellen, in Zellfragmenten und in lebenden aber nicht sich vermehrenden Zellen). Im Boden können freie Enzyme an organische und anorganische Bodenteilchen gebunden werden. Die Menge an freien Enzymen in der Bodenlösung sollte viel geringer sein, als jene im gebundenen Zustand (Kiss et al. 1974). Entsprechend obigen Autoren resultiert die gesamte Enzymaktivität eines Bodens aus der Aktivität angereicherter Enzyme sowie aus der enzymatischen Aktivität sich vermehrender Mikroorganismen. Skujins (1976) schloß, daß ein gewisser Spiegel an freien Enzymen im Boden unabhängig von der Mikroorganismenzahl für viele Jahre persistieren kann. Dieser Autor schlug vor die Enzymaktivitäten, ausschließlich jener in lebenden Zellen, als abiontische Enzymaktivitäten zu bezeichnen.

Enzyme im Boden können entsprechend deren Lokalisation im Mikrohabitat eingeteilt werden. Im folgenden soll der Begriff „immobilisierte Enzyme“ folgende umfassen:

- Extrazelluläre Enzyme gebunden an, oder eingeschlossen in organische und anorganische Bodenbestandteile
- Aus toten oder geschädigten Zellen freigesetzte intrazelluläre Enzyme gebunden an, oder eingeschlossen in organische und anorganische Bodenbestandteile
- Aktive Enzyme in toten Zellen
- Aktive Enzyme gebunden an Teile von Zellen
- Aktive Enzyme in löslichen oder unlöslichen Enzym-Substratkomplexen außerhalb der Zellen

Die immobilisierten Enzyme und die frei in der Bodenlösung vorhandenen Enzyme (extrazelluläre und ursprünglich intrazelluläre) üben ihre katalytische Aktivität räumlich und zeitlich getrennt, also unabhängig, von der sie produzierenden Zelle im Boden aus. Die Bezeichung derselben als „abiontische Enzyme“ kann deshalb treffend sein. Die Summe der Aktivitäten von abiontischen und von in lebenden Zellen aktiven Enzymen ergibt die gesamte Bodenenzymaktivität.

Im vorliegenden Werk wurde auf die detaillierte Darstellung der Nitrifikation, der Denitrifikation, der symbiontischen und nichtsymbiontischen Fixierung des molekularen Stickstoffs sowie der Atmung, welche wichtige zellgebundene enzymatisch vermittelte Stoffwechselprozesse darstellen, verzichtet. Diese Prozesse werden in anderen Büchern der Mikrobiologie ausführlich besprochen.

Für klare Aussagen und eine rasche Orientierung ist es wichtig begriffliche Abgrenzungen zu treffen. Dies trifft auch für die Definition der Bodenenzyme zu. Begriffe wie „abiontische Enzyme“ und „immobilisierte Enzyme“ im oben angegebenen Sinne erscheinen deshalb als wünschenswert. Der erstgenannte Begriff ist jedoch mit einem gewissen Risiko behaftet, da der Begriff „abiotisch“ prinzipiell dazu verwendet wird nichtbiologische Vorgänge zu beschreiben bzw. diese von biologischen abzugrenzen.

In der Literatur werden verschiedene Begriffe wie „extrazellulär“ und „frei“ bisweiligen unspezifisch verwendet und tragen so zur Verwirrung bei. Für zu starre begriffliche Abgrenzungen kann dies ebenfalls zutreffen. Der Begriff „extrazelluläre Enzyme“ wird häufig gebraucht die immobilisierten und die frei in der Bodenlösung vorliegenden Enzyme anzusprechen. So wurde zum Beispiel der Begriff „extrazelluläre Enzyme“ davon ausgehend, daß darunter all jene zu verstehen seien, welche die Cytoplasmamenbran passiert hätten, auf Enzyme in folgenden Lokalisationen geltend gemacht: im periplasmatischen Raum, an der Zellwand, in Schleimen, an Bodenteilchen gebunden, in Zellresten sowie in der Bodenlösung (Kowalczyk und Schröder 1988). Sinsabaugh (1994) nahm Bezug auf in der Literatur gefundene Begriffe wie Endo-, Exo-, Ekto- und abiontische Enzyme. Der Begriff Endoenzyme bezieht sich dabei auf Enzyme, welche sich innerhalb der Plasmamembranen lebender Zellen befinden. Auf sich außerhalb der Zelle befindende Enzyme beziehen sich Begriffe wie Exoenzyme, Ektoenzyme oder abiontische Enzyme. Der Begriff Ektoenzyme bezieht sich auf mit lebendenen Zellen assoziierte extrazelluläre Enzyme. Diese Ektoenzyme umfassen Enzyme, welche in die Plasmamembran eingebettet oder an die äußere Membranoberfläche gebunden sind, solche die im periplasmatischen Raumes liegen sowie mit der Zellwand assoziiert sind. Solche Enzyme wurden auch als biontisch bezeichnet. Enzyme, welche durch Sekretion oder durch Lyse in die Umgebung freigesetzt werden sowie mit toten und anderen nicht lebenden Bodenfraktionen assoziierte Enzyme werden als abiontische Enzyme bezeichnet.

Die im Versuch bestimmte Enzymaktivität setzt sich entsprechend obigem üblicherweise aus Aktivitäten zusammen, welche unterschiedlichen Kategorien angehören. Auch ist eine Abgrenzung der relativen Beiträge von Bodenmikroorganismen, Pflanzen und Bodentieren zur erfaßten Aktivität praktisch nicht möglich. Die Mikroorganismen werden jedoch aufgrund deren großer Biomasse, deren hoher metabolischer Aktivität und deren relativ kurzer Lebenszeit als jene Organismen angesehen, welche den größten Beitrag zur Bodenenzymaktivität leisten. Beck (1984) gab ein Beispiel für einen indirekten Hinweis auf die überwiegend mikrobielle Herkunft der Enzyme. Dieser basierte auf der Feststellung, daß die alkalische Phosphatase, welche von Pflanzenwurzeln nicht gebildet, wohl aber von den meisten Bodenmikroorganismen ausgeschieden wird, mit den übrigen untersuchten Hydrolasen (Saccharase, Phosphatase, Protease) und Oxidoreduktasen (Katalase, Dehydrogenase) sehr gut korrelierte. Im ersten Bericht über Bodenenzyme wurden Pflanzen als Quelle derselben angesehen. Die Freisetzung bestimmter Enzyme durch Pflanzenwurzeln in die Rhizosphäre fand in den Folgejahren durch Arbeiten auf dem Gebiet der Pflanzenphysiologie Bestätigung. Pflanzen tragen zum Enzymgehalt von Böden direkt und indirekt bei. Die Enzymaktivität in der Rhizosphäre ist gegenüber dem Nichtrhizosphärenboden wesentlich erhöht. Ein indirekter Einfluß der Pflanzen auf die Bodenenzymaktivität besteht in der Förderung der Mikroorganismen durch die anfallende Streu und die Wurzelexsudate. Auch der Beitrag von Bodentieren ist direkt und indirekt zu sehen.

3.8.2 Bedeutung

Hoffmann (1958b) zeigte, daß zellfreie Enzyme im Boden sowohl in hydrolytischer als auch in synthetischer Richtung am Stoffumsatz beteiligt sind. Experimentelle Daten zur Bestätigung der enzymatischen Natur von Reaktionen, welche auf Bodenenzyme zurückgeführt werden, wurden zusammengefaßt (Kiss et al. 1974). Die katalysierten Reaktionen zeigen sich hitzesensitiv. Bodenenzyme sind weniger temperatursensitiv als Enzyme in Reinkulturen und Lösungen. Diese können jedoch durch feuchte und trockene Hitze völlig zerstört werden. Die Aktivitäten erweisen sich ferner als eine Funktion der Enzymkonzentration (Bodenmenge), der Substratkonzentration, der Inkubationszeit, der Inkubationstemperatur und des pH-Wertes. Auch zeigen sich diese durch Chemikalien und durch γ-Strahlung beeinflußbar. Die Autoklavierung der Böden führt normalerweise zu einer Zerstörung der Aktivität.

Es besteht heute kein Zweifel daran, daß Böden über eine aktive Enzymfraktion verfügen, welche unabhängig von unmittelbarer organismischer Aktivität katalytisch aktiv ist. Diese kann als unabhängige Größe der Bodenfruchtbarkeit wirksam sein. Die zelluläre Unabhängigkeit dieser Enzymfraktion bedeutet auch, daß diese einer üblichen zellulären Regulation von Enzymsynthese und -ausscheidung nicht unterliegt.

Abiontische Enzyme können in Böden in Mengen vorhanden sein, welche die möglichen Beiträge sich vermehrender Organismen übersteigen

(Skujins 1976). Der Beitrag dieser angereicherten Enzymkomponente zum Umsatz der Substrate wurde als signifikant (> 10%) eingestuft (Burns 1980). Kiss et al. (1974) hatten zwei Situationen genannt in welchen den angereicherten Enzymen im Boden eine wichtige Rolle zukommt. Eine dieser Situationen wäre demnach in der Initialphase des Abbaus der organischen Substanz und der Transformation von mineralischen Verbindungen, die andere unter Bedingungen gegeben, welche für die Vermehrung der Mikroorganismen ungünstig sind.

Abiontische Enzyme werden als ein rasch reagierender Bestandteil des Bodenökosystems angesehen. Den Bodenenzymen wurde, zumindest in einem reifen System, eine überschüssige funktionelle katalytische Kapazität zugesprochen. Vor allem in wasserlimitierten Systemen können die pflanzlichen Nährstoffansprüche durch nur einen geringen Teil dieses Enzympotentials befriedigt werden (Klein et al. 1985).

Gibson und Burns (1977) und Burns und Edwards (1980) zeigten, daß die rasche Transformation von Malathion primär eine Funktion einer mit Humusmaterial assoziierten Esterase war. In Abwesenheit des Humus-Enzymkomplexes trat mikrobieller Abbau erst nach einer drei- bis viertägigen lag-Phase auf. In vielen Fällen scheint die Mikroflora des Bodens für die Fähigkeit des Bodens, unmittelbar auf eine Substratzufuhr zu reagieren, von sekundärer Bedeutung zu sein. Abiontische Enzyme können aufgrund des Fehlens zellulärer Mechanismen zur Kontrolle der Substrataufnahme sowie der Enzymbildung und -aktivität rascher auf Substrate reagieren als an lebende Zellen gebundene Enzyme.

Die Bodenenzyme sind an der Katalyse der Mineralisierung der toten organischen Substanz und am Aufschluß von anorganischer Substanz beteiligt. In dieser Funktion sind diese für die Schließung von Stoffkreisläufen von Bedeutung. Im Beitrag zur Bereitstellung von anorganischen Makro- und Mikronährstoffen für Pflanzen kann einer ihrer indirekten Zusammenhänge mit der Bodenfruchtbarkeit gesehen werden. Die bodenenzymatische Katalyse des Auf-, Um- und Abbaues natürlicher und künstlicher in den Boden gelangender Substanzen führt auch zur Bildung bodeneigener organischer Verbindungen (Huminstoffe) sowie zur Transformation, Bindung oder Eliminierung von bewußt eingebrachten Agrarhilfsstoffen und unbeabsichtigt deponierten Umweltchemikalien. Im Beitrag zur Bildung bestimmter bodeneigener organischer Verbindungen kann ein weiterer indirekter Zusammenhang der Bodenenzyme mit der Bodenfruchtbarkeit bzw. umfassender der Bodenqualität gesehen werden, da diese Verbindungen durch ihre physikalischen und chemischen Eigenschaften wesentlich zum Nährstoff-, Wasser-, Luft- und Wärmehaushalt des Bodens, zu dessen Pufferung und zur Ausbildung pflanzengünstiger Bodenstrukturen beitragen. Durch ihren Beitrag zur Transformation oder Eliminierung von Agrarhilfsstoffen und Umweltchemikalien erlangen die Bodenenzyme Bedeutung für Wirtschaft und Umwelt.

Enzyme, welche unabhängig von unmittelbarer organismischer Aktivität im Boden aktiv sind können auch solchen Organismen diensam sein, welche zur Bildung derartiger Enzyme nicht befähigt sind (Mathur 1982). Bei Berücksichtigung einer Reihe von im Boden gegebenen Bedingungen wurde es als unwahrscheinlich angesehen, daß freie Enzyme im Boden lange genug aktiv bleiben können, um für die sie produzierenden Zellen von Wert zu sein. Einem Modell von Burns (1980) entsprechend könnte das nicht direkt durch die Mikrobe absorbierbare Substrat von einem zum Beispiel mit Huminsubstanz assoziiertem Enzym hydrolysiert und das Produkt in der Folge von der Zelle aufgenommen werden. Mit Humus-Enzymkomplexen assoziierte Mikroorganismen können in substrat-limitierten Systemen im Konkurrenzvorteil stehen. Bei Betrachtung der komplexen Bedingungen im Boden erscheint es als unwahrscheinlich, daß eine Art die physiologische und metabolische Diversität aufweist das Ernährungsproblem alleine zu bewältigen (Burns 1989). Vielmehr sollten Gemeinschaften von Arten mit biochemischer und physiologischer Diversität interagieren, wodurch die Ausnutzung der Resourcen zu einem hoch effizienten Prozeß wird. Neben einer Reihe verschiedener Strategien (z.B. morphologischen Anpassungen, Aufnahmemechanismen unterschiedlicher Spezifität) werden auch die im Boden immobilisierten Enzyme als Vermittler löslicher Substrate, Induktoren oder Chemoattraktantien für die assoziierten Mikroorganismen in Biofilmen diskutiert.

3.8.3 Forschungsschwerpunkte

Die Forschung auf dem Gebiet der Bodenenzymatik weist grundlagen- und anwendungsorientierte Schwerpunkte auf. Solche sind:

– Nachweis, Herkunft, Anreicherung, Zustand der Enzyme im Boden.

In diesen Schwerpunkt fällt die Entwicklung und Bewertung von Methoden zum Nachweis von Enzymaktivitäten im Boden. Ferner die Suche nach einem Verständnis für die Aktivität der Enzyme im heterogenen System des Bodens und deren Stabilisierungsmöglichkeiten. Die Beschreibung des Zustandes von Enzymen im Boden stellt den Versuch dar, die Lokalisation und jene am Wirkungsort herrschenden Bedingungen sowie die Art der Stabilisierung der Enzyme im Bodenmikrohabitat zu beschreiben. Enzyme können im Boden unterschiedlich lokalisiert sein. Die mögliche Lokalisation reicht von der Assoziation mit lebenden Zellen bis hin zur Assoziation mit organischer oder anorganischer Substanz bzw. Organomineralkomplexen. Die anteilsmäßige Verteilung der Enzyme zwischen diesen Lokalitäten und deren Eigenschaften sind noch nicht vollkommen verstanden.

- Feststellung der Bedeutung der Bodenenzyme für den Umsatz der organischen Substanz und für die Pflanzenernährung.

Dabei faßte man zunächst die Möglichkeit ins Auge, die Untersuchungsergebnisse mit der Bodenfruchtbarkeit in Beziehung zu setzen. Gewonnenes Wissen sollte der Lösung landwirtschaftlicher Probleme und solcher der Umwelt dienen. Es stellte sich die Frage, ob abiontische Enzyme am Abbau und an Mineralisierungsprozessen beteiligt sind oder ob diese Prozesse ausschließlich auf sich vermehrende Mikroorganismen zurückzuführen sind. Es war dies die Frage nach einer realen Bedeutung der abiontischen Enzyme in den biologischen Kreisläufen der Elemente, der Bodenfruchtbarkeit und der Schaffung von günstigen Bedingungen für die Pflanzenernährung. Kiss et al. (1975a) gaben einen ersten detaillierten Literaturüberblick zur biologischen Signifikanz abiontischer („angereicherter") Enzyme im Boden. Die prinzipielle Methode mit deren Hilfe dieses Problem untersucht wurde, basierte auf dem Vergleich der Substrattransformation in Bodenproben in denen mikrobielle Vermehrung erlaubt bzw. verhindert wurde. Eine generelle Prüfung der experimentellen Befunde zeigte die Teilnahme der „angereicherten" Enzyme im Boden an den biologischen Kreisläufen der Elemente und damit deren biologische Signifikanz.

- Beeinflussung der Enzymaktivitäten durch Bewirtschaftungsmaßnahmen.

Diese schließen die Bodenbearbeitung, die Nutzungform, die Düngung, das Bestellungsregime, konventionelle und alternative Bewirtschaftungssysteme ein.

- Beeinflussung der Enzymaktivitäten durch Agrarchemikalien wie Nitrifikations- und Ureasehemmer sowie Pflanzenschutzmittel.
- Bewertung des Ausmaßes von Bodenstörungen sowie des Rekultivierungspotentials und -fortschrittes mit Hilfe der bodenenzymatischen Analyse.
- Einfluß des Klimas, der Vegetation, des Bodentyps und der Bodentiere auf das Auftreten bestimmter Bodenenzymaktivitäten.
- Einfluß des Eintrages umweltrelevanter Stoffe in Form von Schwermetallen, Nichtschwermetallen, Gasen, Säuren und Säurebildnern, von Auftausalzen und organischen Schadstoffen auf Bodenenzymaktivitäten.
- Möglichkeit der bodenbiotechnologischen Nutzung von an Bodenmaterialien, Bodenbestandteilen oder bodenähnlichen Komponenten immobilisierten Enzymen.

Immobilisierte Bodenenzyme wurden als mögliche billige und langlebige Enzym-Träger-Systeme für die Biotechnologie diskutiert. Im letzten Jahrzehnt wurden wiederholt Versuche zur Immobilisierung von Enzymen an synthetische und natürliche Bodenbestandteile bzw. Bodenmaterialien angestellt. Bei Einbringung derartiger Komplexe in den Boden zeigten sich diese gemeinhin im Verhältnis zum freien Enzym als relativ stabil. Erfolgreiche Untersuchungen in dieser Richtung lassen die Hoffnung zu, daß solcherart komplexierte Enzyme bald zur Lösung von Umweltproblemen und auch solchen der Landwirtschaft dienen können. Immobilisierte Enzyme könnten zum Aufschluß landwirtschaftlicher Abfälle, zur Mobilisierung von Nährstoffen, zur Beschleunigung des Pestizidabbaus sowie zur Hemmung von Phytopathogenen beitragen. Weitere Beiträge könnten auf dem Gebiet der Transformation phenolischer und anilinischer Schadstoffe liegen. Besondere Eignung könnten Kombinationen mit geeigneten Mikroorganismenkulturen aufweisen.

Die Beurteilung des Einflusses bestimmter Stoffe und physikalischer Einwirkungen auf den Boden sowie die Charakterisierung von Böden an Hand bodenenzymatischer Analysen wurden zu den Hauptanwendungsgebieten bodenenzymatischer Untersuchungsmethoden.

3.8.4 Eigenschaften und Lokalisation

Immobilisierung, Stabilisierung

Die Aktivität und die Immobilisierung von Enzymen im Boden wird durch interagierende Standortfaktoren kontrolliert.

Wiederholt konnte gezeigt werden, daß dem Boden zugeführte freie Enzyme rasch inaktiviert werden. Eine Inaktivierung kann durch Adsorption, Denaturierung oder Proteolyse eintreten (Hope und Burns 1985). Halbwertszeiten von Minuten bzw. Stunden wurden angegeben (Burns 1989).

In zahlreichen Untersuchungen konnte die Anwesenheit verschiedener Enzyme im Boden nachgewiesen werden, deren Stabilisierung angezeigt war. Die native Bodenurease wies eine höhere Stabilität auf als dem Boden zugesetzte Urease (Conrad 1940a,b). Dies gab Hinweis auf den Schutz der nativen Urease vor mikrobiellem Abbau und anderen destruktiven Vorgängen im Boden durch Bodenbestandteile.

Die Stabilität von Enzymen im Boden führte zur Entwicklung von Theorien, welche der Erklärung des protektiven Einflusses von Bodenbestandteilen auf die Enzyme dienen sollten. Bodenbestandteile schützen Enzyme vor proteolytischen Enzymen und vor Prozessen, welche zur Enzyminaktivierung führen. Böden verfügen über eine unterschiedliche Kapazität Enzymen Stabilisierungsmöglichkeiten zu bieten. Ein gegebener Boden sollte demnach einen Spiegel an abiontischer Enzymaktivität aufweisen, welcher durch die Fähigkeit der Bodenbestandteile bestimmt wird, den Enzymen Schutz zu gewähren.

Es wäre generell erstrebenswert, nähere Informationen über die Umsatz-Raten immobilisierter Enzyme im Boden zu erhalten.

In den Fünfziger und Sechziger Jahren hatte man begonnen die Lokalisation und die Stabilisierungsmöglichkeiten von Enzymen im Boden intensiv zu untersuchen. Es konnte festgestellt werden, daß Tonmineralien und komplexe organische Heterokondensate Proteine binden können. Durch die Bindung wurde die Abbaurate der Proteine durch Mikroorganismen oder durch zugesetzte Proteinasen in den meisten Fällen verlangsamt. Die Mehrzahl der Untersuchungen zeigte, daß die Aktivitäten nach Adsorption der Enzyme an Tone reduziert und kinetische Parameter verändert wurden. Unterschiedliches Verhalten verschiedener Enzyme gegenüber bestimmten Tonmineralien konnte beobachtet werden (z.B. Makboul und Ottow 1979 a,b,c,d; Pflug 1982; Ross 1983).

Das unterschiedliche Adsorptionsvermögen verschiedener Tonmineralien für Proteine konnte ebenso wie die unterschiedliche Beeinflussung der Aktivität adsorbierter Enzyme festgestellt werden. Verschiedene Böden sowie Montmorillonit und Kaolinit adsorbierten beispielsweise bakteriolytische, nicht aber proteolytische, Enzyme rasch. Die Adsorption pro Gewichtseinheit entsprach für Montmorillonit gegenüber Kaolinit etwa dem 100fachen (Haska 1975).

Die Adsorption von Proteinen an feste Oberflächen ist ein wichtiges, gut dokumentiertes, Phänomen. Trotz deren Bedeutung ist die Adsorption an feste Oberflächen jedoch wenig verstanden (Quiquampoix und Ratcliff 1992). Bodenmineralien und, infolge deren starker Adsorptionskraft, vor allem Tone können die Aktivität adsorbierter Enzyme modifizieren und deshalb biogeochemische Kreisläufe an welchen diese teilnehmen verlangsamen. In einer frühen Arbeit konnte Hoffmann (1958a) feststellen, daß Enzyme bevorzugt an den sorptionsstärksten Fraktionen des Bodens lokalisiert sind. Die Enzyme Invertase, β-Glucosidase und Amylase wurden am stärksten in der Schluff-, das Enzym Urease am stärksten in der Tonfraktion adsorbiert. Die Schlufffraktion wies den dichtesten Besatz mit Mikroorganismen auf.

Die Bindung von Proteinen an anorganische und organische Bodenkolloide wird von einer Reihe von Faktoren beeinflußt. Die spezifische Oberfläche, die Oberflächenladung, die Ionenaustauschkapazität, die Natur der austauschbar gebundenen Ionen und die Hydratation sind wichtige Kolloideigenschaften. Die Molekülmasse, der isolektrische Punkt, die Zahl der Bindungsstellen, die Löslichkeit und die Konzentration sind wichtige Proteineigenschaften. Wichtigte Parameter sind auch das pH der Gesamt- und der Grenzphase sowie die Menge und die Eigenschaften der Bodenlösung hinsichtlich Ionenzusammensetzung, Ionenstärke und Viskosität.

Durch die Immobilisierung von Enzymen im Boden werden deren Eigenschaften verändert. Die Aktivität der Enzyme kann infolge einer Bindung zurückgehen, jene für die Restaktivität verantwortlichen Enzyme können jedoch gegenüber weiterer Inaktivierung widerstandsfähiger sein. Die Erhöhung der Stabilität von Enzymen gegenüber chemischen, physikalischen und biologischen Einflüssen durch Immobilisierung an Bodenteilchen konnte vielfach gezeigt werden.

Die Temperaturoptima von Bodenenzymen liegen normalerweise relativ hoch. Variationen hinsichtlich des jeweils betrachteten Bodens können diesbezüglich beobachtet werden. Bemerkenswert sind in diesem Zusammenhang auch die von Bremner und Zantua (1975) erhaltenen Ergebnisse. Diese Autoren berichteten über die Entdeckung von Urease-, Phosphatase- und Sulfataseaktivität in Böden bei -10 und -20°C. Das Auftreten von Enzymaktivität in Böden bei Minusgraden wurde auf die Wechselwirkung zwischen Enzym und Substrat im ungefrorenen Wasser an den Oberflächen von Bodenpartikeln zurückgeführt. Unterstützung für diese Erklärung wurde durch Experimente erhalten, welche zeigten, daß die Harnstoffhydrolyse durch die Jackbohnen-Urease bei -10 oder -20°C in der Gegenwart, nicht aber in der Abwesenheit von Tonmineralien oder autoklavierten Böden erfolgte. Bei einer Temperatur von -30°C konnte keine Enzymaktivität in Böden nachgewiesen werden.

Durch die Immobilisierung der Enzyme kann die Zugänglichkeit für hochmolekulare Substrate herabgesetzt werden. Ebenso kann die Inaktivierung der Enzyme herbeigeführt werden. Eine zur Entfaltung des Enzyms führende Bindung oder auch Koagulation kann ursächlich dafür sein. Entsprechend James und Augenstein (1966) wäre letzteres im Zusammenhang mit der Aggregatbildung möglich, wenn z.B. Bodenkolloide, an welche Enzyme gebunden sind, ausflocken. Die Bindung der Enzyme über wichtige funktionelle Gruppen kann ebenfalls zu deren Inaktivierung führen.

Durch eine Immobilisierung können die pH-Aktivitätsprofile, thermodynamische Größen und die Substratspezifität von Enzymen modifiziert werden. Die Stabilisierung der Enzyme an Bodenbestandteilen kann mit einer Zunahme der K_m-Werte sowie mit einer Abnahme der V_{max}-Werte verbunden sein. Konformationsänderungen durch Wechselwirkungen zwischen Träger (Immobilisierungsmatrix) und Enzym, veränderte Verhältnisse hinsichtlich der Diffusion von Substrat zum und Produkten vom aktiven Zentrum des Enzyms, sterische Beschränkungen durch den Enzymträger oder elektrostatische Wechselwirkungen zwischen Substrat und Enzymträger können für modifizierte Eigenschaften mitverantwortlich sein.

Regulation der Aktivität auf unterschiedlichen Niveaus

Die Regulation der Bodenenzymaktivität wurde diskutiert (z.B. Abramyan und Galstyan 1982; Nannipieri et al. 1983; Abramyan 1993; Sinsabaugh 1994).

Die Kontrolle der Aktivität von Bodenenzymen kann vereinfacht dargestellt auf dem Niveau der Enzymbildung, des Vorliegens geeigneter Bedingungen für die Stabilisierung und Aktivität freigesetzter Enzyme sowie der Verfügbarkeit entsprechender Substrate bzw. stimulierend oder hemmend wirkender Metabolite erfolgen.

Einem vereinfachten Modell entsprechend wird die Enzymaktivität auf dem Niveau des Ökosystems sowie auf dem Niveau der Mikrohabitate kontrolliert. Auf dem Niveau des Ökosystems ist die Enzymproduktion eine Funktion der vorhandenen Mikroorganismen und deren Aktivität, welche ihrerseits durch Standortfaktoren wie Feuchte, Belüftung, Nährstoffverfügbarkeit, Temperatur und biologische Wechselwirkungen kontrolliert wird. Dem Modell entsprechend setzt sich auf dem Niveau der Mikrohabitate der Einfluß der Temperatur und der Feuchte auf die Aktivität freigesetzter Enzyme fort. Die Reaktionen werden jedoch durch Enzym-Substrat Wechselwirkungen wie Hemmung, Adsorption, Stabilisierung und Humifizierung modifiziert. Der Begriff des Substrates wird dabei im weitesten Sinne (Streu, Detritus, Mineralien) verstanden. Die Wechselwirkungen verändern apparente pH-Optima, Aktivierungsenergien, die Kinetik der Enzyme und bestimmen deren Umsatzraten.

Untersuchungen zur Bildung und Persistenz von mikrobieller Biomasse und von Enzymen im Boden gaben Hinweis auf die Wirkung homöostatischer Mechanismen im Boden. Einem tonigen Lehmboden wurde entweder Glucose oder Gras als Energiequelle, gemeinsam mit $^{14}NO_3^-$, zugeführt (Nannipieri et al. 1983). Obgleich die Biomasse und die Enzymaktivität nach Zugabe der Energiequellen zunahmen, fielen die beiden Größen letztlich wieder auf den Stand des Kontrollbodens ab. Auch jene mittels des Grases zugeführten Mikroorganismen und Enzyme konnten sich nicht über den Inkubationszeitraum hinweg halten. Der Einfluß eines homöostatischen Mechanismus, welcher für die Erhaltung einer stabilen Zusammensetzung der mikrobiellen Populationen sorgt, wurde diskutiert. Die mikrobielle Biomasse und die Enzymaktivität des Kontrollbodens sollte demnach die Kapazität des Bodens reflektieren, diese Größen zu unterhalten und Biomasse und Enzyme im Überschuß würde(n) zerstört. Es konnten Hinweise darauf erhalten werden, daß die Vielfalt der mikrobiellen Gemeinschaft in Bezug zu deren Stabilität steht (Atlas und Bartha 1981). Erreicht eine oder wenige Arten hohe Dichte, nimmt die Stabilität der Gemeinschaft gemeinhin ab. Bei der Etablierung von heterogenen Gemeinschaften zeigen sich homöostatische Mechanismen, welche nach Gleichgewichtszuständen streben und folglich Einflüssen von außen entgegenwirken. Die Einbringung von „Fremd“-Mikroorganismen mittels Gras wäre ein Beispiel für einen Einfluß von außen. Solche Selbstregulierungsmechanismen könnten gemeinsam mit der Verfügbarkeit von „aktivem“ oder „biologischem“ Raum, die Qualität und Quantität der Biomasse des Bodens kontrollieren. Stotzky (1972) hatte angenommen, daß jener die Vermehrung von Mikroorganismen im Boden limitierende Faktor der sogenannte „aktive“ oder „biologische“ Raum sei. Mikrobielle Zellen stellen nur etwa 1% des Bodenvolumens dar. Eine enge räumliche Beziehung zwischen immobilisierten Enzymen und Mikroorganismen, welche auch für den Erfolg einiger Mikroorganismen im Konkurrenzkampf essentiell ist, ist anzunehmen (Burns 1982). Weshalb Bodenenzyme ebenfalls im biologischen Raum lokalisiert sein sollten.

Untersuchungen zur Bodenenzymaktivität verschiedener genetischer Bodengruppen zeigten, daß quantitative und qualitative Eigenschaften der organischen und anorganischen Substanz, die Bodenacidität und -basizität, die Zusammensetzung und das Verhältnis von Kationen am Adsorptionskomplex des Bodens sowie die Temperatur und die Feuchte und deren Verhältnis zueinander als regulierende Faktoren der Aktivität und Immobilisierung von Enzymen im Boden wirksam sind. Innerhalb der Grenzen eines genetischen Bodentyps erwies sich, bezogen auf in Transformationen des Stickstoffs, Schwefels und Phosphors involvierte Enzyme, der Gehalt des Bodens an verschiedenen verfügbaren Formen der entsprechenden Elemente als Regulator der Enzymaktivität (Abramyan 1993).

Extraktion und Reinigung

In der Literatur finden sich zahlreiche Arbeiten mit Versuchen zur Fraktionierung von Böden, zur Extraktion und Reinigung von Bodenenzymen und entsprechenden Hinweisen bezüglich deren Lokalisation und Eigenschaften. Methodische Probleme treten beim Versuch Bodenenzyme zu extrahieren und zu reinigen auf.

Zahlreiche Autoren versuchten in den vergangenen 20 Jahren mit Hilfe geeigneter Fraktionierungs-, Extraktions- und Reinigungsverfahren die Lokalisation und die Eigenschaften von Enzymen im Boden aufzuklären. In solchen Experimenten wird versucht, die Anwesenheit spezifischer Enzyme in verschiedenen Bodenfraktionen und -extrakten über deren Wirkung nachzuweisen. Vergleichende Daten zur Kinetik und Stabilität sollen helfen Information über relative Mengen und den Zustand der Enzyme zu erlangen. Der Ausdruck „Zustand von Enzymen im Boden“ wurde von Skujins (1967, 1976) zur Beschreibung jener Phänomene genutzt, wodurch Enzyme in Böden stabilisiert werden.

Trotz der Schwierigkeiten, welche mit dem eindeutigen Nachweis der Gegenwart eines stabilisierten Enzyms verbundenen sind, lieferten verschiedene experimentelle Ansätze Hinweise auf die Existenz eines komplexen Systems von Enzymen im Boden. Erschöpfende Charakterisierungen von Böden und Bodenextrakten zeigten, daß eine große Anzahl von Enzymen im Boden im immobilisierten Zustand vorliegt (Stotzky und Burns 1982).

Zahlreiche enzymatisch aktive Fraktionen konnten während der vergangenen zwanzig Jahre mit Hilfe verschiedenster Reagenzien aus dem Boden extrahiert werden. Diese Reagenzien reichen von Wasser bis zu solchen, welche zu einer starken Lösung von organischer Substanz führen wie beispielsweise Natriumhydroxid und Natriumpyrophosphat. Die extrahierten Aktivitäten sind gewöhnlich mit Komplexen aus organischer Substanz und

Enzym assoziiert. Trotz des Einsatzes moderner biochemischer Techniken konnte auf dem Gebiet der Reinigung von Bodenenzymen bisher nur ein geringer Fortschritt erzielt werden.

Zahlreiche Autoren berichteten über die Extraktion enzymatisch aktiver Bodenfraktionen. Eine Reihe von Versuchen zeigte, daß bestimmte enzymatische Aktivitäten mit diskreten Bodenfraktionen verbunden sind. Die zunehmende Zahl von Enzymextraktionen aus dem Boden zeigte, daß viele Enzyme im Form von Humus-Enzymkomplexen vorliegen. Dies ließ auch die Feststellung zu, daß Enzyme im Boden eher durch die Assoziation mit der organischen Fraktion, als durch eine solche mit der anorganischen Fraktion stabilisiert werden. Daten bezüglich der kinetischen Eigenschaften sowie der Empfindlichkeit derartiger Fraktionen gegenüber Proteasen, Strahlung, Metallen und Lösungsmitteln konnten erhalten werden. Oftmals konnte eine signifikante Beziehung zwischen der Aktivität bestimmter Enzyme und dem organischen Substanzgehalt bzw. der Qualität der organischen Bodensubstanz nachgewiesen werden.

Die Behandlung mit Puffer, die Veränderung des pH-Wertes, die Fällung mit Ammoniumsulfat sowie Schütteln und Ionenaustausch erbrachten oftmals nur Teilerfolge bezüglich der Extraktion von Enzymen aus Böden. Die zu extrahierenden Enzyme können unterschiedlichen Kategorien angehören und im Boden durch unterschiedliche Mechanismen stabilisiert sein. Methoden, welche zur Extraktion von Enzymen aus anderen biologischen Materialien eingesetzt werden, können eine für die Extraktion von Enzymen aus Böden nicht ausreichende Effizienz aufweisen. Wesentlich ist, daß keine Enzymproteine als solche aus Böden extrahiert wurden. Es handelt sich vielmehr um die Extraktion von enzymhaltiger organischer bzw. organomineralischer Substanz. Durch das Extraktionsverfahren können mehrere Enzyme gemeinsam extrahiert werden.

Eine Reihe von Autoren präsentierten Reinigungsverfahren für extrahierte Bodenenzyme. Fällung mittels Protaminsulfat, Ammoniumsulfat, Membrantrennungen, elektrophoretische und chromatographische Verfahren wurden im Zusammenhang mit Enzym-Reinigungsversuchen angegeben. Der erste Bericht über die teilweise Reinigung und die Eigenschaften eines Malathion abbauenden Bodenenzyms stammt von Getzin und Rosefield (1971). Eine ungewöhnlich stabile Esterase, welche die Hydrolyse von Malathion zu dessen Monosäure katalysiert, konnte mittels 0.2 M NaOH aus einem bestrahlten sowie nicht bestrahlten Boden extrahiert werden. Die teilweise Reinigung gelang mittels $MnCl_2$-Behandlung, Ammoniumsulfat-Fällung, Dialyse und Ionenaustauschchromatographie. In der Folge stellten verschiedene Autoren Versuche zur Reinigung von Bodenenzymen an. Partiell erfolgreiche Reinigungsversuche können auch als Ausdruck der hohen Stabilität von Komplexen aus Enzymen und organischer/anorganischer Substanz gesehen werden.

Ein zu Extraktions- und Reinigungsversuchen alternativer oder auch ergänzender Weg, das Verständnis der Beziehung zwischen immobilisierten Enzymen und der Bodenmatrix zu erweitern, besteht in der Untersuchung von Wechselwirkungen zwischen Enzymen und natürlichen oder synthetischen Bodenbestandteilen in einem kontrollierbaren System. Wasserunlösliche Derivate aus organischen Polymeren und Enzymen wurde hergestellt. Die Wechselwirkungen zwischen Huminstoffen, verwandten Substanzen (z.B. Tannine, Melanine, Lignine) sowie synthetischen Polymeren und Enzymen wurden untersucht.

Eine andere Annäherung Enzyme im Boden zu lokalisieren stellt die Elektronenmikroskopie dar. Methodische Probleme verhinderten jedoch bisher den Nachweis von spezifischen an Bodenbestandteile gebundenen Enzymen. Eindeutig konnten mit dieser Technik bisher nur mit Zellen assoziierte Enzyme nachgewiesen werden. Ultrahistochemische Methoden sind immer noch großteils von der Fällung elektronendichter Schwermetallkomplexe abhängig. Die löslichen Schwermetallkomponenten tendieren dazu in den enzymspezifischen Medien mit der humifizierten Substanz, ungeachtet dessen ob ein Enzym gegenwärtig ist oder nicht, zu komplexieren. Enzyme wie Phosphatasen, Peroxidase, Katalase, Succinatdehydrogenase etc. konnten in Bodenmikroorganismen und in Wurzelzellen durch Schwermetallpräzipitationstechniken lokalisiert werden.

Das Vermögen Mikroorganismen, Substrate und Enzyme mit hoher Auflösung und mit hoher Spezifität zu lokalisieren sollte es theoretisch möglich machen, Stellen zu lokalisieren, wo das Auftreten spezifischer Bodenprozesse wahrscheinlich bzw. unwahrscheinlich ist. Technische Schwierigkeiten, welche die spezifische Lokalisierung von Enzymen und Substraten in Böden durch konventionelle histochemische Methoden limitieren wurden diskutiert (Foster 1988). Die meisten der genutzten ultracytologischen Farben erfordern Schwermetalle zur Etablierung von Elektronendichte auf den Reaktionsprodukten. Schwermetalle werden jedoch wie bereits angeführt oft nicht spezifisch an mineralisches und organisches Material gebunden. Ferner ist es notwendig verschiedene Proben für die vollständige Enzymbehandlung und die Kontrollbehandlungen zu benutzen. In Geweben können Vergleiche zwischen Voll- und Kontrollbehandlungen leicht vollzogen werden, da diese homogen organisiert sind und somit cytologisch ähnliche Stellen in verschiedenen Proben leicht zu lokalisieren und identifizieren sind. Dies ist nicht der Fall mit kleinräumig heterogen organisierten Bodenproben. Eine Kombination von Transmissionselektronenmikroskopie und Elektronensondenmikroanalyse sollte es erlauben bei Enzymreaktionen Elemente zu verwenden, welche nicht elektronendicht sind und/oder, welche nicht so stark dazu neigen mit nicht spezifischen Bodenmineralien und organischen Materialien zu reagieren. In Geweben, bewährte sich Cerium als Nachweismittel für Phosphatasen spezifischer als Blei. Techniken mit goldmarkiertem Lektin und Antikörpern sollten zur Bewältigung einiger dieser Schwierigkeiten dienen.

Ein weiteres Problem stellt der Umstand dar, daß die Ultramikrotomie auf Proben beschränkt ist, welche frei von Sandkörnern sind. Sandkörner beschädigen Diamantmesser. Der versprechendste Weg diese Schwierigkeit zu umgehen könnte darin bestehen, histochemische Tests an polierten Bodenblöcken anzuwenden und Rasterelektronenmikroskopie oder Elektronensondenmikroanalyse zum Nachweis von spezifischen Reaktionsprodukten einzusetzen. Der eindeutige Nachweis von Enzymen war bisher auf die Oberfläche von Mikroorganismen limitiert. Im Falle chemischer Analysen konnten zahlreiche Daten über die Gesamtmenge an organischer Substanz und die relativen Proportionen der Hauptklassen erhalten werden. Informationen über die genaue Lokalisierung dieser komplexen Materialien und die räumliche Verteilung von einzelnen chemischen Gruppen in natürlichen, ungestörten Boden konnten großteils nicht erhalten werden. Fragen nach der genauen Lokalisation von organischen Resten und Mikroorganismen in Böden, nach der Lokalisation von Bodenenzymen und nach den Orten der mikrobiellen Verwitterung von Bodenmineralien blieben deshalb zunächst unbeantwortet.

3.8.5 Probleme der Bodenenzymatik

Bei der Bestimmung von Bodenenzymaktivitäten treten methodische Probleme auf.

Unterscheidung zwischen abiontischer und organismischer Aktivität

Die Unterscheidung zwischen abiontischer und organismischer Enzymaktivität stellt seit Anbeginn der Forschung auf dem Gebiet der Bodenenzymatik ein Hauptproblem dar. Man suchte nach geeigneten chemischen bzw. physikalischen Mitteln, welche die unmittelbare organismische Aktivität ausschließen sollten. Von den verschiedenen bakteriostatischen oder sterilisierenden Agentien, deren Anwendung versucht worden war, schien Toluol (Methylbenzol) das annehmbarste zu sein und wurde in der Folge zum am häufigsten eingesetzten Agens in bodenenzymatischen Untersuchungen. Der Einsatz von Toluol ist nicht unumstritten und dessen Einfluß auf die Bestimmung von Enzymaktivitäten wurde von einer Reihe von Autoren geprüft. Methoden, welche auf der Sterilisation von Bodenproben durch hochenergetische Strahlung beruhen, wurden ebenfalls bewertet. Es wurde angenommen, daß Strahlung eine weniger drastische Methode der Sterilisation von Böden darstelle als Autoklavierung, indeß jedoch von den selben Schwächen geplagt werde wie chemische Hemmstoffe. Ein ideales

Mittel zur Minimierung bzw. Ausschließung von mikrobieller Aktivität während der Untersuchung konnte bis heute nicht gefunden werden.

Die Wahl sensitiver Versuchsmethoden mit kurzen Inkubationszeiten ist ein möglicher Weg dem Problem zu begegnen. In der Zwischenzeit wurde diese Möglichkeit bereits zum Teil methodisch realisiert.

Nichtenzymatisch vermittelte Stoffumsetzungen

Hohe Raten nichtenzymatisch vermittelter Stoffumsetzungen können zur Überschätzung der enzymatischen Leistungsfähigkeit des Bodens in Bezug auf die betrachtete Aktivität führen.

Quantifizierung der in immobilisierter und freier Form vorliegenden Bodenenzyme

Eine Methode zur getrennten Quantifizierung der Aktivität von im Boden in immobilisierter bzw. in freier Form vorliegenden Enzymen wurde bisher noch nicht vorgestellt.

Extraktion und Reinigung

Wie oben angesprochen ist die Extraktion und Reinigung von Bodenenzymen mit Schwierigkeiten verbunden. Aufgrund der mit Extraktions-, Fraktionierungs- und Reinigungsverfahren verbundenen „unnatürlichen" Behandlung der Bodenproben, bergen die solcherart gewonnenen Erkenntnisse die Gefahr, nicht die tatsächlichen Verhältnisse im ungestörten Boden wiederzugeben. Es darf angenommen werden, daß es im Zuge der mechanischen Behandlung der Proben sowie auch durch die chemische Aktivität gegebener Extraktionsmittel zur Beschädigung bzw. Zerstörung von Zellen kommt. Auf diese Weise können Enzyme freigesetzt werden, welche in der Folge einen Beitrag zur Aktivität des Extraktes bzw. der Fraktion leisten. Die Denaturierung solcher Enzyme wäre aber auch denkbar, sodaß nur jene Enzyme, welche bereits stabilisiert vorlagen, die Behandlung überstehen könnten.

Bestandteile von in Extraktions- und Reinigungsverfahren eingesetzter Reagentien können mit Enzymaktivitäten interferieren. Die Bedeutung des gewählten Extraktionsmittels konnte in Versuchen von Suflita und Bollag (1980) sowie Loll und Bollag (1985) gezeigt werden.

Burns und Edwards (1980) listeten Eigenschaften angereicherter Bodenenzyme auf. Die weitgehende Übereinstimmung der Eigenschaften des Bodens und dessen Rohextrakt hinsichtlich der im folgenden aufgelisteten

Kriterien sollte denmach eine positive Stellungnahme zur Rolle von angereicherten Enzymen gewährleisten:

- Maximale Rate (V_{max})
- Michaelis Konstante (K_m)
- pH-Aktivitätskurven
- Temperatur-Aktivitätskurven
- Zeit-Aktivitätskurven
- Stoechiometrie
- Temperaturkoeffizient (Q_{10}); dieser ist < 2
- Unabhängigkeit von mikrobieller Vermehrung; kurze Inkubationzeiten (kürzer als zwei Stunden) bzw. der Einsatz von γ-Strahlung, Natriumazid oder Antibiotika sollten dabei der Eliminierung bzw. Hemmung von Mikroorganismen dienen
- Fehlen einer Korrelation mit der Zahl der Mikroorganismen
- Thermolabilität
- Metall- und Lösungsmittelhemmung
- Absorptions-Peak für Protein

Der Temperaturkoeffizient (Q_{10}) charakterisiert die Abhängigkeit physiologischer Raten von Temperaturen unterhalb des Optimums. Er ist ein Maß für den Rückgang der Geschwindigkeit eines gegebenen Prozesses mit der Temperatur; im gegebenen Fall für den Rückgang der Temperatur um 10°C.

Reproduzierbarkeit von Aktivitätsbestimmungen

Ein weiteres Problem besteht in der Reproduzierbarkeit und Vergleichbarkeit der Ergebnisse.

Diesbezüglich stellt die Einhaltung bestimmter Rahmenbedingungen in Bezug auf die Entnahme von Proben, deren Transport, Lagerung und Vorbereitung, die Wahl von Puffern für die Aktivitätsbestimmung sowie die Wahl der Methode zur Produkt- bzw. Restsubstratbestimmung nach Ende der Inkubation eine unbedingte Notwendigkeit dar. Beim Vergleich von Ergebnissen muß auch der jeweils gewählten statistischen Analyse Aufmerksamkeit geschenkt werden. Im Zusammenhang mit diesem Themenkreis wird auf Schinner et al. (1993) verwiesen.

Substrate für Aktivitätsbestimmungen

Im Zusammenhang mit der Wahl der Substrate für die Aktivitätsbestimmung von Enzymen ergeben sich Probleme. Zumeist wird eine Reihe von Enzymen mit jeweils unterschiedlicher Substratspezifität bzw. auch unterschiedlichen pH-Optima unter Begriffen wie beispielsweise Protease, Phosphatase, Sulfatase zusammenfaßt. Bei der Aktivitätsbestimmung wird zumeist ein künstliches Substrat eingesetzt, welches im Dienste der Erleichterung der nachfolgenden Analyse der auftretenden Aktivität steht. Es ist jedoch nicht möglich, mit solchen Substraten die möglicherweise vorhandenen unterschiedlichen Spezifitäten einer Aktivität umfassend zu berücksichtigen. Es ist deshalb schwierig, die so erhaltenen Ergebnisse auf den Boden im natürlichen Zustand zu übertragen.

Auf ein spezielles, möglicherweise mit dem Einsatz radioaktiv markierter Substrate verbundenes, Problem wurde von Bremner und Mulvaney (1978) verwiesen. Diese Autoren versuchten in der Diskussion die Relevanz eines Isotopeneffektes durch die Ergebnisse einer Arbeit von Rabinowitz et al. (1956) zu untermauern. Diese Arbeit hatte gezeigt, daß die Jackbohnen-Urease ^{12}C-Harnstoff in einem Ausmaß von etwa 10% rascher hydrolysierte als ^{14}C-Harnstoff.

Enzymkinetik in einem heterogenen System

Der Boden stellt ein komplexes heterogenes System dar, in welchem die meisten biochemischen Reaktionen an Grenzflächen zwischen fester, flüssiger und gasförmiger Phase stattfinden. Bodenenzyme sind durch deren Aktivität im heterogenen System des Bodens ausgezeichnet. Die Untersuchungen zur klassischen Enzymkinetik werden mit stark verdünnten, gepufferten wäßrigen Lösungen hoch gereinigter Enzyme und hoch gereinigter Substrate durchgeführt, wobei optimale Bedingungen hinsichtlich Konzentration, pH-Wert und Temperatur eingestellt werden. Beim Studium der Geschwindigkeit enzymkatalysierter Reaktionen im Boden kann nicht von solch definierten Voraussetzungen ausgegangen werden. Die im Boden zu untersuchenden Enzyme liegen nicht allesamt in Lösung vor. Die Enzymaktivität des Bodens ist auf mehrere Komponenten verteilt und dieselbe zu untersuchende Aktivität kann unterschiedliche Charakteristika zeigen. Die physikalischen, chemischen und physikochemischen Eigenschaften des Bodens nehmen Einfluß auf die Enzyme und bestimmen das Schicksal von Substraten und Produkten mit. Der quantitative Nachweis von Restsubstrat oder von Produkten kann durch deren Bindung an Bodenbestandteile erschwert werden. Die ermittelten Werte zum enzymatischen Umsatz können von den realen Verhältnissen abweichen.

Für zahlreiche Enzyme wurden kinetische Konstanten bestimmt. Der Einfluß der Bodenmatrix wurde dabei nur selten berücksichtigt. In den meisten Fällen wurde infolge der Immobilisierung der Enzyme im Boden ein Rückgang deren Aktivität beobachtet. Neben einem Rückgang der Aktivität des Enzyms infolge dessen Adsorption an Bodenteilchen konnte im Zuge des Studiums von pH-Aktivitätsprofilen immobilisierter Enzyme, auch eine Verschiebung der pH-Optima ins Alkalische gefunden werden. Eine negativ geladene Matrix kann H^+-Ionen anziehen und das Enzym würde in der Folge eine Erhöhung des pH-Optimums zeigen (McLaren

1978). Neben dieser Hypothese einer saureren Umgebung in der Nähe von Tonoberflächen, verwies Quiquampoix (1987) auf eine zweite diesbezüglich bestehende Hypothese. Die veränderten pH-Optima können nach dieser Hypothese eine Folge von Konformationsänderungen im Enzym sein, welche durch Kräfte verursacht werden, die zwischen dem Enzym und der Tonoberfläche wirksam sind.

Labor- und Feldbedingungen

Abgesehen von der Störung des Bodens durch die Probennahme und die Probenvorbereitung unterscheiden sich konventionelle Labor- und Feldbedingungen vielfach. Bodenenzymversuche werden in Aufschlämmungen, bei Überschuß an meist homogenem, löslichem und künstlichem Substrat, am Optimum des pH und der Temperatur (Konstanthaltung, Pufferung) sowie unter Ausschluß von Pflanzen und (größeren) Tieren durchgeführt. Im Feld kann das Substrat als limitiert, natürlich, oft heterogen und unlöslich angesehen werden. Die Feuchte, das pH und die Temperatur fluktuiert im Feld und hier finden sich auch Tiere und Pflanzen. Die direkte Übertragung der Ergebnisse von Laboruntersuchungen auf das Feld ist nicht möglich.

3.8.6 Nachgewiesene Bodenenzymaktivitäten

Die in Böden nachgewiesenen Enzymaktivitäten schließen solche von Oxidoreduktasen, Hydrolasen, Transferasen und Lyasen ein. Die Aktivitäten von zu den Hydrolasen und Oxidoreduktasen zählenden Enzymen wurden dabei am häufigsten bestimmt.

Wie in den vorangehenden Abschnitten ausgeführt, handelt es sich bei den im folgenden beschriebenen Enzymaktivitäten nicht um Ergebnisse von Untersuchungen mit hochgereinigten Enzymen. In eine unter gegebenen Bedingungen bestimmte Gesamtaktivität fließen die Aktivitäten von Enzymen ein, welche in verschiedener Lokalisation im Boden vorliegen können. An anderer Stelle wurde bereits darauf Bezug genommen, daß im Boden auch nichtenzymatisch vermittelte Stoffumsetzungen auftreten. In Abhängigkeit vom methodischen Ansatz und einer gewählten Enzymaktivität können auch Beiträge nichtenzymatisch vermittelter Stoffumsetzungen in die erhaltenen Ergebnisse einfließen.

Zahlreiche Autoren entwickelten, bewerteten und modifizierten Methoden zur Bestimmung von Enzymaktivitäten im Boden. Methoden unterschiedlicher Sensitivität liegen vor. Es kann sich die Notwendigkeit zur Entwicklung neuer Methoden ergeben. Verbesserte Methoden und die Einhaltung bestimmter Richtlinien sollten auch dazu dienen früher berichtete Ergebnisse neu zu bewerten.

Eine unmittelbare Vergleichbarkeit von Untersuchungsergebnissen kann nur dort gewährleistet sein, wo vergleichbare Versuchsbedingungen gegeben sind.

Tabelle 8. Reaktionstypen von Bodenenzymen. Beispiele

Enzym	katalysierte Reaktion
Oxidoreduktasen	
Dehydrogenase	$XH_2 + A \rightarrow X + AH_2$
Katalase	$2\,H_2O_2 \rightarrow 2\,H_2O + O_2$
o-Diphenoloxidase	o-Diphenol + 1/2 $O_2 \rightarrow$ o-Chinon + H_2O
p-Diphenoloxidase	p-Diphenol + 1/2 $O_2 \rightarrow$ p-Chinon + H_2O
Glucoseoxidase	Glucose + $O_2 \rightarrow$ Gluconsäurelacton + H_2O_2
Peroxidase	$A + H_2O_2 \rightarrow AOx + H_2O$
Hydrolasen	
α-Amylase	Hydrolyse von α(1 → 4)glykosidischen Bindungen
Cellulase	Hydrolyse von β(1 → 4)glykosidischen Bindungen
α- und β-Galaktosidase	Galaktosid + $H_2O \rightarrow$ ROH + Galaktose
α- und β-Glucosidase	Glucosid + $H_2O \rightarrow$ ROH + Glucose
Lipase	Triglycerid + 3 $H_2O \rightarrow$ Glycerol + 3 Fettsäuren
Phosphatase	Phosphatester + $H_2O \rightarrow$ ROH + Phosphat
Pyrophosphatase	Pyrophosphat + $H_2O \rightarrow$ 2 Orthophosphat
Protease	Proteine + $H_2O \rightarrow$ Peptide + Aminosäuren
Asparaginase	Asparagin + $H_2O \rightarrow$ Aspartat + NH_4^+
Urease	Harnstoff + $H_2O \rightarrow 2\,NH_3 + CO_2$
Sulfatase	$R\text{-}O\text{-}SO_3^- + H_2O \rightarrow ROH + H^+ + SO_4^{2-}$
Transferasen	
Transaminase	α-Aminosäure + α-Ketosäure → α-Ketosäure + α-Aminosäure
Rhodanase	$S_2O_3^{2-} + CN^- \rightarrow SCN^- + SO_3^{2-}$
Lyasen	
L-Histidin-Ammoniaklyase	L-Histidin → Urocanat + NH_4^+

3.8.7 Substrate C, N, P und S

Kohlenstoff

Etwa 99.9% des Kohlenstoffs in der Erdkruste liegen in Form von Kalksedimenten vor. Der Anteil des in der Erdkruste in Form von Bodenhumus gebundenen Kohlenstoffs kann in Ableitung von Literaturdaten mit 0.004% angegeben werden. Der Kohlenstoff ist das mengenmäßig wichtigste Bioelement. Betrachtet man den prozentuellen Anteil des Kohlenstoffs an der organischen Substanz, welcher durchschnittlich 50% (w/w) beträgt, wird die Bedeutung der mikrobiell und bodenenzymatisch vermittelten Abbauleistungen an der organischen Substanz für die Aufrechterhaltung der Stoffkreisläufe deutlich.

Der organische Substanzgehalt von Böden steht unter dem Einfluß zahlreicher Faktoren, welche das Klima, die Vegetation, die Textur, die Aggregation, den Wasserhaushalt und Bewirtschaftungsmaßnahmen einschließen. Die Durchschnittswerte für den organischen Substanzgehalt von Böden belaufen sich für solche in den gemäßigten Regionen auf 0.4–10%, für solche der humiden Regionen auf 3–4% und für solche der semiariden Regionen auf 1–3%. Der Kohlenstoffgehalt von Böden kann zwischen 0.05% (Wüstenböden) und > 25% (organische Böden) variieren.

Pflanzliche Gewebe und Ausscheidungen dominieren als primäre Quelle der organischen Bodensubstanz. Kohlenhydrate sind jene organischen Verbindungen, welche in Pflanzen mengenmäßig am häufigsten auftreten. Zur Orientierung kann die repräsentative Zusammensetzung von grünem Pflanzenmaterial auf Trockengewichtsbasis mit 60% Kohlenhydrate, 25% Lignine, 10% Proteine und 5% Wachse, Fette und Tannine angegeben werden. Bei den Kohlenhydraten dominieren die Cellulose und die Xylane mit etwa 20–50% und 10–30%, gefolgt von einfachen Zuckern und Stärke (1–5%). Polysaccharide haben auch den größten Anteil an der Kohlenhydratfraktion der organischen Bodensubstanz. Die Angaben zum Kohlenhydratanteil der organischen Bodensubstanz belaufen sich auf etwa 25%. Zur organischen Bodensubstanz zählende biochemisch gut definierte Fraktionen schließen neben den Polysacchariden auch Proteine, Aminosäuren, weitere organische Säuren, Lipide und Aromaten ein. Aminosäuren und Aminozucker stellen etwa 20% des Bodenkohlenstoffgehaltes dar. Die Huminstoffe repräsentieren die biochemisch weniger gut definierte organische Fraktion. Letztere sind wesentliche organische Senken für Kohlenstoff sowie auch für Stickstoff. Die Substratnatur sowie die Bedingungen hinsichtlich des Ausgangsgesteins und des Klimas bestimmen die quantitative Bedeutung der verschiedenen Fraktionen. Der Anteil der Huminstoffe an der organischen Bodensubstanz kann mit etwa 60–80% angegeben werden.

Etwa 1–3% des organischen Kohlenstoffgehaltes von Böden liegt in Form von mikrobiellem Biomasse-C vor. In Böden auftretende anorganische Formen des C schließen Kohlendioxid, Kohlensäure, Carbonate und Bicarbonate ein. In Böden werden auch geringe Mengen an elementarem Kohlenstoff sowie an Kohlenstoffdisulfid (CS_2) und Carbonylsulfid (COS) gefunden.

Stickstoff

Gehalte und Quellen. Der Stickstoffgehalt von Oberböden wird mit 0.02–0.5% angegeben. Eine Prozentsatz von etwa 0.15 gilt als repräsentativ. Stickstoffverbindungen können über tierische, menschliche und pflanzliche Abfälle, die Ausscheidungen und die Nekromasse von Pflanzen, Tieren und Mikroorganismen, die Zufuhr organischer und anorganischer Düngemittel, die trockene und nasse Deposition sowie über die symbiontische und nichtsymbiontische Stickstoffixierung in den Boden gelangen. Stickstoffhaltige Agrarchemikalien bzw. organische Umwelt-chemikalien beispielsweise in Form heterocyclischer Pflanzenschutzmittel wie Linuron bzw. Nitrile wären ebenfalls zu nennen. Der Stickstoffgehalt der Ausgangsgesteine ist sehr gering.

Formen und biologische Umwandlung. In den meisten Oberböden liegen mehr als 95% des gesamten Stickstoffs organisch gebunden vor. Proteine, Zellwandbestandteile wie Chitin und Peptidoglykane sowie Nukleinsäuren sind wesentliche Formen organisch gebundenen Stickstoffs. Zur Fraktionierung des organischen Boden-N bedient man sich häufig der sauren Hydrolyse (HCl). Innerhalb des hydrolysierbaren N stellt der α-Aminosäure-N die größte Fraktion dar. In der Mehrzahl der Oberböden liegen etwa 20–40% des gesamten N in Form von Aminosäuren vor. Es wird angenommen, daß der Aminosäure-N hauptsächlich in Form von Peptiden und Proteinen vorliegt. 20–35% des gesamten N können durch säureunlöslichen N repräsentiert werden. Durch die Assoziation N-haltiger Verbindungen mit Huminstoffen und mit anorganischen Kolloiden wird deren mikrobieller Abbau verlangsamt. N kann im Boden in polymeren Formen konserviert vorliegen. In einem zwei Meter tiefen Torf lag der Großteil des N in polymerisierter Form vor (Laehdesmaeki und Piispanen 1988). In der organischen Bodensubstanz kann N in einem Ausmaß von bis zu 40% in Formen enthalten sein, deren biologische Quellen unbekannt sind. Dieser N ist oftmals an phenolische Verbindungen gebunden. Die Mineralisierung dieses N ist von größeren Schwierigkeiten begleitet als jene des von lebenden Organismen stammenden N. In organischer Bindung ist der N vor Verlusten durch Auswaschung und Verflüchtigung geschützt. In dieser Form ist er jedoch Pflanzen großteils nicht verfügbar.

Die Werte für den mikrobiellen Biomasse-N werden mit 1–5% des gesamten Bodenstickstoffgehaltes angegeben. Orientierende Werte für den Biomasse-N rangieren für landwirtschaftliche Systeme zwischen 40 und 385 kg/ha, für Grünlandböden zwischen 40 und 497 kg/ha und für Waldböden zwischen 180 und 216 kg/ha. Im Zuge der Stickstoffmineralisierung wird organisch gebundener Stickstoff in anorganische Formen überführt. Im Verlauf der Ammonifikation wird organisch gebundener Stickstoff als Ammonium (NH_4^+) freigesetzt. Ammonium-N wird im Prozeß der Nitrifikation zunächst zu Nitrit (NO_2^-) und weiter zu Nitrat (NO_3^-) umgesetzt.

Der anorganische Boden-N wird vornehmlich durch Nitrat und Ammonium repräsentiert. Nitrit liegt seltener in nachweisbaren Mengen vor. Die verfügbaren anorganischen N-Formen Nitrat und Ammonium, werden in ihrem Auftreten durch Boden- und Klima-Eigenschaften beeinflußt. Die Menge an unter natürlichen Bedingungen im Boden in verfügbarer Form vorliegenden N-Verbindungen ist im Gegensatz zum hohen N-Bedarf von Pflanzen gering. Die Werte für den pro Jahr aus der organischen Substanz freigesetzten anorganischen Stickstoff belaufen sich auf etwa 2–3%. Der Prozentsatz der verfügbaren Formen Nitrat und Ammonium am gesamten Stickstoffgehalt des Bodens wird mit selten mehr als 2% angegeben.

Ammonium und Nitrat können durch Mikroorganismen und Pflanzen assimiliert werden (N-Immobilisierung). Die Verfügbarkeit von Ammonium kann durch dessen Festlegung zwischen den Kristalleinheiten bestimmter Tonmineralien wie Vermiculit und einiger Smectite oder auch feinkörniger Glimmer reduziert werden. Solcherart gebundener Stickstoff wird nur langsam verfügbar. In Oberböden können bis zu 8% des Stickstoffs als tongebundenes Ammonium vorliegen. Dieser Prozentsatz kann in Unterböden bis zum fünffachen höher liegen.

Eine Reihe von Enzymen ist am Abbau von Proteinen und anderen stickstoffhaltigen Biomolekülen beteiligt. Die von zahlreichen Bakterien und Pilzen ausgeschiedenen Proteasen katalysieren die Hydrolyse der Proteine zu Oligopeptiden und Aminosäuren. Die freigesetzten Aminosäuren können decarboxyliert oder deaminiert werden. Die Decarboxylierung führt zur Bildung von primären Aminen und Kohlendioxid. Die Deaminierung von Aminosäuren kann verschiedenen Typen angehören, diese führt jedoch immer zur Abspaltung von Ammonium aus der Aminosäure. Je nach Deaminierungstyp entstehen dabei neben Ammonium organische Säuren bzw. Kohlendioxid. Oxidoreduktasen sind an der oxidativen Deaminierung, C-N-Lyasen an der saturativen und Hydrolasen an der hydrolytischen Deaminierung von Aminosäuren beteiligt. Bei Transaminierungsreaktionen erfolgt die Übertragung der Aminogruppe einer Aminosäure auf eine α-Ketosäure. Beim Abbau stickstoffhaltiger Polymere von nicht Proteinnatur wie z.B. Chitin, treten unter der Einwirkung hydrolytischer Enzyme Aminozucker auf. Glucosamine können nach Phosphorylierung deaminiert werden.

Verluste. Stickstoff kann dem Boden über verschiedene Wege verloren gehen. Nitrat ist leicht löslich und weist eine gegenüber Ammonium hohe Mobilität auf, weshalb dieses im Boden relativ leicht die Wurzelzone verlassen und in tiefere Bodenbereiche bzw. in das Grundwasser ausgewaschen werden kann. Das austauschbar gebundene und lösliche Ammonium wird im Boden stärker zurückgehalten als Nitrat. Gasförmige Stickstoffverluste können über die Verflüchtigung von Ammoniak sowie auch dann eintreten, wenn Nitrat zu Stickstoffoxiden oder elementarem Stickstoff reduziert wird. Auf den letztgenannten Prozeß, die Denitrifikation, wird weiter unten näher Bezug genommen.

Phosphor

Gehalte und Quellen. Die Böden weisen im Mittel einen Phosphorgehalt von 0.05% auf. Die in der Literatur angegebenen Werte für die in Mineralböden gefundenen Gesamtphosphorkonzentrationen bewegen sich zwischen 35 und 5300 mg/kg.

Die Quellen des Bodenphosphors schließen natürlich auftretende anorganische Phosphorverbindungen, die Nekromasse und Ausscheidungen von Tieren, Pflanzen und Mikroorganismen, tierische, pflanzliche und menschliche Abfälle sowie organische und anorganische Düngemittel ein. Für landwirtschaftlich genutzte Böden sind auch phosphorhaltige Agrarchemikalien anzuführen.

Formen. Der Phosphor tritt in Böden in verschiedenen anorganischen und organischen Formen auf. Hinsichtlich der relativen Anteile der beiden prinzipiellen Formen (organisch, anorganisch) besteht weite Variation zwischen verschiedenen Böden. Die organische Fraktion repräsentiert jedoch stets einen relativ hohen Anteil am Phosphorgesamtgehalt von Böden. Die für die organische Fraktion angebenen Werte rangieren zwischen 20 und 80% des gesamten Phosphorgehaltes von Böden.

Anorganischer Bodenphosphor. In Böden treten anorganische Phosphorverbindungen in relativ unlöslicher, in adsorbierter sowie in gelöster Form auf.

Die Mehrzahl der anorganischen Phosphorformen wird durch Ca-, Fe- und Al-haltige Phosphorverbindungen repräsentiert. Kombinationen mit F oder anderen Elementen können ebenfalls auftreten. Ein Großteil des gesamten anorganisch gebundenen Phosphors liegt in Böden in Form schwerlöslicher Ca-Orthophosphate vor (Calciumphosphate wie Hydroxylapatit, Fluorapatit, Oxyapatit)). Die Apatite zählen zu den am geringsten löslichen und verfügbaren Phosphorverbindungen. Einfachere und leichter verfügbare Ca-Phosphate wie Mono-, Di- und Tricalciumphosphat treten ebenfalls auf. Einfachere Ca-Phosphate sind jedoch nur in extrem geringen

Mengen vorhanden, da diese leicht in Formen mit geringerer Löslichkeit überführt werden.

Eine Reihe von Faktoren, welche zum Teil mit dem pH-Wert des Bodens in Wechselwirkung stehen, beeinflussen die Verfügbarkeit anorganischer Phosphate. Diese schließen das pH, die Anwesenheit löslicher Formen des Al, Fe und Mn bzw. von verfügbarem Ca, das Vorliegen von Sesquioxiden (Fe-, Al-, Mn-Oxide/Hydroxide) bzw. von Ca-Mineralien, die Quantität und Qualität der organischen Substanz und die mikrobielle Aktivität ein.

Die Form des Phosphations wird durch das pH der umgebenden Lösung bestimmt. In hoch sauren Lösungen liegt dieses in Form von $H_2PO_4^-$ vor. Mit zunehmendem pH dominieren zunächst HPO_4^{2-}- und in der Folge PO_4^{3-}-Ionen. Die Verfügbarkeit dieser Ionen wird bei unterschiedlichen pH-Werten durch die Anwesenheit anderer Ionen modifiziert. Unter sehr sauren Bedingungen bestimmen lösliche Formen des Al, Fe und Mn die Form des Phosphats und damit dessen Verfügbarkeit. Bei höherem pH trifft dies für verfügbares Ca zu. In sehr sauren Böden treten Al-, Fe- und Mn-Kationen auf, welche unter Reaktion mit löslichen Phosphationen ($H_2PO_4^-$) als unlösliche Hydroxyphosphate des Al, Mn oder Fe ausfallen. Die Phosphatverfügbarkeit für Pflanzen geht unter solchen Bedingungen stark zurück. Das $H_2PO_4^-$-Ion reagiert auch mit unlöslichen Hydroxiden der genannten Elemente unter Bildung unlöslicher P-Verbindungen; eine ähnliche Festlegung des Phosphates kann auch durch bestimmte Tonmineralien erfolgen. Phosphate können zusätzlich zur Teilnahme an den beschriebenen Reaktionen, welche zu unlöslichen Präzipitaten und Hydroxyphosphaten führen, an Anionenaustauschreaktionen teilnehmen. In sauren Böden verfügen bestimmte Bodenkolloide über positive Ladungen, an welchen Phosphate in austauschbarer Form gebunden werden können.

Bei höheren pH-Werten wird die Verfügbarkeit des Phosphors großteils von der Löslichkeit phosphorhaltiger Ca-Verbindungen bestimmt. In den Boden eingetragenes Phosphat kann mit Calcium rasch unter Bildung von Ca-Phosphaten mit geringerer Löslichkeit reagieren. Die Löslichkeit solcher Verbindungen und damit die Verfügbarkeit des in diesen enthaltenen Phosphors geht entsprechend der Form des Phophations in der Folge $H_2PO_4^-$, HPO_4^{2-}, PO_4^{3-} zurück. Tricacliumphosphat weist eine geringere Löslichkeit auf als Monocalciumphosphat.

Die Verfügbarkeit von Phosphor nimmt demgemäß sowohl mit dem zunehmenden Rückgang als auch mit der zunehmenden Erhöhung des pH ab. Sind es unter mäßig bis stark sauren Bedingungen die Fe-, Al- und Mn-Phosphate, welche eine minimale Löslichkeit aufweisen so sind es bei zunehmendem pH die Ca-Phosphate, welche die Verfügbarkeit des Phosphors zunehmend herabsetzen. Im pH-Bereich von 6.0–7.0 kann die relativ höchste Verfügbarkeit von Phosphat erwartet werden.

Der Begriff „kondensierte anorganische Phosphate" steht für sämtliche pentavalente Phosphorverbindungen, in welchen eine unterschiedliche Anzahl von tetraedrischen PO_4-Gruppen über Sauerstoffbrücken verbunden sind (Harold 1966). Diesen gehören drei Klassen an. Die erste Klasse repräsentieren cyclische kondensierte Phosphate. Diese werden üblicherweise als Metaphosphate bezeichnet; als individuelle Verbindungen sind nur Tri- und Tetrametaphosphate bekannt. Die zweite Klasse umfaßt lineare kondensierte Phosphate. Diese sind unverzweigte Strukturen und werden als Polyphosphate bezeichnet. Quervernetzte kondensierte Phosphate oder „Ultraphosphate" repräsentieren schließlich die dritte Klasse. Diese treten in bestimmten Schmelzen auf und deren charakteristischer Besitz von leicht in Wasser hydrolysierbaren Verzweigungsstellen läßt deren biologisches Auftreten nicht erwarten.

Polyphosphate sind bei Mikroorganismen und Algen sowie höheren Pflanzen und Tieren verbreitet. Der intrazelluläre Status von Polyphosphaten ist in Form von Komplexen von Polyphosphat mit Protein und RNA gegeben. Herold (1966) nahm in einer Literaturübersicht Bezug auf die Struktur, den Metabolismus und die Funktion anorganischer Polyphosphate in der Biologie. Zelluläre Einheiten, welche als „metachromatische" oder „Volutin"-Körnchen bezeichnet wurden, entsprechen den Ablagerungen von Polyphosphaten. Solche Ablagerungen wurden in Mikroorganismen bereits Ende der Achziger Jahre des 19. Jahrhunderts nachgewiesen. Zahlreiche Autoren berichteten über das Auftreten von Polyphosphaten in einer Reihe von Mikroorganismen und deren Anreicherung unter für das Wachstum ungünstigen Bedingungen (Nährstoffungleichgewicht). Strukturell wurde die Substanz als ein Polymer des Orthophosphates mit Phosphoanhydridbindungen, thermodynamisch äquivalent zum energiereichen Phosphat des Adenosintriphosphates, betrachtet.

An der Biosynthese von Polyphosphaten sind Polyphosphatkinasen beteiligt. Der Abbau von Polyphosphaten wird von einer Reihe von Enzymen katalysiert (Polyphosphatkinase; Polyphosphat-AMP-Phosphotransferase; Polyphosphatglucokinase; Polyphosphatfructokinase; Polyphosphatasen). Polyphosphatasen katalysieren die Hydrolyse von Polyphosphaten zu Pi (Orthophosphat). Diese Enzyme wurden in verschiedenen biologischen Materialien nachgewiesen.

Hinsichtlich der Funktionen von Polyphosphaten wurden unterschiedliche Annahmen getroffen. Eine betrifft die Phosphagenhypothese. Entsprechend dieser würden natürlich vorkommende phosphorylierte Guanidinverbindungen als Speicher für phosphatgebundene Energie dienen, von welchen unter enzymatischer Katalyse Phosphorylgruppen von ADP auf ATP übertragen werden können. Eine weitere Annahme sieht in Polyphosphaten eine Phosphorreserve. Entsprechend dieser Hypothese wäre der Energiegehalt von Polyphosphaten großteils irrelevant für eine physiologische Rolle. Eine weitere Annahme betrifft die Rolle des Polyphosphates bei der Regulation des Orthophosphatspiegels. Diese legt die Betonung auf den Kreislauf und auf die Größe des Pools, schließt aber die Rolle des Polyphosphates bei der Phosphatlagerung nicht aus.

Infolge deren hohen Phosphorgehaltes und deren Wasserlöslichkeit sind Polyphosphate als Quellen für Phosphatdünger von Interesse. Polyphosphate können bei Überschußgaben an Orthophosphat im Boden gebildet werden. Infrarotspektren von mikrobiell synthetisierten, aus dem Boden extrahierten, säurelabilen, anorganischen Phosphorverbindungen gaben Hinweise darauf, daß diese die Natur von anorganischen Polyphosphaten besaßen. Inkubationsversuche mit glucoseversehenen Böden zeigten die transiente Natur von natürlich auftretenden Polyphosphaten. Es konnten Bedingungen angegeben werden, welche die Polyphosphatsynthese im Boden optimieren. Eine zweiwöchige Inkubation (Vorinkubation) mit einer Kohlenstoffquelle (2% Glucose oder 4% Stroh) und eine weitere Inkubation für zwei Tage nach Zusatz von Orthophosphat führte zu einer maximalen Polyphosphatanreicherung. Die Menge an Polyphosphat nahm auch mit zunehmenden Raten an Orthophosphat von 0–1 000 µg/g Boden zu. Längere Perioden der Nachinkubation reduzierten die Polyphosphatanreicherung. Die Polyphosphatsynthese war höher, wenn den Böden relativ unlösliche Phosphorquellen zugeführt wurden und die Anreicherung folgte der Reihe: $FePO_4.2H_2O$ > Gesteinsphosphat > $Ca(H_2PO_4)_2.H_2O$ > KH_2PO_4. Die Polyphosphatsynthese begleitet die Phosphorlösung in Böden und stellt einen integralen Teil des Bodenphosphorkreislaufes dar (Pepper et al. 1976).

Ghonsikar und Miller (1973) extrahierten acht Böden mit kalter 0.5 M Perchlorsäure. In vier derselben führte dies zu säurelabilen Phosphaten, welche als natürlich auftretende anorganische Polyphosphate von mikrobiellem Ursprung befunden wurden. Die bestimmten Mengen rangierten im Bereich von 5.0–11.1 µg P/g Boden.

Organischer Bodenphosphor. Die Struktur des gesamten organischen Bodenphosphors ist noch nicht vollständig bekannt. Ein wesentlicher Teil des organisch gebundenen Bodenphosphors liegt in Form von Esterphosphaten in komplexen organischen Verbindungen vor. Dieser kann 30–70% des gesamten Bodenphosphors repräsentieren. Bodenextraktionstechniken gaben den Nachweis für eine Reihe von Phosphatestern mit verhältnismäßig niedrigem Molekulargewicht. Als Hauptester dieser Extrakte konnten Phytate, Nucleotide und Phospholipide nachgewiesen werden.

Die Phytate sind Salze der Inositolhexaphosphorsäure. Diese können durchschnittlich bis zu 50% der organischen Phosphorverbindungen darstellen. Phytin (Inositolhexaphosphorsäure) wird von Mikroorganismen und Pflanzen gebildet.

Die Literaturangaben zum Anteil der Nukleinsäuren, der Phospholipide, der Zuckerphosphate und der Phosphoproteine am organischen Bodenphosphor variieren. Für Nukleinsäuren bewegen sich diese zwischen 0.2 und 10%, für Phospholipide, Zuckerphosphate und Phosphoproteine wurde der Prozentsatz mit geringer als 1–2%, bzw. wurde für Phospholipide auch ein solcher von 0.2–5% angegeben.

Organische Phosphorverbindungen können im Boden in gelöster Form, adsorbiert an Bodenbestandteile (Humus, Tonmineralien, Fe- und Al-Hydroxide) sowie als relativ unlösliche Salze des Ca und Fe auftreten. Durch Adsorption organischer Phosphorverbindungen kann deren mikrobieller Abbau verlangsamt werden.

Ein wesentlicher Anteil (bis zu 80%) des gesamten in der Bodenlösung auftretenden Phosphors liegt in organischer Bindung vor. Die für die Phosphorkonzentration in der Bodenlösung angegeben Werte bewegen sich in einem Bereich von 0.1–1 ppm.

Es wird generell anerkannt, daß Pflanzen und Mikroorganismen nur anorganische Phosphate absorbieren können, wenngleich in der Literatur die direkte Aufnahme bestimmter organischer Phosphorverbindungen mit niedrigem Molekulargewicht diskutiert wird (z.B. Pant et al. 1994). Die Absorption einiger organischer Phosphorverbindungen durch Pflanzen gilt im Gegensatz zur Absorption anorganischer Phosphate als sehr gering. Der Großteil des Phosphors wird in Form von HPO_4^{2-} oder $H_2PO_4^-$ aufgenommen. $H_2PO_4^-$-Ionen sind den Pflanzen leichter verfügbar als HPO_4^{2-}-Ionen. Organische Phosphorverbindungen müssen vor der Aufnahme durch Pflanzen und Mikroorganismen mineralisiert werden.

Komponenten der organischen Bodensubstanz können die Verfügbarkeit des Phosphors durch die Bildung von Komplexen mit Fe- und Al-Ionen sowie mit Hydroxiden dieser Elemente günstig beeinflussen. Durch die Wechselwirkung mit organischen Komponenten sind diese Ionen bzw. Hydroxide einer einer Reaktion mit Phosphaten nicht zugänglich.

Ein Teil des verfügbaren anorganischen Phosphats wird auch durch die vorübergehende Immobilisierung in der mikrobiellen Biomasse vor langfristiger Festlegung in Form relativ unlöslicher anorganischer Formen bewahrt.

Die von Mikroorganismen gebundene Phosphormenge kann im A_p-Horizont mit 60–120 kg P/ha angenommen werden, wenn deren Trockensubstanz mit 3000 kg/ha und deren Phosphorgehalt mit 2–4% vorgegeben wird (Schachtschabel et al. 1992). Für Bodenbakterien angegebene C/N/P-Verhältnisse belaufen sich auf 31:5:1. Diesbezügliche Verhältnisse wurden für nicht menschlich beeinflußte Grünlandboden mit 191:6:1 und für kultivierte, gedüngte Grünlandboden mit 119:9:1 angegeben (Paul und Clark 1989).

Verluste. Anders als im Falle von Stickstoff geht dem Boden zugeführter Phosphor diesem nicht durch Auswaschung oder Verflüchtigung verloren.

Phosphorverluste werden primär mit Erosionsvorgängen in Beziehung gesetzt.

Mechanismen zur Aufrechterhaltung eines Pools verfügbarer anorganischer Phosphate

Verfügbarer anorganischer Phosphor ist im Boden fast universell im Mangel. Die pflanzenverfügbare Phophorfraktion setzt sich aus den in Lösung befindlichen Phosphationen und Teilen des adsorbierten Phosphors zusammen. Eine generell anwendbare Methode zur Bestimmung dieser bisher nicht exakt definierten Fraktion fehlt.

Die Etablierung und Aufrechterhaltung eines Pools an freien anorganischen Phosphaten in der Bodenlösung wird durch Bodenmikroorganismen, Bodenenzyme und durch Pflanzenwurzeln vermittelt. Mehrere Prinzipien werden dabei unterschieden:

– Nichtenzymatische Mobilisierung anorganischer Phosphorquellen.
Bodenmikroorganismen und Pflanzenwurzeln tragen zur Mobilisierung anorganischer Phosphorquellen bei, wobei verschiedene Mechanismen diskutiert werden. Eine Reihe von Autoren führt die mikrobielle Mobilisierung unlöslicher anorganischer Phosphate auf die Bildung und Freisetzung organischer Säuren zurück. Anderen Autoren zufolge könnten die über die protonentranslocierende ATPase direkt an der Zelloberfläche ausgeschiedenen H^+-Ionen für P-Aufnahmemechanismen und damit für Prozesse der Phosphorlösung verantwortlich sein. Einem dritten Mechanismus zufolge erfolgt die P-Lösung durch direkte Protonenausscheidung. Die Protonen könnten dabei von im Zuge der Assimilation kationischer Nährstoffe wie Ammonium zum Ladungsausgleich ausgeschieden werden oder von der atmungsbedingten H_2CO_3-Bildung stammen.

Die Lösung schwerlöslicher anorganischer P-Verbindungen durch organische Säuren kann durch die Bildung von Komplexen mit Metallionen wie Fe, Al und Ca oder auch durch die Bildung von Ca-Salzen der organischen Säuren erreicht werden. Metallionen können auch durch die reduzierende Wirkung bestimmter organischer Säuren (wie phenolischer Säuren) aus der anorganischen Substanz freigesetzt werden (z.B. Pohlman und McColl 1989).

Die Fähigkeit organischer Säuren mit niedrigem Molekulargewicht anorganische Ionen wie Phosphat (oder auch Sulfat) freizusetzen wurde neben der Lösung von P- (oder auch von S-) Verbindungen auch mit der Desorption dieser anorganischen Anionen in Beziehung gesetzt. Organische Säuren könnten demnach über drei verschiedene Mechanismen Einfluß auf die Phosphatadsorption nehmen (Bolan et al. 1994). Diese schließen die Konkurrenz um Phosphat-Adsorptionsstellen, die Lösung von Adsorbenten sowie Veränderungen in der Oberflächenladung der Adsorbenten ein.

Schon früh bestand Interesse an der Nutzung von Gesteinsphosphaten als Phosphordünger. Zur Lösung solcher Phosphate müssen adäquate Mengen an Protonen vorliegen und und die Entfernung von Lösungsprodukten muß gewährleistet sein. Moghimi et al. (1978a,b) schlossen, daß in der Rhizosphäre gebildete organische Säuren die Lösung von Phosphorverbindungen fördern, wobei dies sowohl durch die Bereitstellung von Protonen als auch durch die Komplexierung von freigesetzten Ca^{2+}-Ionen erfolgen sollte. In Labor- und Glashausversuchen untersuchten Bolan et al. (1994) den Einfluß von sieben verschiedenen organischen Säuren auf die Phosphatadsorption durch Böden und die Lösung von Monocalciumphosphat sowie von Gesteinsphosphat. Essigsäure, Ameisensäure, Milchsäure (Monocarbonsäuren), Äpfelsäure, Weinsäure, Oxalsäure (Dicarbonsäuren) und Zitronensäure (Tricarbonsäure) wurden eingesetzt. Der Zusatz der Säuren reduzierte die Adsorption von Phosphor durch Böden in der Folge Tricarbonsäure > Dicarbonsäure > Monocarbonsäure. Die Säuren extrahierten größere Mengen an P aus mit Monocalciumphosphat und Gesteinsphosphat versehenen Böden als Wasser. Der Zusatz von Oxalsäure und Zitronensäure erhöhte den Trockengewichtsertrag an Raygras und die P-Aufnahme aus den mit Monocalciumphosphat und Gesteinsphosphat versehenen Böden. Organische Säuren sollten demnach die Verfügbarkeit von Phosphor in Böden hauptsächlich durch die verringerte Adsorption von Phosphat und die erhöhte Lösung von P-Verbindungen steigern.

Für eine Anzahl von Bodenmikroorganismen, Bakterien und Pilze, konnte die Fähigkeit zur Lösung unlöslicher anorganischer Phosphate nachgewiesen werden. In Versuchen zur Isolierung von zur Lösung von Gesteinsphosphaten befähigten Mikroorganismen zählten Arten der Gattungen *Pseudomonas* und *Bacillus* zu den am häufigsten isolierten. Aus Waldboden isolierte Mikroorganismen, ein *Pseudomonas* sp. Stamm sowie *Penicillium aurantiogriseum*, erwiesen sich hinsichtlich der Lösung anorganischer Calciumphosphate als sehr effizient (Illmer und Schinner 1992). Die Bildung organischer Säuren konnte als Lösungsmechanismus ausgeschlossen werden. Die direkte Freisetzung von Protonen im Zuge der Atmung oder der Assimilation von Ammonium war als Mechanismus der Lösung schwerlöslicher Ca-Phosphate durch diese beiden Organismen angezeigt (Illmer und Schinner 1995). Das Vermögen dieser Mikroorganismen phosphordefiziente Böden zu ameliorieren konnte nachgewiesen werden.

– Enzymatische Mobilisierung organischer und anorganischer Phosphorquellen.

Die Mineralisierung organischer Phosphorverbindungen wird durch Phosphomono-, Phosphodi- und Phosphotriesterasen vermittelt. Anorganische Phosphorverbindungen wie Pyrophosphat und kondensierte anorganische Phosphate werden unter der katalytischen Wirkung von Pyro-, Poly- oder Metaphosphatasen hydrolysiert.

Phosphatasen katalysieren die Hydrolyse von Estern und Anhydriden der Phosphorsäure. Mikroorganismen spielen bei der Überführung von organisch gebundenem Phosphor in anorganische Formen eine wesentliche Rolle. Die meisten heterotrophen Bodenmikroorganismen bilden Phosphatasen. Phosphatasen werden von von Pflanzenwurzeln gebildet. Saure Phosphatasen sind ein spezieller Typ von Wurzelexsudaten. Die Aktivität dieser Enzyme ist in der Rhizosphäre gegenüber dem Nichtrhizosphärenboden erhöht. Für viele Pflanzenarten konnte eine Zunahme der Aktivität saurer Phosphatasen unter Bedingungen des P-Mangels nachgewiesen werden. Wiederholt konnten Befunde erhalten werden, wonach Pflanzen, soweit untersucht, keine alkalischen Phosphatasen besitzen.

Die im Boden vorhandenen löslichen organischen Phosphorverbindungen können chemisch nicht vollkommen identifiziert werden. Deren Zugänglichkeit für die enzymatische Hydrolyse kann jedoch bestimmt werden. Pant et al. (1994) verglichen die Konzentrationen und die chemische Zusammensetzung von wasserextrahierbarem Phosphor vier verschiedener Bodentypen Schottlands. Der Gesamtgehalt an löslichem Phosphor rangierte zwischen < 2.0–10 mg P/kg Boden; 50% befanden sich in organischer Bindung. Das Ausmaß der enzymatischen Hydrolyse (Phosphomonoesterasen, Phytase) des organischen Phosphors variierte mit der Bodenprobe und dem eingesetzten Enzym. Unterschiede im aus verschiedenen Bodentypen extrahierten organischen Phosphor waren dadurch angezeigt. Das beständig höchste Ausmaß an Hydrolyse konnte mit dem Enzym Phytase nachgewiesen werden.

Schwefel

Gehalte und Quellen. Schwefel kommt in der Erdkruste häufig vor und dessen durchschnittliche Konzentration beträgt etwa 0.1%. Für Oberböden des europäischen Raumes werden Schwefelgehalte von 20–4210 µg/g Boden angegeben. Der Gesamtschwefelgehalt von Mineralböden bewegt sich üblicherweise im Bereich von 0.01–0.06%. In organischen Böden kann dieser 0.5% übersteigen (Brown 1982). In vielen vulkanische Aschen, organischen Böden und Tiden-Marschböden können Schwefelgehalte von 3000 µg/g und mehr auftreten. In Wüstenböden konnte ein Schwefelgehalt von mehr als 10 000 µg/g nachgewiesen werden. Die Schwefelgehalte der Mehrzahl der landwirtschaftlich genutzten Böden bewegen sich im einem Bereich 20–2000 µg/g.

Die organische Substanz, Bodenmineralien und Schwefelverbindungen der Atmosphäre, Dünger, tierische, pflanzliche und mikrobielle Nekromasse sowie Abfälle sind Quellen für Bodenschwefel.

Formen. Der Schwefel tritt in Böden in Abhängigkeit von den Redoxbedingungen in unterschiedlichen Oxidationszuständen auf. Diese reichen von +6 (Sulfate), +4 (Sulfite), +2 (Thiosulfate), 0 (elementarer Schwefel), bis -2 (Sulfide) auf. Unter oxidierenden Bedingungen tritt vor allem die Oxidationsstufe +6, unter stark reduzierenden Bedingungen die Oxidationsstufe -2 und 0 auf.

Der Bodenschwefel umfaßt organisch gebundenen Schwefel und eine Reihe verfügbarer und nichtverfügbarer anorganischer Schwefelformen.

Organischer Bodenschwefel. In gut dränierten Böden der humiden Region liegt der Großteil des Schwefels organisch gebunden vor. In den Oberböden der humiden Region können 60–98% des Schwefels in organischer Bindung vorliegen. In tieferen Horizonten ist der Gehalt an organischem Schwefel üblicherweise geringer als in den Oberflächenhorizonten. In ariden und semidariden Regionen ist der Anteil des organisch gebundenen Schwefels nicht so hoch. Der geringere organische Substanzgehalt und die Gegenwart von Gips ($CaSO_4.2H_2O$), welcher anorganischen Schwefel liefert steht damit in Beziehung.

Die organischen Formen des Bodenschwefels werden durch chemische Behandlung des Bodens unterschieden. Die Analyse wird durch den Aufschluß von Material während der Extraktion und durch Probleme bei der Identifizierung kompliziert. Schwefelfraktionen können durch Trocknen des Bodensmaterials vor der Analyse verändert werden. Nach Trocknen von Material aus dem organischen Horizont war ein dreifacher Anstieg des Sulfatschwefelgehaltes nachweisbar (Appiah und Ahenkorah 1989).

Die Natur des organischen Schwefels im Boden konnte noch nicht vollkommen geklärt werden. Es konnten Hinweise darauf erhalten werden, daß organischer Schwefel im Boden in zwei prinzipiell unterschiedlichen Formen auftritt: (1) organischer Schwefel, welcher direkt durch Jodwasserstoff (HI) zu Schwefelwasserstoff reduziert werden kann; es wird angenommen, daß dieser hauptsächlich Sulfatester umfaßt sowie (2) organischer Schwefel, welcher direkt an Kohlenstoff gebunden ist und durch Raney-Nickel, einem Katalysator aus Nickel (benannt nach M. Raney, 1885–1966), in alkalischer Lösung zu anorganischem Sulfid reduziert wird (Tabatabai und Bremner 1972a).

Untersuchungsergebnisse von Scott et al. (1981) mit Torfboden und sauren Oberböden gaben Hinweis darauf, daß Raney-Nickel nur eine Fraktion des kohlenstoffgebundenen Schwefels, welcher hauptsächlich in Aminosäure-Schwefel besteht, reduziert. Organischer Schwefel, welcher nicht durch Jodwasserstoff reduziert werden kann gilt generell als kohlenstoffgebunden.

In der ersten Fraktion (1) liegt der Schwefel in Form von organischen Sulfatestern ($-C-O-SO_3$) vor. Beispiele sind Cholinsulfat, Phenolsulfate und sulfatierte Polysaccharide. Der Schwefel wird durch Sauerstoffbrücken an die organische Matrix gebunden. Es können auch Stickstoffbrücken auftreten, z.B. Sulfamate (C-N-S) und sulfatierte Thioglycoside

(N-O-S). Die HI-reduzierbare Schwefelfraktion gilt auch als die biologisch aktivere oder labile Form des organischen Bodenschwefels.

30–60% des Gesamtschwefels von Böden können als Sulfatester vorliegen (Brown 1982). In verschiedenen Böden der Welt beträgt die HI-reduzierbare Schwefelfraktion 30–88% des gesamten organischen Schwefels (Baligar und Wright 1991).

In der Fraktion (2) liegt der Schwefel direkt an Kohlenstoff gebunden vor (C-S). Kohlenstoffgebundener Schwefel tritt in Form von schwefelhaltigen Aminosäuren und Proteinen, in Form von Vitaminen wie Biotin, Thiamin und Liponsäure, in Coenzym A und in Eisen-Schwefelproteinen auf. Die kohlenstoffgebundene organische Schwefelfraktion der Böden schließt auch oxidierte Formen wie Sulfinate, Sulfonate, Sulfoxide und Sulfone ein. Die Konzentration an Schwefelaminosäuren (Methionin, Cystein, Cystin) ist in Böden sehr gering, da diese von Mikroorganismen rasch aufgenommen und metabolisiert werden. Analysen von Säurehydrolysaten von Bodenmaterial und Präparationen der organischen Substanz bestätigten das Auftreten schwefelhaltiger Aminosäuren in Böden.

Der Anteil des Biomasse-Schwefels am Gesamtgehalt des Bodens an organischem Schwefel beläuft sich auf 2–3%.

Anorganischer Bodenschwefel. Anorganische Formen des Schwefels treten gewöhnlich weniger häufig auf als organische. Diese repräsentieren in den meisten landwirtschaftlichen Böden typischerweise weniger als 25% des Gesamtschwefels. In gut dränierten Böden ist Sulfat die vorherrschende Form des anorganischen Schwefels; reduzierte anorganische Formen belaufen sich auf < 1% des Gesamtschwefels. Sulfide werden in schlecht dränierten Böden der humiden Region gefunden.

Im Boden auftretende Kategorien an anorganischem Schwefel schließen leicht lösliches Sulfat, adsorbiertes Sulfat, unlösliches Sulfat (wie Gips), unlösliches Sulfat copräzipitiert mit $CaCO_3$ sowie reduzierte anorganische S-Verbindungen ein (Brown 1982). Sulfide (S^{2-}), elementarer Schwefel (S^o), Sulfit (SO_3^{2-}), Thiosulfat ($S_2O_3^{2-}$), Tetrathionat ($S_4O_6^{2-}$) und Sulfat (SO_4^{2-}) sind die Hauptformen des anorganischen Schwefels. Die Adsorption von Sulfat erfolgt an positive pH-abhängige Ladungen von Austauschern im Boden. Die Tonfraktion von Böden mit einem hohen Anteil an Al- und Fe-Oxiden bzw. Hydroxiden sowie an Kaolinit ist eine Quelle für gebundenen Schwefel. An solche Tone adsorbiertes Sulfat kann durch Anionenaustausch freigesetzt werden. In kalkigen Böden kann Sulfat durch Copräzipiation mit $CaCO_3$ in eine nicht pflanzenverfügbare Form überführt werden.

Sulfate sind relativ leicht löslich und können aus Böden des humiden Klimarraumes leicht ausgewaschen werden; in ariden Böden kann demgegenüber eine Sulfatanreicherung auftreten. Mit Ausnahme von trockenen Gebieten wo sich Sulfate anreichern, repräsentieren leicht lösliche Sulfate gewöhnlich 1–10% des gesamten Bodenschwefels. Schwefeldefiziente Böden enthalten gewöhnlich weniger als 10 ppm lösliches Sulfat. Der Gehalt an löslichem Sulfat variiert mit der Tiefe. Dieser ist in sandigen Unterböden gering bzw. in kalkigen schlecht dränierten tieferen Horizonten hoch.

Biologische Umwandlung. Pflanzen und Mikroorganismen nutzen Sulfatschwefel zur Bildung schwefelhaltiger Biomoleküle. Zur Aufnahme durch Pflanzen muß organisch gebundener Schwefel zunächst in pflanzenverfügbares Sulfat überführt werden.

Zwei verschiedene Arten der Freisetzung von Sulfatschwefel aus der organischen Bodensubstanz werden angegeben. Diese Freisetzung erfolgt zum einen durch die enzymatisch vermittelte extrazelluläre Hydrolyse organischer Sulfatester. Zum anderen erfolgt diese durch die intrazelluläre Oxidation von löslicher organischer Substanz, welche von Mikroorganismen zur Gewinnung von Energie und Kohlenstoffskeletten absorbiert wird; Sulfatschwefel wird dabei als Nebenprodukt frei. Das Ausmaß der biochemischen Freisetzung von Sulfatschwefel aus löslichen und unlöslichen Estern in Böden kann durch die Konzentration der organischen Sulfatester, das Ausmaß in welchem organische Sulfatester gegenüber enzymatischer Hydrolyse geschützt sind (z.B. durch Sorption an Bodenteilchen) sowie durch die Aktivität und Persistenz von zellfreier Sulfatase im Boden kontrolliert werden.

Mikroorganismen vermögen sowohl aus Sulfat reduzierte Verbindungen zu bilden als auch reduzierte S-Verbindungen zu Sulfat zu oxidieren. Die Schwefeloxidation wird durch die Bodenfeuchte, die Temperatur, die Partikelgröße des elementaren Schwefels und den Bodentyp beeinflußt.

Anorganische Schwefelverbindungen spielen bei Prozessen der mikrobiellen Energiegwinnung eine Rolle. Einige Bakterien können Sulfat oder elementaren Schwefel anstatt Sauerstoff als terminalen Elektronenakzeptor nutzen, während anderen die Oxidation von reduzierten anorganischen Schwefelverbindungen der Energiegewinnung dient.

Unter anaeroben Bedingungen, welche durch Wassersättigung sowie durch ein überhöhtes Angebot an leicht abbaubarer organischer Substanz bedingt sein können, wird Schwefelwasserstoff durch bakterielle Sulfatreduktion oder im Zuge des Abbaus von organischer Substanz gebildet. In Böden, welche wesentliche Mengen an Eisen enthalten wird H_2S in unlösliches FeS und FeS_2 umgewandelt. In an Eisen armen Böden kann sich im Überschuß gebildetes Sulfid anreichern und toxische Konzentrationen erreichen. Eine Anreicherung von elementarem Schwefel kann in periodisch überfluteten Böden auftreten.

Verhältnis zu anderen Nährstoffen. In Abhängigkeit von pedogenen Faktoren werden die globalen C/N/S-Verhältnisse für landwirtschaftlich genutzte Böden mit etwa 130:10:1 sowie für native Grünlandböden und Waldböden mit 200:10:1 angegeben. In Proben zahlreicher repräsentativer Oberböden betrugen die C/N-, N/S- und C/N/S-Verhältnisse durchschnittlich 10.9:1 (C/N), 6.5:1 (N/S) und 109:10:1.5 (C/N/S) (Tabatabai und Bremner 1972a). Die Analyse repräsentativer Böden zeigte die abnehmende Tendenz des N/S-Verhältnisses mit zunehmender Tiefe im Profil.

Verluste. Schwefel kann nach Oxidation zu Sulfat der Auswaschung in tiefere Bodenbereiche beziehungsweise in das Grundwasser unterliegen. Ebenso kann Schwefel unter anaeroben Bedingungen, z.B. bei Staunässe, in Mooren, Sümpfen und Reisfeldern, reduziert werden und dem Boden in Form von Schwefelwasserstoff verloren gehen. Im Zuge des Abbaus schwefelhaltiger Aminosäuren konnten im Boden volatile S-Verbindungen wie Methylmercaptan, Dimethylsulfid, Dimethyldisulfid, Ethylmethylsulfid, Diethyldisulfid, Kohlenstoffdisulfid, Carbonylsulfid und Schwefelwasserstoff nachgewiesen werden (Banwart und Bremner 1975; Minami und Fukushi 1981).

3.8.8 Cellulase

Die Cellulose stellt die mengenmäßig wichtigste organische Verbindung dar. Diese ist der Hauptbestandteil der pflanzlichen Zellwand. Etwa die Hälfte der durch Photosynthese gebildeten Biomasse wird durch Cellulose repräsentiert. Die Cellulose besteht aus langen unverzweigten kettenförmigen Molekülen, in welchen D-Glucoseeinheiten β-1,4-glykosidisch verknüpft sind. Der mikrobielle Abbau der Cellulose erfolgt durch die synergistische Wirkung von zumindest drei verschiedenen hydrolytischen, zum Cellulasesystem gehörenden, Enzymen. β-1,4-Exoglucanasen (C1-Cellulase) setzen von den nicht reduzierenden Enden der Cellulose Cellobiose oder Glucose frei. β-1,4-Endoglucanasen (Cx-Cellulasen oder Carboxymethylcellulasen) spalten im Inneren des Cellulosemoleküls glykosidische Bindungen. Bei dieser Spaltung entsteht überwiegend Cellobiose. Cellobiasen sind β-1,4-Glucosidasen. Diese katalysieren die Abspaltung der terminalen Glucose aus dem Disaccharid Cellobiose oder anderer löslicher Celloligosaccharide.

Die Bildung cellulolytischer Enzyme konnte bei Bakterien und Pilzen nachgewiesen werden. Das Vorliegen unterschiedlicher Mechanismen bei verschiedenen Mikroorganismen ist angezeigt. Cellulaseaktivität konnte auch in Invertebraten nachgewiesen werden.

Zahlreiche Pilze sind potente Celluloseabbauer. Die Cellulasen werden von den Pilzen ausgeschieden. Die Nutzung von Cellulose als Substrat konnte auch bei einer Reihe von Bakterien nachgewiesen werden. Bei einigen Bakterienarten konnte das enge Anhaften der Zellen an die Cellulosefasern nachgewiesen werden; eine Freisetzung von extrazellulärer Cellulase oder von Spaltprodukten konnte dabei nicht festgestellt werden (Schlegel 1992). Die Mehrzahl der cellulolytischen Bakterien scheidet einen unvollständigen Cellulase-Komplex aus, welcher nur hoch modifizierte Cellulosesubstrate wie Filterpapier oder Carboxymethylcellulose hydrolysieren kann (Saddler 1986). Für eine vollständige Hydrolyse des Substrates müssen die Komponenten des Komplexes in den richtigen Mengen und unter geeigneten Bedingungen zusammenwirken. Die relativen Beiträge der drei Komponenten sind von der Quelle abhängig. Verschiedene Mechanismen können an der mikrobiellen Lösung von kristalliner Cellulose beteiligt sein (Wood und Garcia-Campayo 1990). Die Cellulolyse durch Weich- und Weißfäulepilze und einige aerobe Bakterien involviert die synergistische Wirkung der oben angeführten und als Exoglucanasen, Endoglucanasen und β-1,4-Glucosidase definierten Enzyme. Braunfäulepilze bilden Endoglucanasen aber keine Exoglucanasen. Einige anaerobe Bakterien verfügen über einen Multikomponenten-Enzymkomplex, welcher Endoglucanasen enthält.

Untersuchungen zur Mobilität der Komponenten des Cellulase-Komplexes in Streu ergaben für den Laubwald eine geringe Mobilität der nativen Cellulase, in der Kiefernstreu zeigte sich ein enzymspezifisches Muster, wobei die β-Glucosidase die niedrigste, die Endoglucanase die höchste Mobilität aufwies (Sinsabaugh und Linkins 1989). Die Mobilität zellfreier Enzyme kann vor allem bei einer geringen Geschwindigkeit der Synthese von Enzymen von Bedeutung sein.

Nachweis. Die Methoden zur Erfassung der Cellulaseaktivität von Böden basieren auf der Bestimmung der Substratabnahme oder auf dem Nachweis auftretender reduzierender Zucker. Die abgespaltenen reduzierenden Zucker reagieren mit verschiedenen Reagentien wie mit 3,5-Dinitrosalicylsäure (Schinner und Hofmann 1978), mit Dichromat (Hallivell 1957), mit Cu-II-Salzen in Verbindung mit Molybdänsäuren (Hayano 1986) oder mit K-Hexacyanoferrat-III kombiniert mit Fe-III-Ammoniumsulfat (Schinner und von Mersi 1990) zu gefärbten photometrisch bestimmbaren Verbindungen. Verschiedene Methoden weisen unterschiedliche Sensitivität auf. Die Sensitivität der Methode von Schinner und von Mersi (1990) beträgt 2.8 µg Glucose/g Trockensubstanz Boden und ist demnach empfindlicher als andere Methoden. Beispielsweise beläuft sich die Nachweismenge des Dinitrosalicyl-Reagens auf 400 µg Glucose/g und jene der Nelson-Somogy Reaktion auf 50 µg Glucose/g.

Die natürliche Cellulose ist nicht wasserlöslich. Beim Bodenenzymversuch wird deshalb häufig vorbehandelte, wasserlösliche Cellulose, Carboxymethylcellulose (CMC), verwendet.

3.8.9 β-Glucosidase

β-Glucosidasen katalysieren die Abspaltung von Glucose aus β-D-Glucosiden. β-1,4-Glucosidasen hydrolysieren das Disaccharid Cellobiose oder andere lösliche Celloligosaccharide zu Glucose. Die β-1,4-Glucosidaseaktivität spielt beim vollständigen Abbau von Cellulose zu Glucose eine wesentliche Rolle. β-Glucosidasen sind in der Natur weit verbreitet und konnten auch im Boden nachgewiesen werden (Skujins 1976). Pilze konnten als eine wesentliche Quelle solcher Enzyme in Böden erkannt werden (Hayano und Tubaki 1985; Hayano 1986).

Nachweis. Toluolbehandelte Böden wiesen β-Glucosidaseaktivität auf (Hofmann und Hoffmann 1953). Die zur Bestimmung dieser Enzymaktivität im Boden eingesetzten Substrate schließen p-Hydroxyphenyl-β-D-Glucosid (Hofmann und Hoffmann 1953, Galstyan 1965), Cellobiose (Hoffmann 1958b), Salicin (Hoffmann und Dedeken 1965; Yoshikura et al. 1980), p-Nitrophenyl-β-D-Glucosid (Hayano 1973; Yoshikura et al. 1980; Sarathchandra und Perrott 1984; Eivazi und Tabatabai 1988), Amygdarin, Phlorizin und Methyl-β-Glucosid (Yoshikura et al. 1980) ein. Strobl und Traunmüller (1993a) präsentierten eine Modifikation der Methode zur Bestimmung der β-Glucosidaseaktivität nach Hoffmann und Dedeken (1965). Darrah und Harris (1986) entwickelten eine fluorimetrische Methode basierend auf der Bestimmung des fluoreszierenden Produktes 4-Methylumbelliferon (MUB), welches bei der Hydrolyse des artifiziellen Substrates freigesetzt wird.

3.8.10 Amylase (α-Amylase; β-Amylase)

Die Stärke ist die vorherrschende Speichersubstanz der Pflanzen. Die Pflanzenstärke setzt sich aus den beiden Glucanen Amylose und Amylopektin zusammen. Amylose besteht aus unverzweigten Ketten von D-Glucose, wobei die Glucoseeinheiten α-1,4-glykosidisch miteinander verknüpft sind. Amylopektin ist ebenfalls ein α-1,4-Glucan, dieses weist jedoch in 1,6-Stellung Verzeigungen auf.

Die Fähigkeit zum Abbau von Stärke durch extrazelluläre Enzyme ist bei Mikroorganismen weit verbreitet. α-Amylasen werden bei Pflanzen, Tieren, Bakterien und Pilzen gefunden. Dieses Enzym verflüssigt Stärke sehr rasch und greift an zahlreichen α-1,4-Bindungen auch innerhalb des Makromoleküls gleichzeitig an („Endoamylase"); es entstehen Maltose und Oligomere aus Glucoseresten. Infolge der raschen Zerstörung der makromolekularen Struktur nimmt auch die Komplexierung von Jod (Jodfärbung) schnell ab. Die β-Amylase ist ein induzierbares Enzym. Diese wird durch Stärke, Maltose oder Oligomere (Maltotriose, Maltotetraose) induziert. β-Amylase kommt in Pflanzen vor und diese wird nur von wenigen stärkeabbauenden Bakterien gebildet (Wainwright et al. 1982). Die β-Amylase greift im Gegensatz zur α-Amylase das Makromolekül nur von außen her an („Exoamylase") und spaltet vom nichtreduzierenden Ende des Makromoleküls Maltosen mit β-ständiger, reduzierender Gruppe ab. Deren Einwirkung führt bei langanhaltender Jodfärbung zu einer raschen Verzuckerung.

Nachweis. Gepufferte Bodensuspensionen und Bodenextrakte hydrolysierten Stärke unter Bedingungen, welche die mikrobielle Vermehrung beschränken sollten (z.B. Drobnik 1955; Hofmann und Hoffmann 1955b; Ross 1965; Pancholy und Rice 1973a). Frühe Arbeiten zeigten, daß Böden mehr β- als α-Amylaseaktivität besitzen (Hofmann und Hoffmann 1955b). Die meisten der bisher beschriebenen Methoden schließen die Bestimmung freigesetzter reduzierender Zucker ein, wobei sowohl α- als auch β-Amylaseaktivität bestimmt wird. Wainwright et al. (1982) präsentierten eine Methode zur Bestimmung der Aktivität von α-Amylase in Böden und Flussedimenten. Da diese Methode auf dem Verlust von Jodfärbekraft beruht, ermöglicht diese die exklusive Bestimmung der α-Amylaseaktivität.

3.8.11 α-Glucosidase

α-Glucosidasen katalysieren die Abspaltung von Glucose aus α-D-Glucosiden. Die Maltose ist ein Disaccharid in welchem zwei Moleküle D-Glucose α-1,4-glykosidisch verbunden sind. Maltose kann durch partielle Hydrolyse aus Stärke erhalten werden. Das Enzym Maltase vermag nur α-1,4-glykosidische Bindungen zu hydrolysieren.

Nachweis. In toluolbehandelten Böden konnte die Hydrolyse von Phenyl-α-D-Glucosid (Hofmann und Hoffmann 1954) sowie jene von Maltose (Drobnik 1955; Kiss 1958; Kiss und Peterfi 1960) beobachtet werden. Die Aktivitäten waren in Böden, welche zuvor mit Maltose in Abwesenheit von Toluol inkubiert worden waren erhöht. Eine von Eivazi und Tabatabai (1988) vorgestellte Methode zur Erfassung von α-Glucosidaseaktivität nutzt die colorimetrische Bestimmung von aus dem Substrat p-Nitrophenyl-α-Glucosid freigesetztem p-Nitrophenol.

3.8.12 Pektinase (Polygalakturonase)

Pektine sind glykosidische Pflanzenstoffe mit hohem Molekulargewicht. Diese in Früchten, Wurzeln und Blättern verbreiteten Stoffe bestehen im wesentlichen aus Ketten von Galakturonsäure-Einheiten, welche 1,4-αglykosidisch verbunden sind. Die Carboxylgruppen sind in variierendem Ausmaß mit Methanol verestert. Glucose, Galaktose, Xylose, Rhamnose und Arabinose können in den Makromolekülen in geringerer Menge auftreten. Pektine werden gelöst im Zellsaft, als Calciumpektat in der Mittellamelle der Zellwände sowie auch als Protopektin in der primären Zellwand der Pflanzen gefunden. Deren Hauptfunktion wird in jener von Kitt- und Gerüstsubstanzen gesehen.

Am Pektinabbau sind pektinspaltende Enzyme beteiligt. Pektinolytische Enzyme werden in höheren Pflanzen und in Mikroorganismen gefunden. Viele Pilze und Bakterien sind zum Pektinabbau befähigt. Es werden Carboxyester-Hydrolasen und Glykosid-Hydrolasen unterschieden. Die weitverbreitete Pektinesterase ist der Hauptvertreter der ersten Gruppe. Pektinesterasen spalten Methylesterbindungen und setzen Methanol frei. Polygalakturonasen (Pektinasen) katalysieren die Spaltung der Glykosid-Bindung zwischen den D-Galakturonsäuremolekülen. Es sind auch Pektin- und Pektat-spaltende Lyasen bekannt. Letztere sind an mikrobielle Welkeerreger gebunden. Die Pathogenität verschiedener Mikroorganismen für Pflanzen beruht auf der Ausscheidung pektinolytischer Enzyme (z.B. *Erwinia carotovora*, *Botrytis cinerea*).

Nachweis. Hoffmann (1958b) und Kaiser und Monzon de Asconegui (1971) berichteten über die Hydrolyse von Pektin in mit Toluol behandelten Böden. Die Zugabe von Pektin induzierte die Synthese und Ausscheidung von pektinolytischen Enzymen durch Mikroorganismen (Kaiser und Monzon de Asconegui 1971; Monzon de Asconegui und Kaiser 1972). Eine auf der Freisetzung reduzierender Spaltprodukte beruhende colorimetrische Methode zum Nachweis von Bodenpektinaseaktivität wurde von Schinner und Hofmann (1978) entwickelt.

3.8.13 Xylanase

Die zu den Hemicellulosen zählenden Xylane treten bei Pflanzen verbreitet auf, wobei diese meist in Form von Heteroxylanen vorkommen. In Pflanzen kommt diesen Reserve- und Stützfunktion zu. Die Hemicellulosen bestehen entweder aus Pentosen (Arabinose, Xylose) oder Hexosen (Mannose, Glucose, Galaktose) sowie Uronsäuren. Die Xylankette besteht aus β-1,4-glykosidisch verbundenen D-Xylosen; einige Xylane enthalten zusätzlich Arabinose, Glucose, Galaktose und Glucuronat. Reine Xylane, welche nur aus D-Xyloseresten bestehen werden selten gefunden. Auf Gewichtsbasis bestehen Stroh und Bast zu 30%, Koniferenholz zu 7–12%, Laubholz zu 20–25% und Gräser zu 5–20% aus Xylanen.

Zahlreiche Mikroorganismen sind zum Xylanabbau befähigt. Durch Xylanasen werden Xylane zu Xylose und anderen Pentosen hydrolysiert.

Xylan ist zum Teil wasser- oder alkalilöslich und wird rascher abgebaut als Cellulose. Xylanase wird von einigen Bakterien konstitutiv, von anderen nach Induktion durch Xylan gebildet. Unter der Einwirkung von zellfreier Xylanase auf Xylan treten Oligosaccaride und reduzierende Monosaccaride auf. Neben den Cellulasen sind die Xylanasen die wichtigsten Enzyme des primären Streuabbaus. Der Bestimmung der Xylanaseaktivität wird häufig der Vorrang gegeben, da der Cellulasekomplex schwieriger zu erfassen ist.

Nachweis. Die Bestimmung der Xylanaseaktivität erfolgt über den Nachweis der aus Xylan abgespaltenen reduzierender Zucker (Sörensen 1955, 1957; Schinner und Hofmann 1978; Schinner und von Mersi 1990). Brown (1981, 1985) nutzte das Substrat 2-Nitrophenyl-β-D-Xylanopyranosid und die photometrische Erfassung von daraus freigesetztem Nitrophenol zur Bestimmung der Exo-β-1,4-Xylosidaseaktivität von Torf sowie von Streu.

3.8.14 1,3-β-Glucanase

β-1,3-Glucane kommen als Strukturelemente in pflanzlichen und mikrobiellen Zellwänden vor und werden ebenfalls als zelluläre Speicherprodukte gefunden.

Die Depolymerisation der β-1,3-Glucane erfolgt durch β-1,3-Glucanasen. β-1,3-Glucanasen sind auch im Zusammenhang mit der Kontrolle von Phytopathogenen von Bedeutung. β-1,3-D-Glucanasen an der Oberfläche von Pflanzenwurzeln vermögen demnach die Freisetzung eines sogenannten Elicitors aus den Zellwänden von pflanzenpathogenen Mikroorganismen zu bewirken. Dieser Elicitor kann die Bildung von Phytoalexinen in Pflanzen stimulieren (Sotolova und Jandera 1985). Fridlender et al. (1993) isolierten ein β-1,3-Glucanase bildendes Bakterium aus dem Boden und konnten dieses als *Pseudomonas cepacia* identifizieren. In Glashausversuchen verringerte dieses Bakterium die Inzidenz von durch *Rhizoctonia solani*, *Sclerotium rolfsii* und *Pythium ultimum* verursachten Krankheiten um 85, 48 und 71%. Die Induktion der β-1,3-Glucanase durch verschiedene pilzliche Zellwände als alleinige Kohlenstoffquelle korrelierte mit der Biokontrolle der genannten Pilze durch *Pseudomonas capacia.*

Nachweis. Laminarin wurde von toluolbehandelten Bodenaggregaten, welche zuvor mit β-1,3-Glucan enthaltenden Pilzzellwänden in Abwesenheit von Toluol inkubiert worden waren, abgebaut. Entsprechend Ladd (1978) konnten Kiss et al. (1962) die Hydrolyse von Lichenin in toluolbehandelten Böden nachweisen. Lethbridge et al. (1978) präsentierten eine eben falls auf der Bestimmung freigesetzter reduzierender Zucker basierende Methode zur Bestimmung der β-1,3-Glucanaseaktivität im Boden, wobei Laminarin als Substrat Einsatz fand.

3.8.15 Chitinase

Das Chitin ist das am häufigsten auftretende natürliche Aminopolysaccharid. Chitin ist ein Makromolekül, welches als Stützsubstanz vieler wirbelloser Tiere und als wesentlicher Bestandteil der Zellwände großer Pilzgruppen auftritt. Diesem Polysaccharid wird in Bezug auf das Kohlenstoff- und Stickstoffangebot im Boden eine wesentliche Bedeutung beigemessen. Der Baustein des Chitin ist N-Acetylglucosamin, wobei die Bausteine β-1,4-glykosidisch verbunden sind.

Der enzymatische Abbau des Chitin erfolgt über die extrazellulären Enzyme Chitinase und Chitobiase, wobei unter der Katalyse des erstgenannten Chitobiose und Chitotriose sowie unter jener des zeitgenannten Monomere freigesetzt werden. Viele Bodenmikroorganismen vermögen Chitin zu verwerten. In Pflanzen wird dieses Enzym als Reaktion auf mikrobielle Infektionen induziert und angereichert. Chitinasebildende Bakterien weisen ein Anwendungspotential als effektive Agentien der Biokontrolle pilzlicher Phytopathogene auf.

Nachweis. Die Bestimmung der Bodenchitinaseaktivität erfolgt über die photometrische Erfassung der Menge an freigesetztem N-Acetylglucosamin unter Verwendung von kolloidalem Chitin als Substrat (Rodriguez-Kabana et al. 1983; McClaugherty und Linkins 1990; Rößner 1993). Ueno et al. (1991) stellten eine Methode zur Bestimmung der Chitinase- und N-Acetylglucosaminidaseaktivität in Böden vor. Als Enzymsubstrate wurden fluorogene Derivate, 4-Methylumbelliferyl-Chitoligoglucoside, eingesetzt. Die Methode involviert die fluorimetrische Bestimmung des freigesetzten 4-Methylumbelliferon.

3.8.16 Inulase

Das Polysaccharid Inulin ist ein Fructan und liefert bei der Hydrolyse größtenteils Fructose. Ladd (1978) nahm Bezug auf Literatur in welcher über die Hydrolyse von β-1,2-Bindungen des Inulin in toluolbehandelten Böden berichtet wurde.

3.8.17 Invertase (Saccharase, Sucrase)

Die Saccharose ist das wichtigste Disaccharid. Saccharose enthält keine freie Aldehyd- oder Ketogruppe und zählt deshalb zu den nichtreduzierenden Disacchariden. Die Saccharose besteht aus je einem Molekül Glucose und Fructose, welche durch eine α-β-1,2-Bindung miteinander verknüpft sind. Bei der durch das Enzym Saccharase vermittelten Hydrolyse der Saccharose werden diese beiden reduzierenden Monosaccharide freigesetzt. Zahlreiche Hefen, Pilze und Bakterien des Bodens vermögen Saccharase zu bilden, wobei eine intra- oder extrazelluläre Wirkung des Enzyms gegeben sein kann.

Die Aktivität dieses Enzyms im Böden wurde in den Fünfziger und Sechziger Jahren intensiv untersucht. Die Eignung dieser Enzymaktivität als Indikator der Bodenfruchtbarkeit war Gegenstand der Diskussion. Ebenso wurde die Aktivität der Bodeninvertase als diagnostische Kennzahl zur Beurteilung des Ausmaßes der Bodenverschmutzung diskutiert (Grigoryan und Galstyan 1979). Arbeiten von Kiss et al. (1971) und von Voets et al. (1965) gaben Hinweis darauf, daß sich Invertase als zellfreies Enzym im Boden anreichert und daß die Vermehrung der Mikroorganismen während der experimentellen Bestimmung nur wenig zur gesamten gemessenen Invertaseaktivität beiträgt.

Nachweis. Zahlreiche Arbeiten über die Erfassung der Invertaseaktivität wurden publiziert (z.B. Hofmann und Seegerer 1951; Kiss 1958; Hoffmann und Pallauf 1965; Pancholy und Rice 1973a,b). Die Bestimmung dieser Bodenenzymaktivität erfolgt über den Nachweis freigesetzter reduzierender Zucker. Die Methoden von Schinner und Hofmann (1978) sowie von Frankenberger und Johanson (1983) bedienen sich der 3,5-Dinitrosalicylsäure als Nachweisreagenz. Von Mersi (1986), Khaziyev et al. (1988) sowie Schinner und von Mersi (1990) entwickelten eine auf der Bildung von Berliner Blau (K-Hexacyanoferrat-III in Kombination mit Fe-III-Ammoniumsulfat) beruhende colorimetrische Methode zur Bestimmung der Bodeninvertaseaktivität.

3.8.18 Dextransucrase

Das Dextran ist ein α-1,6-Glucan und damit ein Polysaccharid, in welchem α-D-Glucosemoleküle in 1,6-Stellung miteinander verknüpft sind. Die Bildung dieses Glucans erfolgt aus Saccharose unter der Katalyse des extrazellulären Enzyms Dextransucrase. Viele von Mikroorganismen ausgeschiedene Schleime zählen zu den Glucanen; Dextran ist eines davon.

In einem mit Saccharose inkubierten und toluolbehandelten Boden fand Synthese von Dextran statt (Dragan-Bularda und Kiss 1972).

3.8.19 Laevansucrase

Saccharose kann zu Polyfructosen (Laevanen) umgesetzt werden. Unter der Katalyse des Enzyms Laevansucrase entsteht aus Saccharose das β-2,6-Fructan, Laevan. Laevane können in mikrobiellen Schleimen gefunden werden. Eine Reihe von Bakterien ist bei Vorliegen einer Saccharose haltigen Nährlösung zur Bildung von Fructanen befähigt.

In mit Saccharose inkubierten mit Toluol behandelten und γ-bestrahlten Böden fand die Bildung von Laevan statt (Kiss und Dragan-Bularda 1968, 1972).

3.8.20 α-Galaktosidase

Toluolbehandelte Böden hydrolysierten Phenyl-α-D-Galaktosid (Hofmann und Hoffmann 1953, 1954) und Melibiose (Hoffmann 1958b). Die von Eivazi und Tabatabai (1988) vorgestellte Methode zur Bestimmung der α-Galaktosidaseaktivität von Böden bedient sich des colorimetrischen Nachweises von aus dem Substrat p-Nitrophenyl-α-Galaktosid freigesetztem p-Nitrophenol.

3.8.21 β-Galaktosidase

Zum Nachweis der β-Galaktosidaseaktivität von Böden wurden Phenyl-β-D-Galaktosid (Hofmann und Hoffmann 1953, 1954), Laktose (Hoffmann 1958b) und o-Nitrophenyl-β-Galaktosid (Rysavy und Macura 1972a,b) als Substrate genutzt. In der von Eivazi und Tabatabai (1988) vorgestellten Methode zur Bestimmung der β-Galaktosedaseaktivität in Böden wird p-Nitrophenyl-β-Galaktosid als Substrat genutzt und das freigesetzte p-Nitrophenol colorimetrisch bestimmt.

3.8.22 Trehalase

Die Trehalose ist ein aus zwei D-Glucose-Einheiten bestehendes Disaccharid, wobei die beiden Bausteine α-1,1-glykosidisch verknüpft sind. Trehalose ist ebenso wie die Saccharose ein nichtreduzierendes Disaccharid. Trehalose wird in Mikroorganismen, Algen, Flechten, Moosen und Insekten gefunden, deren Vorkommen in höheren Pflanzen ist selten. Trehalase kommt in Bakterien, Pilzen, Insekten und anderen Tieren sowie in einigen niederen Pflanzen vor.

Nachweis. Smith und Rodriguez-Kabana (1982) beschrieben Bodentrehalaseaktivität erstmals und stellten eine Methode zur Extraktion und Bestimmung derselben vor. Die Methode beruht auf dem Nachweis freigesetzter reduzierender Zucker.

3.8.23 Carboxylesterase, Arylesterase

Die Carboxylesterase gehört zu jenen Enzymen, welche mit relativ breiter Spezifität eine Anzahl verschiedener, jedoch strukturell verwandter Substrate mit sehr unterschiedlicher Geschwindigkeit umsetzen können. Die Carboxylesterase spaltet Ester verschiedener Carbonsäuren.

Nachweis. Die Carboxylesteraseaktiviät des Bodens wird durch die photometrische Quantifizierung des aus Fluoresceindiacetat freigesetzten Fluorescein bestimmt. Aufgrund der relativen Unspezifität dieser Reaktion wird die bestimmte Aktivität von manchen Autoren als Indikator der gesamten mikrobiellen Aktivität des Bodens angesehen. Die Hydrolyse von p-Nitrophenylacetat und die nachfolgende Analyse des freigesetzten p-Nitrophenolatanions gilt als Nachweis für die Bodenarylesteraseaktivität.

Entsprechend Ladd (1978) konnte mit Phenylacetat und Phenylbutyrat in toluolbehandelten Böden Arylesteraseaktivität nachgewiesen werden, wobei die Esterase hauptsächlich mit Tonpartikeln assoziiert war.

3.8.24 Lipase

Die Lipide sind wasserunlösliche Biomoleküle. Die befriedigenste Klassifizierung derselben beruht auf deren Grundstruktur (Lehninger 1985). Zu den komplexen Lipiden, welche Fettsäuren enthalten, werden die Acylglycerine, die Phosphoglycerine, die Sphingolipide und die Wachse gezählt. Diese sind auch als verseifbare Lipide definiert. Die einfachen Lipide repräsentieren die andere große Gruppe. Diese enthalten keine Fettsäuren und sind deshalb nicht verseifbar (Terpene, Steroide, Prostaglandine). Acylglycerine werden durch die Aktivität von Lipasen hydrolysiert, wodurch es zur Freisetzung von Glycerin und Fettsäuren kommt. Die Triglycerine treten in Pflanzen und Tieren als Fettspeicher auf.

Nachweis. In der Literatur werden titrimetrische und fluorimetrische Methoden zur Bestimmung von Lipaseaktivität in Böden beschrieben. Fluorimetrische Methoden gelten als wesentlich empfindlicher und spezifischer. Pokorna (1964) sowie Hankin et al. (1982) bestimmten die gebildeten Fettsäuren titrimetrisch. Andere Autoren verwendeten fluorimetrische Methoden (Pancholy und Lynd 1972; Cooper und Morgan 1981). Pancholy und

Lynd (1972) konnten Lipaseaktivität unter Verwendung des fluorogenen Substrates 4-Methylumbelliferonbutyrat in einem Bodenextrakt nachweisen. Diese Methode erforderte eine 15tägige Vorinkubation mit Olivenöl. Cooper und Morgan (1981) entwickelten eine rasche ebenfalls fluorimetrische Methode, welche die rasche Bestimmung der Lipaseaktivität ohne Vorinkubation mit Substrat erlaubt. Bei dieser Methode dient 4-Methylumbelliferon-Nonanoat (4-MUN) als fluorogenes Substrat. In einer sieben Bodentypen einschließenden Bewertung von fünf Methoden zur Bestimmung der Lipaseaktivität in Böden konnte die fluorimetrische Methode nach Cooper und Morgan (1981) als die geeignetste befunden werden (Maurberger 1987). Kuhnert-Finkernagel und Kandeler (1993a,b) modifizierten die titrimetrische Methode von Pokorna (1964) sowie die fluorimetrische Methode von Cooper und Morgan (1981) zur Bestimmung der Lipaseaktivität in Böden.

3.8.25 Protease

Ein wesentlicher Teil der Zellsubstanz besteht aus Proteinen. Proteasen sind Peptidbindungen spaltende Enzyme. Entsprechend deren Spezifität werden Exo- und Endopeptidasen unterschieden. Die Spezifität der Exopeptidasen wird durch das Carboxy- oder Aminoende der Polypeptidkette stimmt, während die Endopeptidasen Peptidbindungen innerhalb der Polypeptidkette spalten. Im Zuge des mikrobiellen Proteinabbaus werden die hochmolekularen Substrate zunächst außerhalb der Zellen durch extrazelluläre Proteasen in kleinere Bruchstücke (Oligopeptide, Aminosäuren) zerlegt, welche von den Zellen aufgenommen werden können. Eine Vielzahl von Pilzen und Bakterien, jedoch nicht alle Mikroorganismen, sind zur Bildung extrazellulärer Proteasen befähigt.

Nachweis. Die proteolytische Aktivität von Böden wurde früh beobachtet. Fermi (1910) berichtete über eine proteolytisch aktive Fraktion, welche durch Phenolextraktion erhalten worden war und durch welche Gelatine hydrolysiert werden konnte. Antoniani et al. (1954) isolierten eine Bodenfraktion, welche kathepsinähnliche Aktivität aufwies. Mit dem spezifischen Substrat Benzoylargininamid konnte trypsinähnliche Aktivität im Boden nachgewiesen werden (McLaren et al. 1957).

Die Versuche zur Bestimmung der proteolytischen Aktivität in Böden wurden entweder mit kurzer Inkubationsdauer, ohne Zusatz bakteriostatischer Verbindungen oder mit längerer Inkubationsdauer in Gegenwart von Toluol durchgeführt. Zahlreiche Substrate wurden verwendet, darunter Ovalbumin, Casein, Gelatine und synthetische Substrate. Die Erfassung der Aktivität erfolgte viskosimetrisch oder colorimetrisch. Die colorimetrische Bestimmung beruht auf der Reaktion freigesetzter Aminoverbindungen mit spezifischen Reagentien (Ninhydrin, Kupferreagens, Folin-Ciocalteu-Reagens) unter Bildung gefärbter Produkte (Hoffmann und Teicher 1957; Ladd und Butler 1972; Kandeler 1993a).

3.8.26 Asparaginase

Das Enzym Asparaginase katalysiert die Hydrolyse der Aminosäure Asparagin zu Ammonium und Aspartat.

Nachweis. Berichte über die Freisetzung von Ammonium aus mit Asparagin und Toluol inkubierten Böden liegen vor (Ladd 1978). Eine von Frankenberger und Tabatabai (1991a) beschriebene Methode zur Bestimmung der L-Asparaginaseaktivität von Böden bedient sich der Dampfdestillation zur Bestimmung des während der Inkubation von Bodenmaterial mit gepufferter L-Asparaginlösung und Toluol gebildeten NH_4^+-N.

3.8.27 Glutaminase

Unter der Katalyse des Enzyms Glutaminase erfolgt die Hydrolyse der Aminosäure Glutamin zu Glutamat und Ammonium.

Nachweis. In der Literatur wird die Hydrolyse von Glutamin zu Glutamat und Ammonium in toluolbehandelten Böden berichtet (Ladd 1978). Die von Omura et al. (1983) zur Bestimmung der L-Glutaminaseaktivität von Böden vorgestellte Methode bedient sich der colorimetrischen Bestimmung von NH_4^+-N, welcher aus mit L-Glutamin und Toluol inkubiertem Bodenmaterial freigesetzt wird. Für die Bestimmung des Ammonium wurde die verbesserte Nessler Methode verwendet. Frankenberger und Tabatabai (1991b) beschrieben eine Methode zur Bestimmung der Aktivität der L-Glutaminase des Bodens, in welcher der im Zuge der Inkubation von Bodenmaterial mit L-Glutamin und Toluol freigesetzte NH_4^+-N mittels Dampfdestillation bestimmt wird.

3.8.28 Amidase

Das Enzym Amidase katalysiert die Hydrolyse von Amiden in die korrespondierende Carbonsäure und Ammoniak. Das Enzym wirkt in linearen Amiden auf C-N-Bindungen von nicht Peptidnatur. Das Enzym ist spezifisch für aliphatische Amide und Arylamide erwiesen sich als Substrate ungeeignet.

Nachweis. Frankenberger und Tabatabai (1980a) beschrieben diese Bodenenzymaktivität erstmals. Die vorgestellte Methode schließt die Inkubation von Boden mit gepufferter Amidlösung und Toluol ein. Das freigesetzte NH_4^+ wird durch Dampfdestillation bestimmt. Formamid, Acetamid und Propionamid dienten als Substrate. Ergebnisse von Untersuchungen mit Acetamid und Propionamid als Substrat ließen auf die Induktion der Enzymsynthese in Mikroorganismen schließen.

3.8.29 Urease

Das Enzym Urease katalysiert die Hydrolyse von Harnststoff zu Ammoniak und Kohlendioxid. Dieses Enzym konnte in vielen Pflanzen, Tieren und Mikroorganismen nachgewiesen werden. Harnstoff kann von einer großen Anzahl von Bakterien als Stickstoffquelle verwertet werden. Harnstoff gelangt über den Abbau von stickstoffhaltigen Nukleinsäurebasen, über tierische Exkremente und als Düngemittel in den Boden. Bei den meisten Bakterien wird die Bildung der Urease durch Harnstoff induziert. Bei einigen Bakterien wie *Bacillus pasteurii*, *Sporosarcina ureae*, *Proteus vulgaris* ist dieses Enzym konstitutiv vorhanden.

Nachweis. Erste Berichte über den Nachweis von Bodenureaseaktivität gehen auf Rotini (1935) zurück. Weitere Arbeiten folgten (Conrad 1940a,b, 1942a,b; Kuprevich 1951; Galstyan 1958a). Zur Bestimmung der Bodenureaseaktivität wurde eine Reihe unterschiedlicher Methoden entwickelt. Viele dieser Methoden beruhten auf der Bestimmung von freigesetztem NH_3, z.B. Hofmann und Schmidt (1953), Hoffmann und Teicher (1961), Tabatabai und Bremner (1972b); Gosewinkel und Broadbent (1984), Kandeler und Gerber (1985, 1988), Öhlinger (1993a). Die Erfassung von freigesetztem Ammonium erfolgte auf verschiedene Weise mittels Dampfdestillation und Säuretitration, colorimetrisch sowie auch durch Leitfähigkeitsmessung. Eine andere Methodengruppe beruht auf der Bestimmung von Restharnstoff bzw. auf der Bestimmung von freigesetztem CO_2 nach Inkubation der Bodenproben mit Harnstoff, z.B. Conrad (1940b), Skujins (1965), Skujins und McLaren (1969), Norstadt et al. (1973), Zantua und Bremner (1975a). Die Freisetzung von $^{14}CO_2$ nach Inkubation von Bodenproben mit ^{14}C-Harnstoff diente der Bestimmung der Ureaseaktivität im Boden (Simpson und Melsted 1963; Skujins 1965; Skujins und McLaren 1968, 1969; Norstadt et al. 1973). Die Aktivitätsbestimmungen erfolgten sowohl mit als auch ohne Puffer, Toluol bzw. Behandlung mit Strahlung.

3.8.30 Histidase

Die L-Histidin Ammoniaklyase katalysiert die irreversible desaturative Deaminierung von L-Histidin zu Urocanat und Ammoniak. Urocanat wird von bestimmten Mikroorganismenarten weiter zu Glutamat, Formiat und Ammoniak abgebaut.

Nachweis. Frankenberger und Johanson (1981) beschrieben eine Methode zur Untersuchung der Histidin-Ammoniaklyase. Die Bestimmung des aus mit L-Histidin inkubierten, toluolbehandelten und gepufferten, Bodenproben freigesetzten NH_4^+-N erfolgte mit einer Destillationsmethode.

3.8.31 Arginin-Deaminierung

Alef und Kleiner (1986) entwickelten eine Methode zur Bestimmung der potentiellen mikrobiellen Aktivität basierend auf der Deaminierung von Arginin (Arginin-Ammonifikation). Das nach Inkubation der Bodenproben mit einer wäßrigen Argininlösung gebildete Ammonium wird colorimetrisch bestimmt. Eine Modifikation der Methode von Alef und Kleiner wurde von Kandeler (1993b) vorgestellt.

3.8.32 Aspartat-Decarboxylase, Glutamat-Decarboxylase

Literaturberichten zufolge konnte nach Inkubation toluolbehandelter Böden mit entweder Aspartat oder Asparagin die Bildung von β-Alanin, in mit Glutamat inkubierten Böden jene von γ-Aminobutyrat beobachtet werden (Ladd 1978).

3.8.33 Aromatische Aminosäure-Decarboxylase

Mayaudon et al. (1973a) konnten zeigen, daß zellfreie Bodenextrakte aus ^{14}C-markiertem D,L-3,4-Dihydroxyphenylalanin (DOPA), D,L-Tyrosin und D,L-Tryptophan, $^{14}CO_2$ freisetzen konnten. Tryptophan wurde von Böden und Bodenextrakten in β-Indolessigsäure umgewandelt (Chalivgnac 1971; Pilet und Chalvignac 1970; Chalvignac und Mayaudon 1971). Chalvignac und Mayaudon (1971) fanden, daß dialysierte Huminsäuren, welche aus einem Waldmull durch Extraktion mit verdünnter Natriumcarbonatlösung erhalten worden waren, enzymatische Aktivität zeigten. Radiorespirometrische Untersuchungen zeigten die Aktivität der Huminsäuren gegenüber dem ^{14}C-Carboxyl des L-Tryptophan, nicht aber gegenüber jenem des D-Tryptophan. Die Methylengruppe und die Indol- und Benzolkerne wurden nicht angegriffen; nur die Carboxylgruppe wurde mineralisiert. Mittels Radiochromatographie gelang der Nachweis, daß Tryptophan durch die Aktivität der Huminsäuren primär zu Indolacetamid und sekundär zu β-Indolessigsäure abgebaut wird. Die angeführten Befunde geben Hinweis auf die Möglichkeit der Wuchsstoffbildung durch abiontische Enzymaktivität.

3.8.34 Nitratreduktion

Ammonium, welches während des organischen Substanzabbaus im Boden auftritt bzw. infolge von Düngergaben oder Immissionen in den Boden gelangt und nicht unmittelbar von Organismen aufgenommen wird, kann dort der Nitrifikation unterliegen. Der Prozeß der Nitrifikation führt über Nitrit zu Nitrat. Nitrat kann von Organismen aufgenommen, dem Boden durch Auswaschung verloren gehen und die Acidifizierung des Bodens fördern bzw. zu flüchtigen Stickstoffverbindungen reduziert werden und auf diesem Wege dem Boden verloren gehen.

Es werden im wesentlichen drei physiologisch unterschiedliche Typen der mikrobiellen Nitratreduktion unterschieden. Es sind dies die assimilatorische Nitratreduktion sowie die Denitrifikation und die Nitratammonifikation. Die beiden letztgenannten repräsentieren die beiden Formen der Nitratatmung, welche auch als dissimilatorische Nitratreduktion bekannt ist. Die Gruppe der Nitrat-Atmer vermag den Substratwasserstoff bzw. die Elektronen auf Nitrat zu übertragen und durch Elektronentransportphosphorylierung Energie zu gewinnen.

Denitrifikation. Die Denitrifikation oder Stickstoff-Endbindung umfaßt die Umsetzung von Nitrat zu molekularem Stickstoff (N_2). Zu den Denitrifikanten zählen aerobe, atmende Bakterien. Denitrifikanten wachsen nicht nur mit Nitrat, sondern auch mit Nitrit oder Distickstoffoxid als Wasserstoffakzeptoren. Denitrifikanten verfügen über die vollständige Atmungskette. An der Denitrifikation sind mehrere Enzyme beteiligt. Die Nitratreduktase A ist membrangebunden und katalysiert die Reduktion von Nitrat (NO_3^-) zu Nitrit (NO_2^-). Die Nitritreduktase ist ebenfalls membrangebunden und reduziert Nitrit zu Stickstoffmonoxid (NO). Stickstoffmonoxid wird durch die Stickstoffmonoxid-Reduktase zu Distickstoffoxid (N_2O) reduziert, welches durch die Distickstoffoxid-Reduktase zu molekularem Stickstoff reduziert wird. Das zur Denitrifikation benötigte Enzymsystem wird bei Sauerstoffmangel bzw. bei Sauerstoffausschluß induziert. Bei vielen Denitrifikanten erfolgt die Bildung dieses Systems nur in Gegenwart von Nitrat, bei einigen genügt die Etablierung anaerober Bedingungen. Einige nitrifizierende Bakterien tragen ebenfalls Gene für die De nitrifikation, welche durch die Sauerstoffverfügbarkeit reguliert werden. Wenngleich die Denitrifikation normalerweise durch überschüssigen O_2 unterdrückt wird, geht bei manchen Bakterien die Denitrifikation selbst dann weiter, wenn die gelöste Sauerstoffmenge für die Sättigung der Cytochromoxidase ausreichend ist. Da die Ammonium-Monooxygenase durch überschüssigen Sauerstoff ebenfalls gehemmt oder inaktiviert wird, erfolgt die Nitrifikation, ebenso wie die Denitrifikation, rascher unter Bedingungen der Sauerstoff-Limitierung. Literaturberichten zufolge sind so geringe Sauerstoffkonzentrationen wie 40 µM für die Oxidation von Ammonium zu Nitrit ausreichend, wenngleich höhere Konzentrationen für die Nitrit-Oxidation notwendig sind (Cole 1993). Folglich können einige nitrifizierende Bakterien gleichzeitig entweder Nitrat oder Nitrit zu N_2O oder N_2 denitrifizieren. Dies ist jedoch nur dann möglich, wenn das Sauerstoffangebot entsprechend reguliert wird.

Unter den denitrifizierenden Bakterien besteht eine Variation hinsichtlich der Endprodukte der Nitrat- und Nitrit-Reduktion (Cole 1993). In einigen, jedoch nicht allen Bakterien hemmt, unterdrückt oder konkurriert Nitrat mit Nitrit-, Stickstoffmonoxid- und Distickstoffoxid-Reduktasen um Elektronen, wodurch Nitrit in der ummittelbaren Umgebung angereichert wird. Darüberhinaus besitzen einige Bakterien keine Gene für eines oder mehrere der denitrifizierenden Enzyme. Beispielsweise sind einige Bakterien unfähig Nitrit zu reduzieren, welches deshalb als Endprodukt der Denitrifikation anfällt. Die vier Reduktasen unterscheiden sich hinsichtlich der pH-Optima, der Sensitivität gegenüber der Repression oder Inaktivierung durch Sauerstoff sowie gegenüber verschiedenen anderen Hemmern. Die herrschenden Umweltbedingungen spielen deshalb eine kritische Rolle bei der Entscheidung ob partielle oder vollständige Denitrifikation auftritt. Weiters können Gene für einige oder alle in die Denitrifikation involvierten Enzyme auf instabilen Plasmiden liegen. Die Produkte der Nitratreduktion sind deshalb auch vom Anteil der plasmiddefizienten Bakterien in der Gemeinschaft abhängig. Schließlich können selbst unter optimalen Wachstumsbedingungen einige Bakterien eine unausgeglichene Menge an den vier verschiedenen Reduktasen bilden, wodurch es zur Anreicherung eines Zwischenproduktes kommt, welches das Substrat für das am geringsten aktive Enzym darstellt.

Nitratammonifikation. Die Nitratammonifikation ist die zweite Form der Nitratatmung. Bei diesem Prozeß kann Nitrat zunächst zu Nitrit und weiter zu Ammonium reduziert werden. Zu dieser Form der Nitratatmung sind fakultativ anaerobe Bakterien befähigt. Diese gären unter anaeroben Bedingungen. Steht Nitrat zur Verfügung kann dieses als Wasserstoffakzeptor dienen. Entstehendes Nitrit kann ebenfall reduziert werden, allerdings nicht zu N_2, sondern zu Ammoniak bzw. Ammonium.

Nitratreduktase

Aktuelle in situ Denitrifikationsraten sind von der Etablierung anaerober Bedingungen und der Verfügbarkeit von Kohlenstoffverbindungen abhängig (Erich et al. 1984). Der Sauerstoffstatus, der Gehalt an verfügbaren Kohlenstoffquellen, das pH und die Temperatur der Böden beeinflussen die Denitrifikation. Bei einem hohen Angebot an leicht verfügbaren Substraten und intensiver Atmungaktivität ist das Auftreten anaerober Bedingungen zu erwarten. Der Gehalt an löslichem Kohlenstoff ist ein die Denitrifikation in Böden limitierender Faktor. In einer größeren Anzahl unterschiedlicher Böden erwies sich der Kohlenstoffgehalt als der begrenzende Faktor der Denitrifikation (Drury et al. 1991a). In nicht mit Nährstoffen versehen Böden konnte Proportionalität zwischen dem Gehalt an löslichem organischen Kohlenstoff und der Denitrifikation nachgewiesen werden. In Untersuchungen zu den Raten der aktuellen und der potentiellen Dentrifikation (mit Kohlenstoff- und Nitratgaben) korrelierte die aktuelle Denitrifikation signifikant positiv mit dem Biomasse-C, dem organischen Kohlenstoffgehalt und dem Feuchtegehalt bei Feldkapazität. Der organische Kohlenstoffgehalt des Bodens korrelierte ebenfalls signifikant mit dem mikrobiellen Biomasse-C. Die potentielle Denitrifikation war fünfmal höher als die aktuelle Denitrifikation. Die mikrobielle Biomasse zeigte sich als sensitiver Indikator für den Kohlenstoffgehalt des Bodens und die aktuelle Denitrifikation.

Die Gabe von Pflanzenrückständen, welche zu einer Erhöhung der Konzentration an löslichem Kohlenstoff führt, nimmt Einfluß auf die Denitrifikation. Organischer Kohlenstoff in Form von Luzerne oder Glucose erhöhte bei sämtlichen Temperaturen des Bereiches zwischen -2 und 25°C die Denitrifikationsrate in einem anaeroben Boden (Dorland und Beauchamp 1991). Die organischen Kohlenstoffgaben erniedrigten den Schwellenwert der Temperatur, bei welcher Denitrifikation auftrat. Die Schwellentemperatur der Denitrifikation betrug -2°C im supergekühlten Boden. Dies stand im Gegensatz zu den meisten anderen Untersuchungen, wo diese Temperatur mit oberhalb von 0°C liegend angegeben wurde. Bei Gefrieren des Bodens war die Denitrifikation bei -2°C wesentlich geringer als im ungeforenen Boden bei gleicher Temperatur.

Nachweis. Untersuchungen zur Hemmung der assimilatorischen Nitritreduktase in Pflanzengewebe gaben Information über photosynthetische und nicht photosynthetische Hemmer. 2,4-Dinitrophenol (2,4-DNP) ist ein Entkoppler der oxidativen Phosphorylierung (Interferenz mit dem mitochondrialen Elektronentransport). Entsprechend Klepper (1976) wird jene Energie, welche für die Nitritreduktion benötigt wird, durch 2,4-DNP blockiert, die Nitratreduktion wird jedoch nicht beeinflußt. Abdelmagid und Tabatabai (1987) bedienten sich dieses Befundes und entwickelten eine Methode zur Bestimmung der Aktivität der dissimilatorischen Nitratreduktase im Boden. Die Methode schließt die Inkubation der Böden mit 2,4-Dinitrophenol und KNO_3 unter wassergesättigten Bedingungen sowie die colorimetrische Bestimmung des Nitrit-N ein. Kandeler (1993c) stellte eine Modifikation der Methode von Abdelmagid und Tabatabai (1987) vor.

3.8.35 Phosphomono-, Phosphodi-, Phosphotriesterase

Zu jenen in Böden gefundenen Phosphatasen zählen:

- Phosphomonoesterasen (saure und alkalische Phosphatasen)
- Phosphodiesterasen
- Phosphotriesterasen
- Polyphosphatasen und Pyrophosphatasen
- Phosphoamidasen

Zu den Phosphomonoesterasen sowie zu den Phosphodiesterasen zählende Enzyme erhielten entsprechend deren Substrat Trivialnamen. Beispiele für die erste Gruppe sind Phytasen, Nucleotidasen, Zuckerphosphatasen, Glycerinphosphatasen; solche für die zweite Gruppe sind Nucleasen und Phospholipasen.

Die Zahl der Esterbindungen des Substrates ist die Basis für die Unterteilung von Phosphatasen in Phosphomono-, Phosphodi- und Phosphotriesterasen.

Die am intensivsten untersuchten Phosphatasen im Boden sind die Phosphomonoesterasen. Diese Enzyme besitzen breite Spezifität und diese vermögen eine Reihe von Phosphomonoestern zu hydrolysieren. Phosphomonoesterasen unterscheiden sich in ihrem pH-Optimum. Dieses liegt für saure Phosphatasen im sauren und für alkalische Phosphatasen im alkalischen Bereich. Einige Autoren fanden in Böden Phosphomonoesteraseaktivität mit einem pH-Optimum von 6.5 bis 7.0 und definierten diese Aktivität als neutrale Phosphataseaktivität. Andere Autoren ordneten Phosphatasen mit einem pH-Optimum von 6.5 den sauren Phosphatasen zu. Die inverse Beziehung zwischen saurer Phosphataseaktivität und dem pH des Bodens läßt schließen, daß entweder die Syntheserate und die Freisetzung dieses Enzyms durch Bodenmikroorganismen oder die Stabilität dieses Enzyms mit dem pH-Wert des Bodens in Beziehung steht.

Saure Phosphatasen können durch Gram-positive Bakterien in das Medium ausgeschieden werden und es wird angenommen, daß diese Enzyme bei Gram-negativen Bakterien periplasmatisch sind. Auch wurde deren

Ausscheidung durch wachsende Wurzeln und deren induzierte Bildung in der Pellicula von Protozoen sowie deren Lokalisation außerhalb der Cytoplasmamembran von Hefen diskutiert (Spiers und McGill 1979).

Die Phosphodiesteraseaktivität des Bodens wurde weniger untersucht. Dieses Enzym ist jedoch für den Kreislauf des Phosphors von wesentlicher Bedeutung, da durch diese Aktivität Nukleinsäuren hydrolysiert werden. Phosphodiesteraseaktivität wurde in Pflanzen, Tieren und Mikroorganismen nachgewiesen.

Phosphotriesteraseaktivität im Boden wurde im Rahmen von Untersuchungen zum Abbau von Methylparathion entdeckt (Kishk et al. 1976). Auch diese Aktivität wurde bisher wenig berücksichtigt.

Nachweis. Die Bestimmung der Phosphataseaktivität erfolgte über die Erfassung von aus natürlichen Substraten freigesetztem anorganischem Phosphat (Rogers et al. 1941, 1942; Rogers 1942; Jackman und Black 1951, 1952a,b; Mortland und Gieseking 1952) oder über die Erfassung organischer Spaltprodukte nach der Einwirkung der Enzyme auf sogenannte künstliche Substrate wie p-Nitrophenylphosphat (Tabatabai und Bremner 1969), Dinatriumphenylphosphat (Hoffmann 1968), β-Naphthylphosphat (Ramirez-Martinez und McLaren 1966) oder den Phosphatester des 4-(p-Nitrophenoxy)-1,2-butandiol (PNB) (Avidov et al. 1993).

Sich natürlicher Substrate bedienender Methoden zur Bestimmung der Phosphataseaktivität erforderten die Bestimmung von freigesetztem anorganischen Phosphat. Man erkannte, daß eine gewisse Festlegung von anorganischem Phosphat im Boden nicht zu vermeiden war und eine Phosphatbestimmung in Gegenwart von Bodenbestandteilen kein exaktes Bild der Umsetzungstätigkeit von Phosphatasen im Boden geben konnte. Dies und auch die Tatsache, daß Ester von niedrigem Molekulargewicht im Boden einer rascheren Hydrolyse unterlagen, führte zur Entwicklung von Methoden, welche auf der photometrischen oder fluorimetrischen Erfassung von freigesetzten Nichtphosphatkomponenten, dies aus sogenannten künstlichen Substraten, abzielten (z.B. Ramirez-Martinez und McLaren 1966; Hoffmann 1968; Tabatabai und Bremner 1969; Avidov et al. 1993). Einer infolge des Besitzes der Phosphatgruppe gewissen Adsorption artifizieller Substrate an Tonmineralien wurde durch geeignete Extraktionsmethoden zu begegnen versucht.

Hoffmann (1968) entwickelte eine Methode, welche für sämtliche in Böden auftretende Phosphomonoesterasen (Wirkungsoptima bei pH 5.0, 7.0 und 9.6) geeignet war. Als Substrat diente Dinatriumphenylphosphat. Das während der Bebrütung freigesetzte Phenol wird als Indophenolblau erfaßt. Öhlinger (1993b) präsentierte eine modifizierte Methode zur Bestimmung der sauren und alkalischen Phosphataseaktivität von Böden nach Hoffmann (1968).

Ramirez-Martinez und McLaren (1966) entwickelten eine auf dem fluorimetrischen Nachweis des β-Naphthols, welches im Zuge der Inkubation von Bodenmaterial mit β-Naphthylphosphat freigesetzt wird, beruhende Methode. Es zeigte sich die Sorption von β-Naphthol an Bodenbestandteile und die Notwendigkeit, für die Bestimmung der Enzymaktivität zunächst die Kapazität eines analysierten Bodens zur Sorption von β-Naphthol festzustellen.

Die Methode von Tabatabai und Bremner (1969) zur Bestimmung der Phosphataseaktivität involviert die Bestimmung von p-Nitrophenol, welches freigesetzt wird, wenn Bodenproben mit gepuffertem Natrium-p-Nitrophenylphosphat inkubiert wird. Sarathchandra und Perrott (1981) stellten eine Modifikation der Methode von Tabatabai und Bremner (1969) vor. Margesin (1993a) präsentierte ebenfalls eine Modifikation der Methode von Tabatabai und Bremner (1969) sowie weiters eine solche der Methode von Eivazi und Tabatabai (1977) zur Bestimmung der Aktivität der sauren und alkalischen Phosphataseaktivität. Gerritse und Van Dijk (1978) beschrieben eine Methode zur Aktivitätsbestimmung der sauren und alkalischen Phosphatase auf Basis der Geschwindigkeit des Abbaus von p-Nitrophenylphosphat in der Gegenwart von großen Mengen an organischer Substanz. Freigesetztes p-Nitrophenol wurde mittels HPLC auf einer Cellulosesäule von p-Nitrophenylphosphat und anderen organischen Verbindungen getrennt und danach spektrophotometrisch bestimmt.

p-Nitrophenylphosphat, welches üblicherweise zur Bestimmung der der Aktivität von Phosphomonoesterasen in Böden eingesetzt wird, trägt den Phosphatanteil in direkter Bindung an den aromatischen Chromophor p-Nitrophenol. Die Hydrolyse dieses Substrates könnte für den Nachweis der Fähigkeit von Bodenenzymen Alkylphosphomonoester zu hydrolysieren nicht geeignet sein. Avidov et al. (1993) stellten den Phosphatester des 4-(p-Nitrophenoxy)-1,2-butandiol (PNB) als Substrat zur Bewertung der Aktivität von Alkyl-Phosphomonoesterasen von Böden vor. Das Hydrolyseprodukt, PNB, wird durch Perjodat in der Gegenwart von Methylamin chemisch oxidiert, wobei p-Nitrophenol entsteht, welches in der Folge photometrisch bestimmt wird.

Darrah und Harris (1986) stellten eine für die Bestimmung der Phosphataseaktivität fluorimetrische Methode vor. Die Methode basiert auf der Bestimmung des fluoreszierenden Produkts 4-Methylumbelliferon (MUB), welches bei der Hydrolyse des artifiziellen Substrates freigesetzt wird.

Browman und Tabatabai (1978) entwickelten eine Methode zur Bestimmung der Phosphodiesteraseaktivität in Böden. Diese schließt die Inkubation des Bodens mit gepufferter bis-p-Nitrophenylphosphatlösung ein. Das freigesetzte p-Nitrophenol wird colorimetrisch bestimmt.

Eivazi und Tabatabai (1977) stellten eine Methode zur Bestimmung der Phosphotriesteraseaktivität in Böden vor. Diese inolviert die Inkubation von Bodenproben mit tris-p-Nitrophenylphosphat. Freigesetztes p-Nitrophenol wird photometrisch bestimmt.

Phosphorformen und Phosphataseaktivität

Verschiedene Bodentypen weisen unterschiedliche Gehalte an verschiedenen Phosphorformen sowie unterschiedliche Phosphataseaktivität auf. Organische und anorganische Fraktionen des Bodenphosphors wurden erfaßt und mit der Aktivität von Bodenphosphatasen in Beziehung gesetzt.

Die Phosphataseaktivität wird durch den Gehalt an organischen Phosphorverbindungen bzw. durch den Gehalt an verfügbarem Bodenphosphor reguliert bzw. kontrolliert (Abramyan 1993). In den oberen Horizonten verschiedener Bodentypen konnte eine positive Korrelation zwischen der Phosphataseaktivität und dem organischen Phosphorgehalt nachgewiesen werden. Organische Phosphorverbindungen förderten die Aktivität der alkalischen Phosphatase (Tarafdar und Claassen 1988). Lecithin erhöhte das pilzliche und Phytin das bakterielle Wachstum. Die Nutzung organischer Phosphorverbindungen durch Pflanzen kann durch die Verfügbarkeit hydrolysierbarer organischer Phosphorformen limitiert werden.

Die von verschiedenen Autoren erhaltenen Ergebnisse zur Korrelation zwischen der Phosphataseaktivität und dem Gehalt des Bodens an verfügbarem Phosphor waren heterogen. Einige Autoren fanden eine positive, andere eine negative und wieder andere keine eindeutige Abhängigkeit zwischen diesen beiden Größen. Das Bestehen einer negativen Beziehung zwischen dem Gehalt an verfügbarem Phosphor und der Phosphataseaktivität ist ein in verschiedenen Bodentypen vielfach nachgewiesenes Phänomen. Phosphordüngeversuche zeigten wiederholt im Bestehen einer negativen Beziehung zwischen der Phosphataseaktivität und dem Gehalt des Bodens an verfügbarem Phosphor die regulative Rolle des verfügbaren Phosphors hinsichtlich der Phosphataseaktivität an. Positive Wirkungen einer Phosphordüngung auf die Phosphataseaktivität können mit der durch die Düngung geförderten pflanzlichen Produktion in Beziehung stehen.

In verschiedenen Bodentypen (Pseudogleye, Braunerden, Rendsinen) unter Wald, Rasen und Ackernutzung bestand eine negative Korrelation zwischen der alkalischen Phosphataseaktivität der Böden und deren Gehalt an laktatlöslichem Phosphor (Dutzler-Franz 1977a). Die Phosphataseaktivität war zum Teil vom Gehalt an pflanzenverfügbarem Phosphat und zum Teil von der Wurzeldichte in Böden abhängig (Nielsen und Eiland 1980). Die Phosphataseaktivität nahm infolge des Rückganges des Gehaltes an pflanzenverfügbarem Phosphat zu. An mit Phosphat gedüngten Standorten konnte eine gegenüber nicht mit diesem versorgten höhere Phosphataseaktivität und ein höherer ATP-Gehalt nachgewiesen werden. Ein indirekter Effekt der Phosphatdüngung war angezeigt, welcher mit einer Förderung der Wurzeldichte und damit verbunden mit einer günstigen Wirkung auf enzymatische Parameter in Beziehung steht. Die gegenüber der Phosphataseaktivität geringere Zunahme des ATP-Gehaltes ließ auf Pflanzen als partielle Quellen des Enzyms schließen.

Kapsamer-Puchner (1984) konnte in Abhängigkeit vom Bodentyp sowohl positive als auch negative Korrelationen zwischen dem Phosphorgehalt (P_2O_5) des Bodens und der Phosphataseaktivität feststellen.

Tabelle 9. Korrelationskoeffizienten zwischen alkalischer Phosphataseaktivität und dem Phosphorgehalt des Bodens

Bodentyp/Jahreszeit	Korrelationskoeffizient
Graue Auböden/Sommer	r= -0.9156
Braune Auböden/Sommer	r= -0.9355
Schlierboden/Sommer	r= +0.9154
Silikatische Felsbraunerde/Herbst	r= +0.8448
Schlierboden/Herbst	r= +0.8759

Nach Kapsamer-Puchner (1984).

Die Hemmung der Bodenphosphataseaktivität durch Orthophosphat wurde wiederholt beobachtet. Panikov und Ksenzenko (1982) untersuchten in einem Rasenpodsol die Hemmung der Phosphatase durch Substrat und Orthophosphat. Die Substrathemmung konnte durch eine Gleichung beschrieben werden, welche der Bildung eines nicht produktiven intermediären Komplexes E-S2 Rechnung trug. Unter der Annahme, daß 15% des Enzyms einer Hemmung durch Orthophosphat unzugänglich sind, wurde geschlossen, daß jene mit Orthophosphat gefundene Hemmung als eine solche des linearen Typs dargestellt werden kann. Pang und Kolenko (1986) konnten in Waldböden die Unterdrückung der Phosphomonoesteraseaktivität durch Orthophosphat und Harnstoff feststellen. Der Zusatz obiger Chemikalien (20 µmol/ml) während des Versuches zeigte einen kompetitiven Hemmechanismus an. Browman und Tabatabai (1978) hatten über die Hemmung der Phosphodiesteraseaktivität in Proben repräsentativer Böden durch 5 mM PO_4^{3-} berichtet.

Greenwood und Lewis (1977) untersuchten Hefen der Gattung *Cryptococcus*, welche in mehreren Böden die dominanten Hefearten stellen und welche sich durch die Fähigkeit Inositol als Kohlenstoffquelle zu nutzen auszeichnen. Die Kulturen wurden mit verschiedenen Phosphorquellen gehalten (KH_2PO_4, Na-Inositolhexaphosphat). Sämtliche Arten zeigten höhere p-Nitrophenylphosphataseaktivität bei Wachstum mit Na-Inositolhexaphosphat als bei Wachstum mit anorganischem Phosphat. Die Enzymaktivität wurde bei Wachstum mit KH_2PO_4 reprimiert. Die pH-Optima der p-Nitrophenylphosphatasen von Kulturen, welche in Abwesenheit von Orthophosphat gewachsen waren variierten stark innerhalb der Arten. Die suspendierten Pelletfraktionen von drei Arten wurden mit Fe-, Al-, Ca-Salzen des Inositolhexaphosphat inkubiert. Eine Freisetzung von Orthophosphat (Pi) aus Fe- und Al-Salzen konnte nicht beobachtet werden, wohl aber eine solche von beachtlichem Ausmaß im Falle von Ca-Inositolhexaphosphat. Eine Vanadomolybdatanalyse von organischem Phosphat in der Mischung vor Hefezusatz zeigte, das eine Lösung von Inositolhexaphosphat im Falle von Al- oder Fe-Inositolhexaphosphat nicht stattfand. Beträchtliche Mengen an Ca-Inositolhexaphosphat waren jedoch beim gegebenen pH-Wert (5.6) löslich. Bei sämtlichen untersuchten Arten wurden die Phosphatasen in Abwesenheit von Orthophosphat dereprimiert.

Untersuchungen zur Aktivität und Bildung von saurer Phosphatase in Böden mit unterschiedlichem Gehalt an organischer Substanz und extrahierbarem Phosphat zeigten, daß die Wirkung von Phosphat auf die Bodenphosphatase stärker durch dessen Einfluß auf die Enzymsynthese als auf die Aktivität bereits vorhandener Phosphataseenzyme zum Ausdruck kommt (Spiers und McGill 1979). Nakas et al. (1987) konnten die Hemmung der Phosphatasesynthese in einem semiariden Grünlandboden durch KH_2PO_4 nachweisen.

Ihlenfeldt und Gibson (1975) konnten über die Reprimierbarkeit der Phosphatase in Reinkulturen berichten; bei Überführung der Mikroorganismen von einem Mangelmedium in normales Medium mit Phosphat ging die Menge dieses Enzyms zurück. Der Zusatz von Nährstoffkombinationen zu Böden führte nur dann zur anfänglichen Erhöhung der Phosphataseaktivität, wenn diese Kombinationen kein anorganisches Phosphat enthielten (Nannipieri et al. 1978). In Gegenwart von Pi behielt der Boden jenes Ausmaß an Phosphataseaktivität, welches dem Kontrollboden entsprach. Der Zusatz von Pi führte aber ungleich zu den Verhältnissen in Reinkulturen, zu keiner Abnahme der Bodenphosphataseaktivität. Diese Beobachtung kann als Hinweis darauf gewertet werden, daß ein wesentlicher Teil der Bodenphosphataseaktivität auf die Aktivität abiontischen Enzyms zurückzuführen ist. Es ist auch möglich, daß Pi im Boden gebunden wurde.

Pflanzenertrag und Phosphataseaktivität

Die Korrelationen zwischen Pflanzenertrag und Bodenphosphataseaktivität erwiesen sich als standortabhängig. Sowohl positive als auch negative Korrelationen zwischen Pflanzenertrag und Bodenphosphataseaktivität konnten festgestellt werden. Vergleichende Untersuchungen zur Bodenphosphataseaktivität an Weidestandorten geringer sowie hoher Fruchtbar keit ergaben für den Standort mit geringer Fruchtbarkeit eine signifikante positive Korrelation zwischen der Bodenphosphataseaktivität und dem Kräuterertrag (Speir und Cowling 1991).

Mykorrhiza und Phosphataseaktivität

Mykorrhizapilze spielen bei der Phosphorversorgung von Pflanzen eine bedeutsame Rolle. Drei Mechanismen werden in Bezug auf die Mykorrhizierung und die Phosphorversorgung von Pflanzen diskutiert. Die Hyphen tragen durch die Bildung von Atmungs-CO_2 und durch die Ausscheidung organischer Säuren zur Lösung von mineralischem Phosphor bei. Die Hyphen erweitern jenen Bereich des Bodens, welcher durch Wurzeln aufgesucht werden könnte; diese vermögen über die Depletionszone hinaus Zugriff auf Phosphor zu nehmen, welcher ansonsten nur durch langsame Diffusionsprozesse transportiert werden könnte; diese penetrieren Partikel der organischen Bodensubstanz intensiver als Pflanzenwurzeln. Weiters vermögen Hyphen Phosphor aus geringer konzentrierten Bodenlösungen aufzunehmen als dies für Pflanzenwurzeln zutrifft.

Für Ektomykorrhizapilze konnte das Vermögen zur Mobilisierung von Phosphor aus schwerlöslichen Phosphate gezeigt werden. Dieses erwies sich als vom Pilzstamm und von der Natur (wie chemische Zusammensetzung, spezifische Oberfläche) der Phosphorverbindung abhängig. Ektomykorrhizapilze besitzen Phosphatasen, welche Inositolhexaphosphat hydrolysieren können. Bei einer Reihe von Mykorrhizapilzen war diese Aktivität oftmals größer als bei saprophytischen Basidiomyceten (Dighton 1983). Mykorrhizierte Birken- und Kiefernwurzeln produzierten Phosphatasen, wobei die Bildung der Enzyme bei der Birke in inverser Beziehung zur Konzentration an anorganischem Phosphor im Wachstumsmedium stand. In Flüssigkultur war die Phosphatasebildung durch Basidiomyceten vom Phosphorgehalt des Mediums unabhängig. Mykorrhizapilze setzten im Gegensatz zu saprophytischen Basidiomyceten mehr des hydrolysierten Phosphats in die Lösung frei als durch diese absorbiert wurde. Aktive saure Phosphatase an der Oberfläche von mykorrhizierten Wurzeln der Buche katalysierte die Hydrolyse von p-Nitrophenylphosphat, Glucose-6-Phosphat, β-Glycerophosphat, Inositolhexaphosphat, Inositoltriphosphat und anorganischem Pyrophosphat. Die Hydrolyseprodukte des Inositolhexaphosphat schlossen freies Inositol, Orthophosphat und intermediäre Ester ein (Bartlett und Lewis 1973). Häussling und Marschner (1989) bestimmten organische und anorganische Phosphate im Gesamtboden, im Rhizosphärenboden und im Mykorrhiza-Rhizoplaneboden sowie die Aktivität der sauren Phosphatase und die Länge der Pilzhyphen. In der Bodenlösung waren etwa 50% des Gesamtphosphors in Form von organischem Phosphor vorhanden. Im Vergleich zum Gesamtboden waren die Konzentrationen an leicht hydrolysierbarem organischen Phosphor im

Rhizosphären- und Rhizoplaneboden geringer. Die Konzentration an anorganischem Phosphor blieb entweder unbeeinflußt oder nahm zu. Die Aktivität der sauren Phosphatase war gegenüber dem Gesamtboden im Rhizoplaneboden 2–2.5fach erhöht. Zwischen der Phosphataseaktivität und der Hyphenlänge bestand eine positive Korrelation.

Immobilisierte Phosphatasen, bakterielle Dünger

Versuche zur Förderung von Phosphorumsetzungen im Boden wurden unternommen.

Stabile artifizielle Humus-Phosphatasekomplexe wurden dem Boden zugesetzt (Burns und Ladd 1985). Der Einsatz einer stabilen Phosphatase-Samenummantelung wurde als ein Weg die lokalisierte Mobilisierung von organischem Phosphor zu ermöglichen bewertet. Durch den Zusatz von Phosphatasen zu einem Boden bzw. zu Sand nahm die Phosphataseaktivität nur geringfügig zu (Nielsen und Eiland 1980). In mit Hofdünger versehenen Böden kam es durch den Zusatz von an Chitosan immobilisierter saurer Phosphatase aus Weizenkeimlingen zu keiner Erhöhung der Freisetzung von anorganischem Phosphat (Lai und Shin 1993). Auf die Mineralisierung der labilen Phosphorverbindungen durch im Boden bereits vorhandene Enzyme und Mikroorganismen war zu schließen. Die Rate der Hydrolyse wurde erhöht, wenn das immobilisierte Enzym dem Boden unmittelbar nach Einbringung von vier organischen Phosphorverbindungen, β-Glycerophosphat, o-Phosphorylethanolamin, o-Phosphoserin und p-Nitrophenylphosphat, dem Boden zugesetzt wurde. Wurden die vier Verbindungen sterilisierten Böden zugesetzt, konnte ebenfalls eine Erhöhung der Hydrolyserate durch das immobilisierte Enzym nachgewiesen werden.

Die Förderung der Steigerung des Mikroorganismengehaltes durch die Gabe von Hofdünger oder von anderen organischen Abfällen erscheint als der effektivste Weg zur Erhöhung der Phosphataseaktivität im Boden.

Versuche zur Isolierung und in der Folge zur Nutzung von für die Lösung von Gesteinsphosphat verantwortlichen Bakterien als Boden- oder Sameninokula wurden unternommen. In den vergangenen Jahren wurde *Bacillus megaterium* var. *phosphaticum* verbreitet als ein bakterielles Inokulum, bekannt als Phosphobacterin, eingesetzt. Die Applikation dieses Präparates war in der ehemaligen Sovietunion in den vergangenen Jahrzehnten, neben jener anderer bakterieller Düngemitteln wie Azotobacterin (*Azotobacter* spp.) und Nitragin (*Rhizobium* spp.) eine gängige Praxis. Entsprechend Paul und Clark (1989) konnten Hinweise auf dessen Effizienz nicht erhalten werden. Mba (1994) diskutierte an Hand von Feldversuchen die günstige Wirkung von Gesteinsphosphat lösenden Aktinomyceten Stämmen als Samendressing zur Verbesserung von Bodeneigenschaften sowie zur Minderung der Toxizität von Geflügeldung.

3.8.36 Anorganische Pyrophosphatase

Die anorganische Pyrophosphatase katalysiert die Hydrolyse von anorganischem Pyrophosphat (PPi) zu Orthophosphat (Pi). Dieses Enzym ist in der Natur weit verbreitet und konnte in Bakterien, Insekten, Säugergewebe und Pflanzen gefunden werden.

Erste Berichte über Bodenpyrophosphataseaktivität stammen von Gilliam und Sample (1968) sowie Blanchar und Hossner (1969). Neben der enzymatisch vermittelten Hydrolyse von Pyrophosphat zu Orthophosphat konnte auch eine durch anorganische Verbindungen vermittelte Hydrolyse nachgewiesen werden.

Nachweis. Frühe Untersuchungen zur Aktivität dieses Enzyms stützten sich auf die Extraktion von Pi nach der Inkubation von Böden mit PPi (Sutton et al. 1966; Gilliam und Sample 1968). Probleme, welche mit der Bestimmung des während des Versuches enzymatisch freigesetzten Orthophosphat verbunden sind umfassen die mögliche Sorption von Pi an Bestandteile des Bodens, die Möglichkeit der weiteren Abspaltung von Pi nach Extraktion von PPi, wobei dies auf nichtenzymatische Weise z.B. durch niedrige pH-Werte erfolgen kann sowie die mögliche Interferenz von PPi mit der Bestimmung von Pi.

Dick und Tabatabai (1978) stellten eine Methode zur Bestimmung der Pyrophosphataseaktivität des Bodens vor. Diese schließt die colorimetrische Bestimmung von freigesetztem Orthophosphat nach Inkubation der Böden mit gepufferter PPi-Lösung ein. Eine Modifikation der Methode von Dick und Tabatabai (1978) zur Bestimmung der anorganischen Pyrophosphataseaktivität wurde von Margesin (1993b) vorgestellt.

3.8.37 Polyphosphatasen

Polyphosphatasen katalysieren die Abspaltung von Orthophosphat (Pi) aus linearen kondensierten Phosphaten. Eine Reihe von Bodenmikroorganismen verfügt über Polyphosphataseaktivität. Untersuchungen an mikrobiellen Kulturen (Pilze, einschließlich Hefen, Bakterien, einschließlich Aktinomyceten) hinsichtlich deren Polyphosphataseaktivität zeigten, daß die höchste Zahl an aktiven Stämmen unter Bakterien der Gattung *Bacillus*, *Micrococcus* sowie *Arthrobacter* und unter Pilzen der Gattung *Aspergillus* sowie *Penicillium* anzutreffen war. Unter den Aktinomyceten und Hefen war die Zahl am geringsten. Die Analyse zweier Pilze, *Aspergillus wentii* Stamm 164 und *Cladosporium herbarum* ssp. ergab, daß das Enzym in das Kulturmedium ausgeschieden werden kann. Enzyme, welche die Hydrolyse hochmolekularer Polyphosphate im Boden katalysieren waren zuvor nicht untersucht worden.

Die kinetischen Parameter der polyphosphatspaltenden Reaktion im Boden und die Effekte von Ionen auf die Polyphosphataseaktivität waren jenen sehr ähnlich, welche für die Spaltung von Polyphosphaten in der Zelle von *Penicillium janthinellum-382* berichtet wurden (Aseeva et al. 1981). Der mikrobielle Ursprung der im Boden vorhandenen Polyphosphatase wurde angenommen. Dieses Enzym sollte nach dem Abbau mikrobieller Zellen im Boden teilweise gebunden und durch zahlreiche physikalische Bodenfaktoren bezüglich der Aktivität verändert werden.

Nachweis. Aseeva et al. (1981) präsentierten eine Methode zum Nachweis von Polyphosphataseaktivität in Böden. Diese basiert auf der Inkubation von Bodenproben mit Polyphosphaten von unterschiedlicher Kettenlänge sowie der Bestimmung der gebildeten Menge an P_2O_5.

3.8.38 Trimetaphosphatase

Metaphosphatasen katalysieren die Abspaltung von Orthophosphat (Pi) aus cyclischen kondensierten Phosphaten. Trimetaphosphat (TMP) ist ein cyclisches Phosphat. Dieses unterscheidet sich von Orthophosphat (Pi), Pyrophosphat (PPi) und linearen Polyphosphaten dadurch, daß es nicht an Böden adsorbiert wird und durch seine Wasserlöslichkeit in der Gegenwart von Erdalkimetallen, wie Ca^{2+}, Mg^{2+} und Ba^{2+} (Blanchar und Hossner 1969; Busman und Tabatabai 1984). TMP wird biochemisch durch das Enzym Trimetaphosphatase oder in sauren oder basischen Lösungen, speziell in Gegenwart bestimmter Kationen, chemisch hydrolysiert (Berg und Gordon 1960). TMP wird im Boden nicht sorbiert. Dieses wird durch eine Serie von biochemischen Reaktionen unter Auftreten von Triphosphat, Pyrophosphat und Orthophosphat hydrolysiert. Diese Hydrolysprodukte können in Böden sorbiert werden. Zusätzlich zu dessen Hydrolyse durch das Enzym Trimetaphosphatase wird TMP chemisch durch Metallionen wie Ca^{2+} und Mg^{2+} hydrolysiert (Busman und Tabatabai 1985). Trimetaphosphatase konnte in Mikroorganismen, Pflanzen, Tieren und Böden nachgewiesen werden.

Nachweis. Busman und Tabatabai (1984, 1985) entwickelten eine colorimetrische Methode zur Untersuchung der enzymatischen und nichtenzymatischen Hydrolyse von Trimetaphosphat (TMP) in Böden. Die Methode beruht auf der Bestimmung des Rest-TMP nach Inkubation der Böden mit gepufferter TMP-Lösung. Nach der Fällung der Hydrolyseprodukte erfolgt die Bestimmung des im Überstand verbleibenden TMP mit Hilfe einer Molybdän-Blau-Methode.

3.8.39 Sulfatase, Arylsulfatase

Sulfatasen katalysieren die Hydrolyse organischer Schwefelsäureester. Mikroorganismen, Pflanzen und Tiere vermögen Sulfatasen zu bilden. Die erstgenannten repräsentieren die Hauptquelle für Sulfatasen im Boden. In der Natur kommen mehrere Typen von Sulfatasen vor. Diese werden entsprechend dem Typ der organischen Sulfatester, welche diese hydrolysieren klassifiziert. Dies mit den Hauptgruppen Arylsulfatasen, Alkylsulfatasen, Steroidsulfatasen, Glucosulfatasen, Chondrosulfatasen sowie Myrosulfatasen (Tabatabai 1982).

Die Bedeutung der Sulfatasen bei der Schwefelmineralisierung leitet sich großteils von Untersuchungen ab welche zeigten, daß in Oberböden der temperaten Region zwischen 40 und 70% des Gesamtschwefels durch Jodwasserstoff zu Schwefelwasserstoff reduziert werden kann. Ester gehören zu den leichter mineralisierbaren Formen des organischen Schwefels im Boden. Aufgrund deren verbreiteten Auftretens und deren labiler Natur stellen Sulfatester eine Hauptquelle für den anorganischen Sulfat-Pool und somit den pflanzenverfügbaren Schwefelpool im Boden dar.

Das Enzym Arylsulfatase war die erste Sulfatase, welche in der Natur entdeckt wurde. Diesem Enzym wurde deshalb mehr Aufmerksamkeit zuteil als anderen Sulfatasegruppen. Jene durch die Arylsulfatase katalysierte Reaktion ist irreversibel und es gibt keinen Hinweis darauf, daß außer Wasser ein anderer Sulfat-Akzeptor genutzt werden könnte oder daß ein Metallion für die katalytische Funktion benötigt wird (Tabatabai 1982). Dieses Enzym wird in Pflanzen, Tieren und Mikroorganismen gefunden. Pflanzenwurzeln besitzen Arylsulfataseaktivität und es gibt Hinweise darauf, daß zumindest ein Teil derselben extrazellulär lokalisiert ist. Es gibt Untersuchungen, welche die Theorie unterstützen, daß mehrere Sulfatasen außerhalb des Cytoplasmas lokalisiert sind. In vielen Arbeiten wurde p-Nitrophenylsulfat als einziges Substrat verwendet und die damit bestimmte Enzymaktivität wird als Arylsulfataseaktivität bezeichnet. Die Substratspezifität der Arylsulfatase ist aber nicht auf phenolische Sulfatester beschränkt, da dieses Enzym die Hydrolyse einer Reihe verschiedener Sulfatester katalysieren kann (Ganeshamurthy und Nielsen 1990).

Arylsulfataseaktivität konnte in einer Reihe von Böden nachgewiesen werden. Von Wainwright (1981) durchgeführte Untersuchungen zur Arylsulfataseaktivität in Gezeitensanden und Salzmarschböden zeigten eine weitgehende Ähnlichkeit der Enzymeigenschaften mit solchen, welche für Arylsulfatasen in Boden und marinem Sediment berichtet worden waren.

Hinweise darauf, daß ein Großteil der in Böden bestimmten Arylsulfataseaktivität nicht an sich vermehrende Mikroorganismen gebunden ist konnten erhalten werden (Tabatabai und Bremner 1970b).

Nachweis. Tabatabai und Bremner (1970a) beschrieben erstmals Bodensulfataseaktivität mittels des Substrates p-Nitrophenylsulfat in toluolbehandelten Böden. Seither konnte diese Aktivität in weiteren Böden und in marinen Sedimenten nachgewiesen werden. Die Methode schließt die colorimetrische Bestimmung von freigesetztem p-Nitrophenol nach Inkubation der Bodenprobe mit gepufferter p-Nitrophenylsulfatlösung ein. Eine für die Bestimmung dieser Enzymaktivität in Torfen sowie in Böden mit einem hohen organischen Substanzgehalt geeignete Modifikation der Methode präsentierten Sarathchandra und Perrott (1981). Eine Modifikation der Methode von Tabatabai und Bremner (1970a) wurde auch von Strobl und Traunmüller (1993b) vorgestellt. Houghton und Rose (1976) untersuchten Bodensulfatasen mit einer Reihe ^{35}S-markierter Substrate ohne Einsatz von Sterilisationstechniken. Fitzgerald et al. (1985) verwendeten ein ^{35}S-Tyrosinsulfat und nutzten die Freisetzung von ^{35}S-Sulfat zur Bestimmung der Enzymaktivität. Mit dieser Methode konnte in sämtlichen Horizonten eines Waldbodens die Freisetzung von ^{35}S-Sulfat ohne Verzögerungsphase festgestellt werden.

Schwefelformen und Sulfataseaktivität

Die meisten Arylsulfatasen sind konstitutiv und deren mikrobielle Synthese wird durch die C- und S-Gehalte des Systems kontrolliert (Germida et al. 1992). Verschiedene, nicht sterilisierten Böden zugesetzte, Sulfatestertypen wurden nicht allesamt sofort hydrolysiert (Houghton und Rose 1976). Die Verzögerungsphase beim Abbau von Substraten weist auf die Notwendigkeit der Enzymsynthese durch Mikroorganismen und eine limitierte Substratspezifität der nativen Bodensulfatasen hin.

Die Böden unterscheiden sich in ihrem Gehalt an verschiedenen Schwefelformen und hinsichtlich der Aktivität der Enzyme des Schwefelkreislaufes. Vergleichende Untersuchungen zeigten, daß die Aktivität der Enzyme des Schwefelmetabolismus im Boden durch die Konzentration der verschiedenen Schwefelformen, deren Beziehung zueinander und deren Verteilung im Bodenprofil reguliert wird. Abramyan und Galstyan (1986) fanden, daß in Böden der Halbwüstenzone, in welchen der Großteil des Schwefels in anorganischer Form vorliegt, die Oxidasen und Reduktasen des Schwefelmetabolismus eine hohe Aktivität aufweisen, während diese Böden eine nur geringe Arylsulfataseaktivität besitzen. Hohe Arylsulfataseaktivität konnte in an organischem Schwefel reichen Böden nachgewiesen werden. In sämtlichen untersuchten Bodentypen dominierte die Oxidation der Sulfide über die Reduktion der Sulfate. Diese Befunde geben Hinweis auf die Selbstregulierung des Schwefelhaushaltes zu Gunsten der Sulfatbildung und der Pflanzenernährung.

Die Sulfataseaktivität korrelierte nicht signifikant mit dem Gesamtgehalt des Bodens an Schwefel (Tabatabai und Bremner 1970b; Galstyan und

Bazoyan 1974). Galstyan und Bazoyan (1974) fanden eine signifikante positive Korrelation zwischen der Sulfataseaktivität und dem organischen Schwefelgehalt des Bodens. Cooper (1972) fand ebenfalls eine signifikante positive Korrelation zwischen der Sulfataseaktivität und dem gesamten organischen Bodenschwefel; eine noch höhere Korrelation konnte zwischen der Sulfataseaktivität und der Sulfatesterfraktion des organischen Schwefels ermittelt werden. Eine signifikante positive Korrelation mit dem Schwefelgesamtgehalt, dem organischen Schwefelgehalt, dem Gehalt an C-gebundenem Schwefel und dem Esterschwefelgehalt verschiedener Böden konnte nachgewiesen werden (Cooper 1972; Lee und Speir 1979; Stott und Hagedorn 1980). Baligar und Wright (1991) untersuchten die Arylsulfataseaktivität in den oberen Horizonten repräsentativer Hügellandböden der Appalachen und konnten eine positive Korrelation mit den Niveaus verschiedener Bodenschwefelformen feststellen. Eine signifikante Korrelation bestand nur mit dem Gehalt an organischem Schwefel und dem Gesamtschwefelgehalt in den oberflächennahen Horizonten.

Appiah und Ahenkorah (1989) verglichen fünf Extraktionsmethoden zur Bestimmung von pflanzenverfügbarem anorganischen Sulfat. Eine Korrelation zwischen der Arylsulfataseaktivität und den verschiedenen Mengen an extrahierbarem Sulfatschwefel konnte nicht nachgewiesen werden. In Salzmarschböden wurde die Aktivität der Arylsulfatase durch Sulfat nicht unterdrückt (Oshrain und Wiebe 1979). Die Arylsulfataseaktivität war in der Rhizosphäre gegenüber der Nicht-Rhizosphäre erhöht (Han und Yoshida 1982). Die Gabe von Sulfat beeinflußte die Aktivität weder in der Rhizosphäre noch in der Nichtrhizosphäre. Gupta et al. (1988) konnten durch Düngung mit elementarem Schwefel einen signifikanten Anstieg des gesamten Schwefelgehaltes, des Gehaltes an HI-reduzierbarem Schwefel und an Sulfatschwefel beobachten. Wiederholte elementare Schwefelgaben führten zu einem Rückgang der Arylsulfataseaktivität. Zwischen der Arylsulfataseaktivität und dem Gehalt des Bodens an anorganischem Sulfat bestand eine hohe negative Korrelation. Eine Produkthemmung durch Sulfatschwefel wurde diskutiert. Eine geringe Arylsulfataseaktivität konnte bei einem hohen Gehalt an wasserlöslichem Schwefel und bei einem niedrigen Gehalt an organischem Schwefel nachgewiesen werden (Abramyan 1993).

Vergleichende Untersuchungen mit 39 verschiedenen Böden ergaben zwischen 14 und 770 µg p-Nitrophenol/g Boden/Stunde rangierende Werte für die Arylsulfataseaktivität (Gupta et al. 1993). Die Aktivität des Enzyms korrelierte signifikant positiv mit dem organischen Kohlenstoffgehalt, dem Gesamtschwefelgehalt, dem HI-reduzierbaren Schwefelgehalt und dem mikrobiellen Biomasse-C. Endprodukthemmung durch Sulfat spielte in diesen Böden, welche geringe Gehalte an Sulfat aufwiesen keine Rolle.

Vergleichende Untersuchungen zur Persistenz von dem Boden (sandige Lehmböden) zugesetzter mikrobieller und aus Gerstenwurzeln extrahierter Arylsulfatase zeigten während einer achttägigen Inkubation das Konstantbleiben der Aktivität der zugesetzten mikrobiellen Arylsulfatase in autoklavierten Böden (Ganeshamurthy und Nielsen 1990). In nicht autoklavierten Böden verlor die mikrobielle Arylsulfatase 6–7% der Aktivität. Die Arylsulfatase aus Gerstenwurzeln verlor hingegen unter den gleichen Bedingungen in autoklavierten Böden 75–78% ihrer Aktivität. In an Sulfatschwefel verarmten bzw. nicht verarmten Böden sowie in Enzymextrakten von Mikroorganismen und Gerstenwurzeln wurde der Einfluß von anorganischem Sulfat geprüft. In beiden, verarmten und nicht verarmten, Böden übte der Sulfatschwefel keinen hemmenden Einfluß auf die Arylsulfataseaktivität aus. Tatsächlich wurde die Aktivität durch eine steigende Sulfatkonzentration stimuliert. Ähnlich wurde die mikrobielle Arylsulfataseaktivität durch steigende Sulfatkonzentrationen stimuliert. Bemerkenswert war jedoch, daß die Aktivität der Arylsulfatase aus Gerstenwurzeln durch Sulfatschwefel wesentlich gehemmt wurde. Die Literatur beschreibt zumindest drei Arylsulfatase-Typen. Die mikrobiellen Arylsulfatasen dürften dem Typ I angehören. Dieser Typ wird, anders als Typ II und III, durch Sulfatschwefel nicht gehemmt. Untersuchungen zu einem allfälligen ratenlimitierenden Einfluß von Sulfatasen des Boden auf die Mineralisierung von organischem Schwefel ergaben, daß die Aktivität der Sulfatasen bei der biochemischen Freisetzung von Sulfatschwefel aus Sulfatestern im Boden keine ratenlimitierende Rolle spielt. Diese Befunde entsprechen dem Konzept, wonach der geschwindigkeitsbestimmende Schritt bei der biochemischen Freisetzung von Sulfatschwefel aus Bodensulfatestern in der Geschwindigkeit besteht mit welcher Bodensulfatester gelöst werden bzw. mit welcher eine Desorption von $-OSO_3H$-Gruppen stattfindet.

3.8.40 Rhodanase

Untersuchungen zur Oxidation von elementarem Schwefel durch autotrophe Bakterien gaben Hinweis darauf, daß Thiosulfat, Tetrathionat, Trithionat und Sulfit intermediäre Schwefelverbindung auf dem Weg zur Bildung von Sulfat darstellen. Thiosulfat und Tetrathionat sind zwei intermediäre Schwefelverbindungen, welche während der Oxidation von elementarem Schwefel in Böden gebildet werden.

Eine colorimetrische Methode, welche geeignet ist Thiosulfat und Tetrathionat in Mengen von Mikrogramm nachzuweisen wurde von Nor und Tabatabai (1976) beschrieben. Die Entstehung von Thiosulfat und dessen nachfolgendes Verschwinden ließen auf die Anwesenheit eines Enzyms im Boden schließen, welches für die Überführung von Thiosulfat in Sulfit verantwortlich ist.

Das Enzym Rhodanase katalysiert in der Gegenwart von Thiosulfat oder von kolloidalem Schwefel die Umsetzung von Blausäure und Cyaniden zu

Thiocyanat. Das Enzym ist in der Natur weit verbreitet und konnte in Tieren, Pflanzen, Bakterien und Böden nachgewiesen werden.

Die Rhodanaseaktivität wurde als ein möglicher Index für das Schwefeloxidationpotential von Böden diskutiert.

Nachweis. Tabatabai und Singh (1976) berichteten erstmals über Bodenrhodanaseaktivität. Die von diesen Autoren präsentierte Methode basiert auf der colorimetrischen Bestimmung des infolge von Rhodanaseaktivität gebildeten Thiocyanat, wenn Böden mit gepufferten Natriumthiosulfat- und Kaliumcyanidlösungen inkubiert werden. Das verwendete Extraktionsverfahren erlaubt die quantitative Gewinnung des Thiocyanat. Kupferionen katalysieren die Reaktion zwischen $S_2O_3^{2-}$ und CN^- unter Bildung von SCN^- ebenfalls.

3.8.41 Cystein-Desulfhydrase, Cystathionin-γ-Lyase

Etwa 22% des Gesamtschwefels der Atmosphäre haben ihren Ursprung in der biologischen Aktivität an der Erdoberfläche.

Die primär in Unterwasserböden auftretende Entwicklung von Schwefelwasserstoff wurde zunächst angenommen. Adams et al. (1981) fanden dessen Bildung ebenso in entwässerten Böden und Sedimenten. Die Kenntnisse bezüglich des aktuellen Mechanismus der Schwefelwasserstoffbildung in nicht wassergesättigten Böden sind gering. In der Mineralisierung organischer Schwefelverbindungen wird ein Beitrag zu dessen Bildung gesehen. Schwefelhaltige Proteine und Aminosäuren sind die diesbezüglich primär involvierten Substrate. Bei der Transformation schwefelhaltiger Aminosäuren können verschiedene volatile Schwefelverbindungen entstehen. Banwart und Bremner (1975) untersuchten die Entwicklung volatiler Schwefelverbindungen in verschiedenen, mit schwefelhaltigen Aminosäuren behandelten Böden. Die folgenden volatilen Verbingungen konnten als Produkte des mikrobiellen Abbaus unter aeroben und wassergesättigten Bedingungen nachgewiesen werden: Methylmercaptan, Dimethylsulfid, Dimethyldisulfid (entwickelt aus Böden behandelt mit Methionin, Methioninsulfoxid, Methioninsulfon oder S-Methylcystein); Ethylmercaptan, Ethylmethylsulfid und Diethyldisulfid (aus Böden behandelt mit Methionin oder S-Ethylcystein); und Kohlenstoffdisulfid (aus Böden behandelt mit Cystin, Cystein, Lanthionin oder Djenkolsäure). Geringe Mengen an Dimethylsulfid und Kohlenstoffdisulfid wurden aus mit Homocystin behandelten Böden freigesetzt. Aus mit Lanthionin oder Djenkolsäure behandelten Böden entwichen Spurenmengen an Carbonylsulfid. Keine flüchtigen Schwefelverbindungen wurden aus mit Cysteinsäure, Taurin oder S-Methylmethionin versehen Böden freigesetzt. Die Mengen an aus mit ^{14}S-haltigen Aminosäuren behandelten Böden freigesetzten flüchtigen Schwefelverbindungen stellten < 0.1–> 50% des in Form von Aminosäuren zugesetzten Schwefels dar. H_2S konnte als gasförmiges Produkt des mikrobiellen Abbaus schwefelhaltiger Aminosäuren in Böden unter aeroben oder wassergesättigten Bedingungen nicht nachgewiesen werden.

Banwart und Bremner (1975) fanden, daß dem Boden in Form von Cystin zugegebener Schwefel unter aeroben und wassergesättigten Bedingungen als Kohlenstoffdisulfid (CS_2) freigesetzt wurde. Minami und Fukushi (1981) untersuchten den Abbau von Cystin in Reisböden unter aeroben und wassergesättigten Bedingungen. Die erhaltenen Daten zeigten, daß zusätzlich zu H_2S und CS_2, COS (Carbonylsulfid) gebildet wurde.

Banwart und Bremner (1974) beschrieben einfache gaschromatographische Methoden zur Identifizierung von Schwefelgasen in der Bodenatmosphäre. Die Methoden erlaubten die Identifizierung von 13 volatilen Schwefelverbindungen (Schwefeldioxid, Schwefelwasserstoff, Kohlenstoffdisulfid, Carbonylsulfid, Schwefelhexafluorid, Methylmercaptan, Dimethylsulfid, Ethylmercaptan, n-Butyl-Mercaptan, Ethylmethylsulfid, Diethylsulfid, Diethyldisulfid) in Luft, welche Nanogramm Mengen dieser Verbindungen enthielt. Eine Interferenz mit verschiedenen Gasen, deren Evolution aus Böden unter aeroben oder anaeroben Bedingungen bekannt ist, konnte nicht festgestellt werden.

Cystein und Methionin unterhalten gemeinsam 11–47% des gesamten kohlenstoffgebundenen Schwefels in Torf und in organischen Böden (Freney et al. 1972; Scott et al. 1981). Freney (1967) schlug zwei verschiedene Wege der Bildung von H_2S aus Cystein und Cystin im Boden vor. Im ersten Fall sollte das Enzym Cystein-Desulfhydrase den Abbau von Cystein zu NH_3, Pyruvat und H_2S katalysieren. Im zweiten Fall sollte das Enzym Cystathionin-γ-Lyase die oxidierte Form von Cystein, oder Cystin, als Substrat zur Bildung von Pyruvat, NH_3 und Thiocystein nutzen. In einer folgenden, nichtenzymatischen Reaktion von Thiocystein mit Cystein oder anderen sulfhydrylhaltigen Verbindungen würde sodann die Bildung von H_2S und Cystin stattfinden.

Gemäß Cavallini et al. (1962) sollte die Desulfuration von Cystein nur durch ein einziges Enzym, die Cystathionin-γ-Lyase, katalysiert werden. Bezüglich des Substrates dieses Enzyms bestand Unklarheit, da Cystein rasch zu Cystin autoxidiert (Morra und Dick 1989). Morra und Dick (1985) schlugen die Koppelung der Aktivität der Cystathionin-γ-Lyase mit dem nichtenzymatischen Abbau von Thiocystein als möglichen Weg der Bildung von H_2S in mit Cystein versehenen Böden vor.

Nachweis. Morra und Dick (1985) entwickelten eine Methode zur Untersuchung der Aktivität der Cystathionin-γ-Lyase in Böden. Diese umfaßt die Inkubation von Bodenproben mit Cystein. Hierbei wird die Dithio-Schwefelverbindung, Thiocystein, gebildet. Nach 24 Stunden Inkubation erfolgt ein weiterer Zusatz von Cystein, diesmal als Reagens. Cystein verursacht unter Bildung von H_2S einen nichtenzymatischen Aufschluß von Thiocystein. Die Bestimmung des mittels Zn-Acetat gesammelten H_2S erfolgt colorimetrisch.

3.8.42 Dehydrogenase

Man versteht unter der Dehydrogenaseaktivität (DHA) des Bodens das Ausmaß der Fähigkeit eines gegebenen Bodens einen unter definierten Bedingungen dem Boden zugegebenen Elektronenakzeptor zu reduzieren. Die Dehydrogenaseaktivität wird auch als Aktivität des Elektronentransportsystems (ETS) bezeichnet. Die reduzierende Aktivität von elektronen- bzw. wasserstoffübertragenden Enzymen sowie auch die nichtenzymatische Reduktion durch im Boden vorhandene organische wie auch anorganische Verbindungen kann hier einfließen.

Die hohe Sensitivität der Dehydrogenaseaktivität ließ diese vielfach als eine geeignete Kennzahl biologischer Veränderungen im Boden als Folge verschiedener äußerer Einflüsse erkennen.

Nachweis. Im Zellstoffwechsel spielen wasserstoff- bzw. elektronenübertragende Enzyme eine für das Leben elementare Rolle. In der Zellphysiologie verwendete man schon früh bestimmte Redoxindikatoren zum Nachweis von Stoffwechselaktivität. Der biologischen Reduktion des farblosen Tetrazoliumsalzes 2,3,5-Triphenyltetrazoliumchorid (TTC) zum rot gefärbten Triphenylformazan (TPF) kommt dabei besondere Bedeutung zu. Die Intensität der Färbung nach Berührung von gelösten Tetrazoliumsalzen mit aktiven Zellen gilt als ein Maß für die Stoffwechselintensität dieser Zellen.

Lenhard (1956) verwendete als erster die in der mikrobiologischen und enzymatischen Forschung vielfach verwendete Reduktion von TTC zu TPF zur Bestimmung der Intensität mikrobieller Umsetzungen im Boden. Da die meisten Mikroorganismen in der Lage sind TTC zu reduzieren, erschien das Reagens als Indikator der mikrobiellen Aktivität im Boden geeignet. Die biochemischen Eigenschaften von Dehydrogenasen ließen davon ausgehen, daß aktive Formen derselben im Boden als integrale Bestandteile intakter Zellen vorliegen und so wurde im Versuch der Einsatz bakteriostatischer Substanzen unterlassen. Lenhard schloß eine durch organische oder anorganische Bodenbestandteile vollzogene Formazanbildung aus. Dieser Autor konnte eine Sorption des gebildeten, und in der Folge colorimetrisch nachzuweisenden, Formazan durch den Boden nicht feststellen. In der Folge wurde Lenhards Methode mehrfach modifiziert. Stevenson (1959) nutzte die Reduktion von TTC zu TPF zur Bestimmung der DHA in situ und befand die colorimetrische Bestimmung des gebildeten TPF als verläßlichen Index der mikrobiellen Aktivität im Boden.

Thalmann (1968) entwickelte nach Untersuchung des Einflusses von Extraktionsmittel, TTC-Konzentration, pH und Puffer, O_2-Gehalt, Temperatur, Zeit und Nährstoffen eine Methode, in welcher Boden mit gepufferter TTC-Lösung bebrütet und das gebildete TPF mit einer Mischung aus Aceton und Tetrachlorkohlenstoff extrahiert und colorimetrisch bestimmt wird. In der Folge beschrieben eine Reihe von Autoren Modifikationen dieser Methode. Eine Unterscheidung zwischen aktueller und potentieller Dehydrogenaseaktivität im Boden erfolgte. Die erstgenannte sollte erhalten werden, wenn kein H-Donator zugesetzt wird; die zweitgenannte sollte nach Zusatz von Glucose oder einem anderen H-Donator erhalten werden. Klein et al. (1971) stellten die TTC-Reduktion als ein rasches Verfahren zur Bewertung der DHA von Böden mit geringem organischen Substanzgehalt vor.

Benefield et al. (1977) nutzten die Reduktion von INT (2-p-Iodphenyl-3-p-nitro-phenyl-5-phenyl-tetrazolium-chlorid) zu INTF (Iodnitro-tetrazolium-formazan) zur Bestimmung der Dehydrogenaseaktivität des Bodens. Curl und Sandberg (1961) hatten zur Bestimmung der Respiration in marinen Systemen INT als Wasserstoffakzeptor verwendet, wobei eine gute Konkurrenzfähigkeit von INT mit O_2 um freigesetzte Elektronen festgestellt werden konnte. Dieser Befund bedeutete ein sich Erübrigen der Einstellung anaerober Versuchsbedingungen. Im Versuch mit TTC war davon ausgegangen worden, daß TTC in Abwesenheit von O_2 quantitativ als terminaler Wasserstoffakzeptor auftritt. Die Etablierung anaerober Bedingungen war deshalb bei Verwendung dieses Tetrazoliumsalzes von Nöten. Die gegenüber TTC höhere Sensitivität von INT konnte gezeigt werden.

Das bei der Reaktion von Tetrazoliumsalzen mit reduzierenden Substanzen des Bodens entstehende Formazan wurde gemeinhin mit Methanol, Ethanol oder Lösungsmittelmischungen aus dem Boden extrahiert. von Mersi und Schinner (1991) beschrieben eine Methode zur Bestimmung der potentiellen Dehydrogenaseaktivität von Böden unter Verwendung von INT als Substrat. Zur Extraktion von INTF wurden N,N-Dimethylformamid und Ethanol eingesetzt. Es konnten damit höhere INTF-Ausbeuten erhalten werden als bei Verwendung anderer Extraktionsmitteln wie Aceton, Tetrachlorkohlenstoff oder Methanol. Vergleichende Untersuchungen mit autoklaviertem (121°C, 20 Minuten) Bodenmaterial zeigten, daß in diesem gegenüber einer nicht autoklavierten Kontrolle die Aktivität um durchschnittlich 8–50% geringer war.

Tabelle 10. Dehydrogenaseaktivität basierend auf dem Einsatz einer autoklavierten sowie einer nicht autoklavierten Kontrolle

Boden	Dehydrogenaseaktivität[a]	
	autoklaviert	nicht autoklaviert
Gartenboden	249.1	311.1
Ackerboden	200.3	407.4
Ackerboden	394.9	429.1
Grünlandboden	356.3	365.8
Kompost	458.5	554.6

[a] In nmol Iodnitrotetrazoliumformazan/g Trockengewicht Boden/2 Stunden.

Nach von Mersi und Schinner (1991).

Die INT-Reduktion hat gegenüber der TTC-Reduktion mehrere Vorteile. Die Dehydrogenaseaktivität kann über einen weiteren Temperaturbereich gemessen werden, ebenso erlaubt der INT-Versuch Messungen sowohl unter aeroben als auch anaeroben Bedingungen. Der TTC-Versuch wird dagegen zum Erhalt hoher Aktivitätswerte unter Ausschluß von O_2 geführt. Die INT-Reduktion ist nicht sensitiv gegenüber O_2; diese tritt rascher auf als bei anderen Tetrazoliumverbindungen und diese zeigt die höchste Sensitivität (Benefield et al. 1977; Trevors 1984a; Farini et al. 1988). Die erhöhte Sensitivität des INT liefert bessere Korrelationen zwischen der Dehydrogenaseaktivität und anderen wichtigen bodenbiologischen Parametern. Interferenzen mit normalerweise in Böden vorhandenen phenolischen Verbindungen waren nicht angezeigt (Trevors et al. 1982). Lenhard (1956) und Thalmann (1968) hatten einen hemmenden Einfluß von TTC auf die Dehydrogenase in zu hoher Konzentration nicht ausgeschlossen.

Tetrazoliumsalze erwiesen sich als geeignet, metabolisch aktive Mikroorganismen nachzuweisen. Mit Hilfe der Kombination von TTC-Reduktion, Mikroskopie und speziellen Färbemethoden konnten Wada et al. (1978) eine Möglichkeit vorstellen, Orte der mikrobiellen Aktivität, sowohl qualitativ als auch quantitativ zu erfassen. Die nichtbiologische TTC-Reduktion wurde als eng mit dem Substrat der Mikroorganismen assoziiert angesehen. MacDonald (1980) konnte mittels Tetrazoliumsalzen Aktivitäten des Elektronentransportsystems in Mikroorganismen cytochemisch darstellen. Die Zahl der mit diesem Verfahren entdeckten aktiven Mikrooganismen betrug etwa 11–> 46% der gesamten mikrosopisch bestimmten Zellzahl. Die Methode konnte erfolgreich zum Nachweis von Algen in Bodenkrusten, von mikrobiellen Kleinkolonien, welche von Bodenkrümeloberflächen gewonnen wurden sowie zum Nachweis von mit Pflanzenwurzeln assoziierten Mikroorganismen eingesetzt werden.

3.8.43 Katalase

In biologischen Systemen können drei Arten der Aktivierung von Sauerstoff unterschieden werden. Diese unterscheiden sich durch die Anzahl der Elektronen, welche gleichzeitig auf das Sauerstoffmolekül übertragen werden können. Für einige flavinhaltige Enzyme ist die Übertragung von zwei Elektronen gleichzeitig charakteristisch. Bei diesem Vorgang wird molekularer Sauerstoff zum Peroxid-Ion (O_2^{2-}) reduziert. Dieses tritt unter Bildung von Wasserstoffperoxid (H_2O_2) mit Protonen zusammen. Wasserstoffperoxid ist ein Zellgift. Unter der Katalyse des Enzyms Katalase wird Wasserstoffperoxid zu Wasser und Sauerstoff gespalten. Dieses Enzym übt, indem es toxische Produkte des Sauerstoffs reduziert, eine Schutzfunktion aus. Katalase wird in allen aeroben Organismen und den meisten fakultativ anaeroben Bakterien gefunden. Ein Bedarf an Coenzymen konnte für Katalase nicht nachgewiesen werden.

Das Enzym Katalase war das erste im Boden untersuchte Enzym (Woods 1899). In den folgenden Jahrzehnten sollten zahlreiche Arbeiten über dieses Enzym publiziert werden. In den Dreißiger Jahren erschienen zahlreiche Veröffentlichungen über Katalaseaktivität. Wiederholt wurde der Versuch unternommen, diese Enzymaktivität mit der Bodenfruchtbarkeit in Verbindung zu setzen (z.B. Scharrer 1927, 1928a,b, 1936; Radu 1931; Galetti 1932). Veränderungen der Aktivität der Katalase korrelierten hauptsächlich mit Veränderungen der pilzlichen Biomasse (Lund und Goksoyr 1980).

Nachweis. Die Erfassung der Katalaseaktivität in Böden basierte auf der Geschwindigkeit der Freisetzung von O_2 aus dem mit H_2O_2 versehenem Boden oder auf der Bestimmung von Rest-H_2O_2 (Kuprevich und Shcherbakova 1956; Johnson und Temple 1964; Weetall et al. 1965; Beck 1971). Zur Bestimmung von gebildetem O_2 wurden manometrische Techniken verwendet. Trevors (1984b) entwickelte eine rasche gaschromatographische Methode zur Erfassung des gebildeten O_2. Eine Nährstoffgabe oder der Einsatz von Hemmsubstanzen wurde dabei unterlassen. Serban und Nissenbaum (1986) bestimmten die Katalaseaktivität unter Verwendung sauerstoffspezifischer Elektroden.

Die Spaltung von Wasserstoffperoxid kann auch nichtenzymatisch vermittelt werden. In autoklavierten Proben wurde die H_2O_2-Spaltung durch anwesende Mn- und Fe-Verbindungen vermittelt (Kuprevich und Shcherbakova 1971). Die Aktivität erhitzter Kontrollböden betrug 5 bis 65% jener der unbehandelten Böden.

3.8.44 Uratoxidase (Uricase)

Das Enzym Uricase katalysiert die Oxidation von Harnsäure zu Allantoin. Toluolbehandelte Böden wiesen Uricaseaktivität auf. Die in der Literatur beschriebenen Methoden beruhen auf der Bestimmung von Restharnsäure nach Inkubation, unter Berücksichtigung der Adsorption von Substrat an Bodenteilchen (Ladd 1978).

3.8.45 Glucoseoxidase

β-D-Glucose wird unter der Katalyse von Glucoseoxidase zu β-D-Glucono-δ-lacton oxidiert. Arbeiten von Ross (1966, 1974) zeigten die Anwesenheit von Glucoseoxidase in toluolbehandelten Bodenproben. Ladd und Paul (1973) beschrieben eine auf ^{14}C-markierter Glucose beruhende Methode zum Nachweis der Glucoseoxidase.

3.8.46 Peroxidase

Peroxidasen sind in Pflanzen und Mikroorganismen, in geringem Maße auch in tierischen Zellen, verbreitete Enzyme mit einem Eisenporphyrinring. Diese Enzyme stellen eine heterogene Gruppe dar. Gemeinsam ist ihnen, daß sie mit Hilfe von Wasserstoffperoxid, einem Alkylperoxid oder aromatischen Persäuren eine große Zahl von Phenolen, aromatischen Aminen und andere Verbindungen oxidieren können. Es gibt auch wenig charakterisierte Peroxidasen, welche atypische Oxidationen unter Nutzung von H_2O_2 katalysieren (Sjoblad und Bollag 1981). Es treten intra- und extrazelluläre Peroxidasen auf. Eine klare Unterscheidung auf Basis der Substrattransformation kann zwischen Peroxidasen und Laccasen nicht erfolgen. Die Aktivität von Isoenzymen der Laccase von *Pleurotus ostreatus* sowie von *Trametes hirsutum* wurde beispielsweise durch den Zusatz von H_2O_2 gefördert.

Als extrazelluläre Enzyme vieler Bakterien und Pilze dienen Peroxidasen dem Abbau von Lignin. In Pflanzen greifen diese über die Oxidation von Indolessigsäure in den Wuchststoffhaushalt ein (Grieser und Ziechmann 1988). Peterson und Perig (1984) fanden in Pflanzenwurzeln eine der Hauptquellen der Peroxidase im Boden. Die Wurzeln von Klee und Wiesenlieschgras, Erbsenwurzeln und Winterraps sorgten für eine bedeutsame Peroxidaseanreicherung. Höhere Pilze sind die häufigsten Quellen mikrobieller Peroxidasen. Eine direkte Beziehung zwischen Peroxidaseaktivität und Pilzmenge konnte festgestellt werden. Entsprechend Neuhauser und Hartenstein (1978) konnte an Hand einer Untersuchung an 52 Invertebraten die Gegenwart von Peroxidase in allen im Boden und im

Detritus wühlenden Arten nachgewiesen werden. Peroxidasen von Bodeninvertebraten können teilweise dazu dienen, die Polymerisation von aromatischen Verbindungen und so die Humifizierung zu erhöhen. Die spezifische Aktivität der Peroxidase war in Regenwürmern signifikant am höchsten; Isopoden, Diplopoden und Mollusken zeigten ähnliche Spiegel.

Nachweis. Die Anwesenheit abiontischer Peroxidasen oder peroxidaseähnlicher Katalysatoren im Boden war angezeigt durch Untersuchungen mit Böden und Bodenextrakten, in welchen in Gegenwart von H_2O_2, Pyrogallol (Galstyan 1958b), Katechol (Kozlov 1964), p-Dianisidin (Bordeleau und Bartha 1969) und o-Dianisidin (Bartha und Bordeleau 1969; Bordeleau und Bartha 1972a,b) oxidiert wurden. Bartha und Bordeleau (1969) setzten die Peroxidaseaktivitäten von zellfreien Bodenextrakten gegenüber o-Dianisidin mit der Fähigkeit von Böden Herbizidderivate wie Chloraniline zu transformieren in Beziehung. Die Extraktperoxidase konnte durch KCN und NaN_3 gehemmt werden. Bartha und Bordeleau (1969) bewerteten die Methode von Galstyan (1958b) zur Bestimmung von Peroxidaseaktivität im Boden und befanden diese als unbefriedigend. Bartha und Bordeleau (1969) entwickelten eine alternative Methode und setzten diese zur Bestimmung der Peroxidaseaktivität nicht steriler und sterilfiltrierter Bodenextrakte ein. Die Prozedur, welche sich o-Dianisidin als Enzymsubstrat bediente war rasch, sensitiv und reproduzierbar. Die Ergebnisse gaben Hinweis auf die Anwesenheit substantieller Mengen an zellfreien Peroxidasen in natürlichen Böden.

Die beiden in der Folge zu besprechenden Enzymtypen (3.8.47 und 3.8.48), welche den Trivialnamen Tyrosinase bzw. Laccase tragen, erhielten die EC-Nummer 1.14.18.1 und wurden als Monophenolmonooxygenase klassifiziert. In der Literatur werden diese Enzyme unter ihren Trivialnahmen geführt. In der Folge soll die Besprechung in Anlehnung an die Literaturdaten getrennt erfolgen.

3.8.47 Tyrosinase (o-Diphenoloxidase)

Die Tyrosinasen sind Enzyme, welche die Synthese polyphenolischer Verbindungen katalysieren. Diese kupferhaltigen Enzyme finden sich in Mikroorganismen, Pflanzen und Tieren. Tyrosinasen üben eine Reihe von Funktionen aus, welche die Biosynthese von Ligninen, Flavonen, Tanninen, Adrenalin und Melanin einschließen. Tyrosinasen benötigen molekularen O_2, aber kein Coenzym zur Aktivität.

Durch diese Enzyme werden zwei Reaktionstypen vermittelt. Der erste besteht in der ortho-Hydroxylierung von Monophenolen und der zweite in der Oxidation von o-Diphenolen zu o-Chinonen. Die Kresolaseaktivität (Monophenolaseaktivität) der Tyrosinasen bezieht sich auf die ortho-Hydroxylierung von Tyrosin und anderer Monophenole zur Bildung von o-Diphenolen. Die folgende Dehydrogenierung von o-Diphenolen zu o-Chinonen ist als Katecholaseaktivität (Diphenolaseaktivität) bekannt. Die Verhältnisse von Katecholase- und Kresolaseaktivität unterscheiden sich zwischen isolierten Tyrosinaseformen. Die Chinonprodukte können in alkalischen Systemen durch Autoxidation langsam polymerisieren.

Nachweis. In Böden und Bodenextrakten konnte Katecholoxidaseaktivität beobachtet werden (Galstyan 1958b; Kozlov 1964; Ross und McNeilly 1973). Mayaudon et al. (1973b) zeigten, daß teilweise gereinigte Bodenextrakte D-Katechin, Katechol und DL-3,4-Dihydroxyphenylalanin zu Chinonderivaten oxidierten. Die Bestimmung von Polyphenoloxidaseaktivität erfolgte durch Sauerstoffbestimmungen mittels der Warburg-Methode oder mit Hilfe sauerstoffspezifischer Elektroden. Ross und McNeilly (1973) zeigten unter Verwendung von Katechol und Phloroglucinol als Substrate das Vorkommen von phenoloxidierenden Enzymen in der Streu und im Boden eines Buchenwaldes. Auf die Anwesenheit von o-Diphenoloxidasen konnte geschlossen werden. Die verwendete Methode bediente sich eines gepufferten Systems und basierte auf der Bestimmung der Sauerstoffaufnahme (Warburg-Methode). Die katecholoxidierenden Aktivitäten zeigten wesentliche Variation zwischen den Proben verschiedener Horizonte. Im Material des B-Horizontes waren diese am geringsten. Generell standen die katecholoxidierenden Aktivitäten in keiner signifikanten Beziehung zu anderen Enzymaktivitäten. Deren Variation konnte durch den Gesamtgehalt an Polyphenolen nicht erklärt werden. Diese korrelierten jedoch signifikant negativ mit dem Gehalt an katecholischen Phenolen. Der hauptsächlich mikrobielle Ursprung, vor allem Pilze, der Enzyme war angezeigt. Das verbreitete Auftreten dieser Enzyme über das Profil hinweg, ließ auf deren signifikante Rolle beim Initialmetabolismus von buchenbürtigen phenolischen Verbindungen schließen. Ross und McNeilly (1973) hatten auf die Möglichkeit einer weiteren enzymatischen oder chemischen Oxidation der Produkte von Polyphenoloxidasen hingewiesen. Es war jedoch kein Versuch unternommen worden die Sauerstoffaufnahme mit einzelnen Oxidationsprodukten in Beziehung zu setzen. Die Nutzung von Sauerstoff zur weiteren Oxidation von ursprünglichen Produkten wurde jedoch als wahrscheinlich erachtet.

3.8.48 Laccase (p-Diphenoloxidase)

Die Laccasen sind in Pflanzen und Mikroorganismen häufig vorkommende Enzyme mit multiplen Kupferzentren. Laccasen benötigen O_2 jedoch keine Coenzyme für deren Aktivität. Diese Enzyme katalysieren die Oxidation phenolischer Substrate unter Bildung freier Radikale. Die Laccasen treten bei höheren Pflanzen und einer Reihe von Pilzen auf und wurden auch bei mehreren Aktinomyceten-Gattungen gefunden. Berichte über Laccasen in anderen Bakterien liegen nicht vor (Sjoblad und Bollag 1981). Bei der von Laccasen katalysierten Reaktion tritt Oxidation ohne Sauerstoffeinbau auf. Beide Sauerstoffatome, beispielsweise eines Diphenols, werden unter Entstehung von Wasser oxidiert (Filip und Preusse 1985). Die Laccasen weisen in Bezug auf Wasserstoff-Donatoren geringe Spezifität auf (Fahraeus und Ljungren 1961). Diese Enzyme katalysieren den direkten Elektronentransfer vom reduzierten Substrat auf O_2 unter Bildung eines Radikals, welches nicht enzymatische Reaktionen eingehen kann. Laccasen und Peroxidasen zeigen oft gleiche Reaktionsprodukte, auch die Bildung von Aryloxyradikalen, nicht aber gleiche Substratspezifität. Die Laccasen weisen eine breite Substratspezifität auf und können Mono-, Di- und Polyphenole sowie aromatische Amine oxidieren. Entstehende freie Radikale können infolge deren Instabilität weitere nichtenzymatische Oxidationen und Reduktionen eingehen bzw. können die Radikale mit anderen phenolischen Verbindungen koppeln. Quantitative Unterschiede in der Oxidationseffizienz zwischen verschiedenen Laccasen konnten festgestellt werden.

Die Enzyme kommen in mehreren Arten der Basidiomyceten und Ascomyceten, sowohl als intrazelluläre als auch als extrazelluläre Enzyme vor (Leonowicz und Trojanowski 1975). 2.5-Xylidin eignete sich zur Induktion von Laccase in *Trametes versicolor*; mit *Rhizoctonia praticola* erwies sich diese Verbindung jedoch als ineffektiv. In *Pleurotus ostreatus* konnte nur eine von sechs multiplen Formen der Laccase durch Ferulasäure induziert werden. Die Untersuchungen zur Reaktion individueller Laccaseformen auf diesen Induktor wurden auf andere Basidiomycetenspezies ausgeweitet. Die Induktion der Laccase durch Ferulasäure in *Coriolus versicolor*, *Pholiota mutabilis* und *Pleurotus ostreatus* wurde durch Bestimmung des ^{64}Cu-Einbaus in das Enzymprotein verfolgt. Eine der multiplen Formen dieses Enzyms wurde bevorzugt induziert. Diese Befunde gaben Hinweis auf die Codierung der Biosynthese multipler Enzymformen (Isoenzyme) durch unterschiedliche Gene. Andere Autoren hatten dies mit Isoenzymen der Weizensämlingsperoxidase zeigen können.

Den Laccasen wurde die Funktion von Entgiftern zugeschrieben, da diese die Polymerisation von im Zuge des mikrobiellen Ligninabbaus entstehenden hemmenden Phenolen vermitteln (Grabbe et al. 1968).

Nachweis. Die Oxidation von p-Diphenolen oder verwandter Verbindungen durch Böden und Bodenextrakte konnte durch Arbeiten von Mayaudon und Sarkar (1974a,b, 1975), Ross und McNeilly (1973), Ruggiero und Radogna (1985), Sarkar et al. (1989) gezeigt werden. Methoden, welche auf der Bestimmung der Menge an konsumiertem Sauerstoff durch den Boden in Gegenwart von phenolischem Substrat beruhen sind nicht spezifisch. Bei spektrophotometrischen Methoden tritt das Problem auf, daß die Bestimmung der Menge einer gegeben Verbindung (Substrat oder Reaktionsprodukt) bei einer bestimmten Wellenlänge durch eine Vielfalt von gebildeten Polymeren infolge oxidativer Kopplungsreaktion beeinflußt werden kann. Felici et al. (1985) hatten mittels Hochleistungs-Flüssig-Chromatographie (HPLC) erfolgreich Substrat von Reaktionsprodukten einer pilzlichen Laccase trennen können. Auf diese Weise konnte eine genaue spektrophotometrische Bestimmung des Restsubstrates erfolgen. Da der Reaktionsmechanismus von Laccasen relativ komplex und nicht vollkommen charakterisiert ist, kann kein definitiver Schluß bezüglich des geeignetesten Substrates für die Bestimmung dieser Enzymaktivität gezogen werden.

3.8.49 Bedeutung der Phenoloxidasen

Die Peroxidasen, Laccasen und Tyrosinasen zählen zur Gruppe der Phenoloxidasen. Die Laccasen und Tyrosinasen werden auch als Polyphenoloxidasen bezeichnet. Die Laccasen und Tyrosinasen wurden als Monophenol-Monooxygenasen klassifiziert. Diese Enzyme sowie die Peroxidasen katalysieren Kopplungsreaktionen.

Phenoloxidasen nehmen an der Huminstoffbildung teil und tragen auf diese Weise zur Etablierung und Erhaltung der Bodenqualität bei. Im Boden auftretende phenolische und anilinische Verbindungen können natürlichen und anthropogenen Ursprungs sein. Den Böden zugeführte phenolische und anilinische Xenobiotika können durch die Aktivität von Phenoloxidasen gekoppelt werden, wobei Oligo- und Polymere entstehen. Ebenso können solche Xenobiotika unter der Wirkung obiger Enzyme an Komponenten der organischen Bodensubstanz gekoppelt werden. Durch solche Reaktionen wird die Reaktivität, die Löslichkeit und die biologische Verfügbarkeit derartiger Stoffe im Boden verringert und deren Auswaschung in der Grundwasser verhindert. Diese Thematik bietet der Forschung noch ein reiches Betätigungsfeld.

In der industriellen Produktion von Humin- und Prohuminsubstanzen wurde ein möglicher und ökonomisch bedeutsamer Einsatz der Phenoloxidasen gesehen (Gul'ko und Khaziyev 1993).

Oxidative Kopplung

Die oxidative Kopplung ist jener Prozeß, bei welchem phenolische und anilinische Verbindungen nach enzymatisch oder abiologisch vermittelter Oxidation miteinander verbunden werden. Enzyme, welche oxidative Kopplungsreaktionen katalysieren wirken über die Oxidation geeigneter organischer Verbindungen zu reaktiven Verbindungen.

Enzymatisch vermittelte oxidative Kopplungsreaktionen sind wichtig bei der Synthese von Huminsubstanzen, Ligninen, Tanninen, Melaninen, Alkaloiden und Antibiotika sowie bei der Bindung organischer Xenobiotika bzw. deren Metabolite an die organische Bodensubstanz. Die oxidative Kopplung kann auf verschiedenen Wegen vermittelt werden. Diese umfassen die enzymatische Katalyse durch Phenoloxidasen, die nichtenzymatische „Katalyse" durch anorganische Verbindungen wie Eisenchlorid, Kupferhydroxid und Bodenmineralien sowie den Mechanismus der Autoxidation. Kopplungsreaktionen können in der Gegenwart von Sauerstoff bei neutralem und alkalischem pH spontan auftreten.

Es ist schwierig, jene für die oxidative Kopplung verantwortlichen Enzyme in ausreichender Reinheit zu erhalten. Auch ist die Komplexität der Produkte groß und das Wissen bezüglich der Strukturen von Reaktionsprodukten ist deshalb gering. Probleme ergeben sich auch bei der klaren Trennung der Hauptklassen der Enzyme der oxidativen Kopplung in rohen Enzympräparationen. Die Produkte der oxidativen Kopplung resultieren aus der C-C und C-O Kopplung der phenolischen Reaktanten und aus der C-N und N-N Kopplung von aromatischen Aminen. Phenole können auch an aromatische Amine gebunden werden, wenn eine Mischung der beiden Verbindungsgruppen als Reaktionsansatz dient.

Die Enzyme der oxidativen Kopplung weisen eine breite Substratspezifität auf. Laccasen und Peroxidasen erzielen demnach aus phenolischen Substraten oft die gleichen Kopplungsprodukte. Peroxidasen vermögen eine Reihe anilinischer Substrate zu oxidieren, Laccasen zeigten sich mit vielen einfachen aromatischen Aminen inaktiv.

Der Kopplung von Phenolen geht die Entfernung eines Elektrons und eines Wasserstoffions von der Hydroxylgruppe voran, wodurch es zur Bildung eines Aryloxyradikals kommt. Radikalintermediate koppeln an Positionen ortho und para zur Hydroxylgruppe und bilden ein Dimer. Phenolische Dimere können weiter oxidiert werden und oligomere Produkte bilden. Die Bildung von Aryloxyradikalen aus phenolischen Substraten konnte mit Peroxidase und Laccase gezeigt werden. Es gibt keine Hinweise darauf, daß bei durch Tyrosinase katalysierten Reaktionen freie Radikalintermediate gebildet werden (Sjoblad und Bollag 1981). Ein nicht radikalischer Mechanismus für die Kopplung von Phenolen durch Tyrosinase wurde vorgeschlagen. Nichtoxidative Kopplung liegt vor, wenn es durch interne Oxidations-Reduktionsvorgänge, in welcher ein Reaktantenteil oxidiert, der andere reduziert wird, zur Bildung von Kopplungsprodukten kommt. Während der Reaktion tritt keine Nettoveränderung im gesamten Oxidationszustand auf.

Suflita und Bollag (1980) berichteten über die Citratpuffer-Extraktion von Katalysatoren der oxidativen Kopplung aus dem Boden. Der Versuch basierte auf der Bildung von dimerisierten Chinonen bei der oxidativen Kopplung von 2,6-Dimethoxyphenol. Durch Erhitzen des Extraktes auf

100°C für 15 Minuten wurde die Aktivität zerstört. H_2O_2, KCN, Dithiothreitol und 2,3-Dimercapto-1-Propanol hemmten die Aktivität. Das Aktivitätsoptimum konnte bei pH 7 und 55°C liegend gefunden werden. Gefrieren konservierte die Aktivität am besten. Lagerung reduzierte die Aktivität als eine Funktion der Temperatur (5–50°C). Die Aktivität konnte durch Supplementierung mit Saccharose vor Extraktion erhöht werden. Die Bodenextrakte reagierten mit Verbindungen, welche vormals zum Nachweis von Phenoloxidaseaktivität eingesetzt worden waren (Syringaldazin, Benzidin, o-Dianisdin, Guajakol, p-Kresol). In einer weiteren Arbeit zur oxidativen Kopplungsaktivität in Citratpuffer-Bodenextrakten konnten Loll und Bollag (1985) zeigen, daß der Großteil des zur oxidativen Kopplung fähigen Agens im Citratpuffer-Bodenextrakt durch einen Mn-Citrat-Komplex gestellt wird. Beachtenswert in diesem Zusammenhang ist die sich darstellende „biologische Sensibilität" der Aktivität des Komplexes, das heißt, die Aktivität reagierte wie ein Enzym bzw. dessen Produzenten auf Nährstoffgabe, Hemmstoffe und den Säuregrad des Ansatzes. Die Bildung enzymatische Eigenschaften aufweisender Organomineralkomplexe wurde im Zusammenhang mit organismischer Aktivität und bewußten Veränderungen von pH-Werten und Redoxpotentialen diskutiert.

Shindo und Higashi (1989) stellten Untersuchungen zu den katalytischen Agentien der oxidativen Kopplung in Citratpuffer-Extrakten von Reis- und Hochlandböden an. 2,6-Dimethoxyphenol (2,6-DMP) diente als Substrat. Die Aktivität war mit den Mengen an Mangan in den Bodenextrakten hoch korreliert. Synthetisches Mn(IV)Oxid hatte keinen Effekt auf die oxidative Kopplung. Die selektive Entfernung der Manganoxide aus dem Boden führte in der Folge zu einem inaktiven Extrakt. Obgleich die Enzyme der oxidativen Kopplung Kupfer oder Eisen als aktive Faktoren enthalten, hatten die Metalle keinen Effekt auf die Kopplung von 2,6-DMP. Auf Manganoxide als Hauptagentien der oxidativen Kopplung in den untersuchten Bodenextrakten war zu schließen. Die Aktivität ging unter gefluteten Bedingungen rascher zurück als unter feuchten; gleiches galt bei niedrigen Temperaturen als bei höheren.

McBride et al. (1988), Pohlman und McColl (1989) sowie von Shindo und Huang (1984) konnten Polymerisierung von phenolischen Verbindungen in Gegenwart von Mangan-, Eisen-, Aluminium- und Siliciumoxiden nachweisen. Unter dem Punkt „Huminstoffsynthese" werden solche Ergebnisse näher berücksichtigt.

Natürliche phenolische und anilinische Verbindungen

Natürliche phenolische Verbindungen und aromatische Amine können im Boden durch mikrobielle Synthese oder durch den Abbau pflanzlicher phenolischer Polymere (z.B. Lignin) entstehen. Phenolische Verbindungen sind übliche Abbauprodukte pflanzlicher und tierischer Substanz. Pflanzliche phenolische Säuren werden von lebenden und sich zersetzenden Pflanzengeweben freigesetzt und konnten in Bodenextrakten vieler verschiedener Bodensysteme identifiziert werden. Pflanzliche Gewebe enthalten phenolische Verbindungen wie Flavone, Anthocyane und Katechine. Zu den wichtigsten Polyphenolverbindungen in Pflanzen gehören die Lignine. Diese entstehen aus Ligninalkoholen durch dehydrierende Polymerisation unter Beteiligung von Polyphenoloxidasen oder Peroxidase (z.B. Freudenberg 1956; Sörensen 1962; Haider et al. 1978).

Ligninabbauprodukte werden von Pflanzen aufgenommen, im Boden weiter abgebaut oder in die Huminstoffbildung einbezogen. Phenolische Transformationsprodukte können durch enzymatisch oder abiologisch vermittelte Oxidation untereinander polymerisieren, in vorhandene Polymere eingebaut bzw. durch die Reaktion mit Metallionen oder Tonmineralien stabilisiert werden. Einfache Phenole können von Mikroorganismem genutzt werden, im Vergleich zu Kohlenhydraten, Proteinen und organischen Säuren werden diese vermehrt in Humus oder in stabile mikrobielle Produkte wie Melanine eingebaut (Filip und Preusse 1985). Phenolische Verbindungen besitzen eine besondere Bedeutung bei der Entstehung von Huminstoffen.

Einfache Phenole und phenolische Säuren können in der Bodenlösung auftreten, im adsorbierten Zustand vorliegen bzw. als strukturelle Einheiten in komplexen Huminstoffmolekülen vorhanden sein. Böden weisen ein unterschiedliches Bindevermögen für phenolische Säuren auf. Dalton et al. (1989) setzten p-Hydroxybenzoe-, Vanillin-, p-Cumarin und Ferulasäure verschiedenen Böden (sterilisiert durch Autoklavierung) in einer Menge von 5.15 mmol/kg zu und versuchten deren Wiedergewinnung 1, 2, 4, 8, 16 und 32 Tage danach. Die Wiedergewinnung der Säuren variierte mit dem Bodentyp, dem Horizont, mit der Zeit und dem Typ der am aromatischen Ring anwesenden funktionellen Gruppe. Es fand eine signifikante unmittelbare Sorption sämtlicher Verbindungen in allen Böden statt. Die Anwesenheit von Methoxygruppen und Arylseitenketten am aromatischen Ring der Phenolsäure erhöhte die Sorption dieser Verbindungen im Boden. Die Sorption von phenolischen Säuren durch die verschiedenen Böden entsprach generell der Reihe p-Hydroxybenzoesäure ≤ Vanillinsäure < p-Cumarinsäure < Ferulasäure.

Phenolische Säuren werden mit verschiedenen Bodenprozessen, einschließlich der Lösung von Mineralien, der Verlagerung von Metallen, der Huminstoffbildung, der Allelopathie und der Nährstoffverfügbarkeit für Pflanzen in Beziehung gesetzt. In mit Hydrokulturen durchgeführten Bioassays hatte sich Ferulasäure als eine der effektivsten phenolischen Säuren erwiesen, die Wurzelelongation und folglich das Sämlingswachstum zahlreicher verschiedener Pflanzenarten zu hemmen.

Viele Bakterien, einschließlich Aktinomyceten sowie Pilze bilden phenolische Verbindungen. Eine Reihe meist imperfekter Pilze vermag über

Sekundärmetabolismus aus aliphatischen Verbindungen Phenole zu bilden. Diese Phenole können nach Oxidation zu Chinonen oder Radikalen polymerisieren. Neben den Phenolderivaten des Ligninabbaus sind mikrobielle Melanine und Flavonbestandteile Grundmaterialien für die Huminstoffsynthese (Morrison 1963; Martin et al. 1982).

Huminstoffbildung

Die relativen Beiträge von biologischen und abiologischen Prozessen zur Bildung von Huminstoffen werden von einer Reihe von Faktoren mitbestimmt, welche das Ausgangsgestein, das Klima, die Vegetation, das Relief, die Eigenschaften der anorganischen Bodenbestandteile, die Bodenbiologie sowie Bewirtschaftungspraktiken einschließen. In Bezug auf den Vorgang der Humifizierung gibt es mehrere Hypothesen.

Die enzymatische Oxidation phenolischer Verbindungen wird in Hypothesen zum Mechanismus der Huminstoffbildung als ein basaler Prozeß angesehen (z.B. Gul'ko und Khaziyev 1993). Der Literatur entsprechend erfolgt die Bildung der Humuspolymere durch enzymatisch oder chemisch vermittelte Polymerisation von Phenoleinheiten und die Bindung von Aminosäuren, Peptiden und Aminozuckerverbindungen sowie anderer Substanzen an das Makromolekül. Die beteiligten Enzyme katalysieren die Oxidation phenolischer Verbindungen durch den Entzug von Wasserstoff unter Bildung von Chinonen oder Radikalen, welcher ihrerseits polymerisieren. Die Synthese der Humuspolymere wird durch diese Enzyme demgemäß nicht direkt katalysiert (Martin und Haider 1980). Andere aromatische Verbindungen, Aminosäuren, Aminozucker sowie weitere Substrate mit freien $-NH_2$ oder -SH Gruppen können sich mit reaktiven Chinonen durch nucleophile Addition verbinden.

Bodenmineralien spielen eine wichtige Rolle bei der abiologischen Polymerisation phenolischer Verbindungen und der Bildung von Huminstoffen. Übersichten zu diesem Themenkreis gaben Wang et al. (1983) sowie Huang (1990). Bodenmineralien, welche die abiologische Bildung von Huminstoffen fördern schließen sekundäre Mineralien wie Oxide und Hydroxide und Tonmineralien sowie bestimmte primäre Mineralien wie Pyroxene, Amphibole, Glimmer, Feldspäte und Olivine ein. Die Geschwindigkeit und das Ausmaß der Polymerisation variiert mit dem Mineralientyp, der Chemie der organischen Verbindung sowie mit dem pH-Wert des Systems. Primäre Mineralien, Tonmineralien, Oxide und Hydroxide des Fe, Al, Si und Mn unterschieden sich in ihrer Fähigkeit die oxidative Polymerisierung von phenolischen Verbindungen zu fördern.

Sowohl die Ton- als auch die Schlufffraktionen der Böden konnten die oxidative Polymerisation von phenolischen Verbindungen wie Pyrogallol „katalysieren" (Wang et al. 1983). Die Reduktion der „katalytischen" Kraft nach Entfernung der Oxide rangierte zwischen 1–45% für Tone sowie zwischen 7–25% für Schluffe. Die katalytische Oxidationskraft von Schluff repräsentierte 23–67% jener der Tone. Anorganische Komponenten wie Tonmineralien, synthetische Eisen- und Siliciumoxide oder Quarz übten katalytische Effekte auf die Sauerstoffaufnahme in die Lösung von Pyrogallol, die Dunkelfärbung von Lösungen phenolischer Verbindungen oder die Bildung von Huminpolymeren aus. Shindo und Huang (1984) untersuchten die katalytischen Effekte von drei Mn(IV)-Oxiden, Fe(III)-, Al-, und Si-Oxiden auf die Dunkelfärbung von phenolischen Verbindungen in Lösung (Hydrochinon, Resorcinol und Katechol) und die nachfolgende Bildung von Huminsäure (Präzipitat gebildet bei Ansäurern der gedunkelten Lösung). Manganoxide zeigten sich hinsichtlich der Dunkelfärbung der phenolischen Verbindungen als sehr potent. Die Rate und das Ausmaß variierte mit der Oxidart, der Chemie der Phenolverbindung und dem pH-Wert des Systems. In den Manganoxid-Systemen wurden die phenolischen Verbindungen mit einem relativ hohen Humifizierungsgrad in Huminsäuren überführt. Der katalytische Effekt der Eisenoxide auf die Dunkelfärbung und die Bildung von Huminsäure war im Testsystem relativ limitiert. Keine katalytischen Effekte konnten in den Aluminium- und Silicium-Systemen beobachtet werden. Befunde von McBride et al. (1988) gaben Hinweis darauf, daß die Oberflächen von Aluminiumoxiden in Böden die Oxidation von Phenolen durch Sauerstoff vermitteln.

Pohlman und McColl (1989) präsentierten ein kinetisches Modell, welches die Oxidation von Polyhydroxyphenolsäuren durch Manganoxide und Bodenlösungen beschreibt. Die Oxidation bestimmter organischer Verbindungen durch mangantragende Oberflächen involviert die Reduktion von Mn^{4+} und Mn^{3+} zu Mn^{2+}. Dieser Prozeß ist von der Lösung des Mangan begleitet.

Lehmann et al. (1987) fanden, daß nur Verbindungen mit mehreren ringaktivierenden Substituenten wie Syringasäure und Sinapinsäure leicht mit Fe- und Mn-Oxiden des Bodens reagieren können. Verbindungen wie Ferulasäure und Vanillinsäure, welche durch eine einzige Methoxygruppe charakterisiert sind, erwiesen sich demgegenüber als weniger reaktiv.

Oxidative Effizienz von Monophenol-Monooxygenasen und Tonen

Vergleichende Untersuchungen von Pal et al. (1994) zur Fähigkeit verschiedener Tone sowie von Enzymen phenolische Verbindungen zu oxidieren gaben Hinweis darauf, daß Enzyme im Vergleich zu nichtbiologischen Agentien eine höhere oxidative Effizienz aufweisen. Nichtbiologischen „Katalysatoren" kommt jedoch aufgrund deren weiter Verbreitung in der Natur dennoch eine signifikante Rolle bei der Transformation phenolischer Verbindungen zu. Die abiologischen und biologischen Agentien verhielten sich hinsichtlich deren Kapazität zur Oxidation verschiedener phenolischer Verbindungen ähnlich. 2,6-Dimethoxyphenol wurde sowohl durch biologisch als auch durch nichtbiologisch katalysierte Reaktionen transformiert. Sauerstoffaufnahme konnte jedoch nur in enzymatisch katalysierten Reaktionen gezeigt werden. Die Befunde ließen schließen, daß O_2 in enzymatisch katalysierten Reaktionen als Elektronenakzeptor fungiert, während in von Birnessit „katalysierten" Reaktionen Mn-Oxid diese Funktion besitzt. Die im Versuch eingesetzten Enzyme Laccase und Tyrosinase setzten die Oxidation von Katechol nach wiederholter Zugabe dieser Chemikalie fort; Birnessit verlor hingegen unter den gewählten Bedingungen die Oxidationsfähigkeit nach der ersten Katechol-Zugabe.

Eliminierung organischer Xenobiotika aus Böden und Abwässern

Das Auftreten von Phenolen und aromatischen Aminen im Boden wird auch anthropogen vermittelt. Bodenfremde Phenole und Aniline kommen vor allem über die Anwendung von Agrarchemikalien in die Böden. Zahlreiche Agrar- und Industriechemikalien sind aromatische Verbindungen, welche chemisch oder biologisch zu phenolischen Zwischenprodukten oder zu aromatischen Aminen transformiert werden. Landapplizierte Siedlungs-, Gewerbe- und Industrieabfälle sind weitere Quellen für derartige Verbindungen.

Viele Industrie- und Agrarchemikalien besitzen Strukturähnlichkeit mit Humusbestandteilen. Die geringe Substratspezifität vieler an natürlich vorkommende Verbindungen angepaßter Enzyme ermöglicht eine enzymatische Umwandlung strukturell ähnlicher Verbindungen.

Im günstigsten Falle werden die in den Boden eingetragenen organischen Chemikalien mineralisiert. Der Abbau organischer Xenobiotika kann durch enzymatische Katalyse oder unter der oxidativen Wirkung von Bodenmineralien erfolgen. Während die Mineralisierung eine Entgifungsreaktion darstellt, kann ein partieller Abbau oder eine Transformation die Toxizität der Elternverbindung entweder erhöhen, verringern oder eliminieren. Eine Möglichkeit die Toxizität einer Verbindung zu verringern besteht in deren Bindung an organische und anorganische bzw. organomineralische Bodenbestandteile. Phenolische und anilinische Xenobiotika können in den Bodenhumus eingebaut werden.

Die zu diesem Themenkreis unternommen Forschungsanstrengungen widmeten sich zunächst großteils den Pflanzenschutzmitteln und deren Transformationsprodukten. Das Potential von Enzymen, welche die Kopplung phenolischer und anilinischer Xenobiotika katalysieren, für die Sanierung von Böden oder auch die Reinigung von Abwässern wurde zunehmend erkannt. Die Fähigkeit von Phenoloxidasen die Transformation phenolischer und anilinischer Verbindungen zu vermitteln wurde ebenso untersucht wie jene Mechanismen, über welche solche Xenobiotika in den Humus eingebaut werden können.

In den Humus eingebaute organische Xenobiotika sind als gebundene Rückstände bekannt. Es sind dies bodenfremde Verbindungen, welche mittels gewöhnlicher analytischer Methoden nicht aus dem Humus extrahiert werden können.

Organische Xenobiotika können auf zwei prinzipiell verschiedenen Wegen in die organische Substanz des Bodens eingebaut werden. Es ist dies die direkte chemische Bindung über reaktive Positionen an Oberflächen von organischen Kolloiden oder die Inkorporation in die Struktur von neu gebildeter Fulvo- oder Huminsäure während des Humifizierungsprozesses. Xenobiotika können durch ionische oder kovalente Bindung, durch Van der Waals Kräfte, Wasserstoffbrücken, Ladungstransfer und hydrophobe Wechselwirkungen an den Humus gebunden werden. Die kovalente Bindung ist gegenüber Säure- und Base-Hydrolyse sowie gegenüber thermaler Behandlung und mikrobiellem Abbau widerstandfähiger als andere chemische Wechselwirkungen.

Die nicht spezifischen Termini, Sorption oder Bindung, wurden in frühen Untersuchungen für die Bezeichnung einer nicht spezifizierten Wechselwirkung zwischen organischen Schadstoffen und Boden oder Wasser genutzt. Die Literatur stützt zumindest vier Typen der spezifischen Wechselwirkung zwischen organischen Schadstoffen und Boden. Eine davon ist die enzymatische oder biologische Kopplung organischer Schadstoffe an Huminsubstanzen.

Eine Reihe von Autoren konnte Wege zum Einbau von xenobiotischen Verbindungen in den Humus aufzeigen.

Chlorphenole, Aniline, Naphthole. Chlorphenole stellen Hauptmetabolite von Phenoxyalkanoatherbiziden und anderen Pestiziden dar; diese wurden auch in Pestizidpräparaten und industriellen Abfällen gefunden. Aniline (aromatische Amine) gelangen während der industriellen Produktion von Farben und Pigmenten und der mikrobiellen und/oder chemischen Transformation von Pestiziden in die Umwelt. Anilinverbindungen stellen häufige intermediäre Abbauprodukte verschiedener Pestizide dar. Bei der Transformation vieler landwirtschaftlich wichtiger Herbizide wie Phenylcarbamate, Phenylharnstoffe, Acylanilide und bestimmter Acarizide werden verschieden substituierte Aniline freigesetzt (Bollag 1974). Oligomere Produkte schließen Azobenzole, Azoxybenzole, Anilinazobenzol, Diphenylamine, und Phenoxazinone ein (Bartha und Pramer 1967; Bartha et al. 1968; Kearney et al. 1969). Naphthole sind aromatische Alkohole; solche werden bei der Herstellung von Farb- und Riechstoffen eingesetzt.

Eine aus *Rhizoctonia praticola* isolierte Phenoloxidase wurde mit Humusbestandteilen (Orcinol, Syringasäure, Vanillinsäure, Vanillin) individuell und in Gegenwart von 2,4-Dichlorphenol (2,4-DCP), ein Hauptabbauprodukt verschiedener Herbizide inkubiert. Die gemeinsame Inkubation natürlicher Phenole mit 2,4-Dichlorphenol führte zur Bildung von

Kopplungsprodukten (Bollag et al. 1980). Der anfängliche Schritt bestand in der enzymatischen Bildung eines Aryloxyradikals, welches in der Folge mit Humusbestandteilen reagieren konnte. Die Hybridprodukte dieser Reaktionen reichten von Dimeren zu Pentameren.

Bordeleau und Bartha (1972a,b) beschrieben eine Korrelation zwischen bakterieller und pilzlicher Peroxidaseaktivität eines sandigen Lehmbodens und der Umwandlung von 3,4-Dichloranilin zu Tetrachlorazobenzol.

Rhizoctonia praticola produzierte ein Enzym, welches sich im Medium anreicherte und die Polymerisation von phenolischen und naphtholischen Zwischenprodukten verschiedener Pestizide bewirkte. Das Enzym, eine Phenoloxidase, polymerisierte 2-Chlorphenol, 4-Chlorphenol, 2,4-Dichlorphenol und 4-Brom-2-Chlorphenol. 1-Naphthol, 2-Naphthol und einige Derivate derselben bildeten Oligomere oder Polymere, wenn diese mit dem Enzym inkubiert wurden. 4-Nitrophenol und 2,4-Dinitrophenol wurden nicht oxidiert. Chlorierte und bromierte Aniline wurden durch obige Phenoloxidase nicht verändert, 4-Methoxyanilin wurde durch das Enzym zu 2-Amino- 5-p-anisidinbenzochinon- di-p-methoxyphenylimin umgewandelt. Die Bildung von polymeren Produkten war mittels Massenspektrometrie verfolgt worden (Sjoblad und Bollag 1977).

Das Insektizid Carbaryl (1-Naphthyl-N-methylcarbamat) wird biologisch und chemisch zu 1-Naphthol hydrolysiert. Weißfäulepilze setzen 1-Naphthol zu dunkelgefärbten Produkten um. Eine Laccase aus *Trametes versicolor* führte 1-Naphthol in ein rosa gefärbtes Chinoidpolymer über (Sjoblad und Bollag 1981).

Bei der Inkubation einer pilzlichen Phenoloxidase mit 2,4-Dichlorphenol und verschiedenen halogenierten Anilinen kam es zur Bildung von hybriden Oligomeren. Die massenspektrometrische Analyse zeigte zwei Typen von Trimeren. Diese bestanden aus einem Phenoxychinondimer gekoppelt mit einem Anilinmolekül oder einem Chinon gekoppelt mit zwei Anilinmolekülen. Die Inkubation der Phenoloxidase mit den Anilinen alleine führte zu keiner Bildung oligomerer Produkte. Chinoide enzymatische Reaktionsprodukte des 2,4-Dichlorphenol reagierten mit Anilinen in der Abwesenheit der Phenoloxidase. Sowohl enzymatische als auch nichtenzymatische Mechanismen waren für die Bildung von Kopplungsprodukten verantwortlich (Liu et al. 1981).

Untersuchungen zur Identifizierung von Produkten, welche als Ergebnis kovalenter Reaktionen zwischen Anilinen und Humusmaterialien auftreten zeigten, daß die Laccase des Pilzes *Rhizoctonia praticola* die Kopplung von Anilinen (4-Chloranilin, 3,4-Dichloranilin, 2,6-Diethylanilin) und Huminmonomeren (Ferula-, Protocatechu-, Vanillin- und Syringasäure) katalysiert (Bollag et al. 1983). Die Reaktionen führten zu einer Reihe von Hybridoligomeren rangierend von Dimeren zu Tetrameren.

Simmons et al. (1989) hatten zur weiteren Untersuchung des Bindungsmechanismus Versuche zur Polymerisierung von Guajakol und 4-Chloranilin angestellt. Die Polymerisationsreaktionen wurden durch eine Reihe anorganischer und biologischer Bodenbestandteile vermittelt, einschließlich Mangandioxid, Meerrettich-Peroxidase, Tyrosinase und Laccasen der Pilze *Trametes versicolor* und *Rhizoctonia praticola*. Jedes Agens förderte die Bildung der gleichen Oligomerprodukte. Während der anfänglichen Stadien der Polymerisierung wurden fünf Co-Oligomere und sechs Guajakol derivierte Verbindungen gebildet. Die Co-Oligomere wiesen Amino-Chinon-, Carbazol- und Iminodiphenochinonstruktur auf. Zwei generelle Mechanismen des Einbaus von Anilinen in die Huminsubstanzen wurden vorgeschlagen. Der erste besteht in der Bildung von Additionsprodukten mit Chinonen und der zweite in der Kondensation von Hydrochinonen mit Anilinen, wodurch es zur Bildung heterocyclischer Strukturen kommt. Diese Reaktionen sollten über nucleophile Additionen und durch freie-Radikal-Kopplungsreaktionen erfolgen.

In Untersuchungen zum Reaktionsmechanismus und zur Reaktivität phenolischer Säuren mit Chloranilinen dienten 4-Chloranilin, 3,4-Dichloranilin und 2,4,5-Trichloranilin sowie Vanillinsäure, Syringasäure sowie Protochatecusäure als Reaktionspartner (Tatsumi et al. 1994). In Abwesenheit einer phenolischen Säure wurden die Aniline durch eine aus dem Pilz *Rhizoctonia praticola* isolierte Laccase nicht transformiert, während in der Gegenwart einer solchen zahlreiche Kopplungsprodukte gebildet wurden. Protocatechu- und Syringasäure reagierten rasch mit Anilinen, wohingegen deren Reaktion mit Vanillinsäure schwach war. An Hand der gebildeten Strukturen konnte ein Unterschied hinsichtlich der Kopplungsreaktion zwischen einem Chloranilin und einer Phenolsäure nicht abgeleitet werden. Der nukleophile Angriff des untersuchten Chloranilins führte zur Bildung einer Iminbindung in der Position 6 bzw. Position 1 eines aus Protochatecu- bzw. Syringasäure gebildeten Chinons. Vanillinsäure und Chloranilin bildeten keine Dimere, jedoch bildete Vanillinsäure ein Chinondimer, welches in der Folge mit Chloranilin unter Entstehung eines Hybriddimeren reagierte.

Bollag und Liu (1985) untersuchten die enzymkatalysierte Copolymerisation von Phenolen mit ein bis fünf Chloratomen (4-Chlorphenol, 2,4-Dichlorphenol, 2,6-Dichlorphenol, 4-Brom-2-Chlorphenol, 2,3,6- und 2,4,5-Trichlorphenol, 2,3,5,6-Tetrachlorphenol, Pentachlorphenol) und Syringasäure mittels einer extrazellulären Laccase des Pilzes *Rhizoctonia praticola*. Die Isolierung der Produkte mittels Dünnschichtchromatographie oder Hochleistungs-Flüssig-Chromatographie und die Charakterisierung derselben durch Massenspektrometrie zeigte, daß bei der Inkubation der Laccase gemeinsam mit halogenierten Phenolen und Syringasäure zwei Typen von Hybridprodukten gebildet wurden. Der erste Typ umfaßte kovalent an ein Ortho-Chinonprodukt der Syringasäure gebundene Phenole, wodurch chinoide Oligomere entstanden. Der zweite Typ wurde durch kovalent an decarboxylierte Produkte der Syringasäure gebundene Phenole repräsentiert, wodurch es zur Bildung phenolischer Oligomere kam. Massenspektren von Hybridoligomeren gaben typische Chlorisotopenmuster, welche mit deren entsprechendem Chlorphenolmonomer übereinstimmten. Sämtliche Hybridprodukte sollten denmach ein halogeniertes Phenolmolekül enthalten und Dehalogenierung erfolgte nicht.

In Untersuchungen zur Erfassung von Faktoren, welche die durch Phenoloxidasen vermittelte Polymerisation substituierter Phenole beeinflussen konnte die chemische Struktur, die Substratkonzentration, das pH der Reaktionsmischung, die Aktivität des Enzyms, die Inkubationsdauer sowie die Temperatur als relevant erkannt werden (Dec und Bollag 1990). Die Autoren hatten substituierte Phenole mit Peroxidase, Tyrosinase und Laccase von *Rhizoctonia praticola* und *Trametes versicolor* inkubiert und die Entfernung des Phenols durch Polymerisation erfaßt.

Sarkar et al. (1988) untersuchten die Polymerisierung von Phenolen an Humus unter naturnahen Bedingungen. Es konnte über die Kopplung von ^{14}C-Ring-markiertem 2,4-Dichlorphenol an Fluß-Fulvosäure in der Anwesenheit mehrerer Oxidoreduktasen, einschließlich Tyrosinase, Peroxidase, und Laccasen (die erste und die letztgenannten aus Pilzen, die zweitgenannte aus Meerrettich) berichtet werden. Die Bindung des Chlorphenols an Huminmaterial wurde durch die Messung der Menge an in die Fulvosäure inkorporierter Radioaktivität bestimmt. Während zwölf Stunden Inkubation jeder der Oxidoreduktasen mit ^{14}C-2,4-DCP und Fluß-Fulvosäure, wurde eine größere Menge an Radioaktivität in die Fulvosäure eingebaut. Chromatographische Analysen zeigten, daß obwohl ein Großteil der Radioaktivität in der Lösung verblieb, sich kein ungebundenes ^{14}C-2,4-DCP im Überstand befand. Zwei Polymertypen wurden während der Kopplungsreaktion gebildet: Hybridmoleküle, welche die Fulvosäure und 2,4-DCP enthielten sowie Polymere, welche ausschließlich 2,4-DCP enthielten. Wesentlich ist, daß die Gegenwart von Fulvosäure in der Reaktionsmischung die Entfernung von 2,4-DCP im wesentlichen verdoppelte. Die enzymatische Kopplung der Substrate wurde über einen weiten Bereich an pH und Temperatur untersucht. Das Fehlen von engen pH- und Temperaturoptima zeigte die Effizienz der enzymatischen Kopplung von Xenobiotika unter vielfältigen Bodenbedingungen an.

Hatcher et al. (1993) konnte unter Einsatz einer hoch auflösenden ^{13}C-NMR-Technik zur Charakterisierung der enzymatischen Kopplung von 2,4-Dichlorphenol an Huminstoffe (Torfhuminsäure) einen direkten Hinweis auf die Ausbildung kovalenter Bindungen zwischen dem Schadstoff und der Huminsäure über den Mechanismus der enzymatischen Kopplung erhalten.

Xylenole. Xylenole (Dimethylphenole) sind Hauptverunreinigungen in Abwässern aus industriellen Prozessen wie Kohlevergasung und Kohleverflüssigung. Xylenole treten wie phenolische Verbindungen auch bei der

Entsorgung von Abwässern und beim Abbau von natürlichen Materialien auf. Diese finden sich auch in Erdölprodukten, in Autoabgasen und im Tabaksrauch.

Lui und Bollag (1985) verwendeten eine Laccase aus *Trametes versicolor* zur Katalyse der Copolymerisierung von 2,6-Xylenol und Syringasäure. Es konnten verschiedene Hybridprodukte isoliert werden. Drei Hybriddimere wurden im Versuch bei pH 4.5 gebildet, während bei pH 6.5 die Bildung von zusätzlichen höheren Polymeren mit einer Phenyletherbindung nachgewiesen werden konnte.

Struktur und Reaktivität. Die Effizienz von Kopplungsreaktionen kann durch die relative Inertheit organischer Moleküle gegenüber enzymatischer Aktivität herabgesetzt sein. Durch den Zusatz von durch Phenoloxidasen leicht oxidierbaren Molekülen kann die Reaktivität inerter Verbindungen erhöht werden. Diese Beobachtung ist wesentlich, da durch die geeignete Wahl von Cosubstraten verschiedene Xenobiotika, welche relativ inert gegenüber Enzymen der oxidativen Kopplung sind, effizient aus kontaminiertem Boden oder Wasser entfernt werden könnten.

In einigen Untersuchungen konnte festgestellt werden, daß der Zusatz von reaktiven Huminmonomeren wie Guajakol, Vanillinsäure, Ferulasäure oder Syringasäure zu einem Phenoloxidase haltigem Medium die Bindung eines Moleküls, welches selbst nur wenig, wenn überhaupt, transformiert war, effektiv initiieren konnte. Bei Zugabe von Syringasäure zu 2,4-Dichlorphenol (DCP), nahm die Menge an durch die Laccase von *Rhizoctonia praticola* enferntem Xenobiotikum um mehr als das Doppelte zu (Shuttleworth und Bollag 1986). Die entfernte Menge an 2,4-DCP war von der Konzentration der zugesetzten Syringasäure abhängig.

In Untersuchungen zur Beziehung zwischen der molekularen Struktur und der Reaktivität von substituierten Phenolen und Anilinen bei der durch Peroxidase katalysierten oxidativen Kopplung konnten Berry und Boyd (1984) eine Abhängigkeit der Reaktionsgeschwindigkeit von der Elektronendichte am Reaktionszentrum (-NH_2 oder -OH) zeigen. In einer weiteren Untersuchung zur Beziehung zwischen der chemischen Struktur und der Reaktivität von potentiellen phenolischen Humusbestandteilen konnten Berry und Boyd (1985) feststellen, daß die Acrylgruppe natürlich vorkommender Phenolverbindungen für die erhöhte Reaktivität in Bezug auf oxidative Kopplungsprozesse verantwortlich ist. Acrylgruppenbesitzende Phenole (z.B. Ferulasäure, diese entsteht im Ligninabbau) sollten deshalb im Boden bevorzugt in die Synthese von Humusmaterial einbezogen werden. Die Reaktivität von Anilinen, Nitroanilinen und Chloranilinen wurde in Gegenwart von hochreaktiven Elektronendonatoren wie Ferulasäure stark erhöht.

Perspektiven für eine enzymatische Sanierung von Böden und Abwässern

Die Methoden der Bodensanierung sind vielfältig. Groß angelegte Sanierungen und Langzeitsanierungen sind kostenintensiv. Es besteht deshalb Bedarf an der Entwicklung neuer Technologien der Bodensanierung.

Die durch Enzyme vermittelte Polymerisierung phenolischer und anilinischer Verbindungen bzw. der durch Enzyme vermittelte kovalente Einbau derartiger Verbindungen in Huminstoffe gab Anstoß für die Idee, Böden und Abwässer mit Hilfe von Enzymen zu entgiften. Der Bedarf an Grundlagenforschung zur Bedeutung von Kopplungsreaktionen im Boden war angezeigt.

Die direkte enzymatische Behandlung von Schadstoffen ist ein relativ neues Konzept. Die Förderung des enzymvermittelten Einbaus von Xenobiotika in den Bodenhumus stellt ebenso wie die Förderung weiterer im Sinne der Entgiftung wirkender enzymatischer Transformationen im Boden eine vielversprechende Technik der Standortsanierung dar. Die enzyminduzierte Polymerisation von Xenobiotika könnte als Methode zur Sanierung von Böden Einsatz finden.

Durch Phenoloxidasen vermittelte Kopplungsreaktionen besitzen auch für die Abwasserreinigung Relevanz. Phenole sind die organischen Hauptschadstoffe in Abwässern von Kohleveredelungsprozessen. Gängige Methoden zur Entfernung von Phenolen aus industriellen Abwässern schließen Lösungmittelextraktion, mikrobiellen Abbau, Adsorption an aktivierten Kohlenstoff und chemische Oxidation ein. Obgleich deren Effektivität weisen diese Methoden Nachteile wie hohe Kosten, unvollständige Reinigung, Bildung gefährlicher Nebenprodukte und Anwendbarkeit in einem begrenzten Konzentrationsbereich auf.

Die enzymatische Entfernung von Phenolen aus Abwässern der Kohleveredelung mittels Meerrettichperoxidase und H_2O_2 konnte berichtet werden (Klibanov et al. 1983). Die Behandlung mit Meerrettichperoxidase und H_2O_2 führte in einem weiten Bereich des pH und der Phenolkonzentration zu einer Fällung der Phenole im Ausmaß von 97 bis 99%. Die Behandlung war sowohl für Modell-Mischungen als auch für reale Industrie-Abwasserproben erfolgreich. Auch andere Schadstoffe wie polychlorierte Biphenyle können mit Phenolen präzipitiert werden. Die Peroxidase oxidiert zahlreiche Phenole mit H_2O_2. Es werden Phenoxyradikale gebildet, welche vom aktiven Zentrum des Enzyms in die Lösung diffundieren, hier treten diese in Wechselwirkung mit Phenolmolekülen und bilden polyaromatische Produkte. Diese unlöslichen Polymere präzipitieren und können durch Filtration getrennt werden.

Eine wesentliche Aufgabe besteht in Untersuchungen zur Toxizität auftretender Reaktionsprodukte. Beispiele werden weiter unten angeführt.

Immobilisierte Enzyme. Dem Boden zugesetzte Enzyme werden rasch inaktiviert, weshalb der Einsatz immobilisierter Enzyme als besonders attraktiv erscheint. Als Vorteile des Einsatzes immobilisierter Enzyme können eine erhöhte Stabilität, der Wegfall von Regulation wie diese auf organismischer Ebene gegeben ist sowie die mögliche Kombination mit Kulturen von Mikroorganismen genannt werden. Viele substratabbauende Enzyme bedürfen einer Induktion durch einen geeigneten Induktor bzw. werden nur in bestimmten Phasen des mikrobiellen Wachstums gebildet. Durch den Einsatz von Enzymen können diese limitierenden Größen sowie der Effekt einer im Boden für die Induktion abbauender Enzyme oftmals nicht ausreichenden Menge an verfügbarem Schadstoff umgangen werden. Kombinationen von Enzymen mit Mikroorganismen, welche enzymatische Transformationsprodukte verwerten könnten sich als besonders effizient erweisen.

Infolge deren erhöhter Stabilität und des Wegfalles von zellulärer Regulation könnten immobilisierte Enzyme eine effektivere und kostengünstigere Methode zur Förderung günstiger Reaktionen in Böden darstellen als Organismen bzw. freie Enzyme.

Eine Reihe von Aspekten müssen berücksichtigt werden, wenn der Einsatz von Enzymen in der Bodenbiotechnologie in Betracht gezogen wird. Diese betreffen die Auswahl geeigneter Träger und Immoblisierungsverfahren, das Auffinden der geeignetsten Applikations- bzw. Inkorporationsweise, die vergleichenden Untersuchungen mit Mikroorganismen sowie anderen nicht biologischen Praktiken zur Effizienz und Wirtschaftlichkeit. Besonders wichtige Fragen sind jene nach dem Schicksal des Katalysators (Enzym, Enzym-Carrier/Komplex, Inokulum) sowie nach den Transformationsprodukten der vermittelten Reaktion. In Bezug auf den Schadstoff ist es wesentlich, wie dieser nach der enzymatisch vermittelten Reaktion vorliegt. Fragen zur Qualität, Toxizität, Persistenz, Substrateignung sowie zur Mobilität (Grundwasser) stellen sich in diesem Zusammenhang. Bezogen auf die eingebrachten Enzyme stellen sich Fragen hinsichtlich der Stabilität, der Turnoverraten, der Verlagerung (Grundwasser) sowie der Nebenwirkungen auf andere bodenbiologische Parameter.

Freisetzung gebundener organischer Xenobiotika. Die im Labor erhaltenen Ergebnisse zeigten, daß Xenobiotika wie Phenole und substituierte Aniline kovalent an Humusbestandteile gekoppelt werden können. In Bezug auf die enzyminduzierte Polymerisierung und Bindung von Schadstoffen muß auch die Möglichkeit der Freisetzung des betreffenden Stoffes von Humusmaterial in Betracht gezogen werden. Eine zu einem späteren Zeitpunkt in signifikanten Mengen erfolgende Freisetzung von gebundenem Material (z.B. durch Mineralisierungsvorgänge) kann ein potentielles Risiko für die Umwelt darstellen. Der Mechanismus der Freisetzung gebundener Rückstände im Boden ist noch nicht gut verstanden. Die Stabilität der in den Humus inkorporierten Xenobiotika ist besonderem Interesse.

Die Frage nach der Toxizität, der Wiederfreisetzung sowie nach den toxikologischen Folgen einer solchen Wiederfreisetzung von gebundenen Rückständen stellte sich früh.

Die Konsequenzen einer Bindung von Pestiziden, deren Transformationsprodukte oder anderer organischer Schadstoffe an Humus können nicht in einfacher Weise abgeschätzt werden. Xenobiotische Stoffe können im Boden oft lange Zeit persistieren. Die Persistenz von Fremdstoffen kann durch deren Bindung an Humusmaterial erhöht werden. Hinweise auf eine mögliche Erhöhung der Mineralisierungsrate von Komplexen aus Humus und Xenobiotikum konnten jedoch ebenfalls erhalten werden.

Dec und Bollag (1988) unternahmen Versuche zur Bestimmung des Ausmasses in welchem gebundene Rückstände von Huminkomplexen freigesetzt werden. ^{14}C-markierte Chlorphenole (4-Chlorphenol, 2,4-Dichlorphenol, 2,4,5-Trichlorphenol, Pentachlorphenol) wurden kovalent an synthetische Huminsäurepolymere gebunden und mit mikrobiellen Bodenkulturen inkubiert. Insignifikante Mengen an ^{14}C wurden während einer zehnwöchigen Inkubationsperiode freigesetzt. Diese Freisetzung war von einer gleichzeitigen Mineralisierung von 1.2–6% des ursprünglich gebundenen Materials zu $^{14}CO_2$ begleitet. Der Großteil der Radioaktivität blieb an das Humusmaterial gebunden. Im Rahmen einer Untersuchung von Dec et al. (1990) wurde ^{14}C-markiertes 2,4-DCP an synthetisches und natürliches Humusmaterial gebunden oder durch Enzyme polymerisiert. Nach zwölf Wochen Inkubation mit Mikroorganismen aus Waldboden, war die Menge an in das Medium freigesetzter Radioaktivität sehr gering (ein Maximum von 2.2% des ursprünglich gebundenen ^{14}C). Zwischen dem an Huminsäure gebundenen 2,4-DCP und den polymerisierten Formen des 2,4-DCP bestanden Unterschiede. Die an das Polymer gebundene Radioaktivität war wesentlich höher (91.7%) als jene, die für 2,4-DCP gebunden an Humusmaterial (64.3%) gefunden wurde. Die Rate der $^{14}CO_2$-Freisetzung aus dem 2,4-DCP-Polymer war gering (0.5%) im Vergleich zu jener des an den Huminsäurekomplex gebundenen (4.8%). Die Mineralisierung von freiem und humusgebundenem 2,4-DCP wurde ebenfalls untersucht. Das Muster der $^{14}CO_2$-Freisetzung zeigte, daß die Hauptquelle von $^{14}CO_2$ nicht 2,4-Dichlorphenol sondern ein Derivat dieser Verbindung war. Saxena und Bartha (1983) berichteten über die Bildung von Komplexen zwischen 3,4-Dichloranilin (DCA) und Huminstoffen. Die Abbaurate dieser Komplexe war höher als jene der organischen Substanz insgesamt. Eine Anreicherung von DCA oder ähnlicher halogenierter Aniline sollte demnach wenig wahrscheinlich sein. Die Ergebnisse einer Arbeit von Bollag (1991) zur enzymatischen Bindung von Pestizidabbauprodukten an die organische Substanz und deren mögliche Freisetzung gaben Hinweis darauf, daß die Freisetzung von gebundenen Xenobiotika sehr langsam und in einem minimalen Ausmaß erfolgt. Freigesetzte Xenobiotika werden durch Mikroorganismen und abiologische Faktoren mineralisiert. Eine Gefährdung der Umwelt durch an Humus gebundene Pestizide (Transformationsprodukte) scheint deshalb nicht gegeben zu sein.

Es ist jedoch auch jener Umstand zu berücksichtigen, daß es durch physikalische Vorgänge (z.B. Rißbildung, Kanalbildung) zu einer vertikalen bzw. durch Oberflächenabfluß und Winderosion zu einer horizontalen Verlagerung von mit Xenobiotikum beladenem Bodenmaterial kommen kann. Die Erosion von Bodenmaterial stellt einen wesentlichen Faktor zur Verbreitung von potentiellen Schadstoffen in der Umwelt dar.

Toxizität. Theoretisch wird durch die Bindung von Xenobiotika an den Humus deren verfügbare Menge reduziert, wodurch auch deren relative Toxizität zurückgeht. Ebenso wird durch die Bindung der Transport der Verbindungen und damit auch deren Auswaschung in das Grundwasser reduziert. Diese theoretischen Betrachtungen wurden durch die Befunde einiger Untersuchungen gestützt.

Versuche zur Demonstration des Toxizitätsrückganges von gebundenen Xenobiotika wurden angestellt (Bollag et al. 1988). Die Fähigkeit der Laccase des Pilzes *Rhizoctonia praticola* phenolische Schadstoffe zu entgiften wurde getestet. Das Wachstum des Pilzes wurde durch phenolische Verbindungen gehemmt, wobei die effektive Konzentration von den Substituenten der phenolischen Verbindung abhängig war. Eine toxische Menge einer phenolischen Verbindung wurde dem pilzlichen Wachtumsmedium in der Gegenwart bzw. Abwesenheit einer natürlich vorkommenden phenolischen Verbindung zugegeben, eine Hälfte erhielt Laccase. Das Medium wurde in der Folge mit *R. praticola* inokuliert und die Mengen der Phenole im Medium mittels HPLC bestimmt. Der Zusatz von Laccase kehrte den Hemmeffekt von 2,6-Xylenol, 4-Chlor-2-Methylphenol und p-Kresol um. Andere Verbindungen, z.B. o-Kresol und 2,4-Dichlorphenol wurden nur entgiftet, wenn Laccase in Verbindung mit einer natürlichen phenolischen Verbindung wie Syringasäure, eingesetzt wurde. Die Toxizität von p-Chlorphenol und 2,4,5-Trichlorphenol konnte durch keine der Zusätze überwunden werden. Die Fähigkeit von Laccase die Toxizität der Phenole zu verändern stand mit der Fähigkeit des Enzyms in Beziehung, die Konzentration der Elternverbindung durch Transformation oder Kopplung mit einer anderen phenolischen Verbindung zu verringern.

Die Analyse der durch die enzymatische Katalyse entstehenden Produkte ist essentiell. Öberg et al. (1990) konnten die Peroxidase-katalysierte Oxidation von Chlorphenolen zu polychlorierten Dibenzo-p-dioxinen und Dibenzofuranen berichten. Aus 2,4,5-Trichlorphenol entsteht in geringer Menge 2,3,7,8-Tetrachlordibenzo-p-dioxin.

4 Methoden der Bodenmikrobiologie und -biochemie

4.1 Analyse in einem komplexen Habitat

Der Boden bietet den Mikroorganismen des Bodens zahlreiche unterschiedliche Lebensräume von mikroskopischer Dimension. Die physikalischen, physikochemischen und chemischen Bodeneigenschaften beeinflussen den morphologischen und physiologischen Zustand sowie die quantitative und qualitative Zusammensetzung der mikrobiellen Populationen und die Bodenenzymaktivitäten. Die Lebensbedingungen in solch kleinen Lebensräumen wie sie zum Beispiel durch die Oberfläche von Bodenteilchen und die Poren von Aggregaten gestellt werden, unterscheiden sich von jenen, welche für einen bestimmten Boden als Ganzes betrachtet gefunden werden, das heißt die für den gesamten Boden gefundenen Werte stellen Durchschnittswerte dar. Für den Gesamtboden bestimmbare physikalische/chemische Größen können sich von den im Mikrohabitat gegebenen wesentlich unterscheiden. So kann beispielsweise eine lokale Erniedrigung des pH-Wertes um Tonmineralien auftreten. Ebenso besteht die Möglichkeit, daß in den Mikrohabitaten infolge der organismischen Aktivität höhere Temperaturen herrschen als diese für den gesamten Boden gemessen werden können. Das Angebot an Nährstoffen, Substraten, Wasser und Gasen kann lokal sehr variabel sein. Die feste, flüssige und gasförmige Phase der Böden ist Veränderungen unterworfen; neben natürlichen Kräften bewirkt auch der Mensch Veränderungen. Die Veränderung einer Eigenschaft führt aufgrund der Komplexität der Wechselwirkungen zwischen den Bodenkomponenten zur Veränderung von anderen (z.B. Veränderung der Bodenfeuchte, Veränderung von Temperatur, Belüftung). Methodisch ergibt sich die Schwierigkeit die Reaktion biologischer Parameter mit einem veränderten Faktor zu korrelieren.

Eine umfassende Darstellung bodenbiologischer bzw. bodenmikrobiologischer Arbeitsmethoden geben Page et al. (1982) Dunger und Fiedler (1989), Alef (1991) sowie Schinner et al. (1993). Zum Erhalt eines vollständigen Bildes vom mikrobiologischen und biochemischen Zustand eines Bodens ist die Erfassung verschiedener Parameter erforderlich. Die Standardisierung der Methodik wird einen Fortschritt im Verständnis für bodenmikrobiologische und bodenenzymatische Vorgänge im Boden ermöglichen.

Experimentelle Annäherungen zur Untersuchung bodenmikrobiologischer und -biochemischer Parameter

Solche Annäherungen schließen ein:

- Quantitative und qualitative Untersuchung von Bodenmikroorganismen
- Bestimmung der mikrobiellen Produktion
- Bestimmung des Energiezustandes von Zellen
- Bestimmung von Bodenenzymaktivitäten
- Bestimmung der Atmung
- Bestimmung des Streuabbaus
- Ökophysiologische Parameter
- Integrative Kennzahlen
- Mikrohabitatuntersuchungen

Versuche mit Mikrokosmen, Mesokosmen, Lysimetern sowie mit Perfusionsapparaturen stellen Bestrebungen dar, bodenbiologische Größen unter naturnahen Bedingungen bzw. unter solchen zu untersuchen, wo zumindest ein oder wenige Umweltfaktoren kontrolliert werden können. Mit Hilfe von Bodenfraktionierungen und -extraktionen soll Einblick in die Lokalisation und die Eigenschaften von Bodenmikroorganismen sowie von Bodenenzymen gewonnen werden.

Besondere Eignung für vergleichende Untersuchungen

Bodenmikrobiologische und -enzymatische Methoden sind besonders für vergleichende Untersuchungen geeignet. Bodenmikroorganismen und biochemische Umsetzungen im Boden reagieren auf Veränderungen von Standortbedingungen sehr sensibel. Solche Reaktionen können ungleich früher nachgewiesen werden als eine Veränderung des organischen Substanz- und Nährstoffgehaltes oder der Bodenstruktur. Bodenmikrobiologische und -enzymatische Untersuchungen bieten bei großflächigen biologischen Bodenzustandserhebungen die Möglichkeit zur Ermittlung qualitativer und quantitativer Bereiche für ausgewählte mikrobiologische und enzymatische Parameter. Darüberhinaus wird die Beschreibung von Zusammenhängen zwischen chemischen, physikalischen und biologischen Eigenschaften des Bodens möglich.

Es gibt mehrere Möglichkeiten die bodenmikrobiologischen und -enzymatischen Parameter verschiedener Böden zu vergleichen. Eine besteht im Vergleich der auf die Gewichtseinheit des trockenen Bodens bezogenen Analysedaten. Diese Werte geben vor allem Aufschluß über die Wirkung verschiedener Bodeneigenschaften auf einzelne bodenmikrobiologische und -enzymatische Größen. Solche Bodeneigenschaften wären beispielsweise der Gehalt des Bodens an adsorptionsaktiven Bestandteilen wie organische Substanz und Tonkolloide. Eine andere Möglichkeit besteht im Vergleich der auf den Gehalt an organischer Bodensubstanz bezogenen Analysedaten. Böden unterscheiden sich hinsichtlich ihres Gehaltes an verfügbaren organischen Verbindungen. Werden biologische Parameter wie Keimzahl, Biomasse, Bodenatmung und andere biochemische Umsetzungen auf den organischen Substanzgehalt bezogen, wird diese Gegebenheit berücksichtigt. Ein Vergleich von Aktivitäten verschiedener Böden wird auch möglich, wenn die erfaßten Werte auf die Größe der mikrobiellen Biomasse bezogen werden.

4.2 Quantitative und qualitative Untersuchungen

Quantitative und qualitative Untersuchungen von Bodenmikroorganismen sind ein wesentlicher Bestandteil der bodenmikrobiologischen Analyse.

Die mikrobielle Biomasse wird häufig als Indikator des biologischen Bodenzustandes genutzt. Detaillierte Informationen zur Artzusammensetzung von Mikroorganismen in Böden fehlen. Letzteres limitiert den Einsatz qualitativer Befunde als Indikatoren für Veränderungen im Boden.

Die quantitative und qualitative Untersuchung der Bodenmikroorganismen kann auf unterschiedliche Weise erfolgen:

- Quantitative und qualitative Mikroskopie
- Quantitative und qualitative Kulturtechnik
- Physiologische Bestimmung der Biomasse
- Bestimmung spezieller Zellbestandteile
- Molekularbiologische Methoden

Mikroorganismen sind im Boden räumlich unterschiedlich verteilt und weisen eine enge Assoziation bzw. Adsorption mit bzw. an Bodenteilchen auf. Diese Gegebenheiten sollten bei einer repräsentativen Probennahme und -vorbereitung berücksichtigt werden. Für eine repräsentative Probenvorbereitung zur quantitativen und qualitativen Untersuchung der Organismen sind effiziente Extraktionsmethoden erforderlich mit deren Hilfe die Wechselwirkungen zwischen Mikroorganismen und Bodenbestandteilen überwunden werden können. In der Literatur finden sich verschiedene Annäherungen diesem Problem zu begegnen. Die Methoden zur Herstellung von Bodensuspensionen schließen Schütteln, Mixen, Ultraschall und Zentrifugation ein. Auch konnte bei Zugabe von Detergentien eine geringfügige Verbesserung hinsichtlich der Ablösung der Mikroorganismen von den Bodenteilchen beobachtet werden. Hopkins et al. (1991) entwickelten für den Nachweis nicht filamentöser Mikroorganismen im Boden eine spezielle Zentrifugationstechnik. Ultraschall erwies sich gegenüber Schütteln des Bodens als ein effizienteres Mittel zur Extraktion bakterieller Populationen (Ramsay 1984). Zur Vermeidung der Zellschädigung war die Anpassung der Zeit und der Amplitude erforderlich. Mittels einer epifluoreszenzmikroskopischen Methode, welche eine Ultrabeschallung der Proben einschloß, konnte Schuller (1989) feststellen, daß die bestimmbare mikrobielle Biomasse eines Ackerbodens nach der Ultraschallbehandlung nahezu doppelt so hoch war als jene unbehandelter Proben. Die bakterielle Biomasse übertraf in wurzelfreien Proben verschiedener Mineralböden normalerweise jene der Pilze um den Faktor 2 bis 35.

Die gewählte Methode zur Erfassung der mikrobiellen Biomasse im Boden kann die realen Verhältnisse relativ verfälschen. Ciardi et al. (1993) unternahmen eine Untersuchung zur Veränderung des Gehaltes an Adeninnucleotiden (ATP, ADP, AMP) im Boden im Vergleich zur Zahl der Pilze und Bakterien nach unterschiedlicher Behandlung des Bodens. Die Werte der AEC (Adenylat-Energy-Charge) der Chloroform-fumigierten frischen, feuchten Böden waren sehr gering und das starke Auftreten toter Zellen war angezeigt, obgleich jene mittels Plattierung bestimmte Zahl der Bakterien nur wenig beeinflußt wurde.

4.2.1 Quantitative und qualitative Mikroskopie

Die Techniken zur mikroskopischen Direktzählung und Beobachtung von Bodenmikroorganismen schließen Hellfeldbeobachtung, Phasenkontrastmikroskopie, Fluoreszenzmikroskopie und Elektronenmikroskopie ein. Die Bestimmung der Gesamtkeimzahl bzw. der Gesamthyphenlänge erfolgt durch die mikroskopische Auswertung gefärbter Ausstriche oder Bodensuspensionen mit Hilfe lichtmikroskopischer Techniken.
Bei der Fluoreszenzmikroskopie werden mit Ausnahme der Sporen vorwiegend lebende Keime berücksichtigt. Bei den übrigen Verfahren der Bodenmikroskopie gelangen mit Ausnahme der Sporen die lebenden und toten Bakterien zur Auszählung.

Die Membranfilter-Methode ist eine mikroskopische Methode zur Bestimmung der pilzlichen Biomasse im Boden.

Die Mikroskopie ermöglicht unter Einsatz immunochemischer Techniken die Identifizierung und Quantifizierung von Mikroorganismen im Boden. Entsprechend Parke (1991) bestand die erste Molekül-Sonde, welche für den Nachweis eines spezifischen Mikroorganismus im Boden entwickelt wurde in einem fluoreszierenden Antikörper. Bei dem nachzuweisenden Organismus handelte es sich um *Aspergillus flavus*. Bei immunochemischen Techniken werden Fluoreszenzfarbstoff- bzw. Enzymmarkierte Antikörper eingesetzt. Bakterien, für welche spezifische Antikörper bzw. Antiseren vorhanden sind, können in Bodenextrakten mit Immunotests unterschiedlicher Empfindlichkeit identifiziert und quantifiziert werden. Die zum gegebenen Zeitpunkt mit Hilfe von Immunofluoreszenztechniken für Bakterien bestehenden Nachweisgrenzen rangieren entsprechend Young und Burns (1993) zwischen $1x10^2$ bis $1x10^4$ koloniebildende Einheiten (KBE)/g Boden. Damit konnte keine Verbesserung gegenüber den Plattenmethoden erzielt werden.

Mit Immunofluoreszenztechniken verbundene Probleme sind die mögliche Überschätzung der Zahl lebender Zellen in einer Bodenprobe, da nicht mehr lebensfähige Zellen noch immer intakte Antigene aufweisen können. Fehlerhafte Informationen können sich bei der direkten Beobachtung von Bakterien in Bodenproben auch dadurch ergeben, daß Antikörper unspezifisch an Bodenkolloide und Biofilme gebunden werden können. Ebenso ist Autofluoreszenz anderer Mikroorganismen möglich. In Bodenpräparaten müssen deshalb gewöhnlich Blockieragentien und Gegenfarben eingesetzt werden.

Ein immunomagnetisches Verfahren zur Gewinnung von Sporen aus dem Boden wurde vorgestellt (Wipat et al. 1994). Dabei werden mit artspezifischen Antikörpern überzogene magnetische Kügelchen in den Boden eingemischt. Die Sporen-Kügelchen-Komplexe werden mit Hilfe von Magneten gewonnen.

Die mikroskopische Direktzählung bietet den Vorteil, daß prinzipiell auch die Erfassung nicht kultivierbarer Formen möglich ist. Mikroskopische Verfahren sind zeitaufwendig und erfordern viel Erfahrung. Durch die Kopplung mit Bildanalysatoren kann ein gewisses Maß an Automatisierung erzielt werden. Stahl et al. (1995) konnten im Rahmen von Untersuchungen zur Bestimmung der Grenzen mikroskopischer Verfahren zur Erfassung der pilzlichen Biomasse in Böden festellen, daß 83% der gesamten Varianz auf die Beobachter der mikroskopischen Präparate zurückzuführen war.

Eine mögliche Alternative zur mikroskopischen Direktzählung von Bakterien in Bodenextrakten wird in der noch weiter zur entwickelnden Flußcytometrie gesehen (Page und Burns 1991). Bei der Flußcytometrie handelt es sich um eine mit Hilfe eines Cytofluorographen durchgeführte automatisierte Einzelzell-Analyse. Bei dieser Technik erfolgt eine Unterscheidung von Zellen nach Größe und Fluoreszenz während diese einen Durchflußkanal passieren. Nach Anregung mit einem geeigneten Laserstrahl werden mit fluoreszierenden Antikörpern markierte Zellen durch Amplifikation des ausgesandten Lichtes nachgewiesen.

4.2.2 Quantitative und qualitative Kulturtechnik

Mit Hilfe von Kulturverfahren werden nur lebensfähige Bodenmikroorganismen erfaßt.

Beim Plattengußverfahren werden die Organismen auf Medien kultiviert und die resultierenden Kolonien ausgezählt. Zahlreiche Medien wurden für dieses Verfahren entwickelt. Selektiv-Kulturtechniken erlauben die Identifizierung und Quantifizierung von Mikroorganismen im Boden. Durch den Einsatz geeigneter selektiver Medien ist es möglich spezialisierte Gruppen von Mikroorganismen wie Stärke-, Cellulose- und Proteinzersetzer zahlenmäßig zu erfassen. Plattierungstechniken sind nur spezifisch, wenn die interessierenden Organismen einzigartige Eigenschaften aufweisen. Solche Eigenschaften wären beispielsweise ungewöhnliche Nahrungsansprüche oder eine spezielle Koloniefärbung. Da derartige Eigenschaften nur selten vorliegen müssen geeignete Marker genutzt werden. Die induzierte Antibiotikaresistenz wird häufig als solcher genutzt. Durch die Insertion eines Genes in ein Zielbakterium wird diesem eine spezifische Eigenschaft verliehen, welche dessen Nachweis in einer Umweltprobe erlaubt. Als solche Marker-Gene dienen metabolische Gene, Antibiotikaresistenzgene, Lumineszenzgene oder Gene, welche eine Nachweisreaktion durch Koloniefärbung vermitteln.

Plattenzählverfahren wurden in früheren Untersuchungen sehr häufig auch für Bodenpilze eingesetzt. Diese Verfahren bevorzugen die Isolierung von in Sporenform vorliegenden Pilzen und geben Auskunft über die Zahl und die verschiedenen Typen an Pilzsporen in der Bodenprobe. Dieses Verfahren ist für die Untersuchung von in der Probe in Form von Hyphen vorliegenden Pilzen nicht geeignet.

Mikroorganismen, welche eine spezifische metabolische Reaktion ausführen, können mit Hilfe der Verdünnungsmethode der „Most-Probable-Number“ (MPN) ausgezählt werden. Das Verfahren zur Ermittlung der „Wahrscheinlichsten Zahl“ (Most-Probable-Number) lebender Mikroorganismen erlaubt es, die Populationsdichten von Mikroorganismen zu bestimmen, ohne daß einzelne Zellen oder Kolonien gezählt werden müssen. Dieses Verfahren wird häufig bei Mikroorganismen angewandt, für welche kein geeignetes festes Medium verfügbar ist. Es erlaubt die Bestimmung physiologischer Gruppen. Voraussetzung für den Einsatz dieser Methode ist, daß der zu bestimmende Organismus während der Bebrütung einige charakteristische und rasch nachweisbare Leistungen erbringt wie z.B. die Veränderung des pH-Wertes oder die Bildung colorimetrisch nachweisbarer Stoffwechselprodukte. Auf diese Weise werden z.B. Denitrifikanten, Nitrifikanten sowie freilebende Stickstoffixierer erfaßt.

Böden werden von zahlreichen verschiedenen Bakterien- und Pilzarten besiedelt, welche sehr unterschiedliche Lebensansprüche stellen. Probleme bei der Untersuchung von Bodenmikroorganismen mit Hilfe kulturtechnischer Methoden bestehen darin, daß mit Hilfe dieser Methoden nur jene Mikroorganismen erfaßt werden, welche in einem gegebenen Nährmedium und unter den gegebenen Inkubationsbedingungen vermehrungsfähig sind. Die Gesamtheit der im Boden vorhandenen Mikroorganismen kann auf diese Weise nicht erfaßt werden.

Die Ergebnisse von Versuchen zur Isolierung von Bodenmikroorganismen sind von der Extraktionsmethode, dem Typ des eingesetzten Mediums und den gewählten Inkubationsbedingungen abhängig. Kulturmethoden erlauben keine Unterscheidung zwischen im Untersuchungsmaterial ursprünglich aktiv und ruhend vorliegenden Mikroorganismen. Im Untersuchungsmaterial vorhandene Ruheformen von Mikroorganismen können auf dem Nährboden auskeimen und Kolonien bilden.

Mikroskopische Techniken sowie auch molekularbiologische Techniken (Nukleinsäure-Sonden) lassen schließen, daß viele Arten noch nicht aus dem Boden extrahiert und in vitro kultiviert werden konnten. Es wird angenommen, daß mit Kulturtechniken nur ein kleiner Teil (weniger als 20%) der vorhandenen Arten erfaßt wird. Der mit Hilfe konventioneller Medien kultivierbare Prozentsatz an natürlich vorkommenden Bakterien wird auf 10%, jener der Pilze auf 5% geschätzt.

Die Zahl der durch mikroskopische Direktzählung erfaßten Bakterien kann gegenüber jener mittels Plattierung ermittelten um Zehnerpotenzen höher liegen. Die Einbeziehung toter Zellen bei der mikroskopischen Zählung bzw. die Unterbewertung der Lebendkeimzahl durch die Plattenmethode können ursächlich dafür sein. Der Mangel an Kulturmedien und Inkubationsbedingungen, welche für das Wachstum sämtlicher Mikroorganismen geeignet sind, die Abtötung von Zellen durch das Verdünnungsverfahren sowie die Aggregation lebender Zellen, wodurch eine einzelne Kolonie von mehr als einer Zelle gebildet wird, sind mögliche Ursachen für diese Unterbewertung.

Entsprechend Schätzungen können mit Hilfe konventioneller Plattierungstechniken weniger als 1% der Zellen aufgedeckt (manchmal 0.1%) werden, welche mit Hilfe der Lichtmikroskopie beobachtet werden können. 99.5 bis 99.9% der mit dem Fluoreszenzmikroskop beobachtbaren Bodenbakterien können in Labormedien nicht isoliert und kultiviert werden (Torsvik et al. 1990a).

Im Zusammenhang mit der Kultivierbarkeit ist das Auftreten oligotropher Bodenmikroorganismen, welche einen Bedarf an verdünnten Medien und an häufig ungewöhnlichen Wuchssubstraten aufweisen von Bedeutung. Von anderen Organismen abhängige Individuen können nach Verdünnung der Zellen eine geringere Fähigkeit zum Wachstum aufweisen.

4.2.3 Physiologische Bestimmung der Biomasse

Die Methode der Fumigation-Inkubation, die Methode der substratinduzierten Respiration (SIR) und die Methode der substratinduzierten Wärmeproduktion sind physiologische Methoden zur Bestimmung der mikrobiellen Biomasse.

Fumigation-Inkubation. Die Methode der Fumigation-Inkubation basiert auf einem Anstieg der CO_2-Freisetzung in einem Boden, welcher nach Begasung mit einem Fumigantium (meist Chloroform) mit nicht fumigiertem Boden inokuliert und aerob inkubiert wurde. Die erhöhte biochemische Aktivität beruht auf dem Abbau der Nekromasse durch die rekolonialisierenden Mikroorganismen.

Die Berechnung der Biomasse aus der Zunahme der CO_2-Freisetzung erfordert, daß der Anteil des mineralisierten Zellkohlenstoffs aus den getöteten Zellen bekannt ist. Anderson und Domsch (1978) fügten zur Bestimmung dieses Anteils 15 Arten von ^{14}C-markierten Pilzen und 12 Arten von ^{14}C-markierten Bakterien zu vier Bodentypen hinzu; diese wurden für 24 Stunden mit $CHCl_3$ fumigiert und mit nichtfumigiertem Boden inokuliert und inkubiert. Der durchschnittliche Prozentsatz der Mineralisierung betrug für Pilze 43.7±5.3% und für Bakterien 33.3±9.9%. Das Verhältnis der Verteilung der Gesamtbiomasse zwischen Bakterien- und Pilzpopulationen wurde mit 1:3 festgelegt. Die durchschnittliche Mineralisierung beider Zelltypen betrug 41.1%.

Substratinduzierte Atmung (Respiration). Böden unterscheiden sich hinsichtlich deren unmittelbarer Atmungsreaktion auf eine Verbesserung des Glucoseangebotes. Die Methode der substratinduzierten Atmung (SIR) basiert auf diesem Phänomen. Die substratinduzierte Atmung wird durch lebende Mikroorganismen bedingt und kann als Index der zum Zeitpunkt der Glucosezugabe in der Probe vorhandenen mikrobiellen Biomasse betrachtet werden. Jene durch die Glucose unter Standardbedingungen induzierte maximale Atmungsrate kann zur Berechnung des gesamten mikrobiellen Biomasse-C herangezogen werden. Voraussetzung für dieses Verfahren ist die Bestimmung jener Glucosemenge, welche unter den gegebenen Bedingungen zu einer maximalen Atmungsreaktion führt.

Substratinduzierte Wärmeproduktion. Die Wärmeproduktion der metabolisch aktiven Bodenmikroorganismen nach Zusatz einer zur höchsten Anregung führenden Glucosemenge gilt unter optimierten Bedingungen ebenfalls als Maß für die Biomasse.

4.2.4 Bestimmung spezieller Zellbestandteile

Die Fumigation-Extraktionsmethode und die Rehydratisierungsmethode repräsentieren chemische Verfahren zur Abschätzung der Biomasse. Die Quantifizierung spezieller biochemischer Bestandteile von Mikroorganismen wie Adenosintriphosphat, Phospholipide, Lipopolysaccharide, Diaminopimelinsäure, Muraminsäure, Ergosterol, Nukleinsäuren und Fettsäuren stellt ebenso eine Möglichkeit zur Abschätzung der Biomasse dar. Das prokaryontische Speicherpolymer Poly-β-Hydroxybutyrat wurde als ein Indikator für unausgeglichene Wachstumsbedingungen diskutiert. Bedingungen für unausgeglichenes Wachstum liegen vor, wenn eine geeignete Kohlenstoffquelle vorliegt, jedoch gleichzeitg ein oder mehrere essentielle(r) Nährstoff(e) fehlen.

Bestimmte Zellbestandteile eignen sich sowohl für die Bestimmung der mikrobiellen Biomasse als auch für die Analyse der mikrobiellen Gemeinschaftsstruktur.

Fumigation-Extraktion. Fumigation-Extraktionsmethoden beruhen auf der Bestimmung des Gehaltes an organischem Kohlenstoff, an Gesamtstickstoff bzw. an Aminosäurestickstoff sowie an anorganischem Phophor in Bodenextrakten nach Zerstörung von Zellmembranen infolge der Begasung der Bodenproben mit einem Fumigantium. Die erhaltenen Werte werden in Biomasse-C, Biomasse-N sowie Biomasse-P umgerechnet.

Dehydratisierung-Rehydratisierung. Blagodatskiy et al. (1987) präsentierten eine der Fumigation-Extraktionsmethode ähnliche Methode zur Bestimmung der mikrobiellen Biomasse im Boden. Bei dieser Methode werden die Organismen durch Trocknung getötet. Die Trocknung erfolgt bei moderat hohen Temperaturen (nicht über 70°C). Die Methode basiert darauf, daß aus dehydratisierten Zellen bei Rehydratisierung intrazelluläre Bestandteile in die Bodenlösung freigesetzt werden. Die Dehydratisierung zerstört die Barriere der Zellpermeabilität durch Denaturierung der Cytoplasmamembran. Die Prozedur involviert Trocknung von frischen Bodenproben und in der Folge die Herstellung eines Extraktes des getrockneten Bodens. Bei Rehydratisierung der mikrobiellen Zellen werden zelluläre Bestandteile gelöst und im Extrakt angereichert. Die in den Extrakten angereicherte organische Substanz wird mittels Bichromat oxidiert.

Fumigation-Extraktion und Fumigation-Inkubation im Vergleich. Eine Reihe von Autoren bewerteten die Fumigations-Extraktionsmethode sowie die zuvor angeführte Fumigations-Inkubationsmethode zur Erfassung der mikrobiellen Biomasse unter verschiedenen Bedingungen wie Lagerung, Säuregrad, Gehalt an organischer Substanz, Größe des Inokulums, Wassersättigung, Extraktionsmittel und Gefrieren (Domsch et al. 1979; Brookes et al. 1985; Chapman 1987; Ladd und Amato 1989; Ross 1989, 1991; Gregorich et al. 1990; Arnebrant und Baath 1991; Inubushi et al. 1991; u.a.). Die Vorteile der Fumigation-Extraktionsmethode gegenüber der Fumigation-Inkubationsmethode zur Bestimmung des mikrobiellen Kohlenstoff- und Stickstoffgehaltes wurden diskutiert. Mängel der Fumigations-Inkubationsmethode wurden zusammengestellt. Die Vorteile der Fumigation-Extraktionsmethode schließen die rasche Durchführbarkeit, deren mögliche Anwendung bei Böden mit niedrigem pH sowie den Ausschluß der Notwendigkeit zur mikrobiellen Mineralisierung von Kohlenstoff und Stickstoff während der Inkubation ein. Die Mängel der Fumigations-Inkubationsmethode bestehen in deren Nichtanwendbarkeit in sauren oder stark kalkigen Böden oder in solchen, welche mit großen Mengen an organischem Dünger versehen wurden, in deren zeitlichem Aufwand, der Notwendigkeit die Reste des Fumigantiums zu entfernen sowie in der Toxizität der Fumigantien Chloroform, Bromoform sowie Kohlenstoffdisulfid für den Menschen.

Adenosintriphosphat. Die Methode der ATP-Bestimmung zur Abschätzung des Belebtheitsgrades von Böden wurde vielfach variiert und bewertet. Ein Vergleich von Methoden zur Bestimmung des Boden-ATP-Gehaltes bzw. eine Diskussion zur Anwendung der ATP-Bestimmung in der Bodenanalyse findet sich bei Ciardi und Nannipieri (1990) bzw. bei Tunlid und White (1992).

Ergosterol. Der Ergosterolgehalt des Bodens wird zur Abschätzung der pilzlichen Biomasse im Boden genutzt. Sterole sind wichtige Bestandteile von Zellmembranen. Diese steuern deren Permeabilität und beeinflussen die Aktivität von membrangebundenen Enzymen. Die Sterole stellen 0.7–1% der pilzlichen Trockensubstanz dar, wobei bei der Mehrzahl der Pilze das Ergosterol mengenmäßig überwiegt. Ergosterol kommt in höheren Pflanzen normalerweise nicht vor. Ergosterol wird nach dem Absterben der Pilze rasch abgebaut, weshalb dessen Anreicherung im Humus als unbedeutend angegeben werden konnte. Die positive Korrelation zwischen dem Ergosterolgehalt des Bodens und der pilzlichen Biomasse ließ auf dessen Eignung als sensitiver Indikator für Veränderungen der pilzlichen Population schließen (West et al. 1987a).

Zu den Vorteilen des Ergosterols als Biomarker für die pilzliche Biomasse gegenüber anderen Zellbestandteilen zählen dessen Spezifität für Pilze (im Gegensatz zu ATP) sowie dessen Nichtanreicherung in der pilzlichen Nekromasse (im Gegensatz zu Chitin). Auch kann mit Ergosterol eine definierte Substanz chromatographisch bestimmt werden; bei Einsatz der Fumigation-Extraktions-Methode ist dies nicht möglich (Djajakirana et al. 1993). Auch konnte die gut reproduzierbare Extraktion und Bestimmung von Ergosterol angegeben werden.

Chitin. Chitin, ein Polymer des N-Acetylglucosamins, stellt den Hauptzellwandbestandteil großer Pilzgruppen dar. Dieses wurde zur Abschätzung des pilzlichen Biomassegehaltes im Boden ebenfalls diskutiert. Der Anteil des Polysaccharides Chitin in der Zellwand beträgt bei Pilzen zwischen 3% und 60%. Chitin tritt auch im Exoskelett bestimmter Bodentiere auf. Da eine Unterscheidung zwischen pilzlichem und tierischem Chitin im Boden nicht möglich ist, kann die Bestimmung des Bodenchitingehaltes kein geeignetes Maß für die Abschätzung der pilzlichen Biomasse im Boden darstellen.

Muraminsäure, D-Alanin, Diaminopimelinsäure. Das Peptidoglykan, Murein, ist Zellwandbestandteil von Bakterien. Das Murein ist ein aus N-Acetylglucosamin und N-Acetylmuraminsäure bestehendes Heteropolymer. Die Muraminsäurebestandteile sind mit Aminosäuren peptidisch verknüpft. D-Alanin und Diaminopimelinsäure (DAP) zählen zu den typischen Mureinaminosäuren. Neben der Muraminsäure werden die zuletzt genannten Aminosäuren zur biochemischen Erfassung der bakteriellen Biomasse herangezogen.

In gelagerten, luftgetrockneten und substratversehenen Wiesen- und Ackerböden rangierten die Gehalte für Ergosterol zwischen 0.2 und 13.9 µg/g Boden, für Diaminopimelinsäure zwischen 12 und 311 µg/g Boden und für Glucosamin zwischen 420 und 2070 µg/g Boden (West et al. 1987a). Im Grünlandboden konnte gegenüber dem Ackerboden für jede der Verbindungen ein höherer Gehalt nachgewiesen werden. Generell reduzierte Lagerung und Lufttrocknung die Mengen an Ergosterol und DAP im Boden während Substratzusatz diese erhöhte. Die Spezifität von Ergosterol bzw. DAP für pilzliche bzw. bakterielle Populationen war angezeigt. In jedem Boden war der Gehalt an Ergosterol linear mit der spezifischen Oberfläche der Pilze korreliert (0.16 µg Ergosterol/cm^2 Pilze); der Gehalt an DAP war linear mit derselben von Bakterien korreliert (1.6 µg DAP/cm^2 Bakterien).

Der Einsatz der Hochleistungs-Flüssig-Chromatographie nach Fluoreszenzderivatisierung mit o-Phthalaldehyd bietet die Möglichkeit extrem geringe Konzentrationen an Muraminsäure und Hexosaminen zu bestimmen (Zelles 1988).

Phospholipide, Lipopolysaccaride. Phospholipide werden in den Membranen aller lebenden Zellen gefunden. Lipopolysaccharide sind Bestandteil der äußeren Membran Gram-negativer Bakterien. Die Bestimmung des Phospholipid- bzw. des Lipopolysaccharidgehaltes im Boden wird zur Erfassung der Biomasse genutzt.

Die Fettsäuren von Phospholipiden und Lipopolysacchariden sind sensitive biochemische Marker der mikrobiellen Gemeinschaftsstruktur. Zahlreiche Informationen konnten aus der Analyse der Fettsäureprofile von unter kontrollierten Bedingungen wachsenden Bakterien und Pilzen gewonnen werden. Mikroorganismen mit spezifischen Fettsäuretypen konnten isoliert werden. Die Gegenwart solcher „Signalfettsäuren" ermöglicht die Bestimmung der relativen Häufigkeit dieser Organismen in einer Gemeinschaft.

Mehrere Eigenschaften der Phospholipide stehen mit deren Eignung als Indikatoren in Böden in Beziehung (Zelles et al. 1993). Diese sind nahezu ausschließlich in den Membranen der Mikroorganismen lokalisiert und treten nicht als Reservestoffe auf, weiters sind deren Fettsäurekomponenten genetisch festgelegt, wodurch eine hohe Artspezifität gegeben ist. Nach dem Absterben der Organismen findet eine Anreicherung im Boden kaum statt, da der Umsatz dieser Lipide in lebenden sowie auch in toten Zellen verhältnismäßig hoch ist.

Es wurden sowohl einzelne Phospholipid-Fettsäuren bzw. Gruppen von Fettsäuren (wie verzweigtkettige gesättigte Fettsäuren) genutzt um die Anwesenheit spezifischer Mikroorganismen bzw. einer Gruppe von Mikroorganismen (wie Gram-positive Bakterien) zu prüfen.

Die Gram-positiven Bakterien und die Bakteriengruppe der Aktinomyceten enthalten charakteristischerweise Monomethyl-verzweigtkettige gesättigte Fettsäuren. Eukaryonten (Pilze) bilden typischerweise gesättigte geradzahlige und vielfach ungesättigte Fettsäuren (Zelles et al. 1994). β-Hydroxyfettsäuren in der Lipid-A-Schicht von Lipopolysacchariden sind einzigartige Bestandteile der Zellwand Gram-negativer Bakterien.

Zelles und Bai (1993) entwickelten eine Methode zur Bestimmung des Profiles sich von Phospholipiden (PL) und Lipopolysacchariden (LPS) ableitender Fettsäuren. Eine sequentielle Methode zur Bestimmung estergebundener und nicht estergebundener Phospholipidfettsäuren sowie von Hydroxyfettsäuren in Lipopolysacchariden wurde weiters präsentiert (Zelles et al. 1995). Nicht estergebundene Fettsäuren werden in Sphingolipiden und Plasmalogenen gefunden. Zwischen der gesamten Fraktion der estergebundenen Phospholipidfettsäuren und der Biomasse von Böden bestand eine positive Korrelation

Untersuchungen zum Fettsäureprofil der Phospholipid- oder Lipopolysaccharidfraktion zeigten in Proben von Monokultur- und Fruchtwechselstandorten (Langezeitstandorte) standortspezifische Muster von Phospholipid- bzw. Lipopolysaccharid-Fettsäuren (Zelles et al. 1992). Eine positive Korrelation bestand zwischen der Gesamtmenge an sich von Phospholipiden ableitenden Fettsäuren und der mikrobiellen Biomasse. Unterschiede im Phospholipid-Fettsäuremuster zeigten den Einfluß der unterschiedlichen pflanzlichen Zusammensetzung verschiedener Torf-Typen auf die bakterielle Gemeinschaftsstruktur (Borga et al. 1994). Phospholipidfettsäureanalysen zeigten Veränderungen mikrobieller Populationen in mit Schwermetallen bzw. alkalischen Stäuben belasteten Böden an (Olsen et al. 1987; Baath et al. 1992).

Poly-β-Hydroxybutyrat. Das prokaryontishe Speicherpolymer Poly-β-Hydroxybutyrat (PHB) wurde als Indikator für unausgeglichene Wachstumsbedingungen diskutiert (Nichols und White 1989). Solche Bedingungen liegen vor, wenn eine geeignete C-Quelle vorhanden ist, jedoch ein oder mehrere essentielle(r) Nährstoff(e) fehl(t)en. Zelles et al. (1994) schlugen das Verhältnis PHB:Phospholipidfettsäuren als einen Indikator des metabolischen Zustandes der mikrobiellen Gemeinschaft im Boden vor.

4.2.5 Molekularbiologische Methoden

In den vergangenen zwei Jahrzehnten konnten auf dem Gebiet der Molekularbiologie wesentliche Fortschritte erzielt werden. Spezifische molekularbiologische Techniken ergänzen nunmehr die vorwiegend auf kulturtechnischen, physiologischen und biochemischen Techniken beruhenden Methoden der mikrobiologischen Analyse von Umweltproben. Genetische Methoden werden zur Identifizierung und Quantifizierung von Bodenmikroorganismen eingesetzt.

Die mikrobielle Diversität wird normalerweise durch die phänotypische Charakterisierung isolierter Stämme analysiert. Phänotypische Methoden setzen die Isolier- und Kultivierbarkeit der Mikroorganismen voraus. Eine andere Möglichkeit zur Analyse der mikrobiellen Diversität besteht in der Heterogenitätsanalyse von aus Isolaten oder direkt aus dem Boden gewonnener DNA (genetische Diversität). Die Analyse von direkt aus dem Boden extrahierter DNA ermöglicht die Abschätzung der Diversität auch nicht kultivierbarer Teile der mikrobiellen Gemeinschaft (z.B. Torsvik et al. 1990a,b).

Die Technik der Nukleinsäurehybridisierung kann zur Identifizierung und Quantifizierung individueller Bakterienarten in der natürlichen Mikroorganismengemeinschaft eingesetzt werden. Die Extraktion von DNA aus dem Boden und deren anschließende Analyse unter Einsatz von DNA-Sonden erlangte zunehmend Akzeptanz als Methode zur strukturellen und funktionellen Charakterisierung natürlicher mikrobieller Gemeinschaften. Mit DNA-Sonden können spezifische Gene und Mikroorganismen im Boden nachgewiesen werden. Der Nachweis und die Verfolgung genetisch definierter Populationen in einer komplexen mikrobiellen Gemeinschaft wird damit möglich.

Das Hauptziel der Gentechnik besteht in der Herstellung von Organismen mit nützlichen Eigenschaften. Genetisch manipulierte Mikroorganismen (GEMs) sowie nicht manipulierte Mikroorganismen können bei der Verbesserung des Pflanzenwachstums, dem Schutz vor Schädlingen (biologische Kontrolle), dem Bioabbau von toxischen Verbindungen in der Umwelt sowie der Laugung von Mineralien nützlich sein. Die potentiellen nachteiligen Effekte von in den Boden eingeführten GEMs sind großteils unbekannt. Zahlreiche interagierende biologische, physikalische, physikochemische und chemische Faktoren beeinflussen das Überleben der bodeneigenen und der vom Menschen in den Boden eingebrachten Mikroorganismen.

Die beabsichtigte und zufällige Einbringung von Mikroorganismen in den Boden ließ den Bedarf an Methoden zur Untersuchung der Ökologie solcher Organismen aufkommen. Entsprechende Methoden sollten es erlauben die Verteilung, das Überleben, das Wachstum, die Wechselwirkungen mit der bodeneigenen Mikroflora sowie den Transfer von Genen im Boden und in Abhängigkeit von den Standortfaktoren zu verfolgen. Bodenmikrokosmen, intakte Bodenbohrkerne, antibiotikaresistente Stämme sowie DNA-Sonden kommen in diesem Zusammenhang zum Einsatz. DNA-Sonden wurden zum Nachweis spezifischer Mikroorganismen im Boden erfolgreich genutzt. Ein von Holben et al. (1988) entwickeltes entsprechendes Verfahren war ausreichend sensitiv *Bradyrhizobium japonicum* in Dichten von 4.3×10^4 Zellen pro Gramm Trockengewicht Boden aufzuspüren. Die Sensitivität der molekularbiologischen Methoden hat die praktischen Grenzen konventioneller mikrobiologischer Zählmethoden noch nicht erreicht. Die Angaben bezüglich der mit konventionellen Methoden (z.B. mit Selektivmedien) erreichbaren Nachweisgrenze belaufen sich auf 20 Organismen pro Gramm Boden. Molekularbiologische Techniken wie die Extraktion von Nukleinsäuren, können eine Sensitivitätsgrenze von nur 10^4 pro Gramm Boden aufweisen (Sayler et al. 1992). Es ist derzeit nicht möglich, durch den ausschließlichen Einsatz molekularbiologischer Methoden eine quantitative Risikoanalyse von GEMs in der Umwelt zu erzielen. Verbesserte Methoden wie die PCR-Technik (Polymerase-Chain-Reaction) könnten dazu beitragen, die Nachweisschwellen zu senken.

Man begann erst vor wenigen Jahren genetische Wechselwirkungen im Boden zu untersuchen. Trevors und van Elsas (1989) gaben einen Überblick über ausgewählte genetische Methoden in der Umweltmikrobiologie. Wellington und van Elsas (1992) gaben eine umfassende Darstellung von genetischen Wechselwirkungen zwischen Mikroorganismen in natürlichen Habitaten.

4.3 Mikrobielle Produktion

Die mikrobiellen Wachstumsraten sind in Böden geringer als unter optimalen in vitro Bedingungen.

Die Bestimmung der Geschwindigkeit des in situ Einbaus von dem Boden zugesetzten Markern in die mikrobielle Biomasse erlaubt die Abschätzung mikrobieller Wachstumsraten im Boden. Als solche Marker dienen Radioisotope wie ^{3}H-Thymidin und ^{3}H-Leucin, die entsprechenden Biomoleküle sind Nukleinsäuren und Proteine. Die ursprünglich zur Bestimmung bakterieller Wachstumsraten in aquatischen Habitaten entwickelte ^{3}H-Thymidin-Einbautechnik wird auch für Böden eingesetzt.

4.4 Energiezustand von Zellen (Adenylat-Energy-Charge)

Das Konzept der Adenylat-Energy-Charge (AEC) wurde zur Quantifizierung der im Adeninnucleotidpool gespeicherten Stoffwechselenergie vorgeschlagen. Die AEC ist ein Index des Energiezustandes von Zellen und läßt auf die relative Aktivität von Zellen schließen.

$$AEC = \frac{(ATP) + 0.5\,(ADP)}{(ATP) + (ADP) + (AMP)}$$

Die Ergebnisse zahlreicher in vitro Untersuchungen zeigten, daß aktiv wachsende und sich teilende Zellen eine AEC zwischen etwa 0.8–0.95 aufweisen. Werte etwa zwischen 0.75–0.5 wurden als Hinweis auf Organismen in der stationären Phase angesehen und alternde Zellen besitzen eine AEC von geringer 0.5 (Brookes et al. 1987). Eukaryontische und prokaryontische Organismen halten in vitro die gleiche AEC in der gleichen Wachstumsphase aufrecht. Die AEC dient als ein sensibler Indikator für die Reaktion von Bodenmikroorganismen auf veränderte Standortfaktoren.

Brookes et al. (1983) hatten erstmals über eine AEC-Bestimmung im Boden berichtet. Bei Verwendung eines Trichloressigsäure-Reagens konnte in Grünlandboden eine AEC von 0.85 festgestellt werden. Auf das Vorliegen einer metabolisch aktiven Population konnte geschlossen werden. Andere Autoren, welche ein $NaHCO_3$-$CHCl_3$-Reagens verwendeten fanden Werte für die AEC in nicht mit Substrat versehenen Böden von 0.3–0.4. Die Inkubation des Bodens mit Glucose oder Pflanzenmaterial führte zu einer Steigerung der AEC bis zu einem Maximum von 0.67. Auf das in einem nicht mit Substrat versehenen Boden hauptsächliche Bestehen der Population aus ruhenden Organismen konnte geschlossen werden. Brookes et al. (1987) versuchten die Ursache der unterschiedlichen Ergebnisse zu klären, welche mit den beiden zuvor genannten Methoden erhalten wurden. Die Ergebnisse ließen den Schluß zu, daß mikrobielle ATPasen während der Extraktion mit dem $NaHCO_3$-Reagens noch immer aktiv waren und eine wesentliche Hydrolyse von mikrobiellem ATP zu ADP und AMP verursachten. Dies konnte der Hauptgrund für die mit diesem Reagens erhaltenen geringeren AEC-Werte sein. Im Gegensatz dazu inaktivierte das Trichloressigsäure-Reagens die ATPasen rasch. Diesem Reagens wäre bei der Extraktion von Adeninnucleotiden aus dem Boden der Vorzug zu geben. Eine Methode zur Bestimmung der Adenylat-Energy Charge im Boden wurde weiters von Ciardi et al. (1991) präsentiert.

Ciardi et al. (1993) unternahmen eine Untersuchung zur Veränderung des Gehaltes an Adeninnucleotiden (ATP, ADP, AMP) im Vergleich zur Zahl der Pilze und Bakterien nach unterschiedlicher Behandlung des Bodens (Böden des Mittelmeerraumes). Ein organischer Boden und ein Tonboden, welche für drei Jahre bei Raumtemperatur gelagert worden waren, zeigten niedrige Konzentrationen an ATP (0.36 und 0.26 nmol/g). Die Konzentrationen nahmen nach Befeuchten zu. Die fortgesetzte Lagerung eliminierte demnach die Fähigkeit zur ATP-Synthese nicht. Die Werte für die Adenylat-Energy Charge feldfeuchter Bodenproben betrugen 0.65, 0.70 und 0.80 im Tonboden, im sandigem Tonlehmboden und im organischen Boden. Lufttrocknen der feuchten Böden bewirkte einen wesentlichen Abfall der ATP- und RNA-Gehalte sowie einen Anstieg der Gehalte an ADP, AMP und der Adeninnucleotide insgesamt. Die AEC-Werte der Chloroform-fumigierten frischen feuchten Böden waren sehr gering. Diese rangierten zwischen 0.06 und 0.1. Das starke Auftreten toter Zellen war angezeigt.

4.5 Ausgewählte Bodenenzymaktivitäten

Die Bestimmung von Bodenenzymaktivitäten repräsentiert einen wesentlichen Teil der bodenbiologischen Analyse. Enzymaktivitätsmessungen geben Einblick in die biochemische Leistungsfähigkeit eines Bodens und erlauben den Nachweis von Veränderungen dieser Leistungsfähigkeit infolge natürlicher und anthropogener Einflüsse auf den Boden. Die Sensitivität von Bodenenzymen gegenüber äußeren Einflüssen konnte in einer Vielzahl von Untersuchungen gezeigt werden.
Die hohe Sensitivität, der relativ rasche Erhalt von Befunden sowie der vergleichsweise geringe Bedarf an instrumenteller Ausrüstung sind Vorteile enzymatischer Untersuchungen. Eine detaillierte Darstellung von Methoden geben Schinner et al. (1993).

Die Aktivitäten von Enzymen mit breiter Substratspezifität und verbreitetem Auftreten werden als generelle Indikatoren der mikrobiellen Aktivität von Böden angesehen. Die Aktivität des Enzyms Dehydrogenase gilt als Indikator der biologischen Aktivität von Böden. In der durch Esterasen vermittelten Hydrolyse von Fluoresceindiacetat (FDA) wurde eine einfache, sensitive und rasche Methode zur Bestimmung der mikrobiellen Aktivität in Böden und Streu gesehen (Schnürer und Rosswall 1982). Perucci

(1992) schlug zur Beschreibung der mikrobiellen Aktivität im Boden einen Hydrolyse-Koeffizient für Fluoresceindiacetat vor. Dieser basiert auf dem Verhältnis der Menge des durch den Boden hydrolysierten Fluoresceindiacetat zur Gesamtmenge an zugesetztem FDA. Die potentiellen Werte rangieren zwischen 0 und 1. Die Deaminierung von Arginin sowie die Reduktion von Dimethylsulfoxid (DMSO) zu Dimethylsulfid (DMS) wurden als mögliche Indikatoren der bodenmikrobiellen Aktivität diskutiert (Alef und Kleiner 1986, 1989).

Die Aktivität von Enzymen mit enger Substratspezifität gibt Einblick in das Leistungsvermögen eines Bodens bezüglich spezieller Abbau- oder Synthesewege. Vertretend für zahlreiche Beispiele können die Cellulase- oder die Xylanaseaktivität angeführt werden.

Stickstofftransformationen wie Stickstoffmineralisierung, Nitrifikation, Denitrifikation sowie Stickstoffixierung sind ebenfalls häufig Gegenstand der biochemischen Analyse von Böden.

Enzymversuche werden auch zur Untersuchung mechanistischer Fragestellungen eingesetzt. Dabei wird neben der Identifizierung und Charakterisierung von Enzymen auch versucht, deren Wechselwirkungen mit den Systemkomponenten des Wirkungsortes aufzuklären. Dies betrifft Fragen wie Hemmung, Stabilisierung, Kinetik und Umsatz der Enzyme an einem spezifischen Mikrostandort im Boden. Derartige Untersuchungen können auch mögliche Konsequenzen solcher Wechselwirkungen für die Stoffkreisläufe aufzeigen.

4.6 Atmung

Die Bodenatmung, welche über die Sauerstoffaufnahme oder die Kohlendioxidabgabe des Bodens bestimmt wird ergibt sich aus dem organischen Substanzabbau. Ebenso wie beim Streuabbau tragen zahlreiche einzelne Aktivitäten zu den erhalten Aktivitätswerten bei. Die CO_2-Freisetzung ist ein Maß für die Netto-Mineralisierung des organischen Kohlenstoffs. Die CO_2-Freisetzung und die O_2-Aufnahme gelten als Indikatoren für die biologische Aktivität eines Bodens. Eine detaillierte Darstellung verschiedener Methoden geben Schinner et al. (1993).

Die Grundatmung oder Basalatmung ist die im nicht mit leicht abbaubaren organischen Substraten versehenem Boden bestimmbare Atmung. Diese ist ein Maß für Grundumsatzraten im Boden und wird mit der Menge an verfügbarem Kohlenstoff in Beziehung gesetzt. Die Grundatmung des Boden wird als eine Größe angesehen, welche die Verfügbarkeit von langsam fließenden Kohlenstoffquellen für die Erhaltung der Mikroorganismen reflektiert.

Die Erfassung der Beiträge von Bodenbakterien, Bodenpilzen und Bodentieren zur gesamten bestimmbaren Atmung stellt ein methodisches Problem dar, welches mit verschiedenen Ansätzen (z.B. Isotope, selektive Hemmstoffe, Nachweis spezieller Metabolite) zu lösen versucht wurde. Anderson und Domsch (1975) setzten beispielsweise eine auf selektiven Hemmstoffen und kurzen Inkubationsperioden basierende Technik zur Bestimmung des Verhältnisses von bakterieller zu pilzlicher Atmung in sechs verschiedenen Böden ein. In den vier untersuchten landwirtschaftlich genutzten Böden rangierte dieses Verhältnis zwischen 10/90 und 35/65, für die beiden Waldböden betrugen die Verhältnisse 20/80 und 30/70; in Buchenstreu betrug das Verhältnis 40/60. Für einen Boden mit schlechtem Nährstoffstatus unter *Pinus sylvestris* Wald in Schweden wurde das Verhältnis von bakterieller zu pilzlicher Atmung auf 55/45 geschätzt (Ohtonen 1990). Bei Ausschluß der Wurzelatmung konnte für einen Waldboden der Beitrag der Mikroorganismen zur CO_2-Bildung mit 80–99% und jener der Bodentiere mit 1–20% angegeben werden.

Die unter Einsatz von Hemmstoffen erhaltenen Ergebnisse müssen kritisch bewertet werden, da die selektive Wirkung von Hemmstoffen nicht als absolut betrachtet werden kann. Die Möglichkeit des relativ raschen Abbaus des Hemmstoffes, dessen Festlegung im Boden sowie die Resistenz der Organismen muß berücksichtigt werden.

4.7 Streuabbau

Der Abbau der Streu ist die Voraussetzung für die Aufrechterhaltung der Nährstoffkreisläufe. Die anfallende Nekromasse enthält Nährstoffe in einer den Pflanzen nicht verfügbaren Form. Mineralisierungsprozesse gewährleisten die Bereitstellung von Nährstoffen in einer für die Aufrechterhaltung der Produktivität des Systems geeigneten Form. Eine die Primärproduktion limitierende Anreicherung von Streu wird verhindert.

Der durch mikrobielle Abbauer gehende Energiefluß ist anteilsmäßig mit mehr als 90% anzugeben.

Untersuchungen zum Streuabbau stellen eine einfache Methode zur Beurteilung von Abbauprozessen im und auf dem Boden dar. Die Ergebnisse solcher Untersuchungen reflektieren das Ausmaß der Gesamtaktivität eines Bodens. Bei derartigen Untersuchungen wird Standortstreu oder Standardstreu in Taschen aus feinem Nylonnetz auf der Bodenoberfläche oder knapp darunter wenige Wochen bis mehrere Monate exponiert.

4.8 Ökophysiologische Parameter

Ökophysiologische Parameter erlangten im vergangenen Jahrzehnt zur Charakterisierung des physiologischen Zustandes mikrobieller Gemeinschaften im Boden zunehmend an Bedeutung.

C_{mic}/C_{org}-Verhältnis. Bezieht man den Gehalt an mikrobiellem Biomassekohlenstoff (C_{mic}) auf den organischen Kohlenstoffgehalt des Bodens, erhält man das C_{mic}/C_{org}-Verhältnis. Dieses Verhältnis gibt Auskunft über den Anteil des mikrobiellen Biomasse-C am gesamten organischen Kohlenstoffgehalt eines Bodens und erlaubt Aussagen über die Kohlenstoffdynamik von Böden.

Spezifische Atmung. Der metabolische Quotient (qCO_2), auch als spezifische Atmung definiert, wird aus der Basalatmung und dem mikrobiellem Biomasse-C berechnet. qCO_2 gibt Information über jene pro Biomasse- und Zeiteinheit veratmete Kohlenstoffmenge. Der metabolische Quotient erlaubt Aussagen über den Einfluß anthropogener und natürlicher Faktoren auf die Biomasse und die Effizienz der Mikroorganismengemeinschaft Nährstoffquellen zu nutzen. Dieser Versuch den biologischen Zustand von Böden zu beschreiben basiert auf der Theorie von Odum zur Sukzession in Ökosystemen (Odum 1969). In vereinfachter Form besagt diese Theorie, daß in einem Ökosystem im Verlauf der Sukzession das Verhältnis der gesamten Atmung zur gesamten Biomasse abnimmt. Dieser Ansatz wurde für bodenmikrobiologische Systeme vereinfacht indem die gesamte Atmung durch die Basalatmung und die gesamte Biomasse durch die mikrobielle Biomasse ersetzt wurde.

Erhaltungsbedarf der Biomasse. Der Erhaltungsbedarf der mikrobiellen Biomasse (m) repräsentiert jene Kohlenstoffmenge, welche nötig ist, eine ursprünglich vorhandene mikrobielle Biomasse konstant zu halten. Streßsituationen können über eine Erhöhung des Erhaltungsbedarfes mikrobielle Wachstumsraten verringern. Streß wie extreme pH-Werte, Temperaturen, Salinität oder Schadstoffe stört die Verteilung der Energie zwischen Wachstum und Erhaltung der Mikroorganismen. Es wird zwischen dem Erhaltungsbedarf der ruhenden und der aktivierten Biomasse unterschieden.

Mikrobielle Absterberate. Der Verlust an mikrobiellem Biomasse-C (mikrobielle Absterberate, qD) repräsentiert die Rate mit welcher eine bestimmte mikrobielle Biomasse im Boden bei Lagerung abnimmt. Dabei wird der Verlust an mikrobiellem Biomasse-C auf die ursprünglich vorliegende Biomasse bezogen.

Affinitätskonstante, maximale Glucoseaufnahmerate. Die Affinititätskonstante zum Substratkohlenstoff (K_m) und die maximale Glucoseaufnahmerate (V_{max}) dienen weiters der Charakterisierung der mikrobiellen Gemeinschaft im Boden.

4.9 Integrative Kennzahlen

Es wurden Versuche unternommen die mikrobielle Biomasse und biochemische Aktivitäten als Basis für integrative Kennzahlen der mikrobiologischen Aktivität von Böden zu nutzen.

Beck (1984) stellte zur Charakterisierung mikrobiell-enzymatischer Stoffumsetzungen im Boden die „Bodenmikrobiologische Kennzahl" („BMK") vor. Diese berücksichtigt neben der mikrobiellen Biomasse die Aktivitäten von fünf Bodenenzymen (Saccharase, Protease, alkalische Phosphatase, Dehydrogenase, Katalase). Diese auf bestimmte Weise errechnete Kennzahl sollte einen übergeordneten Index für die Intensität der Bodenbelebung darstellen.

Stefanic et al. (1984) präsentierten einen biologischen Index der Fruchtbarkeit (BIF). Dieser berücksichtigt die Aktivitäten der Enzyme Dehydrogenase und Katalase.

Summenwerte bzw. Quotienten aus unterschiedlichen bodenbiologischen Aktivitäten müssen mit Vorsicht betrachtet werden, da diese zu einer Nivellierung charakteristischer standortspezifischer Aktivitäten führen.

4.10 Mikrohabitatuntersuchungen

Die traditionelle Bodenmikrobiologie basiert auf der Extraktion von Mikroorganismen aus Böden und deren Isolierung in Labormedien zur Identifizierung und Zählung. Spezielle Plattierungsmethoden mit Selektivmedien wurden dafür entwickelt.

Informationen über die Form, die Anordnung und das Wachstumsmuster von Mikroorganismen in der ungestörten Struktur des Bodens können mit diesen methodischen Ansätzen nicht gewonnen werden. Der Mangel an effektiven Methoden zur Charakterisierung der mikrobiellen Populationen unter Erhaltung der Struktureigenschaften des Bodens ist eine Ursache für das beschränkte Wissen bezüglich der räumlichen Verteilung der Bodenmikroorganismen. Die direkte Untersuchung des Bodenmaterials mittels Licht- und Elektronenmikroskopie sowie der Einsatz sogenannter

Kontakt-Methoden dienen dem Erhalt von Informationen bezüglich der Form und der Anordnung von Mikroorganismen im Boden.

Direkte Untersuchung des Bodenmaterials mittels Licht- und Elektronenmikroskopie

Der Anstoß, die Art und die Quantität der Bodenbakterien mittels direkter Bodenmikroskopie zu ermitteln kam frühzeitig. Mikroskopische Techniken zur Untersuchung von Bodenmikroorganismen und deren Mikroumwelt nahmen in den Dreißiger Jahren des 20. Jahrhunderts mit W. Kubiena ihren Anfang. Es war damit die Hoffnung verbunden, Einblick in die räumliche Verteilung der Bodenmikroorganismen zu erhalten.

Viele an Bodenpartikeln lokalisierte Mikroorganismen können erst nach Anwendung geeigneter Färbetechniken sichtbar gemacht werden. Fluoreszenzfarbstoffe und immunochemische Techniken ermöglichen die Beobachtung von Mikroorganismen an Bodenpartikeln.

Mikromorphologische Techniken dienen der Untersuchung des Mikrogefüges. Solche Techniken dienen dem Erhalt von Befunden über die räumliche Verteilung der Aggregate und Poren in der ungestörten Bodenstruktur sowie auch über die in deren Bildung involvierte Mechanismen.

Bodendünnschnitte erlauben die Beobachtung des Bodenmikrogefüges. In Untersuchungen, welche Techniken der Mikromorphologie oder Bodenultrastruktur einsetzen, werden intakte Bodenproben in ein Gel oder in Kunststoffharze eingebettet, geschnitten, gefärbt und mikroskopisch betrachtet. Typischerweise werden Dünnschnitte mit dem Polarisationsmikroskop und Ultradünnschnitte mit Hilfe des Transmissionselektronenmikroskops betrachtet.

In der Bodenmikromorphologie mit normaler Lichtmikroskopie können Bodenmikrogefüge, Wurzelpenetration und Bodenfauna beobachtet werden. Für die Beobachtung der Bodenmikroflora sind die Dünnschnitte jedoch üblicherweise nicht dünn genug. Die Lichtmikroskopie an Bodensektionen wird durch die Tatsache limitiert, daß zahlreiche Bodenmikroorganismen einen geringeren Durchmesser als 0.3 µm aufweisen; dies liegt nahe an der Auflösungsgrenze des Lichtmikroskops.

Parameter wie die Porengrößenverteilung, die Porenform und die relative Position von Aggregaten und Poren sind für die Bewertung der Bodenstruktur in Bezug auf die Entwicklung von Wurzeln und die bodenbiologische Aktivität wichtig. Bei der direkten Beobachtung zur Verteilung von Porengrößenklassen werden Bilder von Bodendünnschnitten oder Photographien von flachen Oberflächen imprägnierter Bodenblöcke betrachtet. Die Bilder können mit Hilfe computergestützter Bildanalysatoren ausgewertet werden. Veränderungen des Bodenmikrogefüges können durch die Charakterisierung der Bodenporosität an Dünnschnitten des ungestörten Bodens mittels Bildanalyse quantifiziert werden (Pagliai und De

Nobili 1993). Diese Methode ist geeignet Informationen über die Komplexität des Porenmusters im Boden zu geben, welche mit anderen Methoden nicht erhalten werden können.

Der Einsatz von Elektronenmikroskopen erlaubt die Untersuchung des Bodenmikrogefüges und der Bodenmikroorganismen in einer viel höheren Auflösung als dies für Lichtmikroskope zutrifft. Mit Hilfe der Rasterelektronenmikroskopie (REM) kann die Oberfläche der festen Bestandteile des Bodens nach wenig aufwendiger Vorbehandlung direkt abgebildet werden. Diese Technik erlaubt die Untersuchung von Mikroorganismen an der Oberfläche von Bodenteilchen. Die Transmissionselektronenmikroskopie (TEM) ermöglicht die in situ Untersuchung von Mikroorganismen an Hand von Ultradünnschnitten. Die Dünnschnittechnik und die Verwendung des Transmissionselektronenmikroskops erwiesen sich bei der Untersuchung von Wechselwirkungen zwischen Bodenmikrogefüge und Mikroorganismen und zur Beobachtung derselben auf Wurzelsegmenten als wertvoll. Untersuchungen der Wurzel-Boden-Grenzfläche mit Hilfe der TEM trugen wesentlich zur Erweiterung des Wissens auf dem Gebiet der Rhizosphäre bei.

In einem Bodendünnschnitt können mit Hilfe der TEM Zellen und sogar Viren entdeckt werden. Organische Reste bis zu Partikeln von Nanometergröße können lokalisiert und identifiziert werden. Die Techniken der TEM an Ultradünnschnitten von natürlichen Bodengefügen erlauben es, die Form und Funktion der Zellkomponenten und Gewebe in situ zu untersuchen. Die Ultrastruktur-Histochemie wurde zur Aufdeckung und Identifizierung von mit Mikroorganismen assoziierter organischer Substanz eingesetzt.

Bei Einsatz der TEM können hinsichtlich der Unterscheidung zwischen Mikroorganismen und Bodenteilchen Schwierigkeiten auftreten. Die Rasterelektronenmikroskopie erwies sich für die Darstellung der Form und der Struktur des mikrobiellen Habitats und der Mikroorganismen als geeigneter. Die REM bietet gegenüber der TEM den Vorteil einer einfacheren Probenvorbereitung. Die Anwendung der REM brachte wesentliche Fortschritte im Verständnis für die räumliche Verteilung von Mikroorganismen an Wurzeln.

Die Elektronenmikroskopie und Elektronensonden-Mikroanalysen sowie andere fortgeschrittende Instrumente wie Lasermikrosonden, Massenanalyse, Sekundäreionenmassenspektroskopie, und Elektronenenergieverlustspektroskopie bieten Möglichkeiten die Ultrastruktur aufzuklären und biochemische Fragen zu klären. Mittels der Elektronenenergieverlustspektroskopie konnten beispielsweise Orte der Metallanreicherung in mikrobiellen Zellen genau lokalisiert werden. Die Elektronensonden-Mikroanalyse ist bei der Untersuchung der Zusammensetzung von Bodenmineralien hilfreich. Diese kann aber beispielsweise zur Unterscheidung zwischen Enantiomeren und strukturellen und optischen Isomeren komplexer organischer Verbindungen (wie Polysaccharide, Proteine) nicht genutzt werden.

Eine Übersicht über Ultrastrukturuntersuchungen an Bodenmikroorganismen und deren Mikrohabitat gab Foster (1988).

Kontakt-Methoden

Diese Techniken schließen den Kontakt zwischen Boden und Glas oder anderen Materialien ein. Bei einer Variante mit kurzer Kontaktzeit wird das Material (mit oder ohne Agar bzw. Gelatine) gegen die Oberfläche des Bodens gedrückt, sodaß es zu einer Anheftung vorhandener Mikroorganismen kommt. Bei einer weiteren Variante wird das Material für einige Zeit in den Boden eingegraben, sodaß mikrobielles Überwachsen möglich ist. Wechselwirkungen zwischen verschiedenen Gruppen von Organismen und Typen der Koloniebildung können auf Blättchen, welche keine Nährstoffe enthalten festgestellt werden. Als Kritikpunkt dieser Technik wurde die Tatsache angeführt, daß die Mikroorganismen des Bodens in Poren und Aggregaten wachsen. Die Verhältnisse, welche an der Oberfläche eines flachen Blättchens gegeben sind könnten nicht ausreichend repräsentativ sein. Forscher aus der ehemaligen UdSSR traten dieser Schwierigkeit entgegen indem sie Pedoskope verwendeten. Es sind dies dünne optisch flache Kapillarröhren, welche, mit oder ohne die Innenwände überziehende Nährstoffe, in den Boden eingearbeitet werden können. Zur Einstellung von Gleichgewichtsbedingungen werden diese für längere Perioden ungestört gelassen. Die Technik ist nicht weit verbreitet. Andere Autoren verwenden feine Nylonnetze, welche in den Boden eingegraben werden. Die aus dem Boden entnommenen Netze werden aufgezogen und gefärbt.

Eine Methode zur Untersuchung der komplexen räumlichen Wechselwirkungen zwischen Mikroorganismen, Enzymen und deren Substrate im Boden wurde von Hope und Burns (1985) präsentiert. Dabei wurden Barrieren, welche aus Boden und Bodenkomponenten zusammengesetzt waren in Agarplatten eingesenkt. Die Untersuchung der Diffusion extrazellulärer Enzyme und des mikrobiellen Wachstums in einer bodenähnlichen aber kontollierten Umwelt war so möglich. Mit dieser „Barrier-Ring Plattenmethode“ konnten Effekte kleiner Bodenmengen und verschiedener Bodenkomponenten auf die Diffusion der Endoglucanase und β-D-Glucosidase gezeigt werden. Bentonit, welcher eine relativ hohe spezifische Oberfläche und eine hohe Kationenaustauschkapazität aufweist, reduzierte die Diffusionsdistanz beider Enzyme. Kaolinit, mit einer relativ niedrigen spezifischen Oberfläche und einer niedrigen Kationenaustauschkapazität hatte keinen Effekt. Eine aus einem schluffigen Lehmboden gewonnene Ton-Humusfraktion (kolloidal $< 2\ \mu m$) reduzierte die Diffusionsdistanz durch die Endoglucanase um einen Betrag, welcher zwischen jenem von Kaolinit und Bentonit lag.

5 Klima

5.1 Bodenbildung und -entwicklung

5.1.1 Klimazonen und Bodenzonen

Das Klima repräsentiert den mittleren Verlauf der Witterung in einem bestimmten Gebiet im Jahresgang. Der Verlauf der Lufttemperatur und der Niederschläge im Jahresgang erlaubt Aussagen über den in einem gegebenen Gebiet herrschenden Klimatyp.

Die Troposphäre ist der Ort der Wetterbildung. Die das Wetter bestimmenden Faktoren wie Lufttemperatur, -feuchtigkeit, -druck und Niederschlag verändern sich mit dem Breitengrad der Erde und der Meereshöhe. Die Witterung ist jener während eines Zeitraumes von Wochen und Monaten beobachtbare Verlauf des Wetters an einem bestimmten Ort.

Bei großräumiger Betrachtung der Klimate der Erde können charakteristische Klimazonen abgegrenzt werden. Diese umfassen den warmen humiden Bereich der Tropen, die nördlich und südlich sich anschließenden ariden Bereiche, die nördlich und südlich darauf folgenden gemäßigt warmen Bereiche und den Polarbereich, den nivalen Bereich des Nordens und des Südens. Die vorherrschenden Kriterien zur Kennzeichnung des Klimas sind der Jahresgang von Temperatur und Niederschlag. Mit entsprechenden Übergängen wird das Klima gekennzeichnet als arid bis humid, maritim bis kontinental und nival bis tropisch. Das Großklima kann in Abhängigkeit von spezifischen Standortbedingungen kleinräumig modifiziert werden. Das an einem bestimmten Standort herrschende Klima ist unter anderem von der Exposition, der Inklination, der Sonnenscheindauer, der Bodenfeuchte und der Vegetation abhängig.

Die das Klima steuernde Energie kommt nahezu ausschließlich von der Sonne. Die Sonnenstrahlen werden zum Teil von der Atmosphäre absorbiert, ein Teil derselben gelangt an die Erdoberfläche und erwärmt diese. Ein Teil wird durch die Verdunstung des Wassers und das Schmelzen von Schnee und Eis verbraucht. Auch reflektiert die Erdoberfläche einen Teil der Strahlen. Die Sonnenenergie, welche als direkte Sonnenstrahlung und diffuse Himmelsstrahlung zum Teil unmittelbar bzw. mittelbar über verschiedene Klimafaktoren und über die Lebewesen wirkt, ist jene die Bildung und Entwicklung von Böden am stärksten fördernde Größe. Die für die Bodenentwicklung wirksame Energie ergibt sich im wesentlichen aus der Intensität und der jahreszeitlichen Verteilung der Strahlungsbilanz. Die Strahlungsbilanz repräsentiert die Differenz aus der ein- und ausgestrahlten Sonnenenergie.

Das Klima ist einer der Hauptfaktoren der Bodenbildung und -entwicklung. Über die Temperatur und den Niederschlag nimmt das Klima Einfluß auf im bodenbildenden Substrat ablaufende physikalische, chemische und biologische Prozesse, welche für die Entwicklung des Profils wichtig sind. Das Klima bestimmt die Form der Verwitterung und steuert die Entwicklung der Vegetation und des Bodenlebens. Letztere nehmen ihrerseits spezifisch Einfluß auf die Bodenentwicklung.

Das Wasser beeinflußt in Form von Niederschlagswasser, Grundwasser sowie fließender oder stehender Gewässer die Bildung und Entwicklung von Böden. Dieses beeinflußt ebenso wie die Temperatur die Verwitterung und die Zersetzung der organischen Substanz, physikalisch-chemische Bodeneigenschaften, die Bodenbiologie und die Vegetation. Ein wesentlicher Effekt des Wassers ist die Stoffverlagerung im Profil. Jener Teil der Niederschläge, welcher als Sickerwasser den Bodenkörper passiert und dabei Lösungsprodukte abführt beeinflußt die Bodenentwicklung am stärksten. Eine stärkere Durchfeuchtung begünstigt die chemische Verwitterung und die Auswaschung basischer Nährkationen wie Ca, Mg, K und Na. Dieser Vorgang führt in Böden des humiden Klimaraumes zu einer langsamen natürlichen Versauerung. Unter Durchfeuchtung eines Bodens versteht man den Überschuß an Niederschlag (nach Oberflächenabfluß) gegenüber der Jahresverdunstung. Diese steht unter dem Einfluß der Temperatur und der relativen Luftfeuchte. In ariden Klimaten ist die Verdunstung höher als der Niederschlag. Die chemische Verwitterung ist hier gering. Durch aufsteigendes Wasser werden Salze im Oberboden angereichert.

Die Bedeutung des Klimas als bodenbildender Faktor zeigt sich darin, daß die wichtigsten Bodenzonen der Erde weitgehend den Klimazonen entsprechen. Die großen Klimazonen der Erde entsprechen den Vegetationszonen. Global gesehen werden die Vegetationszonen durch das Klima und die Pflanzenformationen oder Biome charakterisiert. Die Vegetationszonen erstrecken sich von der Tundren-Vegetation über die Nadelwald-, Mischwald-, Laubwald-, Steppen-, Savannen-, Halbwüsten- und Wüsten-Vegetation bis zum Regenwald in den feuchten Tropen.

Böden können in eine Anzahl von Bodentypen eingeteilt werden, welche mit Klima- und Vegetationszonen in Beziehung stehen. Das Ausgangsgestein ist eine Basis für wesentliche Unterschiede zwischen Böden eines gegebenen Klimaraumes.

Die Bodentypen der Erde können übersichtsmäßig Klimaräumen (klimatische Bodenzonen) zugeordnet werden. Diese schließen die Bodentypen des kalten, feuchten (arktischen) Klimas, die Bodentypen des kühlen bis gemäßigt warmen, feuchten Klimas (Podsolregion), die Bodentypen des mediterranen Klimas und ähnlicher Klimate, die Brunizeme und ähnliche Bodentypen, die Bodentypen des semihumiden und semiariden Klimas, die Bodentypen der Halbwüste und der Wüste, die Salzböden, die Bodentypen der feuchten Subtropen und Tropen sowie die Bodentypen des Hochgebirges ein. Eine umfassende Darstellung dieser Bodentypen kann Büchern der Bodenkunde entnommen werden (z.B. Schachtschabel et al. 1992; Mückenhausen 1993).

Die Bodentypen der verschiedenen Klimabereiche weisen gemeinsame Wesensmerkmale auf. Die Bodentypen des kalten, feuchten Klimas, welchem nicht nur die höheren geographischen Breiten, sondern auch die nivalen Regionen der Hochgebirge angehören weisen zum Beispiel eine geringe chemische und starke physikalische Verwitterung, Dauerfrost ab einer gewissen Bodentiefe, eine geringe Differenzierung des Profils, eine nicht geschlossene Vegetationsdecke, ein schwaches Pflanzenwachstum, einen geringen Organismenbesatz und eine geringe biologische Aktivität auf. Die Ansammlung von Rohhumus ist Ausdruck des letzteren. Anders zeigen Bodentypen der feuchten und wechselfeuchten Subtropen und Tropen infolge der warmen und feuchten Verhältnisse eine intensive chemische Verwitterung und eine Verarmung an basischen Kationen. Die intensive Verwitterung bedingt die Auswaschung von Kieselsäure und das Auftreten von Hydroxiden/Oxiden des Al und Fe. Die intensive mikrobielle Aktivität bedingt einen ebensolchen intensiven Abbau der organischen Substanz, wodurch es trotz einer hohen Produktion an organischer Masse nicht zu Humusreichtum kommt. Der Mangel an polymeren Huminstoffen sowie das Auftreten sorptionsschwacher Bodenmineralien ist in solchen Böden hinsichtlich der Rückhaltung und Verfügbarkeit von Nährstoffen als kritisch zu werten.

Natürliche Böden

Unter natürlichen Vegetationstypen gefundene Böden werden als natürliche Böden definiert. Die native Vegetation reflektiert die klimatischen Faktoren und lokale Standortbedingungen wie Ausgangsgestein, Topographie und Wasserregime. Die Vegetation nimmt ihrerseits spezifisch Einfluß auf die Entwicklung von Böden.

Klimatischer Klimax, Standort-Klimax

Zwischen der Vegetation und dem Boden stellt sich nach unterschiedlich langen Zeiträumen ein Gleichgewicht ein. In der Literatur werden zwei grundlegende Gruppen von Umweltfaktoren diskutiert, durch deren Interaktion ein gegebener Boden dieses Gleichgewicht erreicht. Dies ist zum einen das Klima einer gegebenen Region und dessen klimabedingte Vegetation, welche weitgehende Unabhängigkeit von lokalen ökologischen Faktoren wie Ausgangsgestein und Topographie aufweist. Zum anderen sind dies lokale Standortbedingungen wie Ausgangsgestein, Topographie und Wasserregime.

Der Begriff Klimax-Vegetation bezieht sich auf eine stabile Vegetation, welche sich unter dem Einfluß der herrschenden Umweltbedingungen und ohne anthropogene Störung etablierte. Der Begriff „Klimax" wird auch für den mit der Vegetation im Gleichgewicht stehenden Boden sowie für das gesamte Ökosystem angewandt. Klimax-Vegetationen unterscheiden sich von Pionier- und Übergangs-Vegetationen, welche sich auf jungen oder auf anthropogen gestörten Böden entwickeln. In der Natur einer gut etablierten Vegetation wird eine biologische Manifestation von Bodeneigenschaften gesehen. Der Begriff „Klimatischer Klimax" steht für das Gleichgewicht Boden-Vegetation, welches hauptsächlich durch das in einem bestimmten Gebiet herrschende Klima gesteuert wird.

In verschiedenen Klimazonen entwickeln sich aus gleichen Ausgangsgesteinen verschiedene Bodentypen. Innerhalb eines Klimabereiches können aus geologisch unterschiedlichen Ausgangsmaterialien ähnliche Bodentypen entstehen. Das Auftreten ähnlicher Böden innerhalb einer Klimazone wird als zonale Bodenbildung bezeichnet. Das Konzept von der Zonalität der Bodenbildung geht von der dominanten Wirkung der klimatisch bedingten Vegetation gegenüber dem Ausgangsgestein aus.

Innerhalb einer Klimazone auftretende Böden weisen in ihren Eigenschaften häufig Abhängigkeiten von an bestimmten Standorten herrschenden Unweltfaktoren auf. Solche Faktoren schließen wie bereits angegebenen das Ausgangsgestein, die Entwässerungsbedingungen und die Topographie ein. Es sind dies Faktoren, welche die intrazonale Bodenbildung bedingen. Variieren diese Standortfaktoren innerhalb bestimmter Bereiche wird die Etablierung einer klimabedingten Vegetation nicht behindert. Jenseits bestimmter Grenzen stellt sich jedoch anstelle der klimabedingten eine spezialisierte Vegetation ein. Diese spezialisierte Vegetation begünstigt eine andersartige Humifizierung und fördert unterschiedliche Prozesse der Bodenentwicklung. Das sich einstellende Gleichgewicht Vegetation-Boden ist als Standort-Klimax definiert.

Zahlreiche sich im Gleichgewicht befindende Böden weisen einen gemischten Ursprung auf und deren Etablierung beruht auf der gleichzeitigen Wirkung genereller Klimabedingungen sowie lokaler Standortbedingungen.

5.1.2 Bodentemperatur

In humiden Regionen erreichen etwa 35–40%, in ariden Regionen etwa 75% der Sonnenstrahlung die Erde (Brady 1990). Der diesbezügliche globale Wert beläuft sich auf 50%. Nur ein Teil der Sonnenenergie führt zur Erwärmung des Bodens. Die Energie wird zur Verdunstung von Wasser an Blattoberflächen und an der Bodenoberfläche genutzt. Etwa 10% der vom Boden absorbierten Energie kann zu dessen Erwärmung genutzt werden.

Die Bodentemperatur resultiert aus dem Zusammenspiel von Wärmezufuhr und Wärmeverlust sowie von Wärmekapazität und Wärmeleitfähigkeit des Bodens. Die Wärmezufuhr erfolgt nahezu ausschließlich durch die Sonneneinstrahlung. Eine geringe Wärmezufuhr erfolgt aus dem Erdinneren und durch exotherme Stoffumsetzungen. Die Wärmeverluste ergeben sich aus der Wärmeausstrahlung von der Bodenoberfläche sowie aus dem Verlust an Verdunstungswärme im Zuge der Verdunstung des Bodenwassers.

Lokale Faktoren beeinflussen die Bodentemperatur. Eine nähere Diskussion solcher Faktoren gab Dutzler-Franz (1981a). Die Menge an absorbierter Energie und die Erwärmung des Bodens sind von einer Reihe von Faktoren abhängig:

- Intensität der Strahlung
- Einstrahlungswinkel. Dieser ergibt sich aus der Neigung der Erdoberfläche und der Exposition. Die Erwärmung des Bodens ist umso größer, je steiler die Strahlen einfallen. Die Absorption von Energie ist am höchsten, wenn der eintreffende Strahl senkrecht zur Oberfläche steht.
- Höhenlage über dem Meeresspiegel. Mit zunehmender Erhebung nimmt die Einstrahlungsintensität zu und Temperaturschwankungen sowie Unterschiede in der Exposition wirken sich stärker aus.
- Oberflächenbeschaffenheit des Bodens. Der unbedeckte Boden erwärmt sich rascher und kann in unseren Breiten im Sommer oft Temperaturen von > 50°C erreichen. Unbedeckte Böden kühlen jedoch auch schneller ab als bedeckte. Bei Vorliegen einer geschlossenen Vegetation werden die von den Pflanzen absorbierten Wärmemengen zum Großteil wieder als Verdunstungswärme verbraucht und der Boden erwärmt sich unter solchen Bedingungen weniger stark. Die Variation der Bodentemperatur wird durch die Vegetation sowie auch durch Mulchen reduziert.
- Absorptions- und Reflexionsvermögen des Bodens. Bei annähernd gleicher Beschaffenheit sind dunkle Böden infolge der hohen Wärmeabsorption bis zirka 20 cm Tiefe durchschnittlich um 0.5–3.0°C wärmer als helle. Die Temperaturunterschiede sind zur Zeit vorherrschender Einstrahlung am stärksten und verschwinden in der kalten Jahreszeit und zur Zeit des täglichen Temperaturminimums. Dunkle Böden unterliegen höheren Temperaturschwankungen als helle. Wenngleich dunkle Böden mehr Energie absorbieren als helle, so impliziert dies nicht uneingeschränkt daß diese stets wärmer sind als helle. Dunkle Böden sind oft reich an organischer Substanz und vermögen große Mengen an Wasser zu halten, weshalb mehr Energie nötig ist, diese zu erwärmen. Auch kühlt verdunstendes Wasser den Boden ab.

- Wassergehalt des Bodens. Feuchte Böden erwärmen sich weniger stark als trockene. Tonige Böden sind infolge ihres starken Wasserhaltevermögens „kühler“ als sandige Böden. Feuchte Böden erwärmen sich schwächer und langsamer als trockene und kühlen sich schwächer und langsamer ab.
- Porenvolumen der Böden. Böden mit Krümelstruktur erwärmen sich beispielsweise stärker als Böden mit einem geringen Porenvolumen.

Die Lufttemperatur variiert mit der geographischen Breite und der Meereshöhe und weist diurnale und saisonale Schwankungen auf. Die Lufttemperatur nimmt Einfluß auf die Verdunstung von der Bodenoberfläche (Evaporation) und die Verdunstung der Pflanzen (Transpiration). Die Kombination aus beiden, die Evapotranspiration, nimmt mit steigender Temperatur und mit zunehmendem Wasserdampfsättigungsdefizit der Luft zu.

Bodentemperaturen können zwischen etwa -40 und 60°C rangieren. Die extremsten Schwankungen treten an der Oberfläche auf. Mit zunehmender Tiefe gehen diese rasch zurück.

Die absolute Bodentemperatur und deren Variation mit der Zeit und der Tiefe wird stark durch die Bedeckung des Bodens sowie die thermischen Eigenschaften und den Wassergehalt des Bodens beeinflußt.

Im Boden variiert die Temperatur mit der Bodentiefe. Die Bodentemperatur zeigt periodische tages- und jahreszeitliche Schwankungen. Die Temperatur der Oberflächenlagen variiert mehr oder weniger stark mit der Lufttemperatur. Die Temperaturschwankungen sind im Oberboden stärker ausgeprägt als im Unterboden, wo diese auch zeitlich verzögert auftreten. Die für Böden der temperaten Zone angegebene durchschnittliche Jahrestemperatur bewegt sich etwa zwischen 8 und 15°C.

Die Bodentemperatur wirkt auf Prozesse der Bodenbildung und -entwicklung wie die Verwitterung, die Mineralneubildung und den Ab- und Umbau der organischen Substanz. Die Temperatur nimmt Einfluß auf physikalisch-chemische Bodeneigenschaften, das Bodenleben und die Pflanzen, die Bewegung und Diffusion von Flüssigkeiten und Gasen innerhalb des Bodengefüges, den Gasaustausch mit der Atmosphäre sowie auf den Aggregatzustand des Wassers.

5.2 Mikrobiologie und Bodenenzymatik

Das Klima nimmt im besonderen über die Temperatur und das Wasser Einfluß auf Bodeneigenschaften, welche für die Entwicklung von Mikroorganismen, die Enzymbildung und -immobilisierung von Bedeutung sind.

Das Wasser und die Temperatur sind für das Leben fundamentale Größen. Für die Lebensvorgänge ist weniger die gesamte Niederschlagsmenge, welche in einem Jahr fällt wesentlich, sondern vielmehr die zeitliche Verteilung dieser Niederschlagsmenge und ferner, welchen Raum der Niederschlag zur Temperatur einnimmt.

Das hydrothermale Regime kontrolliert das qualitative und quantitative Auftreten von Bodenmikroorganismen. Unter den ökologischen Faktoren ist dieses Regime der wichtigste Regulator des enzymatischen Potentials von Böden. Dieses steht mit unterschiedlichen Werten der enzymatischen Aktivität von Böden in verschiedenen Klimazonen in Beziehung.

Der Einfluß des Klimas auf bodenbiologische Parameter ist hinsichtlich dessen Intensität und Tiefenverteilung vom Bodentyp abhängig.

Die Überlagerung klimatischer Einflüsse mit anderen Einflußfaktoren erschwert die Interpretation von Untersuchungsergebnissen. Häufige Beprobung während des Jahreslaufes und der Einsatz spezieller statistischer Verfahren sind zur Lösung solcher Probleme notwendig.

5.2.1 Temperaturanpassung und Klimazonen

Hinsichtlich der Temperaturansprüche der Mikroorganismen kommt dem Lokalklima des Herkunftsortes wesentliche Bedeutung zu. Die Mikroorganismen sind in ihren Temperaturansprüchen generell weitgehend an die am Herkunftsort herrschenden Bedingungen angepaßt. Ein und derselbe Mikroorganismus verhält sich in Abhängigkeit von den klimatischen Verhältnissen des Herkunftgebietes in verschiedenen physiologischen Eigenschaften abweichend.

Am unteren Ende des Temperaturbereiches wird die Aktivität und das Wachstum der Mikroorganismen durch das Gefrieren des Wassers beschränkt. Hinsichtlich der maximalen mit dem Leben vereinbaren Temperatur besteht Diskussion. Befunde, wonach Mikroorganismen in Gegenwart flüssigen Wassers auch bei Temperaturen über 100°C (hohe Druckverhältnisse) am Leben bleiben können geben Hinweis darauf, daß die entsprechende Obergrenze dort liegt, wo die Existenz flüssigen Wassers nicht mehr gegeben ist. Die Entdeckung von barothermophilen Bakterien dehnte den Temperaturbereich in welchem Leben nachgewiesen werden kann bis etwa 110°C aus (Edwards 1990). Oberhalb einer bestimmten Temperatur tritt die irreversible Inaktivierung zellulärer Bestandteile ein, wobei diesbezüglich Variation zwischen verschiedenen Mikroorganismen besteht.

Mikroorganismen werden entsprechend deren Vermögen bei hohen, mittleren oder niedrigen Temperaturen zu wachsen prinzipiell in drei Kategorien eingeteilt. Diese umfassen thermophile, mesophile und psychrophile Formen. Nicht alle Mikroorganismen können auf einfache Weise in eine der drei Hauptkategorien eingereiht werden.

In den Böden der gemäßigten Klimazone werden vorwiegend mesophile Mikroorganismen gefunden. Solche Organismen sind an einen mittleren Temperaturbereich angepaßt. Das Temperaturoptimum mesophiler Mikroorganismen liegt zwischen 20 und 35°C. Aus vielen Böden können auch thermophile Mikroorganismen isoliert werden. Thermophile Mikrorganismen entwickeln sich bei Temperaturen zwischen 50 und 60°C am besten und erreichen die Grenze bei 70°C. Extrem thermophile Mikroorganismen sind solche, deren Wachstumsoptimum oberhalb 65°C liegt. Einige Mikroorganismen vermögen selbst oberhalb von 70°, 80° oder sogar bei 105°C zu wachsen. Die oberhalb 80° und 100°C wachsenden Bakterien werden als hyperthermophile Organismen definiert. Eine sowohl in vielen hochalpinen Böden als auch in Böden der temperaten Klimazone nachweisbare aktive, thermophile Mikroflora gibt Hinweis darauf, daß an diesen Standorten zuweilen Temperaturverhältnisse herrschen, welche für solche Organismen optimal sind. Bodentemperaturen von > 45°C können auch in diesen relativ kühlen Klimaten gegeben sein.

In der Natur treten auch weit verbreitet kälteadaptierte, psychrophile und psychrotrophe, Mikroorganismen auf. Diese Organismen unterscheiden sich von mesophilen Mikroorganismen durch die Fähigkeit zum Wachstum bei niedrigen Temperaturen. Der Begriff „psychrophil“ wurde zunächst für Mikroorganismen geprägt, welche bei 0°C zum Wachstum und zur Vermehrung befähigt sind. Einer anderen Definition zufolge ist zwischen psychrophilen Mikroorganismen im engeren Sinne und psychrotrophen Mikroorganismen zu unterscheiden. Die erstgenannten weisen ein optimales Wachstum bei Temperaturen unterhalb von 16°C und ein oberes Temperaturlimit von 20°C auf. Die psychrotrophen Mikroorganismen besitzen die Fähigkeit sich bei 0°C zu teilen und zeigen ein optimales Wachstum bei Temperaturen um 20–25°C. Stenopsychrotrophe Mikroorganismen können bei 40°C nicht wachsen, wohingegen eurypsychrotrophe auch bei Temperaturen von 40°C oder höher Wachstum zeigen.

Psychrophile und psychrotrophe Mikroorganismen sollten unter dem Begriff kälteadaptierte Mikroorganismen zusammengefaßt werden. Kälteadaptierte Mikroorganismen können an sämtlichen kalten Standorten gefunden werden. Diese Mikroorganismen unterliegen in ihren natürlichen Habitaten, welche Gletschereis und polare sowie alpine Böden einschließen, häufig großen und raschen Temperaturschwankungen. Deren Fähigkeit sowohl bei niedrigen als auch bei mäßigen Temperaturen zu wachsen verleiht diesen gegenüber mesophilen Mikroorganismen einen Konkurrenzvorteil und gewährleistet die Aufrechterhaltung von Nährstoffkreisläufen und Energieflüssen an extremen Standorten. Kälteadaptierte Mikroorganismen zeigen bei niedrigen Temperaturen höhere katalytische Effizienz als mesophile. Die ökologische Bedeutung dieser weitverbreitet auftretenden Lebensformen zeigt sich nicht zuletzt in der Tatsache, daß mehr als 80% der Biosphäre Temperaturen unterhalb 5°C aufweisen. Eine

Übersicht über Eigenschaften kälteadaptierter Mikroorganismen gaben Margesin und Schinner (1994a).

Mit Bodenproben von Böden aus verschiedenen Klimazonen durchgeführte Versuche zeigten die Temperaturanpassung von Bodenmikroorganismen (z.B. Franz 1974; Dutzler-Franz 1981a,b; Schinner und Gstraunthaler 1981; Mishustin und Yemtsev 1982; Khaziyev und Khabirov 1983; Schinner et al. 1992).

In Untersuchungen von Böden aus verschiedenen Klimazonen und unterschiedlichen Typs konnte hinsichtlich der Temperaturanpassung von Bodenmikroorganismen die Existenz physiologischer Rassen nachgewiesen werden (Mishustin und Yemtsev 1982). Für Isolate aus Böden der südlichen Regionen konnten gegenüber solchen aus Böden der nördlichen Regionen signifikant höhere Temperaturoptima und -maxima ermittelt werden. In die vergleichenden Untersuchungen waren folgende Regionen/ Bodentyp einbezogen worden: Tundra/ Nördlicher Podsol, Hochgebirgszone/ Rohboden, Taiga/ Rasenpodsol, Subtropen/ Rote Böden und Trockensteppe/ Braune Böden, Sierosemböden.

Khaziyev und Khabirov (1983) konnten in einer vergleichenden Analyse von Böden der Wald-, der Wald-Steppen- und der Steppen-Zone der Cis-Ural Region eine von Norden nach Süden zunehmende mikrobielle Biomasse sowie eine wesentliche Neugruppierung der mikrobiellen Populationen feststellen, wobei sich in Richtung Steppenzone die relative Zunahme von Gruppen mit einem aktiveren Enzymapparat zeigte (mit Ausnahme der Böden der Trockensteppenlandschaft im extremen Süden, wo die Aktivität unterdrückt wurde).

Alpine und nivale Habitate zeichnen sich durch Temperaturen um 0°C, einen wiederholten Wechsel von Gefrieren und Tauen, ein wechselndes Angebot an Nährstoffen sowie durch eine starke UV-Strahlung aus. An solchen Standorten werden Mikroorganismen gefunden, welche hinsichtlich Wachstum, Enzymbildung und Enzymaktivität Mechanismen der Anpassung an niedrige Temperaturen aufweisen. Die bei solchen Mikroorganismen häufig nachweisbare Pigmentierung kann sowohl eine Anpassung an die Temperatur als auch eine solche an die hohe Strahlungsintensität darstellen. An extreme Temperaturen sowie an rasche Temperaturschwankungen angepaßte Mikroorganismen spielen eine bei der Aufrechterhaltung der Nährstoffkreisläufe und Energieflüsse der entsprechenden Systeme essentielle Rolle.

In vergleichenden Untersuchungen mit Proben von subalpinen und alpinen Böden (Hohe Tauern, Österreich) konnte eine Abnahme der Bodenpilzvielfalt mit zunehmender Meereshöhe sowie ein Wechsel der dominierenden Arten in verschiedenen Höhen und/oder mit der Vegetation nachgewiesen werden (Schinner und Gstraunthaler 1981). Sie Selektion von Arten war als Mechanismus der Anpassung an veränderte Umweltbedingungen stärker angezeigt als metabolische Adaptationen. Die beprobten

Standorte schlossen ein: Meereshöhe 2550 m alpine Zone, offene Vegetation, Alpiner Pseudogley; 2300 m alpine Zone, alpines Grasland, Alpiner Pseudogley; 1920 m subalpine Zone, alpine Weide, Pseudovergleyte Braunerde; 1650 m subalpine Zone, Mähwiese, Pararendsina.

In Winterproben von Böden aus der gemäßigten Klimazone konnten bei 5°C um ein Vielfaches mehr aerobe Keime ausgezählt werden als in den Sommenproben der entsprechenden Böden (Dutzler-Franz 1981a). Auch wiesen die erstgenannten bei einer Bebrütungstemperatur von 5°C und 15°C wesentlich höhere Aktivitäten auf als letztere. Untersuchungen zur Bodenatmung, zum Abbau von Glucose, Cellulose und Harnstoff, zur Nitrifikation und Ammonifikation sowie zur Aktivität der Enzyme Dehydrogenase, alkalische Phosphatase und Urease waren konzipiert worden. Aus sämtlichen Böden der temperaten Klimaregion und aus der Mehrzahl der ebenfalls beprobten alpinen Böden konnten noch nach einwöchiger Bebrütung bei 70°C (80°C) aerobe Bakterien und Aktinomyceten isoliert werden. Deren Anzahl und Aktivität war in den Böden aus der temperaten Klimazone um ein Vielfaches höher als in den alpinen Böden. In Abhängigkeit von der Bebrütungstemperatur konnten für mikrobielle Aktivitäten (Glucose-, Cellulose- und Harnstoffabbau, Nitrifikation und Ammonifikation sowie die Bodenatmung) auch zweigipfelige Kurven erhalten werden. Das erste Maximum lag meist zwischen 27 und 35°C und konnte auf die Aktivität einer mesophilen Mikroflora zurückgeführt werden. Das zweite Maximum wurde zwischen 50 und 80°C beobachtet und deutete auf thermophile Mikroorganismen hin. Bei einer Inkubationstemperatur von 15°C konnten aus einer Anzahl von Bodenproben der hochalpinen bis subalpinen Region des Großglockner-Gebietes (Österreich) wesentlich mehr Pilzarten isoliert werden als bei einer solchen von 27°C (Dutzler-Franz 1981b).

An einem Südhang der Hohen Tauern, Österreich, wurden in einer Höhe von 2550 m (Alpiner Pseudogley), von 1920 m (Pseudovergleyte Braunerde) sowie von 1650 m (Pararendsina) Seehöhe Untersuchungen zum Streuabbau, zur Aktivität der streuabbauenden Enzyme Cellulase und Xylanase, zur CO_2-Entwicklung sowie zur Keimzahl der Bakterien unter besonderer Berücksichtigung der cellulolytischen Bakterien unternommen (Schinner 1982a). Der Streuabbau betrug nach einem Jahr Exposition (Streusäckchen) in einer Höhe von 2550 m 46%, in einer solchen von 1920 m 75% und in 1560 m Höhe 86%. Untersuchungen mit Streusäckchen verschiedener Maschenweite (25 µm und 1000 µm) zeigten, daß kleine Bodentiere (< 1 mm) den Streuabbau in verschiedenen Höhenlagen und unter unterschiedlicher Vegetation nicht signifikant beeinflußten. Mit zunehmender Meereshöhe nahmen die Atmungsaktivität und die Enzymaktivitäten ab. Die Keimzahlen der Bakterien der alpinen Zone (2250 m) und der Mähwiese (1650 m) zeigten, daß die durch die ungünstigen klimatischen Verhältnisse geringere metabolische Aktivität durch eine Zunahme der Zellzahlen kompensiert werden kann.

Untersuchungen zur Aktivität der Enzyme Xylanase, Pektinase und Carboxymethyl-Cellulase sowie zum Celluloseabbau in Böden entlang eines Höhentransektes (montane, subalpine, alpine Stufe) im Bereich der Großglockner Hochalpenstraße (Hohe Tauern, Österreich) zeigten ebenfalls eine mit der Zunahme der Meereshöhe verbundene Abnahme der potentiellen und aktuellen Abbaufähigkeiten der Böden (Schinner et al. 1989a). Vier Standorte in unterschiedlicher Meereshöhe und unter verschiedener Vegetation waren beprobt worden; Mähwiese in 1612 m Höhe, tiefgründige Pararendsina; Weide in 1912 m Höhe, Braunerde; Grasheide in 2300 m Höhe, Alpiner Pseudogley; Polstergesellschaft in 2528 m Höhe, Alpiner Pseudogley. Quantitative und qualitative Unterschiede im Bakterien- und Hefebesatz entlang des Höhentransektes konnten primär auf die unterschiedliche Nährstoffzusammensetzung des anstehenden Vegetationstyps zurückgeführt werden (Schinner und Gurschler 1989). Die optimale Wasserkapazität (WK) für die CO_2-Freisetzung liegt bei niedrigeren Temperaturen tiefer als bei höheren (2°C 50% maximale WK, 21°C 60% maximale WK, 30°C 70% maximale WK). Der Temperaturkoeffizient (Q_{10}) war im untersuchten Bodenmaterial bei 30–80% maximale Wasserkapazität zwischen 5–15°C am höchsten, unter 50% bei 20–30°C und über 60% bei 15–25°C am niedrigsten (Schinner et al. 1989b). Die Mikroorganismen reagierten in niedrigen Temperaturbereichen empfindlicher auf Temperaturschwankungen als in höheren.

In Proben von Kryokonit (schwarze, organische Anreicherungen) von Gletschern und solchen hochalpiner Böden konnten extrazelluläre Protease bildende psychrotrophe Bakterien nachgewiesen werden (Schinner et al. 1992). Nahezu die Hälfte der 330 bakteriellen Isolate von hochalpinen Standorten waren Proteasebildner. Für den überwiegenden Teil der Bakterien lag das Temperaturoptimum für das Wachstum in einem Temperaturbereich von 10–25°C. Ein Großteil der Protease-haltigen Kulturfiltrate wies bei pH 7 und 30°C maximale proteolytische Aktivität auf. Die Proteasen psychrophiler und psychrotropher Mikroorganismen unterscheiden sich von solchen mesophiler durch ein geringeres Temperaturoptimum, eine geringere Thermostabilität und eine geringere Aktivierungsenergie für die Hydrolyse des Substrates (Margesin und Schinner 1993). Die Enzymausscheidung kälteadaptierter Mikroorganismen weist eine stärkere Temperaturabhängigkeit auf als deren Wachstum.

In Proben alpiner Böden des Pic du Midi de Bigorre (Hohe Pyrenäen) wurden Teilprozesse des Stickstoffkreislaufes untersucht (Labroue und Carles 1977). Die Probenahmestellen (Süd- sowie Nordlage) befanden sich in Meereshöhen von 2640 bis 2810 m. Die Ammonifikation erwies in bei den vorherrschend niedrigen Temperaturen in den Böden als gering. Die niedrigen Temperaturen beeinflußten die proteolytische Aktivität nur geringfügig. Als Folge dieser beiden Phänomene wiesen die Böden sehr geringe Gehalte an mineralischem Stickstoff und hohe Gehalte an Aminosäuren auf. Die Anpassung der Nitrifikation an die niedrigen Temperaturen und selbst an den Wechsel Gefrieren/Tauen, welcher die Belüftung des Bodens fördert, war angezeigt. Die Stickstoffixierung war von hauptsächlich symbiontischer Natur. Mit Beginn des Sommers nahm die Nitratreduktion zu, Denitrifikation konnte nicht gesichert festgestellt werden. Die Befunde ließen auf eine massive Aufnahme von Aminosäuren durch die Pflanzen des alpinen Raumes zur Deckung des Stickstoffbedarfes schließen. Die Fixierung von Stickstoff und die verminderten Stickstoffverluste leisten einen Beitrag zur Geringhaltung des C/N-Verhältnisses des Humus (etwa 10, dies ist charakteristisch für alpinen Moder).

Untersuchungen zum Stickstoffeintrag in alpine und subalpine Ökosysteme (Umgebung des Pic du Midi de Bigorre) im Jahreslauf ergaben für die biologische Stickstoffixierung Werte des Stickstoffeintrages von 200 g N/ha/Jahr (Tosca und Labroue 1981). Die biologische Stickstoffixierung erwies sich damit in diesen hoch gelegenen Systemen als gering. Mittels des Acetylenreduktionstestes war vor allem die biologische Stickstoffixierung in situ bestimmt worden (Meereshöhe 1800–2800 m). In subalpinen Regionen nahm die Stickstoffixierung auf 1–2 kg/ha/Jahr zu. Als Träger der biologischen Stickstoffixierung konnten Leguminosen, gefolgt von Flechten (Gattung *Peltigera*) und Cyanobakterien angegeben werden. Arktischen Tundren vergleichbar erwies sich die heterotrophe Stickstoffixierung als vernachlässigbar und deren vorwiegende Assoziation mit anaeroben Mikroorganismen war angezeigt. Der jahreszeitliche Gang der Stickstoffixierung war mit dem Auftreten der Leguminosen verbunden, der Tagesgang der Stickstoffixierung zeigte deren Lichtabhängigkeit an.

Im Rahmen von Untersuchungen zum Stickstoffkreislauf in Böden entlang eines Höhentransektes im Bereich der Großglockner Hochalpenstraße (Hohe Tauern, Österreich) konnte Schinner (1989) auf einen infolge Stickstoffixierung insgesamt geringen Stickstoffeintrag in alpine und subalpine Böden schließen. In den alpinen und subalpinen Böden war eine nur geringe Zahl stickstoffixierender Bakterien nachweisbar. Auch waren an diesen Standorten Leguminosen nur gering vertreten.

Der organische Substanzgehalt und der Stickstoffgehalt des Bodens weist unter sonst vergleichbaren Bedingungen die Tendenz auf von wärmeren in Richtung kühlere Regionen zuzunehmen. Gleichzeitig nimmt das C/N-Verhältnis zu. Innerhalb von Zonen entsprechender Feuchte und vergleichbarer Vegetation nimmt der organische Substanzgehalt und der Stickstoffgehalt mit dem Rückgang der Temperatur um jeweils 10°C um den Faktor zwei bis drei zu (Brady 1990). Verschiedene Autoren beobachteten, daß Böden von Bodensequenzen aus Indien, Südamerika, Ostafrika und

Nepal, welche zum Teil sämtliche Klimaregionen vom tropischen bis hin zum hochalpinen Gebirgsklima durchliefen, klimatisch bedingte Veränderungen des Kohlenstoff- und Stickstoffgehaltes aufwiesen (Dutzler-Franz 1981a).

Die mikrobielle Biomasse weist eine enge Beziehung zum organischen Substanzgehalt der Böden auf. Insam et al. (1989) und Insam (1990) fanden eine enge Beziehung des mikrobiellen Biomasse-C (C_{mic}) und des Verhältnisses des mikrobiellen Biomasse-C zum organischen Kohlenstoffgehalt (C_{org}) (C_{mic}/C_{org}-Verhältnis) zu klimatischen Variablen. Sich im Kohlenstoffgleichgewicht befindende Böden aus verschiedenen Klimaregionen waren zur Untersuchung herangezogen worden. Der mikrobielle Biomasse-C korrelierte signifikant mit verschiedenen klimatischen Variablen, darunter auch mit der mittleren Jahrestemperatur. Bei 20° und 5°C mittlere Jahrestemperatur konnten 50 und 500 µg C_{mic}/g Boden bestimmt werden. Wurde C_{mic} mit dem organischen Kohlenstoffgehalt in Beziehung gesetzt (C_{mic}/C_{org}-Verhältnis), konnte eine sehr hohe Korrelation mit dem Verhältnis Niederschlag/Verdunstung festgestellt werden. Klimatische Größen, welche nicht nur die Temperatur sondern auch die Feuchtigkeitsbedingungen reflektieren erwiesen sich bezüglich der Vorhersage eines C_{mic}/C_{org}-Verhältnisses als geeignet. Der Niederschlags-Verdunstungsquotient war dafür am besten geeignet. In Klimaregionen mit einem Ausgleich an Niederschlag (Nd) und Verdunstung (V) war der Anteil des mikrobiellen Biomasse-C am organischen Kohlenstoffgehalt am geringsten (15 mg C_{mic}/g C_{org}). In trockeneren ($Nd/V < 1$) oder humideren Klimaten ($Nd/V > 1$) war das C_{mic}/C_{org}-Verhältnis höher; dieses betrug bis zu 50 mg C_{mic}/g C_{org}. Der Niederschlags-Verdunstungsquotient war für 68% der Variation verantwortlich. Der Tongehalt und der pH-Wert erwiesen sich für weitere 2 und 3% der Variation verantwortlich. Die verbleibende Variation konnte mit Unterschieden hinsichtlich der Düngung, den Feldfrüchten, der Bodenbearbeitung oder den Ernterückständen in Beziehung gesetzt werden. Für die Basalatmung konnte ebenfalls eine signifikante Beziehung zu klimatischen Variablen nachgewiesen werden. Böden aus wärmeren Klimaten zeigten eine Basalatmung von 0.3 mg CO_2/g Boden/Stunde, während solche aus kühleren Klimaten eine solche von 0.1 mg aufwiesen. Eine Zunahme der spezifischen Atmung (metabolischer Quotient, qCO_2) mit zunehmender Temperatur konnte gleichfalls nachgewiesen werden.

Von Wardle und Parkinson (1990) durchgeführte Untersuchungen zur Beeinflussung der spezifischen Atmung (qCO_2) durch die Bodentemperatur und -feuchte ergaben, daß niedrige Temperaturen und geringe Feuchte jene Klimabedingungen darstellen, welche zu einer geringen Ökosystemstabilität beitragen. Bei geringer Bodenfeuchte und bei niedriger

Bodentemperatur nutzen die Mikroorganismen das Substrat mit geringer Effizienz. Unter solchen Bedingungen wird mehr geatmet und weniger neue Biomasse gebildet.

5.2.2 Das bodenenzymatische Potential bestimmende Faktoren

Der Reichtum der Böden an Enzymen und deren qualitative Zusammensetzung wird großteils durch die Qualität und Quantität der den Boden besiedelnden mikrobiellen Populationen bestimmt. Der zonal-geographische Faktor kontrolliert die Enzymbildung und beeinflußt die Aktivität der im Boden immobilisierten Enzyme. Klimatische und edaphische Standortfaktoren stehen mit interzonalen Veränderungen der Bodenenzymaktivität in Beziehung.

Khaziyev und Khabirov (1983) konnten in einer vergleichenden Analyse zur Veränderung der Enzymaktivitäten in Böden der Wald-, der Wald-Steppen- und der Steppen-Zone der Cis-Ural Region ein gemeinsames Muster beobachten. Die Aktivität der hydrolytischen Enzyme (Saccharase, Phosphatase, Urease, Protease) und der Oxidoreduktasen (Dehydrogenase, Katalase) war in den Böden der Steppenzone am höchsten (mit Ausnahme der Böden der Trockensteppenlandschaft im extremen Süden, wo die Enzymaktivität unterdrückt wurde) und erwies sich in den Böden der Waldsteppen- und Waldzone als erniedrigt. Die veränderten Aktivitäten standen mit Eigenschaften des Klimas und des Bodens in Beziehung, welche biochemische Prozesse negativ zu beeinflussen vermögen. Die Enzyme variierten in verschiedenen ökologisch-geographischen Bodengruppen hinsichtlich deren physikalisch-chemischen Eigenschaften und kinetischen Charakteristika. Der Enzymkomplex südlicher Böden (Tschernosem, Kastanosem, Sierosem) erwies sich als thermisch stabiler und zeigte hinsichtlich der optimalen Temperatur ein breiteres und höheres Intervall als der Enzymkomplex der Nördlichen Rasenpodsole und Grauen Waldböden. Von Norden nach Süden konnte sowohl eine Zunahme der Gesamtzahl der Bodenmikroorganismen als auch eine wesentliche Neugruppierung der mikrobiellen Populationen nachgewiesen werden. Diese zahlenmäßige Veränderung und Neugruppierung der mikrobiellen Populationen in den zonalen Bodenserien zeigte Übereinstimmung mit dem Muster der zonalen Veränderung der Bodenenzymaktivitäten. Die Zunahme der gesamten mikrobiellen Biomasse und die relative zahlenmäßige Zunahme von Gruppen mit einem aktiveren Enzymapparat war für den größeren Enzympool bestimmend, welcher in den Böden von der Waldzone zur Steppenzone hin auftrat. In der gleichen Richtung veränderten sich auch die Bedingungen für die Immobilisierung von Enzymen. Dies zeigte sich in der Zunahme des Humus- und Tongehaltes sowie der spezifischen Oberfläche des Bodens und im günstigen Verhältnis der adsorbierten Kationen. Die höhere

Bodentemperatur, welche eine essentielle thermodynamische Größe für enzymatische Prozesse darstellt, erwies sich für die Aktivität der in diesen Böden immobilisierten Enzyme ebenfalls als bedeutsam.

Von der Halbwüsten- und Wüstenbodenzone zur Bergwiesenbodenzone Armeniens konnte mit der Zunahme der Feuchte und der Abnahme der Temperatur eine damit verbundene Zunahme der Aktivität hydrolytischer Enzyme (Invertase, Phosphatase, Urease, Arylsulfatase, ATPase) sowie der Dehydrogenaseaktivität beobachtet werden (Abramyan 1993). Die Anreicherung wesentlicher Mengen an Biomasse, Humus und organischen Stickstoff-, Schwefel- und Phosphorverbindungen im Boden wird durch eine hohe Feuchte und niedrige Temperaturen gefördert. Korrelationsanalysen zur Etablierung der Abhängigkeit der Höhe der Enzymaktivität verschiedener genetischer Bodentypen von der Temperatur und der Feuchte ergaben eine negative Beziehung zwischen der Aktivität der Enzyme Invertase, Phosphatase, Urease, Arylsulfatase und der Bodentemperatur. Eine negative, jedoch weniger signifikante Korrelation konnte zwischen der Aktivität der Enzyme ATPase und Dehydrogenase und der Temperatur ermittelt werden. Positive Korrelation bestand zwischen der Aktivität der Katalase und der Temperatur. Die Abnahme der Temperatur um 1°C war mit einem Anstieg der Invertaseaktivität um 4.45 mg Glucose, der Phosphataseaktivität um 0.99 mg Phosphat, der Ureaseaktivität um 0.52 mg NH_3, der Arylsulfataseaktivität um 0.7 mg SO_4^{2-}, der ATPase-Aktivität um 0.32 mg Phosphat und der Dehydrogenaseaktivität um 0.3 mg TPF verbunden. Die Aktivität der Katalase hingegen ging um 0.27 cm^3 O_2 zurück. Mit Ausnahme der Katalase wiesen sämtliche Enzyme eine positive Beziehung zum Angebot an produktiver Feuchte auf. Die Zunahme der Humidität einer Meßeinheit von 1 mm entsprechend führte zu einer Zunahme der Invertaseaktivität um 2.39 mg Glucose, der Phosphataseaktivität um 0.53 mg Phosphat, der Ureaseaktivität um 0.28 mg NH_3, der Arylsulfataseaktivität um 0.38 mg SO_4^{2-}, der ATPase-Aktivität um 0.12 mg Phosphat und der Dehydrogenaseaktivität um 0.15 mg TPF. Die Aktivität der Katalase ging unter diesen Bedingungen um 0.14 cm^3 O_2 zurück.

Die Temperatur übt auf biochemische Stoffumsetzungen direkte thermodynamische Effekte aus. Diese beeinflußt die Geschwindigkeit enzymkatalysierter Reaktionen. Die Arrhenius-Gleichung kann genutzt werden diese zu quantifizieren. Unterhalb des Temperaturoptimums tritt bei vielen biochemischen Reaktionen bei einer Zunahme der Temperatur um 10°C eine Verdoppelung der Reaktionsgeschwindigkeit auf.

Untersuchungen zur Regulation der Bodenenzymaktivität durch die Temperatur zeigten, daß allein auf Basis von Temperaturreaktionen der Enzyme bei Erwärmung des Bodens im Frühling eine Erhöhung der Abbaurate erwartet werden darf. Dies ist selbst bei Fehlen von mikrobiellem Wachstum und erhöhter Enzymproduktion möglich. Im Herbst kann die Abkühlung der Böden einen Rückgang der Aktivität bewirken. Literaturberichten zufolge erfolgt im Winter unter Schnee nahe 0°C ein signifikanter Streumasseverlust. Winterliche Limitierungen des organischen Substanzabbaus können stärker durch jene die Diffusion einschränkende Eisbildung als durch einen Temperatureffekt auf Enzyme bedingt sein. Durch die fortgesetzte Aktivität von Enzymen nahe am Gefrierpunkt werden infolge der Limitierung der mikrobiellen Assimilation bei niedrigen Temperaturen Produkte angereichert. Die Enzymaktivität kann durch solche Produkte gehemmt werden.

McClaugherty und Linkins (1990) analysierten Temperatur-Reaktionskurven streuabbauender Bodenenzyme in den oberen Horizonten zweier Waldböden. Unterschiede in den Temperatur-Reaktionskurven von gebundenen oder extrahierbaren Polysaccharidasen sowie deren Veränderung mit der Bodentiefe wurden ebenso erfaßt wie die Temperatur-Reaktionskurven von extrahierbaren Phenoloxidasen in denselben Böden. Es handelte sich um einen Hartholzmischwald und einen Bestand von *Pinus resinosa.* Die Temperatur-Reaktionskurven für die Enzyme Endoglucanase, Exoglucanase, Chitinase, Laccase und Peroxidase, welche in den oberen Horizonten des gemischten Hartholz und eines *Pinus resinosa* Bestandes gefunden wurden, verliefen über einen Temperaturbereich von 2–30°C linear. Die Aktivierungsenergien waren für die Endo- und Exoglucanase im Mineralhorizont höher als in der organischen Lage. Diese waren für gebundene Endoglucanasen höher als für extrahierbare. Die Ergebnisse waren solchen für die arktische Tundra erhaltene vergleichbar und zeigten das Potential von Bodenenzymen bei Temperaturen unter Null aktiv zu sein an. Hinsichtlich der Temperaturreaktion bestand bei den Enzymen eine wesentliche Variabilität. Die Streu-Chitinasen waren gegenüber der Temperatur relativ insensitiv; deren Aktivität betrug bei 0°C etwa 70% jener bei 15°C. Im Gegensatz dazu waren die Cellulasen im A_1-Horizont sensitiver gegenüber der Temperatur; deren Aktivität entsprach bei 0°C weniger als 30% jener bei 15°C.

Enzyme können im Boden durch Immobilisierung vor schädigenden physikalischen, chemischen und biologischen Faktoren geschützt werden. In der konservierenden Wirkung von Bodenkolloiden ist eine Ursache dafür zu sehen, daß obgleich des Vorliegens ungünstiger physikalischer Bedingungen für freie Enzyme bzw. für Mikroorganismen noch hohe Aktivitäten von Bodenenzymen nachgewiesen werden können. Die relativ hohen Temperaturoptima von Bodenenzymen und deren Stabilität gegenüber extremen Temperaturen konnte in einer Reihe von Arbeiten gezeigt werden. Diesbezüglich besteht eine Beziehung zum jeweils untersuchten Boden.

In der Literatur liegen eine Reihe von Berichten über die Beeinflussung von Bodenenzymaktivitäten durch Trocknung der Bodenproben bzw. über den Einfluß des Wassergehaltes des Bodens auf eine gegebene Enzymaktivität vor. Für die Mehrzahl der untersuchten Bodenenzyme konnte die

Reduktion der Aktivität infolge Lufttrocknung berichtet werden. Angaben über Aktivitätssteigerungen infolge Lufttrocknung liegen ebenfalls vor. Die Relevanz von Enzym- und Bodeneigenschaften ist diesbezüglich angezeigt. Aus sämtlichen Horizonten von Rendsinen und eines Pelosols frisch entnommene Bodenproben (5–10 cm und 15–20 cm) wurden bei Zimmertemperatur luftgetrocknet und die Enzymgehalte nach ein- bis zweimonatiger Lagerung in getrocknetem Zustand bestimmt (Dutzler-Franz 1977b). Der Urease- und β-Glucosidase-Gehalt der Böden änderte sich nach Lufttrocknung und zweimonatiger Lagerung der getrockneten Böden nicht wesentlich. Die Aktivitäten der Enzyme Amylase, Saccharase, alkalische Phosphatase und Katalase wurden durch die Trocknung in variierendem Maße vermindert. Der Amylasegehalt nahm in sämtlichen Böden am stärksten (um bis zu etwa 50%) und der Katalasegehalt am geringsten (um bis zu etwa 20%) ab. Das Ausmaß der Aktivitätsverminderung variierte mit dem Boden. Im sehr tonreichen Pelosol war die Verminderung die Amylase-, Saccharase- und Katalase-Aktivitäten am geringsten, während der Aktivitätsverlust der Enzyme in den humusreichen aber tonärmeren Rendsinen zum Teil erheblich war.

Soweit untersucht, konnten für Enzymaktivitäten, teils positive wie negative Beziehungen zu einem zunehmenden Bodenwassergehalt beobachtet werden. Auch konnten Befunde erhalten werden, welche für immobilisierte Bodenenzyme eine, gegenüber der Biomasse bzw. an diese gebundene Aktivitäten, geringere oder fehlende Abhängigkeit der Aktivität von jahreszeitlichen Klimaschwankungen anzeigten. Von der Jahreszeit unabhängige Werte für bestimmte Enzymaktivitäten geben Hinweis auf die Existenz von Enzymen in geschützter Form assoziiert mit Bodenkolloiden.

Vergleichende Untersuchungen zum Einfluß des wiederholten Gefrierens und Tauens, Erhitzens und Trocknens auf die Aktivität ausgewählter Bodenenzyme (Protease, Cellulase, Amylase) in Humusproben, deren alkalischen Extrakten sowie deren Proteinfraktion zeigten die Aufhebung oder die Schwächung des in natürlich belassenen Bodenproben gegebenen protektiven Effektes von Ton- und Humuskolloiden durch die Fraktionierung und Verdünnung der Bodenproben (Laehdesmaeki und Piispanen 1992). In den fraktionierten Proben eines Laubwaldbodens wurden die Aktivitäten der Enzyme durch Gefrieren und Tauen, Erhitzen und Trocknen gehemmt. In den Originalproben waren die Effekte relativ gering.

5.2.3 Jahreszeit und Relief

Die klimatisch bedingte jahreszeitliche Variation der Feuchte, der Temperatur und der Belüftung des Bodens sowie der Vegetation und der Nährstoffverfügbarkeit nimmt Einfluß auf biologische Vorgänge im Boden.

Eine Reihe von Zitaten, welche frühe Arbeiten zur jahreszeitlichen Variation der Aktivität von Bodenenzymen (Dehydrogenase, Katalase, Proteinase, Invertase, Amylase, Cellulase, Urease, Phosphatase) betreffen kann Kiss et al. (1975b) sowie Burns (1978) entnommen werden.

Bodentypabhängige Variationen der Massenentwicklung von Mikroorganismen im Jahresgang konnten gezeigt werden. Diesbezüglich wird auch auf Kapitel 7 „Bodentyp" hingewiesen.

Im Jahreslauf qualitativer und quantitativer mikrobiologischer sowie enzymatischer Parameter eines Bodens spiegelt sich die vielfältige Vernetzung von Klimaschwankungen, Bodeneigenschaften, Veränderungen des Bewuchses, Veränderungen in der Verfügbarkeit von Wasser und Nährstoffen sowie von Bewirtschaftungsmaßnahmen wieder.

Relative Bedeutung von Standortfaktoren

Die relative Bedeutung von Standortfaktoren für bodenbiologische Parameter wie Bodentiefe, Bodentyp, Jahreszeit, Typ und Entwicklungszustand der Vegetation sowie Typ des Ausgangsgesteins weist Variation auf.

Harrison (1983) fand in Waldböden Englands (Braunerden, Braune Podsole) eine Reihe signifikanter positiver Korrelationen zwischen der Phosphataseaktivität und verschiedenen Standortfaktoren. Solche schlossen den organischen Substanzgehalt, den isotopisch austauschbaren Phosphor, die Bodenfeuchte und den Gesamtstickstoffgehalt ein. Eine signifikante negative Korrelation der Enyzmaktivität bestand mit dem pH, dem Ton- und Schluffgehalt sowie der Menge an extrahierbarem Mg^{2+}. 66% der Gesamtvariation konnten auf diese Eigenschaften zurückgeführt werden. Die Beziehungen variierten mit der Bodentiefe, dem Bodentyp, der Jahreszeit, dem Vegetationstyp und dem Muttergestein. Die relative Bedeutung dieser Faktoren wies die Reihung: Muttergestein = Vegetationstyp > Bodentyp = Jahreszeit > Bodentiefe auf. Untersuchungen zur jahreszeitlichen Variation der Phosphataseaktivität in 48 Waldböden Englands zeigten, daß bei Einstellung der Feldtemperatur 19–37% der gesamten Variation der Phosphataseaktivität jahreszeitlich bedingt war (Harrison und Pearce 1979).

Fehlende bzw. unbeständige Korrelationen

Verschiedene Gruppen von bisher nachweisbaren Bodenmikroorganismen können hinsichtlich der optimalen Entwicklung im Jahreslauf Variation aufweisen. Fehlende bzw. unbeständige Korrelationen zwischen der jahreszeitlichen Dynamik der Entwicklung der Bodenmikroflora und der Aktivität von Bodenenzymen sind, wie bereits näher ausgeführt, im Zu sammenhang mit der speziellen Natur bzw. dem Zustand dieser Katalysatoren und der Variation in der Verfügbarkeit spezieller Substrate sowie Metabolite zu sehen.

Im Gesamtprofil eines Tschernosems unter Eichenwald lag das Maximum der bakteriellen Biomasse im Mai, jenes der Bodenpilze im September (Gil'Manov und Bogoev 1984). Das Minimum der bakteriellen und pilzlichen Biomasseentwicklung lag im Zeitraum November-Jänner. Generell entsprachen die Aktivitäten der Enzyme Dehydrogenase und Cellulase der Dynamik der mikrobiellen Biomasse.

In voll entwickelten Böden Zentral-Spaniens, welche unter natürlicher Vegetation (Immergrüner Eichenwald, Aquic Haploxerult) bzw. unter dem Einfluß verschiedener Grade menschlicher Eingriffe auf die Vegetation (Gestrüpp, Aquic Haploxerult; Getreideanbau, Aquultic Haploxeralf) standen, nahm die gesamte Mikroflora in der Folge Immergrüner Eichenwald > Gestrüpp > Getreide ab (Garcia-Alvarez und Ibanez 1994). Die günstigsten Jahreszeiten waren das Frühjahr und der Herbst. Hinsichtlich der jahreszeitlichen Dynamik der Aktivität verschiedener Bodenenzyme (Asparaginase, Glutaminase, saure, alkalische und neutrale Phosphatase, Dehydrogenase, Katalase, Phytase, Amylase, Xylanase, β-Glucosidase, Invertase, Urease) konnte für die Mehrzahl der Enzyme eine den Mikroorganismen vergleichbare Dynamik der Variation angegeben werden. Die höchsten Werte konnten im Frühjahr, die geringsten im Herbst oder Winter beobachtet werden.

In Proben von Böden der alpinen und subalpinen Stufe (Hohe Tauern, Österreich) zeigte die Keimzahl von in Transformationen des Stickstoffs (nitrifizierende, nitratreduzierende, stickstoffixierende, ammonifizierende sowie harnstoffspaltende) involvierten Bakterien im Frühjahr sowie im Herbst ein Maximum. Die Aktivität des Enzyms Urease wies demgegenüber in diesen Böden keine so ausgeprägte jahreszeitliche Variation auf (Schinner 1989). Diese Befunde gaben Hinweis auf die Immobilisierung des Enzyms.

In einem Profil eines typischen Calcixeroll (Griechenland) unter Macchie nahm die Zahl der Bakterien mit der Tiefe ab und war im Herbst am höchsten (Vardavakis 1989a). Die Aktivität der Enzyme Dehydrogenase, Amylase und Saccharase zeigte im Herbst ein Maximum, während die Aktivität der Enzyme Protease und Urease im Sommer am höchsten war.

Standortabhängige Ausbreitung klimatischer Effekte im Profil

Jahreszeitliche Schwankungen biologischer Parameter können auf bestimmte Bereiche des Bodens beschränkt bleiben bzw. können sich standortabhängig mit unterschiedlicher Intensität im Profil ausbreiten.

Baath und Söderström (1982) konnten im Boden eines reifen sowie eines kahlgeschlagenen Koniferenwaldes eine jahreszeitliche, mit der Bodenfeuchte in Beziehung stehende, Periodizität der Entwicklung der pilzlichen Biomasse nur in der organischen Auflage nachweisen. Eine solche konnte für den Mineralhorizont nicht erfaßt werden.

Jahreszeitliche Schwankungen der sauren Phosphataseaktivität konnten in sauren Böden Galiziens mit hohem organischen Kohlenstoffgehalt nur in der Förna nachgewiesen werden (Trasar-Cepeda und Gil-Sotres 1987).

An drei unterschiedlichen Waldstandorten, zwei Kiefernstandorten (feucht bzw. trocken) und einem Hartholz-Mischstandort enthielt die Streu stets etwa zehnmal mehr Bakterien als der darunter liegende Mineralhorizont (Hankin et al. 1979). Auch war die Gesamtbakterienzahl in der Streu im Herbst höher und im Frühjahr niedriger. Im darunterliegenden Mineralhoriont fluktuierte die Zahl der Bakterien wenig mit der Jahreszeit.

König (1965) bestimmte das Ausmaß der jahreszeitlichen Schwankung der mikrobiellen Besatzesdichte in den Profilen dreier Bodentypen, Braunerde (Mais), Pararendsina (Mais), Pseudogley-Braunerde (Winterweizen, Wintergetreide). Die Klimaverhältnisse waren für sämtliche Böden gleich. Mit zunehmender Profiltiefe nahm die pilzliche und bakterielle Besatzesdichte ab. Hinsichtlich der Besatzesdichte im Profil zeigte sich folgende Reihe: Braunerde > Pararendsina > Pseudogley-Braunerde. Der Mikroorganismenbesatz der Horizonte zeigte jahreszeitliche Schwankungen, deren Amplituden nach unten in der Basenreichen Braunerde und der Pararendsina geringer und in der Pseudogley-Braunerde größer wurden. Im A_p-Horizont der Basenreichen Braunerde und der Pararendsina zeigte der Bakterien- und Pilzbesatz mit Maxima im Frühjahr und im Herbst ein ähnliches Verhalten. Die jahreszeitlichen Schwankungen setzten sich in diesen beiden Bodentypen in den unteren Horizonten mit immer kleiner werdenden Amplituden fort. Im A_p-Horizont Pseudogley-Braunerde zeigte der Pilzbesatz zwei Maxima, bei den Bakterien konnte nur das Herbstmaximum erfaßt werden. In den unteren Horizonten wurden im Gegensatz zur Basenreichen Braunerde und zur Pararendsina die jahreszeitlichen Schwankungen größer. Auf eine an diesem ungünstigen Standort auftretende artenarme, jedoch individuenreiche und auf wechselnde Außenbedingungen stark reagierende, Population war zu schließen. Das Vermögen zur Cellulosezersetzung zeigte im A_p-Horizont der Basenreichen Braunerde und der Pararendsina einen Anstieg im Frühjahr und ein Absinken im Herbst. In den unteren Horizonten war diese sehr gering; eine Ausnahme stellte der B_1-Horizont der Braunerde dar. In der Pseudogley-Braunerde war das Vermögen zur Cellulosezersetzung im gesamten Profil geringer. Erst im Herbst erreichte dieses im A_p-Horizont jene Höhe, welche dieses in den anderen Profilen bereits im Frühjahr aufwies. Eine direkte Beziehung zwischen dem Bakterienbesatz und den Variationen des Wassergehaltes und des pH konnte nicht nachgewiesen werden.

Variation der Feuchte, der Temperatur und des Angebotes an verfügbaren Nährstoffen

Die Verfügbarkeit von Wasser wird durch hohe sowie niedrige Temperaturen beschränkt. In Klimazonen mit gut definierten aufeinanderfolgenden Regen- und Trockenzeiten setzt mit dem Beginn der Regenzeit eine ausgeprägte Reaktivierung des Bodenlebens ein und die Mineralisierung der organischen Bodensubstanz wird intensiviert. In Trockenphasen verändert sich die Aktivität und die Zusammensetzung der mikrobiellen Populationen. In kalten Klimabereichen kommt es nach der Schneeschmelze und dem Auftauen gefrorener Böden zur Vermehrung der Bodenmikroorganismen und zu einer Intensivierung biochemischer Stoffumsetzungen. Eine solche Intensivierung wurde vielmehr auf eine Aktivierung von Enzymen als auf eine zahlenmäßige Zunahme von Bodenmikroorganismen zurückgeführt (Kiss et al. 1975a).

Eine mit der Zunahme des Wasserangebotes nach Phasen der beschränkten Wasserverfügbarkeit zu beobachtende quantitative Zunahme von Bodenmikroorganismen und von biochemischen Stoffumsetzungen steht mit der verbesserten Situation hinsichtlich des Angebotes an verfügbaren Nährstoffen in Beziehung. Im Jahreslauf mit dem Bewuchs wechselnnde Substratqualitäten tragen zur Variation der Qualität und Quantität der mikrobiellen Besiedler sowie der biochemischen Aktivitäten bei. Veränderungen der Vegetationsdecke nehmen auch über eine Veränderung des Mikroklimas Einfluß auf bodenbiologische Parameter. Durch das Auslichten von Waldbeständen wird der Streuabbau stimuliert. Höhere durchschnittliche jahreszeitliche Temperaturen können damit in Beziehung gesetzt werden (z.B. Piene und Van Cleve 1978).

Charakteristische Jahresgänge der mikrobiellen Biomasse können nachgewiesen werden. Diese geht mit steigendem Bodenfeuchtestreß zurück und nimmt nach Befeuchten des Bodens wieder zu (z.B. Hassink et al. 1991a,b). Naß-Trocken-Zyklen tragen zur Regulierung der Geschwindigkeit des mikrobiellen Biomasse-Umsatzes bei (Wardle und Parkinson 1990). Mikroorganismen werden durch Trocknung getötet. Trocken-Naßzyklen stimulieren die Lösung humifizierter organischer Substanz und die Zellyse. Der Abbau von durch Trocknung getöteter mikrobieller Zellen ist als eine Ursache für die Stimulierung der Aktivität nach Wiederbefeuchten des Bodens zu sehen.

Inkubationsversuche mit Proben eines schluffigen Tonlehms unter Grünland zeigten eine mit der Zunahme der Inkubationstemperatur von 15 bzw. 25°C auf 35°C zunehmende Substratfreisetzung sowie spezifische Todesrate der mikrobiellen Biomasse (Jörgensen et al. 1990). Die Inkubationsversuche waren 240 Tagen bei entweder 15, 25 oder 35°C durchgeführt worden. Ein sehr langsamer Rückgang der Biomasse bei 15°C (mittlerer Rückgang 0.11%/Tag) sowie bei 25°C (mittlerer Rückgang 0.21%/

Tag) stand einem steilen Rückgang derselben während der ersten 50 Tage bei einer Inkubationstemperatur von 35°C (1.72%/Tag) gegenüber. Die spezifischen Todesraten der Biomasse betrugen während dieser Periode 0.0072, 0.016, 0.25/Tag bei 15, 25 und 35°C. Die entsprechenden Umsatzzeiten der Biomasse beliefen sich auf 139, 62 und 4 Tage. Die Absterbe-Aktivierungsenergie betrug 130 kJ/mol. Dieser Wert war jenen für den thermalen Tod von Bakterien angegebenen Werten ähnlich. Die thermische Denaturierung wurde als jener für die geförderte Todesrate bei 35°C verantwortliche Prozeß diskutiert.

Marumoto et al. (1982) versuchten quantitative Daten zum Beitrag frisch getöteter Biomasse zum Pool der mobilen Pflanzennährstoffe zu erhalten. In den Versuch wurden Proben einer Parabraunerde und eines Tschernosems, welche unterschiedliche Mengen an mikrobieller Biomasse aufwiesen, einbezogen. In den getrockneten oder fumigierten Böden waren die Mengen an mobilisierten Nährstoffen eng mit der Menge frisch getöteter Zellen korreliert. In ofengetrockneten (70°C) und luftgetrockneten (Raumtemperatur) Böden stammten ungefähr 77 und 55% des, in nach Wiederbefeuchten und bei 22°C für vier Wochen inkubierten Bodens, mineralisierten Stickstoffs von der frisch getöteten Biomasse. Die restlichen 23 und 45% stammten von den organischen Nicht-Biomasse Stickstoffraktionen der Böden.

Während vier aufeinanderfolgenden Zyklen von Trocknen und Wiederbefeuchten (Schluffiehm) folgte die Beziehung zwischen dem Wasserpotential und der Atmungsaktivität (CO_2-Entwicklung) einer log-linearen Beziehung, solange die Aktivität nicht durch die Substratverfügbarkeit limitiert wurde (Orchard und Cook 1993). Diese Beziehung traf für einen Wasserpotentialbereich von -0.01 bis -8.5 MPa zu. Selbst bei -0.01 MPa (nasser Boden) verursachte ein Rückgang des Wasserpotentials von -0.01 auf -0.02 MPa einen Rückgang der mikrobiellen Aktivität im Ausmaß von 10%. Das Befeuchten des Bodens bewirkte einen raschen Anstieg der Atmungsrate. Ein kurzzeitiger und bis zu vierzigprozentiger Anstieg der mikrobiellen Aktivität konnte nachgewiesen werden, wenn die Veränderung des Wasserpotentials im Gefolge des Befeuchtens größer als 5 MPa war.

Franz (1973a) verfolgte in zwei Pseudogleyen mit unterschiedlicher Dauer der Naß- und Trockenphase monatlich während einer Vegetationsperiode den Wechsel der Populationsdichten der aeroben und anaeroben Bakterien in Abhängigkeit vom Wassergehalt der Böden. Vernässung und Austrocknung der Böden bedingten einen Abfall des Keimgehaltes aerober Bakterien. Das Ausmaß und die Dauer der Abnahme der Besatzdichten war in beiden Böden sowie auch in den einzelnen Horizonten sehr unterschiedlich. Das Zahlenverhältnis von aeroben zu anaeroben Bakterien war jahreszeitlichen Schwankungen unterworfen und erwartungsgemäß besonders klein während der Naßphasen.

In einer Reihe von Pseudogleyen unter verschiedener Vegetation (teils Wald, teils Rasen und Winterweizen) sowie in einigen Braunerden (teils unter Rasen und Winterweizen) bestand eine starke Abhängigkeit der β-Glucosidase-, Protease-, Urease- und Katalaseaktivität vom organischen Substanzgehalt des Bodens (Franz 1973b). Bei starker Austrocknung der Böden während der sommerlichen Trockenheit nahm nur die Proteaseaktivität stark ab. Herrschten während der Vegetationsperiode ausgeglichene Witterungverhältnisse, nahm die Protease-, Katalase- und Ureaseaktivität unabhängig von der Bakterienbesatzdichte in den humosen Horizonten der Waldböden in den Sommermonaten stetig zu, um im Spätherbst wieder abzufallen.

In Unterschungen zum Einfluß jahreszeitlicher Klimaschwankungen auf die Aktivität verschiedener Enzyme, sowie die Keimdichte aerober Bakterien in verschiedenen Bodentypen konnte an Hand einer sauren Braunerde in einem Sommer der schädigende Einfluß ausgedehnter Trockenperioden auf die Biomasse und die Enzymaktivitäten gezeigt werden (Dutzler-Franz 1977b). Die obersten 10 cm des Bodens waren nach einem etwa einmonatigen, heißen, niederschlagslosen Sommerwetter bei der Probennahme praktisch lufttrocken (Wassergehalt 0.9%). Der Wassermangel hatte zu einem starken Abfall der Keimdichte und der Atmung sowie der Dehydrogenase- und Proteaseaktivität geführt. Der Ureasegehalt sank nur geringfügig ab, während die Trocknung die β-Glucosidase nicht beeinflußte. In drei Pseudogleyen unter Laubmischwald war bei jeder Probennahme die Bodentemperatur bestimmt worden. Das Minimum der Enzymgehalte fiel stets mit dem Temperaturminimum zusammen, das Maximum derselben jedoch meist nicht mit jenem der Bodentemperatur. Die Aktivität der Enzymproduzenten war bei niedrigen Temperaturen gering. Steigende Temperaturen und die sich im Frühjahr mit dem Einsetzen des Pflanzenwachstums vermehrende Wurzelmasse steigert die Umsatzleistung der Mikroorganismen. Die β-Glucosidase, Protease-, Katalase- und alkalische Phosphatase-Aktivitäten nahmen in den Rendsinen und Pseudogleyen, deren Wassergehalt das ganze Jahr über keinen kritischen Tiefstand erreichte, während der Sommermonate beständig zu, um wie im Falle der Protease, β-Glucosidase und Katalase im Herbst bis Spätherbst den Höchststand zu erreichen. Die alkalische Phosphatase wies bereits im Sommer die höchsten Aktivitäten auf. Der jahreszeitliche Verlauf der Saccharase- und Amylase- sowie zum Teil auch der Katalaseaktivitäten war sehr uneinheitlich. Ein Vergleich der Daten ließ auf einen Zusammenhang zwischen der Wurzelmasse und den Aktivitäten dieser Enzyme schließen. Dabei konnte auch ein Zusammenhang mit dem Entwicklungszustand der Vegetation und dem Saccharase-, Amylase und Katalasegehalt des Bodens als gegeben angesehen werden.

Tabelle 11. Beziehungen zwischen Bodentemperatur und Enzymaktivität eines Pseudogleys aus Löß (Laubwald; mittlere Jahresniederschlagsmenge 650 mm, mittlere Jahrestemperatur 9°C; Beprobung der oberen 15 cm)

Termin der Probennahme		Bodentemperatur °C	Pseudogley aus Löß		
			Protease[a]	Urease[b]	Katalasezahl
16	März	3.2	-	-	-
22.	April	8.5	-	-	-
9.	Juni	15.5	27.0	31	62
27.	Juli	16.7	36.0	29	45
15.	Sept.	16.2	42.0	21	57
4.	Nov.	10.5	37.5	26	27
2.	Dez.	6.5	13.3	25	23

[a] Aktivität in mg Amino-N/100 g Boden.
[b] Aktivität in mg N/100 g Boden.

Nach Dutzler-Franz (1977b).

In Proben von Böden entlang eines Höhentransektes im Bereich der Großglockner Hochalpenstraße (Hohe Tauern, Österreich) wurden Untersuchungen zur jahreszeitlichen Variation der Aktivität der Enzyme Xylanase, Pektinase und Carboxymethyl-Cellulase, der Keimzahl cellulolytischer Bakterien und des Celluloseabbaus (Schinner et al. 1989a) sowie der Aktivitäten der Enzyme Dehydrogenase, Katalase, Invertase, Phosphatase und der CO_2-Entwicklung (Schinner et al. 1989b) durchgeführt. Entsprechende Untersuchungen zur Keimzahl der Bakterien und Hefen sowie zum ATP-Gehalt der Böden wurden ebenfalls geführt (Schinner und Gurschler 1989). Die Standorte des Transektes umfaßten: Mähwiese in 1612 m Höhe, tiefgründige Pararendsina; eine Weide in 1912 m Höhe, Braunerde; Grasheide in 2300 m Höhe, Alpiner Pseudogley; Polstergesellschaft in 2528 m Höhe, Alpiner Pseudogley.

Die Keimzahlen der cellulolytischen Bakterien und die leicht abbaubare organische Substanz erreichten zu Beginn der Vegetationsperiode die höchsten Werte. Nach dem Auftauen der Böden nahm das Wachstum cellulolytischer Mikroorganismen rasch zu und eine verstärkte Produktion von in den Polysaccharidabbau involvierten Enzymen trat auf. Nach dem raschen Abbau der leicht verfügbaren organischen Substanz im Frühjahr kam es zu einem Abfall der mikrobiellen Aktivität innerhalb eines Monats und die niedrigsten Werte konnten Ende Juli bestimmt werden. Gegen den Herbst hin (bis Oktober) führte der Streufall zu einem abermaligen Anstieg der Aktivität. Die Unterschiede zwischen den Enzymaktivitäten reflektierten die unterschiedliche stoffliche Zusammensetzung des Bewuchses. Die Aktivitäten der Enzyme Dehydrogenase, Katalase, Invertase, Phosphatase sowie die CO_2-Entwicklung zeigten in subalpinen und alpinen Böden ebenfalls einen charakteristischen Jahresgang mit einem Maximum im Frühjahr nach der Schneeschmelze und einem mäßigen Anstieg gegen den Herbst hin nach niedrigeren Aktivitäten im Sommer. Die Keimzahl der Bakterien und Hefen sowie der ATP-Gehalt der alpinen und subalpinen Böden war relativ hoch und ebenfalls durch einen von der Jahreszeit abhängigen Verlauf gekennzeichnet. Einer hohen mikrobiellen Biomasse nach der Schneeschmelze folgte eine Abnahme derselben bis Juli und ein neuerlicher Anstieg bis Oktober. Auch diese Ergebnisse konnten mit dem Angebot an leicht abbaubarer organischer Substanz in Beziehung gesetzt werden. Der ATP-Gehalt der Böden entsprach im jahreszeitlichen Verlauf annähernd den Werten der Lebendkeimzahl der Bakterien.

Während eines Jahres beprobten Stott und Hagedorn (1980) sechs Feldstandorte periodisch hinsichtlich der Aktivität der Enzyme Arylsulfatase und Urease. Für beide Enzymaktivitäten konnten jahreszeitliche Schwankungen nachgewiesen werden, wobei die Aktivitätsspiegel mit den Feuchte- und Temperaturverhältnissen fluktuierten. Eine durch Regenperioden stimulierte sowie durch Trockenperioden reduzierte Aktivität des Enzyms Arylsulfatase konnte Cooper (1972) angeben.

Blaschke (1981) bestimmte die Atmungsintensität (CO_2) und die Aktivität der Enzyme Dehydrogenase und Katalase in verschiedenen Nadelstreuarten. Proben aus der Streuschicht von Reinbeständen von *Larix decidua* (Bestandesalter 28 Jahre), von *Picea abies* (50 Jahre), von *Pinus sylvestris* (30 Jahre) und von *Pseudotsuga menziesii* (30 Jahre) wurden jeweils in der ersten Woche eines jeden Monats gewonnen. Die Bestimmung des Wassergehaltes der Streuproben erfolgte gravimetrisch, wobei der Feuchtegrad des Materials, ausgedrückt durch die aktuelle Retention erfaßt wurde. Beziehungen zwischen der Gesamtenzymaktivität und den mit der Jahreszeit sich verändernden hydrothermalen Bedingungen konnten erkannt werden. Zwischen der Temperatur und der Enzymaktivität bestand innerhalb bestimmter Wertebereiche eine positive Korrelation. Der Feuchtegrad der Nadelstreu beeinflußte die Aktivität der Enzyme. Bei nicht ausreichender aktueller Retention, hervorgerufen durch relativ hohe Temperaturen, verringerten sich die Enzymaktivitäten. Die Aktivitätsmaxima lagen in der Regel in den Frühjahrs- und Herbstmonaten.

In über zwei Vegetationsperioden geführten Freilandversuchen konnte Förster (1982) die vom Witterungsverlauf während der Vegetationsperiode gegenüber dem jeweiligen Kulturpflanzenbestand größere Abhängigkeit der Transaminaseaktivität feststellen. In beiden Jahren konnte ein kleines Maximum der Transaminaseaktivität Mitte Juni, ein Minimum Mitte Juli und ein großes Maximum Anfang September beobachtet werden. Mitte

Juni war ein Anstieg der Bodenfeuchte, der Bodentemperatur und der Bodenatmung zu verzeichnen. In diesem Zeitraum erlaubten die Feuchte und die Temperatur eine hohe biologische Aktivität; dies konnte auch durch die Keimzahlen der Bodenbakterien und -pilze bestätigt werden. Die Keimzahlen waren Mitte Juli sehr niedrig und sehr hoch Anfang September. Das bakterielle Keimzahlmaximum Anfang Mai fand in den bestimmten Transaminaseaktivitäten keine Entsprechung. Die Witterungsdaten erwiesen sich zur Erklärung der Maxima/Minima als am geeignetsten. Die Niederschläge waren Anfang Juli gering, eine Unterbrechung hatte durch kurzen starken Niederschlag stattgefunden. Damit verbunden war ein Rückgang der Bodentemperatur, ein folgender Temperaturanstieg wurde durch Niederschlag unterstützt. Ebenso förderlich erwies sich der Einfluß der Wurzelrückstände Anfang September.

In einem Oberboden unter Wiese wiesen sämtliche untersuchten Enzymaktivitäten eine signifikante zeitliche Fluktuation auf (Ross et al. 1984). Die Aktivität der Enzyme Amylase und Cellulase fluktuierte stärker als jene der Invertase. Die Aktivität der drei Enzyme war in nassen Frühjahrsproben gemeinhin hoch. Bei Eliminierung der Standorteinflüsse, korrelierten nur die Fluktuationen der Amylaseaktivität positiv und signifikant mit der Bodenfeuchte; die Fluktuationen der Cellulase-, Urease-, Phosphatase- und Sulfataseaktivität korrelierten negativ mit der Bodenfeuchte. Auch zeigten sich die zeitlichen Aktivitätschwankungen unabhängig von den geringen Variationen, welche im organischen Kohlenstoff- und im Gesamtstickstoffgehalt auftraten.

Rastin et al. (1988) untersuchten in einem Buchenwald (Terra fusca Rendsina) während eines Jahres die jahreszeitliche Variation der Aktivität der β-Glucosidase, der sauren Phosphatase und Phosphodiesterase sowie die Hydrolyse von Fluoresceindiacetat. Von den drei untersuchten Aktivitäten zeigte die Phosphomonoesterase die höchste Aktivität und die geringste jahreszeitliche Variation. Die Aktivität der drei untersuchten Enzyme und die FDA-Spaltung wiesen divergierende Muster der jahreszeitlichen Variation auf. Sämtliche Aktivitäten erreichten jedoch das Maximum im Frühjahr. Mit Hilfe von Korrelationsstests konnte keine Beziehung zwischen der Bodenfeuchte oder der Bodentemperatur und der Enzym- und FDA-Aktivität etabliert werden. Während der Wintermonate verblieben jedoch sämtliche Aktivitäten niedrig und die Trockenheit des Bodens im September beeinflußte die FDA- und die Phosphomonoesteraseaktivität negativ.

In einer Klimasequenz von Böden im Büschel-Grasland Neuseelands untersuchten Ross et al. (1975) die O_2-Aufnahme, die Aktivitäten der Enzyme Dehydrogenase, Invertase, Amylase, Protease, Urease, Phosphatase und Sulfatase sowie das Verhältnis von Invertase/Amylase. Diese Eigenschaften zeigten kein beständiges Verteilungsmuster. Einige der Aktivitäten waren jedoch in den stärker entwickelten Böden der Sequenz höher.

Zur Bestimmung des möglichen Einflusses von zehn Umwelt- und Bodenfaktoren auf die biochemischen Aktivitäten der neun Böden wurde eine Hauptkomponentenanalyse durchgeführt. Die ausgewählten Umweltfaktoren waren Höhenlage, jährlicher Niederschlag, mittlere Jahrestemperatur, mittlerer extremer Jahrestemperaturbereich, Feuchteregime; die Bodenfaktoren waren Feuchtegehalte, pH, organischer Kohlenstoffgehalt, Gesamtstickstoffgehalt, C/N-Verhältnis. Das Varianzausmaß individueller Aktivitäten, welches auf diese Komponenten zurückgeführt werden konnte war unterschiedlich, jedoch üblicherweise hoch. Der Prozentgehalt des organischen Kohlenstoffes, das Feuchteregime des Bodens und die mittlere Jahrestemperatur erwiesen sich als dominierende Einflußgrößen.

Acea und Carballas (1990) unterzogen Daten mikrobieller Populationen verschiedener Böden der humiden Zone der Hauptkomponentenanalyse. Die zehn untersuchten Böden hatten sich über sieben verschiedenen Gesteinstypen entwickelt und vertraten die in Galizien (Spanien) verbreitesten Typen. Die Tiefe im Profil war jener Faktor, welcher die Dichte und die funktionelle Diversität der mikrobiellen Populationen am stärksten beeinflußte. Die Dichte und die Diversität gingen mit zunehmender Tiefe zurück. In den Oberflächenhorizonten wurde die Verteilung der Mikroflora durch die Jahreszeit und die damit verbundenen Veränderungen der klimatischen Bedingungen kontrolliert. Dabei limitierte die fehlende Feuchte die mikrobiellen Populationen stärker als die Temperatur. Der Einfluß des Klimas gestaltete die mikrobiellen Populationen im Winter dichter und diverser als im Sommer. Die Böden Galiziens trocknen im Sommer, ohne extremen Temperaturen unterworfen zu sein, sehr stark aus. Periodische Fluktuationen der mikrobiellen Populationen werden direkt durch die Bodenfeuchte beeinflußt. Das proteolytische und das Ammonifikationspotential wurde durch die Jahreszeit bestimmt. Dieses stieg im Winter und fiel im Sommer. In den Oberflächenhorizonten der untersuchten Böden wurde die Zahl der pektinolytischen Mikroorganismen, ebenso wie jene der proteolytischen und ammonifizierenden sowie der mikrobiellen Populationen generell, durch die Jahreszeit bestimmt. Hohe Pektinolyse im Winter und niedrige im Sommer konnte nachgewiesen werden. Diese Unterschiede standen mit der Variation der Bodenfeuchte in Beziehung.

In Profilen von Waldböden unter *Fagus moesiaca* und *Quercus frainetto* (Griechenland) zeigten die Cellulaseaktivität, die Atmung und der Celluloseabbau jahreszeitliche Variation mit den höchsten Werten im Herbst und den niedrigsten im Winter (Vardavakis 1989b). Ebenfalls durchgeführte Untersuchungen zur jahreszeitlichen Variation der Mykoflora in einem typischen Calcixeroll unter Macchie im nördlichen Griechenland zeigten die Codominanz von sieben Pilzarten. Lagen mit hohem organischen Substanzgehalt unterhielten die höchste Zahl an Pilzarten. Die Zahlen gingen mit der Bodentiefe zurück. Einige Pilzarten blieben auf den A-Horizont beschränkt, andere traten in A- und B-Horizonten auf und eine größere Zahl an Pilzarten und sterilen Mycelien konnten in A-, B- und C-Horizonten gefunden werden. Zwischen den Jahreszeiten traten qualitative und quantitative Unterschiede in der Artzusammensetzung auf. Maxima der lebenden Mikropilzpopulation konnten im April und im Oktober beobachtet werden. Die jahreszeitlichen Schwankungen des Auftretens von Pilzarten konnten im Zusammenhang mit jahreszeitlichen Schwankungen pedologischer Faktoren wie Feuchte, Temperatur und Nährstoffe interpretiert werden. Die lebende Mikropilzpopulation korrelierte positiv mit den Aktivitäten der Enzyme Dehydrogenase, Amylase, Saccharase, Protease, Urease und dem mikrobiellen Biomasse-C. Der höchste Korrelationskoeffizient konnten zwischen dem mikrobiellem Biomasse-C und der Zahl lebender Pilze gefunden werden.

Diaz-Ravina et al. (1993) bestimmten die jahreszeitlichen Fluktuationen mikrobieller Populationen und verfügbarer Nährstoffe in fünf unterschiedlichen Waldböden (Humic Cambisole, Ferralic Cambisol, Ranker unter Pinus- und Eichenwald, humid temperate Region Spaniens). Die Beprobung erfolgte im Frühjahr, Sommer, Herbst und Winter, wobei die die Lebendkeimzahl, die Bodenatmung und die verfügbaren Gehalte an Stickstoff, Calcium, Magnesium, Kalium und Phosphor bestimmt wurden. In sämtlichen Böden war ein signifikanter jahreszeitlicher Effekt auf die mikrobiellen Populationen und Aktivitäten nachweisbar. Die Zahl der lebenden Mikroorganismen und die Bodenatmung waren positiv korreliert und zeigten klare jahreszeitliche Trends. Die Böden zeigten für mikrobielle Populationen im Frühjahr und im Herbst hohe, im Sommer und im Winter niedrige Werte. Die höchsten Atmungswerte konnten überwiegend im Herbst bestimmt werden. Die jahreszeitlichen Variationen der Gehalte an verfügbarem Ca, Na und K waren wesentlich ausgeprägter als jene für die Gehalte an N, Mg und P. Der verfügbare N- und K-Gehalt und die mikrobielle Population zeigten ähnliche jahreszeitliche Trends, wohingegen die verfügbaren Gehalte an Ca, Mg, Na und P kein unterscheidbares und einheitliches jahreszeitliches Muster aufwiesen. Die Mengen der im Boden verfügbaren Nährstoffe folgten der Reihe Ca > K = Na > Mg > P > N. Jene Böden, welche sich über basischen Gesteinen entwickelten wiesen eine höhere mikrobielle Dichte und Aktivität auf als solche, welche sich über sauren Gesteinen entwickelten. Sämtliche Variablen zeigten eine klare Beziehung zum Bodentyp, variierten jedoch mit dem Sammeldatum.

Relief

Das Relief ist ein das Großklima modifizierender Faktor unter dessen Einfluß die Standortbedingungen kleinräumig hohe Variabilität aufweisen können.

Untersuchungen zum Einfluß des Reliefs auf mikrobielle Aktivitäten alpiner Böden (Hohe Tauern, Österreich) zeigten eine Reduktion der Aktivitäten durch extreme klimatische Verhältnisse (Wind, Trockenheit, niedrige Temperaturen, Strahlungsintensität) (Schinner 1983). In Bodenproben einer stark Wind exponierten Hangkante und des angrenzenden Hanges bzw. der angrenzenden Flachstelle (in 2300 m Höhe, Alpiner Pseudogley unter alpiner Grasheide) sowie eines Schneetälchens und dessen angrenzenden Bereiches (in 2550 m Höhe, Alpiner Pseudogley unter Schneetälchen-, Polsterpflanzengesellschaft) wurde der Gehalt an abbaubarer organischer Substanz, die Atmung (CO_2-Entwicklung), der Streuabbau und die Aktivitäten der Enzyme Phosphatase, Urease, Xylanase und Cellulase bestimmt. Die mikrobiellen Aktivitäten waren an jener dem Wind stark exponierten Stelle geringer als jene des darunter liegenden Hanges sowie der sich darüber befindenen Flachstelle. Im schwach dränierten Schneetälchen waren gegenüber den anderen Standorten geringere Aktivitätswerte nachweisbar. Die Ursachen für diesen Befund schließen die Wassersättigung und einen infolge der verkürzten Vegetationsperiode verminderten Streuanfall ein. An sämtlichen Standorten konnten die höchsten Aktivitäten unmittelbar nach dem Auftauen des gefrorenen Oberbodens bestimmt werden. Die pilzlichen und bakteriellen Populationen nahmen simultan mit dem unter physikalischer und enzymatischer Wirkung erfolgenden Aufschluß der Streu zu.

Während eines Jahres bestimmten Rastin et al. (1990a) auf einem Ober- und Unterhang eines Fichtenwaldes (podsolierte Braunerde, Schluffiehm) eine Reihe biologischer, biochemischer und chemischer Faktoren. An den beiden angrenzenden Standorten mit der gleichen Baumart und mit nahezu identischen geologischen und meteorologischen Bedingungen, konnten sowohl Unterschiede wie Ähnlichkeiten im jahreszeitlichen Verlauf der verschiedenen biologischen und biochemischen Faktoren festgestellt werden. Die chemischen, biologischen und biochemischen Bedingungen waren am Unterhang generell weniger günstig. An beiden Standorten waren die untersuchten biologischen und biochemischen Prozesse hauptsächlich auf die Humusauflage und die oberen fünf Zentimeter des Mineralbodenhorizonts beschränkt. Die sehr niedrigen pH-Werte waren an beiden Standorten von geringen Gehalten an den Nährkationen K, Ca und Mg und sehr hohen Gehalten an den Kationen Fe, Mn und Al begleitet. Dicke Humuslagen und weite C/N- und C/P-Verhältnisse gaben Hinweis auf einen infolge Phosphormangel gehemmten Streuabbau. In der O_f-Lage war der Gesamtgehalt an C, N, P, Ca und Mn höher und jener an Fe und Al niedriger als in der O_h-Lage. Ein Vergleich der Chemie der Humuslage des oberen und unteren Hanges zeigte engere (günstigere) C/P- (in den O_f-und O_h-Lagen) und C/N-Verhältnisse in der O_h- Lage des oberen Hanges an. Eine stärkere Inkorporation von Mineralbodenteilchen, durch eine möglicherweise stärkere tierische Aktivität, wurde diesbezüglich als ursächlich in Betracht gezogen. Dieser Einbau von Mineralboden spiegelte sich auch im höheren Asche- und Silikatgehalt der Proben des Oberhanges.

Der Mineralhorizont (0–15 cm) war an beiden Standorten sehr sauer mit pH-Werten unter 4. Entsprechend waren die austauschbaren Mengen an H, Mn, Al und Fe sehr hoch und trugen mehr als 80% zur Kationenaustauschkapazität bei. Generell konnte ein höherer C- und N-Gehalt sowie ein höherer K-, Ca- und Mg-Gehalt im Boden des Oberhanges nachgewiesen werden. Signifikante Unterschiede zwischen dem oberen und unteren Hang konnten für die NO_3-N Konzentrationen in der Bodenlösung, das pH, die Basidiocarpbildung, die Zahl der bakteriellen koloniebildenen Einheiten (O_f-Lage) und die Phosphodiesteraseaktivität (O_h-Lage) festgestellt werden. Die signifikant höhere Konzentration an Nitrat in der Bodenlösung des unteren Hanges konnte die mögliche Ursache für die geringere biologische und biochemische Aktivität dieses Standortes darstellen. Sämtliche biologische, biochemische und chemische Faktoren wiesen am Ober- und Unterhang klare jahreszeitliche Fluktuation vor allem in der O_f- und O_h-Lage auf (Rastin et al. 1990b). Minimum- und Maximum-Werte wurden oft zu verschiedenen Sammelterminen und in einigen Fällen zu unterschiedlichen Jahreszeiten erreicht. Die meisten der korrelierten Faktoren unterschieden sich in den verschiedenen Horizonten des Ober- und Unterhanges. Von den untersuchten bodenchemischen Faktoren zeigten die NH_4^+- und NO_3^--Konzentrationen in der Bodenlösung signifikante Korrelationen mit den meisten der untersuchten biologischen Bodenfaktoren. In der Mehrzahl der Fälle beeinflußte ein hohes Stickstoffangebot die biologischen Aktivitäten an den verschiedenen Standorten negativ. Von den bestimmten Enzymaktivitäten zeigte die Phosphomonoesterase die höchste und die Phosphodiesterase die geringste Aktivität. Der jahreszeitliche Verlauf der Phosphomonoesterase-, der Phosphodiesterase- und der β-Glucosidaseaktivität war unterschiedlich.

In der nordöstlichen Hügelregion Indiens wird die Bewirtschaftung von Feldern in Hang-, Terrassen- und Tallage praktiziert. Shukla et al. (1989) untersuchten die Beeinflussung mikrobieller Populationen und Aktivitäten durch die unterschiedliche Lage landwirtschaftlich genutzten Bodens. Bei den untersuchten Standorten handelte es sich um rote sandige Lehme von lateritischer (Oxisole) und saurer Natur. Diese wurden in unterschiedlicher Lage, Hanglage, Terrassenlage und in Tallage mit Kartoffeln bestellt. Die Beprobung erfolgte intervallsartig (10 Tage) während zwei Feldfruchtkreisläufen von September 1985 bis November 1985 und von September 1986 bis November 1986. Die maximale Zahl an Pilzen konnte im Tallandboden und die minimale im Boden der Hanglage festgestellt werden. Generell war die Bakterienzahl im Terrassenlandboden im Vergleich zum Tal- und Hangboden höher. Die Aktivität der Enzyme Dehydrogenase, Urease und Phosphatase war maximal im Talboden gefolgt vom Terrassenland und jenem in Hanglage. Die Rate der Bodenatmung folgte generell ähnlichen Trends, während diese in Bezug auf den organischen Kohlenstoffgehalt des Bodens im Hangboden am höchsten war und durch den

Talboden und das Terrassenland gefolgt wurde. Die Zahl der Mikroorganismen sowie deren Aktivitäten gingen mit der Tiefe zurück; höchste Aktivität konnte in der Oberflächenlage 0–10 cm nachgewiesen werden. Die Zahl der Mikroorganismen, die Bodenatmung, die Aktivität von Dehydrogenase, Urease und Phosphatase waren miteinander signifikant korreliert. Die Enzymaktivitäten variierten in den drei Systemen. Maximale Enzymaktivitäten (Dehydrogenase, Urease, Phosphatase) wurde im Talboden nachgewiesen, dieser war gefolgt von den Terrassen- und Hangböden. Der generelle Trend der mikrobiellen Population und der Aktivität folgte in Bezug auf die Lage Talboden > Terrassenboden > Hangboden und auf die Tiefe 0–10 cm > 10–20 cm > 20–30 cm. Als jene die mikrobielle Aktivität und Zahl regulierende wichtigsten Faktoren konnten der Gehalt an organischem Kohlenstoff, an anorganischen Nährstoffen und die Bodenfeuchte angegeben werden. Die zeitlichen Variationen waren in sämtlichen landwirtschaftlichen Böden signifikant. In den durch die Wassererosion weniger betroffenen Talböden, waren die Korrelationen besser etabliert. Weniger signifikante Korrelationskoeffizienten ergaben sich für den Hangboden. Dieser war durch Wassererosion am stärksten betroffen.

5.3 Treibhauseffekt

Phänomen, treibhauseffektive Gase

Der Treibhauseffekt (Glashauseffekt) wird als die Gegenstrahlung aus den Luftschichten, insbesondere der unteren und mittleren Troposphäre, der Erdatmosphäre definiert. Die Gegenstrahlung ergibt sich aus der Absorption von Sonnenstrahlung und der Reemission langwelliger Strahlung durch die Erdoberfläche. Die auf die Erdoberfläche fallende Sonnenstrahlung wird dort nahezu vollständig absorbiert und als Wärmestrahlung mit Wellenlängen von 4-100 μm in die Atmosphäre abgestrahlt. Die Absorption von Wärmestrahlung durch Wasserdampf und andere treibhauseffektive Gase bewirkt ein Aufwärmen der unteren Atmosphäreschichten und der Erdoberfläche. Als Wärmeregulator ist der natürliche Treibhauseffekt von lebenswichtiger Bedeutung. Die durchschnittliche Temperatur der Erdoberfläche wird durch den natürlichen Treibhauseffekt der Erdatmosphäre von etwa -18°C auf etwa +15°C angehoben. Der natürliche Treibhauseffekt wird zu zwei Dritteln auf Wasserdampf, zu einem Viertel auf Kohlendioxid, zu etwa 2% auf Methan und zu etwa einem Zehntel auf andere klimawirksame Bestandteile der Atmosphäre zurückgeführt.

Gase wie CO_2, CO, N_2O, Methan, Wasserdampf, halogenierte Kohlenwasserstoffe und Ozon leisten durch die Absorption in bestimmten Wellenbereichen einen wesentlichen Beitrag zur Gegenstrahlung. Treibhauseffektive Gase sind für einfallende kurzwellige infrarote Strahlung relativ gut durchlässig. Deren Effizienz zur Absorption der von der Erdoberfläche abgegebenen langwelligen infraroten Strahlung ist hingegen relativ hoch.

Die Veränderung der globalen klimatischen Verhältnisse (Erwärmung) infolge der beständigen Zunahme von treibhauseffektiven Gasen in der Atmosphäre ist eine verbreitet akzeptierte Hypothese. Die anthropogen bedingte Zunahme von Emissionen erhöht die Wärmeabsorption der Atmosphäre und verstärkt den Treibhauseffekt. Die Zunahme der treibhauseffektiven Gase führt zu einer vermehrten Gegenstrahlung und in der Folge unter anderem zu höheren Energieumsätzen in der Troposphäre. Hö-here mittlere Temperaturen sind eine Konsequenz dessen. In der letzten Dekade konnte eine Häufung von Jahren mit hohen mittleren globalen Temperaturen beobachtet werden, wobei keine Beziehung zu einer erhöhten Sonnenaktivität bestand.

Ozon bzw. Lachgas weisen im Vergleich zu Kohlendioxid ein 1000 bis 2000faches bzw. 270faches Glashauspotential auf (Krapfenbauer und Holtermann 1993). Bei einer Verdoppelung des für das Jahr 1800 angegebenen Kohlendioxidgehaltes von 275 ppm, berechnet als Äquivalent aus den oben angeführten Gasen, wird mit einer Erhöhung der mittleren globalen Temperatur um 2.5°C gerechnet (Krapfenbauer 1994). Die Verdoppelung, unter Berücksichtigung der übrigen Gase, auf 550 ppm wird um das Jahr 2020 erwartet. Zur Zeit liegt der äquivalente Gehalt bei etwa 415 ppm. Die in der Literatur an Hand verschiedener Modelle getroffenen Vorhersagen zur Natur und zum Ausmaß der klimatischen Erwärmung variieren (Kojima 1994). Hinsichtlich des Eintretens der Erwärmung (etwa innerhalb eines halben Jahrhunderts), der Zunahme der globalen mittleren Jahrestemperatur (0.2 bis 0.5°C pro Jahrzehnt) sowie einer unterschiedlichen jahreszeitlichen und geographischen Ausprägung (relativ stärkere Erwärmung im Winter, in höheren Breiten und der nördlichen Hemisphäre) weisen die Modelle Gemeinsamkeiten auf. Den Hypothesen zur Erhöhung der mittleren globalen Jahrestemperatur infolge anthropogener Aktivitäten kann bezogen auf die nördliche Hemisphäre eine weitere Hypothese hinzugestellt werden. Entsprechend dieser kann eine Erhöhung der Temperatur infolge des Treibhauseffektes eine Erhöhung der Wasserverdunstung und damit verbunden eine Zunahme der Bewölkung bewirken, welche über eine Erhöhung der Niederschlagstätigkeit sowie eine Erniedrigung der Temperatur zu einer Eiszeit überleiten kann.

Piver (1991) hatte den aktuellen CO_2-Gehalt der Atmosphäre mit 350 ppm und die seit 1850 eingetretene Zunahme der atmosphärischen CO_2-Konzentration mit etwa 25% angegeben. Im Jahre 1850 hatte die atmosphärische CO_2-Konzentration etwa 265 ppm betragen. Die in den vergangenen 130 Jahren eingetretene durchschnittliche Zunahme der globalen Oberflächentemperatur konnte mit 0.5°C angegeben werden. Die Erhöhung der atmosphärischen CO_2-Konzentrationen kann großteils auf die Verbrennung fossiler Energiestoffe und die Entwaldung zurückgeführt werden. Veränderungen der Landnutzung und Düngerapplikationen stellen Beiträge der Landwirtschaft zum atmosphärischen CO_2-Gehalt dar. Die aktuelle jährliche Emission von CO_2 aus der Verbrennung fossiler Kohlenstoffverbindungen wird auf 5.6 Milliarden Tonnen (jährliche Zunahme von 3–5%), jene aus der Zerstörung von Böden und Wäldern auf 1.5–2.0 Milliarden Tonnen geschätzt (Jenkinson et al. 1991). Es bestehen Rückkoppelungseffekte zwischen globaler Erwärmung und CO_2-Ausgasung.

Mögliche ökologische Konsequenzen

Kojima (1994) gab einen Überblick zum Wissenstand hinsichtlich der möglichen ökologischen Konsequenzen der globalen Erwärmung auf boreale Biome. Eine im Zuge der Erwärmung erfolgende Verschiebung der Biome in nördliche Richtung wurde vorhergesagt. Ernste Störungen in der Zusammensetzung der Lebensgemeinschaften werden vor allem in den Grenzregionen erwartet.

Hinsichtlich der Beeinflussung von Kohlenstoffbilanzen besteht Forschungsbedarf. Erhöhte Temperaturen und CO_2-Konzentrationen können die Photosynthese stimulieren und zu einer erhöhten CO_2-Aufnahme führen. Die Zunahme der Temperatur kann gleichzeitig den Abbau der organischen Substanz im Boden stimulieren und auf diese Weise die Freisetzung von CO_2 in die Atmosphäre erhöhen. Direkte und indirekte Effekte einer erhöhten atmosphärischen CO_2-Konzentration auf die Dynamik der organischen Bodensubstanz wurden diskutiert (Kuikman et al. 1991). Direkte Effekte werden als unwahrscheinlich erachtet da die in Böden üblicherweise nachgeweisbaren CO_2-Gehalte bereits bis zu einige Tausend ppm betragen können. Indirekte Effekte sind über veränderte Klimabdingungen zu erwarten. Diese können in Form veränderter Bedingungen hinsichtlich der Bodentemperatur und -feuchte, das Pflanzenwachstum, die Verlagerung von C-Verbindungen in den Boden und den mikrobiellen Umsatz der organischen Bodensubstanz beeinflussen. Die mit der Zunahme der Temperatur in der temperaten Zone erwartete Erhöhung des mikrobiellen Abbaus der organischen Bodensubstanz und die damit verbundene erhöhte Freisetzung und Verfügbarkeit von Pflanzennährstoffen kann zu einer höheren Primärproduktion führen. Der Eintrag leicht zersetzbarer Wurzel-Derivate in die Böden war höher, wenn Pflanzen gegenüber 700 ppm CO_2 anstatt 350 ppm CO_2 exponiert wurden. Da Mikroorganismen dieses Material bevorzugten, wurde der Umsatz der widerstandsfähigeren nativen organischen Bodensubstanz bei 700 ppm CO_2 reduziert. Insgesamt war bei der höheren CO_2-Konzentration eine Förderung des organischen Kohlenstoffgehaltes im Boden zu verzeichnen.

Die möglichen Auswirkungen von Klimaveränderungen infolge des Treibhauseffektes sowie einer zunehmenden UV-B-Strahlung infolge der Zerstörung der stratosphärischen Ozonschicht auf bodenmikrobiologische und -enzymatische Parameter wurden bisher nicht berücksichtigt. Eigene Untersuchungen (Glashausexperimente mit bepflanzten Böden) mit doppeltem CO_2-Partialdruck ergaben nach mehreren Monaten mit Ausnahme einer signifikanten Erhöhung der Xylanaseaktivität und einem Trend zur Erhöhung der Nettomineralisation keine Veränderung bodenenzymatischer Parameter. Wurzelmassezunahmen sowie eine erhöhte Ausscheidung von kohlenstoffhaltigen Wurzelexsudaten können ursächlich dafür sein.

Cotrufo et al. (1994) unternahmen Untersuchungen zur Beeinflussung der Qualität der Blattstreu von Esche (*Fraxinus excelsior*), Birke (*Betula pubescens*), Ahorn (*Acer pseudoplatanus*) sowie Fichte (*Picea sitchensis*) durch erhöhte atmosphärische CO_2-Konzentrationen sowie zum Einfluß einer veränderten Streuqualität auf deren Abbau in Labormikrokosmen. Die Pflanzen waren 350 ppm bzw. 600 ppm CO_2 exponiert worden. Die erhöhte CO_2-Konzentration veränderte einige Qualitätsparameter der Blattstreu signifikant, wobei ein geringerer N-Gehalt, ein höherer Lignin-Gehalt, höhere C/N-Verhältnisse sowie höhere Lignin/N-Verhältnisse bestimmt werden konnten. Vergleichende Abbauuntersuchungen ergaben für die Blattstreu der unter 600 ppm gewachsenen Pflanzen signifikant reduzierte Atmungsraten. Für diese Streu waren zu Versuchsende Reduktionen des Masseverlustes nachweisbar.

Die Dosis an biologisch effektiver UV-Strahlung an der Erdoberfläche wird durch Veränderungen der stratosphärischen Ozonschicht modifiziert. Hinsichtlich des Netto-Effektes einer erhöhten UV-B-Strahlung auf Ökosysteme besteht Unklarheit. Untersuchungen zum Einfluß von UV-B-Strahlung konzentrierten sich zunächst primär auf die pflanzliche Produktion. Literaturberichten zufolge führte die Exposition von Pflanzen gegenüber UV-B-Strahlung zu einer Reduktion des Wachstums, der Photosynthese sowie des Blühvermögens (Moorhead und Callaghan 1994). Diesbezüglich waren Art- bzw. Sorten-spezifische Unterschiede nachweisbar. UV-Strahlung konnte als ein signifikanter Faktor beim Abbau zahlreicher organischer Verbindungen erkannt werden. In aquatischen Ökosystemen wird der photochemische Abbau von widerstandfähigen organischen Verbindungen durch UV-B-Exposition erhöht. Ähnliche Wirkungen auf den Umsatz der organischen Substanz werden für terrestrische Systeme erwartet. Befunde zum Abbaumuster von exponierter Oberflächenstreu in ariden und semiariden Systemen stützen diese Annahme. Von Moorhead und Callaghan (1994) durchgeführte Modelluntersuchungen zum potentiellen Effekt von UV-B-Strahlung auf den Abbau von Lignin gaben Hinweis auf einen geringen Effekt höherer Streuumsatzraten auf die Dynamik der organischen Bodensubstanz.

6 Vegetation

6.1 Organische Ausgangssubstanz und Bodenentwicklung

Die Vegetation, deren Entwicklung von klimatischen und edaphischen Größen gesteuert wird, nimmt ihrerseits an der Entwicklung von Böden teil. Die Vegetation nimmt als Quelle der organischen Bodensubstanz eine überragende Stellung ein. Die Pflanzenwurzeln, deren Ausscheidungen und die Streu (Bestandesabfall, Ernte- und Vegetationsrückstände) liefern gemeinsam mit den Ausscheidungen und der Nekromasse der Bodentiere und -mikroorganismen die Ausgangssubstanzen der organischen Bodensubstanz. Diese Substanzen dienen den Bodentieren und Bodenmikroorganismen als Nährstoff- und Energiequelle.

Die Pflanzengesellschaften unterscheiden sich hinsichtlich der Menge und der Zusammensetzung der anfallenden Streu sowie deren Ausscheidungen. Die chemische Zusammensetzung der Streu und vor allem deren Mineralstoffgehalt nimmt Einfluß auf wichtige Bodeneigenschaften wie zum Beispiel die Bodenacidität. In Koniferenstreu konnte ein gegenüber der Streu von Laubbäumen geringerer Gehalt an Metallkationen wie Ca^{2+}, Mg^{2+} und K^{+} nachgewiesen werden. Vegetationsrückstände mit einem geringen Gehalt an basischen Kationen fördern die Entwicklung saurer Verwitterungsbedingungen, während solche mit einem höheren Basengehalt die Etablierung leicht saurer bis neutraler Bedingungen begünstigen.

Der Bewuchs nimmt durch die Beschattung und die Transpiration Einfluß auf den Wasser- und Wärmehaushalt des Bodens. Dieser schützt das Bodenleben vor intensiver Sonnenbestrahlung und starker Austrocknung oberflächennaher Bodenbereiche. Durch teilweise Speicherung der Niederschläge im Blätterdach verringert der Bewuchs die mit dem Aufprallen von Regentropfen verbundenen strukturzerstörenden Einflüsse. Die Vegetation schützt Böden vor Erosion, Aggregatzerfall und Dichtschlämmen sowie vor Nährstoffverlusten.

Die Pflanzen entziehen dem Boden Wasser und verzögern damit abwärtsgerichtete Verlagerungsvorgänge. Pflanzen leisten einen Beitrag zur Nährstoffverlagerung indem diese Nährstoffe aus tieferen Bodenbereichen aufnehmen, welche im Zuge der Mineralisierung der Nekromasse in den oberen Bereich des Bodens gelangen.

Pflanzliche und mikrobielle Metabolite tragen zu Verwitterungs- und Verlagerungsprozessen bzw. zur Bildung und Stabilisierung der Bodenstruktur bei. Organische Verbindungen bilden mit mineralischen Komponenten Komplexe unterschiedlicher Mobilität und nehmen damit wesentlichen Einfluß auf die Bodenbildung und -entwicklung. Wird der mikrobielle Abbau organischer Komplexbildner durch Nährstoffmangel infolge stark saurer Bodenreaktion oder kühlfeuchtem Klima gehemmt wird der Prozeß der Podsolierung gefördert. Es ist dies ein bodenbildender Prozeß, welcher in einer Abwärtsverlagerung von gelöster organischer Substanz zusammen mit Aluminium und Eisen besteht.

Pflanzenwurzeln und mit diesen assoziierte Mykorrhizapilze spielen bei der Bildung und Stabilisierung der Bodenstruktur ebenfalls eine wesentliche Rolle.

6.2 Mikrobiologie und Bodenenzymatik

6.2.1 Interaktionen mit Pflanzen

Vielfältige Wechselwirkungen charakterisieren die Beziehung zwischen Pflanzen und Mikroorganismen.

Ober- und unterirdische Pflanzenteile dienen Mikroorganismen als Habitate. Pflanzen sind mikrobielle Nährstoff- und Energiequellen. Mikroorganismen repräsentieren ihrerseits dynamische Senken und Quellen für Pflanzennährstoffe. Im Zuge der Mineralisation der organischen Substanz werden für Pflanzen essentielle Nährstoffe in verfügbarer Form freigesetzt. Durch spezielle mikrobiell vermittelte Prozesse können auch aus anorganischen Substraten pflanzenverfügbare Nährstoffe freigesetzt werden. Mikroorganismen und Bodenenzyme tragen durch ihre Beteilung am Aufbau der Bodenstruktur zur Eignung eines Bodens als Pflanzenstandort bei. Als Symbiosepartner bzw. als Krankheitserreger von Pflanzen sind Mikroorganismen von ökologischer und ökonomischer Relevanz.

Pflanzen vermögen durch deren chemische Zusammensetzung sowie durch Wurzelexsudate und abgestoßenes bzw. abgestorbenes Wurzelgewebe mikrobielle Populationen spezifisch und direkt zu beeinflussen. Von besonderer Bedeutung ist jener Bereich des Bodens, welcher unter dem Einfluß der Wurzeln steht. Dieser Bereich wird als Rhizosphäre, die Förderung der Mikroorganismen in diesem Bereich als Rhizosphäreneffekt definiert. Die Wurzeln scheiden eine Vielzahl organischer Substanzen aus, welche zur Anlockung und Anreicherung von Organismen in unmittelbarer

Wurzelnähe führen. Die unmittelbare Wurzelumgebung zeichnet sich durch hohe Exsudat- und Organismengehalte aus.

Oberirdische Pflanzenteile dienen ebenfalls als mikrobielle Habitate. Die Oberflächen der Blätter, die Phylloplane, wird vornehmlich von Gram-negativen Bakterien und Hefen besiedelt. Der organismisch besiedelte Bereich der Blätter ist als Phyllosphäre definiert. Ebenso wie Wurzelexsudate können Blattexsudate und Samenexsudate nachgewiesen werden.

Der Typ der Vegetation ist eine Hauptdeterminante der enzymatischen Aktivität von Böden. Der Einfluß der Vegetation auf bodenmikrobiologische und -enzymatische Parameter kann durch andere Standortfaktoren überlagert werden und auf bestimmte Bodenlagen beschränkt bleiben. Das Alter des Bestandes nimmt differentiellen Einfluß auf die Aktivität verschiedener Enzyme.

Die Vegetation trägt zum Enzymgehalt des Bodens auf verschiedenen Wegen bei. Diese schließen die Ausscheidung von Enzymen durch Wurzeln, die Stimulierung der Diversität und Aktivität der Mikroorganismen in der Rhizosphäre durch Wurzelexsudate und abgestoßenes Wurzelgewebe, den organismischen Abbau der Streu während dessen mikrobielle und tierische Enzyme gebildet werden sowie den Eintrag enzymhaltiger Substanz über abgestorbene oberirdische Pflanzenteile, abgestorbene Wurzeln und abgestoßenes Wurzelgewebe ein.

Die chemischen Bestandteile der Streu bzw. des abgestoßenen Wurzelgewebes und der Wurzelexsudate sind entweder unmittelbar Substrat für spezifische Enzyme bzw. führen zur Bildung spezifischer Enzyme.

Die Streu kann durch die Beeinflussung kinetischer Parameter der Bodenenzyme die Geschwindigkeit der Nährstoffnachlieferung aus der organischen Substanz modifizieren.

6.2.2 Zersetzung der organischen Substanz

Die Zersetzung der organischen Substanz unterliegt dynamischen Veränderungen und weist Abhängigkeit von der Substratqualität, dem Bodentyp, dem Klima und der Zeit auf. Standortfaktoren bestimmen die Richtung und die Intensität der Mineralisierung, die Art der mikrobiellen Energiegewinnung sowie der Endprodukte, die Biomassebildung und die Humifizierung. Die stoffliche Zusammensetzung sowie jene die biologische Aktivität beeinflussenden Boden- und Klimafaktoren kontrollieren die Abbaugeschwindigkeit der Rückstände. Der Wassergehalt der oberen Bodenlagen dominiert den Masseverlust der Streu in den frühen Phasen des Streuabbaus. Vergleichende Untersuchungen zur Abbaudynamik von Nadelstreu an Koniferenwaldstandorten (*Pinus pinea*, *P. laricio*, *P. sylvestris*, *Abies alba*) ergaben drei Typen von Abbaukurven (De Santo et al.

1993). Das Abbaumuster wurde an trockenen Standorten durch Feuchtevariationen stärker beeinflußt als durch die Streuqualität.

Phasen und Substratqualität

Die Zersetzung der pflanzlichen Masse beginnt bereits an alternden Bestandesteilen, welche von Mikroorganismen und Tieren angegriffen werden. Ebenso leiten chemische Reaktionen organismeneigener Stoffe den Abbau der organischen Ausgangssubstanzen kurz vor oder unmittelbar nach dem Absterben der Organismen ein. Im Zellinneren werden durch Hydrolyse- und Oxidationsvorgänge unter dem Einfluß von Gewebeenzymen hochpolymere Verbindungen in Einzelbausteine zerlegt. Stärke wird in einfache Zucker und Eiweiß in Aminosäuren gespalten. Die Spaltung phenolischer Verbindungen kann mit Farbveränderungen einhergehen (Verfärbung von Laub und Streu). Wasserlösliche Spaltprodukte werden freigesetzt. Leicht verwertbare Substanzen fördern in dieser Phase der Zersetzung die mikrobielle Besiedelung der Substrate.

Durch die Tätigkeit von Tieren wird die Streu in einen Bereich erhöhter mikrobieller Aktivität verlagert. Die mechanische Zerkleinerung und Umwandlung des organischen Materials durch Organismen der Makro- und Mesofauna fördert die mikrobiell und bodenenzymatisch vermittelte Zersetzung und Mineralisierung. Die Substanzen werden teilweise oder vollständig durch Tiere aufgenommen und zum Teil als Faeces ausgeschieden. Beim Passieren der Darmtrakte findet eine intensive Vermischung mit anorganischen Bodenpartikeln statt. Die Enzymausstattung und die mikrobielle Besiedelung der Darmtrakte ist für die Transformation und den Abbau der organischen Verbindungen von wesentlicher Bedeutung. Mikroorganismen finden auf dem zerkleinerten und teils chemisch und physikalisch verändertem Substrat günstige Entwicklungsbedingungen vor.

Die Geschwindigkeit und das Ausmaß der Zersetzung wird durch die Abbaubarkeit der organischen Substrate gesteuert und geht in der Reihe Zucker, Aminosäuren > Protein > Cellulose > Ligninverbindungen zurück. Verbindungen, welche bei der Zersetzung bestimmter Streukomponenten auftreten, beeinflussen die biologischen Parameter ebenfalls. In der Streu vorhandene oder im Zuge deren Umsetzung gebildete Stoffe können die Geschwindigkeit des Streuabbaus verzögern, sodaß die Umsetzungen erst nach Auswaschung oder Umwandlung dieser Stoffe intensiver werden können. Bei rohhumusbildenden Pflanzen wird die Nachlieferung von Hemmstoffen aus den Pflanzenrückständen angenommen. Schroeder (1984) gab eine Stabilitätsreihe der wichtigsten organischen Ausgangssubstanzen: Vegetationsreste der Leguminosen < Gräser und Kräuter < Laubsträucher und Laubbäume < Nadelbäume < Zwergsträucher.

Jene die organischen Ausgangssubstanzen besiedelnden Lebewesen variieren mit der Bodentiefe und mit dem Abbaustadium der organischen

Reste. Die chemische Zusammensetzung und die strukturellen Eigenschaften des organischen Ausgangsmaterials werden durch den unterschiedlich rasch erfolgenden Abbau der einzelnen Komponenten zunehmend verändert. Dadurch kommt es zu einer Förderung bzw. zum Ausschluß bestimmter Mikroorganismen. Durch unterschiedliche Nährstoffansprüche werden Mikroorganismen zeitlich und räumlich voneinander getrennt. Während des Streuabbaus findet infolge der fortlaufenden chemischen und strukturellen Veränderung der organischen Substanz eine zeitliche Abfolge verschiedener Organismen statt (organismische Sukzession). Wird bei der Besiedelung eines Substrates dieses von einem Vorgängerorganismus in einer Weise aufgeschlossen, daß es vom Folgeorganismus direkt besiedelt werden kann, spricht man Metabiose. Als Primärbesiedler werden jene Mikroorganismen definiert, welche einfache organische Verbindungen wie Mono- und Disaccharide nutzen können, die als erste aus der Streu freigesetzt werden. Die Primärbesiedler weisen ein relativ rascheres Wachstum auf als die später folgenden Besiedler. Die Sekundärbesiedler nutzen komplexere Verbindungen wie Polysaccharide. Tertiärbesiedler werden als solche definiert, welche schwer angreifbare Polymere wie Lignin zu nutzen vermögen. Da diese keine leicht assimilierbaren Nährstoff- und Energiequellen darstellen, erfolgt das Wachstum der Mikroorganismen relativ langsam.

Ab- bzw. Umbau- oder Synthesewege erfolgen vermittels spezifischer Enzyme. Im Zuge der genannten Veränderungen des Substrates ist auch eine Sukzession von Enzymaktivitäten zu erwarten. In einer Untersuchung zur Humifizierung von Fichtennadeln, Zitterpappelblättern und von Kieferntorfmoor nahmen die Aktivitäten der Enzyme Cellulase und Phenoloxidase zu, die Lipaseaktivität und die proteolytische Aktivität gingen während des Abbaus zurück (Laehdesmaeki und Piispanen 1988). Die Mengen an Stärke, Proteinen und freien Zuckern gingen während des Abbaus von Fichtennadeln und Zitterpappelblättern sehr rasch, jene der Lipide weniger rasch und die von Cellulose und Lignin sehr langsam zurück.

Ergebnisse von Untersuchungen zur Fähigkeit von Bodenbakterien abbauende Enzyme zu bilden konnten in Relation zur Quelle und zum Typ des verfügbaren Substrates bewertet werden (Hankin et al. 1974). Die Böden stammten von Kulturland, Weide, Obstgarten, Wald, Waldstreu, Tidenmarsch und Sumpf. Die biochemischen Aktivitäten der Bakterien traten generell in der folgenden Reihe mit steigender Frequenz auf cellulolytisch < pektinolytisch < amylolytisch < lipolytisch < proteolytisch. Der Anteil der Bakterien mit der Fähigkeit Protein, Stärke, Cellulose oder Pektin abzubauen zeigte eine Beziehung zur gegenwärtigen Nutzung des Bodens.

Entsprechend Gray und Williams (1971b) weist das mikrobielle Wachstum auf Pflanzenmaterial und Fäces zwei charakteristische Phasen auf. Eine in Form eines ursprünglichen Aktivitätsanstieges während der ersten Wochen, wenn die Quelle kolonialisiert wird. Sowie eine folgende in Form eines niedrigen Aktivitätspiegels, wenn das leicht nutzbare Material erschöpft ist, sich toxische Metabolite anreichern und die Kultur zu altern beginnt.

Mehrere Substratqualitäten einschließlich der Kohlenstoff- und Stickstoffgehalte, der Nährstoffverhältnisse, des Ligningehaltes und des Lignin/Stickstoff-Verhältnisses beeinflussen den Abbau. Die ursprünglichen Gehalte der Rückstände an den Elementen Ca, Mg, K, P und S sind diesbezüglich ebenso von Bedeutung. Die Beziehung des C/N-Verhältnisses der Ausgangssubstanz zum C/N-Verhältnis der Zersetzerorganismen gilt als ein für die Zersetzbarkeit und die biologische Aktivität geeignetes Maß. Nährstoffverhältnisse sind jedoch keine Indikatoren für die relative Verfügbarkeit der Nährstoffe. Die Substrate können beispielsweise bei gleichem C/N-Verhältnis unterschiedlich hohe Gehalte an löslichen C- und N-Verbindungen aufweisen.

Organische Substrate können die metabolische Aktivität erhöhen oder auch zu einer Vergrößerung der mikrobiellen Biomasse führen. Eine Vermehrung von mikrobiellen Zellen und ein Netto-Biomassezuwachs werden erst möglich, wenn der Energiebedarf der bereits vorhandenen Mikroorganismen gedeckt ist. Der mikrobiell mediierte Zersetzungprozeß der organischen Substrate wird von der Mineralisierung und Immobilisierung von Nährstoffen begleitet. Kohlenstoffverbindungen werden zu CO_2 mineralisiert und andere Elemente werden als anorganische Ionen freigesetzt. Als Nettomineralisierung tritt dieser Prozeß nur auf, wenn die Organismen die anorganischen Ionen nicht für Zellsynthesen benötigen. Ist im System beispielsweise ausreichend anorganischer Stickstoff vorhanden und überschreitet dieser die mikrobiellen Ansprüche wird anorganischer Stickstoff in das System freigesetzt. Liegen organische Substrat mit einem hohen C/N-Verhältnis vor so tritt, falls im System nicht ausreichend anorganischer Stickstoff vorliegt, eine Hemmung des Abbaus ein. Liegen hingegen ausreichende Mengen an anorganischem Stickstoff im System vor, erfolgt der Abbau des Substrates unter Festlegung von anorganischem Stickstoff in der mikrobiellen Biomasse (N-Immobilisierung). Unter solchen Bedingungen wird das Stickstoffangebot für Pflanzen vorübergehend verschlechtert. Für die anderen Nährstoffe treten die Prozesse der Mineralisierung und Immobilisierung in der gleichen Weise auf und bestimmen die Nährstoffmengen, welche für die Pflanzenaufnahme verfügbar sind. Der Punkt an welchem sich entscheidet, ob Nettomineralisierung oder Nettoimmobilisierung auftritt ist für verschiedene Nährstoffe unterschiedlich. In der Literatur werden diesbezüglich Näherungswerte angegeben. Nettomineralisierung der entprechenden Elemente wird dominieren, wenn das C/N-Verhältnis < 25 bzw. das C/P-Verhältnis oder das C/S-Verhältnis < 60 ist. Ist das Verhältnis hingegen größer als die angegebenen Werte, wird Immobilisierung aus dem anorganischen Pool auftreten.

Das C/N-Verhältnis der Pflanzensubstanz variiert mit dem Alter der Pflanzen. Ältere Pflanzenteile weisen in der Regel ein höheres C/N-Verhältnis auf als jüngere. Die Qualität und Quantität der Wurzelexsudate variiert ebenfalls mit dem Alter der Pflanzen.

Das C/N-Verhältnis der organischen Substanz verändert sich im Zuge von Zersetzungsvorgängen. Im Verlauf der Umwandlung des Bestandesabfalls in amorphe Humussubstanzen kommt es zu einer Verengung des C/N-Verhältnisses. Auf nährstoffreicheren Standorten (z.B. Basenreichen Braunerden) erfolgt dies gegenüber nährstoffarmen (z.B. Podsolen) in einer stärkeren Ausmaß. In der Literatur diskutierten Modellvorstellungen zur Stickstoffdynamik entsprechend (van Wensem et al. 1993) erfolgt in der ersten Phase des Streuabbaus eine rasche Auswaschung von Stickstoff aus der Streu. In einer folgenden Anreicherungsphase nimmt der absolute Gehalt an Stickstoff in der Streu zu. Letztlich folgt eine Freisetzungsphase, in welcher eine Nettofreisetzung von Stickstoff aus der Streu beobachtet werden kann. Diese Freisetzung erfolgt jedoch mit einer geringeren Geschwindigkeit als jene in der Auswaschungsphase. Nicht immer können sämtliche Phasen beobachtet werden. Die Phasen implizieren, bezogen auf die Gesamtstickstoffkonzentrationen, daß es nach einem kurzen Abfall zu einem Anstieg der Stickstoffkonzentration kommt, welcher von einer Periode des mehr oder minder Gleichbleibens oder der Abnahme der Stickstoffkonzentrationen gefolgt wird. Der Beginn der letzteren Phase steht in linearer Beziehung zum Beginn des Ligninabbaus und der Phosphorfreisetzung. Bezüglich der Beziehung zwischen N-, P- und Ligninfreisetzung konnten Unterschiede zwischen Laub- und Koniferenstreu angegeben werden. Einem Modell von Berg und Staaf (1980) zufolge erfolgt der Abbau der Nadelstreu von *Pinus sylvestris* in zwei Phasen, wobei die erste durch die Nährstoffkonzentrationen der Streu, die zweite Phase durch die Ligninkonzentrationen reguliert wird. Oberirdische und unterirdische Pflanzenteile können sich hinsichtlich des Kohlenhydrat/Ligninverhältnisses unterscheiden (Rice und Mallik 1977).

Auf sich zersetzenden Pflanzenrückständen unterschiedlicher Zusammensetzung lag eine gegenüber Böden größere mikrobielle Biomasse vor (Beare et al. 1990). Auch konnte bei den Pflanzenrückständen gegenüber den Böden auf einen wesentlich höheren Anteil an physiologisch aktiven Mikroorganismen geschlossen werden. Der Autor hatte sich in dieser Untersuchung einer Modifikation der Methode der substratinduzierten Atmung zur Erfassung der mikrobiellen Atmung bedient. Unter dem Einsatz der obigen Methode untersuchten Neely et al. (1991) Veränderungen in den relativen Beiträgen von Bakterien und Pilzen zur physiologisch aktiven mikrobiellen Biomasse. Dazu wurde die Streu von sechs Pflanzenarten im Feld inkubiert; die Untersuchung bezüglich der Abbauraten, der pilzlichen, bakteriellen und der gesamten substratinduzierten Atmung und die Veränderungen der Zusammensetzung der Rückstände erfolgte während 161 Tagen. Der Nettostickstoffverlust folgte generell dem Muster der Trockengewichtsverluste. Ein Nettostickstoffgewinn konnte nach 100 Tagen Inkubation für jene Rückstände beobachtet werden, welche ursprünglich hohe C/N-Verhältnisse aufwiesen. Die ursprüngliche Stickstoffkonzentration stand in hoch positiver Korrelation mit der jährlichen Abbaukonstante für sämtliche Arten. Auf Basis individueller Arten korrelierte der Ligningehalt am besten mit dem Verlust an Trockengewicht. Über sämtliche Sammeltermine hinweg prognostizierte das C/N-Verhältnis die gesamte substratinduzierte Atmung am besten. Die Pilze stellten auf den Rückständen (oberflächlich exponiert) die vorherrschenden Abbauorganismen dar. Bei den meisten Rückständen beeinflußte der Ligningehalt im Zeitverlauf die pilzliche substratinduzierte Atmung und den pilzlichen Biomasse-C am stärksten (negativ). Die gesamte substratinduzierte Atmung, die pilzliche substratinduzierte und die gesamte pilzliche Biomasse zeigten im Verlauf der Zersetzung eine rückläufige Tendenz. Die Raten der durch den Pflanzenrückstand induzierten Atmung reflektierten als Maß für die potentiell aktive mikrobielle Biomasse die Qualität der untersuchten Streu und diese korrelierten positiv mit deren Abbauraten.

Die Rate der CO_2-Entwicklung erwies sich als ein geeignetes Maß für vergleichende Untersuchungen zum Abbau verschiedener Substrate. Vergleichende Untersuchungen zum Abbau der Streu unterschiedlicher Feldfrüchte (*Oryza sativa*, *Triticum aestivum*, *Brassica campestris*) in Ackerböden (sandiger Lehm) wurden geführt (Saini et al. 1984). Die untersuchten Pflanzen wiesen hinsichtlich der chemischen Eigenschaften starke Variation auf. Die Rückstände waren generell arm an Stickstoff, Phosphor, wasserlöslichen Verbindungen und an Nichtstruktur-Kohlenhydraten. Der Prozentsatz an Cellulose war gemeinhin hoch (27–58%). Das C/N-Verhältnis sämtlicher Materialien war wesentlich höher als dies dem kritischen für den Abbau von organischen Substraten nötigen Bereich von 20–30 entspricht. Der Abbau der Stoppeln und Wurzeln im Boden zeigte ein anfängliches Maximum der CO_2-Entwicklung. Da die Pflanzenrückstände sehr geringe Mengen an wasserlöslichen Verbindungen und Nichtstruktur-Kohlenhydraten enthielten, waren die Raten nur für eine kurze Zeitspanne, in welcher verfügbare Energiequellen das mikrobielle Wachstum unterstützten, hoch.

„Priming effect“

Ein „Verstärkereffekt“ („Priming effect“) liegt vor, wenn der Zusatz von abbaubarem organischen Material zu einem verstärkten Abbau von nativer organischer Bodensubstanz bzw. zu einem verstärkten Umsatz von mikrobieller Biomasse führt.

Dalenberg und Jager (1981) zeigten, daß der Zusatz von nicht markierter Glucose zu einem ^{14}C-markierten Boden zu einem geringen jedoch signifikanten Anstieg der Entwicklung von ^{14}C-markiertem Kohlendioxid führte. Es wurde postuliert, daß dieser Effekt durch einen geförderten Umsatz an mikrobiellem Biomasse-C und nicht durch einen geförderten Abbau von markierter humifizierter organischer Substanz verursacht wurde. In einer späteren Arbeit (1989) konnten die Autoren mit einer Reihe von Substraten (Glutamat, Aspartat, Cellulose, Weizenstroh, Klärschlamm) abermals „Priming Effekte" beobachten. Diese dauerten länger als jener, welcher dem Zusatz von Glucose folgte und diese konnten nicht ausschließlich auf Veränderungen der mikrobiellen Biomasse zurückgeführt werden. Wu et al. (1993) unternahmen vergleichende Untersuchungen zur Bildung und zum Absterben von mikrobieller Biomasse während des Abbaus von Glucose und Raygras in einem schluffigen Tonlehm unter Dauergrünland. Substrat- und konzentrationsabhängige Variationen zeigten sich. ^{14}C-markierte Glucose oder ^{14}C-markiertes Raygras (entweder 500 oder 5000 µg C/g Boden) wurde bei 25°C aerob mit dem Boden inkubiert. Eine zwanzigtägige Inkubation mit 5000 µg Glucose führte zur einer 50%igen Reduktion der nativen (unmarkierten) Biomasse. Die 5000 µg Gabe verursachte einen kurzfristigen jedoch merklichen „Priming Effekt". Die Größe dieses Effektes stand mit der durch die Glucose induzierten Abtötung von nativer mikrobieller Biomasse im Einklang. In einer Menge von 500 µg C verursachte die Glucose weder eine meßbare Abtötung von nativer mikrobieller Biomasse, noch verursachte diese einen „Priming Effekt". Das markierte Raygras beeinflußte in einer Menge von 5000 µg C die native Biomasse wenig, wobei die neu gebildete markierte Biomasse der bereits vorhanden hinzugefügt wurde. Nach 40 Tagen waren 12% des Raygras-Kohlenstoffs in der mikrobiellen Biomasse vorhanden, welche in der Folge mit einer Halbwertszeit von 66 Tagen zurückging. Nach 30 Tagen war der Anteil an im Boden verbliebenem markierten Raygras-C für die geringere Dosis höher als für die höhere. Wie mit Glucose verblieb auch mit dem Raygras ein gegenüber der höheren Dosis größerer Anteil der geringeren Dosis im mikrobiellen Biomasse-C (nach 20 Tagen 19% des zugesetzten C). Sowohl die 500 als auch die 5000 µg Applikation des Raygras-Kohlenstoffs verursachte während einer Periode von 10–100 Tagen einen positiven „Priming Effekt".

6.2.3 Einfluß verschiedener Formen der Vegetation

Wie bereits weiter oben diskutiert vermögen Pflanzen durch deren chemische Zusammensetzung sowie durch Wurzelexsudate und abgestoßenes bzw. abgestorbenes Wurzelgewebe mikrobielle Populationen und Enzymaktivitäten spezifisch zu beeinflussen. Das Bestandesalter nimmt differentiellen Einfluß auf die Aktivität verschiedener Enzyme. Bodenmikrobiologische und -enzymatische Parameter werden durch eine große Wurzelmassen bildende Vegetation günstig beeinflußt.

Der Einfluß der Vegetation auf bodenmikrobiologische und -enzymatische Parameter kann durch andere Standortfaktoren überlagert werden und auf bestimmte Bodenlagen beschränkt bleiben. Für verschiedene Enzyme können bezüglich der relativen Dominanz eines Standortfaktors wie z.B. Ausgangsgestein bzw. Vegetation generelle bzw. auf bestimmte Horizonte beschränkt bleibende Unterschiede bestehen. In nichtbearbeiteten Systemen wie Waldböden kann gegenüber landwirtschaftlich genutzten, bearbeiteten Böden eine deutlichere vertikale Schichtung der biologischen Aktivität im Profil beobachtet werden.

Zu diesem Themenkreis zählen auch Arbeiten, welche sich mit dem Einfluß des Bestellungsregimes (Monokultur, verschiedene Formen des Fruchtwechsels) auf bodenbiologische Parameter beschäftigten. Entsprechende Arbeiten werden im zweiten Band dieser Publikationsreihe näher vorgestellt.

Die unterschiedliche Beeinflussung biochemischer Parameter durch die Art des Bewuchses wurde bereits von einer Reihe früher Autoren berichtet. Entsprechende Arbeiten verschiedene Enzymaktivitäten (Invertase, Amylase, Cellulase, Xylanase, Urease, Posphatase) betreffend wurden von Kiss et al. (1975b), Bremner und Mulvaney (1978), Ladd (1978) und Speir und Ross (1978) und zusammengestellt. In der Folge sollen weitere Arbeiten zu diesem Themenkreis näher berücksichtigt werden.

In Verbindung mit einer Technik der Streuperfusion zur Quantifizierung wasserlöslicher organischer Komponenten sollten eventuell bestehende Unterschiede im Enzymspiegel der Nadelstreu verschiedener Koniferenbestände nachgewiesen werden (Blaschke 1981). Nadelstreuproben von Beständen von *Larix decidua, Picea abies, Pinus sylvestris* sowie *Pseudotsuga menziesii* wurden hinsichtlich der Aktivität der Enzyme Dehydrogenase und Katalase sowie der CO_2-Entwicklung untersucht. Für sämtliche Streuarten waren monatliche Aktivitätsveränderungen nachweisbar. Die Jahresmittelwerte zeigten Unterschiede zwischen den biologischen Aktivitäten der Streuarten an. Die Jahresaktivität war bei Kiefer höher als bei Fichte; die Nadelstreu von Douglasie und Lärche (mit Ausnahme der Katalase) erreichte im Jahresmittel ein mittleres Aktivitätsniveau.

Während eines Jahres bestimmten Duxbury und Tate (1981) den Einfluß des Bewuchses auf die Aktivität der Enzyme saure Phosphatase, Invertase, Cellulase, Xylanase, Amylase, Peroxidase und Polyphenoloxidase in einem organischen Boden. Die Standorte waren mit Zuckerrohr (*Saccharum* sp.), St. Augustingras (*Stenatophrum secundatum*) und Paragras (*Brachiaria mutica*) bestellt worden oder wurden brach gehalten. Mit Ausnahme der Peroxidaseaktivität wurde die Variation der Aktivitäten durch die Bodentiefe und/oder die Frucht stärker bestimmt als durch die Jahreszeit. Im Vergleich mit den Enzymaktivitäten am brach gehaltenen Standort wurde die Aktivität der Invertase, Xylanase und sauren Phosphatase signifikant durch die Gräser und die beiden letzteren durch Zuckerrohr gefördert. Zumeist beschränkte sich der Einfluß der Pflanzen auf den oberen Profilteil. Die Peroxidaseaktivität war im Oberboden bestellter Felder hoch, soferne die Feldfrüchte Wachstumsaktivität zeigten. Deren Aktivität rangierte zwischen dem 20 bis 200fachen der Aktivität des unbestellten Feldes. Der Boden des Brachefeldes zeigte oxidative Aktivität gegenüber einer Reihe von Hydroxy- und Hydroxy-Methoxy-substituierten Benzol- und Zimtsäuren, jedoch weder eine solche gegenüber den Dimethoxy- oder den nicht substituierten Säuren.

Der Begriff „Cerrado" definiert spezifische Pflanzengesellschaften, welche in einigen Teilen Südamerikas große Gebiete bedecken. Diese Vegetation setzt sich hauptsächlich aus mageren krautigen Pflanzen, Sträuchern und vereinzelt stehend niedrigen Bäumen zusammen. Die Bestände dieser Vegetation variieren hauptsächlich hinsichtlich der Größe und Dichte der Bäume. Die Cerrado-Vegetation wird in vier Kategorien eingeteilt: grünlandähnliche Vegetation, gartenähnliche Vegetation, waldähnliche Vegetation. Sämtliche Bodentypen unter Cerrado-Vegetation sind nährstoffarm, sauer und weisen vielfach Aluminiumtoxizität auf. Kulinska et al. (1982) nutzten die Aktivität der Bodenenzyme Invertase, Urease, Phosphatase und Dehydrogenase zur Bewertung von Unterschieden zwischen verschiedenen Cerrado-Vegetationen. Die Enzymaktivitäten gingen in der folgenden Reihe zurück: waldähnliche Vegetation > gartenähnliche Vegetation > anthropogen beeinflußte Cerrado (entwaldet, gedüngt, brach gehalten seit 1977). Korrelationen zwischen den Enzymaktivitäten und dem organischen Kohlenstoffgehalt oder den mikrobiellen Populationen bestanden nicht.

An einem Südhang der Hohen Tauern (Österreich) wurden vergleichende Untersuchungen zur CO_2-Freisetzung, zur Aktivität der Enzyme Cellulase-, Xylanase- und Ureaseaktivität sowie zur Bakteriendichte von Böden unter Spaliersträuchern (*Loiseleuria procumbens*, in 2300 m Höhe) und Polsterpflanzen (*Saxifraga bryoides*, in 2550 m Höhe und *Silene acaulis*, in 2500 m Höhe) durchgeführt (Schinner 1982b). Die chemischen Analysen ergaben hohe Nitratwerte für den Boden der *Loisleuria* Bestände (Pseudovergleyter Nanopodsol) und niedrigere für den angrenzenden Boden des Curvuletums (Alpiner Pseudogley). Der Gehalt an abbaubarer organische Substanz, die Gesamtkeimzahl, die CO_2-Freisetzung und die enzymatische Aktivität war im Boden unter *Loisleuria procumbens* durchschnittlich fünfmal so hoch wie im Boden des angrenzenden Curvuletums. Der Aktivitätsunterschied war für die streuabbauenden Enzyme Cellulase und Xylanase besonders groß. Die geringste Differenz zeigten die Gesamtkeimzahl und die Ureaseaktivität. Im Boden der *Saxifraga bryoides* Polster (Pararendsina) waren die mikrobiologischen Aktivitäten, vor allem die CO_2-Freisetzung und die am Streuabbbau beteiligten Enzyme, neunmal so hoch wie im unmittelbar angrenzenden nicht bewachsenen Boden (Protopararendsina). Der Gehalt an abbaubarer organischer Substanz und die Ureaseaktivität nahmen gegen den Rand des Polsters hin ab. Für die übrigen Eigenschaften und Aktivitäten konnte ein derartiger Abfall nicht nachgewiesen werden. Im Boden des *Silene acaulis* Polsters (Pararendsina) waren der Gehalt an abbaubarer organischer Substanz, die CO_2-Freisetzung und die Enzymaktivitäten durchschnittlich dreizehnmal höher als im angrenzenden nicht bewachsenen Boden (Protopararendsina). Die Aktivitäten des *Silene* Polsters waren im Durchschnitt 1.75mal so hoch wie jene des Bodens unter dem *Saxifraga* Polster. Vor allem die Aktivität der Enzyme Cellulase und Xylanase war hier doppelt so hoch wie im *Saxifraga* Polster. Wie bei *Loisleuria procumbens* Polstern und *Saxifraga bryoides* Polstern war auch hier die Beeinflussung des unmittelbar angrenzenden Bodens gering; diese war deutlich stärker als bei *S. bryoides*. Auf eine Zunahme des Nährstoffgehaltes und der Abbaufähigkeit der anfallenden organischen Substanz vom *Saxifraga*-Standort zum *Silene*-Standort und weiter zum *Loiseleuria*-Standort konnte geschlossen werden. Die deutliche Zunahme sämtlicher bodenenzymatischer Aktivitäten sowie des Gehaltes an leicht abbaubarer organischer Substanz vom Boden unter *Saxifraga - Silene - Loiseleuria* unterstützte diese Folgerung.

Die dominierende Vegetation beeinflußte die Aktivität der Enzyme saure und alkalische Phosphatase sowie jene der Arylsulfatase in einem arktischen Boden (Alaska) (Neal 1982). Diese Vegetation hatte sich infolge eines durch Schmelzwasser etablierten Feuchtegradienten etabliert. Die Aktivität der Enzyme war dort am höchsten wo die Stauden-Gras-Vegetation vorherrschte und am geringsten im Boden unter immergrünen Sträuchern. Im Vergleich zu Böden der temperaten Zone waren die Enzymaktivitäten des artischen Bodens sowohl auf Trockengewichtsbasis als auch auf Volumsbasis generell höher. Die Befunde zeigten die Bedeutung abiontischer Enzyme in arktischen Böden an.

In vergleichenden Untersuchungen an 13 Waldbodenproben des Griechischen Zentralplateaus konnten Teknos et al. (1987) in jeder Probe Dehydrogenase-, Invertase-, Phosphatase-, Katalase- und Laevanaseaktivität sowie nichtenzymatische H_2O_2-Spaltung nachgewiesen werden. In neun der Proben war Laevansucraseaktivität nachweisbar. Im organischen Horizont waren die Aktivitäten der Enzyme Dehydrogenase, Invertase, Katalase, Laevansucrase und Laevanase höher als im Mineralhorizont; für die Phosphataseaktivität und die nichtenzymatische H_2O_2-Spaltung traf das Gegenteil zu. Die Natur des Ausgangsgesteins und jene der dominierenden Waldvegetation beeinflußte die Höhe der Aktivitäten der Enzyme Dehydrogenase und Invertase stark, die Aktivitäten der anderen Enzyme hingegen geringfügig. Die potentielle Dehydrogenaseaktivität war in sämtlichen Proben höher als die aktuelle; beide waren im organischen Horizont eines kalksteinbürtigen Bodens unter *Abies cephalonica* Wald am höchsten. Der Einfluß des Ausgangsgesteins auf die Aktivität der Dehydrogenase konnte bei Vergleich der Aktivitäten unter gleicher Vegetation, *A. cephalonica* Wald, jedoch über unterschiedlicher geologischer Formation gezeigt werden. Über Kalk war die Dehydrogenaseaktivität sowohl im organischen als auch im mineralischen Horizont höher als über Flysch. Die Aktivität der Invertase war unter *Pinus halepensis* im organischen Horizont über Flysch dagegen höher als über Kalk. Die Aktivität der Dehydrogenase war im organischen Horizont unter *Quercus* sp. Wald höher als unter *A. cephalonica* oder *P. halepensis* Wald (jeweils über Kalk); selbiges traf für die Invertaseaktivität zu.

Garcia-Alvarez und Ibanez (1994) bestimmten Mikroorganismengruppen sowie die Aktivität verschiedener Enzyme (Amylase, Xylanase, β-Glucosidase, Invertase, Urease, Asparaginase, Glutaminase, saure, alkalische und neutrale Phosphatase, Phytase, Dehydrogenase, Katalase) in voll entwickelten Böden Zentral-Spaniens. Diese Böden standen unter natürlicher Vegetation (Immergrüner Eichenwald, Aquic Haploxerult) bzw. unter dem Einfluß verschiedener Grade menschlicher Eingriffe auf die Vegetation (Gestrüpp, Aquic Haploxerult; Getreideanbau, Aquultic Haploxeralf). Die oberen 10 cm der Profile wurden beprobt. Die gesamte Mikroflora nahm in der Folge: Immergrüner Eichenwald > Gestrüpp > Getreide ab. Die Faktorenanalyse etablierte einen deutlichen Unterschied zwischen natürlicher Vegetation, Gestrüpp bzw. Getreide. Im Getreidefeld war eine signifikante Reduktion der mikrobiellen Populationen und der katalytischen Kapazität nachweisbar. Die Veränderung der Vegetation bzw. der Art der Landnutzung war bei entsprechenden Bedingungen hinsichtlich Klima und Gestein, für die Modifikationen der biologischen Parameter hauptsächlich verantwortlich.

In Rendsinen unter Laubmischwald, Getreide bzw. Rasen sowie in einem Pelosol unter Laubmischwald korrelierten die Aktivitäten der Enzyme Amylase, Invertase und alkalische Posphatase signifikanter mit der Wurzelmasse als mit der Keimdichte an aeroben Bakterien, der Atmung oder dem Gehalt der Böden an organischer Substanz (Dutzler-Franz 1977b).

Unter Gräsern konnte eine signifikant höhere Deaminaseaktivität nachgewiesen werden als unter Gerstenkultur (Killham und Rashid 1986). Unter Gras können durch die dichtere Wurzelmasse größere Mengen an deaminierbarem Substrat gefunden werden als unter Gerste.

Der Nachweis von Ureaseaktivität an oberirdischen Pflanzenteilen läßt auf die Spaltung von oberflächlich applizierten Harnstoff und damit verbundene Stickstoffverluste schließen (Hoult und McGarity 1986). Untersuchungen zur Ureaseaktivität von Bodenproben, Streu und Pflanzenteilen einer Weide zeigten die Beeinflußbarkeit der Ureaseaktivität des Bodens durch den Typ, die Höhe und das Alter des Rasens. Die Ureaseaktivität der oberirdischen Pflanzenteile (Phyllosphäre) und der Streubestandteile war pro Flächeneinheit des Rasens geringer als jene mit dem Boden bis zu einer Tiefe von 20 cm verbundene Aktivität. Die Ureaseaktivität der Nicht-Bodenkomponente war pro Masseneinheit etwa neunmal höher als jene einer entsprechenden Einheit Boden.

Hinweise auf hohe Gehalte an Urease in Maisrückständen wurden erhalten. In Feld- und Laboruntersuchungen erfolgte die Hydrolyse von Harnstoff um den Faktor 2.3 bis 3mal rascher, wenn der Boden nicht bar, sondern mit Maisrückständen bedeckt war (Beyrouty et al. 1988).

Die Hydrolyse von Trimetaphosphosphat in Böden erfolgt enzymatisch durch das Enzym Trimetaphosphatase sowie nichtenzymatisch. Böden unter Sojabohnen wiesen eine höhere Trimetaphosphataseaktivität auf als solche unter Gras (Busman und Tabatabai 1985). Die Art des Bewuchses beeinflußte die nichtenzymatische Aktivität nur geringfügig.

Tabelle 12. Der Einfluß der Wurzelmasse auf einige Enzymaktivitäten

Profil	Bodentiefe (cm)	Wurzelmasse	alkal.Phosphatase[a]	Amylase[b]	Saccharase[c]	org.Substanz %
Rendsina[d]	2–10	1.51	134	273	1170	6.4
	20–25	0.42	110	200	640	5.7
Rendsina[e]	2–10	0.18	86	147	660	4.4
	20–25	0.11	77	117	602	3.4
Rendsina[f]	2–10	0.96	124	272	417	8.3
	20–25	0.22	102	166	202	5.7

[a] Aktivität in mg Phenol/100 g Boden.
[b] Aktivität in mg Maltose/100 g Boden.
[c] Aktivität in mg Invertzucker/100 g Boden.
[d] Unter Trockenrasen.
[e] Unter Sommergerste.
[f] Unter Eichen-Buchen-Wald.

Nach Dutzler-Franz (1977b).

Kinetische Parameter

In Laborversuchen mit sandigen Ton-Lehmböden und Ton-Lehmböden wurden die kinetischen Parameter, V_{max} und K_m, der Arylsulfatase durch die Zugabe von Streu modifiziert (Perucci und Scarponi 1983). Das Ausmaß der Modifikation war vom Streutyp abhängig. In sandigen Ton-Lehmböden betrug V_{max} ohne Zusatz 4.46±0.41; eine Erniedrigung des Wertes konnte mit Mais- und Weizenstroh nachgewiesen werden, eine Erhöhung mit Tabak und Sonnenblume. K_m betrug in sandigen Ton-Lehmböden ohne Zusatz 0.488±0.077; eine Erniedrigung bzw. Erhöhung des Wertes mit der Streu konnte im gleichen Sinne wie für V_{max} gefunden werden. V_{max} betrug in Ton-Lehmböden ohne Zusatz 16.26±1.95; mit sämtlichen Streutypen konnte eine Erhöhung des Wertes nachgewiesen werden; K_m betrug in Ton-Lehmböden ohne Zusatz 0.950±0.034; sämtliche Streutypen führten zu einer Erniedrigung des Wertes.

Ersatzgesellschaften

Der Ersatz natürlicher durch standortfremde Pflanzengesellschaften ist mit Veränderungen von Bodeneigenschaften verbunden. Ein Beispiel dafür sind die durch eine intensive Pflanzung von Koniferen in Laubwaldgebieten Westeuropas induzierten Bodenveränderungen. Diesbezüglich durchgeführte Untersuchungen schließen die durch Koniferenmonokulturen bewirkten Veränderungen von Bodeneigenschaften wie pH, austauschbare Acidität und Basensättigung ein. Die Mehrzahl der Untersuchungen wurde mit *Picea abies* durchgeführt. Diese Art wird bei der Aufstockung auf silikatischen und sauren Böden Westeuropas verbreitet genutzt. Die induzierten Veränderungen der Humusform schließen die morphologische Veränderung des Humuskörpers in der Sequenz Mull, Moder, Rohhumus mit der graduellen Zunahme des gesamten organischen Horizonts infolge einer saureren Umgebung und einer geringeren biologischen Aktivität ein. Die Veränderungen bodenmikrobiologischer und -enzymatischer Eigenschaften infolge der Etablierung pflanzlicher Ersatzgesellschaften wurden kaum untersucht.

Frühe Untersuchungen zur bodenverschlechternden Wirkung von Fichtenreinbeständen gehen auf Meyer (1960) zurück. Dabei wurden vergleichende Untersuchungen zum mikrobiellen Abbau von Fichten- und Buchenstreu in verschieden Bodentypen unternommen. Auf vier jeweils mit Buche und Fichte bestandenen Flächenpaaren (Basenreiche Braunerde, Podsolige Braunerde, Pseudogley-Podsol, mäßig entwickelter Eisenpodsol) wurde die Geschwindigkeit der Streuzersetzung an Hand von Atmungsaktivitätsmessungen (O_2-Aufnahme) erfaßt. Die pH-Werte des Fichtenhumus waren stets niedriger als jene des Buchenhumus. Der Stickstoffgehalt nahm mit zunehmender Bodengüte von 0.82% (Eisenpodsol) bis 1.44% (Basenreiche Braunerde) zu. Im Verlauf der Umwandlung des Bestandesabfalls in amorphe Humussubstanzen verengte sich das C/N-Verhältnis auf den nährstoffreicheren Standorten stärker als auf den nährstoffärmeren. Ein intensiver Abbau der Fichtenstreu erfolgte bereits in der Förna, während das Buchenlaub am intensivsten in der oberen Vermoderungsschicht angegriffen wurde. In der Vermoderungsschicht wurde die Intensität der mikrobiellen Aktivität stärker durch die Baumart als durch den Bodentyp beeinflußt. Unter Fichte erreichte die Abbauleistung nur 22–40% der entsprechenden Buchenwerte. In der Huminstoffschicht ging der Sauerstoffverbrauch stark zurück. Die mikrobielle Leistung wurde hier weniger durch die Baumart als durch den Bodentyp bestimmt. Die Huminstoffe der Braunerde wurden mit größerer Intensität angegriffen als jene des Podsols. Berechnungen an Hand der Atmungswerte ließen auf eine in der Basenreichen Braunerde unter Buche nach 9.4 Jahren vollendete Mineralisierung des H_1-Materials schließen, unter Fichte war eine solche nach 17 Jahren zu erwarten. Für die Podsolige Braunerde wurde dieser Prozeß mit 10.3 bzw. 40 Jahren, für den Pseudogley-Podsol mit 20 bzw. 121 Jahren sowie für den Eisenpodsol mit 40 bzw. 121 Jahren veranschlagt. Im Pseudogley-Podsol kommt es bei wiederholter Fichtenbestockung im Vergleich zur Bestockung mit zur Ausbildung einer mächtigen Decke an Auflagehumus. Für die Podsolige Braunerde und den Podsol war eine geringer mächtige Auflage und für die Basenreiche Braunerde eine nur geringe Anreicherung von Humus zu erwarten.

Auf Pseudogley-Standorten kam es durch einen Wechsel von einem standortgemäßen Laubmischwald zu Fichtenmonokulturen zu einem Übergang der Humusform moderartiger Mull in Rohhumus (Mai und Fiedler 1973). Gleichzeitig konnte eine Erhöhung der Protonenkonzentration sowie eine Erweiterung des C/N-Verhältnisses im H- und A_1-Horizont nachgewiesen werden. Der Anteil der Bakterien, einschließlich der Aktinomyceten, an der Mikrobenpopulation und die Fähigkeit zur Cellulosezersetzung, Proteolyse und Nitrifikation gingen stark zurück. Wiederholte Düngungen der Fichtenbestände beendeten diese Entwicklung und glichen die Mikrobenpopulation der des Humus im ursprünglichen Laubmischwald an. Die Gesamtkeimzahl nahm bedingt durch die Förderung der Bakterien einschließlich der Aktinomyceten zu, wobei die Artenzahl bei den Aktinomyceten stark zunahm und bei den Pilzen konstant blieb. Die Cellulosezersetzung, die CO_2-Freisetzung, die Proteolyse, die Nitrifikation und die Denitrifikation wurden wesentlich gefördert, wobei sich die Düngerkombination CaNP als besonders günstig erwies. In dieser Kombination kam dem Phosphor die größte Bedeutung zu, Stickstoff allein blieb wirkungslos. Die neunjährige Düngung vermochte jedoch keine Veränderung der Humusform zu bewirken.

Die an die Stelle eines Luzulo-Fagetums getretene Fichtenmonokultur hatte die qualitative biologische Aktivität des Bodens herabgesetzt (Möller 1981a). Die zahlenmäßige Erfassung der Humusform erfolgte mittels des „Humusformindex“, welcher Werte zwischen 0 (extremer Rohhums) und 1 (typischer Mull) annehmen kann. Infolge des Vegetationswechsels kam es im Boden zu einer Verringerung des „Humusformindex“ sowie zu einer Vergrößerung des C/N-Verhältnisses. Die Ureaseaktivität, nicht jedoch die Saccharaseaktivität, des Bodens wurde ebenfalls vermindert. Die Ureaseaktivität korrelierte unabhängig vom jeweiligen Ökosystem signifikant mit Bodeneigenschaften wie dem Humusformindex, dem C/N-Verhältnis und dem pH-Wert.

Möller (1981b) untersuchte in einer weiteren Arbeit die Urease- und Saccharaseaktivität in drei verschiedenen Humusformen von drei Melico-Fagetumgesellschaften des Deisters (Deutschland). Die zahlenmäßige Erfassung der Humusform erfolgte mittels des „Humusformindex". Die drei untersuchten Humusformen, typischer Mull, geringmächtiger Mull und mullartiger Moder unterschieden sich deutlich hinsichtlich des Humusformindex, des pH-Wertes sowie des C/N-Verhältnisses des A_h-Horizontes. Die für den A_h-Horizont bestimmten mittleren Ureasewerte sowie die entsprechenden Saccharasewerte nahmen vom typischen Mull über den geringmächtigen Mull bis zum mullartigen Moder ab. Die Aktivitäten von Urease und Saccharase korrelierten positiv mit dem Humusformindex, dem pH-Wert und negativ mit dem C/N-Verhältnis. Möller (1987) konnte in den organischen Auflagen dreier unterschiedlicher Humusformen (mullartiger Moder, typischer Moder, Rohhumus) signifikante Unterschiede bezüglich der Ureaseaktivität nachweisen. Die in den O_f- und O_h-Horizonten nachweisbare Ureaseaktivität korrelierte signifikant mit charakteristischen Kennwerten der Humusform wie Mächtigkeit der Auflage, C/N-Verhältnis sowie mit dem pH des O_h- und A_1-Horizonts (negativ mit den beiden ersteren und positiv mit letzterem). Die Ergebnisse ließen auf die Eignung des Enzyms Urease als Indikator der biologischen Aktivität der untersuchten Böden schließen. Da die biologische Aktivität eines Waldbodens durch die für die Humusform maßgeblichen Kenngrößen Humusformindex, pH-Wert und C/N-Verhältnis gekennzeichnet wird, stellte sich die Frage nach der Notwendigkeit enzymatischer Analysen zur Charakterisierung der biologischen Aktivität des Bodens. Argumente für die Notwendigkeit enzymatischer Analysen können darin gesehen werden, daß die Enzymaktivitäten eines Bodens enger mit bestimmten für die Vegetation bedeutsamen Faktoren korreliert sein können als der Humusformindex, der pH-Wert oder das C/N-Verhältnis. Auch kann sich dort wo das Gleichgewicht zwischen Mikroorganismentätigkeit, C/N-Verhältnis und Enzymaktivität des Bodens gestört wurde (z.B. Grundwasserabsenkung, Umwandlung von Heide in Ackerland), die Enzymaktivität kurzfristiger verändern als das C/N-Verhältnis. In einem derartigen Fall wird die aktuelle biologische Aktivität des Bodens besser durch die enzymatische Aktivität als durch das C/N-Verhältnis charakterisiert.

Der Ersatz des natürlichen Buchenwaldes (*Fagus sylvatica*) durch einen Fichtenwald (*Picea abies*) veränderte mikrobielle Parameter der organischen Horizonte (O_l, O_f, O_h, A_h) über Braunerden (Mardulyn et al. 1993). Der natürliche Buchenwald (Luzulo-Fagetum) und eine 92 Jahre alte Fichtenpflanzung wurden hinsichtlich der Cellulaseaktivität, des Vermögens zur Spaltung von Fluoresceindiacetat (FDA), des Gehaltes an mikrobieller Biomasse sowie hinsichtlich der Verfügbarkeit von Stickstoff untersucht. Der signifikante depressive Einfluß der Fichtenmonokulturen auf die Mikroorganismen zeigte sich in einer verringerten mikrobiellen Biomasse sowie in einem Rückgang der FDA-spaltenden Aktivität und der potentiellen Stickstoffverfügbarkeit.

Im Falle der Ablösung des Schafschwingelrasens (*Galium littorale/ Festuca ovina* Gesellschaft) an der Ostseeküste Schleswig-Holsteins (Strandwälle und Dünen) durch Heidevegetation (*Calluna vulgaris* Gesellschaft) konnte eine Reihe von Veränderungen im Boden festgestellt werden. Dazu zählen Ansätze zur Podsolierung, eine verstärkte Humusanreicherung, eine Vergrößerung des C/N-Verhältnisses, die Erhöhung der aktuellen Acidität, die Verminderung der Konzentration an pflanzenverfügbarem Phosphor und Kalium bei Zugrundelegen gleicher Humusgehalte (Möller 1979). Die Aktivitäten der Enzyme Saccharase und Urease gingen bei Auftreten von *Calluna* in diesen Böden (A_h-Horizont) zurück. Die extrem saure, schwer zersetzbare Streu (hohes C/N-Verhältnis) sowie die mögliche Bildung bakterizider Stoffe (möglicherweise Arbutin) durch die Heide konnte mit dieser Beobachtung in ursächlichem Zusammenhang stehen.

Streukomponenten bzw. deren Umwandlungsprodukte

Im Zuge des Ab- und Umbaus des pflanzlichen Materials können neben Nährstoffen auch andere biologisch wirksame Verbindungen freigesetzt werden. Für Pflanzen vor- bzw. nachteilige Mikroorganismen, Stoffwechselaktivitäten und Enzymaktivitäten können durch Streukomponenten oder deren Umwandlungsprodukte gefördert oder gehemmt werden. Vertretend können pflanzliche Tannine, Terpene und Flavonoide angeführt werden.

Tannine und verwandte Polyphenole sind in die Profilentwicklung, in den Transport von Metallen im Boden, in die Bildung von Huminstoffen und in die Entwicklung von Rohhumusböden involviert. Deren Rolle bei der pflanzlichen Abwehr mikrobieller Angriffe ist lange bekannt.

Antimikrobielle und enzymhemmende Wirkung. Phenolische Substanzen üben für Pflanzen eine Reihe von Schutzfunktionen aus. In bestimmten Pflanzengeweben können diese Verbindungen in für potentielle Pathogene toxisch wirkenden Konzentrationen auftreten. Phenolische Verbindungen umgeben nekrotische Regionen. Natürlich auftretende Phenole sind Vorläufer von Substanzen, welche in Reaktion auf eine Infektion gebildet werden. Einfache Phenole werden oxidiert und polymerisiert, die Produkte imprägnieren Gewebe und dienen als Schutzbarriere. Die gerbende Inaktivierung extrazellulärer pilzlicher Enzyme, welche z.B. den Abbau von strukturbildenden Biomolekülen, vor allem von Xylanen und Cellulose, katalysieren stellt einen weiteren Effekt dar. Ferner kombinieren Tannine mit und inaktivieren Pflanzenviren.

Die Abwehr von Mikroorganismen wird auch auf das Vermögen der Tannine zurückgeführt, mit mineralischen und organischen Substanzen gegenüber mikrobiellem Abbau widerstandsfähige Komplexe zu bilden. Direkte und indirekte Effekte dieser Komplexierung gelten auch als bestimmende Faktoren bei der Rohhumusbildung. In den Blättern von Bäumen an Rohhumustandorten konnte gegenüber solchen von Bäumen an Mullstandorten ein höherer Gehalt an Tanninen und verwandter Polyphenole nachgewiesen werden.

Im Streuextrakt von Koniferen (Nadelstreu) konnten neben Verbindungen mit gibberellin-ähnlicher Wirkung auch Polyhydroxyphenole nachgewiesen werden (z.B. Blaschke 1977). Der hohe Tannin- und Harzgehalt der Borke konnte mit der niedrigen Atmungsaktivität der Mikroorganismen im mit Fichtenborke versehenem Boden unter Fichte in Beziehung gesetzt werden (Steubing 1977).

Verschiedenste Enzyme werden durch Tannine von hohem Molekulargewicht, verschiedene andere phenolische Verbindungen und durch Pflanzenrohextrakte gehemmt. Der Tannineffekte erwies sich als nicht spezifisch. Das Hemmausmaß, resultierend aus der Wirkung verschiedener Verbindungen, war jedoch stark unterschiedlich. Kondensierte Tannine zeigten generell einen stärkeren Effekt als hydrolysierbare Tannine und Verbindungen mit niedrigem Molekulargewicht. Die Affinität von Tanninen für Enzymprotein ließ schließen, daß die Inaktivierung von mikrobiellen Enzymen durch Gerbung einen wichtigten Teil des hemmenden Effektes von Tanninen auf den Abbau von Pflanzenrückständen darstellt. Gereinigtes Flechtentannin reduzierte die Aktivität dreier Enzympräparationen (Polygalakturonase, Cellulase, Urease) (Benoit und Starkey 1968). Ab einer bestimmten Konzentration wurde die Aktivität vollkommen unterbunden. Zur Inaktivierung der Urease waren wesentlich geringere Mengen an Tannin nötig als für Polygalakturonase oder Cellulase. Eine Reihe von Verbindungen, welche von Pflanzen produziert oder bei deren Abbau freigesetzt werden, hemmten die Katalaseaktivität (Kunze 1970, 1971; Gnittke und Kunze 1975). Zu diesen Verbindungen zählten Vanillinsäure, Syringasäure und Tannine. In sauren Teeböden war die Rate der Harnstoffspaltung vom Polyphenolgehalt des Bodens abhängig (Wickremasinghe et al. 1981). Keine Beziehung bestand hingegen zum organischen Kohlenstoffgehalt oder zur Textur des Bodens. Sivapalan et al. (1983) untersuchten den Einfluß von phenolreichen und phenolarmen Pflanzenresten auf die Ureaseaktivität in einem sauren Boden im Glashausversuch. Der Zusatz von organischer Substanz erhöhte die Ureaseaktivität über jene der Kontrolle. Mit phenolreichen Resten versehene Böden besaßen eine um etwa 50% niedrigere Ureaseaktivität als solche mit phenolarmen Resten versehene. In einem hoch aktiven A_1-Horizont eines Bodens unter Balsamtannenwald wurde die Nitrifikation durch einen wäßrigen Methanolextrakt der organischen Auflage stark gehemmt (Baldwin et al. 1983). Die Fraktionierung des Extraktes zeigte, daß kondensierte Tannine, Phenole mit geringerem Molekulargewicht und deren Verteilung auf partikuläre Substanz im Extrakt, die stärksten Hemmkomponenten desselben darstellten. Jene, nach Entfernung des phenolischen Materials, zurückbleibende Lösung stimulierte die Nitrifikation. Biologisch wirksame organische Verbindungen werden auch im Zusammenhang mit Sukzessionen diskutiert.

Andrews et al. (1980) hatten die Hemmung des Wachstums einer Reihe von Bakterien und Hefen durch ein Terpen der Douglastanne, α-Pinen, berichtet. Andere Terpene dieser Tanne waren für *Bacillus thuringiensis* ebenfalls hemmend. Sämtliche Terpene waren in Konzentrationen, welche normalerweise in der Tannennadel-Diät der Larve der Douglastannen Büschelmotte auftreten hemmend. Die Gegenwart solcher Terpene in der Nahrung dieses Insekts nahm wesentlichen Einfluß auf die Infektiosität der *B. thuringiensis* Sporen für die Larve.

Flüchtige Verbindungen, welche während des Abbaus von Pflanzenrückständen im Boden gebildet werden, können in die Unterdrückung von Pflanzenkrankheiten involviert sein. Die Zersetzung von Kohlblatt- und -stengelgewebe im Boden erfolgte beispielsweise unter Bildung von flüchtigen schwefelhaltigen Verbindungen wie Methanethiol, Dimethylsulfid und Dimethyldisulfid (Lewis und Papavizas 1970). Die Zersetzung von Geweben anderer Kreuzblütler wie Krauskohl, Blumenkohl, Senf, Kohlrübe, führte zu ähnlichen Produkten. Die Zersetzung von Maisgewebe im Boden führte dagegen zu keiner der oben genannten Verbindungen. Im Zuge des Abbaus von Kohl und Mais konnten Verbindungen wie Methanol, Ethanol, Aceton, Acetaldehyd und unbekannte Aldehyde oder Ketone nachgewiesen werden. Aus in Geweben von *Brassica* spp. gefundenen Glucosinolaten (Senfölglucoside) können Allelochemikalien gebildet werden. Borek et al. (1994) konnten in Böden und Bodenextrakten (Ammoniumacetat-Extrakt) ungeachtet der Bodeneigenschaften Allyisothiocyanat als dominierendes Produkt des Abbaus von Sinigrin (ein Glucosinolat) nachweisen. Da Isothiocyanate pestizide Eigenschaften aufweisen und als dominante Transformationsprodukte von Glucosinolaten im Boden auftreten, erscheinen weitere Untersuchungen zum der Einsatz von *Brassica* spp. Geweben zur Kontrolle bodenbürtiger Phytopathogene als attraktiv.

Der organische Substanzgehalt der Streu kann antimikrobielle Effekte maskieren. Auch weisen antimikrobiell wirkende Komponenten unterschiedliche Persistenz auf. Monib et al. (1971) zeigten, daß der antibakterielle Wirkstoff der Tomatensprosse (Tomatin) im Boden innerhalb einer Woche verschwand, wohingegen jener der Zwiebelschalen (Quercitin) für 120 Tage bestehen blieb.

6.2.4 Sukzession

Die Entwicklung von Böden und Vegetationsdecken verläuft in ungestörten Systemen parallel. Die Primärsukzession ist mit der Bodenneubildung verbunden, bei Sekundärsukzessionen ist ein Boden bereits vorhanden.

Pflanzen stellen jeweils bestimmte Standortansprüche, welche von der Umwelt für deren Etablierung angeboten werden müssen. Im Verlaufe von Sukzessionen treten Veränderungen chemischer, physikalischer, physikochemischer und biologischer Bodeneigenschaften auf, sodaß neue Nischen für Organismen sowie neue Substrate und Immobilisierungsmöglichkeiten für Enzyme auftreten.

Mikroorganismen spielen bei der Initierung der Bildung sowie der weiteren Entwicklung der Bodenstruktur eine wichtige Rolle. In einer Untersuchung zur Bedeutung von Mikroorganismen bei der Aggregation von Sand in einem „embryonalen" Dünensystem konnte Forster (1979) feststellen, daß in Abwesenheit von Wurzeln, Mikroorganismen, vor allem Bakterien, eine Hauptrolle bei der Aggregation von Sand spielen. Bakterielle Polysaccharide sind dabei von besonderer Bedeutung. Der Zusatz von Mikroorganismen (*Glomus fasciculatus*, *Penicillium* sp.) zu einer „embryonalen" Düne erhöhte das Pflanzenwachstum und die Menge an Aggregaten (Forster und Nicolson 1981).

Sandünen sind edaphische Wüsten, deren Aridität nicht durch das Klima sondern durch die Unfähigkeit des Dünenbodens zur Wasserrückhaltung bedingt wird. Sande nahe am Meer sind frei von Vegetation. Bei der Bildung von Dünen erscheinen isolierte Bestände von Gräsern, welche von der Entwicklung einer Klimaxvegetation auf den reifen Dünen gefolgt werden. Diese Sukzession bietet eine Gelegenheit den Einfluß einer zunehmenden Pflanzenmenge auf die enzymatische und mikrobielle Aktivität des Substrates zu untersuchen. Die Substrate erstrecken sich dabei von Sand ohne organische Substanz bis zu solchen, welche einem sandigen Boden nahekommen. In einem solchen System wurden die Eigenschaften dreier in den Schwefelkreislauf involvierter Enzyme, Arylsulfatase, Cysteindesulfhydrase und Rhodanase untersucht (Skiba und Wainwright 1983). In Sanden, welche der Vegetation entbehrten war eine geringe Enzymaktivität nachweisbar. Eine wesentlich höhere Aktivität war in den Rhizosphären der Klimaxvegetation nachweisbar. Die höchsten Enzymaktivitäten konnten beständig in Sanden unter gemischter Klimaxvegetation gefunden werden. Diese waren gefolgt von Proben unter *Hippophaeus rhamnoides* und *Ammophila* sp.. Zwischen dem Anstieg der Enzymaktivität und der zunehmenden Pflanzendecke bestand eine signifikante positive Beziehung, welche umgekehrt mit einer Zunahme des organischen Kohlenstoffgehaltes im Zusammenhang stand.

Untersuchungen zur Harnstoffspaltung in Proben einer Küsten-Sanddünen Sukzession folgten (Skiba und Wainwright 1984). Diesbezüglich wurden Proben des unbesiedelten Sandes, der Rhizosphäre von *Ammophila arenaria* und der Klimaxdüne wurden mit jener in einem fruchtbaren Lehmboden verglichen. Im Rhizosphärensand und im Dünenboden war die Harnstoffspaltung nach sechs und drei Wochen vollständig erfolgt, im fruchtbaren Lehm jedoch bereits nach vier Tagen. Im unbesiedelten Sand konnte sechs Wochen nach Inkubationsbeginn noch ein Drittel des zugesetzten Harnstoffs nachgewiesen werden. Die Harnstoffhydrolyse korrelierte positiv mit der Ureaseaktivität. Ammoniumstickstoff wurde in sämtlichen Proben zu Nitratstickstoff oxidiert. In zwei Proben konnte eine durch Harnstoff stimulierte Freisetzung von Stickstoff aus der nativen organischen Substanz beobachtet werden. Nitrat reicherte sich in Dünensanden und -böden, nicht aber im Lehmboden an.

In zwei Stadien der Sukzession (Sekundärsukzession, aufgelassenes Feld) und einem Klimaxstandort dreier Vegetationstypen wurden die Aktivitäten der Enzyme Amylase, Cellulase, Invertase, Dehydrogenase und Urease erfaßt (Pancholy und Rice 1973a). Die Vegetationstypen schlossen ein: Langgrasprärie, Eichenwald (*Quercus stellata*, *Quercus marilandica*), Eichen-Kiefernwald (*Quercus* sp., *Pinus* sp.). Die Aktivitäten der Enzyme Amylase, Cellulase und Invertase waren im ersten Sukzessionsstadium am höchsten, mittel im zweiten und am geringsten im Klimaxsystem. Die Aktivitäten der Dehydrogenase und Urease waren gemeinhin im ersten Stadium am geringsten, mittel im zweiten und am höchsten im Klimaxsystem. Diese Trends konnten in sämtlichen der drei Vegetationstypen festgestellt werden. Eine Korrelation zwischen der Bodenenzymaktivität und dem Gehalt des Bodens an organischer Substanz oder dem pH des Bodens konnte nicht nachgewiesen werden. Der Vegetationstyp und somit der Typ der organischen Substanz, welche während der Sukzession dem Boden zugeführt worden war, erwies sich als jener den Aktivitätsverlauf der untersuchten Enzyme im wesentlichen bestimmende Faktor.

In einer weiteren Arbeit setzten Pancholy und Rice (1973b) Bodenproben eines Langrasprärie-Klimaxstandortes Pflanzenmaterial zu, welches für das erste, das mittlere und das Klimax-Sukzessionsstadium typisch ist. Der Zusatz von *Coreopsis tinctoria* und *Chenopodium album* (erstes Stadium) verursachte einen Anstieg der mikrobiellen Population und der Aktivitäten der Enzyme Amylase, Invertase und Cellulase für 45 Tage (Dauer des Versuches). Der Zusatz von Pflanzenmaterial des mittleren (*Andropogon virginicus*) oder des Klimax-Stadiums (*Andropogon scoparius*) bewirkte hingegen einen anfänglichen Anstieg der mikrobiellen Population und der Aktivität der drei Carbohydrasen, welcher von einem Ausgleich oder einem Rückgang nach 30 Tagen gefolgt war.

Im Rückgang des Kohlenhydrat/Lignin-Verhältnisses des im Verlauf der Sukzession (aufgelassenes Feld) zugeführten Pflanzenmaterials konnte die mögliche Ursache für den Rückgang der Aktivität von kohlenhydratspaltenden Bodenenzymen gesehen werden (Rice und Mallik 1977). Das unterirdische, lebende Pflanzenmaterial wurde bis zu einer Bodentiefe von 15 cm gesammelt und getrennt vom oberirdischen Material betrachtet. Das Kohlenhydrat/Ligninverhältnis des unterirdischen Materials war im ersten Stadium hoch und in der Klimaxprärie niedrig. Für das oberirdische Material traf dies nicht zu. Der Rückgang der Aktivitäten der Enzyme Invertase, Amylase und Cellulase während der Sukzession im aufgelassenen Feld ergab sich aus der Qualität des während jedem Stadiums zugeführten Pflanzenmaterials. Dabei übt das unterirdische Material den Haupteinfluß auf die Aktivitäten der kohlenhydratspaltenden Enzyme aus.

In Proben pseudovergleyter Böden der oberen subalpinen Stufe unterschiedlichen Nutzungsgrades wurden die Aktivitäten der Enzyme Cellulase, Xylanase, Pektinase (Schinner und Hofmann 1978), der Enzyme Invertase und Dehydrogenase (Schinner und Gurschler 1978), der Enzyme Urease und Katalase, die CO_2-Freisetzung (Schinner und Pfitscher 1978) sowie der Streuabbau und der ATP-Gehalt untersucht (Schinner 1978a,b). Die Standorte repräsentierten Sukzessionsstufen, welche eine bewirtschaftete Almwiese, eine wenig bewirtschaftete Almwiese, einen Erlenbestand und den standortgemäßen Wald umfaßten. In Richtung der obigen Sukzession nahm der pH-Wert ab, der organische Substanzgehalt und die Bodenfeuchte nahmen zu. Die höchste Enzymaktivität und CO_2-Freisetzung konnte in den obersten Bodenlagen (0–10 cm) nachgewiesen werden. Diese fielen mit zunehmender Bodentiefe bis etwa 20 cm Tiefe steil ab. Die obersten Bodenlagen wiesen auch den höchsten organischen Substanzgehalt und die höchste Feuchte auf. Die pH-Werte nahmen mit der Tiefe leicht zu. Der höchste ATP-Gehalt war nicht in der obersten Bodenlage, sondern in 5–10 cm Tiefe nachweisbar. Diesbezüglich konnte eine Beziehung zum Austrocknen des Bodens infolge einer Schönwetterperiode hergestellt werden oder auch auf eine Besiedelung der Streu zunächst durch wenige Stoffwechselspezialisten geschlossen werden. Bezogen auf die bodenorganische Substanz zeigten die Enzyme Cellulase, Xylanase und Pektinase eine deutliche Abnahme von der bewirtschafteten Almwiese über die Sukzessionsstufen wenig bewirtschaftete Almwiese, Erlenbestand und Wald. Bodengewichts- und Bodenvolumen bezogene Werte folgten diesem Trend nicht. Die Aktivitäten der Enzyme Urease und Katalase sowie die Atmungsaktivität zeigten bezogen auf die bodenorganische Substanz über die Sukzessionsstufen hinweg ebenfalls eine Aktivitätsabnahme. Für die Ureaseaktivität führten die auf Bodengewicht und -volumen bezogenen Werte zur gleichen Aussage. Für die Katalaseaktivität und die Atmungsaktivität konnte diesbezüglich kein eindeutiger Trend angegeben werden. Die Aktivität der Dehydrogenase nahm im Gegensatz zur Aktivität der Invertase über die Sukzessionsstufen hinweg ab. Die Aktivität der Invertase zeigte bezogen auf den organischen Substanzgehalt den gleichen Trend. Der bakterielle Anteil an der CO_2-Bildung konnte in den A_h-Horizonten der Almwiese mit 66%, der wenig bewirtschafteten Almwiese mit

57%, des Erlenbestandes mit 44% sowie des Waldes mit 16% angegeben werden. Die höchsten ATP-Werte waren in Waldböden und in Böden der wenig bewirtschafteten Almwiese nachweisbar, jene für die Böden der Erlenstandorte, der bewirtschafteten Almwiese und der Lägerflur feststellbaren Werte waren geringer. Bezogen auf die bodenorganische Substanz nahmen die ATP-Gehalte über die Standorte bewirtschaftete, wenig bewirtschaftete Almwiese, Erlenbestand und Wald ab. Streuabbauuntersuchungen zeigten, daß die Streuabbauraten unter vergleichbaren Klimabedingungen und ähnlicher Bodencharakteristik im wesentlichen vom Streutyp abhängig sind. Eine Beeinflussung geringeren Ausmaßes war durch die Bodentemperatur, den Bodenwassergehalt und die Organismendichte gegeben. Die Abbauraten verschiedener Streuexponate lagen nach 100 Tagen Expositionszeit an den Standorten bewirtschaftete Almwiese, wenig bewirtschaftete Almwiese und Erlenbestand für Fichtennadeln durchschnittlich bei 10%, für Erlenlaub bei 41% und für Gräser bei 58%; im Boden des Waldstandortes für Fichtennadeln bei 8%, für Erlenlaub bei 34% und für Gräser bei 53%.

An Hand von zwei Primärsukzessionen auf Moränen des Rotmoos Ferners (Österreich) und des Athabasca Gletschers (Kanada) wurde die Hpothese geprüft nach welcher die Ökosystemsukzession von einem Rückgang der spezifischen Atmung (qCO_2) der Mikroflora begleitet wird (Insam und Haselwandter 1989). In beiden Bodenserien ging die spezifische Atmung mit der Zeit zurück. Die Kurzzeitentwicklung der spezifischen Atmung konnte an Hand eines Revegetationsversuches gezeigt werden. Auf eine Zunahme der spezifischen Atmung in den ersten beiden Jahren nach Beginn der Kultivierung folgte eine Abnahme derselben.

Das Konzept der „r“ und „k“ Strategie wurde für die Erklärung des Rückganges der spezifischen Atmung der untersuchten Sukzessionen genutzt. Einfache Substratabbauer-Wechselwirkungen, dominiert durch „r-Strategen“, können demnach für frühe Sukzessionsstadien charakteristisch sein. Mit zunehmender Sukzession werden die Detritusnahrungsketten komplexer. Langsam wachsende Spezialisten, die „K-Strategen“, können in der Folge verschiedene Nischen besetzen. Die für beide Lokalitäten mit der Zeit abnehmende spezifische Atmung zeigte, daß die Konkurrenz um verfügbare Kohlenstoffquellen jene Mikroorganismen förderte, welche für die Erhaltung und das Wachstum die geringste Energie benötigen (das Substrat am effizientesten nutzten).

Mathes und Schriefer (1985) sahen im Wechsel der Bodenatmungsraten im Verlauf einer Sekundärsukzession eine Reflexion der Sukzession der Bodenmikroflora. Die Autoren hatten die Entwicklung der Bodenatmung im Zuge einer Sekundärsukzession auf einer begradigten Schutthalde untersucht. Ein Standort war der natürlichen Sukzession überlassen worden, ein weiterer wurde mit einer Grasmischung, *Lotus corniculatus* enthaltend, besät. Die CO_2-Entwicklung folgte in beiden Ökosystemen dem

Muster der Bodentemperatur und zeigte positive Korrelation mit der Temperatur in fünf cm Tiefe. Trotz der großen Unterschiede in der Struktur und Bedeckung zeigten beide Standorte während der ersten drei Jahre der Rekultivierung die gleiche Tendenz zum Anstieg der Respirationsrate.

6.3 Rhizosphäre

6.3.1 Rhizosphäreneffekt und -produkte

Die Rhizosphäre ist jener Bereich des Bodens, welcher unter dem Einfluß lebender Wurzeln steht. Wurzelexsudate und abgestoßenes Wurzelgewebe beeinflussen in diesem Bodenbereich die biologischen Vorgänge. Die Rhizosphäre zeichnet sich durch hohe Zahlen an und Aktivitäten von Organismen aus. In der Rhizosphäre werden größere Mikroorganismenpopulationen gefunden als im Nichtrhizosphärenboden. Die für einen Gramm Rhizosphärenboden angebenen Zahlenwerte für Mikroorganismen bewegen sich in einem Bereich von 10^{10}–10^{12}.

Die biologischen Vorgänge in der Wurzelregion unterscheiden sich von jenen im übrigen Bodenbereich. Im Einflußbereich der Wurzeln wird das mikrobielle Wachstum durch den Eintrag leicht assimilierbarer organischer Substrate durch die Wurzeln stimuliert. Unter dem Begriff „Rhizosphäreneffekt" versteht man die Förderung der Mikroflora und -fauna in der Umgebung der Wurzel durch die freigesetzten Verbindungen und das abgestoßene Wurzelgewebe.

Das R/S-Verhältnis, welches die Zahl der Mikroorganismen in der Rhizosphäre (R) jener im Nichtrhizosphärenboden (S) gegenüberstellt, wird verwendet die erhöhte mikrobielle Aktivität nahe der Wurzel zu charakterisieren. Für Bakterien wurden R/S-Werte von 5 bis 20, für Pilze solche von 11 bis 22 angegeben (Barber 1984). Das R/S-Verhältnis ist unter anderem von der Pflanzenart und vom Bodenwassergehalt abhängig.

Der Begriff Rhizoplane steht für die äußere Wurzeloberfläche und deren eng anhaftende Bodenpartikel und organische Reste. Die Mykorrhizosphäre ist jener Bodenbereich, welcher unter dem Einfluß der Wurzel und der Metabolite des Mykorrhizapilzes steht.

Lorenz Hiltner (1862–1923) prägte den Begriff „Rhizosphäre" und hob die bedeutsame Rolle der mikrobiellen Aktivitäten in dieser Wurzelzone in Bezug auf die Ernährung und die generelle Gesundheit der Pflanzen hervor.

Umfassende Abhandlungen zum Themenkreis der Rhizosphäre finden sich bei Curl und Truelove (1986) sowie bei Lynch (1990).

Zu jenen Faktoren, welche die Mikroorganismen in der Rhizosphäre am stärksten beeinflussen zählen die Pflanzenart, deren Entwicklungsstadium und Produktionsrate, die Lichtverhältnisse, der Bodentyp, die Bodentextur, die Bodentemperatur, das Wasserpotential, die Belüftung, das Rhizosphären-pH sowie die Wechselwirkungen zwischen den Mikroorganismen. Verschiedene Pflanzenarten beeinflussen Mikroorganismen unterschiedlich stark. Bei Krautigen konnten meist ausgeprägtere Rhizosphäreneffekte für Bakterien beobachtet werden als bei Bäumen. Ausgeprägtere Effekte bei Leguminosen gegenüber Gräsern konnten berichtet werden. Die Textur und der Gehalt an organischer Substanz erwiesen sich ebenfalls als bedeutsam. Für sandige Böden konnten gegenüber Tonböden ausgeprägtere Effekte angegebenen werden. Strukturelle Eigenschaften von Böden nehmen Einfluß auf die Diffusionsraten von Exsudaten.

Verteilung der Mikroorganismen

Die mikrobielle Besiedelung der Rhizoplane erfolgt in einer nicht kontinuierlichen Weise. Newman und Bowen (1974) verwendeten zur Untersuchung des Verteilungsmusters von Rhizoplanebakterien eine Modifikation der von Greig-Smith entwickelten statistischen Technik zur Auffindung des Verteilungsmusters von Pflanzenarten in der Vegetation. Die Technik zeigt, ob eine zufällige Verteilung der Bakterien vorliegt. Die nicht zufällige Verteilung der Bakterien an den Wurzeln sämtlicher untersuchter Arten konnte nachgewiesen werden. Es konnte eine klümpchen- oder fleckenartige Verteilung der Bakterien festgestellt werden. Für Gräser konnte eine bakterielle Besiedelung der Wurzeloberfläche in einem Ausmaß von etwa 5–10% angegeben werden. Die Bakterien fanden sich dabei in mehreren Lagen. Für Pilze war in der Rhizosphäre eine gegenüber Bakterien geringere Förderung gegeben. Mit Hilfe einer Kombination von Techniken zur direkten Zählung gefärbter Bakterien konnten Rovira et al. (1974) eine bakterielle Bedeckung der Wurzeloberfläche von acht Wiesenpflanzenarten im Ausmaß von 4–10% bestimmen. Detailliertere Untersuchungen mit zwei Arten zeigten die ausreichende Präzision der Methode zur Demonstration, daß eine 7.7% Bedeckung der Wurzeln von *Lolium perenne* sich signifikant von einer 6.3% Bedeckung der Wurzeln von *Plantago lanceolata* unterschied. Die Bestimmung der Zahl der Rhizoplanebakterien und -pilze mittels der Plattierungsmethode auf einem nicht selektiven Agar zeigte, daß die mittlere Zahl der Bakterien von *Lolium* größer war als jene von *Plantago.* Die mittels mikroskopischer Direktzählung bestimmten Bakterienzahlen übertrafen jene mittels Plattierung bestimmten um etwa das Zehnfache. Tinker und Sanders (1975) gaben die Besiedelung der Wurzeloberfläche von höheren Pflanzen durch Bakterien mit 4–10% und jene durch Pilze mit 3% an. Vesikulär-arbuskuläre Mykorrhizapilze zählen zu den häufigsten Bodenpilzen. Diese besiedeln die Wurzeloberfläche schon früh. Als Nischen für Bakterien werden Räume zwischen Epidermiszellen, kollabierte Rindenzellen und Interzellularräume diskutiert.

Ein nicht schwellendes Tonmineral, kalzinierter Attapulgit, erwies sich als ein idealer Modellboden für Ultrastrukturstudien. Dieses erlaubt große intakte dünne Schnitte durch Wurzel, Rhizoplane und Boden (Martin und Foster 1985). Transmissionselektronenmikroskopische Bilder zeigten den Wert von Attapulgit für in situ Studien an Rhizosphärenpopulationen, für die Demonstration von Enzymaktivitäten in individuellen Bakterien sowie für die spezifische Färbung von extrazellulären Polysacchariden. Eine Fumigation-Respirationsmethode, welche häufig zur Bestimmung der mikrobiellen Biomasse im Boden verwendet wird, erbrachte für Rhizosphärenproben nicht verläßliche Ergebnisse. Selbige sollte deshalb nicht für die Bestimmung von mikrobieller Biomasse verwendet werden, welche sich in enger Assoziation mit lebenden Wurzeln befindet.

Stoffabgabe der Wurzeln, mikrobielle Produkte

Die Stoffabgabe der Wurzeln erfolgt über Exsudate, Sekrete, Schleime und Lysate. Die Wurzeln entnehmen ihrerseits dem Boden anorganische Nährstoffe, deren Konzentration in unmittelbarer Wurzelnähe stark absinkt. Die entsprechende Zone wird als Depletionszone bezeichnet.

Der Rhizoboden ist als jener Boden definiert, welcher den lebenden Wurzeln infolge der Wurzelhaare relativ fest anhaftet. Zwischen dem Mineralstoffgehalt des Rhizobodens und jenem des Nichtrhizobodens konnten teils erhebliche Unterschiede nachgewiesen werden (Hendriks und Jungk 1981). Die Textur der Böden zeigte sich in Bezug auf die Ausdehnung der Verarmungszone als Einflußgröße, wobei im Lehmboden auf eine geringere Verarmungszone geschlossen werden konnte als im Sandboden.

Wurzelexsudate können als Substanzen definiert werden, welche durch gesunde, intakte Wurzeln in das umgebende Medium freigesetzt werden. Zu diesen Exsudaten zählen organische Verbindungen mit niedrigem Molekulargewicht wie Zucker, Aminosäuren, andere organische Säuren, Nukleotide, Wachstumsfaktoren, Enzyme, Hemmstoffe, Attraktantien und andere Verbindungen wie beispielsweise Älchen-Schlüpffaktoren oder Keimfaktoren für Pilzsporen. Auch flüchtige Verbindungen werden durch die Wurzeln in der Rhizosphäre deponiert. Wurzelextrakte und Wurzelexsudate können potente Hemmstoffe gegenüber Phytopathogenen enthalten. β-(Isoxazolin-5-on-2-yl)-alanin, eine heterocyclische Säure aus Wurzelextrakten und Wurzelexsudaten von Erbsensämlingen erwies sich als wirksamer Wachstumshemmstoff verschiedener eukaryontischer Organismen, einschließlich Hefen, phytopathogener Pilze, einzelliger grüner Algen und höherer Pflanzen (Schenk et al. 1991). Organische Säuren sind in Bezug auf die Regulierung des pH-Wertes, die chemotrope und chemotaktische Aktivität von Mikroorganismen und als Komplexbildner für Metalle von Bedeutung. Collet (1975) erbrachte den experimentiellen Nachweis für die Freisetzung der Enzyme Peroxidase, Nuclease und Invertase durch lebende

Wurzeln. Weitere Substanzen wie höhere Fettsäuren, Sterole und Vitamine nehmen Einfluß auf das Auftreten spezieller Mikroorganismen in der Rhizosphäre.

Eine auf der Art des Eintritts in die Rhizosphäre basierende Klassifikation der aus den Wurzeln stammenden Verbindungen gaben Lynch und Whipps (1991). Diese umfassen erstens wasserlösliche Exsudate wie Zucker, Aminosäuren, organische Säuren, Hormone und Vitamine, welche ohne Verbrauch von Stoffwechselenergie aus den Wurzeln austreten; zweitens Ausscheidungen wie polymere Kohlenhydrate und Enzyme, welche hinsichtlich deren Freisetzung von metabolischen Prozessen abhängig sind; drittens Lysate, welche bei der Autolyse von Zellen freigesetzt werden sowie viertens Gase wie Ethylen und CO_2. Das Gleichgewicht der verschiedenen Prozesse variiert mit dem Alter der Pflanzen.

Die Qualität und Quantität der durch die Wurzeln freigesetzten Verbindungen wird durch Faktoren, welche die Physiologie der Pflanzen verändern beeinflußt (Curl und Truelove 1986). Die Pflanzenart, deren Entwicklungsstadium und Photosyntheseleistung, Standortfaktoren wie Licht, Temperatur, Wasserpotential, Belüftungsstatus des Bodens, pH des Bodens, Nährstoffangebot sowie die vorhandenen Mikroorganismen zählen zu jenen Faktoren, welche die Exsudation hinsichtlich Qualität und Quantität beeinflussen. Die Exsudationsraten werden durch eine erhöhte Photosyntheserate und vergrößerte Assimilationsflächen gefördert. Über längere Zeit andauernde niedrige Wasserpotentiale, welche von einer Erhöhung des Wasserpotentials gefolgt werden stehen ebenfalls mit einer erhöhten Exsudation in Beziehung. Extrem hohe Wasserpotentiale (Staunässe) und schlechte Durchlüftung können zu einer erhöhten Exsudation von Zuckern, Aminosäuren und Ethanol führen. Letzteres kann bestimmte Wurzelpathogene fördern. Die Exsudation wird auch durch Wurzelverletzungen und mechanische Belastungen während des Wachstums, vor allem durch das Entfernen von oberirdischer Biomasse durch Schnitt, gesteigert. Bewirtschaftungsmaßnahmen beeinflussen die Stoffabgabe der Wurzeln und somit die Aktivität der Rhizosphärenorganismen und der Bodenenzyme differentiell.

Mit der Zunahme des Pflanzenalters konnte eine qualitative und quantitative Veränderung der in den Proben der Wurzelregion vorherrschenden Populationen nachgewiesen werden, während jene in Proben des Nichtrhizosphärenbodens konstant blieben (Brown 1972). Alexander (1961) konnte hinsichtlich der Assoziation bestimmter Mikroorganismen mit bestimmten Pflanzen keine beständigen Befunde angeben.

Die Stoffabgabe der Wurzel ist Ausdruck des Pflanzenwachstums. Die Zusammensetzung der Exsudate und deren Menge steht großteils unter genetischer Kontrolle (Hale et al. 1978) und wird durch Standortbedingungen beeinflußt. Die zwischen Pflanzenarten und -varietäten der gleichen Art bestehenden Unterschiede hinsichtlich der Rhizosphärenmikroflora stehen damit im Zusammenhang (Martin 1971; Azad et al. 1985). Verschiedene Varietäten von Kulturpflanzen unterhielten unterschiedliche Rhizosphärenmikroorganismen. Die selektive Aktivität der Pflanzen beim Aufbau einer Mikroflora wird als das mögliche Ergebnis einer mikrobiellen Antwort, entweder auf spezifische Wurzelexsudate oder auf bestimmte chemische Bestandteile der abgestoßenen Wurzelzellen angesehen. Geringe Unterschiede in der Substratzusammensetzung eng verwandter Pflanzenarten und Veränderungen der Wachstumsbedingungen beeinflussen die relativen Wachstumsraten nahe verwandter Bakterienstämme (Bowen 1991). Für Rhizosphärenorganismen kann eine weite Variation der Generationszeit angenommen werden.

Die mikrobielle Sukzession in der Rhizosphäre mit dem Reifegrad der Feldfrucht wurde nicht intensiv untersucht. Das C/N-Verhältnis des Wurzelgewebes ist gewöhnlich geringer als jenes der Sprosse. Ein Beispiel für die Abhängigkeit der ausgeschiedenen Wurzelexsudate in Art und Menge vom Alter der Pflanzen gaben Matsumoto et al. (1979) für Mais. Auf Frischgewichtbasis war die Quantität sämtlicher ausgeschiedener Produkte im frühen Sämlingsstadium am höchsten. Von den ausgeschiedenen Aminosäuren besaß Glutaminsäure einen Anteil von 60% und war gefolgt von Alanin. Diese beiden Aminsäuren zeigten in Abhängigkeit vom Alter verschiedene Fluktuationen; die Menge an Glutaminsäure nahm zu während jene des Alanin zurückging. Stachyose war der vorwiegend gefundene lösliche Zucker, dies mit Ausnahme der Phase vor dem Köpfchenschieben. Zu dieser Zeit trat der obige Zucker gemeinsam mit Fructose und Glucose auf. Während sämtlicher Wachstumsstadien dominierte Milchsäure als organische Säure.

Die Rhizosphärenorganismen nehmen durch Ab- und Umbau der Wurzelexsudate und durch Ausscheiden eigener Stoffwechselprodukte Einfluß auf den Metabolismus der Wurzeln und damit auf die Exsudation. Das Pflanzenwachstum kann durch mikrobielle Metabolite direkt oder auch indirekt (z.B. Modifikation der Bodenstruktur durch Polysaccharidbildung) beeinflußt werden.

Die Wurzelexsudate werden gemeinsam mit den mikrobiellen Metaboliten in der Rhizosphäre als Rhizosphärenprodukte bezeichnet. Gegenüber den Bedingungen einer sterilen Anzucht der Pflanzen ist im natürlichen Rhizosphärenboden eine Unterscheidung zwischen Wurzelexsudaten und mikrobiellen Metaboliten kaum möglich.

Spezifische auf Exsudaten beruhende Wechselwirkungen können in der Rhizosphäre auftreten. Solche können Wechselwirkungen zwischen Pflanzen und Mikroorganismen, zwischen Pflanzen und Tieren, zwischen Mikroorganismen und Tieren sowie zwischen Pflanzen bzw. Tieren bzw. Mikroorganisem untereinander einschließen. Die Beobachtung, daß lebende Wurzeln Mikroorganismen zu stimulieren vermögen, führte auch zur Frage nach dem Einfluß dieser Mikroorganismen auf Pflanzen. Wurzelexsudate können sowohl für die Pflanzen günstige, als auch für diese nachteilige Organismen fördern. Zahlreiche Untersuchungen zeigten, daß die Ernährung, die Morphologie und die Physiologie der Pflanzen durch Mikroorganismen beeinflußt wird. Durch Rhizosphäre- und Rhizoplaneorganismen bzw. durch mit Wurzeln in Symbiose lebende Mikroorganismen (Mykorrhizapilze, bakterielle Symbionten wie Vertreter der Gattung *Rhizobium*) vermittelte Vorgänge können ursächlich dafür sein.

Tabelle 13. Kategorien mikrobieller Produkte in der Rhizosphäre

Verbindung	Funktion
Wahrscheinliche Absorption durch Wurzeln	
Pflanzenwachstumsregulatoren	potentielle Stimulatoren des Wachstums in geringen Konzentrationen, hemmend in höheren Konzentrationen
Organische Säuren	Phytotoxine
H_2S, HCN	Phytotoxine
Antibiotika	Krankheitskontrolle, bei Aufnahme phytotoxisch
Ionophore	Förderung der Nährstoffaufnahme, mögliche Krankheitskontrolle, Kontrolle durch die Reduktion der Fe-Verfügbarkeit für Pathogene
Wahrscheinlich an Wurzeln gebunden	
Lektine/Agglutinine	fördern die spezifische Bindung von Mikroorganismen an Wurzeln und an andere Mikroorganismen
Polysaccharide	nichtspezifische Bindung von Mikroorganismen, Stabilisierung der Bodenstruktur
Freie Enzyme	in Nährstoffkreisläufe, in die Pathogenese und in die Krankheitskontrolle involvierte Enzyme

Nach Lynch und Whipps (1991).

Nährstoffversorgung

Rhizosphärenmikroorganismen beeinflussen die Aufnahme und die Verlagerung von Pflanzennährstoffen durch Wurzeln. Die Förderung und die

Verringerung der Aufnahme bestimmter Elemente durch Pflanzen unter dem Einfluß von Rhizosphärenmikroorganismen konnte beobachtet werden. Verschiedene Autoren stellten fest, daß durch nichtsterile Weizenwurzeln mehr Phosphat aufgenommen, in Nukleinsäuren eingebaut und zu den oberirdischen Pflanzenteilen transportiert wurde als durch sterile Weizenwurzeln (Rovira 1991).

Mikroorganismen sind an der Mobilisierung von Nährstoffen wesentlich beteiligt. Eine Anzahl von Mikroorganismen mit der Fähigkeit Apatit zu lösen konnten aus dem Boden und aus der Rhizosphäre isoliert werden (Sperber 1958). Diese Organismen waren in Rhizosphärenisolaten stets zahlreicher vertreten als in Isolaten des Nichtrhizosphärenbodens. Das Ausmaß der Lösung war dem Abfall des pH nicht proportional. In Subkultur verloren viele Isolate rasch und irreversibel ihre Fähigkeit zur Lösung von Apatit. Isolate aus dem Nichtrhizosphärenboden verloren diese Fähigkeit rascher als Rhizosphärenisolate.

Die Verbesserung der pflanzlichen Nährstoffversorgung durch die enge Assoziation von Pflanzenwurzeln und Pilzen (Mykorrhiza) und deren ökologische Bedeutung ist lange bekannt (Moser 1967). Azcon et al. (1976) konnten im Rahmen von Untersuchungen zur Wechselwirkung zwischen vesikulär-arbuskulären Mykorrhizapilzen und phosphorlösenden Bakterien in einem an Phosphor armen alkalischen Boden, welcher mit 0, 0.1% und 0.5% Gesteinsphosphat versehen worden war feststellen, daß die Pflanzen mit Mykorrhiza plus Bakterien mehr Gesamtphosphor aufnahmen als Pflanzen mit entweder Pilzen oder Bakterien. Die nicht inokulierten Pflanzen zogen keinen Vorteil aus Gesteinsphosphat. Leyval und Berthelin (1989) kultivierten *Fagus sylvatica* beimpft/nicht beimpft mit *Laccaria laccata* und/oder einem phosphorlösenden Rhizobakterium, *Agrobacterium radiobacter*, im Glashaus in Lysimeterzylindern, welche Gesteinsphosphat und Glimmer als einzige P-, Fe-, Mg-, Al-Quelle enthielten. Nach zwei Jahren war das Trockengewicht und die P-, Mg-, Fe- und K-Aufnahme in mit entweder dem Bakterium oder dem Pilz, aber nicht in mit beiden Organismen, beimpften Pflanzen höher als in nicht beimpften. Die Mineralstoffmobilisierung aus Gesteinphosphat oder aus Glimmer war ebenfalls höher, wenn die Pflanzen entweder mit dem einen oder dem anderen Organismus beeimpft worden waren. Die Lösung von Mineralnährstoffen wurde mit dem verstärkten Wurzelwachstum und mit der Menge an in die Rhizosphäre entlassenen organischen Säuren in Beziehung gesetzt.

Unter natürlichen Bedingungen ist die Phosphatlösekraft von Pflanzen von der Phosphataufnahme durch die Wurzeln und von der Gegenwart von Wurzelexsudaten und damit assoziierten mikrobiellen Produkten abhängig (Moghimi et al. 1978a). Die Autoren untersuchten den Einfluß wasserlöslicher Rhizosphärenprodukte von Weizenpflanzen auf die Löslichkeit einiger Phosphatmineralien. Weizenpflanzen erwiesen sich während einer Periode von 24 Stunden effizienter in der Aufnahme von Phosphat aus

^{32}P-markiertem synthetischen Hydroxylapatit als Mais- oder Erbsenpflanzen. Jede Weizenpflanze produzierte während eines zwölftägigen Wachstums in Sand durchschnittlich 0.58 mg wasserlösliche Rhizosphärenprodukte. Die Rhizosphärenprodukte setzten aus Calciumphosphaten Phosphat frei. Die Lösung von Phosphat war mit einer negativ geladenen Fraktion und mit einer UV-absorbierenden Fraktion der Rhizosphärenprodukte verbunden. Die Freisetzung von Phosphat aus Ca-Phosphaten durch diese aktiven Fraktionen der rohen Rhizosphärenprodukte war im Vergleich zu Kontrollen mit einem Abfall des pH der Mineralsuspensionen verbunden. 2-Ketogluconsäure erwies sich als die einzige in bedeutsamen Mengen vorhandene Säure. Weitere Untersuchungen ergaben, daß selbige etwa 20% der Rhizosphärenprodukte darstellte. Die Säure war in jenen Fraktionen der Rhizosphärenprodukte vorhanden, für welche die Freisetzung von Phosphat aus Calciumphosphaten gezeigt worden war. Reine 2-Ketogluconsäure setzte Phosphat aus Apatit, Di- und Trikalziumphosphaten frei. In jedem Fall sank das pH der Suspensionen im Vergleich zu Kontrollen. Etwa 38% der Rhizosphärenprodukte waren Kohlenhydrate, Glucose und Fructose dominierten als freie Zucker. Die mikrobielle Bildung von 2-Ketogluconsäure aus Glucose ist ebenso bekannt wie das Auftreten der in diese Transformation involvierten Mikroorganismen in der Rhizosphäre (Moghimi et al. 1978b). Bakterien vermochten widerstandfähige Phosphate und Silikate zu lösen (Duff et al. 1963). Ein Bakterienstamm war von der Samenschale des Hafers, ein 2-Ketogluconsäure bildender *Pseudomonas fluorescens* Stamm und zwei nicht identifizierte fluoreszierende Pseudomonadenstämme waren aus der Wurzelregion von Haferpflanzen isoliert werden. Eine Reihe nicht identifizierter, nicht 2-Ketogluconsäure bildender, Bakterien war von sich zersetzendem Granit und von Gesteinsoberflächen isoliert worden. Die effektivsten Löser von widerstandsfähigen natürlichen Phosphaten und Silikaten waren bewegliche Gram-negative Stäbchen, welche bei Wachstum auf Glucose große Mengen an 2-Ketogluconsäure bildeten. Aus Waldboden isolierte Mikroorganismen, ein *Pseudomonas* sp. Stamm sowie *Penicillium aurantiogriseum*, erwiesen sich hinsichtlich der Lösung anorganischer Calciumphosphate als sehr effizient (Illmer und Schinner 1992). Bei den freigesetzten organischen Säuren handelte es sich um Gluconsäure bei *Pseudomonas* sp. sowie um Gluconsäure und Spuren von Laktat und Citrat bei *Penicillium* sp.. Die Bildung organischer Säuren konnte als Lösungsmechanismus ausgeschlossen werden. Die direkte Freisetzung von Protonen im Zuge der Atmung oder der Assimilation von Ammonium war als Mechanismus der Lösung schwerlöslicher Ca-Phosphate durch diese beiden Organismen angezeigt (Illmer und Schinner 1995). Baya et al. (1981) versuchten die Klärung des Zusammenhanges zwischen der Fähigkeit von aus der Rhizosphäre, Rhizoplane und aus Kontrollboden isolierten Bakterien Vitamine zu produzieren und Bicalziumphosphat zu lösen. Mittels

Bioassays konnte die Produktion von Vitamin B_{12}, Riboflavin, Niacin, Panthothenat und Biotin nachgewiesen werden. Die Phosphatlöser aus der Rhizosphäre und Rhizoplane waren hinsichtlich der Vitaminproduktion aktiver als solche aus dem Kontrollboden und nichtlösende Isolate aus einer der drei Regionen. Die Bildung von Vitamin B_{12}, Riboflavin und Niacin durch Rhizosphärenisolate und von Riboflavin durch Rhizosplane-Isolate war mit der Fähigkeit korreliert Phosphat zu lösen; ähnliche Beziehungen waren für die Kontrollisolate nicht nachweisbar.

Phytohormone

In der Literatur können zahlreiche Hinweise auf die Involvierung mikrobiell gebildeter Verbindungen in die Entwicklung und das Wachstum von Pflanzen gefunden werden.

Phytohormone sind organische Verbindungen, welche in geringsten Mengen von Pflanzen gebildet werden und deren Wachstum und Entwicklung steuern. Solche Verbindungen regulieren zum Beispiel die Elongation von Zellen, die Wurzelproduktion oder auch die Fruchtbildung. Bodenmikroorganismen vermögen ebenfalls biologisch aktive Substanzen zu bilden, welche die Wirkung von Phytohormonen aufweisen. In Kulturmedien und in Böden konnte die Bildung wachstumsregulierender Substanzen (Auxinderivate und Gibberellin-ähnliche Substanzen) durch Mikroorganismen nachgewiesen werden.

Die Indol-3-Essigsäure (indole-3-acetic acid, IAA) ist ein wichtiges Auxin. Diese ist ein Produkt des L-Tryptophan-Metabolismus von Bodenpilzen und -bakterien (Arshad und Frankenberger 1991). Frankenberger und Brunner (1983) beschrieben eine sensitive Methode zum Nachweis von Indol-3-Essigsäure. Mit dieser Methode konnte Indol-3-Essigsäure in mit L-Tryptophan versehenen Böden nachgewiesen werden.

Aus der Rhizosphäre und -plane von Weizenpflanzen sowie aus dem wurzelfreien Boden isolierte Mikroorganismen bildeten wachstumsregulierende Substanzen mit Eigenschaften von Gibberellinen und Indol-3-Essigsäure (Brown 1972). Substanzen, welche die Streckung der Internodien von Erbsenpflanzen und von Salathypocotyledonen hemmten wurden ebenfalls produziert. Dies erfolgte speziell durch Bakterien aus der Wurzelregion sechs Tage alter Sämlinge. Auf den Wurzeln älterer Pflanzen waren wachstumsfördernde Stoffe bildende Bakterien reichlich vorhanden. Aseptisch wachsende Sämlinge, welche einen Zusatz an Gibberellinsäure und Indol-3-Essigsäure erhalten hatten oder welche mit einem Bodeninokulum wuchsen entwickelten sich ähnlich; sie unterschieden sich morphologisch von jenen Pflanzen, welche aseptisch ohne Zusätze wuchsen. Von *Pinus sylvestris* Wurzeln isolierte Bakterien und Pilze bildeten gibberellinähnliche Substanzen (Kampert et al. 1975).

Leinhos und Birnstiel (1989) nahmen Bezug auf Arbeiten, in welchen über die Anwesenheit wesentlicher Mengen an Auxinen und Gibberellinen in den Kulturfiltraten von phosphorlösenden Bakterien berichtet worden war. Aus dem Boden und aus der Rhizosphäre von Weizenpflanzen isolierte Mikroorganismen produzierten in Submerskulturen Wachstumsregulatoren mit ähnlicher Wirkung wie Gibberelline (Leinhos und Birnstiel 1989). Zwischen den Mikroorganismen konnte Variation hinsichtlich der Quantität und Qualität der gebildeten wachstumsregulierenden Substanzen nachgewiesen werden. Die Mengen an in Kulturfiltraten gefundenen gibberellinähnlichen Substanzen variierten in einem Bereich von 0.01–1.0 mg Gibberellinsäure-Äquivalenten pro Liter.

Durch die Produktion von Wuchsstoffen können Mikroorganismen auf Wurzeln und Samen die Wurzel- und Wurzelhaarbildung fördern. Vertreter der Gattung *Azospirillum* beeinflussen beispielsweise das Wachstum und den Ertrag zahlreicher landwirtschaftlich wichtiger Pflanzen günstig (z.B. jenes von Körner- und Futtergräsern, Leguminosen, Tomaten). Wird *Azospirillum* inokuliert, ergibt sich die Förderung des Pflanzenwachstums hauptsächlich aus einem generellen Effekt auf das Wurzelwachstum und die Wurzelfunktion. *Azospirillum* fördert den Wurzeldurchmesser, die Dichte und die Länge der Wurzelhaare, die Wurzeloberfläche während des frühen Wachstums und die Aufnahme von Mineralstoffen und Wasser sowie die Trockensubstanzanreicherung in den Pflanzen. Weiters wird der Gehalt an Indol-3-Essigsäure und Indolbuttersäure in den Wurzeln erhöht. Die Erhöhung der Atmung und der Enzymaktivitäten in den Wurzeln konnte ebenfalls festgestellt werden. *Azospirillum* reagiert chemotaktisch auf eine Reihe organischer Säuren sowie auf verschiedene Konzentrationen an Mono- und Polysacchariden.

Das Wachstum und die Entwicklung von Pflanzen kann durch in der Bodenatmosphäre auftretendes Ethylen beeinflußt werden. Zur Bildung von C_2H_4 sind nicht nur höhere Pflanzen sondern auch Mikroorganismen befähigt. In Konzentrationen von 10 ppb kann Ethylen pflanzliche Reaktionen auslösen und 25 ppb vermögen die Entwicklung der Blüten- und Fruchtentwicklung zu verringern (Arshad und Frankenberger 1991).

Untersuchungen zum enzymatischen Abbau von Tryptophan in verschiedenen Böden (unter Nadel- bzw. Laubwald, landwirtschaftliche Böden) zeigten die Bedeutung der Natur der Streu sowie der organischen Substanz (Chalvignac 1971). Sowohl in den Waldböden als auch in den Kulturböden korrelierte die Enzymaktivität positiv mit dem pH-Wert. In Waldböden unter Koniferen war die Tryptophan-spaltende Aktivität geringer als in den anderen Waldtypen. Im Boden kann die Umwandlung von Tryptophan in Indol-3-Essigsäure durch an Ton-Humuskomplexe des Bodens gebundene Enzyme katalysiert werden. Chalvignac und Mayaudon (1971) berichteten über den Nachweis der bodenenzymatischen Bildung von Indol-3-Essigsäure aus Tryptophan in einem Bodenextrakt.

Biokontrolle, Fungistase, Suppressivität

In der Rhizosphäre ist die mikrobielle Besatzesdichte sehr hoch. Diese stellt einen Bereich vielfältiger Wechselwirkungen zwischen Mikroorganismen dar. Diese umfassen die Konkurrenz, die Antibiose, den Parasitismus, die Prädazie, die Metabiose und die Parabiose.

Die mögliche Förderung von Phytopathogenen war ebenso wie das Auftreten von synergistischen und antagonistischen Wechselwirkungen zwischen Mikroorganismen der Wurzelzone Untersuchungsobjekt zahlreicher Autoren.

Antagonistische Wechselwirkungen zwischen Bodenmikroorganismen können für die biologische Kontrolle von bodenbürtigen Phytopathogenen genutzt werden.

In Böden können zwei wichtige Phänomene beobachtet werden. Es ist dies die Fungistase und die Suppressivität von Böden. Anfang des Zwanzigsten Jahrhunderts konnte festgestellt werden, daß in Böden Faktoren wirksam sind, welche die Entwicklung von Bodenbakterien beschränken. Dieses als Bakteriostase bezeichnete Phänomen über dessen zumindest teilweise biologischen Ursprung Einigkeit besteht, erhielt jedoch gegenüber der Fungistase geringere Aufmerksamkeit. Unter Fungistase versteht man die Unterdrückung der Keimung pilzlicher Vermehrungseinheiten selbst dann, wenn günstige Bedingungen hinsichtlich Temperatur und Wasser herrschen. Die Fungistase ist weit verbreitet und sehr beständig. Die Fungistase ist Ausdruck einer Kombination von endogenen Inhibitoren, exogenen Inhibitoren mikrobiellen Ursprungs und einem Mangel an Nähr- und Energiestoffen in der unmittelbaren Sporenumgebung. Die Hemmstoffe sind wasserlöslich oder gasförmig. Diese diffundieren durch den Boden, wobei ausschließlich Pilze gehemmt werden. Das Ruhestadium hält im Boden so lange an bis die Fungistase durch eine Zufuhr von Wurzelexsudaten, Abbauprodukten der organischen Substanz bzw. durch den Abbau von Hemmstoffen überwunden ist.

Für die Wechselwirkung vieler phytopathogener Pilze mit ihrem Wirt ist die Aktivierung ruhender Vermehrungseinheiten des Pilzes nötig. Dies kann über Moleküle erfolgen, welche sich in Samen- oder Wurzelexsudaten befinden. In Samen- und Wurzelexsudaten überlicherweise vorgefundene Verbindungen schließen Zucker, Aminosäuren, andere organische Säuren, Flavonoide, Sterole und Proteine ein (Nelson 1991). Zu den aus keimenden Samen freigesetzten volatilen Verbindungen zählen Aldehyde, Alkohole, Ethylen, CO_2 und Fettsäuren.

Böden vermögen bestimmte Pflanzenkrankheiten zu unterdrücken. Die entsprechenden Böden werden als krankheitsunterdrückende oder suppressive Böden bezeichnet. In einem suppressiven Boden wird die Entwicklung von Krankheiten gehemmt, selbst wenn ein Pathogen in der Gegenwart eines krankheitsanfälligen Wirtes vorhanden ist. In als konduktiv bezeichneten Böden kann sich ein Kranheitserreger ungehindert ausbreiten. Die für das Vermögen bestimmter Böden bestimmte Pflanzenkrankheiten zu unterdrücken verantwortlichen Faktoren sind nicht vollkommen bekannt. Es sind physikalische, chemische und biologische Qualitäten der Böden, welche mit deren natürlichem Vermögen verbunden sind Pflanzenkrankheiten zu unterdrücken. Bewirtschaftungsmaßnahmen sowie edaphische Faktoren bestimmen die Suppressivität von Böden wesentlich mit. Durch den Zusatz von organischer Substanz sowie durch Fruchtwechsel kann die Suppressivität gefördert werden. Komponenten der Bodenmikroflora sind als regulierende Größen in das Phänomen der Suppressivität involviert. Biologische Faktoren spielen im Falle des Vermögens von Böden Pflanzenkrankheiten zu unterdrücken eine bedeutsame Rolle. Agentien der Biokontrolle wirken gegen Pathogene durch Formen des Antagonismus wie Konkurrenz, Antibiose und Parasitismus.

Bestimmte Tonfraktionen, der pH-Wert des Bodens und die Salinität können zum Vermögen von Böden bestimmte Phytopathogene zu unterdrücken beitragen. Behandlungen, welche die natürliche Mikroflora stören, können zur Aufhebung dieses Vermögens führen. Andrivon (1994) diskutierte bezogen auf die Suppressivität eines Bodens gegenüber *Phytophthora infestans* den Effekt des pH als einen indirekten. Die Infektiosität des Inokulums wies mit zunehmendem pH einen zunehmenden Trend auf. Niedrige pH-Werte könnten über die Freisetzung toxischer Ionen oder die Förderung acidophiler, lytischer Mikroorganismen den Pilz unterdrücken.

Wurzelbesiedelnden Bakterien der Gattung *Pseudomonas* wurde während der vergangenen Jahre im Zusammenhang mit deren günstigen und nachteiligen Effekten auf Pflanzen besondere Aufmerksamkeit zuteil. Das Vermögen von Vertretern dieser Gruppe das Pflanzenwachstum zu fördern steht mit der Unterdrückung bodenbürtiger Phytopathogene sowie schädigender Rhizosphärenmikroorganismen in Beziehung. Auch gibt es Berichte über Phytohormonbildung durch fluoreszierende Pseudomonaden.

Antibiotika und Siderophore wurden mit der Kontrolle bodenbürtiger Phytopathogene durch Pseudomonaden in Beziehung gesetzt. Viele Bodenmikroorganismen bilden in Reaktion auf Eisenmangel Siderophore. Siderophore sind Eisenchelatoren von niedrigem Molekulargewicht. Siderophore binden dreiwertiges Eisen außerhalb der Zellen spezifisch. Die Chelate werden in der Folge über Rezeptoren der Zellmembran aufgenommen. Siderophore vermögen dem Pathogen Eisen zu entziehen und dessen Wachstum zu unterdrücken. Die fluoreszierenden Pseudomonaden zeichnen sich durch die Bildung von gelbgrünen Pigmenten aus, welcher unter UV-Bestrahlung fluoreszieren und als Siderophore dienen. Die fluoreszierenden Siderophore, welche auch Pyoverdine genannt werden, repräsentieren eine Klasse der von *Pseudomonas* spp. gebildeten Siderophore (Thomashow und Weller 1991).

Rhizosphären-Pseudomonaden wurden auch mit der Verringerung des Pflanzenwachstums in Beziehung gesetzt. Die Bildung von HCN zählt zu jenen Mechanismen, welche für die schädigende Aktivität verantwortlich gemacht werden. Von Rhizosphären-Pseudomonaden gebildetes HCN wurde mit schädigenden Effekten auf die Etablierung einiger Pflanzen jedoch auch mit günstigen Effekten infolge der Unterdrückung von Wurzelpathogenen in Beziehung gesetzt (Schippers et al. 1991). Zu den von Vertretern der Pseudomonaden unterdrückten Mikroorganismen zählen Phytopathogene wie *Gaeumannomyces graminis* var. *tritici* (Erreger der Schwarzbeinigkeit des Weizens), *Fusarium oxysporum* (Erreger von Welkekrankheiten bei Feldfrüchten), *Thielaviopsis basicola* (Erreger der Wurzelfäule des Tabaks), *Pythium* spp. und *Rhizoctonia solani* (Erreger von Keimlingsfäulen) sowie weiters auch Rhizosphärenmikroorganismen, welche eine Reduktion des Pflanzenwachstums verursachen.

Der Pilz *Gaeumannomyces graminins* var. *tritici* ist Erreger der Schwarzbeinigkeit an Weizen, seltener an Gerste und Roggen. Bei Weizen können durch diese Krankheit Ertragseinbußen in einem Ausmaß von bis zu 75% auftreten (Rovira 1990). Bei kontinuierlicher Weizenkultur konnte ein Rückgang der Schwere dieser Krankheit beobachtet und der mikrobielle Ursprung dieses Phänomens gezeigt werden. Der Aufbau einer antagonistischen Mikroflora bewirkt den Rückgang dieser Krankheit in einem suppressiven Boden. Die Qualität der in die Unterdrückung der Krankheit involvierten Mikroorganismen ist nicht vollkommen geklärt. Mycophage Amöben, Pseudomonaden und nicht sporenbildende Bakterien werden in diesem Zusammenhang diskutiert. Es wurden vielfach Versuche unternommen die Krankheit unter Einsatz spezifischer Mikroorganismen Stämme (*Pseudomonas*, *Bacillus*) biologisch zu kontrollieren. Im Feld konnte eine signifikante Kontrolle der Krankheit unter Einsatz von *Pseudomonas fluorescens* und *Bacillus* Arten berichtet werden. Mit in Form einer Samenbehandlung applizierten Stämmen von *Pseudomonas fluorescens* und *Pseudomonas aureofaciens* konnte im Feld ein signifikanter Schutz des Weizens erzielt werden. Als primärer Mechanismus der Suppression konnte die Bildung eines Antibiotikums durch die Stämme angegeben werden. Harrison et al. (1993) gelang die Reinigung eines von *Pseudomonas aureofaciens* gebildeten, gegenüber *Gaeumannomyces graminis* var. *tritici* wirksamen Antibiotikums.

Bakterielle Isolate, *Acinetobacter* sp., *Bacillus polymyxa*, *Bacillus subtilis*, *Pseudomonas cepacia* und *Pseudomonas putida*, welche von der Wurzeloberfläche verschiedener Pflanzen und sich zersetzenden Holzblättchen erhalten wurden, wiesen Antagonismus gegenüber einer Reihe phytopathogener Pilze, darunter *Sclerotinia sclerotiorum*, *Sclerotinia minor* und *Gaeumannomyces graminis* auf. Die Bildung von Antibiotika war als zugrundliegender Mechanismus eher angezeigt als die Bildung von Siderophoren (Line und Dragar 1993). Untersuchungen zur Rolle von in der

Rhizoplane lebenden *Pseudomonas* Arten als Hemmer von *Gaeumannomyces graminis* var. *tritici* und deren Beeinflussung durch unterschiedliche Stickstofformen wurden durchgeführt (Smiley 1979). Die Zahlen der Pseudomonaden in der Weizenrhizoplane und die Zahlen, welche in vitro antagonistisch gegenüber *G. graminis* var. *tritici* waren unterschieden sich nicht, wenn Weizen mit entweder NH_4^+-N oder NO_3^--N versehen wurde. Mit NH_4^+-N versehene Böden brachten jedoch Kolonien mit intensiverem Antagonismus hervor als mit NO_3^--N versehene. Die Behandlung der Böden mit Methylbromid führte zum Verlust des Antagonismus. Aus einem Feld mit Monokultur von Weizen (suppressiv) konnten hoch antagonistische Pseudomonaden gewonnen werden; selbiges konnte für einen nicht suppressiven Boden nicht gefunden werden. Zwischen dem Antagonismus der Pseudomonaden und der Erkrankungsschwere an *G. graminis* im suppressiven Boden bestand eine negative Korrelation.

Maas und Kotze (1990) untersuchten den Einfluß der Doppelbestellung eines Bodens mit Sojabohnen, Mais, Tabak und Sonnenblume auf die Schwarzbeinigkeit des Weizens. Der Einfluß der Wurzelexsudate der Feldfrüchte auf die Pathogenität von *Gaeumannomyces graminis* var. *tritici* wurde geprüft. Sojabohnen und Sonnenblumen erhöhten die Erkrankung im Vergleich zu Mais und Tabak. Die Wurzelexsudate der Sojabohne erhöhten die Pathogenität von *Gaeumannomyces graminis* im Vergleich zu Weizen-, Mais- und Tabakwurzelexsudaten und gegenüber der Kontrolle ohne Exsudate signifikant. Die Exsudate der Tabakwurzeln standen mit dem geringsten Erkrankungsausmaß in Beziehung.

Die Ausscheidung lytischer Enzyme stellt einen antibiotischen Mechanismus dar. Die Enzyme Chitinase und β-1,3 Glucanase sind bezüglich der Kontrolle von Pilzen von besonderer Bedeutung, da diese pilzliche Zellwandkomponenten, Chitin und β-1,3-Glucan, zu hydrolysieren vermögen. *Serratia marcescens* und *Aeromonas caviae* sind Beispiele für chitinolytische Rhizobakterien.

Dem Prinzip der mikrobiellen Anreicherungskultur bzw. der saprophytischen Konkurrenz entsprechend kann auch die Gabe bestimmter organischer Materialien eine Verschiebung der Zusammensetzung mikrobieller Gemeinschaften bewirken und die Unterdrückung pathogener Organismen herbeiführen.

Anwendungspotential für die Bodenbiotechnologie

Die Förderung pflanzengünstiger Mikroorganismen (Bildung von Wachstumsregulatoren, Lösung anorganischer Nährstoffe, Antagonisten von Phytopathogenen) stellt ein Anwendungspotential der Bodenbiotechnologie dar. Die Beimpfung von Samen und Wurzeln mit Mikroorganismen zum Zwecke der Förderung des Pflanzenwachstums gewann zunehmend an wissenschaftlichem und praktischem Interesse. In der Förderung von im

Boden bereits vorhandenen günstigen Mikroorganismen besteht eine ebenso bedeutsame Aufgabe wie in der Entwicklung geeigneter mikrobieller Inokula.

Die Praxis der Inokulation von Pflanzen zur Verbesserung des Ertrages ist eine in vielen Teilen der Welt verbreitete Praxis. Ende der Dreißiger Jahre dieses Jahrhundert kam in der ehemaligen UdSSR ein in der Folge als „Azotobacterin" bezeichnetes Präparat in den Handel, welches das nichtsymbiontisch N_2-fixierende Bakterium *Azotobacter chroococcum* enthält. In der UdSSR wurde auch ein weiteres frühes Präparat unter dem Namen „Phosphobacterin" eingeführt, welches phosphatlösende Isolate des Bakteriums *Bacillus megaterium* enthält. Ein Rhizobien-haltiges Produkt wird unter dem Namen „Nitragin" vermarktet. Die mit dem Einsatz bakterieller Sameninokula verfolgte Absicht war die Erhöhung der Feldfruchterträge und die Reduktion der Abhängigkeit der Pflanzen von Boden- bzw. Düngerstickstoff(phosphor). Die unter Einsatz von „Phosphobacterin" bzw. „Azotobacterin" erhaltenen Ergebnisse waren nicht beständig. Es war angenommen worden, daß die Inokulation mit *Rhizobium*, *Azotobacter* und *Azospirillum* das Pflanzenwachstum als Folge der Fähigkeit dieser Mikroorganismen N_2 zu fixieren fördert. Trotz intensiver Forschungsanstrengungen konnte jedoch nur mit *Rhizobium* eine Zunahme der Erträge basierend auf der Fixierung von molekularem Stickstoff gezeigt werden (Arshad und Frankenberger 1991). Eine das Pflanzenwachstum fördernde Wirkung von Mikroorganismen kann auch auf der mikrobiell vermittelten Bildung von Pflanzenwachstumsregulatoren in der Rhizosphäre beruhen.

6.3.2 Kohlenstoffumsatz in der Rhizosphäre

Die Gesamtheit der von den Wurzeln stammenden Kohlenstoffmenge ist als Rhizodeposition definiert. Diese ist eine bedeutende Quelle der organischen Bodensubstanz.

Eine Reihe von Autoren versuchte Informationen bezüglich jener Menge an Pflanzenkohlenstoff zu erhalten, welche durch wachsende Wurzeln den Rhizosphärenpopulationen bereitgestellt wird. Auch sollte der Umsatz dieser Kohlenstoffverbindungen in der Wurzelregion und der Effekt von Mikroorganismen auf die Exsudation geklärt werden. Hierzu ließ man Pflanzen unter sterilen/nicht sterilen Bedingungen in einer $^{14}CO_2$ enthaltenden Atmosphäre wachsen.

Der Gesamtkohlenstoffeintrag durch Pflanzen in den Boden wird von der Pflanzenart, deren Wachstumsstadium, den Standortfaktoren und von der mikrobiellen Aktivität beeinflußt. Wachsende Wurzeln stellen für die mikrobielle Biomasse eine bedeutende Kohlenstoffquelle dar. Zusätzlich kann durch deren Einfluß eine Fraktion des Bodenkohlenstoffs der mikrobiellen Nutzung erschlossen werden.

Die sich von den Wurzeln ableitenden Verbindungen werden mikrobiell umgesetzt. Ein Teil der Substrate erscheint in Form von mikrobieller Biomasse, ein anderer in Form von mikrobiellem Atmungs-CO_2 sowie ein weiterer in Form von mikrobiellen Produkten. Mikrobielle Produkte können durch andere Mikroorganismen genutzt oder auch von Wurzeln aufgenommen werden.

Freigesetzte Kohlenstoffmengen

Durch über die Interzellularen auswärts diffundierende Wurzelexsudate können 1–2% des gesamten Kohlenstoffs, welcher die Wurzeln erreicht, freigesetzt werden (Tinker und Sanders 1975). Untersuchungen mit Sand und Boden zeigten, daß 10–18% des gesamten in Form von Photosyntheseprodukten festgelegten Kohlenstoffs aus den Wurzeln in den Boden freigesetzt werden. Dabei sollten 1–2% als lösliche Exsudate und der Rest in Form von Wurzelzellen als Lysate und Zellwandmaterial freigesetzt werden (Rovira 1991).

Entsprechend Keith et al. (1986) beträgt der Gesamtkohlenstoffeintrag durch Nutzpflanzen in Böden während der Wachstumsperiode zwischen 1000 und 1500 kg Kohlenstoff pro ha. Dieser Betrag repräsentiert 15–30% des durch die Pflanzen assimilierten Kohlenstoffs. Feldversuche zur periodischen Verteilung von markierten Photosyntheseprodukten ($^{14}CO_2$) während der Vegetationszeit von Weizenpflanzen ergaben, daß während des frühen Wachstums etwa gleiche Anteile an Photosynthaten unter die Erdoberfläche transportiert und in den Sprossen belassen werden. Etwa die Hälfte des unterirdischen ^{14}C wurde veratmet und ein Viertel befand sich jeweils im Boden und in Wurzeln. Die Verteilung veränderte sich exponentiell während des Wachstums, wobei ein zunehmender Anteil des ^{14}C in den Sprossen verblieb und eine entsprechend geringere Menge unter die Erde verlagert wurde. Letztere betrug zum Zeitpunkt der Blüte nur wenige Prozent. Der gesamte Kohlenstoffeintrag der Feldfrucht in den Boden wurde mit 1305 kg Kohlenstoff/ha berechnet.

Kuikman et al. (1991) gaben den für landwirtschaftliche Standorte und für Wälder geschätzten Kohlenstoffeintrag über die Wurzeln mit 900 und 3000 kg C/ha/Jahr an. Der Anteil des photosynthetisch festgelegten Kohlenstoffs, welcher von den Wurzeln entweder in Form von Atmungs-CO_2 oder in Form organischer Verbindungen freigesetzt wird, wurde mit zwischen 10 und 40% liegend angegeben.

Versuche zur Quantifizierung des von Pflanzen in Ab- bzw. Anwesenheit von Mikroorganismen freigesetzten Kohlenstoffs wurden angestellt.

Barber und Martin (1976) bestimmten das Wachstum von Gersten- und Weizenpflanzen für drei Wochen in einer Atmosphäre, welche der atmosphärischen Konzentration an Kohlendioxid (0.03%) annähernd glich (^{14}C markiert). Die Wurzeln der Pflanzen wurden unter sterilen bzw. nicht sterilen Bedingungen gehalten. Unter sterilen Bedingungen wurden zwischen 5 und 10% des photosynthetisch fixierten Kohlenstoffs durch die Wurzeln freigesetzt. Im Vergleich dazu wurden durch unter nicht sterilen Bedingungen wachsende Wurzeln 12–18% freigesetzt. Die letztgenannten Werte entsprachen 18–25% der Pflanzentrockensubstanz.

Martin (1977) ließ Weizenpflanzen in einer $^{14}CO_2$ enthaltenden Atmosphäre bei Temperaturen von 10 oder 18°C für drei bis acht Wochen wachsen. Die Wurzeln wurden unter sterilen oder nicht sterilen Bedingungen gehalten. Der unter den gewählten Bedingungen sich ergebende Verlust der Wurzeln an ^{14}C rangierte zwischen 14.3–22.6% oder 29.2–44.4%. Die Gegenwart von Mikroorganismen erhöhte die $^{14}CO_2$-Freisetzung aus der Rhizosphäre signifikant, beeinflußte jedoch den ^{14}C-Gehalt des Bodens nicht. In sterilen sowie nicht sterilen Böden fanden sich Substanzen, welche sich wie Neutralzucker- und Aminosäurefraktionen verhielten. Die entsprechenden Mengen betrugen 5.9–9.2% und 13.4–17.2% des ^{14}C-Gehaltes des Boden. Es wurde postuliert, daß der Großteil des Kohlenstoffverlustes der Wurzeln aus der Autolyse der Wurzelrinde resultiert und daß Mikroorganismen die Wurzelzellyse erhöhen, wobei dies offenbar ohne Penetration der pflanzlichen Zellwände erfolgt.

Barber und Lynch (1977) ließen Gerstenpflanzen bis zu 16 Tagen in Flüssigkultur wachsen; dies entweder unter axenischen Bedingungen oder in Gegenwart einer Mischpopulation von Mikroorganismen. Die Mengen an löslichen Kohlenhydraten, welche von den Wurzeln in Abwesenheit von Mikroorganismen freigesetzt wurden sowie die Zahl der Bakterien, welche sich in den beimpften Kulturen entwickelten wurden bestimmt. Mit Ausnahme der ersten vier Tage nach Keimung, wurde eine größere Biomasse produziert als dies mit der Nutzung von Kohlenhydraten, welche in Abwesenheit der Mikroorganismen freigesetzt worden waren, in Beziehung gesetzt werden konnte. Dies stützte die Theorie, daß Mikroorganismen den „Verlust" von löslichem, organischen Pflanzenmaterial stimulieren. Als mögliche Ursachen für diese Beobachtung wurde die mikrobiell vermittelte Bildung von Läsionen im pflanzlichen Gewebe („Löchern") bzw. von Substanzen, welche die Abgabe von organischen Substanzen durch die Wurzeln stimulieren sowie die Nutzung von Exsudaten diskutiert. Durch den letzteren Vorgang wird die Anreicherung der organischen Substanzen in der Lösung verhindert und deren Diffusion nach außen erhöht bzw. aufrechterhalten. Der Einfluß der Mikroorganismen auf die Exsudation kann mit einer Beeinflussung der Permeabilität von Wurzelzellen und des Wurzelmetabolismus in Beziehung stehen (Rovira 1969).

Mikrobielle Nutzung von wurzelbürtigem Kohlenstoff

Die Bestimmung der Rhizosphärenatmung erfolgte aufgrund technischer Schwierigkeiten hinsichtlich der Verteilung der Atmung zwischen Wurzeln und den Rhizosphärenorganismen kaum in situ.

Cheng et al. (1993) stellten ein Verfahren zur simultanen Bestimmung der Wurzelatmung, der Atmung der Rhizosphärenmikroorganismen und der Konzentration an löslichem Kohlenstoff in der Rhizosphäre intakter Pflanzen vor. Ein Versuch mit drei Wochen alten Weizenpflanzen ergab, daß die Wurzelatmung und die Atmung der Rhizosphärenmikroorganismen durchschnittlich 40.6 und 59.4% zur gesamten Atmung in der Rhizosphäre beitrugen. Die Konzentration an löslichem Kohlenstoff in der Rhizosphäre betrug durchschnittlich 667 mg C/l Bodenwasser.

In Untersuchungen zur Verteilung von photosynthetisch festgelegtem Kohlenstoff zwischen Pflanze und Boden wuchsen Weizenpflanzen bei zwei verschiedenen Feuchteregimen während 63 Tagen in einer $^{14}CO_2$-Atmosphäre (Martin und Merckx 1992). Das aus den Bodensäulen, welche jeweils mit einer Weizenpflanze besetzt waren, freigesetzte Rhizosphären-CO_2 rangierte zwischen 447 und 1423 mg Kohlenstoff. Dieses wurde mit einer Maximalrate freigesetzt, welche 1.6–7.3mal höher war als jene des unbepflanzten Bodens. Der unterirdisch verlagerte Kohlenstoff entsprach 1765 kg Kohlenstoff/ha und wurde durch das Feuchteregime nicht beeinflußt. Zwischen 31 und 38% des ^{14}C-Rückstandes im Boden war in die mikrobieller Biomasse des Bodens eingebaut worden. Hinsichtlich der beiden Feuchteregime bestanden auch diesbezüglich keine Unterschiede. Huminsäuren und Huminfraktionen, welche im wesentlichen frei von Protein- und Kohlenhydratkomponenten waren, enthielten 38–42% der ^{14}C-Rückstände des Bodens. Der Ertrag an Mikroorganismen, welche die Produkte der Rhizodeposition nutzten wurde auf etwa 0.35 g Trockengewicht/g konsumiertem Substrat geschätzt (Lynch und Whipps 1991).

In einem Langzeitversuch zur Erfassung des Beitrages des in den Boden verlagerten Kohlenstoffs zum Wachstum der mikrobiellen Biomasse ließ Martens (1990) Weizen und Mais mit einem kontinuierlichen Angebot an $^{14}CO_2$ wachsen. Nach 5, 11, 15 und 19 (nur Weizen) Wochen Wachstum in Säulen (sandiger Boden) wurde das Trockengewicht der Sprosse und Wurzeln in drei horizontalen Sektionen der Säule gemessen und die Verteilung des ^{14}C im Boden-Pflanzensystem untersucht. Das Maisexperiment ermöglichte die Erstellung eines Gesamtbudgets für ^{14}C. Die Menge an in den Boden verlagertem Kohlenstoff sank von 41% der Gesamtphotosynthate bei der ersten Ernte auf 21% bei der dritten Ernte von Mais. Etwa die Hälfte konnte als $^{14}CO_2$ aus Wurzel- und der mikrobiellen Atmung nachgewiesen werden. Der Großteil fand sich in den Wurzeln und nur 4–5% fanden sich als Rückstände im Boden. Vor der ersten Ernte von drei Weizen- und einer Maispflanze produzierten die Rhizodeposite in jeder Bodensäule 19 und 38 mg Biomasse-^{14}C. Diese Werte stiegen zu einem Maximum von 84 und 87 mg Biomasse-^{14}C bei der dritten Ernte.

Ein ausgeprägter Einfluß der Textur auf den Umsatz von wurzelbürtigem Kohlenstoff durch die mikrobielle Biomasse des Bodens konnte beobachtet werden. Merckx et al. (1985) ließen Weizenpflanzen in zwei Böden unterschiedlicher Textur, sandiger Boden/schluffiger toniger Lehmboden, in einer $^{14}CO_2$-haltigen Atmosphäre wachsen. 21, 28, 35 und 42 Tage nach der Keimung wurde der ^{14}C- und der Gesamtkohlenstoffgehalt der Sprosse, Wurzeln, das Rhizosphären-CO_2 und die mikrobielle Biomasse bestimmt. Der Umsatz erfolgte im sandigen Boden relativ rasch und mit einer konstanten Rate. Im Tonboden verlangsamte sich dieser jedoch im Gefolge einer anfänglich hohen Assimilation von Wurzelprodukten in mikrobieller Biomasse. Im Ton-Lehm waren nach sechs Wochen noch 4% des gesamten fixierten ^{14}C vorhanden, im sandigen Boden waren dies 1.2%. Der Anteil von ^{14}C an in der Rhizosphäre gefundenem CO_2 war den sandigen Boden betreffend zu jeder Probennahme relativ konstant (zirka 19%), fiel aber im Tonboden von 17% am Tag 28 auf 11% am Tag 42. Der Anteil am gesamten ^{14}C, welcher als mikrobielle Biomasse fixiert worden war, stieg im sandigen Boden nach sechs Wochen auf einen Maximalwert von 20%, fiel jedoch im Tonboden von 86% am Tag 21 auf 26% nach 42 Tagen Pflanzenwachstum.

Durch Bepflanzung (Mais) nahm die mikrobielle Biomasse um 197% zu und der Bodenkohlenstoff um 5.4% ab (Helal und Sauerbeck 1986). Im nicht bepflanzten Kontrollboden nahm der Bodenkohlenstoffgehalt um 1.5% ab. Der Beitrag des Pflanzenkohlenstoffs und des Bodenkohlenstoffs zum Anstieg der mikrobiellen Biomasse betrug 68% und 32%. Der Biomasse-^{14}C entsprach 1.6% des gesamten photosysnthetisch gebundenen ^{14}C und etwa 15% des organischen ^{14}C-Eintrages in die Rhizosphäre. Dieser stellte 58% des nach Entfernung der Wurzeln im Boden verbleibenden Pflanzenkohlenstoffs dar. Der Nutzungskoeffizient der Biomasse ist im Boden niedriger als in Flüssigkulturen. Bezogen auf den organischen Kohlenstoffeintrag in die Rhizosphäre errechnete sich ein Nutzungskoeffizient der ^{14}C-markierten Biomasse von 15%. 20% des Biomasse-^{14}C wurde außerhalb der umittelbaren Wurzelzone nachgewiesen. Die mikrobielle Verfügbarkeit von Pflanzenkohlenstoff auch außerhalb der unmittelbaren Wurzelzone ließ auf ein größeres Gesamtvolumen der Maisrhizosphäre schließen als bisher angenommen.

6.3.3 Ausgewählte Bodenenzymaktivitäten

In der Rhizosphäre können zahlreiche Enzyme pflanzlichen und mikrobiellen Ursprungs auftreten. Mit dem weiter oben beschriebenen kalzinierten Attapulgit-System konnten Martin und Foster (1985) mit Hilfe ultractyochemischer Tests in individuellen Bakterien der Rhizosphäre die Enzyme saure Phosphatase und Katalase nachweisen.

Die Stoffabgabe durch Wurzeln sowie die damit verbundene Stimulierung der Mikroorganismen im Bereich der Wurzeln wird von zahlreichen Faktoren beeinflußt. Unterschiedliche Befunde bezüglich bestimmter Enzymaktivitäten können deshalb in Abhängigkeit vom Bewuchs und von den übrigen am Standort herrschenden Bedingungen vorliegen. Die Erwartung, daß in der Rhizosphäre gegenüber dem Gesamtboden eine höhere Enzymaktivität auftritt, konnte für eine Vielzahl von Enzymen bestätigt werden.

Mittels Hydrokultur wurden die Beiträge verschiedener Vertreter der Bodenmikroflora und -fauna zur Aktivität der Rhizosphärenphosphatase ermittelt (Gould et al. 1979). Die Ansätze umfaßten Pflanzen alleine, Pflanzen kombiniert mit *Pseudomonas* sp. sowie Pflanzen kombiniert mit *Pseudomonas* sp. und *Acanthamoeba* sp. Im ersten Ansatz konnte keine alkalische Phosphataseaktivität wohl aber eine wesentliche saure Phosphataseaktivität nachgewiesen werden. Die Gegenwart von Bakterien oder von Bakterien und Amöben führte zu einer Erhöhung der sauren Phosphataseaktivität in der Lösung und diese erhöhte auch die Wurzelphosphataseaktivität. Rhizosphärenmikroorganismen tragen nicht nur direkt zur Enzymaktivität in der Rhizosphäre bei; diese stimulieren auch die Enzymbildung durch Pflanzenwurzeln.

Eine wesentliche Funktion der Vegetation besteht im Schutz des Bodens vor intensiver Sonnenstrahlung und Austrocknung. In bewuchsfrei gehaltenen Böden sind die Mikroorganismen und Bodenenzyme vor allem in den oberflächlichen Bodenbereichen gegenüber diesen Einflüssen stark exponiert. Während eines Untersuchungszeitraumes von fünf Monaten ging die Aktivität der Enzyme Sulfatase und Urease im mit Raygras bepflanzten Boden nicht zurück; im unbepflanzten Boden wurde diese hingegen reduziert (Speir et al. 1980). Hinsichtlich der Proteaseaktivität konnten beständige Ergebnisse nicht erhalten werden. Die Schädigung von Enzymen im bar gehaltenen Boden sowie der Schutz des Bodens durch den Bewuchs und die Freisetzung von Enzymen im bepflanzten Boden können als Ursachen der erhaltenen Befunde diskutiert werden.

Alter des Bewuchses, Bewirtschaftungsmaßnahmen

Das Alter des Bewuchses und unterschiedliche Bewirtschaftungsmaßnahmen beeinflussen biochemische Vorgänge in der Rhizosphäre differentiell.

Kiss et al. (1975b) nahmen Bezug auf Untersuchungen zur Bestimmung des Einflusses des Alters von Weizen, Mais, Hafer und Bohnen auf die Phosphataseaktivität eines Ausgewaschenen Tschernosems. Es bestand die Tendenz zur Steigerung dieser Aktivität zur Zeit der Blüte und zur Abnahme derselben während der Zeit der Reifung. In vergleichenden Untersuchungen zur Keimzahl von Mikroorganismen und den Aktivitäten der Enzyme Invertase, Gelatinase, Urease, Phosphatase in der Nichtrhizosphäre und der Rhizosphäre von Weizen und Mais (Tschernosem) konnte gezeigt werden, daß die Zahl der Mikroorganismen, die Aktivität der Enzyme und deren R/S-Verhältnisse Veränderungen durchliefen, welche von der Pflanze, der Vegetationsperiode und der Düngung abhängig waren. Der Variationsbereich der R/S-Verhältnisse der Bakterien (2.8–73.2) und der Pilze (0.001–13.1) war wesentlich breiter als jener der Bakteriengruppe der Aktinomyceten (0.0002–0.5) sowie der Enzymaktivitäten (0.4–1.5). Untersuchungen zur Variation der Aktivität der Enzyme Invertase, Gelatinase, Urease, Phosphatase und Dehydrogenase in der Rhizosphäre und Nichtrhizosphäre (Weizen, Tschernosem) in unterschiedlichen Bodentiefen ergaben, daß sich sowohl im Rhizosphären- als auch im Nichtrhizosphärenboden die maximale Enzymaktivität in der 0–15 oder 15–30 cm Lage fand; die geringste Aktivität konnte in einem Bereich von 30–60 cm bestimmt werden. Die Gelatinaseaktivität stellte die einzige Ausnahme dar; diese Aktivität erreichte während der Blüte- und Reifezeit des Weizens die maximale Aktivität in der 30–60 cm Lage. Das Ausmaß der tiefenabhängigen Verringerung der Aktivität variierte in der Reihenfolge: Dehydrogenase > Urease > Phosphatase > Invertase > Gelatinase. In einem Reisboden war die Aktivität der Arylsulfatase in der Rhizosphäre (R) gegenüber der Nicht-Rhizosphäre (NR) erhöht (Han und Yoshida 1982). Weder das R-Enzym noch das NR-Enzym wurde durch die Gabe von Sulfat beeinflußt.

Die Aktivität von Proteinasen variierte auf einem mit Weizen bestellten Tschernosem während der Vegetationszeit (Saric und Dukic 1985). Diese war zu Beginn derselben am geringsten und nahm mit dem Wachstum und der Entwicklung des Weizens zu. Am Ende der Vegetationszeit hatte diese das Maximum erreicht.

Untersuchungen zum Einfluß von Pflanzenresten sowie der An- bzw. Abwesenheit von wachsenden Pflanzen auf die Aktivität der Bodenphosphatase und den Gehalt der Bodenlösung an organischem bzw. anorganischem Phosphor zeigten, daß die Phosphataseaktivität des mit Wurzeln und Sproßen des Klees (*Trifolium repens*) versehenen Bodens in Abwesenheit von wachsenden Pflanzen im wesentlichen konstant blieb, sich jedoch in der Anwesenheit von wachsenden Haferpflanzen veränderte (Dalal 1982). Die Phosphataseaktivität stieg in Gegenwart wachsender Pflanzen in der ersten und zweiten Woche geringfügig an. In der Folge sank diese gegenüber dem Standort ohne Pflanzen ab. Während der ersten beiden Wochen nahm der organische Phosphor in der Bodenlösung rasch ab, wohingegen der Gehalt an anorganischem Phosphor in der Bodenlösung zunahm. Nach zwei Wochen verblieben beide, der organische sowie der anorganische Phosphorgehalt, in der Bodenlösung niedrig. Eine Unterscheidung zwischen der Phosphataseaktivität der rasch wachsenden Haferwurzeln und jener der Rhizosphärenmikroorganismen war nicht möglich. Die Nutzung der Phosphatase als Substrat durch die Rhizosphärenmikroorganismen wurde als Ursache für die Erniedrigung der Phosphataseaktivität in der Gegenwart von Pflanzen diskutiert.

Ingham et al. (1985) unternahmen eine Untersuchung zur Beeinflussung der Aktivität von Rhizosphärenmikroorganismen durch simulierte Beweidung und Bewässerung. Die untersuchten Parameter umfaßten die Aktivität der Enzyme Phosphatase- und Dehydrogenaseaktivität, den ATP-Gehalt, die Länge der aktiven Hyphen und die Gesamthyphenlänge. Als Versuchsboden diente ein semiarider Weidelandboden. Bewässerung alleine führte zu einer Verringerung der Aktivität der Rhizosphärenmikroorganismen. Ein Rückgang der Exsudation und der Wurzelsterblichkeit infolge von Bewässerung war angezeigt. Graskürzung erhöhte die bakterielle nicht aber die pilzliche Aktivität. Dies war angezeigt durch den Rückgang der aktiv wachsenden Pilze, während die Aktivität der Dehydrogenase gegenüber jener der Kontrollen nicht erniedrigt war. Die Bewässerung unterdrückte sowohl die bakterielle als auch die pilzliche Aktivität. Die Gesamthyphenlänge nahm in bewässerten und kombiniert behandelten Proben, in der letzteren etwas geringer, zu. An Standorten, welche zusätzlich Wasser erhalten hatten, konnte es durch Unterdrückung der Zersetzung von totem Hyphenmaterial, bei gleichzeitig erneutem Hyphenwachstum, zu einer Erhöhung der Gesamthyphenlänge gekommen sein. Die Wirkung der Kombination von Bewässerung und Graskürzen war von intermediärer Natur. Streßreduktion durch Bewässerung hatte zu einer Reduktion der Rhizosphärenaktivität geführt, während Streß verursacht durch simulierte Beweidung selbige erhöhte.

Hinweise darauf konnten erhalten werden, daß die Rhizosphäre einen möglichen hemmenden Effekt von in Klärschlämmen enthaltenen Schadstoffen auf bestimmte Enyzmaktivitäten zu kompensieren vermag (Reddy et al. 1987). Die genannten Autoren untersuchten in einem Glashausversuch die Aktivität von Bodenenzymen in einem mit Klärschlamm versehenem Rhizosphären- und Nichtrhizosphärenboden (schluffiger Lehm). *Glycine max* diente als Rhizosphären bietender Organismus. Die Aktivitäten der Enzyme Dehydrogenase, Urease und Phosphatase wurden vor Pflanzung (VP) und 40 Tage nach Pflanzung in der Rhizosphäre (R) und Nichtrhizosphäre (NR) bestimmt. Die Ergebnisse zeigten eine höhere Aktivität in R-Böden als in VP-Böden und NR-Böden. Die Wurzeln beeinflußten das Enzym Urease stärker als die Enzyme Dehydrogenase und Phosphatase. Die Applikation von Klärschlamm hemmte die Aktivität der Dehydrogenase in sämtlichen Proben signifikant. In Abwesenheit von *Glycine max* führten sämtliche Klärschlammapplikationen zu einer Hemmung der Urease, wobei die Aktivität in den NR-Böden etwas niedriger war als in den VP-Böden. In den R-Böden war deren Aktivität erhöht. Die Behandlung mit Klärschlamm führte, mit Ausnahme der niedrigsten applizierten Menge im Falle der R-Böden und der mittleren applizierten Menge in den VP-Böden, zu einem Rückgang der Phosphataseaktivität.

Die Rhizosphäre von Leguminosen zeichnet sich durch hohe Enzymaktivitäten aus.

Die Aktivitäten der Enzyme Dehydrogenase und alkalische Phosphatase waren in der Rhizosphäre von Leguminosen signifikant höher als in jener von Hirse. Rao et al. (1990) untersuchten die Verteilung der Dehydrogenase- und Phosphataseaktivität in der Rhizosphäre von vier Varietäten verschiedener Bohnenarten sowie von Perlhirse (*Pennisetum americanum*), welche auf einem Boden mit geringen Gehalten an verfügbarem Phosphor wuchsen. Die Aktivität der Dehydrogenase und der Phosphatasen war 25 Tage nach Einsaat am höchsten und blieb 50 Tage nach Einsaat bis zur Fruchtreife konstant. Die Rhizosphärenböden zeigten höhere Aktivitäten als Nichtrhizosphärenböden (26–158% für saure Phosphatase, 66–264% für alkalische Phosphatase und bis zu 292% für Dehydrogenase).

In 17 mit Feldfrüchten bestellten Böden (unterschiedliche Gemüsepflanzen) untersuchte Tarafdar (1988) die Verteilung der Urease und der sauren sowie der alkalischen Phosphatase unter Feldbedingungen. Die Rhizosphäre sämtlicher getesteter Pflanzen wies eine höhere Ureaseaktivität (1.2–13.1%) sowie eine höhere saure und alkalische Phosphataseaktivität (10.0–120.0% und 8.1–134.2%) auf als die Nichtrhizosphäre. Die höchste Aktivität dieser drei Enzyme konnte in der Rhizosphäre von Leguminosen-Gemüse nachgewiesen werden. Das Verhältnis der Enzymaktivität in der Rhizosphäre zu jener in der Nichtrhizosphäre (R:S) war eng für die Urease (10:8.8 bis 10:9.9) und wurde gefolgt von jenem der sauren (10:4.5 bis 10:9.1) und alkalischen Phosphatase (10:4.3 bis 10:9.2).

Phosphatasen und P-Mangel

Mechanismen zur Aufrechterhaltung eines Pools an verfügbarem Phosphor sowie Beziehungen zwischen verschiedenen Formen des Phosphors und der Bodenphosphataseaktivität wurden bereits im Kapitel 3 dieses Bandes näher diskutiert. Pflanzenwurzeln können die Verfügbarkeit und die Aufnahme von Mineralnährstoffen durch verschiedene Mechanismen wie die Freisetzung von Wurzelexsudaten, von Protonen, von Bicarbonationen und von extrazellulären Enzyme erhöhen. Wurzelinduzierte Veränderungen des pH in der Rhizosphäre führen durch Phosphormobilisierung zur Vergrößerung der Phosphorverarmungszone (Jungk und Claassen 1989).

In Böden mit einem hohen Anteil an organischem Phosphor, zum Beispiel in sauren Waldböden, spielen die Phosphatasen in der Rhizosphäre eine für die Aufnahme von Phosphor durch Wurzeln wichtige Rolle. In der Rhizosphäre konnte eine gegenüber dem Nichtrhizosphärenboden erhöhte Phosphataseaktivität nachgewiesen werden. Wurzeln, Pilze wie Ektomykorrhiza- und VA-Mykorrhizapilze können als Quellen für in der

Rhizosphäre auftretende Phosphatasen fungieren. Bei vielen Pflanzenarten konnte unter Bedingungen der Phosphordefizienz eine Zunahme der Aktivität der sauren Phosphatase an der Wurzeloberfläche beobachtet werden.

In der Rhizosphäre mykorrhizierter Pflanzen konnte die unterschiedliche Förderung von Phosphatasen beobachtet werden. In einem Boden unter Fichte bestimmten Häussling und Marschner (1989) die anorganischen und organischen Phosphate im Gesamtboden, im Rhizosphären- und im Mykorrhizosphärenboden sowie die Aktivität der sauren Phosphatase und die Hyphenlänge. In der Bodenlösung waren etwa 50% des Gesamtphosphors in Form von organischem Phosphor vorhanden. Im Vergleich zum Gesamtboden waren die Konzentrationen an leicht hydrolysierbarem organischen Phosphor im Rhizosphären- und Rhizoplaneboden geringer. Die Konzentration an anorganischem Phosphor blieb entweder unbeeinflußt oder nahm zu. Die Aktivität der sauren Phosphatase war im Rhizoplaneboden gegenüber dem Gesamtboden 2–2.5fach erhöht. Zwischen der Phosphataseaktivität und der Hyphenlänge bestand eine positive Korrelation.

Untersuchungen zum Effekt von vesikulär-arbuskulären(VA)-Mykorrhizapilzen auf das Wachstum und die Nährstoffaufnahme der Traubenbohne (*Cyamopsis tetragonoloba*) in einem ariden Boden zeigten die unveränderte Aktivität der sauren Phosphatase in der Mykorrhizosphäre, während jene der alkalischen Phosphatase gefördert wurde (Rao und Tarafdar 1993). Dieses Enzym erhöhte durch den Abbau organischer Phosphate die Phosphorverfügbarkeit. Die Inokulation der Bohnen mit VA-Mykorrhizapilzen erhöhte das Trockengewicht der Pflanzen und den Bohnenertrag. Die Inokulation beeinflußte die Aufnahme von K und Fe nicht, die Konzentrationen an P, Zn, Cu und Mn hatten hingegen in den mykorrhizierten Pflanzen zugenommen.

Eine nichtdestruktive Methode zur Visualisierung von Phosphataseaktivität. Mit destruktiven Methoden kann bei auf Boden wachsenden Pflanzen eine Zunahme der Phosphataseaktivität vom Gesamtboden zur Rhizosphäre und Rhizoplane hin gezeigt werden. Solche Methoden erlauben keine Bestimmung der sauren Phosphataseaktivität in verschiedenen Wurzelzonen. Hauptsächlich auf Agar als Medium beruhende in vivo Techniken wurden zur Visualisierung chemischer Veränderungen in der Rhizosphäre bodenwachsender Pflanzen unternommen. Einige Beispiele dafür sind die Veränderung des pH-Wertes, die Ausscheidung von Säuren, die Reduktion von Fe^{3+} und Mn^{4+} sowie die Lösung verschiedener anorganischer Phosphate. Dinkelaker und Marschner (1992) stellten eine nicht destruktive Methode zur Visualisierung von saurer Phosphataseaktivität in der Rhizosphäre von auf Boden wachsenden Pflanzen vor. Filterpapiere mit einer Mischung aus 1-Naphthylphosphat als Substrat und dem Diazoniumsalz Fast Red TR als Indikator kamen bei dieser in vivo

Demonstration von saurer Phosphataseaktivität in der Rhizosphäre bodenwachsender Pflanzen zum Einsatz. Nach enzymatischer Hydrolyse bildet 1-Naphthol mit Fast Red TR einen roten Komplex. Diese Methode wurde bei acht Tage alten Maispflanzen und drei Jahre alten Fichten, welche in Rhizoboxen unter nicht sterilen Bedingungen im Boden wuchsen, angewandt. Das behandelte Filterpapier wird an der Oberfläche von Wurzeln und Boden appliziert, die saure Phosphataseaktivität wird in der Folge als ein rot gefärbter „Wurzelabdruck" auf dem Papier sichtbar. Die Methode kann zur qualitativen Analyse der sauren Phosphatase in der Rhizosphäre genutzt werden. Diese erlaubt eine grobe Abschätzung der Phosphataseaktivität in verschiedenen Wurzelzonen.

Anwendungspotential für die Bodenbiotechnologie

Die Manipulation von in der Rhizosphäre lebenden Mikroorganismen zur Förderung der Freisetzung günstiger Enzyme wird als ein Versuch das Pflanzenwachstum zu steigern diskutiert. Dabei kann eine Manipulation der Pflanzengesellschaft, der assoziierten Mikroflora oder von beidem angestrebt werden. Beispiele für derartige Anwendungen wären die Umwandlung einer Vorläufersubstanz in die biologisch aktive Form (z.B. Wuchsstoffe, Umwandlung von Tryptophan in Indol-3-Essigsäure), die Freisetzung eines essentiellen Pflanzennährstoffes aus einem geeigneten Substrat/Düngemittel oder auch die Transformation eines potentiellen organischen Schadstoffes.

Die Vegetation ist eine wichtige Variable bei der biologischen Restauration von Böden. Durch die erhöhte Zahl und Aktivität von Mikroorganismen und Enzymen in der Rhizosphäre wird auch das Potential zur biologischen Transformation potentieller organischer Schadstoffe in dieser Region erhöht.

In der Rhizosphäre von Bohne (*Phaseolus vulgaris*) erfolgte eine erhöhte Mineralisierung der beiden Organophosphorinsektizide Diazinon und Parathion (Hsu und Bartha 1979). Als Ursache des geförderten Abbaus (ungefähr 8 bzw. 10% für ^{14}C-Diazinon bzw. ^{14}C-Parathion) wurde entweder eine generelle Förderung der mikrobiellen Aktivität oder die Selektion einer spezifischen mikrobiellen Gemeinschaft durch die Pflanzen diskutiert. Der Abbau von Trichlorethylen verlief an einem mit diesem Stoff kontaminierten Feldstandort im Rhizosphärenboden rascher als im Nichtrhizosphärenboden (Walton und Anderson 1990). Die im Untersuchungsgebiet vorherrschenden Pflanzen waren das Gras *Paspalum notatum* var. *saurae*, die Leguminose *Lespedeza cuneata*; der Korbblütler *Solidago* sp. sowie die Konifere *Pinus taeda*.

Peroxidasen sind eine für die organische Schadstoffbindung im Boden wichtige Enzymgruppe. Peterson und Perig (1984) konnten durch die Wurzeln von Klee und Wiesenlieschgras, von Erbsen sowie von Winterraps eine wesentliche Peroxidaseanreicherung im Boden feststellen.

Pflanzen fungieren mit ihrem Wurzelsystem auch als Transportsystem für Mikroorganismen und Enzyme im Boden. Auf diese Weise stellen die Wurzeln auch ein Medium zur Verlagerung von Mikroorganismen und Enzymen im Boden dar. Es ergibt sich daraus auch die Möglichkeit, daß Mikroorganismen und Enzyme über einwachsende Wurzeln ohne Bodenstörung mit in tieferen Bodenbereichen vorliegenden Schadstoffen in Kontakt kommen können.

Nicht enzymatische Deaminierung von Aminosäuren in der Rhizosphäre

In einem früheren Abschnitt konnte auf die nicht enzymatische Deaminierung von Aminosäuren durch Pyridoxalphosphat (PLP) in Gegenwart bestimmter Tonmineralien Bezug genommen werden. Pyridoxal-5'-Phosphat ist eine Coenzymform des Vitamin B_6 (Pyridoxin). Dieses spielt im Aminosäuremetabolismus eine bedeutsame Rolle. PLP katalysiert in Kombination mit dem entsprechenden Enzym Transaminierung, Deaminierung, Racemisierung, Decarboxylierung, Aldolisierung, und Eliminierung einer Reihe von Aminosäuresubstraten. Charakteristisch ist die Ausbildung einer Schiffschen Base zwischen PLP und der α-Aminogruppe der Aminosäure. Die Schiffsche Base stabilisiert den carbanionischen Charakter an den α- und β-Kohlenstoffen der Aminosäure. Die Funktion der Enzyme besteht in der Beschleunigung der nachfolgenden Reaktion und in der Substratspezifität. In Gegenwart von Metallsalzen und hohen Temperaturen kann PLP selbst in Abwesenheit des Enzyms die Reaktion katalysieren. Morra und Freeborn (1989) beobachteten die Deaminierung von Arginin, Cystein, Cystin, Glutamin, Histidin, Methionin und Serin, bei Inkubation von Bodenmaterial versehen mit Lösungen der entsprechenden Aminosäuren sowie von PLP und NaN_3. Pyridoxin hatte keine derartige katalytische Fähigkeit wie PLP. Die Hemmung der mikrobiellen Aktivität durch NaN_3, Toluol oder Verwendung von autoklaviertem Boden führte zu ähnlichen NH_4-N-Bildungraten. Die Nichtinvolvierung eines Enzyms war angezeigt. Die NH_4^+-Bildung wurde durch PLP limitiert. Die Deaminierung der einzelnen Aminosäuren variierte mit dem Boden. Auf eine Abhängigkeit vom pH sowie von der Textur sowie auf die Gegenwart chelatierender Agentien wurde geschlossen. Glu wurde in Böden mit dem höchsten Tongehalt intensiv deaminiert, während Cys am besten in jenen mit dem höchsten pH und dem niedrigstem Tongehalt deaminiert wurde. Verschiedene B-Vitamine und Aminosäuren konnten als Wurzelexsudate identifiziert werden. Die Befunde geben Hinweis auf das mögliche Auftreten von PLP-katalysierten Deaminierungsreaktionen in der Rhizosphäre ohne das entsprechende Enzym.

7 Bodentyp

7.1 Entwicklungszustand von Böden

7.1.1 Bodenprofil und bodenbildende Faktoren

Böden sind organisierte Naturkörper, welche hinsichtlich deren Eigenschaften horizontale und vertikale Variation aufweisen.

Bodenprofile erlauben als zweidimensionale senkrechte Schnitte durch den Bodenkörper, von der Oberfläche bis zum Ausgangsgestein, die Feststellung des vertikalen Bodenaufbaus. Bei der Entwicklung von Böden entstehen mehr oder minder deutlich ausgeprägte horizontale Lagen, welche sich in ihren Eigenschaften unterscheiden und als Horizonte bezeichnet werden. Die Gesamtheit der Horizonte bildet das Solum. Der Definition entsprechend gehören die überlagernde Streu und das unterlagernde Gestein nicht zum Boden. Im Sinne einer einheitlichen Profilgliederung werden diese jedoch oft als Horizonte angesprochen. Für temperate Regionen wird die repräsentative Tiefe des Solums mit ein bis zwei Meter angegeben.

Die Faktoren der Bodenbildung, welche das Klima, das Ausgangsgestein, das Relief, die Schwerkraft, das Wasserregime, die Bewirtschaftungsmaßnahmen, die Vegetation und die Bodenorganismen einschließen, wirken im Zeitverlauf langsam und interagierend. Diese Faktoren lösen im Boden Prozesse aus, welche sich in den Horizonten des Bodenprofils als Merkmale manifestieren. Zahlreiche im Boden ablaufende physikalische, chemische und biologische Vorgänge führen zu Stoffumwandlungen und -verlagerungen. Die nicht vollständige Umkehrbarkeit vieler solcher Vorgänge bewirkt bleibende Veränderungen, welche sich im Laufe der Zeit summieren und zur Ausprägung charakteristischer Bodeneigenschaften und Bodenhorizonte führen. Die Verwitterung und die Zersetzung der organischen Substanz, welche sowohl abbauende wie auch synthetische Vorgänge einschließen, die Verlagerung von Stoffen im Profil durch das Wasser und Bodenorganismen und die Anreicherung von Bodenmaterial in horizontalen Lagen sind wesentliche bodenbildende Vorgänge.

Die einen bestimmten Boden definierenden Eigenschaften sind das Ergebnis einer Entwicklung. Der Entwicklungszustand von Böden kommt in einer bestimmten Abfolge von Horizonten zum Ausdruck. Böden des gleichen Entwicklungszustandes repräsentieren einen bestimmten Bodentyp. Im Profil ist jeder Horizont mit den anderen Horizonten entwicklungsgeschichtlich verbunden. Die Horizonte unterscheiden sich hinsichtlich ihres substantiellen und strukturellen Aufbaus. Physikalische, chemische, physikochemische und biologische Eigenschaften variieren mit dem Horizont, weshalb sich auf geringe Distanzen hinweg vielfältige Bedingungen hinsichtlich der Standortfaktoren ergeben.

Die Bedeutung des Klimas und der großteils klimaabhängigen Vegetation für die Bodenbildung und -entwicklung wurde bereits in den beiden vorangehenden Kapiteln diskutiert.

Das Ausgangsgestein nimmt tiefgreifend Einfluß auf die Eigenschaften von Böden. Dieses bestimmt großteils die Textur, welche ihrerseits wesentlichen Einfluß auf strukturelle Bodeneigenschaften nimmt. Die Textur beeinflußt die Abwärtsbewegung des Wassers und die Verlagerung von Stoffen. Das Ausgangsgestein bestimmt neben dem Klima die Qualität und die Quantität der in einem Boden auftretenden anorganischen Kolloide in dominanter Weise mit. Die Eigenschaften der durch die anorganischen Kolloide repräsentierten Tonfraktion nehmen tiefgreifenden Einfluß auf wichtige Bodeneigenschaften sowie im Boden ablaufende Prozesse. Der organische Substanzgehalt, der Umsatz der organischen Substanz, die Aggregation, der Nährstoffhaushalt und die Bodenreaktion können als Beispiele angeführt werden. Im Zuge der Verwitterung des Ausgangsgesteins frei werdende Kationen bedingen eine unterschiedliche Basensättigung der Austauscher im Boden. An basischen Kationen (Ca, Mg, K, Na) arme Ausgangsgesteine begünstigen die Entstehung von Böden mit geringer Basensättigung. Die Basensättigung nimmt unter anderem Einfluß auf die Qualität der sich bildenden Huminstoffe und Humusformen. Kalkhaltige Gesteine verzögern den unter humiden Klimabedingungen normalen Prozeß der Bodenversauerung.

Die den Boden besiedelnden Mikroorganismen sowie die dort ablaufenden biochemischen Umsetzungen nehmen wesentlichen Einfluß auf die Eigenschaften von Böden sowie das Pflanzenwachstum und werden ihrerseits durch die herrschenden Standortbedingungen beeinflußt. Die Bedeutung von Mikroorganismen, Pflanzen und Tieren für die Bildung und Entwicklung von Böden konnte bereits in vorangehenden Kapiteln aufgezeigt werden. Die Bodenorganismen spielen eine wesentliche Rolle bei der Profildifferenzierung, in den Nährstoffkreisläufen und bei der Bildung und Aufrechterhaltung der Bodenstruktur. Die Mikroorganismen sind für den Kreislauf der Nährstoffe und den Energiefluß in terrestrischen Ökosystemen von zentraler Bedeutung. Mikroorganismen leisten wesentliche Beiträge zur Verwitterung des Gesteins. Ein Großteil der Bakterien und Pilze, welcher auf terrestrischen Gesteinsoberflächen gefunden wird ist fähig Silikate und andere Mineralien zu lösen. Mikroorganismen und Bodenenzyme nehmen am Aufbau der physikalisch und chemisch aktiven Huminstoffe ebenso teil wie an der Bildung und Stabilisierung von Bodenaggregaten. Die aggregierende Wirkung von Mikroorganismen zur Initiierung der Gefügebildung in vegetationsfreien Entwicklungsstadien von Böden konnte nachgewiesen werden. Die Fähigkeit bestimmter Bodenmikroorganismen zur Photosynthese, zur Bindung von molekularem Stickstoff sowie zur Etablierung symbiontischer Beziehungen zu Pflanzen und Tieren besitzt große ökologische und ökonomische Bedeutung. Bodenmikroorganismen mobilisieren und immobilisieren Nährstoffe und die damit verbundenen Implikationen für die Nährstoffkreisläufe und die vorübergehende Speicherung von Nährstoffen im Boden sind von elementarer Bedeutung. Bestimmte Mikroorganismen können durch Oxidation bzw. Reduktion bestimmter Elemente deren chemische Form und somit deren Verhalten im Boden verändern. Mikrobielle Ausscheidungen wie Säuren und antibiotische Wirkstoffe greifen in die Biologie und in die Dynamik des Bodens ein.

Der Mensch nimmt durch direkte Eingriffe in den Boden oder durch die Modifikation der natürlichen bodenbildenden Faktoren Einfluß auf die Entwicklung von Böden.

Das Relief modifiziert klimatische Einflüsse kleinräumig und trägt damit zur Ausprägung unterschiedlicher Merkmale von Böden bei.

Verändert sich ein bodenbildender Faktor und bleiben die übrigen Faktoren annähernd konstant können sich Bodentypen-Sequenzen etablieren z.B. eine Lithosequenz, eine Klimasequenz, eine Reliefsequenz oder eine Chronosequenz.

Böden entwickeln sich in einem bodenbildenden Substrat, z.B. Sand oder Lehm. Die Kombination von Substrat und Bodentyp ergibt die Bodenform, z.B. Sand-Podsol.

7.1.2 Ordnungssystem der Böden

Böden werden ebenso wie andere Naturkörper benannt und geordnet. Das Ordnungssystem der Böden wird in der Bodenkunde meist als Klassifikation und weniger oft als Systematik bezeichnet. Historische Gründe werden damit in Beziehung gesetzt. Die früher vorgenommene Einteilung und Benennung der Böden erfolgte nach einer auffälligen Eigenschaft wie der Farbe (z.B. Schwarzerde), nach der Zugehörigkeit zu einer bestimmten Landschaft (z.B. Marsch), nach dem Ausgangsgestein (z.B. Lößboden), nach der Körnung (z.B. Tonboden), nach der Nutzungsart (z.B. Wiesenboden) oder nach anbauwürdigen Feldfrüchten (z.B. Roggenboden). Solche Bezeichnungen beruhen gemeinhin nur auf einem Bodenmerkmal. Beispielsweise wurden in Deutschland die Böden früher nach einem System klassifiziert, welches dem Vorherrschen einzelner Faktoren Rechnung trug. Eine Unterscheidung in Vegetationsbodentyp (z.B. Steppenboden, Waldboden), Gesteinsbodentyp (z.B. Carbonatboden), Reliefbodentyp (z.B. Gebirgsboden) und in künstliche Böden wurde getroffen. In der Literatur werden Böden häufig nach deren Bodenart benannt. In solchen Fällen findet sich dann vor der Bodenart die Lokalität wie beispielsweise Hanford Sandlehm.

Entsprechend Mückenhausen (1993) unterschied W. Kubiena erstmals zwischen Klassifikation und Systematik der Böden. Demgemäß wurden jene Ordnungssysteme, bei welchen das Ordnungsprinzip bestimmte, nicht jedoch sämtliche wichtigen Merkmale oder Eigenschaften berücksichtigte, als Klassifikation bezeichnet. Die Bodensystematik sollte hingegen alle wichtigen Merkmale und Eigenschaften berücksichtigen und bei der Einordnung in das Ordnungssystem sollten jene Merkmale und Eigenschaften ausschlaggebend sein, welche dem Boden sein Gepräge geben.

Die Klassifizierung der Böden erfolgt nach realen Eigenschaften. Diese können dabei nach ihrer Entstehung (genetisch) oder nach ihrer Wirkung auf andere Objekte (effektiv) klassifiziert werden. Effektive Klassifikationen erfolgen nach Bodeneigenschaften, welche für eine bestimmte Nutzung von ausschlaggebender Bedeutung sind (Schachtschabel et al. 1992).

Die erste Bodenklassifikation auf Basis von Bodenbildungsfaktoren entstand in Rußland. Die heutige genetische Bodensystematik geht vor allem auf den Russen Dokutschajew zurück. Dokutschajew sah Böden als eigenständige Naturkörper an und stellte bei deren Klassifikation vor allem das Klima und die klimabedingte Vegetation in den Vordergrund. Andere Autoren berücksichtigten bei der Klassifikation auch die Einflüsse der übrigen bodenbildenden Faktoren stärker. In der Folge wurden die Prozesse der Bodenentwicklung von zahlreichen Bodenforschern in der Vordergrund der Systematik gestellt.

Zahlreiche Länder arbeiteten eine eigene Bodenklassifikation aus. Jene in verschiedenen Staaten genutzten Klassifikationen unterscheiden sich sowohl im Gliederungsprinzip als auch in der Benennung der einzelnen Böden.

Ein in den USA begründetes Klassifikationssystem, welches als „Soil Taxonomy“ definiert ist, trägt dem Konzept von Böden als natürliche Körper Rechnung. Dieses basiert auf vorwiegend pedogenen, quantifizierbaren, Eigenschaften und nutzt eine einzigartige Nomenklatur, welche wesentliche Merkmale der Böden begrifflich klar abgrenzt. Als Kriterien des Systems werden Bodeneigenschaften wie Feuchte, Temperatur, Farbe, Textur und Struktur, chemische und mineralogische Eigenschaften wie organische Substanz und Tongehalt, Gehalt an Tonmineralien sowie an Oxiden des Al und Fe bzw. an Salzen, das pH, die Basensättigung und die Bodentiefe herangezogen. Das Fehlen oder die Anwesenheit diagnostischer Horizonte bestimmt die Stellung eines Bodens im Klassifikationssystem wesentlich mit.

Für die Weltbodenkarte der FAO wurde eine Systematik geschaffen, welche einen ersten Versuch internationaler Übereinkunft darstellt. Diese Systematik gliedert nach diagnostischen Horizonten, welche im wesentlichen der Definition des Systems der USA entsprechen. Die Benennung der Böden wurde den verschiedensten Sprachen entlehnt.

In der gegenständlichen Publikation wurden eine Vielzahl aus verschiedensten Teilen der Erde stammende Arbeiten berücksichtigt. Dementsprechend unterschiedlich erwies sich auch die Benennung der untersuchten Böden. Namhafte Lehrbücher der Bodenkunde wie zum Beispiel jenes von Mückenhausen (1975–1993) sowie von Schachtschabel et al. (1979–1992) dienten der Orientierung. Diesen Publikationen können auch umfassende Informationen zur Bodenbildung, Bodenentwicklung, Bodensystematik und Bodengeographie entnommen werden.

Bezeichnung der Horizonte

Die das Bodenprofil aufbauenden Horizonte werden durch Buchstaben- und/oder Zahlensymbole gekennzeichnet. Diese kennzeichnen diagnostische Merkmale, welche durch den Ablauf horizontprägender Prozesse entstanden sind. Der Großbuchstabe bezeichnet die Lage im Profil sowie die Zugehörigkeit zum Humus-, Mineral- und/oder Grundwasserkörper. Nachgestellte Kleinbuchstaben, früher Ziffern, kennzeichnen Horizontmerkmale, welche das Ergebnis bodenbildender Prozesse darstellen.

In der Literatur kann auch vereinzelt noch eine in früheren Jahren übliche Kennzeichnung von Horizonten, vor allem von Subhorizonten gefunden werden. Die Kennzeichnung von Subhorizonten erfolgte früher durch eine nachgestellte Ziffer (Tabelle 16). In der Folge wurde diese zunehmend durch nachgestellte Kleinbuchstaben ersetzt.

Oberboden und Unterboden

Bei landwirtschaftlich genutzten Böden wird der natürliche Zustand des oberen Bodenbereiches modifiziert. Es wird zwischen Ober- und Unterboden unterschieden. Der bearbeitete Teil des Ackerbodens (etwa 12-35 cm tief) sowie der stark durchwurzelte Bereich (etwa 7-10 cm tief) wird in der landwirtschaftlichen Praxis als Oberboden bezeichnet. Im Oberboden ist die Wurzelbildung der Feldfrüchte am intensivsten. Der anschließende Unterboden ist vorwiegend mineralisch und leitet zum darunterliegenden Gestein über.

Tabelle 14. Bezeichnung der Bodenhorizonte. Beispiele

a)	*Organische Lagen*
O	organischer Auflagehorizont
$L = O_l$	Streu, weitgehend unzersetztes organisches Ausgangsmaterial
O_f	Streu, fermentiert
O_h	Streu, huminstoffangereichert
b)	*Mineralische Lagen*
A	Mineralhorizont im Oberboden
A_i	Mineralhorizont mit beginnender Humusanreicherung
A_h	Mineralhorizont im Oberboden mit Humusanreicherung
A_e	Eluvialhorizont (verarmter, gebleichter, hellgrauer Horizont)
A_l	lessivierter Horizont (heller, tonverarmter, Horizont)
A_p	Pflughorizont
B	Mineralhorizont im Unterboden
B_v	durch Verwitterung verbraunter oder verlehmter Horizont
B_s	mit Sesquioxiden (Al, Fe) angereicherter Horizont
B_h	mit Huminstoffen angereicherter Horizont
B_{hs}	mit Sesquioxiden und Huminstoffen angereicherter Horizont
B_t	Tonanreicherungshorizont
C	Muttergestein (Augangsgestein)
C = lC	Lockergestein
R = mC	Festgestein
C_v	verwittert
C_n	nicht verwittert
C_c	kalkakkumuliert
P	toniger, hochplastischer Horizont zwischen A und C
M	am Hangfuß und in Tälern sedimentiertes Material erodierter Böden
G	Mineralhorizont im Grundwasserbereich
G_o	Oxidationshorizont im Grundwasserschwankungsbereich
G_r	Reduktionshorizont im ständigen Grundwasserbereich
G_{or}	Übergangshorizont
S	durch Stauwasser geprägter Horizont
S_w	stauwasserleitender, zum Teil grauer Horizont
S_d	Stauwassersohle, grau-rostfarben marmoriert, dicht

Nach Dunger und Fiedler (1989) sowie Schachtschabel et al. (1992).

Tabelle 15. Horizontfolge wichtiger mitteleuropäischer Bodentypen. Beispiele

Horizontkombination	Stoffbestand	Typ
Terrestrische Böden		
A_i-C	silikatisch, carbonatisch	Syrosem (Rohboden)
A_h-C	silikatisch	Ranker und Regosol
A_h-B_v-C	meist silikatisch, mergelig	Braunerde
O-A_h-A_e-B_{hs}-B_s-C	silikatisch	Podsol
A_h-C_v-C_n	carbonatisch	Rendsina
A_h-C (A_h-AC-C_c-C_v-C_n)	mergelig	Pararendsina
A_h-C_c-C	mergelig	Tschernosem
A_h-A_l-B_t-B_v-C	Lehm	Parabraunerde
A_h-P-C	tonreiches Gestein	Pelosol
Hydromorphe Böden		
A_h-S_w-S_d		Pseudogley
O-A_h-$A_e S_w$-S_d		Stagnogley
A_h-G_o-G_r		Gley
A_h-$G_o A_h$-G_r		Naßgley
A_i-C_n	Auensedimente, silikatisch oder carbonatisch	Rambla
A_h-C	Auensedimente, silikatisch	Paternia
A_h-C	Auensedimente, carbonatisch	Borowina
A_h-G_r	Auensedimente, mergelig	Tschernitza
A_h-G_o-G_r	Schlick (carbonatisches und sulfidhaltiges feinkörniges Sediment)	Marschen

Nach Schachtschabel et al. (1992), Dunger und Fiedler (1989).

Landböden, Grundwasserböden, Unterwasserböden

Landböden (terrestrische Böden) entwickelten sich außerhalb des Wirkungsbereiches von Grundwasser; Grundwasserböden (semiterrestrische Böden) entwickelten sich unter dem Einfluß von Grundwasser. Unterwasserböden (subhydrische Böden) sind Böden des Gewässergrundes. In Tabelle 15 bezieht sich die Bezeichnung „Hydromorphe Böden“ auf Landböden unter Stauwassereinfluß wie die Pseudogleye und Stagnogleye sowie auf Grundwasserböden wie die Gleye, die Auenböden und die Marschen.

Tabelle 16. Gegenüberstellung von Horizontbezeichnungen. Beispiele

neuere Darstellung	ältere Darstellung
O_l	A_{oo}
(l von litter = Streu) nicht zersetzte Laub- und Nadelstreu-Auflage	
O_f	A_{o1}
(f von fermentation layer) Auflage teilzersetzter Streu mit makroskopisch erkennbaren Pflanzenstrukturen	
O_h	A_{o2}
(h von Humus) Huminstoffauflage ohne erkennbare Pflanzenstrukturen (Moderhumus)	
A_h	A_1
(h von Humus) durch Huminstoffe dunkel gefärbter Mineralbodenhorizont	
A_e	A_2
(e von Elution) gebleicherter, meist hellgrauer Eluvialhorizont der Podsole bei der Zahlenindizierung auch Bezeichnung eines mit A-Horizont auftretenden zweiten Subhorizontes ohne Bleichung	
A_l	A_3
(l von lessive = ausgewaschen) aufgehellter, an Ton verarmter Horizont in Parabraunerden.	

Nach Schachtschabel et al. (1979).

7.2 Biologische Charakterisierung

7.2.1 Bedeutung und methodische Ansätze

Die bodenmikrobiologische und -enzymatische Analyse kann neben chemischen, physikalischen und physikochemischen Bodeneigenschaften zur Charakterisierung von Böden herangezogen werden.

Die Frage nach der Möglichkeit, Böden oder Bodentypen mikrobiologisch bzw. bodenenzymatisch zu charakterisieren stellte sich früh. Es ist dies die Frage nach der Existenz einer Mikroflora bzw. von Bodenenzymaktivitäten, welche für bestimmte Bodentypen durch ihren Artbestand, ihre Massenentwicklung und ihre Aktivität bzw. ihrem Auftreten und ihren Eigenschaften kennzeichnend sind. Die Art und Weise in welcher sich die Individualität eines Bodentyps in seinen mikrobiologischen und biochemischen Eigenschaften äußert steht im Mittelpunkt dieser Fragestellung.

Die gleichzeitige Bestimmung biologischer und nichtbiologischer Eigenschaften von Horizonten und Profilen gibt Information über die Böden als natürliche Substrate für die Entwicklung und die Aktivität von Mikroorganismen. Zusammenhänge zwischen strukturellen, physikalischen, physikochemischen, chemischen und biologischen Parametern können dadurch faßbar werden. Die Kenntnis nichtbiologischer Profileigenschaften bietet auch eine Möglichkeit die Stabilität und Funktion von Enzymen zu interpretieren, welche in abiontischer Form im Boden katalytisch aktiv sind.

Die Versuche Bodentypen mikrobiologisch und enzymatisch zu charakterisieren umfassen:

- Bestimmung der mikrobiellen Keimzahl
- Feststellung des Vorkommens bestimmter Mikroorganismen bzw. bestimmter Gruppen von Mikroorganismen
- Erfassung bestimmter biochemischer Leistungen
- Feststellung der Variation biologischer Vorgänge im Jahreslauf
- Erfassung mikrobieller Wachstums- und Leistungsparameter (wie spezifische Wachstumsrate, Umsatzzeit, Ertragskoeffizient, Substrataffinität, spezifische Atmung)

Von besonderem Wert sind experimentelle Ansätze, welche die Feststellung mikrobiologischer und enzymatischer Unterschiede parallel zur Gliederung des Bodenprofiles erlauben. In der Regel wurde bei bodenmikrobiologischen Arbeiten der oberste Bereich des Bodens berücksichtigt. Für land- und forstwirtschaftliche Zwecke dienten meist mikrobiologische Analysen des Oberbodens. Die Entnahme der Proben ohne Beachtung der Horizontierung erschwert die Herstellung von Beziehungen zu den Eigenschaften der einzelnen Horizonte. Profiluntersuchungen sind für den Bodentyp wesentlich spezifischer. Nur bei dieser Betrachtungsweise kann die biologische Steuerung oder Beeinflussung der Bodendynamik erkannt werden.

Einzelproben sind zur mikrobiologischen Charakterisierung von Böden nicht ausreichend.

Bewirtschaftungsmaßnahmen modifizieren den Einfluß natürlicher Faktoren auf biologische Bodeneigenschaften.

7.2.2 Mikrobiologie

Verbreitung von Bodenmikroorganismen

Untersuchungen zur Erfassung des Mikroorganismenbesatzes verschiedener Bodentypen standen zunächst im Vordergrund. Das Fehlen, das charakteristische Auftreten bzw. die Dominanz bestimmter Mikroorganismengruppen oder -arten in bestimmten Bodentypen wurde berichtet. Für bestimmte Bodentypen charakteristische Artbestände an Mikroorganismen konnten angegeben werden. Diese Gruppen von Organismen sollten soziologisch in etwa den Synusien entsprechen (Loub 1960).

Mishustin (1975) nahm Bezug auf klassische Untersuchungen von Dokuchayev (1899), in welchen dieser die Doktrin natürlicher Zonen entwickelte. Es ist dies eine Doktrin, welche eine wissenschaftliche Begründung für die zonale Verbreitung von Pflanzen, Tieren und Böden bot. Die Versuche ein Verteilungsmuster für Bodenmikroorganismen zu erstellen mißlangen und eine Zonierung deren Verbreitung konnte nicht erfolgen. Das kosmopolitische Auftreten von Mikroorganismen und deren von einer Reihe von Faktoren beeinflußtes Vorkommen in Böden zeigte sich vielmehr. Kosmopoliten sind Organismen, welche bei zusagenden Lebensstätten über weite Teile der Erde Verbreitung aufweisen. Die kosmopolitische Verbreitung von Mikroorganismen bedeutet nicht, daß diese überall in großen Zahlen auftreten. Deren Vermehrung wird nur unter bestimmten Bedingungen gefördert. Sind inter- und intraregional vergleichbare Standortbedingungen gegeben kann das Auftreten ähnlicher Bodenmikroorganismen erwartet werden.

Klimatische und edaphische Faktoren steuern die Entwicklung von Bodenmikroorganismen und kontrollieren biochemische Vorgänge im Boden. Das Klima nimmt im besonderen über die Temperatur und das Wasser Einfluß auf Bodeneigenschaften, welche für die Entwicklung der Mikroorganismen, die Enzymbildung und -immobilisierung von Bedeutung sind. Vergleichende Untersuchungen zur mikrobiellen Besiedlung von Bodentypen aus unterschiedlichen Klima-/Vegetationszonen zeigten die weite Verbreitung von Mikroorganismen und den relativ größeren Reichtum an Mikroorganismen von Böden, welche sich in warmen Klimaten entwickelten. Dem hydrothermalen Regime kommt bezüglich der Entwicklung von Mikroorganismen in Böden eine überragende Bedeutung zu. In Untersuchungen mit unterschiedlichen Bodentypen konnte der Wasserhaushalt für einen Teil der Böden als jene Größe erkannt werden, welche die quantitative Entwicklung von Bodenmikroorganismen im Jahresgang dominant kontrolliert. Für die qualitative Zusammensetzung der Bodenmikroflora erwiesen sich chemische Standortfaktoren als ebenso bedeutsam wie die Eigenheiten des Wasserhaushaltes.

Eine generalisierende mikrobielle Beschreibung von Bodentypen kann nicht gegeben werden. Wesentlich ist jedoch, daß die von bestimmten Böden gebotenen Standortfaktoren die Entwicklung bestimmter Populationen begünstigen bzw. beschränken. Auf diese Weise ist das Auftreten verschiedener Dominanzmuster möglich. Zu beobachtende für einen Bodentyp charakteristische Veränderungen des Mikroorganismenbesatzes von Horizont zu Horizont im Profil stehen mit Veränderungen von Standortbedingungen in Beziehung, welche die einzelnen Horizonte den Mikroorganismen bieten. Das Wasser-, Belüftungs- und Temperaturregime, die Nährstoffverfügbarkeit, der organische Substanzgehalt, die Qualität und Quantität der Bodenkolloide, der Kationenbelag der Austauscher, die Bodenreaktion und die Salinität sind wichtige die bodenmikrobiologischen und -enzymatischen Parameter beeinflussende Größen.

Verschiedene Bodentypen weisen eine unterschiedlich gute Eignung als mikrobielle Habitate auf. Verschiedene Horizonte variieren hinsichtlich deren Vermögen die Entwicklung von Mikroorganismen zu fördern. Basenreiche, an organischer Substanz reiche, gut belüftete Horizonte begünstigen die Entwicklung von Mikroorganismen. Verdichtete und schlecht belüftete Horizonte (wie Tonanreicherungshorizonte, B_t-Horizonte) sowie durch Stauwasser beeinflußte Horizonte sind für die mikrobielle Entwicklung ungünstig. Die Entwicklung von Mikroorganismen wird durch Stauwasser (S_w- und S_d-Horizont) negativ beeinflußt. Grundwasserbeeinflußte Gley-Horizonte können gegenüber stauwasserbeeinflußten Horizonten eine geringere nachteilige Wirkung auf die Entwicklung von Mikroorganismen ausüben. Mikrobielle Populationen werden durch hohe Tonanteile unterschiedlich beeinflußt. Hohe Tongehalte begünstigen vor allem bei Nichtvorhandensein ausreichender Mengen an organischer Substanz, das Auftreten ungünstiger struktureller Eigenschaften, welche der Entwicklung von Mikroorganismen abträglich sind. Merkmalskombinationen sowie die unterschiedliche Sensitivität mikrobieller Vertreter sind diesbezüglich von Bedeutung. Beispielsweise kann ein hoher Tonanteil bei einem guten Nährstoffangebot wie dies im B_t-Horizont einer Parabraunerde oder im P-Horizont eines Pelosols gegeben sein kann, eine relativ geringe Reduktion des Bakterienbesatzes bedingen, während Pilze unter solchen Bedingungen in ihrem Auftreten stark reduziert werden. Podsolierung reduziert die Eignung von Böden als mikrobielle Standorte. Im Zuge von Podsolierungsprozessen kommt es zur Ausbildung mehr oder minder mobiler organomineralischer Komplexe, welche sich in typischen Horizonten (B_{hs}-B_s) anreichern. B_{hs}-Horizonte sind reich an Huminstoffen (h) sowie an Sesquioxiden (s). Die Bildung dieser Horizonte steht mit anderen Merkmalen in Beziehung, welche eine Rohhumusauflage bzw. eine saure Moderauflage mit langsamer Abbaurate und einen Eluvialhorizont (Bleichhorizont, A_e) umfassen. Im Bleichhorizont (A_e) liegen besonders ungünstige Verhältnisse für biologische Vorgänge vor. Der Bleichhorizont ist reich an Restsilikaten, welche nach der Auswaschung mobiler Eisen- und Aluminiumkomplexe zurückbleiben. Böden mit Merkmalen der Podsolierung bzw. Vergleyung sowie solche mit stark saurer Bodenreaktion zählen zu jenen mit einer geringen biochemischen Aktivität.

Der Wirkung der Vegetation, welche biologische Parameter sowohl qualitativ als auch quantitativ stark beeinflußt, bleibt meist auf den oberen Bodenbereich beschränkt. In tieferen Horizonten treten andere Standortfaktoren wie eine dem Bodentyp eigene Dynamik des Wasserhaushaltes, die Bodenreaktion und das Angebot an Nährstoffen als Determinanten der Entwicklung von Mikroorganismen stärker hervor.

Bodentypischer Massenwechsel von Bodenmikroorganismen im Jahresgang

Eine frühe, umfassende Untersuchung zur mikrobiologischen Charakterisierung von Bodentypen oder Bodentypengruppen führte Loub (1960) durch. Dieser Autor beprobte mehrere Standorte, welche hinsichtlich der Lokalisation, der Geologie, des Klimas und der Vegetation Unterschiede aufwiesen. Die Beprobung erfolgte in regelmäßigen Intervallen während eines Jahres. Die Standorte befanden sich sämtlich in Ost- und Südösterreich (Wien, Niederösterreich, Burgenland, Steiermark).

Eine für das Klima und den Bodentyp charakteristische Schwankung der Gesamtkeimzahlen des Bodens im Jahreslauf zeigte sich. Die periodischen Schwankungen der Populationsdichte konnten durch die Darstellung der Zählergebnisse in Kurvenform deutlich erkannt werden. Der Verlauf solcher Kurven war für die Bodentypen oder vielmehr für bestimmte „ökologische Gruppen" von Bodentypen und sogar für kleinere oder größere Klimabereiche charakteristisch. Auf Basis der Eigenheiten im jahreszyklischen Massenwechsel der Mikroorganismen wurden die Bodentypen zu mikrobiologisch-ökologischen Gruppen zusammengefaßt.

In zwei dem semiariden Klimaraum zugeordneten Gruppen von Böden zeigte sich hinsichtlich der Massenentwicklung der Gesamtkeimzahlen im Laufe des Jahres ein ähnliches Bild. Dabei zeigten vergleichende Aufzeichnungen zum aktuellen Wassergehalt des Bodens die Bedeutung dieses Faktors für den Verlauf der Massenwechselkurven. Die erste Gruppe dieser Böden befand sich an mäßig bis extrem xerothermen Standorten des pannonischen Klimaraumes oder an diesem klimatisch ähnlichen Standorten. Diese Gruppe schloß Xeroranker, Protorendsinen, Mullartige Rendsinen und Mullrendsinen des pannonischen Raumes ein. Die Böden wiesen einen relativ seichten und gut durchlüfteten A-Horizont auf. Die Gesamtkeimzahlen dieser Böden zeigten in der Massenentwicklung im Laufe des Jahres zwei Maxima, eines im Frühjahr und ein zweites im Herbst oder Spätherbst. Dazwischen konnten Depressionen mit dem tiefsten Punkt im Juni oder in der ersten Juliwoche festgestellt werden. In der anderen Gruppe, welche Steppenböden des pannonischen Raumes (Tschernoseme und Paratschernoseme) einschloß, zeigte die Massenentwicklung der Bakterien in den oberen 20–30 cm der Böden den gleichen Verlauf wie in der erstbesprochenen Gruppe. In größerer Tiefe konnte eine Abschwächung der sommerlichen Trockenheit beobachtet werden. Bei Pilzen war der sommerliche Rückgang der Massenentwicklung auch in 40–50 cm Tiefe noch gut zu beobachten. Die Steppenböden wiesen einen gegenüber der ersten Gruppe wesentlich tiefgründigeren gut durchlüfteten A-Horizont auf. Deren Humusgehalt war jedoch etwas geringer.

Die Pseudogleye zeigten als wechselfeuchte, in humiden Klimaten gefundene Bodentypen, einen hinsichtlich der jahreszyklischen Gesamtkeimzahlentwicklung deutlichen Unterschied zwischen höheren und tieferen Bodenhorizonten. In den obersten 10–20 cm konnte eine leichte sommerliche Depression nachgewiesen werden. In größerer Tiefe hielten sich die Zahlen im Sommer längere Zeit auf maximaler Höhe. Der sommerliche Rückgang der Massenentwicklung in den oberen Bodenbereichen war bei Pilzen wesentlich stärker ausgeprägt als bei Bakterien. Die sommerliche Austrocknung oberen Bodenbereiche und der Verlauf des aktuellen Wassergehaltes beeinflußten den Massenwechsel entscheidend.

In einer anderen Gruppe von Böden des humiden Klimabereiches konnte eine deutliche Parallele zwischen den Schwankungen des Bodenwassergehaltes und der Massenentwicklung von Bodenmikroorganismen nicht nachgewiesen werden. Es handelte sich um Podsole, Semipodsole, Graue und Braune Auböden und Oligotrophe Braunerden. Die Massenentwicklung der Bakterien erreichte im A_1-Horizont jener Böden in der Regel im Juni oder Juli das einzige Maximum, im A_{00} und A_0 war dies oft bereits im Mai der Fall. In den Mineralhorizonten waren die Schwankungen der hier an sich geringeren Keimzahlen geringer. Die Entwicklung der Pilze erreichte in sämtlichen Horizonten das Maximum vor den Bakterien. Im A_1- und B_s-Horizont der Podsole konnte zudem noch ein zweites Pilzmaximum im Herbst festgestellt werden.

In einer weiteren Untersuchung zur Massenentwicklung von Mikroorganismen in mittel- sowie nordeuropäischen Podsolen konnte Loub (1966) in mitteleuropäischen Podsolen das Auftreten des Entwicklungsmaximus der aeroben Keime im Juni nachweisen (der Witterungsverlauf konnte dieses gegen Juli oder Mai verschieben). In den Horizonten A_2 und B_s waren die Schwankungen der Keimzahlen sehr gering. An den skandinavischen Standorten drängte sich die Entwicklung in einem kürzeren schneefreien Zeitraum, das Maximum der aeroben Keime lag etwas später im Juli bis Anfang August.

In einer Gruppe permanent feuchter Böden des humiden Klimaraumes erwies sich der Faktor Temperatur für die Entwicklung der Mikroorganismen in den oberen Horizonten gegenüber dem aktuellen Wassergehalt als entscheidender. Es handelte sich um Gleye, Anmoore, Flachmoore und tiefer gelegene Bereiche von Hochmooren. Selbst in den obersten Zentimetern konnte eine sommerliche Depression der Bakterienentwicklung nicht nachgewiesen werden. Im Juni konnte sowohl für Pilze als auch für aerobe Bakterien in den oberen Bodenbereichen das Maximum festgestellt werden. Die Anaerobier ließen ein anderes Muster erkennen und zeigten in den obersten Schichten zwei Maxima, eines im Mai und ein zweites im Oktober; in größerer Tiefe konnte noch ein zweites im Sommer verzeichnet werden.

Variation mikrobiologischer Parameter im/mit dem Profil

Podsole. Vergleichende Untersuchungen zur Mikrobiologie mittel- und nordeuropäischer Podsole zeigten hinsichtlich der vertikalen Verteilung der Mikrobenmasse (Bakterien anaerob, aerob einschließlich Aktinomyceten, Pilze) eine Abnahme der Keimzahlen gegen den Bleichhorizont (A_e) hin und eine leichte Zunahme im mit Sesquioxiden angereichertem Unterbodenhorizont (B_s) (Loub 1966). Als charakteristisch für den Podsol konnten die geringen Keimzahlen der aeroben Bakterien und ihr Minimum im Bleichhorizont angegeben werden. Auch die Bakteriengruppe der Aktinomyceten und anaerobe Bakterien zeigten sich mengenmäßig schwach vertreten. Ein Charakteristikum der Biocoenose des Podsols zeigte sich darin, daß viele Funktionen, welche in anderen Böden von Bakterien erfüllt werden an diesen Standorten von Pilzen wahrgenommen werden. Diese Beobachtung galt für die nordeuropäischen Podsole in einem noch stärkerem Ausmaß als für die mitteleuropäischen. Der Sauerstoffverbrauch variierte zwischen verschiedenen Horizonten. Dieser betrug im A_1-Horizont 13 ccm, im A_e-Horizont 4 ccm sowie im B_s-Horizont 10 ccm. Die Keimzahlen der Cellulosezersetzer der skandinavischen Podsole erreichten maximal nur ein Viertel jener der mitteleuropäischen. Pilze standen hinsichtlich der Pektinzersetzung im Podsol im Vordergrund. Auch diesbezüglich konnte an den skandinavischen Standorten nur höchstens ein Drittel jener der für Mitteleuropa geltenden Zahlen ermittelt werden. Entsprechend dem pH-Wert und anderen Milieubedingungen zeigte sich der Stickstoffkreislauf im Podsol weniger intensiv als in anderen Böden. An den natürlichen Standorten fehlten Vertreter der Gattung *Azotobacter*. Stickstoffixierende Clostridien konnten nachgewiesen werden. An Nitrifikanten konnten in den Podsolen nur einige 1000 Keime gefunden werden. Im Gegensatz zur Populationsdichte der Nitrifikanten konnten zahlreiche Mikroorganismen mit der Fähigkeit zur Nitratreduktion nachgewiesen werden. Die meisten Bakterien traten im organischen Horizont auf, nur wenige Arten (etwa 1/4) auch in den mineralischen Horizonten. Die Pilze, deren größte Vielfalt im Sommer nachgewiesen werden konnte, durchzogen mit besonders dichtem Mycel die humosen Horizonte. Viele Arten der Pilzflora traten sowohl an den mitteleuropäischen als auch an den skandinavischen Standorten auf. Zahlreiche isolierte Pilzarten waren starke Säurebildner und Antibiotikaproduzenten.

In mikrobiologischen Untersuchungen an einigen podsoligen Böden Kroatiens zeigte sich die Individualität des Bodentyps und der Einfluß des Podsolierungsausmaßes. Die von Stare (1942) untersuchten Böden umfaßten ein schwach podsoliertes Profil (Wiese) ein mäßig podsoliertes Profil (Wiese) und zwei stark podsolierte Profile (Wald). Der mikrobiologisch aktive Bereich der Profile war sehr schmal. Schon im A_2-Horizont (in einer Tiefe von 15–25 cm) konnte eine starke Abnahme der Zahl, Arten und biochemischen Aktivität der Bodenmikroorganismen nachgewiesen werden. Für die stark podosolierten Waldböden war die große Zahl der Pilze bemerkenswert. Die Pilze waren artmäßig vielfältig vertreten. Die Unterschiede zwischen den einzelnen Profilen sowie auch zwischen den einzelnen Horizonten eines Profils zeigten sich hinsichtlich der qualitativen Zusammensetzung nicht so deutlich, wie dies für die Ammonifikation, die Nitrifikation, die Zersetzung von Cellulose und die Atmungsaktivität (CO_2-Entwicklung) zutraf. Methodische Schwierigkeiten wurden diesbezüglich als ursächlich diskutiert. Die Intensität der Nitrifikation, der Cellulosezersetzung und der Atmung nahm mit zunehmendem Podsolierungsgrad ab. Für die Ammonifikation wurde ein umgekehrtes Verhalten festgestellt, so daß die podsolierten Waldböden verhältnismäßig die stärkste Anreicherung von Ammoniak zeigten.

Basenreiche Braunerde, Pseudogley-Braunerde, Pararendsina. In unter Acker stehenden Profilen einer Basenreichen Braunerde, einer Pararendsina sowie einer Pseudogley-Braunerde führte König (1965) vergleichende Untersuchungen zur mikrobiellen Besatzdichte durch. Die Böden gehörten demselben Klimaraum an. Die Pararendsina und die Basenreiche Braunerde waren demselben Mikroklima ausgesetzt und trugen dieselbe Feldfrucht (Mais); deren Vergleich konnte direkt erfolgen. Die Pseudogley-Braunerde trug Wintergerste, auf deren Ernte erfolgte eine Neueinsaat von Wintergetreide. Der Bakterien- und Pilzbesatz nahm mit zunehmender Tiefe im Profil ab. Die Profile zeigten deutliche Unterschiede im Bakterienbesatz. Den höchsten Besatz wies die Basenreiche Braunerde auf, diese war gefolgt von der Pararendsina, welche bei völlig identen Außenbedingungen im gesamten Profil einen niedrigeren Besatz aufwies. Die Pararendsina besaß aufgrund ihres Profilaufbaues unterhalb des $A_p(_h)$-Horizonts einen geringeren Gehalt an organischer Substanz als die Basenreich Braunerde und diese bot den Mikroorganismen insgesamt einen schlechteren Standort. Als der ungünstigste Standort für Bakterien erwies sich die Pseudogley-Braunerde. Der Gehalt an organischer Substanz war nicht geringer als in den anderen Profilen, das Bodenmaterial im Untergrund wurde jedoch sauer, wasserstauend und dicht, während in den anderen Profilen die untersten Horizonte vom unverwitterten Löß gebildet wurden und die pH-Werte anstiegen. In der Basenreichen Braunerde und der Pararendsina fanden sich in 70–80 cm Tiefe zehnmal mehr Bakterien als in der Pseudogley-Braunerde. Das Ausmaß des Mikroorganismenbesatzes der unteren Horizonte konnte mit der Art der genetischen Entwicklung dieser Horizonte, deren Gehalt an organischer Substanz sowie an Stickstoff und deren pH in Beziehung gesetzt werden.

Gley-Parabraunerde, Parabraunerde. Tiefgründige Profile von Parabraunerden (Gley-Parabraunerde unter Auwald, Parabraunerde unter Winterweizen) waren bis in die Tiefe kräftig belebt (Scholz-König 1966). Dies fand Ausdruck in hohen Besatzdichten (Bakterien, Pilze, aerobe Sporenbildner, fakultative Anaerobier) und physiologischen Leistungen wie Nitrifikation, Cellulosezersetzung und Atmung. Die Gley-Parabraunerde unter Wald mit einem höheren Gehalt an organischer Substanz wies dabei größere Populationsdichten auf als die Parabraunerde unter Acker.

Pseudogley, Basenarme Braunerde. In den Profilen eines Pseudogleys (feuchter Eichen-Birkenwald) und einer Basenarmen Braunerde (Buchenwald) waren unter den humosen Horizonten der Mikroorganismenbesatz (Bakterien, Pilze, aerobe Sporenbildner, fakultative Anaerobier) und die physiologischen Leistungen (Zersetzung von Cellulose, Nitrifikation, Atmung) stark abgesunken. Die beiden Profile wiesen einen ähnlich geringen Belebtheitsgrad auf (Scholz-König 1966).

Braunerde, Parabraunerde, Pararendsina, Knick-Brackmarsch, Pseudogley. Vergleichende Gefäß- und Felduntersuchungen zur Zersetzung von Stroh in verschiedenen Bodentypen eines einheitlichen Klimaraumes wurden durchgeführt (Schröder und Gewehr 1977). Während des Zeitraums von etwa dreieinhalb Monaten (Gefäßversuch) wurde in der Pararendsina, der Braunerde, der Parabraunerde und im Pseudogley aus Löß mit zirka 50% signifikant mehr Stroh abgebaut als in der Knick-Brackmarsch und der Parabraunerde aus Terrassenmaterial. Die Bodentypen aus Löß waren die umsatzaktivsten, die sandige Parabraunerde aus Niederterrassenmaterial war die umsatzträgste. Die hohe Aktivität der schweren humusreichen Böden war angezeigt. Infolge ungünstiger physikalischer Bedingungen konnte diese jedoch häufig beim Strohumsatz im Feld nicht realisiert werden.

Braunerde-Pseudogley-Catena. Eine Reihe schwach bis stark staunasser Böden wurde im Rahmen einer Untersuchung an einer Braunerde-Pseudogley-Catena auf einem Grünland-Versuchsgut beprobt (Wolff-Straub 1969). Diese umfaßten eine Pseudogley-Braunerde, einen Braunerde-Pseudogley und einen Grauplastosol-Pseudogley. Die Böden entwickelten sich über dem gleichen Ausgangsgestein und standen unter dem Einfluß desselben Klimas. Eine nähere Standortbeschreibung ist an dieser Stelle notwendig. Eine fossile Verwitterungs, welche als Graulehm ausgebildet durch ihre abdichtende Wirkung einen Staukörper bildete trug entscheidend zur Ausbildung von Pseudogleyen bei. Der Staukörper wurde in wechselnder Mächtigkeit von rezentem, kolluvialem und äolischem Substrat überlagert. Bei einer Mächtigkeit der rezenten Verwitterungsauflage von nur 10–20 cm, reicht der Stauwassereinfluß bis an die Oberfläche, dadurch entstanden mehr oder minder ausgeprägte Grauplastosol-Pseudogleye, deren Naßphase je nach Relief verschieden lange dauert. Bei einer Mächtigkeit der rezenten Decke von 40 bis 60 cm oder mehr, konnte sich ein deutlicher Braunerde-Horizont entwickeln. Sämtliche Übergänge zwischen Braunerde und Pseudogley konnten sich entwickeln: Pseudogley-Braunerde, schwach pseudovergleyt; eine Braunerde-Pseudogley, mäßig pseudovergleyt; einen Grauplastosol-Pseudogley, stark pseudovergleyt, mit langer nasser Phase. Diese Pseudogleye neigen im Sommer unter den gegebenen Witterungsbedinungen zu einer starken Austrocknung. Der Bakterienbesatz, die Zahl der aeroben Sporenbildner, der fakultativen Anaerobier, der Nitrifikanten, Denitrifikanten, der Celluloseabbau, der Pilzbesatz und die Atmungsaktivität (O_2-Aufnahme) wurden untersucht. In sämtlichen Böden fielen die Mikroorganismenzahlen zu den tieferen Horizonten hin rasch ab. In der Pseudogley-Braunerde enthielt der B_{v1}-Horizont relativ mehr Mikroorganismen als der S_wB_v bzw. der S_w-Horizont der beiden anderen Profile in derselben Tiefe. Bei der Pseudogley-Braunerde wurden bei Bakterien und Pilzen die höchsten Werte im Frühjahr gefunden. Dabei konnte das Maximum in den Stauhorizonten später auftreten. In den beiden Pseudogley-Profilen erschien das Maximum, wenn überhaupt, erst im Herbst. Der Celluloseabbau nahm von der Pseudogley-Braunerde zum Grauplastosol-Pseudogley hin zu. Bei geringerem Wassergehalt war im A-Horizont der Pseudogley-Braunerde der Anteil von Sporen an den Gesamtbakterien erhöht. Die Nitrifikanten waren in den Böden hauptsächlich auf den A-Horizont beschränkt, vor allem die Nitratbildner, während die Denitrifikanten im gesamten Profil häufig waren. Der Anteil der fakultativen Anaerobier war im Hauptwurzelbereich am höchsten. Mangels mineralischer und organischer Nährstoffe trat nur in den A-Horizonten eine intensive Atmung auf. Diese konnte durch Glucosezusatz gesteigert werden. Eine Stickstoffgabe blieb ohne Wirkung.

Pseudogley-Podsol, Primärer Pseudogley, Pseudogley, Rendsina. In Untersuchungen zur Zahl der aeroben Bakterien, zur Cellulosezersetzung sowie zur Atmungsaktivität verschiedener Waldhumusformen berücksichtigte Dutzler-Franz (1977b) die folgenden Bodentypen Humusformen/ Waldtypen: Pseudogley-Podsol/ feinhumusreicher Rohhumus/ Buchen-Eichen Wald; Primärer Pseudogley/ Moder/ Stieleichen-Hainbuchen Wald; Pseudogley/ Eichen-Hainbuchen Wald; Pseudogley/moderiger Mull/ Eichen-Hainbuchen Wald; Rendsina/ Mull/ Eichen-Buchen Wald. Die oben angeführten biologischen Parameter nahmen in der Reihenfolge Rohhumus < Moder < moderiger Mull < Rendsina-Mull zu.

Rendsina, Krasnosem, Brauner Waldboden. Vergleichende Untersuchungen mit verschiedenen Bodentypen (Rendsina, Krasnosem, Brauner Waldboden) ergaben für die Rendsina die höchsten Biomasse- und Humuswerte (Vorob'eva und Gorcharuk 1978). In sämtlichen beprobten Böden war die bakterielle Biomasse gegenüber jener der Pilze erhöht.

Ferralsole, hydromorphe und halomorphe Böden der Tropen. Ferralsole sind Böden der Tropen und Subtropen, welche sich durch eine tiefgründige und intensive Verwitterung auszeichnen. Diese weisen einen mit Fe- und Al-Oxiden angereicherten Horizont auf, welcher kaum noch verwitterbare Silikate enthält. Vergleichende Untersuchungen an drei Bodentypen Guineas (ferralitischer, hydromorpher, halomorpher Boden) zum Besatz mit Bakterien und Schleimpilzen ergaben die höchsten Zahlen an Bakterien und Schleimpilzen im ferralitischen, geringere im hydromorphen und die geringste im halomorphen Boden (Kamara et al. 1986).

7.2.3 Bodenenzymatik

Die Umsetzung und die Nutzung organischer und anorganischer Substrate wird großteils durch Enzyme vermittelt. Ein wesentlicher Teil jener Prozesse, welche die Richtung und die Qualität der Bodenentstehung und -entwicklung bestimmen erfolgt unter enzymatischer Katalyse.

Das den Boden charakterisierende Enzymsystem ist nicht auf die Aktivitäten der lebenden Bewohner beschränkt. Dieses schließt, wie bereits diskutiert, auch eine nicht an lebende Zellen gebundene Kategorie von Enzymen (abiontische Enzyme) ein. Der Boden kann auf diese Weise unter Bedingungen, welche für Bakterien, Pilze und Wurzelsysteme ungünstig sind katalytisch aktiv sein.

Kuprevich und Shcherbakova (1971) nahmen auf den bedeutsamen Befund Bezug, wonach Böden oder poröse Gesteine, welche ihren enzymatischen Komplex verloren oder nicht erworben haben, für eine erfolgreiche Entwicklung höherer Pflanzen unbefriedigend sind. Die Fruchtbarkeit solcher Standorte ist vernachlässigbar. Schwach aktiven Böden ermangelt es an der Fähigkeit, höheren Pflanzen als Standort zu dienen, welche Eigenschaften von solchen tragen, die auf reichen, biologisch aktiven Böden wachsen können.

Eine Reihe von Autoren versuchte Bodentypen mit Hilfe der bodenenzymatischen Analyse zu charakterisieren. Die Ergebnisse zeigten die Vielfalt der Beziehungen zwischen den Bodenmerkmalen und verschiedenen Enzymaktivitäten auf. Verschiedene Bodentypen zeigen sehr unterschiedliche Enzymaktivitäten.

Böden weisen ein eigenes Enzymspektrum („soilprinting") auf. Durch dieses charakteristische Spektrum können Böden von anderen Böden, welche bezüglich der physikalischen Eigenschaften im wesentlichen ähnlich sind, unterschieden werden (Freeland 1977).

Die forensische Chemie, als Teilgebiet der Chemie im Bereich der Gerichtsmedizin, beschränkt(e) sich bei Bodenanalysen und -vergleichen auf anorganische Bodenkomponenten. In der gerichtlichen Beweisführung identifiziert man Bodenmaterial als von einer bestimmten Lokalität stammend auf der Basis anorganischer Bodenbestandteile. Entsprechend Thornton und McLaren (1975) könnte durch Enzymaktivitätsmessungen in solchen Bodenproben der gleiche Zweck erfüllt werden, da die biochemischen Eigenschaften von Böden diesen letztlich das höchste Maß an Einzigartigkeit verleihen. Zusätzlich zur absoluten Enzymaktivität wurde auf den Wert der Michaelis-Konstante infolge deren Unabhängigkeit von der Probengröße verwiesen. Mit geringen Probengrößen erzielte Ergebnisse sind jedoch aufgrund der starken räumlichen und jahreszeitlichen Variation bodenmikrobiologischer und -enzymatischer Parameter kritisch zu bewerten.

Ursachen enzymatischer Unterschiede zwischen Bodentypen

Bedingungen der Bodenbildung und -entwicklung. Die Individualität des Ursprungs und der Entwicklungsbedingungen eines Bodens wird als die primäre Ursache für die unterschiedliche Aktivität von Enzymen in verschiedenen Bodentypen diskutiert.

Die Böden erwerben im Zuge bodenbildender Prozesse bestimmte Eigenschaften. Die sich unter dem Einfluß bodenbildender Faktoren im Zuge bodenbildender Prozesse manifestierenden Bodeneigenschaften sind jene Größen, welche die Aktivität der Enzyme in verschiedenen Bodengruppen bestimmen. Böden verfügen deshalb über eine bestimmte Ausstattung an und Menge von Enzymen.

Khaziyev und Khabirov (1983) nahmen Bezug auf ein Konzept entsprechend welchem, der zonal-geographische Faktor einen vielseitigen Effekt auf das Enzympotential eines Bodens ausübt. Dieser Faktor kontrolliert die Enzymbildung und beeinflußt die Aktivität der im Boden immobilisierten Enzyme. Beim Vergleich von Enzymaktivitäten von Böden aus verschiedenen Klimazonen sind die physiographischen Bedingungen der Bodenbildung zu berücksichtigen.

Die interzonale Veränderung von Bodenenzymaktivitäten steht mit klimatischen und edaphischen Standorteigenschaften in Beziehung. Die genetischen Eigenschaften der Böden, welche die Aktivität und Immobilisierung von Bodenenzymen bestimmen schließen die Qualität und Quantität der organischen und anorganischen Substanz, die Textur, die spezifische Oberfläche, die Austauschkapazität, die Zusammensetzung des Kationenbelages, die Bodenacidität und -basizität und strukturelle Eigenschaften ein. Die mit der Variation klimatischer Größen im Jahresgang in Beziehung stehende Dauer der Periode mit günstigen Bedingungen für das Wachstum und die Aktivität von Bodenorganismen und Pflanzen nimmt Einfluß auf die Enzymaktivität von Böden. Die Bodentemperatur nimmt als thermodynamische Größe direkten Einfluß auf enzymatisch vermittelte Stoffumsetzungen im Boden. In verschiedenen Zonen variiert die Dominanz der verschiedenen kontrollierenden Faktoren.

Der Gehalt des Bodens an verfügbaren organischen und anorganischen Formen der Elemente N, P und S kontrolliert innerhalb der Grenzen eines genetischen Bodentyps die Aktivität von Enzymen, welche in Transformationen dieser Elemente involviert sind. Sich innerhalb eines Bodentyps zeigende Unterschiede hinsichtlich der enzymatischen Aktivität können mit dem organischen Substanzgehalt, der Textur, mit diesen Größen in Beziehung stehenden Eigenschaften wie der Austauschkapazität und der Aggregation oder auch mit dem unterschiedlichen Bewuchs und mit Bewirtschaftungsmaßnahmen in Beziehung stehen.

Zwischen der Intensität biochemischer Stoffumsetzungen und dem Ausmaß der Bodenentwicklung bzw. der Profildifferenzierung können Beziehungen hergestellt werden. In verschiedenen Böden der humiden Zone war das Vermögen zum aeroben Celluloseabbau sowie das Nitrifikationspotential vom Ausmaß der Entwicklung des Profiles abhängig (Acea und Carballas 1990). Dabei wiesen die am geringsten differenzierten Böden diesbezüglich die höchsten Potentiale auf.

Feuchte und Temperatur. Das hydrothermale Regime ist unter den ökologischen Faktoren als der wichtigste Regulator des enzymatischen Potentials von Böden anzusehen. Die unterschiedlichen Enzymaktivitätswerte von Böden in verschiedenen natürlichen Zonen werden durch dieses entscheidend mitbestimmt.

Organische Substanz. Wiederholt konnten an organischer Substanz reiche Bodentypen als die enzymreichsten angegeben werden. In einer frühen Übersicht über Literatur zur Enzymaktivität in verschiedenen Bodentypen konnte Durand (1965) für Tschernoseme den Nachweis hoher Enzymaktivitäten (Urease, Katalase, Saccharase) berichten. Hohe proteolytische Aktivität konnte in Torfböden nachgewiesen werden. Diese Böden zeichneten sich ebenfalls durch eine hohe Aktivität der Enzyme Katalase, Saccharase, Amylase, Urease und β-Glucosidase aus. Bodenzusätze auf Torf-Basis bewirkten in podsoligen Böden eine Erhöhung der Enzymaktivität. Hohe Aktivitäten von Enzymen konnten auch in Mooren nachgewiesen werden (Kuprevich und Shcherbakova 1971). Böden mit hohem organischen Substanzgehalt (z.B. Torfböden oder zur Vertorfung neigende Böden) wiesen im Vergleich zu solchen mit geringerem organischen Substanzgehalt die höchsten Phosphataseaktivitäten auf (Herlihy 1972; Speir 1977).

Vergleichende Untersuchungen an sieben Böden Panamas, Degradierter Tschernosem, Alluvialboden, Alluvialer Protosol, Terra-Rossa, Pseudogley, Typischer Psammosol, Mull-Psammosol hinsichtlich der Aktivitäten der Enzyme Invertase, Urease, Phosphatase, Dehydrogenase und Katalase ermöglichten deren Einteilung in drei Kategorien (Valdes-Aquilar et al. 1982). Solche mit sehr hoher enzymatischer Aktivität (Alluvialer Protosol, Degradierter Tschernosem, Terra-Rossa, Alluvialboden) der mäßig aktive

Pseudogley sowie die wenig aktiven Psammosole. Die aktiveren Böden zeichneten sich gegenüber den weniger aktiven durch einen höheren Gehalt an Humus und Stickstoff aus. Die nichtenzymatisch vermittelte Spaltung von H_2O_2 war in sämtlichen Böden stets höher als jene der enzymkatalysierten.

In Böden mit hohem Humusgehalt (z.B. Tschernoseme, Bergwiesenböden) treten hydrolytische Prozesse mit höherer Intensität auf als Oxidationsprozesse (Abramyan 1993). Von der Halbwüsten- und Wüstenbodenzone zur Bergwiesenbodenzone Armeniens konnte mit der Zunahme der Feuchte und der Abnahme der Temperatur eine damit verbundene Zunahme der Aktivität hydrolytischer Enzyme (Invertase, Phosphatase, Urease, Arylsulfatase, ATPase) sowie der Dehydrogenaseaktivität beobachtet werden. Die hohe Feuchte und die niedrige Temperatur fördert die Anreicherung wesentlicher Mengen an Biomasse, Humus und organischen Stickstoff-, Phosphor- und Schwefelverbindungen im Boden. Korrelationsanalysen zur Etablierung der Abhängigkeit der Höhe der Enzymaktivität verschiedener genetischer Bodentypen von der Temperatur und der Feuchte ergaben eine negative Beziehung zwischen der Aktivität der Enzyme Invertase, Phosphatase, Urease, Arylsulfatase und der Bodentemperatur. Eine negative, jedoch weniger signifikante Korrelation konnte zwischen der Aktivität der Enzyme ATPase und Dehydrogenase und der Temperatur ermittelt werden. Positive Korrelation bestand zwischen der Aktivität der Katalase und der Temperatur.

Mit Bezug auf die vertikale Zonierung der Böden Armeniens, nahm die Aktivität der Enzyme Protease, Amidase, Deaminase, Phosphatase sowie Sulfatase von Böden der Halbwüstenzone bis zu den Böden der Bergwiesenbodenzone entsprechend der Zunahme der organischen N-, P- und S-Verbindungen zu (Abramyan 1993). Die Aktivität der Enzyme des N-, P- und S-Kreislaufes wird innerhalb der Grenzen eines genetischen Bodentyps durch den Gehalt an verfügbaren Formen des N, P und S reguliert. Der abnehmende Gehalt an organischen Stickstoffverbindungen war von einer Abnahme der Enzymaktivität (Protease, Amidase) von den Bergwiesen- und Wiesensteppenböden über den Ausgewaschenen Tschernosem und Kastanienboden zu den Böden der Halbwüsten verbunden. Natrium Solonetz-Solonchakböden wiesen einen nur geringen Gehalt an Stickstoff auf. Die signifikante Unterdrückung der Aktivität von in den Stickstoffkreislauf involvierten Enzymen durch mineralische Stickstoffdünger zeigte die Kontrolle dieser Enzyme durch zunehmende Gehalte an anorganischen und leicht hydrolysierbaren Stickstofformen an. In genetisch unterschiedlichen Bodentypen werden auch unterschiedliche Gehalte an verschiedenen Phosphorformen und unterschiedliche Phosphataseaktivitäten gefunden. In Bergwiesen- und Wiesensteppenböden tritt der Phosphor hauptsächlich in Form organischer Verbindungen auf. In den oberen Horizonten verschiedener Bodentypen konnte eine positive Korrelation zwischen der

Phosphataseaktivität und dem Gehalt an organischen Phosphorverbindungen nachgewiesen werden. Die Aktivität dieses Enzyms unterliegt der Regulation durch den Gehalt an organischen Phosphorverbindungen und dem Gehalt an verfügbarem Bodenphosphor. Eine in verschiedenen genetischen Bodentypen bestehende zumeist negative Beziehung zwischen dem Gehalt an verfügbarem Phosphor und der Phosphataseaktivität konnte abgeleitet werden. In genetisch unterschiedlichen Bodentypen werden auch unterschiedliche Gehalte an verschiedenen Schwefelformen sowie eine unterschiedliche Aktivität der Enzyme des Schwefelkreislaufes nachgewiesen. In Bergwiesenböden und Wiesensteppenböden tritt der Schwefel hauptsächlich in organischer Form auf. Diese beiden Bodentypen zeigten eine hohe Arylsulfataseaktivität. Die Aktivität der Enzyme Cysteindehydrogenase, der Sulfidoxidase und der Sulfatreduktase erwies sich in diesen Böden als sehr gering. Auch in Tschernosemen und Kastanosemen trat der Schwefel hauptsächlich in organischer Form auf. Eine geringe Arylsulfataseaktivität stand mit hohen Gehalten an wasserlöslichem Schwefel sowie mit einem geringen Gehalt an organischem Schwefel in Beziehung. In Böden der Halbwüstenzone, wo signifikante Teile des Bodenschwefels in Mineralform auftreten, erwies sich die Aktivität der Arylsulfatase als insignifikant. In Bergwiesen-, Wiesensteppenböden, in Tschernosemen und in Kastanosemen trat der Prozeß der Oxidation von Sulfiden stärker auf als die Reduktion des Sulfates. Die Selbstregulation des Schwefelregimes im Boden verläuft in Richtung der Bildung der Sulfatform des Schwefels. Es ist dies jene Form, welche von Pflanzen genutzt wird.

Die organische Substanz spielt bei der Immobilisierung der Enzyme eine wesentliche Rolle. Den Humin- und Fulvosäuren kommt eine besondere Bedeutung als Enzym-Carrier zu. Die Huminstoffbildung ist standortabhängig. Das Klima und die durch Verwitterung aus dem anorganischen Ausgangsmaterial freigesetzten Kationen nehmen wesentlichen Einfluß auf die Natur der in einem Boden auftretenden Huminstoffe. In nicht basengesättigten Böden zeigt sich die Dominanz der Fulvosäuren gegenüber den Huminsäuren. In basengesättigten Böden (wie Tschernosem, Kastanosem, Brauner Wiesenboden) zeichneten sich die Präparationen von Huminsäuren gegenüber jenen von Fulvosäuren durch eine höhere Invertaseaktivität aus. Das umgekehrte zeigte sich für Huminstoffpräparationen aus nicht basengesättigten Böden. In nicht basengesättigten Böden wurden die Enzyme Phosphatase und Urease durch Fulvosäuren stärker immobilisiert als durch Huminsäuren. In basengesättigten Böden zeigte die Phosphatase in den Huminsäurepräparationen eine höhere Aktivität. Die Fulvosäuren wiesen eine höhere Katalaseaktivität auf als die Huminsäuren. Letzteres ließ auf eine stärkere (bevorzugte) Bindung des Enzyms Katalase an mobile Huminsubstanzen schließen.

Tabelle 17. Enzymaktivität in verschiedenen natürlichen Bodentypen

Bodentyp Horizont (cm)	Humus %	pH[a]	Invertase[b]	Phosphatase[c]	Urease[d]	ATPase[e]	Dehydrogenase[f]	Katalase[g]
Rasen-Berg-Wiesenboden A (0–10)	16.8	5.0	126.3	29.6	18.9	11.4	13.3	3.6
Rasenpodsol A (0–10)	3.8	5.2	28.6	9.8	4.1	5.0	2.7	2.5
Krasnosem A (0–16)	5.1	4.5	13.8	5.0	2.0	1.0	1.4	1.7
Ausgewaschener Tschernosem A (0–12)	11.6	6.6	74.6	14.6	8.8	20.7	16.8	6.4
Kalkiger Kastanosem A (0–16)	3.4	8.2	36.4	7.8	3.8	6.2	8.3	7.0
Alluvialer Wiesenboden A (0–18)	4.6	8.4	40.4	3.7	3.6	6.4	6.8	6.8
Brauner Halbwüstenboden A (0–15)	1.7	8.0	20.2	3.2	2.8	5.5	5.2	2.5
Solonetz-Solonchak (0–25)	0.8	10	0.0	0.0	0.2.	2.0	0.5	0.6

[a] pH(H_2O).
[b] Aktivität in kg Glucose.
[c] Aktivität in mg P.
[d] Aktivität in mg NH_3.
[e] Aktivität in mg P.
[f] Aktivität in mg Triphenylformazan.
[g] Aktivität in cm^3 O_2.

Nach Abramyan (1993).

Acidität und Basizität von Böden. In sich über basischem Gestein entwickelnden Böden wird gegenüber solchen, welche sich über saurem Gestein entwickelten das Auftreten einer größeren mikrobiellen Biomasse gefördert (z.B. Jenkinson und Ladd 1981; Diaz-Ravina et al. 1993). Bei identer Vegetation konnte über Kalk im Vergleich zu Flysch eine sowohl im organischen als auch im mineralischen Horizont höhere Dehydrogenaseaktivität nachgewiesen werden (Teknos et al. 1987). Für das Enzym Invertase konnte bei ebenfalls identer Vegetation im organischen Horizont eine über Flysch höhere Aktivität bestimmt werden als über Kalk.

Individuelle Enzyme zeigen in relativ engen pH-Intervallen maximale katalytische Aktivität. Stark saure Böden weisen eine sehr geringe Enzymaktivität auf. In sauren Böden treten hydrolytischer Prozesse gegenüber Redoxprozessen verstärkt auf. Für alkalische Böden trifft das umgekehrte zu (Abramyan und Galstyan 1982).

Die Aktivität von Enzymen wird nicht nur durch das Ausmaß der Acidität und Basizität des Mediums kontrolliert sondern auch von deren Natur. Die Bodenacidität beruht auf dem Gehalt der Böden an dissoziationsfähigem Wasserstoff und an austauschbaren Al-Ionen. Protonen und Aluminiumionen vermögen die Aktivität von Enzymen unterschiedlich zu beeinflussen. Bergwiesenböden und Krasnoseme, welche annähernd das gleiche pH und den gleichen Humusgehalt aufwiesen, unterschieden sich hinsichtlich der Enzymaktivität substantiell (Abramyan 1993). Im Bergwiesenboden wurde die Acidität hauptsächlich durch Protonen bestimmt, welche bis zu 95% der austauschbaren Acidität umfaßten. Die Enzymaktivität war in diesem signifikant höher. Krasnoseme und Rasenpodsole besaßen niedrige biologische Aktivität. Die Aktivität der Enzyme, vor allem jene der Oxidoreduktasen wurde in diesen Böden stark unterdrückt. Die Zusammensetzung der austauschbaren Kationen der Krasnoseme und Rasenpodsolböden wurde durch Aluminium dominiert, welches oftmals bis zu 90% deren Summe umfaßte. Der hohe Gehalt an austauschbarem Aluminium hemmte die Enzymaktivität in diesen Böden. In nicht basengesättigten Böden konnte eine negative Korrelation zwischen dem Gehalt an austauschbarem Aluminium und der Aktivität der Enzyme Invertase, Phosphatase, Urease, ATPase, Dehydrogenase und Katalase etabliert werden. Die Korrelation zwischen den austauschbaren Protonen und der Aktivität der untersuchten Enzyme war positiv oder negativ. Durch Kalkung konnte in den Krasnosemen und den Rasenpodsolböden eine Erhöhung der Enzymaktivität erzielt werden. Die Neutralisierung der durch Aluminium verursachten Acidität erhöhte die Basensättigung der Austauscher, vor allem mit Calcium, und etablierte vorteilhafte Bedingungen für die Aktivität und die Immobilisierung von Enzymen.

In basengesättigten Böden ist die Immobilisierung und die Aktivität der Enzyme vom Ausmaß und der Natur der Basizität abhängig. Die Natur der Basizität wird durch das Verhältnis der austauschbaren Basen am Adsorptionskomplex bestimmt. Die Bodenbasizität beruht hauptsächlich auf Calcium, Magnesium, Kalium und Natrium; die Verhältnisse derselben bestimmen deren Natur. Basizität, welche mit Calcium und Magnesium verbunden ist, schafft für die Enzymaktivität günstige und jene Basizität, welche mit Kalium und Natrium verbunden ist schafft für diese ungünstige

Bedingungen. Im Alluvialen Wiesenboden erwies sich die Aktivität der hydrolytischen Enzyme und der Oxidoreduktasen regelmäßig mit der Zunahme des Gehaltes an austauschbarem Natrium und Kalium als rückläufig. Ein analoges Bild konnte in Braunen Halbwüstenböden und in Solonetz-Solontschak-Böden festgestellt werden (Abramyan 1993). In mit Basen gesättigten Böden bestand eine negative Korrelation zwischen dem Gehalt an austauschbarem Natrium und der Aktivität der Enzyme Invertase, Phosphatase, Urease, ATPase, Dehydrogenase und Katalase. Nach einer Veränderung der Natur der Basizität von Solonetz-Solontschak-Böden infolge einer Melioration, durch welche der Adsorptionskomplex mit Calcium und Magnesium gesättigt wurde, ging das pH des Mediums und der Gehalt an austauschbarem Natrium zurück und eine Zunahme der biologischen Aktvität konnte beobachtet werden.

Optimale Bedingungen für die Immobilisierung und die Aktivität der Enzyme sind in Böden gegeben, in welchen eine schwach saure, neutrale oder schwach basische Reaktion des Medium gegeben ist. Die für die Aktivität der Enzyme und die Bodenfruchtbarkeit günstige Zusammensetzung von austauschbaren Kationen wurde angegeben mit: 60–80% für Calcium, 10–30% für Magnesium, 3–8% für Kalium, nicht mehr als 5% für Natrium und nicht mehr als 10% für Aluminium an deren Gesamtsumme.

In Böden der humiden Region treten die Kationen Ca^{2+}, Al^{3+} (einschließlich komplexe Al-Hydroxyionen) und H^+ am zahlreichsten auf. In Böden der ariden Region herrschen demgegenüber Ca^{2+}, Mg^{2+}, K^+ und Na^+ vor.

Tabelle 18. Typische Anteile adsorbierter Kationen in den Oberflächenlagen verschiedener Bodenordnungen („Soil Taxonomy"). Die Prozentwerte basieren auf der 100 gesetzten Summe der Kationenäquivalente

Bodenordnung	H^+ und Al^{3+} [a] (%)	Ca^{2+} (%)	Mg^{2+} (%)	K^+ (%)	Na^+ (%)
Oxisol	85	10	3	2	Spuren
Spodosol	80	15	3	2	Spuren
Ultisol	65	25	6	3	1
Alfisol	45	35	13	5	2
Vertisol	40	38	15	5	2
Mollisol	30	43	18	6	3
Aridisol	-	65	20	10	5

[a] Die Al^{3+}-Adsorption schließt jene von komplexen Al-Hydroxyionen ein.

Nach Brady (1990).

Zur näheren Charakterisierung der in der Tabelle angeführten Bodenklassen wird auf Lehrbücher der Bodenkunde verwiesen. Vereinfacht dargestellt repräsentieren Oxisole hoch verwitterte Böden mit einem hohen Gehalt an Ton. Das wesentlichste Merkmal solcher Böden ist ein tiefreichender Horizont mit einem hohen Gehalt an Teilchen von Tongröße, welche durch Hydroxide des Fe und Al dominiert werden. Solche Böden treten meist in den Tropen auf. Kennzeichnend für einen Spodosol (Podsol) ist der $B_s(_h)$-Horizont (Sesquioxid-/Humusort Horizont), welcher Anreicherungen von Al, Fe und Humus aufweist. Diese Böden treten meist auf grob textiertem, saurem Ausgangsmaterial auf. Podsole werden in feuchten bis nassen Regionen gefunden. Diese sind häufig in kalten oder temperaten Regionen. Ultisole weisen einen B_t-Horizont (Tonanreicherungshorizont) auf. Diese sind geringer sauer als Podsole und entwickelten sich unter feuchten Bedingungen in warmen bis tropischen Klimaten. Alfisole zeichnen sich durch einen B_{tn}-Horizont aus (Tonanreicherungs-Natriumanreicherungshorizont). Diese werden in kalten bis heißen humiden Regionen jedoch auch in den semiariden Tropen gefunden. Vertisole sind reich an hoch schwellenden Tonen und weisen bei Trockenheit tiefe Risse auf. Diese werden am häufigsten in subhumiden bis semiariden Regionen gefunden. Mollisole sind Böden mit einem mächtigen dunkel gefärbten, hoch basengesättigtem Oberflächenhorizont. Diese weisen eine hohe natürliche Fruchtbarkeit auf und schließen die wichtigsten landwirtschaftlichen Böden ein. Aridisole sind Trockenböden mit einem hell gefärbten Oberflächenhorizont mit geringem organischen Substanzgehalt.

Podsolierung, Vergleyung, Eigenschaften der Tonfraktion. In Böden mit Podsolierung bzw. Vergleyung wird die enzymatische Aktivität negativ beeinflußt. Solche Böden zählen ebenso wie saure Böden zu jenen mit der geringsten enzymatischen Aktivität. In Böden in unterschiedlicher Quantität und Qualität auftretende Tonmineralien vermögen Bodenenzyme unterschiedlich zu beeinflussen. Enzyme können an Tonmineralien gebunden werden, wodurch deren Stabilität erhöht jedoch auch deren Aktivität reduziert bzw. gänzlich verloren gehen kann. Die Hemmwirkung verschiedener Tonmineralien auf Enzyme variiert. Montmorillonit konnte beipielsweise eine höhere Hemmwirkung zugesprochen werden als Kaolinit. Pelosole repräsentieren ein Beispiel für Böden mit hohen Tongehalten; solche können sich über Mergel entwickeln.

Wichtige Eigenschaften von Podsolen wurden bereits unter 7.2.2 beschrieben. Gleye entstehen unter dem Einfluß von sauerstoffarmem Grundwasser. Typische Gleye weisen einen ständig nassen G_r-Horizont auf. In diesem Horizont herrschen reduzierende Bedingungen vor. Sauerstoffmangel führt zur Lösung von Mn und Fe, welche mit dem Grundwasser kapillar aufsteigen und im G_o-Horizont bei Kontakt mit dem Luftsauerstoff als Oxide gefällt werden. Nach oben hin schließt sich der vom Grundwasser unbeeinflußte A_h-Horizont an. Die Pseudogleye und die Stagnogleye zählen zu den Stauwasserböden. Auch diese Böden weisen redoximorphe Merkmale auf, welche jedoch nicht auf dem Einfluß von Grundwasser beruhen sondern durch Stauwasser verursacht werden. Der Begriff „hydromorphe Böden" definiert solche Böden, welche sich unter dem Einfluß von Grund- oder Stauwasser entwickelten.

Podsole mit höheren organischen Substanzgehalten weisen gegenüber solchen mit geringeren Gehalten höhere Enzymaktivitäten auf. Untersuchungen an Podsolen aus der Ukraine zeigten, daß die Aktivität der Phosphatase in Böden, welche blaß-graue, graue und dunkelgraue Podsolierungsmerkmale aufwiesen, höher war als in podsolierten Tschernosemen (Durand 1965). Die Katalaseaktivität ging in der folgenden Reihe zurück: leicht podsolierter Boden, reich an Humus, über Kalkgestein und unter Koniferen; mäßig podsolierter Boden über Kalk, unter Laub- und Mischwald; podsolierter sandiger Boden unter Kiefer. In Ackerböden konnte die geringste Aktivität stets in sandigen, podsolierten Böden festgestellt werden. Der Rückgang der Katalaseaktivität verlief parallel zur Zunahme des Podsolierungsprozesses. Das Vermögen des Bodens Wasserstoffperoxid zu spalten nahm mit der Entwicklung des Illuviums zu; die Ausbildung von eisen- und manganreichen Konkretionen steht damit im Zusammenhang.

Unterschiedliches Vermögen zur Enzymstabilisierung. Böden unterscheiden sich hinsichtlich ihres Vermögens zur Stabilisierung von Enzymen.

Das Enzym Katalase wurde durch verschiedene Bodentypen in unterschiedlichem Ausmaß adsorbiert (Tul'skaya und Zvyagintsev 1981). Dieses Ausmaß ging in der folgenden Reihe zurück: Tschernosem, Rendsina, Jeltosem, Sierosem.

Untersuchungen zur thermalen Stabilität des Enzyms Urease in verschiedenen Bodentypen Irlands zeigten die Abhängigkeit der Geschwindigkeit der Enzyminaktivierung von der Temperatur und vom Bodentyp (O'Toole und Morgan 1984). Die relative Hitzeresistenz von Enzymen nahm in der Reihe Laevanase, Dextranase, Laevansucrase, Cellulase zu (Dragan-Bularda und Kiss 1978). Dabei waren die Enzyme Dextranase und Cellulase im Ausgewaschenen Tschernosem weniger hitzeresistent als im Braunen Waldboden. Die Aktivität verschiedener Bodenenzyme (Invertase, Urease, Katalase, Dehydrogenase und Phosphatase) war im Oberboden einer Rendsina am höchsten (Vorob'eva und Gorcharuk 1978). Dies war dem höchsten Gehalt an Mikroorganismen und Humus in diesem Bodentyp konform. Der Krasnosem war durch eine geringere und der Braune Waldboden durch die geringste Aktivität ausgezeichnet. Die Enzymaktivität der Rendsina änderte sich bei hohen Temperaturen spezifisch und wesentlich. In den Proben des Braunen Waldbodens und des Krasnosems erwies sich die Aktivität der Enzyme Urease, Invertase und Katalase gegenüber jener der Enzyme Phosphatase und Dehydrogenase als thermisch stabiler.

Die kinetische Kenngröße V_{max} des Enzyms Katalase variierte (Temperaturbereich von 10–50°C; Substratkonzentrationen von 3-30%) in verschiedenen Bodentypen (Aliyev et al. 1981). Die erhaltenen Werte waren in Kastanosemen und in Ausgewaschenen Berg-Tschernosemen am höchsten und am niedrigsten in schwach podsolierten Gelberdeböden.

Variation biochemischer Parameter im/mit dem Profil

Rasenpodsol, Torfmarsch. Vergleichende Untersuchungen an zwei Rasenpodsolböden und drei Torfmarschböden zeigten wesentliche Unterschiede hinsichtlich der Bodenenzymaktivitäten (Kuprevich und Shcherbakova 1971). Die Aktivitäten der Enzyme Invertase, Amylase, Phosphatase sowie jene der proteolytischen und oxidierenden Enzyme, vor allem jene der Phenoloxidasen, waren in den Torfmarschböden um ein Vielfaches höher als in Rasenpodsolböden. Die Rasenpodsolböden zeigten in einer Anzahl von Fällen höhere Ureaseaktivität. Einige naturbelassene Rasenpodsolböden (Wald, Wiesen) zeigten sehr hohe, den Marschböden ähnliche, Invertaseaktivität. Innerhalb eines Bodentyps zeigten sich individuelle Unterschiede. Rasenpodsolböden mit leichter Textur, welche durch eine relativ niedrige Kationenaustauschkapazität und einen geringen organischen Kohlenstoffgehalt charakterisiert waren, wiesen im Vergleich zu anderen Böden eine geringere Enzymaktivität auf. Rasenpodsol-Tonböden mit einer hohen Kationenaustauschkapazität und einem höheren Vermögen zur Anreicherung von organischer Substanz als die letztgenannten Böden, zeigten höhere Enzymaktivitäten. Im Falle von Bodenbearbeitung konnten innerhalb der Gruppen kleinere Gruppen mit unterschiedlichen Enzymaktivitäten beobachtet werden. Dies war abhängig von der Art der Vegetation und den angewandten landwirtschaftlichen Techniken. Bezüglich der Torfmarschböden konnte zum gegebenen Zeit noch keine Klassifikation der Böden entsprechend dem Ausmaß der gegebenen Enzymaktivitäten vorgenommen werden. Dies infolge der großen Vielfalt an Marschböden und der nur wenigen untersuchten Fälle. Die Marschböden waren vor allem mit dem spezifischen Ziel untersucht worden, Veränderungen von Enzymaktivitäten infolge der Dränierung und Bewirtschaftung von Torfböden zu erfassen. Die hohe Enzymaktivität, welche während der ersten Jahre der Bewirtschaftung beobachtet werden konnte, ging über die Jahre der fortgesetzten Kultivierung hinweg etwas zurück.

Untersuchungen zur Zusammensetzung der freien Aminosäuren in den genannten Böden ergaben einen für jeden Bodentyp unterschiedlichen Prozentanteil der Aminosäuren. Dessen Abhängigkeit vom Ursprung und von der Entwicklung eines Bodens war angezeigt. In den Rasenpodsolböden dominierte die Glutaminsäure. Der Anteil aromatischer Aminosäuren umfaßte insgesamt nicht mehr als 10%; γ-Aminobuttersäure war in einigen Fällen in geringen Mengen nachweisbar. In den meisten Torfmarschböden war die Glutaminsäure nicht vorherrschend. In diesen Böden konnten wesentliche Mengen an Lysin und Histidin gefunden werden; keine der beiden Aminosäuren konnte in Rasenpodsolen nachgewiesen werden. Die mögliche Beteiligung der Aminosäuren an der Aminierung von in den Boden gelangenden organischen Säuren und an der Bildung von Humus wurde ebenso wie ein etwaiger Zusammenhang zwischen der Qualität des gebildeten Humus und der Aminosäurezusammensetzung des Bodens diskutiert.

Pseudogley-Podsol, Pseudogley, Basenarme Braunerde, Basenreiche Braunerde, Parabraunerde, Rendsina. In vergleichenden Untersuchungen zum Einfluß verschiedener chemischer und physikalischer Bodenmerkmale auf die Enzymaktivität verschiedener Bodentypen wurde von jedem Bodentyp ein Standort unter Wald sowie unter Rasen und Ackernutzung (meist unter Weizen) gewählt (Dutzler-Franz 1977a). Sämtliche Böden wiesen nur in den oberen 30 cm nennenswerte Enzymaktivitäten auf. Das Ausmaß der mit zunehmender Bodentiefe auftretenden Reduktion der Enzymaktivitäten variierte mit dem Boden. Die Enzymaktivitäten fielen in den Pseudogleyen wesentlich rascher ab als in der Braunerde hoher Basensättigung oder in der Pararendsina. Bezüglich der Enzymaktivitäten konnte folgende Reihung aufgestellt werden: Pseudogley-Podsol < stark saure Pseudogleye < schwach saure Pseudogleye < saure Braunerden, Parabraunerden < Rendsinen, Braunerden mit hoher Basensättigung.
In den Pseudogleyen konnte der relativ rasche Abfall der Enzymaktivitäten mit der Bodentiefe mit dem in diesen Böden nachweisbaren niedrigen pH-Werten in Beziehung gesetzt werden. Zwischen der Aktivität der Protease in 70–80 cm Tiefe bzw. der Aktivität der Dehydrogenase in 40–50 cm Tiefe und den pH-Werten der entsprechenden Bodentiefe bestand eine hochsignifikante positive Korrelation. Das pH war auch in 15–20 cm Tiefe jene Größe, welche vor allem mit den Enzymaktivitäten korrelierte. Für die Aktivität der β-Glucosidase konnte ebenfalls eine hochsignifikante, positive Korrelation mit dem pH des Bodens erhalten werden. Nicht so gut gesichert war jene der Ureaseaktivität. In den Humushorizonten konnte zunächst keine so deutliche Beziehung zwischen Enzymaktivität und Bodenreaktion nachgewiesen werden. Auf die Gewichtseinheit organische Substanz berechnete Aktivitätswerte zeigten, daß auch in den Oberböden eine positive, lineare bzw. überproportionale Funktion zwischen den Enzymaktivitäten und dem pH der Böden bestand. Wurden die Enzymaktivitäten der sauren und neutralen Böden getrennt mit dem organischen Substanzgehalt in Beziehung gesetzt, ergaben sich hochsignifikante, positive Korrelationen.

Tabelle 19. Enzymaktivitäten in verschiedenen Bodentypen. Jahresdurchschnittswerte in den oberen 15 cm der Böden

Bodentyp	Profil	DHA[a]	PA[b]	UA[c]	β-GA[d]	KZ[e]	pH (KCl)	organ. Substanz %
Pseudogleye	1	-	26.3	21	-	260	2.4	73.5
	2	2.9	49.5	39	-	490	3.0	34.2
	3	3.8	32.5	32	-	680	3.6	12.0
	4	3.0	39.0	24	-	480	3.8	14.2
	5	4.4	50.0	30	6.1	-	3.6	9.8
	6	3.4	16.0	17	2.1	-	3.9	8.3
	7	5.5	19.0	13	2.6	-	5.6	2.3
	9	7.4	17.0	17	3.4	-	6.3	2.5
Braunerden	10	8.0	35.0	22	3.4	-	4.4	3.7
	11	5.5	19.0	14	3.0	-	6.0	2.1
	12	14.1	21.0	28	2.9	-	7.0	1.9
Rendsinen	13	14.4	29.0	42	3.9	-	7.1	2.1
	14	48.8	58.7	28	14.3	760	7.1	6.4
	15	28.3	41.9	30	14.6	610	7.1	4.4
	16	79.9	91.6	20	16.6	1100	7.0	8.3
Pelosol	17	16.6	16.7	13	8.8	540	6.9	3.4

[a] DHA: Dehydrogenaseaktivität in mg TPF/100g Boden.
[b] PA: Proteaseaktivität in mg Amino-N/100g Boden.
[c] UA: Ureaseaktivität in mg N/100g Boden.
[d] β-GA: β-Glucosidaseaktivität in mg Salingenin/100g Boden.
[e] KA: Katalasezahl/100g Boden.

Nach Dutzler-Franz (1977a).

Auf die nur bis zu einem bestimmten Gehalt an organischer Substanz bestehende Linearität der Korrelation zwischen dem Gehalt an organischer Substanz und der Aktivität des Enzyms Protease war zu schließen. In sehr humusreichen Böden nahm die Aktivität unterproportional zu. Keine gesicherten Beziehungen zwischen der Dehydrogenase- und Ureaseaktivität und dem organischen Substanzgehalt konnten in den sauren Böden und im Falle der Ureaseaktivität auch in den neutralen Böden erhalten werden. Die Saccharase zeigte keine Korrelation mit dem Humusgehalt neutraler Böden, während für die Aktivitäten der alkalischen Phosphatase, der Amylase, der Saccharase, der β-Glucosidase und der Katalase hochsignifikante, positive Korrelationen bestanden.

Eine negative Korrelation bestand zwischen der Aktivität der alkalischen Phosphatase und dem Gehalt des Bodens an laktatlöslichem („pflanzenaufnehmbarem") Phosphor.

Tabelle 20. Der Einfluß des Tongehaltes der Böden auf die Aktivität einiger Bodenenzyme (Profil 17: Pelosol, Profil 12: Braunerde, Profile 13, 15: Rendsinen)

Profil *Tiefe*	pH[a]	organ.Substanz %	Ton %	PA[b]	UA[c]	β-GA[d]	DHA[e]	AT[f]	CA[g] %
5–10 cm									
17	6.9	3.4	44	16.7	13	8.8	16.6	6.0	39
12	7.0	1.9	22	21.0	28	2.9	14.1	4.1	57
13	7.1	2.1	19	29.0	42	3.9	14.4	4.5	58
15	7.1	4.4	19	41.8	30	14.6	28.3	9.2	64
15-20 cm									
17	6.8	3.4	44	15.9	13	8.4	13.8	5.2	37
12	6.7	2.0	22	24.0	31	3.3	14.2	5.9	57
13	7.1	2.8	19	22.0	38	3.7	12.5	5.2	60
15	7.3	3.4	21	40.1	26	11.4	19.3	8.3	57

[a] pH(KCl).
[b] PA: Proteaseaktivität in mg Amino-N/100 g Boden.
[c] UA: Ureaseaktivität in mg N/100 g Boden.
[d] β-GA: β-Glucosidaseaktivität in mg Salingenin/100 g Boden.
[e] DHA: Dehydrogenaseaktivität in mg Triphenylformazan/100 g Boden.
[f] AT: Atmung als CO_2-Abgabe in mg CO_2/100 g Boden.
[g] CA: Celluloseabbau.

Aus Dutzler-Franz (1977a).

Die Aktivitäten der Enzyme Protease und β-Glucosidase waren in allen Bodentiefen des Pelosols wesentlich geringer als dies dessen pH-Wert und Humusgehalt entsprach. Dieser Boden enthielt zwischen 40 und 50% Ton, während der Tongehalt der übrigen untersuchten Böden zwischen 20 und 30% lag. Eine statistisch gesicherte negative Korrelation bestand zwischen dem Tongehalt der Böden und der Aktivität der Enzyme β-Glucosidase, Urease, alkalische Phosphatase, Amylase und Protease. Für die Aktivitäten der Enzyme Dehydrogenase, Katalase und Saccharase ergaben sich hingegen keine gesicherten Korrelation mit dem Tongehalt der Böden. Die Tonfraktion des Pelosols enthielt als Hauptbestandteile Illit und Montmorillonit mit hoher Ladungsdichte. Die anderen Böden enthielten für das Klima Mitteleuropas typisch, hauptsächlich Illit. Die geringe Enzymaktivität des Pelosols wurde mit dessen hohem Gehalt an Montmorillonit in Beziehung gesetzt.

Pseudogley-Podsol, Primärer Pseudogley, Pseudogley, Rendsina. Die Aktivität der Enzyme Dehydrogenase, Protease, Urease und Katalase nahm in den verschiedenen Waldhumusformen in der Reihenfolge Rohhumus < Moder < moderiger Mull < Rendsina-Mull zu (Dutzler-Franz 1977b). Die folgenden Bodentypen/ Humusformen/ Waldtypen waren einbezogen worden: Pseudogley Podsol/ feinhumusreicher Rohhumus/ Buchen-Eichen Wald; Primärer Pseudogley/ Moder/ Stieleichen-Hainbuchen Wald; Pseudogley/ Eichen-Hainbuchen Wald; Pseudogley/ moderiger Mull/ Eichen-Hainbuchen Wald; Rendsina/ Mull/ Eichen-Buchen Wald. Auf die organische Substanz bezogene Enzymaktivitätswerte zeigten eine sehr gute Übereinstimmung mit der Bakterienbesatzdichte und der Atmung.

Basenarme Braunerde, Humussilikatboden, Cryptopodsolige Braunerde. Vergleichende Untersuchungen zur Invertaseaktivität sowie zur enzymatischen und nichtenzymatischen Spaltung von H_2O_2 in sechs Bodenprofilen der Apuseni Mountains schlossen ein: Sauerbraunerde (Basenarme Braunerde) unter Weide, in 1340 m Höhe; Sauerbraunerde unter Weide, in 1570 m Höhe; Sauerbraunerde unter subalpinem Grünland, unter Weide in 1830 m Höhe; Humussilikatboden unter subalpinem Grünland, unter Weide, in 1710 m Höhe; Cryptopodsolige Braunerde, unter Wald, in 1400 m Höhe; Sauerbraunerde mit Moder, unter Wald, in 1660 m Höhe (Nemes et al. 1977). Die Aktivitäten nahmen mit der Tiefe im Profil ab. Die höchste Invertaseaktivität konnte im Humussilikatboden unter subalpinem Grasland (Weidennutzung) und die geringste in einer Sauerbraunerde (Weidennutzung) bestimmt werden. Die enzymatische Spaltung von H_2O_2 war generell geringer als die nichtenzymatische. Die Katalaseaktivität war in einem Humussilikatboden unter subalpinem Grasland (Weidennutzung) am höchsten und in einer Cryptopodsoligen Braunerde (unter Wald) am geringsten. Die nichtenzymatische H_2O_2-Spaltung war im erstgenannten Boden ebenfalls am höchsten, die geringste nichtenzymatische Aktivität wies eine Sauerbraunerde auf. Die Invertaseaktivität korrelierte signifikant negativ mit dem pH und signifikant positiv mit dem Humusgehalt des Bodens. Signifikante Korrelationen der Katalaseaktivität mit dem pH, den Humus- und Fe-Gehalten waren nicht nachweisbar. Eine signifikante negative Korrelation bestand zwischen der nichtenzymatischen Aktivität und dem pH des Bodens. Die nichtenzymatische H_2O_2-Spaltung konnte im wesentlichen mit Huminsubstanzen und Eisenoxiden in Beziehung gesetzt werden.

Braunerde, Parabraunerde, Pelosol. In sechs Ackerböden, welche die Bodentypen Braunerde, Löß-Parabraunerde und Pelosol repräsentierten wurden biologische Aktivitätsmuster erfaßt (Frank und Malkomes 1993). Mehrjährige Feldversuche wurden durch Gewächshaus- und Laborversuche ergänzt. Zu zahlreichen Terminen während des Zeitraumes 1986–1989 wurden die substratinduzierte Kurzzeitatmung, die Dehydrogenaseaktivität, die alkalische Phosphataseaktivität, die β-Glucosidaseaktivität, die Arylsulfataseaktivität und die Spaltung von Fluoresceindiacetat (FDA) untersucht. Die während der Vegetationszeit 1986–1988 erhobenen Daten wurden jeweils zu dreijährigen Mittelwerten für die Bodentiefe 0–10 cm zusammengefaßt. Die sandigen Braunerden mit sehr ähnlicher Korngrößenzusammensetzung und etwa entsprechendem organischem Kohlenstoffgehalt boten ein nahezu identisches Muster der mikrobiellen Aktivitäten. Nur der mit Gülle bewirtschaftete Boden wich mit niedrigeren Durchschnittswerten für die alkalische Phosphataseaktivität etwas ab. In der humusreicheren Braunerde konnten höhere Aktivitäten nachgewiesen werden. Die Löß-Parabraunerde und der Pelosol ähnelten einander im Aktivitätsmuster. Der tonigere Boden (Pelosol) wies jedoch eine geringere Dehydrogenaseaktivität (DHA) und eine etwas höhere alkalische Phosphataseaktivität auf. Bei sämtlichen Böden lag die FDA-Hydrolyse auf etwa gleichem Niveau. Die β-Glucosidase wurde hauptsächlich durch hohe organische Kohlenstoffgehalte gefördert, die DHA zusätzlich durch hohe Schluffanteile und die Arylsulfatase durch hohe Tongehalte. Die alkalische Phosphatase wurde ebenfalls durch den organischen Kohlenstoffgehalt, den Schluff- sowie Tongehalt gefördert. Das vom Feld bekannte Aktivitätsmuster der einzelnen Böden blieb auch unter veränderten Bedingungen im Labor und im Gewächshaus weitgehend erhalten. Veränderungen konnten im Besonderen für die Dehydrogenaseaktivität nachgewiesen werden. In den sandigen Braunerden nahm diese im Gewächshaus und im Labor gegenüber dem Freiland deutlich ab, in der Löß-Parabraunerde dagegen im Gewächshaus zu. Am stabilsten erwiesen sich in den drei Böden die β-Glucosidase- und die Arylsulfataseaktivität.

Pseudogley, Tschernosem, Parabraunerde, Braunerde. Kowalzcyk et al. (1987) charakterisierten neun landwirtschaftlich genutzte Böden in Rheinland-Pfalz mit Hilfe der Bodenmikrobiologischen Kennzahl (Beck 1984). Die Probennahme erfolgte im Mai und im Herbst aus den oberen 15 cm. Die beprobten Standorte zeigten große Variabilität und umfaßten einige Pseudogleye, einen Tschernosem, eine Parabraunerde und einige Braunerden. Für den aktivsten Standort (Tschernosem) konnten gegenüber dem Standort mit der geringsten Aktivität (Sandbraunerde) vier- bis achtmal höhere Aktivitätswerte errechnet werden. Die Schwarzerde wies eine Bodenmikrobiologische Kennzahl von 3.9, die Sandbraunerde eine solche von 0.6 auf. Für die übrigen Standorte konnten Bodenmikrobiologische

Kennzahlen zwischen 1.3 und 2.5 erhalten werden. Der Kohlenstoffgehalt, der pH-Wert, die Bodenart, die Fruchtfolge und die Düngung wurden als Ursachen der unterschiedlichen Werte diskutiert.

Tschernosem, Kastanosem, Sierosem, Nördlicher Rasenpodsol, Grauer Waldboden. Khaziyev und Khabirov (1983) konnten in einer vergleichenden Analyse zur Veränderung von Enzymaktivitäten in Böden der Wald-, der Wald-Steppen- und der Steppen-Zone der Cis-Ural-Region die höchste Aktivität der hydrolytischen Enzyme Saccharase, Phosphatase, Urease und Protease sowie der Oxidoredukatasen Dehydrogenase und Katalase in den Böden der Steppenzone nachweisen. Eine Ausnahme stellten die Böden der Trockensteppenlandschaft im extremen Süden dar, in welchen die Aktivität unterdrückt wurde. In den Böden der Waldsteppen- und Waldzone waren die Aktivitäten der Enzyme erniedrigt. Der Enzymkomplex südlicher Böden wie Tschernosem, Kastanosem und Sierosem erwies sich als thermisch stabiler und zeigte hinsichtlich der optimalen Temperatur ein breiteres und höheres Intervall als der Enzymkomplex der nördlichen Rasenpodsole und Grauen Waldböden. In einer Zunahme der mikrobiellen Biomasse und in einer relativen zahlenmäßigen Zunahme von Gruppen mit einem aktiveren Enzymapparat war eine für den größeren Enzympool, welcher in den Böden von der Waldzone zur Steppenzone hin auftrat, bestimmende Größe zu sehen. Eine Veränderung der Bedingungen für die Immobilisierung von Enzymen trat in der gleichen Richtung auf. Dies zeigte sich in der Zunahme des Humus- und Tongehaltes sowie der spezifischen Oberfläche des Bodens und im günstigen Verhältnis der adsorbierten Kationen. Die höhere Bodentemperatur war für die Aktivität der in diesen Böden immobilisierten Enzyme ebenfalls bedeutsam.

Der Humusgehalt, der Gesamtgehalt an Stickstoff und Phosphor sowie der Gehalt an adsorbierten Basen, die spezifische Oberfläche, die Acidität und die Korngrößenzusammensetzung konnten als jene die Enzymaktivität in den Steppe- und Wald-Steppe-Zonen dominant kontrollieren Größen erkannt werden. Die durchschnittliche Niederschlagsmenge in Perioden mit Temperaturen über 10°C, die mittlere Jahrestemperatur der Luft, die gesamte Niederschlagsmenge von Mai bis September und die verfügbaren Wasserreserven sowie die mit diesen Größen in Zusammenhang stehende Dauer der biologisch aktiven Periode nahmen Einfluß auf die Enzymaktivität der Böden. Die Stärke der Effekte verschiedener Faktoren zeigte sich jedoch in den Steppe- und Wald-Steppe-Zonen variabel. In beiden Zonen erwiesen sich der Humusgehalt und der Gesamtstickstoffgehalt als führende Faktoren. Der gesamte Phosphorgehalt bestimmte die Aktivität der Enzyme Phosphatase, Urease, Protease und Katalase mit einem hohen Vertrauensniveau nur in der Waldsteppenzone, während der pH-Wert diese Aktivitäten nur in der Steppenzone kontrollierte. Der Einfluß von Kohlenhydraten manifestierte sich nur in der Steppenzone und war auf die Enzyme Saccharase und Urease beschränkt. Die Adsorptionskapazität beeinflußte die Enzymaktivtiät nur in der Waldsteppenzone. Die Oberflächeneigenschaften (spezifische Oberfläche, Korngrößenverteilung) des Bodens wirkten in beiden Zonen gleich. In der Steppenzone wurde die Enzymaktivität in einem größeren Ausmaß durch die Feuchtebedingungen und in einem geringeren Ausmaß durch die Temperatur bestimmt. Jene Faktoren, welche die Enzymaktivität in der Waldsteppenzone bestimmten umfaßten hingegen die Temperatur und die Dauer der biologisch aktiven Periode. Diese Periode war in der Cis-Uralregion umgekehrt hauptsächlich von der Temperatur abhängig, da Feuchtebedingungen, welche für die biologischen Prozesse kritisch sind, während der Wachstumsperiode kaum beobachtet wurden. Der Effekt dieser Periode auf die Enzymaktivität manifestierte sich deshalb nur in der Waldsteppenzone, wo die Temperatur einen limitierenden Faktor darstellt.

Grauer Auboden, Brauner Auboden, Parabraunerde, Silikatische Felsbraunerde, Schlier-Kulturrohboden. An Grünlandstandorten verschiedener Bodentypen untersuchte Kapsamer-Puchner (1984) Beziehungen zwischen verschiedenen bodenchemischen und bodenmikrobiologischen sowie bodenenzymatischen Parametern. Die untersuchten Bodentypen umfaßten: Grauer Auboden (E1), Brauner Auboden (E2), Parabraunerde über Löß (E3), Lößbraunerden-Parabraunerden (E4), Parabraunerden (E5), Silikatische Felsbraunerde (E6), Schlier-Kulturrohboden (E7).

Tabelle 21. Chemische Parameter der untersuchten Böden

Profil	Ton %	$CaCO_3$ %	K_2O mg/ 100g Boden	P_2O_5 mg/ 100g Boden	pH ($CaCl_2$)	Humus %
E1	10.8	16.7	13	11	6.9	5.9
E2	11.3	14.6	14	19	6.9	5.9
E3	13.2	6.0	20	13	6.4	5.8
E4	13.6	3.1	26	14	6.2	6.8
E5	14.6	1.0	29	19	5.9	5.7
E6	12.4	1.0	18	10	5.4	5.3
E7	23.0	1.2	14	7	6.5	5.4

Nach Kapsamer-Puchner (1984).

Die Beprobung (bis zu einer Tiefe von 10 cm) erfolgte im Sommer und im Herbst. Zum Erhalt vergleichbarer Werte wurden reine Wiesenstandorte (Grünland) ohne mineralische und nennenswerte organische Düngung und ohne künstlicher Bewässerung ausgewählt. Zur Darstellung der Enzymaktivitäten einzelner Bodentypen wurden Äquivalenzprofile erstellt. Die Mittelwerte der Enzymaktivitäten, welche aus sämtlichen sieben Böden erhalten worden waren dienten als Basis.

Entsprechend den Aktivitätswerten konnten die Böden in folgender Weise gereiht werden: Auböden > Braunerden > Parabraunerden > Silikatische Felsbraunerden > Schlierböden.

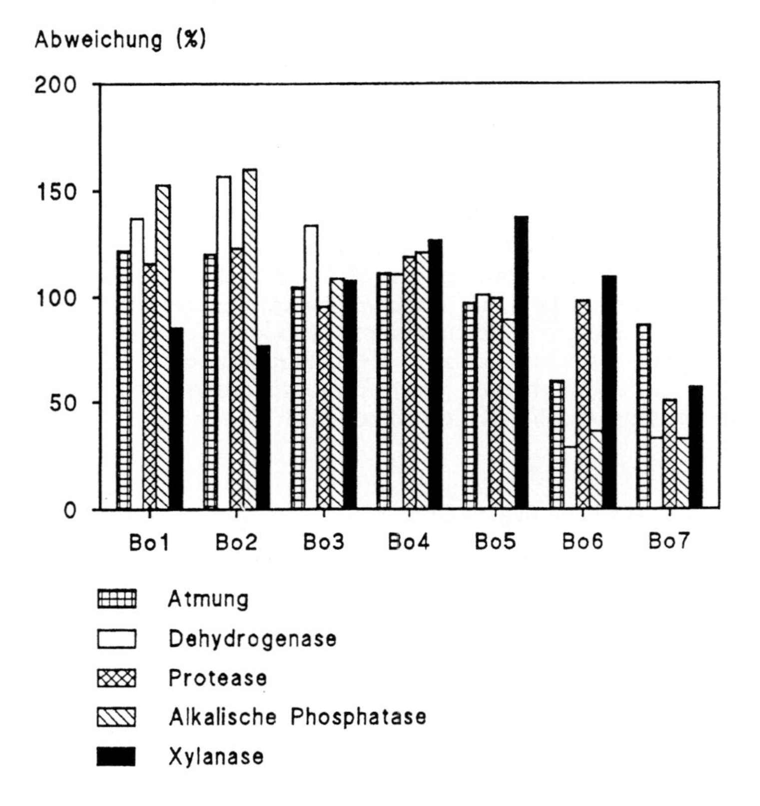

Abb. 4. Prozentuelle Abweichung biochemischer Parameter (Sommer) vom theoretischen Mittelwert (= 100%) in verschiedenen Bodentypen. Bo1: Grauer Auboden (E1), Bo2: Brauner Auboden (E2), Bo3: Parabraunerde über Löß (E3), Bo4: Lößbraunerde-Parabraunerde (E4), Bo5: Parabraunerde (E5), Bo6: Silikatische Felsbraunerde (E6), Bo7: Schlierkulturrohboden (E7) (Nach Kapsamer-Puchner 1984)

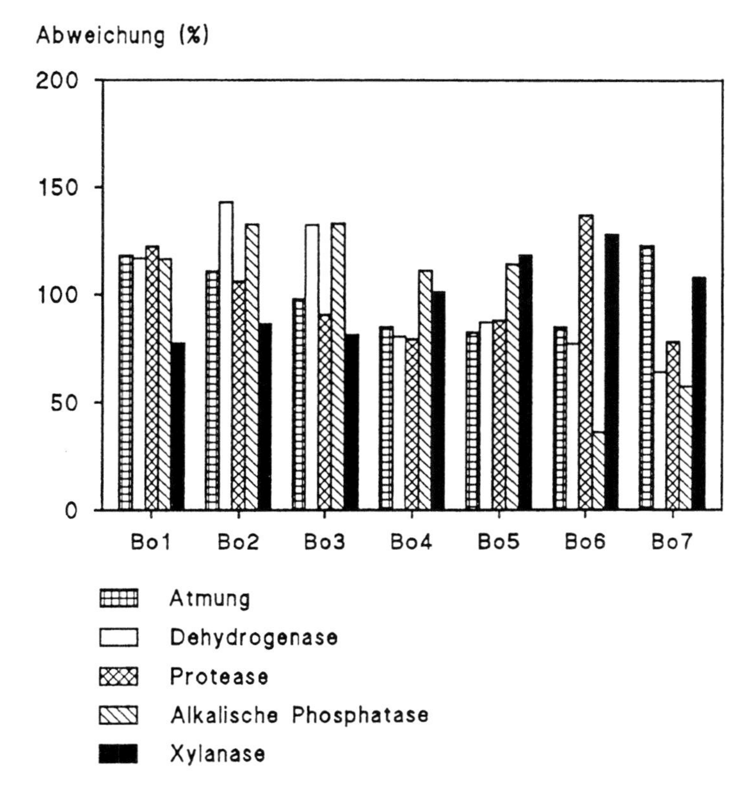

Abb. 5. Prozentuelle Abweichung biochemischer Parameter (Herbst) vom theoretischen Mittelwert (= 100%) in verschiedenen Bodentypen. Bo1: Grauer Auboden (E1), Bo2: Brauner Auboden (E2), Bo3: Parabraunerde über Löß (E3), Bo4: Lößbraunerde-Parabraunerde (E4), Bo5: Parabraunerde (E5), Bo6: Silikatische Felsbraunerde (E6), Bo7: Schlierkulturrohboden (E7) (Nach Kapsamer-Puchner 1984)

Die günstigeren Verhältnisse hinsichtlich des Wasserhaushaltes, der pH-Werte und des Kalkgehaltes wurden mit der hohen biologischen Aktivität der Auböden in Beziehung gesetzt. Die Xylanaseaktivität zeigte gegenüber den anderen Messungen meist gegenläufige Tendenz. Letztgenannte zeigte im Herbst bei besonders trockener Witterung relativ hohe Werte. Die Analysenwerte der Braunerden (E3, E4, E5) zeigten, daß die Bodenatmung und die Proteaseaktivität jene Parameter darstellten, welche am raschesten auf veränderte Standortfaktoren (Klima, Feuchtigkeit) reagierten. Ein Einfluß der organischen Substanz war nicht nachweisbar, wobei dies auf den ähnlichen Humusgehalt von Grünlandböden zurückgeführt werden konnte. Zwischen dem Kaligehalt und den bestimmten bodenbiologischen Parametern bestand kein unmittelbarer Zusammenhang. In Abhängigkeit vom Bodentyp konnten zwischen dem Phosphorgehalt und Phosphataseaktivität sowohl positive als auch negative Korrelationen nachgewiesen werden. Die Aktivitäten nahmen mit zunehmendem Tongehalt der Böden ab.

Alpiner Brauner Waldboden, Nasser Humus-Podsol. In vergleichenden Untersuchungen zur Cellulaseaktivität in einem Alpinen Braunen Waldboden und einem Nassen Humus-Podsol konnte die höchste Aktivität im L- bzw. F-Horizont des Alpinen Braunen Waldbodens bzw. Nassen Humus-Podols festgestellt werden (Kanazawa und Miyashita 1987). Selbige nahm mit der Tiefe des Horizonts ab. Die Aktivitätswerte, welche mit kristalliner Cellulose erhalten wurden waren gegenüber jenen mit dem Natriumsalz der Carboxymethylcellulose erhaltenen wesentlich geringer. Dies traf für beide Böden zu. Die Verhältnisse differierten zwischen den Böden. Die höchste Rate der Freisetzung von Glucose durch die Aktivität der Cellulase betrug bei 50°C etwa 4t/ha/Tag im Nassen Humus-Podsol und 5t im Alpinen Braunen Waldboden bei Verwendung von Carboxymethylcellulose als Substrat. Bei Verwendung von Cellulosepulver als Substrat waren dies etwa 0.2t im Nassen Humus-Podsol sowie 0.3t im Alpinen Braunen Waldboden.

Degradierte Braunerde, Pararendsina, Naß-Gley, Mull-Pseudogley. Die Bewertung der Aktivität verschiedener Phosphatasen in fünf unterschiedlichen Waldböden Österreichs zeigte eine in diesen Böden gegebene Dominanz der sauren Phosphataseaktivität gegenüber jener der alkalischen (Margesin und Schinner 1994b). Die höchste Phosphodiesteraseaktivität konnte im Boden mit der geringsten Acidität bestimmt werden. In nur zwei der fünf Böden konnte Phosphotriesteraseaktivität nachgewiesen werden. Eine solche war in stark sauren Böden nicht bestimmbar. Böden in welchen keine Phosphotriesteraseaktivität nachgewiesen werden konnte, verfügten über eine hohe Aktivität der anorganischen Pyrophosphatase. In Bodenextrakten konnten, mit Ausnahme der Phosphotriesteraseaktivität, gegenüber den Böden stets wesentlich geringere Phosphataseaktivitäten nachgewiesen werden.

Tabelle 22. Vegetation sowie chemische und physikochemische Eigenschaften der untersuchten Böden (Beprobung der A_h-Horizonte in einer Tiefe von 0–5 cm)

Standortsymbol	*KR*	*TH*	*RA*	*RM*	*BT*
Bodentyp	Degradierte Braunerde	Pararendsina	Pararendsina	Naßgley	Mull-Pseudogley
Vegetation	Homogyno-Piceetum	Abieti-Fagetum luzuletosum	Abieti-Fagetum luzuletosum	Bazzanio-Abietetum	Abieti-Fagetum luzuletosum
pH ($CaCl_2$)	2.9	6.2	4.7	2.9	3.0
C (t/ha/cm)	5.6	5.4	4.4	10.6	4.1
N (t/ha/cm)	280.0	327.0	253.0	609.0	188.0
C/N	20.0	16.6	17.1	16.9	28.4
P_{gesamt} (t/ha/cm)	29.8	29.4	25.3	27.8	17.4
Austauschbare Kationen (kg/ha/cm):					
K	11.3	8.1	8.2	5.9	9.5
Ca	6.3	628.0	226.0	48.9	116.0
Mg	5.6	32.4	39.6	4.6	5.8
Mn	0.7	2.5	4.5	0.6	5.9

Nach Margesin und Schinner (1994b).

Tabelle 23. Phosphomonoesterase-(PME), Phosphodiesterase-(PDE), Phosphotriesterase-(PTE) und anorganischen Pyrophosphatase-(PYR)aktivität in Böden sowie pH-Optimum (OpH) für jedes Enzym (+ entspricht der geringsten, +++++ entspricht der maximalen Aktivität)

Standortsymbol		PME		PDE		PTE		PYR	
	pH	Aktivität	OpH	Aktivität	OpH	Aktivität	OpH	Aktivität	OpH
KR	2.9	+++	6.5	++++	9.0	-		+++++	9.0
TH	6.2	++++	4.0	+++++	11.0	++	11	++	6.5
RA	4.7	+	4-6.5	++	4.0	+	11	++	6.5
RM	2.9	++	6.5	+	6.5	-		+++	9.0
BT	3.0	+++++	6.5	+++	6.5	-		++++	6.5

Nach Margesin und Schinner (1994b).

Literatur

Abbott LK, Robson AD (1991) Field management of VA mycorrhizal fungi. In: Keister DL, Cregan PB (eds) The rhizosphere and plant growth. Kluwer Academic Publishers, Dordrecht Boston London, p 355–362

Abdelmagid HM, Tabatabai MA (1987) Nitrate reductase activity of soils. Soil Biol Biochem 19:421–427

Abramyan SA (1993) Variation of enzyme activity of soil under the influence of natural and anthropogenic factors. Eurasian Soil Sci 25:57–74

Abramyan SA, Galstyan AS (1982) Acid-base regulation of the action of soil enzymes. Soviet Soil Sci 14:37–43

Abramyan SA, Galstyan AS (1986) Regulation of the activity of sulfur-metabolism enzymes in soil. Soviet Soil Sci 18:28–37

Acea MJ, Carballas T (1990) Principal components analysis of the soil microbial population of humid zone of Galicia (Spain). Soil Biol Biochem 22:749–759

Adams DF, Farwell SO, Robinson E, Pack MR, Bamesberger WL (1981) Biogenic sulfur source strengths. Environ Sci Technol 15:1493–1498

Adams MA (1992) Phosphatase activity and phosphorus fractions in Karri (*Eucalyptus diversicolor* F. Muell.) forest soils. Biol Fertil Soils 14:200–204

Agbim NN, Doxtader KG (1975) Microbial degradation of zinc silicates. Soil Biol Biochem 7:275–280

Ainsworth GC, Sparrow FK, Sussman AS (1973a) A taxonomic review with keys, Vol 4a: Ascomycetes and fungi imperfecty. Academic Press, New York London San Francisco

Ainsworth GC, Sparrow FK, Sussman AS (1973b) A taxonomic review with keys, Vol 4b: Basidiomycetes and lower fungi. Academic Press, New York London San Francisco

Ainsworth GC, Sussman AS (1965) The fungi. An advanced treatise, Vol 1: The fungal cell. Academic Press, New York London San Francisco

Ainsworth GC, Sussman AS (1966) The fungi. An advanced treatise, Vol 2: The fungal organism. Academic Press, New York London San Francisco

Ainsworth GC, Sussman AS (1968) The fungi. An advanced treatise, Vol 3: The fungal population ecology. Academic Press, New York London San Francisco

Alef K (1991) Methodenhandbuch Bodenmikrobiologie. Aktivitäten - Biomasse - Differenzierung. Ecomed, Landsberg/Lech

Alef K, Beck Th, Zelles L, Kleiner D (1988) A comparison of methods to estimate microbial biomass and N-mineralization in agricultural and grassland soils. Soil Biol Biochem 20:561–565

Alef K, Kleiner D (1986) Arginine ammonification, a simple method to estimate microbial activity potentials in soils. Soil Biol Biochem 18:233–235

Alef K, Kleiner D (1987) Application of arginine ammonification as indicator of microbial activity in different soils. Biol Fertil Soils 5:48–151

Alef K, Kleiner D (1989) Rapid and sensitive determination of microbial activity in soils and in soil aggregates by dimethylsulfoxide reduction. Biol Fertil Soils 8:349–355

Alexander M (1961) Introduction to soil microbiology. Wiley & Sons, New York

Alexander M (1971). Microbial ecology. Wiley & Sons, New York

Alexander M (1977) Introduction to soil microbiology, 2nd ed. Wiley & Sons, New York

Alexopoulos CJ (Farr ML, Übersetzung) (1966) Einführung in die Mykologie. Fischer, Stuttgart

Aliyev SA, Gadzhiyev DA, Mikaylov FD (1981) Kinetic indices of catalase activity in the main soil groups of Azerbaijan. Soviet Soil Sci 13:29–35

Almendros G, Sanz J (1991) Structural study on the soil humin fraction - boron trifluoride-methanol transesterification of soil humin preparations. Soil Biol Biochem 23: 1147–1154

Anderson JPE, Domsch KH (1975) Measurement of bacterial and fungal contributions to respiration of selected agricultural and forest soils. Can J Microbiol 21:314–322

Anderson JPE, Domsch KH (1978) Mineralization of bacteria and fungi in chloroform-fumigated soils. Soil Biol Biochem 10:207–213

Anderson JPE, Domsch KH (1980) Quantities of plant nutrients in the microbial biomass of selected soils. Soil Sci 130:211–216

Anderson TH (1991) Bedeutung der Mikroorganismen für die Bildung von Aggregaten im Boden. Z Pflanzenernähr Bodenk 154:409–416

Anderson TH, Domsch KH (1985a) Determination of ecophysiological maintenance carbon requirements of soil microorganisms in a dormant state. Biol Fertil Soils 1:81–89

Anderson TH, Domsch KH (1985b) Maintenance carbon requirements of actively-metabolizing microbial populations under in situ conditions. Soil Biol Biochem 17: 197–203

Anderson TH, Domsch KH (1986) Carbon assimilation and microbial activity in soil. Z Pflanzenernähr Bodenk 149:457–468

Anderson TH, Domsch KH (1989) Ratios of microbial biomass carbon to total organic carbon in arable soils. Soil Biol Biochem 21:471–479

Anderson TH, Gray TRG (1991) The influence of soil organic carbon on microbial growth and survival. In: Wilson WS (ed) Advances in soil organic matter research: the impact on agriculture & the environment. The Royal Soc Chem, Cambridge, p 253–267

Andrews RE, Parks LW, Spence KD (1980) Some effects of Douglas fir terpenes on certain microorganisms. Appl Environ Microbiol 40:301–304

Andrivon D (1994) Fate of *Phytophthora infestans* in a suppressive soil in relation to pH. Soil Biol Biochem 26:953–956

Antoniani C, Montanari T, Camoriano A (1954) Soil enzymology I: Cathepsin-like activity, a preliminary note. Ann Fac Agr Univ Milano 3:99–101

Appiah MR, Ahenkorah Y (1989) Determination of available sulphate in some soils of Ghana using five extraction methods. Biol Fertil Soils 8:80–86

Arnebrant K, Baath E (1991) Measurement of ATP in forest humus. Soil Biol Biochem 23:501–506

Arshad M, Frankenberger WT (1991) Microbial production of plant hormones. In: Keister DL, Cregan PB (eds) The rhizosphere and plant growth. Kluwer Academic Publishers, Dordrecht Boston London, p 327–334

Arshad M, Schnitzer M (1989) Chemical characteristics of humic acids from five soils in Kenya. Z Pflanzenernähr Bodenk 152:11–16

Aseeva IV, Gandman IM, Kulaev IS (1981) Biodegradation of high-molecular inorganic polyphosphates in soil. Mosc Univ Soil Sci Bull 36:35–39

Atlas RM, Bartha R (1981) Microbial ecology. Fundamentals and applications. Addison-Wiley, Reading

Atlas RM, Bartha R (1987) Microbial ecology. Fundamentals and applications, 2nd ed. The Benjamin Cummings Publishing Company, Menlo Park California

Atlavinite OP, Stanislavichyute IS, Shyulyauskene NI (1981) Effect of earthworms on the agrochemical properties, microflora and enzyme activity of soddy podzolic soil. Liet Tsr Mokslu Akad Darb Ser C Biol Mokslai 0(3):75–82

Avidov E, Dick WA, Racke KD (1993) Proposed substrate for evaluating alkyl phosphomonoesterase activity in soil. Soil Biol Biochem 25:763–768

Azad HR, Davis JR, Schnathorst WC, Kado CI (1985) Relationship between rhizoplane and rhizosphere bacteria and *Verticillium* wilt resistance in potato. Arch Microbiol 140: 347–351

Azcon R, Barea JM, Hayman DS (1976) Utilization of rock phosphat in alkaline soils by plants inoculated by mycorrhizal fungi and phosphat solubilizing bacteria. Soil Biol Biochem 8:135–138

Baath E (1992) Thymidine incorporation into macromolecules of bacteria extracted from soil by homogenization-centrifugation. Soil Biol Biochem 24:1157–1165

Baath E, Frostegard A, Fritze H (1992) Soil bacterial biomass, activity, phospholipid fatty acid pattern, and pH tolerance in an area polluted with alkaline dust deposition. Appl Environ Microbiol 58:4026–4031

Baath E, Soederstroem B (1982) Seasonal and spatial variation in fungal biomass in a forest soil. Soil Biol Biochem 14:353–358

Bailey GW, White JL (1970) Factors influencing the adsorption, desorption, and movement of pesticides in soil. Residue Rev 32:29–92

Baldwin IT, Olson RK, Reiners WA (1983) Protein binding phenolics and the inhibition of nitrification in subalpine balsam fir soils. Soil Biol Biochem 15:419–423

Baligar VC, Wright RJ (1991) Enzyme activities in Appalachian soils: 1. Arylsulfatase. Commun Soil Sci Plant Anal 22:305–314

Balows A, Trüper HG, Dworkin M, Harder W, Schleifer KH (1992) The prokaryotes. A handbook on the biology of bacteria, 2nd ed, Vol 1–3: Ecophysiology, isolation, identification, applications. Springer, Berlin Heidelberg New York London Paris Tokyo Hong Kong Barcelona Budapest

Banwart WL, Bremner JM (1974) Gas chromatographic identification of sulfur gases in soil atmospheres. Soil Biol Biochem 6:113–115

Banwart WL, Bremner JM (1975) Formation of volatile sulfur compounds by microbial decomposition of sulfur-containing amino acids in soils. Soil Biol Biochem 7:359–364

Barber DA, Lynch JM (1977) Microbial growth in the rhizosphere. Soil Biol Biochem 9: 305–308

Barber DA, Martin JK (1976) The release of organic substances by cereal roots into soil. New Phytol 76:69–80

Barber SA (1984) Soil nutrient bioavailability. Wiley & Sons, New York

Bartha R, Bordeleau L (1969) Cell-free peroxidases in soil. Soil Biol Biochem 1:139–143

Bartha R, Linke HAB, Pramer D (1968) Pesticide transformations: production of chloroazobenzenes from chloroanilines. Science 161:582–583

Bartha R, Pramer D (1967) Pesticide transformation to aniline and azocompounds in soil. Science 156: 1617–1618

Bartlett EM, Lewis DH (1973) Surface phosphatase acitivity of mycorrhizal roots of beech. Soil Biol Biochem 5:249–257

Bauzon D, van den Driessche R, Dommergues Y (1968) Characterisation respirometrique et enzymatique des horizons de surface des sols forestiers. Sci Sol 2:55–77

Baya AM, Böthling RS, Ramos-Cormenzana A (1981) Vitamin production in relation to phosphate solubilization by soil bacteria. Soil Biol Biochem 13:527–531

Beare MH, Neely CL, Coleman DC, Hargrove WL (1990) A substrate-induced respiration (SIR) method for measurement of fungal and bacterial biomass on plant residues. Soil Biol Biochem 22:585–594

Beck Th (1968) Mikrobiologie des Bodens. Bayerischer Landwirtschaftsverlag, München

Beck Th (1971) The determination of catalase activity in soils. Z Pflanzenernähr Düng Bodenk 130:68–81

Beck Th (1984) Mikrobiologische und biochemische Charakterisierung landwirtschaftlich genutzter Böden, I. Mitteilung: Die Ermittlung einer Bodenmikrobiologischen Kennzahl. Z Pflanzenernähr Bodenk 147:456–466

Beese K (1991) Biotechnologie und biologische Vielfalt. Bioforum 14:286–287

Benefield CB, Howard PJA, Howard DM (1977) The estimation of dehydrogenase activity in soil. Soil Biol Biochem 9:67–70

Benoit RE, Starkey RL (1968) Enzyme inactivation as a factor in the inhibition of decomposition of organic matter by tannins. Soil Sci 105:203–208

Berg B, Staaf H (1980) Decomposition rate and chemical changes in decomposing needle litter of Scots pine. II. Influence of chemical composition. Ecol Bull 32:373–390

Berg GG, Gordon LH (1960) Presence of trimetaphosphatase in the intestinal mucosa and properties of the enzyme. J Histochem Cytochem 8:85–91

Berry DF, Boyd SA (1984) Oxidative coupling of phenols and anilines by peroxidase: structure-activity relationships. Soil Sci Soc Am J 48:565–569

Berry DF, Boyd SA (1985) Reaction rates of phenolic humus constituents and anilines during cross-coupling. Soil Biol Biochem 17:631–636

Beyer L, Schulten HR, Freund R, Irmler U (1993) Formation and properties of organic matter in a forest soil, as revealed by its biological activity, wet chemical analysis, CPMAs ^{13}C-NMR spectroscopy and pyrolysis-field ionization mass spectrometry. Soil Biol Biochem 25:587–596

Beyrouty CA, Nelson DW, Sommers LE (1988) Effectiveness of phosphoroamides in retarding hydrolysis of urea surface-applied to soils with various pH and residue cover. Soil Sci 145:345–352

Blagodatskiy SA, Blagodatskaya Ye V, Gorbenko Yu, Panikov, N.S (1987) A rehydration method of determining the biomass of microorganisms in soil. Soviet Soil Sci 19: 119–126

Blanchar RW, Hossner LR (1969) Hydrolysis and sorption of ortho, pyro, tripoly and trimetaphosphate in 32 midwestern soils. Proc Soil Sci Soc Am 33:622–625

Blaschke H (1977) Untersuchungen über das Vorkommen und die Wirkung von biogenen Wachstumsregulatoren in wäßrigen Nadelstreuauszügen. Flora 166:537–545

Blaschke H (1981) Beziehungen zwischen Enzymaktivitäten und der Retention von Wasser in Nadelstreu in Abhängigkeit von der Jahreszeit. Pedobiologia 21:1–6

Bolan NS, Naidu R, Mahimairaja S, Baskaran S (1994) Influence of low-molecular-weight organic acids on the solubilization of phosphates. Biol Fertil Soils 18:311–319

Bollag JM (1974) Microbial transformation of pesticides. Adv Appl Microbiol 18:75–130

Bollag JM (1983) Cross-coupling of humus constituents and xenobiotic substances. In: Christman RF, Gjessing ET (eds) Aquatic and terrestrial humic materials. Ann Arbor Science, Ann Arbor Michigan, p 127–141

Bollag JM (1991) Enzymatic binding of pesticide degradation products to soil organic matter and their possible release. In: Am Chem Soc (ed) Symp Series, Vol 459: Pesticide transformation products: Fate and significance in the environment. Am Chem Soc, Washington, p 122–132

Bollag JM, Liu SY (1985) Copolymerization of halogenated phenols and syringic acid. Pestic Biochem Physiol 23:261–272

Bollag JM, Liu SY, Minard RD (1980) Cross-coupling of phenolic humus constituents and 2,4-dichlorophenol. Soil Sci Soc Am J 44:52–56

Bollag JM, Loll MJ (1983) Incorporation of xenobiotics into soil humus. Experientia 39: 1221–1231

Bollag JM, Minard RD, Liu SY (1983) Cross-linkage between anilines and phenolic humus constituents. Environ Sci Technol 17:72–80

Bollag JM, Shuttleworth KL, Anderson DH (1988) Laccase-mediated detoxification of phenolic compounds. Appl Environ Microbiol 54:3086–3091

Bonde TA, Christensen BT, Cerri CC (1992) Dynamics of soil organic matter as reflected by natural ^{13}C abundance in particle size fractions of forested and cultivated oxisols. Soil Biol Biochem 24:275–277

Bordeleau LM, Bartha R (1969) Rapid technique for enumeration and isolation of peroxidase-producing microorganisms. Appl Microbiol 18:274–275

Bordeleau LM, Bartha R (1972a) Biochemical transformations of herbicide-derived anilines in culture medium and in soil. Can J Microbiol 18:1857–1864

Bordeleau LM, Bartha R (1972b) Biochemical transformations of herbicide-derived anilines: purification and characterization of causative enzymes. Can J Microbiol 18: 1865–1871

Borek V, Morra MJ, Brown PD, McCaffrey JP (1994) Allelochemicals produced during sinigrin decomposition in soil. J Agric Food Chem 42:1030–1034

Borga P, Nilsson M, Tunlid A (1994) Bacterial communities in peat in relation to botanical composition as revealed by phospholipid fatty acid analysis. Soil Biol Biochem 26: 841–848

Bowen GD (1991) Microbial dynamics in the rhizosphere: possible strategies in managing rhizosphere populations. In: Keister DL, Cregan PB (eds) The rhizosphere and plant growth. Kluwer Academic Publishers, Dordrecht Boston London, p 25–32

Brady NC (1990) The nature and properties of soils, 10th ed. MacMillan Publishing Company, New York London

Bremner JM, Mulvaney RL (1978) Urease activity in soils. In: Burns RG (ed) Soil enzymes. Academic Press, New York London San Francisco, p 149–196

Bremner JM, Zantua MI (1975) Enzyme activity in soils at subzero temperatures. Soil Biol Biochem 7:383–387

Brookes PC, Landman A, Pruden G, Jenkinson D (1985) Chloroform fumigation and the release of soil nitrogen: a rapid direct extraction method to measure microbial biomass nitrogen in soil. Soil Biol Biochem 17:837–842

Brookes PC, Newcombe AD, Jenkinson DS (1987) Adenylate energy charge measurements in soil. Soil Biol Biochem 19:211–217

Brookes PC, Tate KR, Jenkinson DS (1983) The adenylate energy charge of the soil microbial biomass. Soil Biol Biochem 15:9–16

Browman MG, Tabatabai MA (1978) Phosphodiesterase activity of soils. Soil Sci Soc Am J 42:284–290

Brown KA (1981) Biochemical activities in peat sterilized by γ-irradiation. Soil Biol Biochem 13:469–474

Brown KA (1982) Sulphur in the environment: a review. Environ Pollut (Ser B) 3:47–80

Brown KA (1985) Acid deposition: effects of sulphuric acid at pH 3 on chemical and biochemical properties of bracken litter. Soil Biol Biochem 17:31–38

Brown ME (1972) Plant growth substances produced by microorganisms of soil and rhizosphere. J Appl Bacteriol 35:443–451

Brown ME (1973) Soil bacteriostasis limitations in growth of soil and rhizosphere bacteria. Can J Microbiol 19:195–199

Bruckert S, Kilbertus G (1980) Fractionnement et analyse des complexes organo-mineraux de sols bruns et de chernozems. Plant and Soil 57:271–295

Büdel B (1992) Taxonomy of lichenized procaryotic blue-green algae. In: Reisser W (ed) Algae and symbioses: plants, animals, fungi, viruses, interactions explored. Biopress Ltd, Bristol England, p 301–324

Burnett J (1976) Fundamentals of mycology, 2nd ed. Arnold, London

Burns RG (1978) Enzyme activity in soil: some theoretical and practical considerations. In: Burns RG (ed) Soil enzymes. Academic Press, New York London San Francisco, p 295–340

Burns RG (1978) Soil enzymes. Academic Press, New York London San Francisco

Burns RG (1980) Microbial adhesion to soil surfaces: consequences for growth and enzyme activities. In: Berkeley RWC, Lynch JM, Melling, JM, Rutter PR, Vincent B (eds) Microbial adhesion to surfaces. Ellis Horwood Ltd, Chichester, p 249–262

Burns RG (1982) Enzyme activity in soil: location and a possible role in microbial ecology. Soil Biol Biochem 14:423–427.

Burns RG (1986) Interaction of enzymes with soil mineral and organic colloids. In: Huang PM, Schnitzer M (eds) Interactions of soil minerals with natural organics and microbes. Soil Sci Soc Am (SSSA), Madison Wisconsin, p 429–451

Burns RG (1989) Microbial and enzymic activities in soil biofilms. In: Characklis WG, Wilderer PA (eds) Structure and function of biofilms. John Wiley & Sons, New York, p 333–349

Burns RG, Edwards JA (1980) Pesticide breakdown by soil enzymes. Pestic Sci 11: 506–512

Burns RG, Ladd JN (1985) Stability of immobilized phosphatases in soil. Soc Gen Microbiol Q 12:17

Businelli M, Perucci P, Patumi M, Giusquiani PL (1984) Chemical composition and enzymic activity of some worm casts. Plant and Soil 80:417–422

Busman LM, Tabatabai MA (1984) Determination of trimetaphosphate added to soils. Commun Soil Sci Plant Anal 15:1257–1268

Busman LM, Tabatabai MA (1985) Factors affecting enzymic and nonenzymic hydrolysis of trimetaphosphate in soils. Soil Sci 140: 421–428

Cacco G, Maggioni A (1976) Multiple forms of acetyl-naphthyl-esterase activity in soil organic matter. Soil Biol Biochem 8:321–325

Campbell R, Ephgrave JM (1983) Effect of bentonite clay on the growth of *Gaeumannomyces graminis* var. *tritici* and on its interactions with antagonistic bacteria. J Gen Microbiol 129:771–777

Capriel P, Beck T, Borchert H, Härter P (1990) Relationship between soil aliphatic fraction extracted with supercritical hexane, soil microbial biomass, and soil aggregate stability. Soil Sci Soc Am J 54:415–420

Catroux G, Chaussod R, Nicolardot B (1987) Assessment of nitrogen supply form the soil. Compt Rend Acad Agric Francais 3:71–79

Cavallini D, Mondovi B, De Marco C, Scioscia-Santoro A (1962) The mechanism of desulphydration of cystein. Enzymologia 24:253–266

Cervelli S, Nannipieri P, Sequi P (1978) Interactions between agrochemicals and soil enzymes. In: Burns RG (ed) Soil enzymes. Academic Press, New York London San Francisco, p 251–293

Chalvignac MA (1971) Stabilité et activité d'un système enzymatique degradant le tryptophane dans divers types de sols. Soil Biol Biochem 3:1–7

Chalvignac MA, Mayaudon J (1971) Extraction and study of soil enzymes metabolising tryptophan. Plant and Soil 34:25–31

Chapman SJ (1987) Inoculum in the fumigation method for soil biomass determination. Soil Biol Biochem 19:83–87

Chapman SJ, Gray TRG (1986) Importance of cryptic growth, yield factors and maintenance energy in models of microbial growth in soil. Soil Biol Biochem 18:1–4

Cheng W, Coleman DC, Carroll CR, Hoffman CA (1993) In situ measurement of root respiration and soluble C concentration in the rhizosphere. Soil Biol Biochem 25: 1189–1196

Chenu C (1989) Influence of a fungal polysaccharide, scleroglucan, on clay microstructures. Soil Biol Biochem 21:299–305

Chernikov VA (1993) Transformation of humic acids by autochthonous microflora. Eurasian Soil Sci 24:75–83

Chesters G, Attoe OJ, Allen ON (1957) Soil aggregation in relation to various soil constituents. Soil Sci Soc Am Proc 21:272–277

Christensen BT, Sörensen LH (1985) The distribution of native and labelled carbon between soil particle size fractions isolated from long-term incubation experiments. J Soil Sci 36:219–229

Ciardi C, Ceccanti B, Nannipieri P (1991) Method to determine the adenylate energy charge in soil. Soil Biol Biochem 23:1099–1101

Ciardi C, Ceccanti B, Nannipieri P, Casella S, Toffanin A (1993) Effect of various treatments on contents of adenine nucleotides and RNA of mediterranean soils. Soil Biol Biochem 25:739–746

Ciardi C, Nannipieri P (1990) A comparison of methods for measuring ATP in soil. Soil Biol Biochem 22:725–727

Clarholm M (1985) Possible roles for roots bacteria, protozoa and fungi in supplying nitrogen to plants. In: Fitter AH, Atkinson D, Read DJ, Usher MB (eds) Ecological interactions in soil: plants, microbes and animals. Blackwell, Oxford, p 355–365

Cole J (1993) Controlling environmental nitrogen through microbial metabolism. In: Robinson C (ed) Trends in biotechnology, Vol 11. Elsevier Science Publishers Ltd, Cambridge, p 368–372

Coleman DC, Anderson RV, Cole CV, Elliott ET, Woods L, Campion MK (1978) Trophic interactions in soils as they affect energy and nutrient dynamics, IV. Flows of metabolic and biomass carbon. Microb Ecol 4:373–380

Collet GF (1975) Exsudations racinaires d'enzymes. Bull Soc Botan France 122:61–75

Conrad JP (1940a) Hydrolysis of urea in soils by thermolabile catalysis. Soil Sci 49: 253–263

Conrad JP (1940b) The nature of the catalyst causing the hydrolysis of urea in soils. Soil Sci 50:119–134

Conrad JP (1942a) The occurrence and origin of ureaselike activities in soils. Soil Sci 54: 367–380

Conrad JP (1942b) Enzymatic vs. microbial concepts of urea hydrolysis in soils. Agron J 34:1102–1113

Cooper AB, Morgan HW (1981) Improved fluorometric method to assay for soil lipase activity. Soil Biol Biochem 13:307–311

Cooper PJM (1972) Arylsulfatase activity in northern Nigerian soils. Soil Biol Biochem 4: 333–337

Cortez J (1989) Effect of drying and rewetting on mineralization and distribution of bacterial constituents in soil fractions. Biol Fertil Soils 7:142–151

Cotrufo MF, Ineson P, Rowland AP (1994) Decomposition of tree leaf litter grown under elevated CO_2: effect of litter quality. Plant and Soil 163:121–130

Curl E, Truelove B (1985) The rhizosphere. Springer, Berlin Heidelberg New York London Paris Tokyo Hong Kong Barcelona Budapest

Curl H, Sandberg J (1961) The measurement of dehydrogenase activity in marine organisms. J Mar Res 19:123–138

Dalal RC (1982) Effect of plant growth and addition of plant residues on the phosphatase activity in soil. Plant and Soil 66:265–269

Dalenberg JW, Jager G (1981) Priming effect of small glucose additions to ^{14}C-labelled soil. Soil Biol Biochem 13:219–223

Dalenberg JW, Jager G (1989) Priming effect of some organic additions to ^{14}C-labelled soil. Soil Biol Biochem 21:443–448

Dalton BR, Blum U, Weed SB (1989) Plant phenolic acids in soils: sorption of ferulic acid by soil and soil components sterilized by different techniques. Soil Biol Biochem 21: 1011–1018

Daniel O, Anderson JM (1992) Microbial biomass and activity in contrasting soil materials after passage through the gut of the earthworm *Lumbricus rubellus* Hoffmeister. Soil Biol Biochem 24:465–470

Darrah PR, Harris PJ (1986) A fluorimetric method for measuring the activity of soil enzymes. Plant and Soil 92:81–88

Dash MC (1990) Oligochaeta: Enchytraeidae. In: Dindal DL (ed) Soil biology guide. John Wiley & Sons, New York, p 311–341

Dashman T, Stotzky G (1986) Microbial utilization of amino acids and a peptide bound on homoionic montmorillonite and kaolinite. Soil Biol Biochem 18:5–14

David MB, Mitchell MJ, Nakas JP (1982) Organic and inorganic sulfur constituents of a forest soil and their relationships to microbial activity. Soil Sci Soc Am J 46:847–852

De Bary A (1884) Vergleichende Morphologie und Biologie der Pilze. Engelmann, Leipzig

De Santo AV, Berg B, Rutigliano F.A., Alfani A, Fioretto A (1993) Factors regulating early-stage decomposition of needle litters in five different coniferous forests. Soil Biol Biochem 25:1423–1433

De Vleeschauwer D, Lal R (1981) Properties of worm casts under secondary tropical forest regrowth. Soil Sci 132:175–181

Dec J, Bollag JM (1988) Microbial release and degradation of catechol and chlorophenols bound to synthetic humic acid. Soil Sci Soc Am J 52:1366–1371

Dec J, Bollag JM (1990) Detoxification of substituted phenols by oxidoreductive enzymes through polymerisation reactions. Arch Environ Contam Toxicol 19:543–550
Dec J, Shuttleworth KL, Bollag JM (1990) Microbial release of 2,4-dichlorophenol bound to humic acid or incorporated during humification. J Environ Qual 19:546–551
Diaz-Ravina M, Acea MJ, Carballas T (1993) Seasonal fluctuations in microbial populations and available nutrients in forest soils. Biol Fertil Soils 16:205–210
Dick RP, Rasmussen PE, Kerle EA (1988) Influence of long-term residue management on soil enzyme activities in relation to soil chemical properties of a wheat-fallow system. Biol Fertil Soils 6:159–164
Dick WA, Tabatabai MA (1978) Inorganic pyrophosphatase activity of soils. Soil Biol Biochem 10:59–65
Dick WA, Tabatabai MA (1986) Hydrolysis of polyphosphates in soils. Soil Sci 142: 132–140
Dighton J (1983) Phosphatase production by mycorrhizal fungi. Plant and Soil 71:455–462
Dindal DL (1990) Indroduction. In: Dindal DL (ed) Soil biology guide. John Wiley & Sons, New York, p 1–15
Dinkelaker B, Marschner H (1992) In vivo demonstration of acid phosphatase activity in the rhizosphere of soil-grown plants. Plant and Soil 144:199–205
Djajakirana G, Jörgensen RG, Meyer B (1993) Die Messung von Ergosterol in Böden. Mitt Dtsch Bodenk Ges 71:317–318
Dkhar MS, Mishra RR (1983) Dehydrogenase and urease activities of maize (*Zea mays* L.) field soils. Plant and Soil 70:327–333
Domsch KH, Beck T, Anderson JPE, Soederstroem B, Parkinson D, Trolldenier G (1979) A comparison of methods for soil microbial population and biomass studies. Z Pflanzenernähr Bodenk 142:520–533
Domsch KH, Gams W (1970) Pilze aus Agrarböden. Gustav Fischer, Stuttgart
Domsch KH, Gams W (1972) Fungi in agricultural soils. Longman, London
Domsch KH, Gams W, Anderson TH (1980) Compendium of soil fungi, Vol 1–2. Academic Press, New York London San Francisco
Dorland S, Beauchamp EG (1991) Denitrification and ammonification at low soil temperatures. Can J Soil Sci 71:293–303
Douglas JT, Goss MJ (1982) Stability and organic matter content of surface soil aggregates under different methods of cultivation and in grasslands. Soil Tillage Res 2:155–175
Dragan-Bularda M, Kiss S (1972) Occurrence of dextransucrase in soil. 3rd Symp Soil Biol. National Soc Soil Sci, Bucharest, p 119–128
Dragan-Bularda M, Kiss S (1977a) Effects of molasses on microbial enzyme production and water stable aggregation in soils. In: Szegi J (ed) Soil biology and conservation of the biosphere. Akad Kiado, Budapest, p 397–403
Dragan-Bularda M, Kiss S (1977b) Effects of some heavy metal salts on enzyme activities in soil. 4th Symp Soil Biol. Cluj-Napoca, p 185–191
Dragan-Bularda M, Kiss S (1978) Influence of heat treatment on some enzymes in soil. Stud Univ Babes-Bolyai, Biol 2:67–71
Drobnik J (1955) Degradation of starch by the enzyme complex of soils. Folia Biol 1:29–40
Drury CF, McKenney DJ, Findlay WI (1991a) Relationships between denitrification, microbial biomass and indigenous soil properties. Soil Biol Biochem 23:751–755
Drury CF, Stone JA, Findlay WI (1991b) Microbial biomass and soil structure associated with corn, grasses, and legumes. Soil Sci Soc Am J 55:805–811

Duchaufour P, Gaiffe M (1993) Tyurin's method and other methods used in understanding humification and aggregate formation. Eurasian Soil Sci 25:13–24

Duff RB, Webley DM, Scott RO (1963) Solubilization of minerals and related materials by 2-ketogluconic acid producing bacteria. Soil Sci 95:105–114

Dunger W., Fiedler HJ (1989) Methoden der Bodenbiologie. Gustav Fischer, Stuttgart

Durand G (1965) Les enzymes dans le sol. Rev Ecol Biol Sol 2:141–205

Dutzler-Franz G (1977a) Der Einfluß einiger chemischer und physikalischer Bodenmerkmale auf die Enzymaktivität verschiedener Bodentypen. Z Pflanzenernähr Bodenk 140: 329–350

Dutzler-Franz G (1977b) Beziehungen zwischen der Enzymaktivität verschiedener Bodentypen, der mikrobiellen Aktivität, der Wurzelmasse und einigen Klimafaktoren. Z Pflanzenernähr Bodenk 140:351–374

Dutzler-Franz G (1981a) Einfluß der Temperatur auf die mikrobielle Aktivität einiger Böden aus der temperierten und hochalpinen Klimaregion. In: Franz H, Österreichische Akademie der Wissenschaften (Hrsg) Veröffentlichungen des Österreichischen MaB-Hochgebirgsprogramms Hohe Tauern, Bd 4: Bodenbiologische Untersuchungen in den Hohen Tauern. Universitätsverlag Wagner, Innsbruck, S 263–294

Dutzler-Franz G (1981b) Vergleich der mikroskopischen Bodenpilzflora des Großglocknergebietes mit derjenigen des Himalaya. In: Franz H, Österreichische Akademie der Wissenschaften (Hrsg) Veröffentlichungen des Österreichischen MaB-Hochgebirgsprogramms Hohe Tauern, Bd 4: Bodenbiologische Untersuchungen in den Hohen Tauern. Universitätsverlag Wagner, Innsbruck, S 295–300

Duxbury JM, Tate RL (1981) The effect of soil depth and crop cover on enzymatic activities in Pahokee muck. Soil Sci Soc Am J 45:322–328

Edwards CA (1990) Thermophiles. In: Edwards CA (ed) Microbiology of extreme environments. Open University Press, Milton Keynes, p 1–33

Ehrlich HL (1990) Geomicrobiology, 2nd ed. Marcel Dekker, Basel Hong Kong, New York

Eivazi F, Tabatabai MA (1977) Phosphatases in soil. Soil Biol Biochem 9:167–172

Eivazi F, Tabatabai MA (1988) Glucosidases and galactosidases in soils. Soil Biol Biochem 20:601–606

Elliott ET (1986) Aggregate structure and carbon, nitrogen, and phosphorus in native and cultivated soils. Soil Sci Soc Am J 50:627–633

Elliott ET, Anderson RV, Coleman DC, Cole CV (1980) Habitable pore space and microbial trophic interactions. Oikos 35:327–335

Elliott ET, Coleman DC, Cole CV (1979) The influence of amoebae on the uptake of nitrogen by plants in gnotobiotic soil. In: Harley JL, Russel SR (eds) The soil-root interface. Academic Press, New York London San Francisco, p 221–229

Engelstad F (1991) Impact of earthworms on decomposition of garden refuse. Biol Fertil Soils 12:137–140

England LS, Lee H, Trevors JT (1993) Bacterial survival in soil: effect of clays and protozoa. Soil Biol Biochem 25:525–531

Erich MS, Bekerie A, Duxbury JM (1984) Activities of denitrifying enzymes in freshly sampled soils. Soil Sci 138:25–32

Fabig W (1988) Mikrobiologie und Chemie der Verunreinigung von Boden und Grundwasser mit Kohlenwasserstoffen. In: Schweißfurth R, Mitverfasser (Hrsg) Angewandte Mikrobiologie der Kohlenwasserstoffe in Industrie und Umwelt. Expert Verlag, Ehningen, S 37–64

Fahraeus G, Ljungren H (1961) Substrate specifity of a purified fungal laccase. Biochem Biophys Acta 46:22–32

Farini A, Gigliotti C, Vandoni MV (1988) Evaluation of the dehydrogenase activity of the soil. Ann Microbiol Enzimol 38:223–230

Farrah SR, Bitton G (1990) Viruses in the soil environment. In: Bollag JM, Stotzky G (eds) Soil biochemistry, Vol 6. Marcel Dekker, Basel Hong Kong New York, p 529–556

Felici MF, Luna AM, Speranza M (1985) Determination of laccase activity with various aromatic substrates by high-performance liquid chromatography. J Chromatogr 320: 435–439

Fermi C (1910). Sur la présence des enzymes dans le sol, dans les eaux et dans les poussières. Zbl Bakteriol Parasitenk Abt II 26:330–335

Fiedler HJ, Rösler HJ (1988) Spurenelemente in der Umwelt. Ferdinand Enke, Stuttgart

Filip Z (1979) Wechselwirkungen von Mikroorganismen und Tonmineralen - eine Übersicht. Z Pflanzenernähr Bodenk 142:375–386

Filip Z, Preusse T (1985) Phenoloxidierende Enzyme - ihre Eigenschaften und Wirkungen im Boden. Pedobiologia 28:133–142

Fitzgerald JW, Watwood ME, Rose FA (1985) Forest floor and soil arylsulphatase: hydrolysis of tyrosine sulphate, an environmentally relevant substrate for the enzyme. Soil Biol Biochem 17:885–887

Foissner W (1993) Mikrofauna. In: Schinner F, Öhlinger R, Kandeler E, Margesin R (Hrsg) Bodenbiologische Arbeitsmethoden, 2. Aufl. Springer, Berlin Heidelberg New York London Paris Tokyo Hong Kong Barcelona Budapest, S 289–311

Förster I (1982) Einfluß von Witterung und Kulturpflanzenbestand auf bodenbiologische Leistungen, 2. Mitt: Transaminaseaktivität des Bodens. Zbl Mikrobiol 137:551–560

Forster SM (1979) Microbial aggregation of sand in an embryo dune system. Soil Biol Biochem 11:537–543

Forster SM, Nicolson TH (1981) Aggregation of sand from a maritime embryo sand dune by microorganisms and higher plants. Soil Biol Biochem 13:199–203.

Foster RC (1988) Microenvironments of soil microorganisms. Biol Fertil Soils 6:189–203

Frank T, Malkomes HP (1993) Mikrobielle Aktivitäten in landwirtschaftlich genutzten Böden Niedersachsens, II. Bodencharakterisierung anhand mikrobieller Stoffwechselaktivitäten. Z Pflanzenernähr Bodenk 156:491–494

Frankenberger WT, Brunner W (1983) Method of detection of auxin-indole-3-acetic acid in soils by high performance liquid chromatography. Soil Sci Soc Am J 47:237–241

Frankenberger WT, Johanson JB (1981) L-histidine ammonia-lyase activity in soils. Soil Sci Soc Am J 46:943–948

Frankenberger WT, Johanson JB (1983) Method for measuring invertase activity in soils. Plant and Soil 74:301–311

Frankenberger WT, Tabatabai MA (1980a) Amidase activity in soils, I. Method of assay. Soil Sci Soc Am J 44:282–287

Frankenberger WT, Tabatabai MA (1980b) Amidase activity in soils, II. Kinetic parameters. Soil Sci Soc Am J 44:532–536

Frankenberger WT, Tabatabai MA (1991a) L-asparaginase activity of soils. Biol Fertil Soils 11:6–12

Frankenberger WT, Tabatabai MA (1991b) L-glutaminase activity of soils. Soil Biol Biochem 23:869–874

Franz G (1973a) Der jahreszeitliche Wechsel des Mikrobenbesatzes zweier Pseudogleye mit unterschiedlichem Wasserhaushalt. Pedobiologia 13:376–383

Franz G (1973b) Vergleichende Untersuchungen über die Enzymaktivität einiger Böden aus Nordrhein-Westfalen und Rheinland-Pfalz. Pedobiologia 13:423–436

Franz G (1974) Mikrobiologische Untersuchungen an Böden aus Nepal. Pedobiologia 14: 372–401

Freeland PW (1977) Characterization of soil samples by enzyme activity. J Biol Educ 11: 27–32

Freney JR (1967) Sulfur containing organics. In: McLaren AD, Peterson GH (eds) Soil biochemistry, Vol 1. Marcel Dekker, Basel Hong Kong New York, p 229–259

Freney JR, Stevenson FJ, Beavers AH (1972) Sulfur-containing amino acids in soil hydrolysates. Soil Sci 114:468–476

Freudenberg K (1956) Lignin im Rahmen der polymeren Naturstoffe. Angew Chemie 68: 84–92

Fridlender M, Inbar J, Chet I (1993) Biological control of soilborne plant pathogens by a β-1,3 glucanase-producing *Pseudomonas cepacia*. Soil Biol Biochem 25:1211–1221

Fry JC (1990) Oligotrophs. In: Edwards CA (ed) Microbiology of extreme environments. Open University Press, Milton Keynes, p 93–117

Fu MH, Tabatabai MA (1989) Nitrate reductase activity in soils: effects of trace elements. Soil Biol Biochem 21:943–946

Fulton JM, Mortimore CG, Hildebrand A (1961) Note on the relation of soil bulk density to the incidence of *Phytophthora* root and stalk rot of soybean. Can J Soil Sci 41:247

Galetti AC (1932) A rapid and practical test for the oxidizing power of soil. Ann Chim Appl 22:81–83

Galstyan AS (1958a) Enzymatic activity in some Armenian soils, IV. Urease activity in soil. Dokl Akad Nauk Arm SSR 26:29–39

Galstyan AS (1958b) Determination of the comparative activity of peroxidase and polyphenoloxidase in soil. Dokl Akad Nauk Arm SSR 26:285–288

Galstyan AS (1965) Effect of temperature on activity of soil enzymes. Dokl Akad Nauk Arm SSR 40:177–181

Galstyan AS, Bazoyan GV (1974) Activity of soil arylsulphatase. Dokl Akad Nauk Arm SSR 59:184–187

Gammack SM, Paterson E, Kemp JS, Cresser MS, Killham K (1992) Factors affecting the movement of microorganisms in soils. In: Stotzky G, Bollag JM (eds) Soil biochemistry, Vol 7. Marcel Dekker, Basel Hong Kong New York, p 263–305

Ganeshamurthy AN, Nielsen NE (1990) Arylsulfatase and the biochemical mineralization of soil organic sulphur. Soil Biol Biochem 22:1163–1165

Gange AC (1993) Translocation of mycorrhizal fungy by earthworms during early succession. Soil Biol Biochem 25:1021–1026

Gannon JT, Mingelgrin U, Alexander M, Wagenet RJ (1991) Bacterial transport through homogeneous soil. Soil Biol Biochem 23:1155–1160.

Garcia-Alvarez A, Ibanez JJ (1994) Seasonal fluctuations and crop influence on microbiota and enzyme activity in fully developed soils of central Spain. Arid Soil Res Rehabil 8:161–178

Gärtner G (1992) Taxonomy of symbiotic eukaryotic algae. In: Reisser W (ed) Algae and symbioses: plants, animals, fungi, viruses, interactions explored. Biopress Ltd, Bristol England, p 325–338

Gärtner G (1993) Bodenalgen. In: Schinner F, Öhlinger R, Kandeler E, Margesin R (Hrsg) Bodenbiologische Arbeitsmethoden, 2. Aufl. Springer, Berlin Heidelberg New York London Paris Tokyo Hong Kong Barcelona Budapest, S 269–280

Gäumann E (1964) Die Pilze, 2. Aufl. Birkhäuser, Basel

Gel'tser YG (1992) Free-living protozoa as a component of soil biota. Soviet Soil Sci 24: 1–16

Germida JJ, Wainwright M, Vadakattu VS, Gupta VSR (1992) Biochemistry of sulfur cycling in soil. In: Stotzky G, Bollag JM (eds) Soil biochemistry, Vol 7. Marcel Dekker, Basel Hong Kong New York, p 1–53

Gerritse RG, Van Dijk H (1978) Determination of phosphatase activities of soils and animal wastes. Soil Biol Biochem 10:545–551

Getzin LW, Rosefield I (1971) Partial purification and properties of a soil enzyme that degrades the insecticide malathion. Biochim Biophys Acta 235:442–453

Ghonsikar CP, Miller RH (1973) Soil inorganic polyphosphates of microbial origin. Plant and Soil 38:651–655

Gibson WP, Burns RG (1977) The breakdown of malathion in soil and soil components. Microb Ecol 3:219–230

Gil'Manov TG, Bogoev VM (1984) Seasonal dynamics of the number biomass and biological activity of soil microorganisms in an oak forest of the forest-steppe zone on the rich chernozem. Izv Akad Nauk SSSR Ser Biol 0(4):560–565

Gilliam JW, Sample EC (1968) Hydrolysis of pyrophosphate in soils: pH and biological effects. Soil Sci 106:352–357

Gilmour CM, Allen ON, Truog E (1948) Soil aggregation as influenced by the growth of mold species, kind of soil, and organic matter. Soil Sci Soc Proc 12:292–296

Gnittke J, Kunze C (1975) The influence of tannic acid on catalase acitivity of soil samples. Zbl Bakteriol Abt II 130:37–40

Goldstein JL, Swain T (1965) Inhibition of enzymes by tannins. Phytochemistry 4:185–192

Gordienko S (1990) Conceptual model of the functional structure of autochthonous component in soil microbial organisms communities. Ekologia (CSFR) 9:429–439

Gosewinkel U, Broadbent FE (1984) Conductimetric determination of soil urease activity. Commun Soil Sci Plant Anal 15:1377–1389

Gould WD, Coleman DC, Rubink AJ (1979) Effect of bacteria and amoebae on rhizosphere phosphatase activity. Appl Environ Microbiol 37:943–946

Grabbe K, Koenig R, Haider K (1968) Die Bildung der Phenoloxydase und die Stoffwechselbeeinflussung durch Phenole bei *Polystictus versicolor*. Arch Mikrobiol 63: 133–153

Gray TRG (1976) Survival of vegetative microbes in soil. In: Gray TRG, Postgate JR (eds) The survival of vegetative microbes. Cambridge University Press, Cambridge, p 327–364

Gray TRG (1991) Soil organic matter turnover: Introductory comments. In: Wilson WS (ed) Advances in soil organic matter research: the impact on agriculture & the environment. The Royal Soc Chem, Cambridge, p 229–231

Gray TRG, Williams ST (1971a) Soil microorganisms. Oliver & Boyd, Edinburgh

Gray TRG, Williams ST (1971b) Microbial productivity in soil. Symp Soc Gen Microbiol 21:255–286

Greenwood AJ, Lewis DH (1977) Phosphatases and the utilisation of inositol hexaphosphate by soil yeasts of the genus *Cryptococcus*. Soil Biol Biochem 9:161–166

Gregoric EG, Ellert BH (1993) Light fraction and macroorganic matter in mineral soils. In: Carter MR (ed) Soil sampling and methods of analysis. Can Soc Soil Sci, Lewis Publishers, Boca Raton, p 397–407

Gregorich EG, Voroney RP, Kachanoski RG (1991) Turnover of carbon through the microbial biomass in soils with different textures. Soil Biol Biochem 23:799–805

Gregorich EG, Wen G, Voroney RP, Kachanoski RG (1990) Calibration of a rapid direct chloroform extraction method for measuring soil microbial biomass C. Soil Biol Biochem 22:1009–1011

Grieser K, Ziechmann W (1988) Wechselwirkungen zwischen Huminstoffen und Peroxidase. Mitt Dtsch Bodenk Ges 56:153–159

Griffiths BS (1989) Improved extraction of iodonitrotetrazolium-formazan form soil with dimethylformamide. Soil Biol Biochem 21:179–180

Griffiths E, Burns RG (1972) Interaction between phenolic substances and microbial polysaccharides in soil aggregation. Plant and Soil 36:599–612

Grigoryan KV, Galstyan AS (1979) Effect of irrigation water polluted with industrial waste on the enzymatic activity of soils. Soviet Soil Science 11:220–228

Gul'ko AY, Khaziyev FK (1993) Soil phenoloxidases: their production, immobilization, and activity. Eurasian Soil Sci 25:101–112

Gupta VVSR, Farrell RE, Germida JJ (1993) Activity of arylsulfatase in Saskatchewan soils. Can J Soil Sci 73:341–347

Gupta VVSR, Germida JJ (1988) Distribution of microbial biomass and its activity in different soil aggregate size classes as affected by cultivation. Soil Biol Biochem 20:777–786

Gupta VVSR, Lawrence JR, Germida JJ (1988) Impact of elemental sulfur fertilization on agricultural soils, I. Effects on microbial biomass and enzyme activities. Can J Soil Sci 68:463–473

Haider K (1965) Untersuchungen über den mikrobiellen Abbau von Lignin. Zbl Bakteriol Abt I 198:308–316

Haider K, Troyanowski J, Sundman V (1978) Screening for lignindegrading bacteria by means of ^{14}C-labeled lignins. Arch Microbiol 119:103–106

Hale MG, Moore LD, Griffin GJ (1978) Root exudates and exudation. In: Dommergues YR, Krupa SV (eds) Interactions between nonpathogenic soil microorganisms and plants. Elsevier North-Holland Biomedical Press, Amsterdam, p 163–204

Hallivell G (1957) A microdetermination of cellulose in studies with cellulase. Biochem J 68:605–609

Han KW, Yoshida T (1982) Sulfur mineralization in rhizosphere of lowland rice. Soil Sci Plant Nutr 28:379–387

Hankin L, Hill DE, Stephens GR (1982) Effect of mulches on bacterial populations and enzyme activity in soil and vegetable yields. Plant and Soil 64:193–201

Hankin L, Sands DC, Hill DE (1974) Relation of land use to some degradative enzymatic activities of soil bacteria. Soil Sci 118:38–44

Hankin L, Stephens GR, Hill DE (1979) Effect of additions of liquid poultry manure on excretion of degradative enzymes by bacteria in forest soil and litter. Can J Microbiol 25: 1258–1268

Hanlon RDG, Anderson JM (1979) The effects of collembola grazing on microbial activity in decomposing leaf litter. Oecologia 38:93–101

Harold FM (1966) Inorganic polyphosphates in biology: structure, metabolism, and function. Bacteriol Rev 30:772–794

Harrison AF (1983) Relationship between intensity of phosphatase activity and physicochemical properties in woodland soils. Soil Biol Biochem 15:93–99

Harrison AF, Pearce T (1979) Seasonal variation of phosphatase activity in woodland soils. Soil Biol Biochem 11:405–410

Harrison LA, Letendre L, Kovacevich P, Pierson E, Woeller, D (1993) Purification of an antibiotic effective against *Gaeumannomyces graminis* var *tritici* produced by a biocontrol agent, *Pseudomonas aureofaciens*. Soil Biol Biochem 25:215–221

Hartenstein R (1982) Soil macroinvertebrates, aldehyde oxidase, catalase, cellulase and peroxidase. Soil Biol Biochem 14:387–391

Haska G (1975) Influence of clay minerals on sorption of bacteriolytic enzymes. Microb Ecol 1:234–245

Hassink J (1994a) Effects of soil texture and grassland management on soil organic C and N and rates of C and N mineralization. Soil Biol Biochem 26:1221–1231

Hassink J (1994b) Effect of soil texture on the size of the microbial biomass and on the amount of C and N mineralized per unit of microbial biomass in Dutch grassland soil. Soil Biol Biochem 26:1573–1581

Hassink J (1995) Density fractions of soil macroorganic matter and microbial biomass as predictors of C and N mineralization. Soil Biol Biochem 27:1099-1108

Hassink J, Bouwman LA, Zwart KB, Brussaard L (1993) Relationships between habitable pore space, soil biota and mineralization rates in grassland soils. Soil Biol Biochem 25: 47–55

Hassink J, Lebbink G, van Veen JA (1991a) Microbial biomass and activity of a reclaimed-polder soil under a conventional or a reduced-input farming system. Soil Biol Biochem 23:507–513

Hassink J, Neutel AM, De Ruiter PC (1994) C and N mineralization in sandy and loamy grassland soils: the role of microbes and microfauna. Soil Biol Biochem 26:1565–1571

Hassink J, Scholefield D, Blantern P (1990) Nitrogen mineralization in grassland soil. In: Gaborcik N, Krajcovic V, Zimkova M (eds) Proceedings of the 13th General Meeting of the European Grassland Federation, Vol II. Banscka Bystrica, Czechoslovakia, p 25–32

Hassink J, Voshaar JHO, Nijhuis EH, van Veen JA (1991b) Dynamics of the microbial populations of a reclaimed-polder soil under conventional and a reduced-input farming system. Soil Biol Biochem 23:515–524

Hatcher PG, Bortiatynski JM, Minard RD, Dec J, Bollag, JM (1993) Use of high-resolution carbon-13 NMR to examine the enzymatic covalent binding of carbon-13 labeled 2,4-dichlorophenol to humic substances. Environ Sci Technol 27:2098–2103

Hattori T (1973) Microbial life in the soil. Marcel Dekker, Basel Hong Kong New York

Hattori T, Hattori R (1976) The physical environment in soil microbiology: an attempt to extend principles of microbiology to soil microorganisms. CRC Crit Rev Microbiol 4: 423–461

Häussling M, Marschner H (1989) Organic and inorganic soil phosphates and acid phosphatase activity in the rhizosphere of 80-year-old Norway spruce. Biol Fertil Soils 8: 128–133

Hawker LE, Linton AH (1979) Microorganisms, function, form and environment. Edward Arnold, London

Hawksworth DL, Mound LA (1991) Biodiversity database: The crucial significanc of collections. In: Hawksworth DL (ed) The biodiversity of microorganisms and invertebrates: its role in sustainable agriculture. CAB International, Wallingford Oxon, p 17–31

Hayano K (1973) A method for the determination of β-glucosidase activity in soil. Soil Sci Plant Nutr 19:103–108

Hayano K (1986) Cellulase complex in a tomato field soil: induction, localization and some properties. Soil Biol Biochem 18:215–219

Hayano K, Tubaki K (1985) Origin and properties of β-glucosidase activity of tomato-field soil. Soil Biol Biochem 17:553–557

Hayes MHB (1991) Concepts of the origins, composition, and structures of humic substances. In: Wilson WS (ed) Advances in soil organic matter research: the impact on agriculture & the environment. The Royal Soc Chem, Cambridge, p 3–23

Haynes RJ, Swift RS (1990) Stability of soil aggregates in relation to organic constituents and soil water content. J Soil Sci 41:73–83

Helal HM, Dressler A (1989) Mobilization and turnover of soil phosphorus in the rhizosphere. Z Pflanzenernähr Bodenk 152:175–180

Helal HM, Sauerbeck D (1986) Effect of plant roots on carbon metabolism of soil microbial biomass. Z Pflanzenernähr Bodenk 149:181–188

Hendriks L, Jungk A (1981) Erfassung der Mineralstoffverteilung in Wurzelnähe durch getrennte Analyse von Rhizo- und Restboden. Z Pflanzenernähr Bodenkd 144:276–282

Hendrix PF, Parmelee RW, Crossley DA, Coleman DC, Odum EP, Groffman PM (1986) Detritus food webs in conventional and no-tillage agroecosystems. Bioscience 36: 374–380

Henssen A, Jahns HM (1974) Lichenes. Eine Einführung in die Flechtenkunde. Thieme Verlag, Stuttgart

Herbien SA, Neal JL (1990) Soil pH and phosphatase acitivity. Commun Soil Sci Plant Anal 21:439–456

Herlihy M (1972) Microbial and enzyme activity in peats. Tech Commun Int Soc Hort Sci, Acta Hortic 26:45–50

Heynen CE, van Elsas JD, Kuikman PJ, van Veen JA (1988) Dynamics of *Rhizobium leguminosarum* biovar *trifolii* introduced into soil; the effect of bentonite clay on predation by protozoa. Soil Biol Biochem 20:483–488

Hissett R, Gray TRG (1976) Microsites and time changes in soil microbe ecology. In: Anderson JM, MacFadyen A (eds) The role of terrestrial and aquatic organisms in decomposition processes. Blackwell, Oxford, p 23–39

Hoffmann G (1958a) Verteilung und Herkunft einiger Enzyme im Boden. Z Pflanzenernähr Düng Bodenk 85:97–104

Hoffmann G (1958b) Untersuchungen zur synthetischen Wirkung von Enzymen im Boden. Z Pflanzenernähr Düng Bodenk 85:193–201

Hoffmann G (1963) Synthetic effects of soil enzymes. Rec Prog Microbiol 8:230–234

Hoffmann G (1968) Eine photometrische Methode zur Bestimmung der Phosphatase-Aktivität in Böden. Z Pflanzenernähr Düng Bodenk 118: 161–171

Hoffmann G, Dedeken M (1965) Eine Methode zur kolorimetrischen Bestimmung der β-Glucosidase-Aktivität in Böden. Z Pflanzenernähr Düng Bodenk 108:195–201

Hoffmann G, Pallauf J (1965) Eine kolorimetrische Methode zur Bestimmung der Saccharase-Aktivität von Böden. Z Pflanzenernähr Düng Bodenk 110:193–201

Hoffmann G, Teicher K (1957) Das Enyzmsystem unserer Kulturböden, VII. Proteasen II. Z Pflanzenernähr Düng Bodenk 77:243–251.

Hoffmann G, Teicher K (1961) Ein kalorimetrisches Verfahren zur Bestimmung der Ureaseaktivität in Böden. Z Pflanzenernähr Düng Bodenk 95:55–63

Hofmann E, Hoffmann G (1953) Occurrence of α- and β-glycosidases in the soil. Naturwissenschaften 40:511

Hofmann E, Hoffmann G (1954) The enzyme system of our arable soils, V. α- and β-galactosidase and α-glucosidase. Biochem Z 325:329–332

Hofmann E, Hoffmann G (1955a) Über Herkunft, Bestimmung und Bedeutung der Enzyme im Boden. Z Pflanzenernähr Düng Bodenk 70:9–16

Hofmann E, Hoffmann G (1955b) Über das Enzymsystem unserer Kulturböden, VI. Amylase. Z Pflanzenernähr Düng Bodenk 70:97–104

Hofmann E, Schmidt W (1953) Über das Enzymsystem unserer Kulturböden, II. Urease. Biochem Z 324:125–127

Hofmann E, Seegerer A (1951) Soil enzymes as factors of fertility. Naturwissenschaften 38:141–142

Holben WE, Jansson JK, Chelm BK, Tiedje JM (1988) DNA probe method for the detection of specific microorganisms in the soil bacterial community. Appl Environ Microbiol 54:703–711

Hope CFA, Burns RG (1985) The barrier-ring plate technique for studying extracellular enzyme diffusion and microbial growth in model soil environments. J Gen Microbiol 131: 1237–1243

Hope CFA, Burns RG (1987) Activity, origins and location of cellulases in a silt loam soil. Biol Fertil Soils 5:164–170

Hopkins DW, MacNaughton SJ, O'Donnell AG (1991) A dispersion and differential centrifugation technique for representatively sampling microorganisms from soil. Soil Biol Biochem 23:217–225

Houghton C, Rose FA (1976) Liberation of sulphate from sulphate esters by soils. Appl Environ Microbiol 31:969–976

Hoult EH, McGarity JW (1986) The measurement and distribution of urease activity in a pasture system. Plant and Soil 93:359–366

Howard PA, Howard DM (1987) Numerical characterization of forest soils using biological and biochemical properties. Biol Fertil Soils 5:61–67

Hsu TS, Bartha R (1979) Accelerated mineralization of two organophosphate insecticides in the rhizosphere. Appl Environ Microbiol 37:36–41

Huang PM (1990) Role of soil minerals in transformations of natural organics and xenobiotics in soil. In: Bollag JM, Stotzky G (eds) Soil biochemistry, Vol 6. Marcel Dekker, Basel Hong Kong New York, p 29–115

Hunt HW, Cole CV, Klein DA, Coleman DC (1977) A simulation model for the effect of predation on bacteria in continuous culture. Microb Ecol 3:259–278

Hunt HW, Coleman DC, Ingham ER, Elliott ET, Moore JC, Rose SL, Reid CPP, Morley CR (1987) The detrital food web in a shortgrass prairie. Biol Fertil Soils 3:57–68

Hunt ME, Floyd GL, Stout BB (1979) Soil algae in field and forest environments. Ecology 60:362–375

Ihlenfeldt MJA, Gibson J (1975) Phosphate utilization and alkaline phosphatase activity in *Anacystis nidulans*. Arch Mikrobiol 102:23–28

Illmer P, Schinner F (1992) Solubilization of inorganic phosphates by microorganisms isolated from forest soils. Soil Biol Biochem 24:389–395

Illmer P, Schinner F (1995) Solubilization of inorganic calcium phosphates - solubilization mechanisms. Soil Biol Biochem 27:257–263

Inbar J, Chet I (1991) Detection of chitinolytic activity in the rhizosphere using image analysis. Soil Biol Biochem 23:239–242

Ineson P, Leonard MA, Anderson JM (1982) Effect of collembolan grazing upon nitrogen and cation leaching from decomposing leaf litter. Soil Biol Biochem 14:601–605

Ingham ER, Klein DA, Trlica MJ (1985) Responses of microbial components of the rhizosphere to plant management strategies in a semiarid rangeland. Plant and Soil 85: 65–76

Insam H (1990) Are the soil microbial biomass and basal respiration governed by the climatic regime? Soil Biol Biochem 22:525–532

Insam H, Haselwandter K (1989) Metabolic quotient of the soil microflora in relation to plant succession. Oecologia 79:174–178

Insam H, Parkinson D, Domsch KH (1989) Influence of macroclimate on soil microbial biomass. Soil Biol Biochem 21:211–221

Inubushi K, Brookes PC, Jenkinson DS (1991) Soil microbial biomass C, N and ninhydrin-N in aerobic and anaerobic soils measured by the fumigation-extraction method. Soil Biol Biochem 23:737–741

Jackman RH, Black CA (1951) Hydrolysis of iron, aluminium, calcium, and magnesium inositol phosphates by phytase at different pH values. Soil Sci 72:261–266

Jackman RH, Black CA (1952a) Phytase activity in soils. Soil Sci 73:117–125

Jackman RH, Black CA (1952b) Hydrolysis of phytate phosphorus in soils. Soil Sci 73: 167–171

Jackson RW, De Moss JA (1965) Effects of toluene on *Escherichia coli*. J Bacteriol 90: 1420–1425

Jäggi W (1980) Einfluß von Pflanzenschutzmitteln auf Bodenmikroorganismen. Mitt Schweiz Landw 28:21–29

James LK, Augenstein LG (1966) Adsorption of enzymes at interfaces: film formation and the effect on activity. Adv Enzymol 28:1–40

Jastrow JD, Miller RM (1991) Methods for assessing the effects of biota on soil structure. Agric Ecosyst Environ 34:279–303

Jenkinson DS, Adams DE, Wild A (1991) Modell estimates of CO_2 emissions from soil in response to global warming. Nature 351:304–306

Jenkinson DS, Ladd JN (1981) Microbial biomass in soil: measurement and turnover. In: Paul EA, Ladd JN (eds) Soil biochemistry, Vol 5. Marcel Dekker, Basel Hong Kong New York, p 415–471

Jensen MB (1985) Interactions between soil invertebrates and straw in arable soil. Pedobiologia 28:59-69

Johnson JL, Temple KL (1964) Some variables affecting the measurement of „catalase activity“ in soil. Soil Sci Soc Am Proc 28:207–209

Jones D, Webley DM (1968) A new enrichment technique for studying lysis of fungal cell walls in soil. Plant and Soil 28:147–157

Jörgensen RG, Brookes PC, Jenkinson DS (1990) Survival of the soil microbial biomass at elevated temperatures. Soil Biol Biochem 22:1129–1136

Juma NG, Tabatabai MA (1988) Comparison of kinetic and thermodynamic parameters of phosphomonoesterases of soils and of corn and soybean roots. Soil Biol Biochem 20: 533–539

Jungk A, Claassen N (1989) Availability in soil and acquisition by plants as the basis for phosphorus and potassium supply to plants. Z Pflanzenernähr Bodenk 152:151–157.

Kaiser P, Monzon de Asconegui MS (1971) Measurement of pectinolytic enzyme activity in soil. Biol Sol 14:16–19

Kamara A, Penev T, Moncheva P, Keremidchieva S (1986) Biological features of some soil types of Guinea. Pochvozn Agrokhim Rastit Zasht 21:79–84

Kampert M, Strzelczyk E, Pokojska A (1975) Production of gibberelin-like substances by bacteria and fungi isolated from the roots of pine seedlings (*Pinus sylvestris* L.). Acta Microbiol Polonica Ser B 7:157–166

Kanazawa S, Filip Z (1986) Distribution of microorganisms, total biomass, and enzyme activities in different particles of Brown Soil. Microb Ecol 12:205–215

Kanazawa S, Miyashita K (1986) A modified method for determination of cellulase activity in forest soil. Soil Sci Plant Nutr 32: 71–79

Kanazawa S, Miyashita K (1987) Cellulase activity in forest soils. Soil Sci Plant Nutr 33: 399–406

Kandeler E (1986) Aktivität von Proteasen in Böden und ihre Bestimmungsmöglichkeit. Kongreßbd 1986, VDLUFA-Schriftenreihe 20:829–847

Kandeler E (1993a) Bestimmung der Proteaseaktivität. In: Schinner F, Öhlinger R, Kandeler E, Margesin R (Hrsg) Bodenbiologische Arbeitsmethoden, 2. Aufl. Springer, Berlin Heidelberg New York London Paris Tokyo Hong Kong Barcelona Budapest, S 180–183

Kandeler E (1993b) Bestimmung der Arginin-Desaminierung. In: Schinner F, Öhlinger R, Kandeler E, Margesin R (Hrsg) Bodenbiologische Arbeitsmethoden, 2. Aufl. Springer, Berlin Heidelberg New York London Paris Tokyo Hong Kong Barcelona Budapest, S 183–186

Kandeler E (1993c) Bestimmung der Nitratreduktase-Aktivität. In: Schinner F, Öhlinger R, Kandeler E, Margesin R (Hrsg) Bodenbiologische Arbeitsmethoden, 2. Aufl. Springer, Berlin Heidelberg New York London Paris Tokyo Hong Kong Barcelona Budapest, S 192–194

Kandeler E, Gerber H (1985) Ein einfaches Verfahren zur Bestimmung der Ureaseaktivität im Boden. Kongreßbd 1985, VDLUFA-Schriftreihe 16:609–614

Kandeler E, Gerber H (1988) Short-term assay of soil urease activity using colorimetric determination of ammonium. Biol Fertil Soils 6:68–72

Kappen H (1913) Die katalytische Kraft des Ackerbodens. Fühlings Landw Z 62:377–392

Kapsamer-Puchner D (1984) Zusammenhang zwischen bodenbiologischen und bodenchemischen Parametern in Bodenmaterialien verschiedener Bodentypen. Diplomarbeit, Universität Innsbruck

Kapusta LA, Annala AE, Swanson WC (1981) The peroxidase-glucose oxidase system: a new method to determine glucose liberated by carbohydrate degrading soil enzymes. Plant and Soil 63:487–490

Kearney PC, Plimmer JR, Guardia FS (1969) Mixed chloroazobenzene formation in soil. J Agric Food Chem 17:1418

Keith H, Oades JM, Martin JK (1986) Input of carbon to soil from wheat plants. Soil Biol Biochem 18:445–449

Khaziyev FK (1967) Relationship between nuclease activity of soil and the biodynamics of organic phosphates. Soviet Soil Sci 13:1822–1826

Khaziyev FK, Agafarova YAM, Gul'ko AE (1988) Rapid colorimetric method for determining invertase activity in the soil. Pochvovedenie 11:119–121.

Khaziyev FK, Khabirov IK (1983) Physiographic factors and enzymatic activity of soils. Soviet Soil Sci 15:23–32

Killham K, Rashid MA (1986) Assay of activity of a soil deaminase. Plant and Soil 92: 15–21

Kishk FM, El-Essawi T, Abdel-Ghafer S, Aboudonia MB (1976) Hydrolysis of methylparathion in soils. J Agric Food Chem 24:305–307

Kiss S (1958) New data regarding the identity of soil saccharase and soil α-glucosidase (maltase). Stud Univ Babes-Bolyai Ser Biol 2:51–55

Kiss S, Dragan-Bularda M (1968) Levan sucrase activity in soil under conditions unfavorable for the growth of microorganisms. Rev Roum Biol Ser Bot 13:435–438

Kiss S, Dragan-Bularda M (1972) Persistence of levansucrase activity in soil in the presence of chloromycetin. Stud Univ Babes-Bolyai Ser Biol 2:139–144

Kiss S, Dragan-Bularda M, Radulescu D (1971) Biological significance of enzymes accumulated in soil. Contrib botaniques cluj, p 377–397

Kiss S, Dragan-Bularda M, Radulescu D (1975a) Biological significance of enzymes accumulated in soil. In: Brady NC (ed) Advances in agronomy, Vol 27. Academic Press, London New York San Francisco, p 25–87

Kiss S, Dragan-Bularda M, Radulescu D (1978) Soil polysaccharidases: activity and agricultural importance. In: Burns RG (ed) Soil enzymes. Academic Press, New York London San Francico, p 117–147

Kiss S, Péterfi S (1960) Importance of substrates in determining and comparing maltase (α-glucosidase) and lactase (β-glucosidase) activities in soil. Stud Univ Babes-Bolyai Ser Biol 2:275–276

Kiss S, Péterfi S (1961) Paper-chromatographic method for identifying the phosphomonoesterases of the soil. Stud Univ Babes-Bolyai Ser Chem 8:369–373

Kiss S, Stefanic G, Dragan-Bularda M (1974) Soil enzymology in Romania, Part I. Contrib botaniques cluj, 1:207–219

Kiss S, Stefanic G, Dragan-Bularda M (1975b) Soil enzymology in Romania, Part II. Contrib botaniques cluj, p 197–204

Klein DA, Loh TC, Goulding RL (1971) A rapid procedure to evaluate the dehydrogenase activity of soils low in organic matter. Soil Biol Biochem 3:385–387

Klein DA, Sörensen DL, Redente EF (1985) Soil enzymes: a predictor of reclamation potential and progress. In: Tate RL, Klein DA (eds) Soil reclamation processes: Microbiological analyses and applications. Marcel Dekker, Basel Hong Kong New York, p 141–171

Klepper LA (1976) Nitrite accumulation within herbicide-treated leaves. Weed Sci 24: 533–535

Klibanov AM, Tu T-M, Scott KP (1983) Peroxidase-catalyzed removal of phenols from coal-conversion waste waters. Science 221:259–261

Kobilansky C, Schinner F (1988) Cellulolytic, xylanolytic, and pectinolytic activities of myxomycetes. J Gen Appl Microbiol 34:321–332

Koch M, Scheu S (1993) Mikrobielle Biomasse in Bodenaggregaten unterschiedlicher Größe eines Buchenwaldes nach Exposition im Freiland. Mitt Dtsch Bodenk Ges 71: 347–350

Kojima S (1994) Effects of global climatic warming on the boreal forest. J Plant Res 107: 91–97

Kolm HE (1983) Antimikrobielle Wirkstoffe von Myxomyceten. Dissertation, Universität Innsbruck

König E (1965) Der jahreszeitliche Wechsel des Mikroorganismenbesatzes in verschiedenen Bodenprofilen. Z Pflanzenernähr Düng Bodenk 111:23–37

Kouyeas V (1964) An approach to the study of moisture relations in soil fungi. Plant and Soil 20:351–363

Kowalczyk T, Schröder D (1988) Beeinflussung bodenmikrobiologischer Parameter durch Bodeneigenschaften auf Standorten mit geringen Unterschieden im C_{org}-Gehalt. Kali-Briefe (Büntehof) 19:335–344

Kowalzcyk T, Karnath H, Schröder D (1987) Standörtliche, jahreszeitliche und tiefenabhängige Variabilität bodenbiologischer Eigenschaften. Kongreßbd 1987, VDLUFA-Schriftenreihe 23:913–924

Kozlov K (1964) Enzymatic activity of the rhizosphere and soils in the East Siberia area. Folia Microbiol 9:145–149

Krapfenbauer A (1994) Wald und Waldviertel. In: Dick G (Hrsg) Das Waldviertel als Natur- und Kulturraum, Festschrift aus Anlaß des 10-jährigen Bestandsjubiläums des Instituts für angewandte Öko-Ethologie in Rosenburg. Beiträge zur Waldviertel-Forschung

Krapfenbauer A, Holtermann C (1993) Ozon in der Troposphäre - trotz Reduktion von Vorläufersubstanzen - unverändert oder weiter steigend! Eigenverlag, Universität für Bodenkultur, Wien

Krieg NR, Holt JG (1984) Bergey's Manual of Systematic Bacteriology, Vol 1. Williams & Wilkins, Baltimore

Krishnamoorthy RV (1990) Mineralization of phosphorus by fecal phosphatases of some earthworms of indian tropics. Proc Indian Acad Sci Anim Sci 99:509–518

Kuhnert-Finkernagel R, Kandeler E (1993a) Titrimetrische Bestimmung der Lipase-Aktivität. In: Schinner F, Öhlinger R, Kandeler E, Margesin R (Hrsg) Bodenbiologische Arbeitsmethoden, 2. Aufl. Springer, Berlin Heidelberg New York London Paris Tokyo Hong Kong Barcelona Budapest, S 134–136

Kuhnert-Finkernagel R, Kandeler E (1993b) Fluorimetrische Bestimmung der Lipase-Aktivität. In: Schinner F, Öhlinger R, Kandeler E, Margesin R (Hrsg) Bodenbiologische Arbeitsmethoden, 2. Aufl. Springer, Berlin Heidelberg New York London Paris Tokyo Hong Kong Barcelona Budapest, S 136–138

Kuikman PJ, Lekkerkerk LJA, van Veen JA (1991) Carbon dynamics of a soil planted with wheat under an elevated atmospheric CO_2 concentration. In: Wilson WS (ed) Advances in soil organic matter research: the impact on agriculture & the environment. Redwood Press Ltd, Melksham Wiltshire 267–275

Kuikman PJ, van Veen JA (1989) The impact of protozoa on the availability of bacterial nitrogen to plants. Biol Fertil Soils 8:13–18

Kulinska D, Camargo VLL, Drozdowicz A (1982) Enzyme activities in „Cerrado" soils in Brazil. Pedobiologia 24:101–107

Kunze C (1970) The effect of streptomycin and aromatic carboxylic acids on the catalase activity in soil samples. Zbl Bakteriol Parasitenk Abt II 124:658–661

Kunze C (1971) Catalase activity in soil samples as influenced by tannin, gallic acid and p-hydroxybenzoic acid. Oecol Plant 6:197–201

Kuprevich VF (1951) The biological activity of soil and methods for its determination. Dokl Akad Nauk SSSR 79:863–866

Kuprevich VF, Shcherbakova TA (1956) Determination of invertase and catalase activity of soils. Vestsi Akad Navuk Belarusk SSR Ser Biyal 2:115–116

Kuprevich VF, Shcherbakova TA (1971) Comparative enzymatic activity in diverse types of soil. In: McLaren AD, Skujins J (eds) Soil biochemistry, Vol 2. Marcel Dekker, Basel Hong Kong New York, p 167–201

Küster E (1972) Mikrobiologie und Landtechnik. Grundlagen der Landtechnik 22:65–68

Labroue L, Carles J (1977) Le cycle de l'azote dans les sols alpins du Pic du Midi de Bigorre (Hautes-Pyrénées). Oecol Plant 12:55–77

Ladd JN (1978) Origin and range of soil enzymes. In: Burns RG (ed) Soil enzymes. Academic Press, London New York San Francisco, p 51–95

Ladd JN, Amato M (1989) Relationship between microbial biomass carbon in soils and absorbance (260 nm) of extracts of fumigated soils. Soil Biol Biochem 21:457–459

Ladd JN, Butler JHA (1970) The effect of inorganic cations on the inhibition and stimulation of protease activity by soil humic acids. Soil Biol Biochem 2:33–40

Ladd JN, Butler JHA (1972) Short-term assays of soil proteolytic enzyme activities using proteins and dipeptide derivatives as substrates. Soil Biol Biochem 4:19–30

Ladd JN, Jocteur-Monrozier L, Amato M (1992) Carbon turnover and nitrogen transformations in an alfisol and vertisol amended with U-^{14}C-glucose and ^{15}N ammonium sulfate. Soil Biol Biochem 24:359–371

Ladd JN, Paul EA (1973) Changes in enzymic activity and distribution of acid-soluble, amino acid nitrogen in soil during nitrogen immobilization and mineralization. Soil Biol Biochem 5: 825–840

Laehdesmaeki P, Piispanen R (1988) Degradation products and the hydrolytic enzyme activities in the soil humification process. Soil Biol Biochem 20:287–292

Laehdesmaeki P, Piispanen R (1992) Soil enzymology: role of protective colloid systems in the preservation of exoenzyme activities in soil. Soil Biol Biochem 24:1173–1177

Lai CM, Shin GY (1993) Use of an immobilized acid phosphatase to hydrolyze organic phosphates. J Chin Agric Chem Soc 31:557–565

Lal R (1991) Soil conservation and biodiversity. In: Hawksworth DL (ed) The biodiversity of microorganisms and invertebrates: its role in sustainable agriculture. CAB International, Wallingford Oxon, p 89–105

Lee KE (1991) The diversity of soil organisms. In: Hawksworth DL (ed) The biodiversity of microorganisms and invertebrates: its role in sustainable agriculture. CAB International, Wallingford Oxon, p 73–89

Lee R, Speir TW (1979) Sulphur uptake by ryegrass and its relationship to inorganic and organic sulphur levels and sulphatase activity in soil. Plant and Soil 53:407–425

Lehmann RG, Cheng HH, Harsh JB (1987) Oxidation of phenolic acids by soil iron and manganese oxides. Soil Sci Soc Am J 51:352–356

Lehninger AL (1985) Biochemie, 2. Aufl. VCH Verlagsgesellschaft, Weinheim

Leinhos V, Birnstiel H (1989) Plant growth substances produced by microorganisms of the rhizosphere and the soil. J Basic Microbiol 29:473–476

Lenhard G (1956) Die Dehydrogenaseaktivität des Bodens als Maß für die Mikroorganismentätigkeit im Boden. Z Pflanzenernähr Düng Bodenk 73:1–11

Leonowicz A, Trojanowski k J (1975) Induction of laccase by ferulic acid in basidiomycetes. Acta Biochim Polon 22:291–295

Lethbridge G, Bull AT, Burns RG (1978) Assay and properties of 1,3-β-Glucanase in soil. Soil Biol Biochem 10:389–391

Lewis JA, Papavizas GC (1970) Evolution of volatile sulfur-containing compounds from decomposition of crucifers in soil. Soil Biol Biochem 2:239–246

Leyval C, Berthelin J (1989) Interactions between *Laccaria laccata*, *Agrobacterium radiobacter* and beech roots: influence on P, K, Mg, and Fe mobilization from minerals and plant growth. Plant and Soil 117:103–110

Line MAO, Dragar C (1993) Isolation of bacteria antagonistic to a range of plant pathogenic fungi. Soil Biol Biochem 25:247–250

Liu SY, Bollag JM (1985) Enzymatic binding of the pollutant 2,6-xylenol to a humus constituent. Water Air Soil Pollut 25:97–106

Liu SY, Minard RD, Bollag JM (1981) Coupling reactions of 2,4-dichlorphenol with various anilines. J Agric Food Chem 29:253–257

Löhnis F (1910) Handbuch der landwirtschaftlichen Bakteriologie. Borntraeger, Berlin
Loll MJ, Bollag JM (1985) Characterization of a citrat-buffer soil extract with oxidative coupling activity. Soil Biol Biochem 17:115–117
Loub W (1960) Die mikrobiologische Charakterisierung von Bodentypen. Die Bodenkultur 1:38–70
Loub W (1966) Zur Mikrobiologie mittel- und nordeuropäischer Podsole. Z Pflanzenernähr Düng Bodenk 111:156–167
Lousier JD, Bamforth SS (1990) Soil protozoa. In: Dindal DL (ed) Soil biology guide. John Wiley & Sons, New York, p 97–137
Lund V, Goksoyr J (1980) Effects of water fluctuations on microbial biomass and activity in soil. Microb Ecol 6:115–123
Lynch JM (1981) Promotion and inhibition of soil aggregate stabilization by microorganisms. J Gen Microbiol 126:371–375
Lynch JM (1983) Soil biotechnology. Blackwell, Oxford.
Lynch JM (1984) Interactions between biological processes, cultivation and soil structure. Plant and Soil 76:307–318
Lynch JM (1990) The rhizosphere. Wiley & Sons, New York
Lynch JM, Bragg E (1985) Microorganisms and soil aggregate stability. Advances in soil science, Vol 2. Springer, Berlin Heidelberg New York London Paris Tokyo Hong Kong Barcelona, p 133–171
Lynch JM, Elliott LF (1983) Aggregate stabilization of volcanic ash and soil during microbial degradation of straw. Appl Environ Microbiol 45:1398–1401
Lynch JM, Panting LM (1980) Variations in the size of soil biomass. Soil Biol Biochem 12: 547–550
Lynch JM, Whipps JM (1991) Substrate flow in the rhizosphere. In: Keister DL, Cregan PB (eds) The rhizosphere and plant growth. Kluwer Academic Publishers, Dordrecht Boston London, p 15–24
Lyr H (1961) Analytical studies with inhibitors of various enzymes of wood-rotting fungi. Enzymologia 23:231–248
Maas EMC, Kotze JM (1990) Crop rotation and take-all of wheat in South Africa. Soil Biol Biochem 22:489–494.
MacDonald RM (1980) Cytochemical demonstration of catabolism in soil microorganisms. Soil Biol Biochem 12:419–423
Mai H, Fiedler HJ (1973) Bodenmikrobiologische Untersuchungen an Pseudogleyböden unter Wald im Sächsischen Hügelland. Zbl Bakteriol Abt II 128:551–565
Majumdar SK, Rao CVN (1978) Physico-chemical studies on enzyme-degraded fulvic acid. J Soil Science 29:489–497
Makboul HE, Ottow JCG (1979a) Clay minerals and Michaelis constant of urease. Soil Biol Biochem 11:683–686
Makboul HE, Ottow JCG (1979b) Einfluß von Zwei- und Dreischichttonmineralen auf die Dehydrogenase-, saure Phosphatase- und Urease-Aktivität in Modellversuchen. Z Pflanzenernähr Bodenk 142:500–513.
Makboul HE, Ottow JCG (1979c) Alkaline phosphatase activity and Michaelis constant in the presence of different clay minerals. Soil Sci 128:129–135
Makboul HE, Ottow JCG (1979d) Michaelis constant (K_m) of acid phosphatase as affected by montmorillonit, illite, and kaolinit clay minerals. Microb Ecol 5:207–231
Malcolm RE, Vaughan D (1979) Humic substances and phosphatase activities in plant tissues. Soil Biol Biochem 11:253–259.

Marcuzzi G, Turchetto Lafisca M (1978) Contribute to the knowledge of polysaccharases in soil animals. Rev Ecol Biol Sol 15:135–145

Mardulyn P, Godden B, Echezarreta PA, Penninckx M, Gruber W., Herbauts J (1993) Changes in humus microbiological activity induced by the substitution of the natural beech forest by Norway spruce in the Belgian Ardennes. For Ecol Manage 59:15–27

Margesin R (1993a) Bestimmung der sauren und alkalischen Phosphomonoesterase-Aktivität. In: Schinner F, Öhlinger R, Kandeler E, Margesin R (Hrsg) Bodenbiologische Arbeitsmethoden, 2. Aufl. Springer, Berlin Heidelberg New York London Paris Tokyo Hong Kong Barcelona Budapest, S 200–203

Margesin R (1993b) Bestimmung der Pyrophosphatase-Aktivität. In: Schinner F, Öhlinger R, Kandeler E, Margesin R (Hrsg) Bodenbiologische Arbeitsmethoden, 2. Aufl. Springer, Berlin Heidelberg New York London Paris Tokyo Hong Kong Barcelona Budapest, S 209–212

Margesin R, Schinner F (1993) Psychrophilic and psychrotrophic proteolytic microorganisms from environmental habitats. AgBiotech News Inform 5:153N-157N

Margesin R, Schinner F (1994a) Properties of cold-adapted microorganisms and their potential role in biotechnology. J Biotechnol 33:1–14

Margesin R, Schinner F (1994b) Phosphomonoesterase, phosphodiesterase, phosphotriesterase, and inorganic pyrophosphatase activities in forest soils in an alpine area: effect of pH on enzyme activity and extractability. Biol Fertil Soils 18:320–326.

Marshall KC (1971) Sorptive interactions between soil particles and mircoorganisms. In: McLaren AD, Skujins J (eds) Soil biochemistry, Vol 2. Marcel Dekker, Basel Hong Kong New York, p 409–442

Marshall KC (1980) Adsorption of microorganisms to soils and sediments. In: Bitton G, Marshall KC (eds) Adsorption of micro-organisms to surfaces. Wiley & Sons, New York, p 317–329

Marshall KC (1985) Mechanisms of bacterial adhesion at solid-water interfaces. In: Savage DC, Fletcher M (eds) Bacterial adhesion. Plenum, New York, p 133–161

Martens DA, Frankenberger WT (1991) Saccharide composition of extracellular polymers produced by soil microorganisms. Soil Biol Biochem 23:731–736

Martens R (1990) Contribution of rhizodeposits to the maintenance and growth of soil microbial biomass. Soil Biol Biochem 22:141–147

Martin JK (1971) Influence of plant spieces and age on the rhizosphere microflora. Aust J Biol Sci 24:1143–1150

Martin JK (1977) Factors influencing the loss of organic carbon from wheat roots. Soil Biol Biochem 9:1–7

Martin JK, Foster RC (1985) A model system for studying the biochemistry and biology of the root-soil interface. Soil Biol Biochem 17:261–269

Martin JK, Merckx R (1992) The partitioning of photosynthetically fixed carbon within the rhizosphere of mature wheat. Soil Biol Biochem 24:1147–1156

Martin JP, Haider K (1980) A comparison of the use of phenolase and peroxidase for the synthesis of model humic acid type polymers. Soil Sci Soc Am J 44:983–988

Martin JP, Martin WP, Page JB, Raney WA, De Ment JD (1955) Soil aggregation. Adv Agron 7:1–37

Martin JP, Zunino H, Peirano P, Caiozzi M, Haider K (1982) Decomposition of carbon-14-labeled lignins, model humic polymers and fungal melanins in allophanic soils. Soil Biol Biochem 14:289–294

Marumoto T, Anderson JPE, Domsch KH (1982) Mineralization of nutrients from soil microbial biomass. Soil Biol Biochem 14:469–475

Mathes K, Schriefer T (1985) Soil respiration during secondary succession: influence of temperature and moisture. Soil Biol Biochem 17:205–211

Mathur SP (1982) The role of soil enzymes in the degradation of organic matter in the tropics, subtropics and temperate zones. 12th Congress of the Intern Soc Soil Sci „Organic manuring in the tropics and subtropics - potentialities and limitations", February 1982. New Delhi India

Mato MC, Gonzalez-Alonso LM, Mendez J (1972) Inhibition of enzymatic indolacetic acid oxidation by soil fulvic acids. Soil Biol Biochem 4:475–478.

Matsumoto H, Okada K, Takahashi E (1979) Excretion products of maize roots from seedlings to seed development stage. Plant and Soil 53:17–26

Maurberger A (1987) Methoden zur Bestimmung der Lipaseaktivität von Böden. Bodenlipasehemmung durch Schwermetalle. Diplomarbeit, Universität Innsbruck

May DW, Gile PL (1909) The catalase of soils. Puerto Rico Agr Exp Stat Circ 9: 3–13

Mayaudon J, Batistic L, Sarkar JM (1975) Properties of proteolytically active extracts from fresh soils. Soil Biol Biochem 7:281–286

Mayaudon J, El Halfawi M, Bellinck C (1973a) Decarboxylation of aromatic ^{14}C amino acids by soil extracts. Soil Biol Biochem 5: 355–367

Mayaudon J, El Halfawi M, Chalvignac MA (1973b) Propriétés des diphenol oxydases extraites des sols. Soil Biol Biochem 5: 369–383

Mayaudon J, Sarkar JM (1974a) Study of diphenol oxydases extracted from a forest litter. Soil Biol Biochem 6:269–274

Mayaudon J, Sarkar JM (1974b) Chromatography and purification of the diphenol oxydases of soil. Soil Biol Biochem 6:275–285

Mayaudon J, Sarkar JM (1975) *Polyporus versicolor* laccases in the soil and the litter. Soil Biol Biochem 7:31–34

Mba CC (1994) Field studies on two rock phosphate solubilizing actinomycete isolates as biofertilizer sources. Environ Manage 18: 263–269

McBride MB, Sikora FJ, Wesselink LG (1988) Complexation and catalyzed oxidativ polymerization of catechol by aluminium in acidic solution. Soil Sci Soc Am J 52:985–993

McClaugherty CA, Linkins AE (1990) Temperature responses of enzymes in two forest soils. Soil Biol Biochem 22:29–33

McLaren AD (1978) Kinetics and consecutive reactions of soil enzymes. In: Burns RG (ed) Soil enzymes. Academic Press, London New York San Francisco, p 97–116

McLaren AD, Reshetko L, Huber W (1957) Sterilization of soil by irradiation with an electron beam, and some observations on soil enzyme activity. Soil Sci 83:497–502

McLaren AD, Skujins J (1963) Nitrification by *Nitrobacter* on surfaces and in soil with respect to hydrogen ion concentration. Can J Microbiol 9:729–731

Merckx R, Den Hartog A, Van Veen JA (1985) Turnover of root-derived material and related microbial biomass formation in soils of different texture. Soil Biol Biochem 17: 565–569

Metting B (1981) The systematics and ecology of soil algae. The Bot Rev 47:196–312

Metting B (1993) Soil microbial ecology: applications in agricultural and environmental management. Marcel Dekker, Basel Hong Kong New York

Meyer E (1993a) Bodenzoologische Methoden: Einleitung. In: Schinner F, Öhlinger R, Kandeler E, Margesin R (Hrsg) Bodenbiologische Arbeitsmethoden, 2. Aufl. Springer, Berlin Heidelberg New York London Paris Tokyo Hong Kong Barcelona Budapest, S 286–288

Meyer E (1993b) Mesofauna. In: Schinner F, Öhlinger R, Kandeler E, Margesin R (Hrsg) Bodenbiologische Arbeitsmethoden, 2. Aufl. Springer, Berlin Heidelberg New York London Paris Tokyo Hong Kong Barcelona Budapest, S 312–320

Meyer FH (1960) Vergleich des mikrobiellen Abbaus von Fichten- und Buchenstreu auf verschiedenen Bodentypen. Arch Mikrobiol 35:340–360

Miller RM, Jastrow JD (1990) Hierarchy of root and mycorrhizal fungal interactions with soil aggregation. Soil Biol Biochem 22:579–584

Minami K, Fukushi S (1981) Detection of carbonylsulfide among gases produced by the decomposition of cystine in paddy soils. Soil Sci Plant Nutr 27:105–109

Mishustin EN (1975) Microbial associations of soil types. Microb Ecol 2:97–118

Mishustin EN, Yemtsev VT (1982) Ecological variability of soil microorganisms. Zbl Mikrobiol 137:353–362

Moghimi A, Lewis DG, Oades JM (1978a) Release of phosphate from calcium phosphates by rhizosphere products. Soil Biol Biochem 10:277–281

Moghimi A, Tate ME, Oades JM (1978b) Characterization of rhizosphere products especially 2-ketogluconic acid. Soil Biol Biochem 10:283–287

Möller H (1979) Untersuchungen zum Einfluß der Besenheide (*Calluna vulgaris*) auf die Aktivität von Enzymen im Boden, dargelegt am Beispiel des Sandstrandes der Ostseeküste Schleswig-Holsteins. Flora 168:320–328

Möller H (1981a) Beziehungen zwischen Enzymaktivität und Humusqualität in Böden des Luzulo-Fagetum und seiner Fichten-Ersatzgesellschaft im Deister. Zur Indikatorfunktion von Enzymen für die biologische Aktivität des Bodens. Acta Ecol/Ecol Gen 2:313–325

Möller H (1981b) Untersuchungen zu den Beziehungen zwischen der Urease- und Saccharaseaktivität des Bodens und der Humusform, vorgenommen an drei Melico-Fagetum Ökosystemen des Deisters. Ein Beitrag zur Indikatorfunktion von Enzymen für die biologische Aktivität des Bodens. Flora 171:367–386

Möller H (1987) Die Ureaseaktivität organischer Auflagen als Indikator für die biologische Aktivität des Bodens in drei Ökosystemen der Eilenriede (Stadtwald von Hannover, BRD). Flora 179:381–398

Molope MB, Grieve IC, Page ER (1987) Contributions by fungi and bacteria to aggregate stability of cultivated soils. J Soil Sci 38:71–77

Monib M, Abd-el-Malek Y, Zayed MN, Saber MSM (1971) The antibacterial effect of dry tomato plants, onion peels, and guava leaves on soil microorganisms. Zbl Bakteriol Abt II 126: 630–639

Monrozier LJ, Ladd JN, Fitzpatrick RW, Foster RC, Raupach M (1991) Components and microbial biomass content of size fractions in soils of contrasting aggregation. Geoderma 49:37–62

Monzon de Asconegui MA, Kaiser P (1972) L'utilisation des produits de décomposition de la pectine par „*Azotobacter chroococcum*“. Ann Inst Pasteur 122:1009–1028

Moorhead DL, Callaghan T (1994) Effects of increasing ultraviolet B radiation on decomposition and soil organic matter dynamics: a synthesis and modelling study. Biol Fertil Soils 18:19–26

Morel JL, Habib L, Plantureux S, Guckert A (1991) Influence of maize root mucilage on soil aggregate stability. Plant and Soil 136:111–119

Morgan P, Cooper CJ, Battersby NS, Lee SA, Lewis ST, Machin TM, Graham SC, Watkinson RJ (1991) Automated image analysis method to determine fungal biomass in soils and on solid matrices. Soil Biol Biochem 23:609–616

Morra MJ, Dick WA (1985) Production of thiocystein sulfide in cystein amended soils. Soil Sci Soc Am J 49:882–886

Morra MJ, Dick WA (1989) Hydrogen sulfide production from cysteine (cystine) in soil. Soil Sci Soc Am J 53:440–444

Morra MJ, Freeborn LL (1989) Catalysis of amino acid deamination in soils by pyridoxal-5'-phosphate. Soil Biol Biochem 21:645–650

Morrison RJ (1963) Products of the alkaline nitrobenzene oxidation of soil organic matter. J Soil Sci 14:201–216

Mortland MM, Gieseking JE (1952) The influence of clay minerals on the enzymatic hydrolysis of organic phosphorus compounds. Soil Sci Soc Am Proc 16:10–13

Moser M (1967) Die ektotrophe Ernährungsweise an der Waldgrenze. Mitt Forst Bundesversuchsanstalt Wien 75:357–380

Mückenhausen E (1993) Bodenkunde, 4. Aufl. DLG-Verlag, Frankfurt

Müller E, Loeffler W (1992) Mykologie. Grundriß für Naturwissenschaftler und Mediziner, 5. Aufl. Thieme, Stuttgart New York

Murer EJ, Baumgarten A, Eder G, Gerzabek MH, Kandeler E, Rampazzo N (1993) An improved sieving machine for estimation of soil aggregate stability (SAS). Geoderma 56: 539–547

Nakas JP, Gould WD, Klein DA (1987) Origin and expression of phosphatase activity in a semiarid grassland soil. Soil Biol Biochem 19:13–18

Nannipieri P, Gelsomino A, Felici M (1991) Method to determine guaiacol oxidase activity in soil. Soil Sci Soc Am J 55:1347–1352.

Nannipieri P, Johnson RL, Paul EA (1978) Criteria for measurement of microbial growth and activity in soil. Soil Biol Biochem 10:223–229

Nannipieri P, Muccini L, Ciardi C (1983) Microbial biomass and enzyme activities: Production and persistence. Soil Biol Biochem 15:679–685

Neal JL (1982) Abiontic enzymes in arctic soils: influence of predominant vegetation upon phosphomonoesterase and sulphatase activity. Commun Soil Sci Plant Anal 13:863–878

Neal JL, Linkins AE, Wallace PM (1981) Influence of temperature on nonenzymatic hydrolysis of p-nitrophenylphosphate in soil. Commun Soil Sci Plant Anal 12:279–281

Nedwell DB, Gray TRG (1987) Soil and sediments as matrices for microbial growth. Symp Soc Gen Microbiol 41:21–54

Neely CL, Beare MH, Hargrove WL, Coleman DC (1991) Relationships between fungal and bacterial substrate-induced respiration, biomass and plant residue decomposition. Soil Biol Biochem 23:947–954

Neilson JW, Pepper IL (1990) Soil respiration as an index of soil aeration. Soil Sci Soc Am J 54:428–432

Nelson EB (1991) Exudate molecules initiating fungal response to seeds and roots. In: Keister DL, Cregan PB (eds) The rhizosphere and plant growth. Kluwer Academic Publishers, Dordrecht Boston London, p 197–209

Nemes MP, Kiss S, Dragan-Bularda M, Porutiu A (1977) Contributions to the study of enzymatic activity in some soils of the Vladeasa Mountain Mass (Apuseni Mountains). 4th Symp Soil Biol. Cluj-Napoca, p 199–202

Neuhauser EF, Hartenstein R (1978) Reactivity of soil macroinvertebrate peroxidases with lignins and lignin model compounds. Soil Biol Biochem 10:341–342

Newman EI, Bowen HJ (1974) Patterns of distribution of bacteria on root surfaces. Soil Biol Biochem 6:205–209

Nichols PD, White DC (1989) Accumulation of poly-β-hydroxybutyrate in a methan-enriched, halogenated hydrocarbon-degrading soil column: implications for microbial community structure and nutritional status. Hydrobiologia 176/177:369–377

Niederbudde EA, Flessa H (1989) Struktur, mikrobieller Stoffwechsel und potentiell mineralisierbare Stickstoffvorräte in ökologisch und konventionell bewirtschafteten Tonböden. J Agron Crop Sci 162:333–341

Nielsen JD, Eiland F (1980) Investigations on the relationship between P-fertility, phosphatase activity and ATP content in soil. Plant and Soil 57:95–103

Nor YM, Tabatabai MA (1976) Extraction and colorimetric determination of thiosulfate and tetrathionate in soils. Soil Sci 122:171–178

Norstadt FA, Frey CR, Sigg H (1973) Soil urease: Paucity in the presence of the fairy ring fungus *Marasmius oreades* (Bolt) Fr. Soil Sci Soc Am Proc 37:880–885

Oades JM (1984) Soil organic matter and structural stability: mechanisms and implications for management. Plant and Soil 76:319–337

Öberg LG, Glas B, Swanson SE, Rappe C, Paul KG (1990) Peroxidase-catalyzed oxidation of chlorophenols to polychlorinated dibenzo-p-dioxins and dibenzofurans. Arch Environ Contam Toxicol 19:930–938

Odum EP (1969) The strategy of ecosystem development. Science 164:262–270

Öhlinger R (1993a) Bestimmung der Urease-Aktivität mittels Destillation. In: Schinner F, Öhlinger R, Kandeler E, Margesin R (Hrsg) Bodenbiologische Arbeitsmethoden, 2. Aufl. Springer, Berlin Heidelberg New York London Paris Tokyo Hong Kong Barcelona Budapest, S 190–191

Öhlinger R (1993b) Bestimmung der Phosphomonoesterase-Aktivität bei saurem, neutralem und alkalischem pH-Wert. In: Schinner F, Öhlinger R, Kandeler E, Margesin R (Hrsg) Bodenbiologische Arbeitsmethoden, 2. Aufl. Springer, Berlin Heidelberg New York London Paris Tokyo Hong Kong Barcelona Budapest, S 197–200

Ohtonen R (1990) Biological activity and microorganisms in forest soil as indicators of environmental changes. Acta Univ Ouluensis Ser A Sci Rerum Nat 0 (211):1–39

Olsen RA, Bakken LR (1987) Viability of soil bacteria: optimization of plate-counting technique and comparison between total counts and plate counts within different size groups. Microb Ecol 13:59–74

Omura H, Sato F, Hayano K (1983) A method for estimation of L-glutaminase activity of soils. Soil Sci Plant Nutr 29:295–303

Orchard VA, Cook FJ (1983) Relationship between soil respiration and soil moisture. Soil Biol Biochem 15:447–453

Oshrain RL, Wiebe WJ (1979) Arylsulfatase activity in salt marsh soils. Appl Environ Microbiol 38:337–340

O'Toole P, Morgan MA (1984) Thermal stabilities of urease enzymes in some Irish soils. Soil Biol Biochem 16:471–474

Ottow JCG (1983) Bedeutung des Bodenlebens für die Aufgaben und Belastbarkeit von Böden in der Umwelt. Wasser und Boden 9:416–418

Page AL, Miller RH, Keeney DR (1982) Methods of soil analysis, Part 2: Chemical and microbiological properties, 2nd ed. Am Soc Agron Inc, Soil Sci Soc Am Inc, Madison Wisconsin

Page S, Burns RG (1991) Flow cytometry as a means of enumerating bacteria introduced into soil. Soil Biol Biochem 23:1025–1028

Pagliai M, De Nobili M (1993) Relationships between soil porosity, root development and soil enzyme activity in cultivated soils. Geoderma 56:243–256.
Pal S, Bollag JM, Huang PM (1994) Role of abiotic and biotic catalysts in the transformation of phenolic compounds through oxidative coupling reactions. Soil Biol Biochem 26:813–820
Pancholy SK, Lynd JQ (1972) Quantitative fluorescence analysis of soil lipase activity. Soil Biol Biochem 4:257–259
Pancholy SK, Rice EL (1973a) Soil enzymes in relation to old field succession: amylase, cellulase, invertase, dehydrogenase, and urease. Soil Sci Soc Am Proc 37:47–50
Pancholy SK, Rice EL (1973b) Carbohydrases in soil as affected by successional stages of revegetation. Soil Sci Soc A Proc 37:227–229
Pang PCK, Kolenko H (1986) Phosphomonoesterase activity in forest soils. Soil Biol Biochem 18:35–40
Panikov NS, Ksenzenko SM (1982) Phosphohydrolase inhibition in soddy podzolic soil. Pochvovedenie 11:43–49
Pant HK, Edwards AC, Vaughan D (1994) Extraction, molecular fractionation and enzyme degradation of organically associated phosphorus in soil solutions. Biol Fertil Soils 17: 196–200
Park SC, Smith TJ, Bisesi MS (1992) Activities of phosphomonoesterase and phosphodiesterase from *Lumbricus terrestris*. Soil Biol Biochem 24:873–876
Parke JL (1991) Root colonization by indigenous and introduced microorganisms. In: Keister DL, Cregan PB (eds) The rhizosphere and plant growth. Kluwer Academic Publishers, Dordrecht Boston London, p 33–42
Parkin TB, Berry EC (1994) Nitrogen transformations associated with earthworm casts. Soil Biol Biochem 26:1233–1238
Paul EA, Clark FE (1989) Soil microbiology and biochemistry. Academic Press, London New York San Francisco
Pearsall WH (1952) The pH of natural soils and its ecological significance. J Soil Sci 3: 41–51
Pedersen JC, Hendriksen NB (1993) Effect of passage through the intestinal tract of detritivore earthworms (*Lumbricus* spp.) on the number of selected gram-negative and total bacteria. Biol Fertil Soils 16:227–232
Pepper IL, Miller RH, Ghonsikar CP (1976) Microbial inorganic polyphosphates: factors influencing their accumulation in soil. Soil Sci Soc Am J 40:872–875
Persson T (1989) Role of soil animals in C and N mineralisation. Plant and Soil 115: 241–245
Perucci P (1992) Enzyme activity and microbial biomass in a field soil amended with municipal refuse. Biol Fertil Soils 14:54–60
Perucci P, Scarponi L (1983) Effect of crop residue addition on arylsulphatase activity in soils. Plant and Soil 73:323–326
Peterson NV, Perig GT (1984) Sources of peroxidase formation in soil. Pochvovedenie 0(9):70–77
Pflug W (1982) Effect of clay minerals on the activity of polysaccharide cleaving soil enzymes. Z Pflanzenernähr Bodenk 145:493–502
Pflug W, Ziechmann W (1981) Inhibition of malate dehydrogenase by humic acids. Soil Biol Biochem 13:293–299
Piene H, Van Cleve K (1978) Weight loss of litter and cellulose bags in a thinned white spruce forest in interior Alaska. Can J For Res 8:42–46

Pilet PE, Chalvignac MA (1970) Effect on an enzyme system extracted from soil on growth and auxin catabolism of *Lens culinaris* roots. Ann Inst Pasteur Paris 118:349–355

Piver WT (1991) Global atmospheric changes. Environ Health Persp 96:131–137

Pohlman AA, McColl JG (1989) Organic oxidation and manganese and aluminium mobilization in forest soils. Soil Sci Soc Am J 53:686–690

Pokorna V (1964) Methods for determining lipolytic activity of raised bog and fen peats and muds. Pochvovedenie 1:106–109

Pospisil F (1993) Study of humic and phenolic acids by polarography and voltammetry. Eurasian Soil Sci 25:123–128

Postma J, van Veen JA (1990) Habitable pore space and survival of *Rhizobium leguminosarum* biovar *trifolii* introduced into soil. Microb Ecol 19:149–161

Quiquampoix H (1987) A stepwise approach to the understanding of extracellular enzyme activity in soil, I. Effect of electrostatic interactions on the conformation of a β-D-Glucosidase adsorbed on different mineral surfaces. Biochimie 69:753–763

Quiquampoix H, Ratcliff RG (1992) A ^{31}P NMR study of the adsorption of bovine serum albumin on montmorillonit using phosphate and the paramagnetic cation Mn^{2+}: Modification of conformation with pH. J Colloid Interface Sci 148:343–352

Rabinowitz JL, Sall T, Bierly JN, Oleksyshyn O (1956) Carbon isotope effects in enzyme systems, I. Biochemical studies with urease. Arch Biochem Biophys 63:437–445

Radu IF (1931) The catalytic power of soils. Landw Versuchs Stat 112:45–54

Ramirez-Martinez JR, McLaren AD (1966) Determination of soil phosphatase activity by a fluorimetric technique. Enzymologia 30:243–253

Rampazzo N, Blum WEH, Curlik J (1994) Soil structure assessment - the importance of mineralogical and micromorphological investigations. Mitt Österr Bodenk Ges 50: 163–176

Ramsay AJ (1984) Extraction of bacteria from soil: efficiency of shaking or ultrasonication as indicated by direct counts and autoradiography. Soil Biol Biochem 16:475–481

Rao AV, Bala K, Tarafdar JC (1990) Dehydrogenase and phosphatase activities in soil as influenced by the growth of arid-land crops. J Agric Sci 115:221–226.

Rao AV, Tarafdar JC (1993) Role of VAM fungi in nutrient uptake and growth of clusterbean in an arid soil. Arid Soil Res Rehabil 7:275–280.

Rastin N, Rosenplänter K, Hüttermann A (1988) Seasonal variation of enzyme activity and their dependence on certain soil factors in a beech forest soil. Soil Biol Biochem 20: 637–642

Rastin N, Schlechte G, Hüttermann A (1990a) Soil macrofungi and some soil biological, biochemical and chemical investigations on the upper and lower slope of a spruce forest. Soil Biol Biochem 22:1039–1047

Rastin N, Schlechte G, Hüttermann A, Rosenplänter K (1990b) Seasonal fluctuation of some biological and biochemical soil factors and their dependence on certain soil factors on the upper and lower slope of a spruce forest. Soil Biol Biochem 22:1049–1061

Reddell P, Spain AV (1991) Earthworms as vectors of viable propagules of mycorrhizal fungi. Soil Biol Biochem 23:767–774

Reddy GB, Faza A, Bennett R (1987) Activity of enzymes in rhizosphere and nonrhizosphere soils amended with sludge. Soil Biol Biochem 19:203–205

Reid JB, Goss MJ (1981) Effect of living roots of different plant species on the aggregate stability of two arable soils. J Soil Sci 32:521–541

Reid JB, Goss MJ, Robertson PD (1982) Relationship between the decreases in soil stability effected by the growth of maize roots and changes in organically bound iron and aluminium. J Soil Sci 33:397–410

Rice EL, Mallik MAB (1977) Causes of decreases in residual carbohydrase activity in soil during old-field succession. Ecology 58:1297–1309.

Robert M, Chenu C (1992) Interactions between soil minerals and microorganisms. In: Stotzky G, Bollag JM (eds) Soil biochemistry, Vol 7. Marcel Dekker, Basel Hong Kong New York, p 307–404

Rodriguez-Kabana R, Godoy G, Morgan-Jones G, Shelby RA (1983) The determination of soil chitinase activity: Conditions for assay and ecological studies. Plant and Soil 75: 95–106.

Rogers HT (1942) Dephosphorylation of organic phosphorus compounds by soil catalysts. Soil Sci 54:439–446

Rogers HT, Pearson RW, Pierre WH (1941) Absorption of organic phosphorus by corn and tomato plants and the mineralizing action of exoenzyme systems of growing roots. Soil Sci Soc Am Proc 5:285–291

Rogers HT, Pearson RW, Pierre WH (1942) The source and phosphatase activity of exoenzyme systems of corn and tomato roots. Soil Sci 54:353–366

Rogers SL, Burns RG (1994) Changes in aggregate stability, nutrient status, indigenous microbial populations, and seedling emergence, following inoculation of soil with *Nostoc muscorum*. Biol Fertil Soils 18:209–215

Ross DJ (1965) Effects of air-dry, refrigerated and frozen storage on activities of enzymes hydrolyzing sucrose and starch in soils. J Soil Sci 16:86–94

Ross DJ (1966) A survey of activities of enzymes hydrolysing sucrose and starch in soils under pasture. J Soil Sci 17:1–15

Ross DJ (1974) Glucose oxidase activity in soil and its possible interference in assays of cellulase activity. Soil Biol Biochem 6:303–306

Ross DJ (1983) Invertase and amylase activities as influenced by clay minerals, soil-clay fractions and topsoils under grassland. Soil Biol Biochem 15:287–293.

Ross DJ (1989) Estimation of soil microbial C by a fumigation-extraction procedure: influence of soil moisture content. Soil Biol Biochem 21:767–772

Ross DJ (1991) Microbial biomass in a stored soil: a comparison of different estimation procedure. Soil Biol Biochem 23:1005–1007

Ross DJ, Cairns A (1982) Effects of earthworms and ryegrass on respiratory and enzyme activities of soil. Soil Biol Biochem 14:583–587

Ross DJ, McNeilly BA (1973) Biochemical activities in a soil profile under hard beech forest, 3. Some factors influencing the acitivities of polyphenol-oxidizing enzymes. N Z J Sci 16:241–257

Ross DJ, Speir TW, Cowling JC, Whale KN (1984) Temporal fluctuations in biochemical properties of soil under pasture, 2. Nitrogen mineralization and enzyme activities. Aust J Soil Res 22:319–330

Ross DJ, Speir TW, Giltrap DJ, McNeilly BA, Molloy LF (1975) A principal components analysis of some biochemical activities in a climosequence of soils. Soil Biol Biochem 7:349–355

Ross IK (1979) Biology of fungi. McGraw-Hill, New York

Rößner H (1993) Bestimmung der Chitinase-Aktivität. In: Schinner F, Öhlinger R, Kandeler E, Margesin R (Hrsg) Bodenbiologische Arbeitsmethoden, 2. Aufl. Springer, Berlin Heidelberg New York London Paris Tokyo Hong Kong Barcelona Budapest, S 130–134

Rotini OT (1935) La transformazione enzimatica dell'urea nell terreno. Ann Labor Ric Ferm Spallanzani 3:143–154

Rotini OT (1951) Relationships of fertilizers with cultivated soils and their transformations. Ann Fac Agr Univ Pisa 12:159–178

Rotini OT, Carloni L (1953) The transformation of metaphosphates into orthophosphates promoted by agricultural soil. Ann Sper Agr Pisa 7:1789–1799

Rovira AD (1969) Plant root exsudates. The Botan Rev 35:35–57

Rovira AD (1990) The impact of soil and crop management practices on soil-borne root diseases and wheat yields. Soil Use Manage 6:195–200

Rovira AD (1991) Rhizosphere research - 85 years of progress and frustration. In: Keister DL, Cregan PB (eds) The rhizosphere and plant growth. Kluwer Academic Publishers, Dordrecht Boston London, p 3–13

Rovira AD, Newman EI, Bowen HJ, Campbell R (1974) Quantitative assessment of the rhizoplane microflora by direct microscopy. Soil Biol Biochem 6:211–216

Ruggiero P, Radogna VM (1985) Inhibition of soil humus-laccase complexes by some phenoxyacetic and s-triazine herbicides. Soil Biol Biochem 17:309–312

Russell EJ (1923 The microorganisms of the soil. Longman Green, London New York

Russell EW (1978) Arable agriculture and soil deterioration. Transactions of the 11th Intern Congress Soil Sci, Edmonton 3:216–227

Rutherford PM, Juma NG (1992) Influence of texture on habitable pore space and bacterial-protozoan populations in soil. Biol Fertil Soils 12:221–227

Ryder MH, Rovira AD (1993) Biological control of take-all of glasshouse-grown wheat using strains of *Pseudomonas corrugata* isolated from wheat field soil. Soil Biol Biochem 25:311–320

Rysavy P, Macura J (1972a) The assay of β-galactosidase in soil. Folia Microbiol 17: 370–374

Rysavy P, Macura J (1972b) The formation of β-galactosidase in soil. Folia Microbiol 17: 375–380

Saddler JN (1986) Factors limiting the efficiency of cellulase enzymes. Microbiol Sci 3: 84–87.

Saini RC, Gupta SR, Rajvanshi R (1984) Chemical composition, and decomposition of crop residues in soil. Pedobiologia 27:323–329

Sarathchandra SU, Perrott KW (1981) Determination of phosphatase and arylsulphatase activities in soils. Soil Biol Biochem 13:543–545

Sarathchandra SU, Perrott KW (1984) Assay of β-glucosidase activity in soils. Soil Sci 138: 15–19

Saric Z, Dukic D (1985) Effect of different doses and combinations of nitrogen phosphorus potassium and manure on the proteolytic activity of chernozem under wheat. Savrem Poljopr 33:335–342

Sarkar JM, Bollag JM (1987) Inhibitory effect of humic and fulvic acids on oxidoreductases as measured by the coupling of 2,4-dichlorophenol to humic substances. The Sci Total Environ 62:367–377

Sarkar JM, Leonowicz A, Bollag JM (1989) Immobilization of enzymes on clays and soils. Soil Biol Biochem 21:223–230

Sarkar JM, Malcolm RL, Bollag JM (1988) Enzymatic coupling of 2,4-dichlorophenol to stream fulvic acid in the presence of oxidoreductases. Soil Sci Soc Am J 52:688–694

Satchell JE, Martin K (1984) Phosphatase activity in earthworm faeces. Soil Biol Biochem 16:191–194

Saxena A, Bartha R (1983) Microbial mineralization of humic acid-3,4-dichloraniline complexes. Soil Biol Biochem 15:59–62

Sayler GS, Nikbakht K, Fleming JT, Packard J (1992) Application of molecular techniques to soil biochemistry. In: Stotzy G, Bollag JM (eds) Soil biochemistry, Vol 7. Marcel Dekker, Basel Hong Kong New York

Schachtschabel P (1953) Die Umsetzung der organischen Substanz des Bodens in Abhängigkeit von der Bodenreaktion und der Kalkform. Z Pflanzenernähr Düng Bodenk 61: 146–163

Schachtschabel P, Blume HP, Brümmer G, Hartge KH, Schwertmann U (1992). Scheffer/ Schachtschabel. Lehrbuch der Bodenkunde, 13. Aufl. Ferdinand Enke, Stuttgart

Schachtschabel P, Blume HP, Hartge KH, Schwertmann U (1979) Scheffer/ Schachtschabel. Lehrbuch der Bodenkunde, 10. Aufl. Ferdinand Enke, Stuttgart

Schachtschabel P, Blume HP, Hartge KH, Schwertmann U (1984). Scheffer/ Schachtschabel. Lehrbuch der Bodenkunde, 11. Aufl. Ferdinand Enke, Stuttgart

Schäfer M (1991) Effect of acid deposition on soil animals and microorganisms: influence on structure and processes. In: Ulrich B (ed) International Congress on Forest Decline Research: State of knowledge and perspectives, Lectures Vol I. Kernforschungszentrum Karlsruhe, p 415–430

Scharrer K (1927) Zur Kenntnis der Hydroperoxyd spaltenden Eigenschaft der Böden. Biochem Z 189:125–149

Scharrer K (1928a) Beiträge zur Kenntnis der Wasserstoffperoxyd zersetzenden Eigenschaft des Bodens. Landw Versuchs-Stationen 107:143–187

Scharrer K (1928b) Katalytische Eigenschaften der Böden. Z Pflanzenernähr Düng Bodenk 12:323–329

Scharrer K (1936) Catalytic characteristics of the soil. Forschungsdienst 1:824–831

Schenk SU, Lambein F, Werner D (1991) Broad antifungal activity of β-isoxazolinonylalanine, a non-protein amino acid from roots of pea (*Pisum sativum* L.) seedlings. Biol Fertil Soils 11:203–209

Scheu S, Parkinson D (1994) Changes in bacterial and fungal biomass C, bacterial and fungal biovolume and ergosterol content after drying, remoistening and incubation of different layers of cool temperate forest soils. Soil Biol Biochem 26:1515–1525

Scheu S, Wolters V (1991) Influence of fragmentation and bioturbation on the decomposition of ^{14}C-labelled beech leaf litter. Soil Biol Biochem 23:1029–1034

Schinner F (1978a) Streuabbauuntersuchungen in der Almregion der oberen subalpinen Stufe. In: Cernusca A, Österreichische Akademie der Wissenschaften (Hrsg) Veröffentlichungen des Österreichischen MaB-Hochgebirgsprogramms Hohe Tauern, Bd 2: Ökologische Analysen von Almflächen im Gasteiner Tal. Universitätsverlag Wagner, Innsbruck, S 251–258

Schinner F (1978b) ATP-Messungen und Abschätzung der mikrobiellen Biomasse in verschiedenen Böden der oberen subalpinen Stufe. In: Cernusca A, Österreichische Akademie der Wissenschaften (Hrsg) Veröffentlichungen des Österreichischen MaB-Hochgebirgsprogramms Hohe Tauern, Bd 2: Ökologische Analysen von Almflächen im Gasteiner Tal. Universitätsverlag Wagner, Innsbruck, S 299–310

Schinner F (1982a) Soil microbial activities and litter decomposition related to altitude. Plant and Soil 65:87–94

Schinner F (1982b) CO_2-Freisetzung, Enzymaktivitäten und Bakteriendichte von Böden unter Spaliersträuchern und Polsterpflanzen in der alpinen Stufe. Oecol Plant 3: 49–58

Schinner F (1983) Litter decomposition, CO_2-release and enzyme activities in a snowbed and on a windswept ridge in an alpine environment. Oecologia 59:288–291

Schinner F (1989) Mikrobielle Aktivitäten im Stickstoffkreislauf alpiner, subalpiner und montaner Böden in den Hohen Tauern. In: Cernusca A, Österreichische Akademie der Wissenschaften (Hrsg) Veröffentlichungen des Österreichischen MaB-Programms, Bd 13: Struktur und Funktion von Graslandökosystemen im Nationalpark Hohe Tauern. Universitätsverlag Wagner, Innsbruck, S 249–256

Schinner F (1993) Streuabbau. In: Schinner F, Öhlinger R, Kandeler E, Margesin R (Hrsg) Bodenbiologische Arbeitsmethoden, 2. Aufl. Springer, Berlin Heidelberg New York London Paris Tokyo Hong Kong Barcelona Budapest, S 80–83

Schinner F, Gstraunthaler G (1981) Adaptation of microbial activities to the environmental conditions in alpine soils. Oecologia 50:113–116

Schinner F, Gurschler A (1978) Saccharase- und Dehydrogenaseaktivitätsmessungen in verschiedenen Böden der oberen subalpinen Stufe. In: Cernusca A, Österreichische Akademie der Wissenschaften (Hrsg) Veröffentlichungen des Österreichischen MaB-Hochgebirgsprogramms Hohe Tauern, Bd 2: Ökologische Analysen von Almflächen im Gasteiner Tal. Universitätsverlag Wagner, Innsbruck, S 275–288

Schinner F, Gurschler A (1989) Bakterien-, Hefen- und ATP-Gehalte von Böden entlang einem Höhentransekt in den Hohen Tauern. In: Cernusca A, Österreichische Akademie der Wissenschaften (Hrsg) Veröffentlichungen des Österreichischen MaB-Programms, Bd 13: Struktur und Funktion von Graslandökosystemen im Nationalpark Hohe Tauern. Universitätsverlag Wagner, Innsbruck, S 233–238

Schinner F, Hofmann J (1978) Zellulase-, Xylanase- und Pektinaseaktivitätsmessungen in verschiedenen Böden der oberen subalpinen Stufe. In: Cernusca A, Österreichische Akademie der Wissenschaften (Hrsg) Veröffentlichungen des Österreichischen MaB-Hochgebirgsprogramms Hohe Tauern, Bd 2: Ökologische Analysen von Almflächen im Gasteiner Tal. Universitätsverlag Wagner, Innsbruck, S 290–298

Schinner F, Hofmann J, Niederbacher R (1989a) Mikrobielle Aktivitäten des Kohlenstoffmetabolismus in Böden der alpinen, subalpinen und montanen Stufe des Großglocknergebietes (Hohe Tauern). In: Cernusca A, Österreichische Akademie der Wissenschaften (Hrsg) Veröffentlichungen des Österreichischen MaB-Programms, Bd 13: Struktur und Funktion von Graslandökosystemen im Nationalpark Hohe Tauern. Universitätsverlag Wagner, Innsbruck, S 257–262

Schinner F, Kobilansky C, Kolm H (1990) Ein Beitrag zur Ökologie der Myxomyceten. In: Deutsche Gesellschaft für Mykologie (Hrsg) Beiträge zur Kenntnis der Pilze Mitteleuropas, VI. Sonderheft: Myxomyceten. Einhorn, Schwäbisch Gmünd, S 15–18

Schinner F, Margesin R, Pümpel Th (1992) Extracellular protease-producing psychrotrophic bacteria from high alpine habitats. Artic Alpine Res 24:88–92

Schinner F, Niederbacher R, Rainer J (1989b) Enzymaktivitäten und CO_2-Freisetzung von Bodenmaterialien entlang einem Höhentransekt in den Hohen Tauern. In: Cernusca A, Österreichische Akademie der Wissenschaften (Hrsg) Veröffentlichungen des Österreichischen MaB-Programms, Bd 13: Struktur und Funktion von Graslandökosystemen im Nationalpark Hohe Tauern. Universitätsverlag Wagner, Innsbruck, S 239–247

Schinner F, Öhlinger R, Kandeler E, Margesin R (1993) Bodenbiologische Arbeitsmethoden, 2. Aufl. Springer, Berlin Heidelberg New York London Paris Tokyo Hong Kong Barcelona Budapest

Schinner F, Pfitscher A (1978) Urease- und Katalaseaktivität sowie CO_2-Freisetzung in verschiedenen Böden der oberen subalpinen Stufe. In: Cernusca A, Österreichische Akademie der Wissenschaften (Hrsg) Veröffentlichungen des Österreichischen MaB-Hochgebirgsprogramms Hohe Tauern, Bd 2: Ökologische Analysen von Almflächen im Gasteiner Tal. Universitätsverlag Wagner, Innsbruck, S 259–273

Schinner F, von Mersi W (1990) Xylanase-, CM-cellulase- and invertase-activity in soil: an improved method. Soil Biol Biochem 22:511–515

Schlegel HG (1992) Allgemeine Mikrobiologie, 7. Aufl. Thieme, Stuttgart New York

Schnürer J, Clarholm M, Rosswall T (1985) Microbial biomass and activity in an agricultural soil with different organic matter contents. Soil Biol Biochem 17:611–618

Schnürer J, Rosswall T (1982) Fluorescein diacetate hydrolysis as a measure of total microbial acitivity in soil and litter. Appl Environ Microbiol 43:1256–1261

Scholle G, Wolters V, Jörgensen RG (1992) Effects of mesofauna exclusion on the microbial biomass in two moder profiles. Biol Fertil Soils 12:253–260

Scholz-König E (1966) Mikrobiologische Charakterisierung von vier Bodenprofilen auf Grund der Populationsdichten. Z Pflanzenernähr Düng Bodenk 112:122–132

Schröder D, Gewehr H (1977) Stroh- und Zelluloseabbau in verschiedenen Bodentypen. Z Pflanzenernähr Bodenk 140:273–284

Schroeder D (1984) Bodenkunde in Stichworten, 4. Aufl. Ferdinand Hirt, Würzburg

Schroth MN, Hancock JG (1982) Disease-suppressive soil and root-colonizing bacteria. Science 216:1376–1381

Schuller E (1989) Fluoreszenzmikroskopisch bestimmte mikrobielle Biomasse und deren Beziehung zum Gesamtkohlenstoffgehalt und zur Dehydrogenaseaktivität in ausgewählten Bodenproben. Z Pflanzenernähr Bodenk 152:115–120

Scott NM, Bick W, Anderson HA (1981) The measurement of sulphur-containing amino acids in some Scottish soils. J Sci Food Agric 32:21–24

Serban A, Nissenbaum A (1986) Humic acid association with peroxidase and catalase. Soil Biol Biochem 18:41–44

Shindo H, Higashi T (1989) Oxidative coupling activity in citrate buffer extracts of soils. Soil Sci Plant Nutr 35:575–583

Shindo H, Huang PM (1984) Catalytic effects of manganese(IV), iron(III), aluminium, and silicon oxides on the formation of phenolic polymers. Soil Sci Soc Am J 48:927–934

Shippers B, Bakker AW, Bakker PAHM, van Peer R (1991) Beneficial and deleterious effects of HCN-producing pseudomonads on rhizosphere interactions. In: Keister DL, Cregan PB (eds) The rhizosphere and plant growth. Kluwer Academic Publishers, Dordrecht Boston London, p 211–219

Shtina EA (1974) The principal directions of experimental investigations in soil algology with emphasis on the USSR. Geoderma 12:151–156

Shukla AK, Tiwari BK, Mishra RR (1989) Temporal and depthwise distribution of microorganisms, enzymes activities and soil respiration in potato field soil under different agricultural systems in north-eastern hill region of India. Rev Ecol Biol Sol 26:249–265

Shuttleworth KL, Bollag JM (1986) Soluble and immobilized Laccase as catalysts for the transformation of substituted phenols. Enzyme Microb Technol 8:171–177

Simbrey J (1987) Der Waldboden als Lebensraum - Belastung und Gefährdung. Allg Forst Z 45:113–116

Simmons KE, Minard RD, Bollag JM (1989) Oxidative co-oligomerization of guaiacol and 4-chloroaniline. Environ Sci Technol 23:115–121

Simpson DMH, Melsted SW (1963) Urea hydrolysis and transformation in some Illinois soils. Soil Sci Soc Am Proc 27:48–50

Singh B, Ram H (1987) Seasonal changes in dehydrogenase activity in cultivated, pond and virgin soils. Curr Sci 56:651–654

Singh B, Tabatabai MA (1978) Factors affecting rhodanese activity in soils. Soil Sci 125: 337–342

Sinsabaugh RL (1994) Enzymic analysis of microbial pattern and process. Biol Fertil Soils 17:69–74

Sinsabaugh RL, Linkins AE (1989) Cellulase mobility in decomposing leaf litter. Soil Biol Biochem 21:205–209

Sivapalan K, Fernando V, Thenabadu MW (1983) Humified phenol-rich plant residues and soil urease activity. Plant and Soil 70:143–146

Sjoblad RD, Bollag JM (1977) Oxidative coupling of aromatic pesticide intermediates by a fungal phenol oxidase. Appl Environ Microbiol 33:906–910

Sjoblad RD, Bollag JM (1981) Oxidative coupling of aromatic compounds by enzymes from soil microorganisms. In: Paul EA, Ladd JN (eds) Soil biochemistry, Vol 5. Marcel Dekker, Basel Hong Kong New York, p 113–152

Skiba U, Wainwright M (1983) Assay and properties of some sulphur enzymes in coastal sands. Plant and Soil 70:125–132

Skiba U, Wainwright M (1984) Urea hydrolysis and transformations in coastal dune sands and soil. Plant and Soil 82:117–124

Skujins J (1965) $^{14}CO_2$ detection chamber for studies in soil metabolism. Biol Sol 4:15–17

Skujins J (1967) Enzymes in soil. In: McLaren AD, Peterson GH (eds) Soil biochemistry, Vol 1. Marcel Dekker, Basel Hong Kong New York, p 371–414

Skujins J (1976) Extracellular enzymes in soil. CRC Crit Rev Microbiol 6:383–422

Skujins J (1978) History of abiontic soil enzyme research. In: Burns RG (ed) Soil enzymes. Academic Press, New York London, S 1–43

Skujins J, McLaren AD (1968) Persistence of enzymatic activities in stored and geologically preserved soils. Enzymologia 34:213–225

Skujins J, McLaren, AD (1969) Assay of urease activity using ^{14}C-urea in stored, geologically preserved, and in irradiated soils. Soil Biol Biochem 1:89–99

Smiley RW (1979) Wheat-rhizoplane pseudomonads as antagonists of *Gaeumannomyces graminis*. Soil Biol Biochem 11:371–376

Smith JL Paul EA (1990) The significance of soil microbial biomass estimations. In: Bollag JM, Stotzky G (eds) Soil biochemistry, Vol 6. Marcel Dekker, Basel Hong Kong New York, S 357–396

Smith RE, Rodriguez-Kabana R (1982) The extraction and assay of soil trehalase. Plant and Soil 65:335–344

Smolik J (1925) Hydrogen-peroxyd-Katalyse der mährischen Böden. Mitt Intern Bodenk Ges 1:6–20

Sneath PHA, Mair NS, Sharpe ME, Holt JG (1986) Bergey's Manual of Systematic Bacteriology, Vol 2. Williams & Wilkins, Baltimore

Soon YK, Warren CJ (1993) Soil solution. In: Carter MR (ed) Soil sampling and methods of analysis. Can Soc Soil Sci, Lewis Publishers, Boca Raton, p 147–161

Sörensen H (1955) Xylanase in the soil and the rumen. Nature 176:74

Sörensen H (1957) Microbial decomposition of xylan. Acta Agric Scand Suppl 1:1–86

Sörensen H (1962) Decomposition of lignin by soil bacteria and complex formation between autooxidized lignin and organic nitrogen compounds. J Gen Microbiol 27:21–34
Sotolova I, Jandera A (1985) Activity of 1,3-β-D-glucanases in soil. Folia Microbiol 30: 521–524
Sparling GP (1985) The soil biomass. In: Vaughan D, Malcolm RE (eds) Soil organic matter and biological activity. Martinus Nijhoff Junk, Dordrecht, S 223–262
Sparling GP, Feltham CW, Reynolds J, West AW, Singleton, P (1990) Estimation of soil microbial C by a fumigation-extraction method: use on soils of high organic matter content, and a reassessment of the kEC-factor. Soil Biol Biochem 22:301–307
Sparling GP, Searle PL (1993) Dimethyl sulphoxide reduction as a sensitive indicator of microbial activity in soil: the relationship with microbial biomass and mineralization of nitrogen and sulphur. Soil Biol Biochem 25:251–256
Speir TW (1977) Studies on a climosequence of soils in tussock grasslands, 11. Urease, phosphatase, and sulphatase activities of topsoils and their relationships with other properties including plant available sulphur. N Z J Sci 20:159–166
Speir TW, Cowling JC (1991) Phosphatase activities of pasture plants and soils: relationship with plant productivity and soil P fertility indices. Biol Fertil Soils 12:189–194
Speir TW, Lee R, Pansier EA, Cairns A (1980) A comparison of sulphatase, urease and protease activities in planted and in fallow soils. Soil Biol Biochem 12:281–291
Speir TW, Ross DJ (1978) Soil phosphatase and sulphatase. In: Burns RG (ed) Soil enzymes. Academic Press, London New York San Francisco, p 198–250
Speir TW, Ross DJ (1981) A comparison of the effects of air-drying and acetone dehydration on soil enzyme activities. Soil Biol Biochem 13:225–229
Speir TW, Ross DJ (1990) Temporal stability of enzymes in a peatland soil profile. Soil Biol Biochem 22:1003–1005
Sperber JI (1958) The incidence of apatite-solubilizing organisms in the rhizosphere and soil. Aust J Agric Res 9:778–781
Spiers GA, McGill WB (1979) Effects of phosphorus addition and energy supply on acid phosphatase production and activity in soils. Soil Biol Biochem 11:3–8
Stahl PD, Parkin TB, Eash NS (1995) Sources of error in direct microscopic methods for estimation of fungal biomass in soil. Soil Biol Biochem 27:1091-1097
Staley JT, Bryant MP, Pfennig N, Holt JG (1989) Bergey's Manual of Systematic Bacteriology, Vol 3. Williams & Wilkins, Baltimore
Stare A (1942) Mikrobiologische Untersuchungen einiger podsoliger Böden Kroatiens. Arch Mikrobiol 12:329–352
Stefanic G, Reichbuch L, Buzdugan I, Sirbu M, Chirnogeanu I, Moga E (1984) 5th Symp Soil Biol, IASI February 1981. Roman Nat Soc Soil Sci, Bucharest 1984, p 75–80
Steubing L (1977) Soil microbial activity under beech and spruce stands. Naturaliste Can 104:143–150
Stevenson L (1959) Dehydrogenase activity of soils. Can J Microbiol 5:229–235
Stöckli A (1956) Die Zahl, Größe, Form und Verteilung der autochthonen Bodenbakterien. Landw Jb Schweiz 5:47–65
Stott DE, Hagedorn C (1980) Interrelations between selected soil characteristics and arylsulfatase and urease activities. Commun Soil Sci Plant Anal 11:935–955
Stotzky G (1972) Activity, ecology, and population dynamics of microorganisms in soil. CRC Crit Rev Microbiol 2:59–137
Stotzky G (1985) Mechanisms of adhesion to clays, with reference to soil systems. In: Savage DC, Fletcher M (eds) Bacterial adhesion. Plenum, New York, p 195–253

Stotzky G (1986) Influence of soil mineral colloids on metabolic processes, growth, adhesion, and ecology of microbes and viruses. In: Huang PM, Schnitzer M (eds) Interactions of soil minerals with natural organics and microbes. Soil Sci Soc Am, Madison Wisconsin, p 305–428

Stotzky G, Burns RG (1982) The soil environment: Clay-humus-microbe interactions. In: Burns RG, Slater JH (eds) Experimental microbial ecology. Blackwell, Oxford, p 105–133

Stout JD, Bamforth SS, Lousier JD (1982) Protozoa. In: Page AL, Miller RH, Keeney DR (eds) Methods of soil analysis, Part 2: Chemical and microbiological properties. Am Soc Agron Inc, Soil Sci Soc Am Inc, Madison Wisconsin, p 1103–1120

Striganova BR, Kozlovskaya LS, Kudryasheva IV, Chernobrovkina NP (1989) Feeding activity of earthworms and amino acid content of Dark Gray Forest Soil. Soviet Soil Sci 21:56–64

Strobl W, Traunmüller M (1993a) Bestimmung der β-Glucosidase-Aktivität. In: Schinner F, Öhlinger R, Kandeler E, Margesin R (Hrsg) Bodenbiologische Arbeitsmethoden, 2. Aufl. Springer, Berlin Heidelberg New York London Paris Tokyo Hong Kong Barcelona Budapest, S 128–130

Strobl W, Traunmüller M (1993b) Bestimmung der Arylsulftase-Aktivität. In: Schinner F, Öhlinger R, Kandeler E, Margesin R (Hrsg) Bodenbiologische Arbeitsmethoden, 2. Aufl. Springer, Berlin Heidelberg New York London Paris Tokyo Hong Kong Barcelona Budapest, S 218–220

Suflita JM, Bollag JM (1980) Oxidative coupling activity in soil extracts. Soil Biol Biochem 12:177–183

Sutton CD, Gunary D, Larsen S (1966) Pyrophosphate as a source of phosphorus for plants, II. Hydroloysis and initial uptake by a barley crop. Soil Sci 101:199–204

Syers JK, Sharpley AN, Keeney DR (1979) Cycling of nitrogen by surface-casting earthworms in a pasture ecosystem. Soil Biol Biochem 11:181–185

Syers JK, Springett JA (1984) Earthworms and soil fertility. Plant and Soil 76:93–104

Tabatabai MA (1982) Soil enzymes. In: Page AL, Miller RH, Keeney DR (eds) Methods of soil analysis, Part 2: Chemical and microbiolgical properties. Soil Sci Soc Am Inc, Soil Sci Soc Am Inc, Madison Wisconsin, p 903–947

Tabatabai MA, Bremner JM (1969) Use of p-nitrophenyl phosphate for assay of soil phosphatase acitivity. Soil Biol Biochem 1:301–307

Tabatabai MA, Bremner JM (1970a) Arylsulfatase activity of soils. Soil Sci Soc Am Proc 34:225–229.

Tabatabai MA, Bremner JM (1970b) Factors affecting soil arylsulfatase activity. Soil Sci Soc Am J 44:427–429

Tabatabai MA, Bremner JM (1972a) Forms of sulfur, and carbon, nitrogen and sulfur relationships in Iowa soils. Soil Sci 114:380–386

Tabatabai MA, Bremner JM (1972b) Assay of urease activity in soils. Soil Biol Biochem 4: 479–487

Tabatabai MA, Singh BB (1976) Rhodanese activity of soils. Soil Sci Soc Am J 40: 381–385

Tarafdar JC (1988) Activity of urease and phosphatases in the root-soil interface of vegetable crops. J Hortic Sci 63:605–608

Tarafdar JC, Claassen N (1988) Organic phosphorus compounds as a phosphorus source for higher plants through the activity of phosphatases produced by plant roots and microorganisms. Biol Fertil Soils 5:308–312

Tarashchuk MV, Maliyenko AM (1993) Effect of type of soil tillage on the collembolan population. Eurasian Soil Sci 24:84–93

Tate RL (1985) Microorganisms, ecosystem disturbance and soil formation processes. In: Tate RL, Klein DA (eds) Soil reclamation processes: Microbial analysis and applications. Marcel Dekker, Basel Hong Kong New York p 1–34

Tatsumi K, Freyer A, Minard RD, Bollag JM (1994) Enzymatic coupling of chloroanilines with syringic acid, vanillic acid and protocatechu acid. Soil Biol Biochem 26:735–742

Teknos P, Dragan-Bularda M, Kiss S, Pasca D (1987) Enzymatic activities of some greek forest soils. Stud Univ Babes-Bolyai, Biol XXXII 1:68–72.

Thalmann A (1968) Zur Methodik der Bestimmung der Dehydrogenaseaktivität im Boden mittels Triphenyltetrazoliumchlorid (TTC). Landw Forsch 21:249–258

Thomashow LS, Weller DM (1991) Role of antibiotics and siderophores in biocontrol of take-all disease of wheat. In: Keister DL, Cregan PB (eds) The rhizosphere and plant growth. Kluwer Academic Publishers, Dordrecht Boston London, p 245–251

Thornton JI, McLaren AD (1975) Enzymatic characterization of soil evidence. J Forensic Sci 20:674–692

Tiessen H, Stewart JWB (1988) Light and electron micrososcopy of stained microaggregates: the role of organic matter and microbes in soil aggregation. Biogeochemistry 5: 312–322

Tinker PBH, Sanders FE (1975) Rhizosphere microorganisms and plant nutrition. Soil Sci 119:363–368

Tisdall JM (1991) Fungal hyphae and structural stability of soil. Aust J Soil Res 29: 729–743

Tisdall JM, Oades JM (1982) Organic matter and water-stable aggregates in soils. J Soil Sci 33:141–163

Tiwari SC, Mishra RR (1993) Fungal abundance and diversity in earthworm casts and in uningested soil. Biol Fertil Soils 16:131–134

Tiwari SC, Tiwari BK, Mishra RR (1989) Microbial populations, enzyme activities and nitrogen-phosphorus-potassium enrichment in earthworm casts and in the surrounding soil of a pineapple plantation. Biol Fertil Soils 8:178–182

Torsvik V, Goksoy J, Daae FL (1990a) High diversity in DNA of soil bacteria. Appl Environ Microbiol 56:782–787

Torsvik V, Salte K, Sorheim R, Goksoy (1990b) Comparison of phenotypic diversity and DNA heterogenity in a population of soil bacteria. Appl Environ Microbiol 56:776–781

Tosca C, Labroue L (1981) Le cycle de l'azote dans les milieux supra-forestiers des Pyrénées centrales: contribution a l'évaluation des gains. Oecol Plant 2:41–52

Trasar-Cepeda MC, Gil-Sotres F (1987) Phosphatase activity in acid high organic matter soils in Galicia (NW Spain). Soil Biol Biochem 19:281–287

Trasar-Cepeda MC, Gil-Sotres F (1988) Kinetics of acid phosphatase activity in various soils of Galicia (NW Spain). Soil Biol Biochem 20:275–280

Trevors JT (1984a) Effect of substrate concentration, inorganic nitrogen, O_2 concentration, temperature and pH on dehydrogenase activity in soil. Plant and Soil 77:285–293

Trevors JT (1984b) Rapid gas chromatographic method to measure H_2O_2 oxidoreductase (catalase) acitivity in soil. Soil Biol Biochem 16:525–526

Trevors JT, Mayfield CI, Inniss WE (1982) Measurement of electron transport system (ETS) activity in soil. Microb Ecol 8:163–168

Trevors JT, van Elsas JD (1989) A review of selected methods in environmental microbial genetics. Can J Microbiol 35:895–902.

Trolldenier G (1983) Neuere Erkenntnisse über die mikrobielle Aktivität im Waldboden. Allg Forst Z 41:1112–1114

Tul'skaya EM, Zvyagintsev DG (1981) Immobilization of catalase by soils. Soviet Soil Sci 13:66–71

Tunlid A, White DC (1992) Biochemical analysis of biomass, community stucture, nutritional status, and metabolis activity of microbial communities in soil. In: Stotzky G, Bollag JM (eds) Soil biochemistry, Vol 7. Marcel Dekker, Basel Hong Kong New York, p 229–262

Turco RF, Kennedy AC, Jawson MD (1994) Microbial indicators of soil quality. In: Soil Sci Soc Am (ed) Defining soil quality for a sustainable environment. S Segoe Rd, Madison Wisconsin, p 73–90

Ueno H, Miyashita K, Sawada Y, Oba Y (1991) Assay of chitinase and N-acetylglucosaminidase activity in forest soils with 4-methylumbelliferyl derivatives. Z Pflanzenernähr Bodenk 154:171–175

Valdes-Aguilar JA, Dragan-Bularda M, Radulescu D, Kiss S (1982) Enzymatic activities in some Panama soils. Stud Univ Babes-Bolyai, Biol XXVII 1:68–72

Van de Werf H, Verstraete W (1987a) Estimation of active soil microbial biomass by mathematical analysis of respiration curves: development and verification of the model. Soil Biol Biochem 19: 253–260

Van de Werf H, Verstraete W (1987b) Estimation of active soil microbial biomass by mathematical analysis of respiration curves: calibration of the test procedure. Soil Biol Biochem 19: 261–265

van Elsas JD, Trevors JT, van Overbeek LS (1991) Influence of soil properties on the vertical movement of genetically-marked *Pseudomonas fluorescens* through large soil microcosms. Biol Fertil Soils 10:249–255

van Veen JA, Ladd JN, Amato M (1985) Turnover of carbon and nitrogen through the microbial biomass in a sandy loam and a clay soil incubated with $^{14}C(U)$-glucose and $^{15}N(NH_4)_2SO_4$ under different moisture regimes. Soil Biol Biochem 17:747–756

van Wensem J, Verhoeff HA, van Straalen NM (1993) Litter degradation stage as a prime factor for isopod interaction with mineralization processes. Soil Biol Biochem 25: 1175–1183

Vance AED, Brookes PC, Jenkinson DS (1987) Microbial biomass measurements in forest soils: the use of the chloroform fumigation-incubation method in strongly acid soils. Soil Biol Biochem 19:697–702

Vardavakis E (1989a) Seasonal variation in heterotrophic soil bacteria and some soil enzyme activities in a Typical Calcixeroll soil in Greece. Rev Ecol Biol Sol 26:233–247

Vardavakis E (1989b) Seasonal fluctuations of aerobic cellulolytic bacteria, and cellulase and respiratory activities in a soil profile under a forest. Plant and Soil 115:145–150

Vardavakis E (1990) Seasonal fluctuations of soil microfungi in correlation with some soil enzyme activities and VA mycorrhizae associated with certain plants of a typical calcixerol soil in Greece. Mycologia 82:715–726

Vaughan D, Malcolm RE (1979) Effect of humic acid on invertase synthesis in roots of higher plants. Soil Biol Biochem 11:247–252

Verhoef HA, Brussaard L (1990) Decomposition and nitrogen mineralization in natural and agroecosystems: the contribution of soil animals. Biogeochemistry 11:175–211

Visser SA (1964) Oxidation-reduction potential and capillary activities of humic acids. Nature 204:581

Visser SA (1985) Physiological action of humic substances on microbial cells. Soil Biol Biochem 17:457–462
Voets JP, Dedeken M (1964) Studies on biological phenomena of proteolysis in soil. Ann Inst Pasteur Paris Suppl 3:320–329.
Voets JP, Dedeken M, Bessems E (1965) The behaviour of some amino acids in γ-irradiated soils. Naturwissenschaften 16:476
von Mersi W (1986) Eine neue Methode zur Bestimmung von Cellulase-, Xylanase- und Saccharaseaktivitäten in Böden. Diplomarbeit, Universität Innsbruck
von Mersi W, Schinner F (1991) An improved and accurate method for determining the dehydrogenase activity of soils with iodonitrotetrazolium chloride. Biol Fertil Soils 11: 216–220
von Zezschwitz E (1980) Analytische Kennwerte typischer Humusformen westfälischer Bergwälder. Z Pflanzenernähr Bodenk 143:692–700
Vorob'eva EA, Gorcharuk LM (1978) Comparative analysis of potential biological activity in some soils of the caucasus USSR. Vestn Mosk Univ Ser XVII Pochvoved 2:56–64
Vsevolodova-Perel TS, Karpachevskiy LO, Nadtochiy SE (1992) Participation of saprophages (mesofauna) in the decomposition of leaf litter. Soviet Soil Sci 24:69–79
Wada H, Saito M, Takai Y (1978) Effectiveness of tetrazolim salts in microbial ecological studies in submerged soil. Soil Sci Plant Nutr 24:349–356
Wainwright M (1981) Enzyme activity in intertidal sands and salt-marsh soils. Plant and Soil 59:357–363
Wainwright M, Duddrigde JE, Killham K (1982) Assay of α-amylase in soil and river sediments: its use to determine the effects of heavy metals on starch degradation. Enzyme Microb Technol 4:32–34
Waksman SA (1927) Principles of soil microbiology. Williams & Wilkins, Baltimore Maryland
Waksman SA, Dubos RJ (1926) Microbiological analysis as an index of soil fertility, X. The catalytic power of the soil. Soil Sci 22:407–420
Waksman SA, Starkey RL (1931) The soil and the microbe. Wiley & Sons, New York
Walton BT, Anderson TA (1990) Microbial degradation of trichloroethylene in the rhizosphere: potential application to biological remediation of waste sites. Appl Environ Microbiol 56:1012–1016
Wang TSC, Wang MC, Ferng YL (1983) Catalytic synthesis of humic substances by natural clays, silts, and soils. Soil Sci 135:350–360
Wardle DA, Parkinson D (1990) Interactions between microclimate variables and the soil microbial biomass. Biol Fertil Soils 9:273–280
Waters AG, Oades JM (1991) Organic matter in water-stable aggregates. In: Wilson WS (ed) Advances in soil organic matter research: the impact on agriculture & the environment. The Royal Soc Chem, Cambridge, p 163–175
Watt M, McCully ME, Jeffree CE (1993) Plant and bacterial mucilages of the maize rhizosphere comparison of their soil binding properties and histochemistry in a model system. Plant and Soil 151:151–165
Webley DM, Henderson MEK, Taylor IF (1963) The microbiology of rocks and weathered stones. J Soil Sci 14:102–112
Webster J (1980) Introduction to fungi, 2nd ed. University Press, Cambridge
Weetall HH, Weliky N, Vango SP (1965) Detection of microorganisms in soil by their catalytic activity. Nature 206: 1019–1021

Weigand S, Auerswald K, Beck T (1995) Microbial biomass in agricultural topsoils after 6 years of bare fallow. Biol Fertil Soils 19:129-134

Wellington EMH, van Elsas JD (1992) Genetic interactions among microorganisms in the natural environment. Pergamon Press, Oxford

West AW, Grant WD, Sparling GP (1987a) Use of ergosterol, diaminopimelic acid and glucosamine contents of soils to monitor changes in microbial populations. Soil Biol Biochem 19:607–612

West AW, Sparling GP, Grant WD (1987b) Relationships between mycelial and bacterial populations in stored, air-dried and glucose-amended arable and grassland soil. Soil Biol Biochem 19:599–605

Wickremasinghe KN, Sivasubramaniam S, Nalliah P (1981) Urea hydrolysis in some tea soils. Plant and Soil 62:473–477

Wilke BM (1986) Einfluß verschiedener potentieller anorganischer Schadstoffe auf die mikrobielle Aktivität von Waldhumusformen unterschiedlicher Pufferkapazität. In: Professoren des Instituts für Geowissenschaften der Universität Bayreuth (Hrsg) Schriftleiter Monheim R, Bayreuther Geowissenschaftliche Arbeiten, Bd 8. Druckhaus Bayreuth Verlagsgesellschaft, Bayreuth

Williams ST, Sharpe ME, Holt JG (1989) Bergey's Manual of Systematic Bacteriology, Vol 4. Williams & Wilkins, Baltimore

Wilson EO (1988) The current state of biological diversity. In: Wilson EO (ed) Biodiversity. National Academy Press, Washington DC, p 3–18

Winter JP, Voroney RP (1993) Microarthropods in soil and litter. In: Carter MR (ed) Soil sampling and methods of analysis. Can Soc Soil Sci, Lewis Publishers, Boca Raton, p 319–332

Winter K, Beese F (1995) The spatial distribution of soil microbial biomass in a permanent row crop. Biol Fertil Soils 19:322–326

Wipat A, Wellington EMH, Saunders VA (1994) Monoclonal antibodies for *Streptomyces lividans* and their use for immunomagnetic capture of spores from soil. Microbiology 140:2067–2076

Wirth V (1980) Flechten. In: Staatliches Museum für Naturkunde in Stuttgart und Gesellschaft der Freunde und Mitarbeiter des Staatlichen Museums für Naturkunde in Stuttgart, eV (Hrsg) Stuttgarter Beiträge zur Naturkunde, Serie C 12:1–34

Wolff-Straub R (1969) Mikrobiologische Untersuchung einer Braunerde-Pseudogley-Catena. Z Pflanzenernähr Düng Bodenk 124:108–125

Wolff-Straub R (1970) Überblick über den Mikrobenbesatz verschiedener Bodentypen. Zbl Bakteriol Abt II 124:263–270

Wood TM, Garcia-Campayo V (1990) Enzymology of cellulose degradation. Biodegradation 1:147–161

Woods AF (1899) The destruction of chlorophyll by oxidizing enzymes. Zbl Bakteriol Parasitenk Abt II 5:745–754

Woods LE, Cole CV, Elliott ET, Anderson RV, Coleman DC (1982) Nitrogen transformations in soil as affected by bacterial-microfaunal interactions. Soil Biol Biochem 14: 93–98

Wu J, Brookes PC, Jenkinson DS (1993) Formation and destruction of microbial biomass during the decomposition of glucose and ryegrass in soil. Soil Biol Biochem 25: 1435–1441

Yoshikura J, Hayano K, Tsuru S (1980) Effects of drying and preservation on β-glucosidases in soil. Soil Sci Plant Nutr 26:37–42.

Young CS Burns RG (1993) Detection, survival and activity of bacteria added to soil. In: Bollag JM, Stotzky G (eds) Soil biochemistry, Vol 8. Marcel Dekker, Basel Hong Kong New York p 1–65

Zantua MJ, Bremner JM (1975a) Comparison of methods of assaying urease activity in soils. Soil Biol Biochem 7:291–295

Zantua MJ, Bremner JM (1975b) Preservation of soil samples for assay of urease activity. Soil Biol Biochem 7:297–299

Zantua MJ, Bremner JM (1976) Production and persistence of urease activity in soils. Soil Biol Biochem 8:369–374

Zelles L (1988) The simultaneous determination of muramic acid and glucosamine in soil by high-performance liquid chromatography with precolumn fluorescence derivatization. Biol Fertil Soils 6:125–130

Zelles L, Bai QY (1993) Fractionation of fatty acids derived from soil lipids by solid phase extraction and their quantitative analysis by GC-MS. Soil Biol Biochem 25:495–507.

Zelles L, Bai QY, Beck T, Beese F (1992) Signature fatty acids in phospholipids and lipopolysaccharides as indicators of microbial biomass and community structure in agricultural soils. Soil Biol Biochem 24:317–323

Zelles L, Bai QY, Beese F (1993) Phospholipid- and lipopolysaccharidgebundene Fettsäuren als Indikatoren der Biomasse und der Mikroorganismen-Gesellschaften in Böden. Mitt Dtsch Bodenk Ges 71:387–390

Zelles L, Bai QY, Ma RX, Rackwitz R, Winter K, Beese F (1994) Microbial biomass, metabolic activity and nutritional status determined from fatty acid patterns and poly-hydroxybutyrate in agriculturally-managed soils. Soil Biol Biochem 26:439–446

Zelles L, Bai QY, Rackwitz R, Chadwick D, Beese F (1995) Determination of phospholipid- and lipopolysaccharide-derived fatty acids as an estimate of microbial biomass and community structures in soils. Biol Fertil Soils 19:115–123

Zelles L, Hund K, Stepper K (1987) Methoden zur relativen Quantifizierung der pilzlichen Biomasse im Boden. Z Pflanzenernähr Bodenk 150:249–252

Zhang BC, Rouland C, Lattaud C, Lavelle P (1993) Activity and origin of digestive enzymes in gut of the tropical earthworm *Pontoscolex corethrurus*. Eur J Soil Biol 129: 7–11

Ziegler F (1990) Aufbau organo-mineralischer Komplexe und Aggregatbildung durch Regenwürmer. Mitt Dtsch Bodenk Ges 62:95–98

Zubkova TA (1989) Catalytic functions of clay minerals in soils. Soviet Soil Sci 21:59–72

Sachverzeichnis